等离子体应用于
蒸发回收油田废水的技术

邹龙生　著

天津出版传媒集团

天津科学技术出版社

图书在版编目（CIP）数据

等离子体应用于蒸发回收油田废水的技术 / 邹龙生
著. -- 天津 ： 天津科学技术出版社，2019.2
　　ISBN 978-7-5576-6000-0

　　Ⅰ．①等… Ⅱ．①邹… Ⅲ．①等离子体应用－油田－
污水处理 Ⅳ．①X741

　　中国版本图书馆CIP数据核字（2019）第029851号

等离子体应用于蒸发回收油田废水的技术
DENGLIZITI YINGYONGYU ZHENGFAHUISHOU YOUTIANFEISHUI DE JISHU
责任编辑：石　崑
责任印制：兰　毅
出　版：　天津出版传媒集团
　　　　　天津科学技术出版社
地　址：天津市西康路 35 号
邮　编：300051
电　话：（022）23332369（编辑部）23332393（发行科）
网　址：www.tjkjcbs.com.cn
发　行：新华书店经销
印　刷：天津印艺通制版印刷有限责任公司

开本 787×1092　1/16　印张 12　字数 170 000
2021年1月第1版第2次印刷
定价：54.00 元

前　言

我国油田分布广阔，遍及东北、华北、中南、西南、华中及东南沿海各地。目前，大部分油田已进入石油开采的中期和后期，采出原油的含水率已达 70%～80%，有的油田甚至高达 90%，油水分离后产生大量的含油污水。含油污水如果不经处理而直接排放，不仅会造成土壤、水源的污染，有时甚至会引起污油着火事故，威胁人民的生命安全，造成国家的经济损失，同时也会危害油田自身的利益。因此，如何开发出适合我国油田实际情况、高效经济的油田含油污水处理及回用技术，达到节能、降耗、保护环境、重复利用水资源的目的，成为油田水处理站改造和建立的重要问题。

油田污水处理就是采用各种方法将污水中的有害物质除去或降低至达标水平，使污水得以利用。因此，污水的利用目的不同，其处理要求也就不同，将污水作为注水水源和作为配制聚合物的水源的处理要求也是不一样的。目前，油田污水现行的处理技术，主要以达到能够将污水回注为目的，而并没有考虑作为配制聚合物的要求，因此，一些效果较好的油田污水处理技术，它虽然满足污水回注要求，但并不满足污水配制聚合物要求，仍可能会导致配制聚合物严重降粘，为此，要解决油田污水配制聚合物的问题，必须充分认识油田污水处理现状。

对于含油污水的处理方法和技术，国内外研究机构一直在不懈的进行深入研究，其目标是既要除去污水中的油类、有机物（COD）、悬浮物、硫化物、细菌等。在 20 世纪 70 年代，各国广泛采用气浮法去除污水中悬浮态乳化油，同时结合生物法降粘有机物。日本学者研究出用电絮凝剂处理含油污水、用超声波分离乳化液、用亲油材料吸附油。近几年发展用膜法处理含油污水，滤膜被制成板式、管式、卷式和空心纤维式。美国还研究出动力膜，将渗透膜做在多孔材料上，应用于水处理中。其处理手段大体以物理方法分离，以化学方法去除，以生物法降粘。含油污水处理难度大，往往需要多种方法组合使用，如重力分离、离心分离、气浮法、化学法生物法膜法、吸附法等。

目前，各油田的污水处理技术的针对性较强，而且处理技术的效果均不理想，国内外油田常用的污水处理方法可大致分为三类：物理法、化学法和生物法。

常规的污水处理方法存在一些不足：一是不能满足日益苛刻的环境保护排放标准，而是难以回收油田废水，不能综合利用，加剧了水资源的短缺。因此蒸发技术回收油田废水满足上述两个条件，但是该技术也存在能耗高，水质不能稳定的困难。为了降低蒸发工艺能耗，抑制换热设备污垢的形成是关键环节，物理法阻垢被提出来，特别是等离子体技术。

等离子体是继固态、液态、气态之后的物质的第四态，当外加电压达到气体的着火电压时，气体被击穿，产生包括电子、各种离子、原子和自由基在内的混合体。放电过程中虽然电子温度很高，但重粒子温度很低，整个体系呈现低温状态，所以称为低温等离子体。低温等离子体降解污染物是利用这些高能电子、自由基等活性粒子和废气中的污染物作用，使污染物分子在极短的时间内发生分解，并发生后续的各种反应以达到分解污染物的目的。本书在油田开采面临的水环境问题上，采用蒸发工艺来治理油田废水，以及等离子体技术在蒸发回收油田废水的应用。

本书而力求内容能够新颖和切合实用，本书的内容多为作者近年来发表的一些研究及学习心得，并吸收了国内外同行的研究成果。本书可作为工程技术人员及高校学生的参考书。在本书的研究和形成过程中，曾得到两位导师同济大学陈德珍和周伟国教授的悉心指导和帮助，也得到桂林航天工业学院能源与建筑环境学院各位同事的帮助，该书的出版更是得到桂林航天工业学院的鼎力资助，作者在此向他们表示深深的感谢。

由于作者水平有限，加之时间匆忙，有不完善的地方请读者予以指正，谢谢！

邹龙生

2018 年元月

内 容 简 介

该书是以等离子体技术在油田废水回用的工艺作为主线，阐述油田废水处理的特点及存在的问题，指出等离子体工艺的作用。全书共分 7 章，第 1 章是油田开采及废水，阐述油田开采过程中所带来的水环境问题，特别是稠油油田所产生的稠油废水。

第 2 章是废水蒸发的研究现状，阐述油田废水的来源及特点，目前油田废水常用的处理方法与技术。在说明污垢类型和基本理论的基础上，根据稠油废水的成分特性，预测废水在蒸发浓缩过程中，换热面上沉积的污垢以碳酸盐、硅酸盐等为主，提出构成蒸发污垢的两种污垢类型，即析晶污垢和微粒污垢。

第 3 章是等离子体技术，阐述等离子体的相关理论知识，以及它的作用原理，产生的影响效果。

第 4 章是实验方案和装备，阐述全文所要完成的实验，以及实验所需用的实验仪器和装备。确定实验过程中需用分析和检测的项目。

第 5 章是稠油废水降膜蒸发回收蒸馏水的实验，首先分析实验需要的阻垢剂；然后给出降膜蒸发的实验流程，分析实验结果；最后指出了中试实验存在的问题，即蒸发器的污垢问题和蒸馏水质量的问题。

第 6 章是 NTP 预处理稠油废水蒸发浓缩的实验，也是全文的重点，通过 NTP 预处理稠油废水与蒸发单元相结合的实验，阐述 NTP 在控制污垢的作用和机理，降低污垢热阻的能力，以及提升蒸馏水质量的效能。

第 7 章是稠油废水高倍浓缩蒸发污垢热阻的模拟，根据有无 NTP 预处理的实验条件，分别提出析晶污垢和微粒污垢的模型，建立相应的污垢热阻随浓缩倍数变化的方程，并将模拟结果与实验数据对比。

目录 contents

第1章　油田开采及废水 ·················· 1

　1.1　油田开采的环境问题 ·················· 1

　1.2　油田开采带来的社会问题 ·············· 20

第2章　废水蒸发的研究现状 ·············· 21

　2.1　废水治理的现状 ······················ 21

　2.2　污垢理论 ···························· 39

　2.3　污垢的分析 ·························· 47

　2.4　稠油废水蒸发浓缩的污垢类型 ·········· 49

　2.5　控制污垢的方法 ······················ 55

　2.6　蒸发回收蒸馏水的水质要求 ············ 62

第3章　等离子体 ························ 64

　3.1　等离子体 ···························· 64

　3.2　等离子体的放电形式 ·················· 70

　3.3　高压脉冲放电等离子体的物理模型 ········ 71

　3.4　高压脉冲放电等离子体与水的作用机理 ···· 73

　3.5　等离子体控制污垢的机理 ·············· 81

第4章　实验方案与装备 ·················· 82

　4.1　实验原料 ···························· 82

4.2　实验装置 ·· 84

4.3　水质指标及分析方法 ······························· 86

4.4　污垢的分析 ·· 88

第5章　降膜蒸发回收蒸馏水 ······························ 89

4.1　阻垢剂的选择 ·· 89

5.2　稠油废水降膜蒸发的中试实验 ···················· 92

5.3　实验结果及分析 ····································· 93

第6章　NTP 预处理稠油废水蒸发浓缩的实验 ············· 102

6.1　实验原理与方法 ····································· 102

6.2　结果分析 ··· 103

6.3　蒸发浓缩实验的结果与讨论 ······················ 104

第7章　稠油废水高倍浓缩蒸发污垢热阻的模拟 ·········· 150

7.1　污垢模型的选择 ····································· 150

7.2　污垢热阻的物理模型 ······························· 153

7.3　污垢热阻的数学模型 ······························· 154

7.4　结果分析 ··· 164

参考文献 ·· 169

第1章 油田开采及废水

1.1 油田开采的环境问题

1.1.1 油田及开采

1.1.1.1 油田

油田是指单一地质构造（或地层）因素控制下的、同一产油气面积内的油气藏总和。一个油气田可能有一个或多个油气藏，在同一面积内主要为油藏的称油田，主要为气藏的称气田。按控制产油气面积内的地质因素，将油气田分为3类：①构造型油气田，指产油气面积受单一的构造因素控制，如褶皱和断层。②地层型油气田，区域背斜或单斜构造背景上由地层因素控制（如地层的不整合、尖灭和岩性变化等）的含油面积。③复合型油气田，产油气面积内不受单一的构造或地层因素控制，而受多种地质因素控制的油气田。油田指原油生产的特定区域。有时为特定地域地下集聚的油层的总称。广义上把几个油区合在一起称为油田。例如大庆油田，英国的北海油田，苏联的秋明油田等。油田是地下天然存在的碳化氢，地表条件下则呈液体。与之相反，在地表条件下仍为气体，则为天然气，天然气生产的特定区域为天然气田。石油可采储量大小决定开采价值，要求精确地计算含油面积大小，油层数目和厚度以及单位面积石油储量等。

一般可采储量在5亿吨以上的为特大油田，7000万吨到1亿吨以上的为大型油田，7000万吨以下有为中小油田。要计算可能设的油井以及年产量，有的油田储量大，但产量不一定高，这主要受油田的驱动能力影响。从储量到产量经过精心计算，确有开采经济价值的，才能正式开采。目前我国加速开发中原油田，就是因为它的地理位置十分优越。全世界目前已发现并开发油田共41000个，气田约26000个，总石油储量1368.7亿吨，主要分布在160个大型盆地中。全世界可采储量超过6.85亿吨的超巨型油田有42个，巨型油田（大于 0.685 亿吨）则有 328 个。

油田的驱动类型关系到开发方式的选择问题，根据石油储藏情况，从而决定靠什么力量（天然能量或人工保持压力）开发油田。水压驱动油田，利用边缘高压水的能量，最终采收率最高，可达 50－30%；；气压驱动油田，由气体以气顶形式能量作用推动原油流向井底，最终采收率为 40－50%；溶解气驱动油田，从油层分离出的气体膨胀使原油流向井底，最终采收率仅 15－30%；弹性驱动油田，受岩石压力，石油压缩，利用油层压力降低的力量，使油体膨胀流向井底；重力驱动油田，原油靠本身重力作用流向井底。后两种油田采收率都较低，最终采收率的不同，影响资源利用程度和投资效果，直接关系到油田开发的总投资和开发速度，当然也直接影响油田开发价值，对油田布局有很大作用。此外，还要考虑井场布置问题。它包括井场装置、集输管线、转油泵站以及矿场原油库等。这都需要有足够的陆地面积，以及与全国输油管道的联系等。如果没有广阔的面积，必然会影响油田的布局。油田的地理位置也是非常重要的，即使上述条件都具备，但由于油田地理位置远离消费区，又不便建设输油管，有无劳动力等，也会影响石油的开发。因此在布局油田时，非常重视其地理位置的状况，以及与消费区、大港口的远近，附近有无劳动力，附近运输设备状况如何等问题。

1.1.1.2 世界油田

加瓦尔油田：位于沙特阿拉伯东部，首都利雅得以东约 500km 处，探明储量达 107.4 亿吨，年产量高达 2.8 亿吨，占整个波斯湾地区的 30%，为世界第一大油田。油井为自喷井，原油含腊量少，多为轻质油，凝固点低于 －20℃，便于运输。有输油管通腊斯塔努拉油港（世界最大油港）外运。

大布尔干油田：位于科威特东南部，探明储量 99.1 亿吨，年产 7000 万吨左右。原油特点与加瓦尔油田相似，多由米纳艾哈迈迪油港外运。

博利瓦尔油田：位于委内瑞拉东部，奥里诺科平原上。多为重质油，探明储量 52 亿吨，年产达 100 万桶。

萨法尼亚油田：位于沙特阿拉伯的东北部海域，探明储量 33.2 亿吨。原油部分通过输油管运往利比亚的黎波里、西顿，叙利亚的巴尼亚斯港装船。一部分输往腊斯塔努拉外运。

鲁迈拉油田：位于伊拉克南部，五十年代即已开发，紧邻本国油港，发展迅速。探明储量 26 亿吨，年产量占全国的 60%。出口经本国在波斯湾头的三个油港，即霍尔厄尔阿巴亚、米纳厄尔巴克尔与法奥。

基尔库克油田：位于伊拉克北部，开发较早。探明储量 24.4 亿吨，原油多经管道从地中海东岸的几个港口（土耳其的杜尔托尔港，黎巴嫩的西顿港等）出口。

罗马什金油田：位于俄罗斯的伏尔加－乌拉尔油区（即"第二巴库"）。储量达 24 亿吨，年产 1 亿吨左右，居俄罗斯的第二位。该油田主要生产中质与重质原油，含硫量较高。

萨莫洛特尔油田：位于俄罗斯西西伯利亚油区（即秋明油田或"第三巴库"），地处西西伯利亚中部。探明储量 20.6 亿吨，年产 1.4 亿吨左右，在世界上仅次于沙特阿拉伯的加瓦尔油田，为俄罗斯最大的油田。

上述二油田除供国内消费外，一部分还经"友谊"输油管（以阿尔梅季耶夫斯克为起点，分别经乌日格罗德和布列斯特出口，年输送能力约 1 亿吨）向东欧国家出口占一半以上，向西方资本主义国家出口约占 40% 左右。

扎库姆油田：位于阿拉伯联合酋长国的中西部，探明储量 15.9 亿吨，多数为自喷井。原油质量好，含蜡少，有管道通往鲁韦斯油港和首都阿布扎比外运。

哈西梅萨乌德油田：位于阿尔及利亚东北部，撒哈拉沙漠的北端。油田中干井少，单产高；原油含硫量低，质量好。有输油管通往阿尔泽、贝贾亚等港口外运。

1.1.1.3 中国油田

1）中国石油天然气集团下属：（1）大庆油田；（2）辽河油田；（3）克拉玛依油田；（4）大港油田；（5）华北油田；（6）四川油田；（7）吉林油田；（8）青海油田；（9）塔里木油田；（10）吐哈油田；（11）玉门油田；（12）滇黔桂石油勘探局；（13）冀东油田。

2）中国石油化工集团下属：（1）胜利油田（胜利石油管理局）；（2）中原油田（中原石油勘探局）；（3）河南油田（河南石油勘探局）；（4）江汉油田（江汉石油管理局）；（5）江苏油田（江苏石油勘探局）；（6）西南石油局；（7）西北石油局；（8）华北石油局；（9）华东石油局；（10）东北石油局；（11）上海海洋石油局。

3）其它各级国有石油单位：（1）中国海洋石油南海东部公司；（2）延长油田（陕西省属国企）。

4）各油田简介

（1）大庆油田：位于黑龙江省西部，松嫩平原中部，地处哈尔滨、齐齐哈尔市之间。油田南北长 140 公里，东西最宽处 70 公里，总面积 5470 平方公里。1960 年 3 月党中央批准开展石油会战，1963 年形成了 600 万吨的生产能力，当年生产原油 439 万吨，对实现中国石油自给起了决定性作用。1976 年原油产量突破 5000 万吨，到 1996 年已连续年产原油 5000 万吨，稳产 21 年。1995 年年产原油 5600 万吨，是我国第一大油田。

（2）胜利油田：地处山东北部渤海之滨的黄河三角洲地带，主要分布在东营、滨洲、德洲、济南、潍坊、淄博、聊城、烟台等 8 个地市的 28 个县（区）境内，主要工作范围约 4.4 万平方公里。1995 年年产原油 3000 万吨，是我国第二大油田

（3）辽河油田：油田主要分布在辽河中下游平原以及内蒙古东部和辽东湾滩海地区。已开发建设 26 个油田，建成兴隆台、曙光、欢喜岭、锦州、高升、沈阳、茨榆坨、冷家、科尔沁等 9 个主要生产基地，地跨辽宁省和内蒙古自治区的 13 市（地）32 县（旗），总面积近 10 万平方公里。1995 年原油产量 1552 万吨，产量居全国第三位。

（4）克拉玛依油田：地处新疆克拉玛依市。40 年来在准噶尔盆地和塔里木盆地找到了 19 个油气田，以克拉玛依为主，开发了 15 个油气田，建成 792 万吨原油配套生产能力（稀油 603.1 万吨，稠油 188.9 万吨），3.93 亿立方米天然气生产能力。从 1990 年起，陆上原油产量居全国第 4 位。1995 年年产原油 790 万吨。

（5）四川油田：地处四川盆地，已有 60 年的历史，发现气田 85 个，油田 12 个，含油气构造 55 个。在盆地内建成南部、西南部、西北部、东部 4 个气区。目前生产天然气

产量占全国总产量的42.2%，是我国第一大气田，1995年年产天然气71.8亿立方米，年产原油17万吨。

（6）华北油田：位于河北省中部冀中平原的任丘市，包括京、冀、晋、蒙区域内油气生产区。1975年，冀中平原上的一口探井任4井喷出日产千吨高产工业油流，发现了我国最大的碳酸盐岩潜山大油田任丘油田。1978年，原油产量达到1723万吨，为当年全国原油产量突破1亿吨做出了重要贡献。直到1986年，保持年产原油1千万吨达10年之久。1995年年产原油466万吨，天然气3.13亿立方米。

（7）大港油田：位于天津市滨海新区，其勘探地域辽阔，包括大港探区及新疆尤尔都斯盆地，总勘探面积34629平方公里，其中大港探区18629平方公里。现已在大港探区建成投产15个油气田24个开发区，形成年产原油430万吨和天然气3.8亿立方米生产能力。

（8）中原油田：地处河南省濮阳地区，于1975年发现，经过20年的勘探开发建设，已累计探明石油地质储量4.55亿吨，探明天然气地质储量395.7亿立方米，累计生产原油7723万吨、天然气133.8亿立方米。现已是我国东部地区重要的石油天然气生产基地之一，1995年年产原油410万吨，天然气11亿立方米。

（9）吉林油田：地处吉林省扶余地区，油气勘探开发在吉林省境内的两大盆地展开，先后发现并探明了18个油田，其中扶余、新民两个油田是储量超亿吨的大型油田，油田生产已达到年产原油350万吨以上，原油加工能力70万吨特大型企业的生产规模。

（10）河南油田：地处豫西南的南阳盆地，矿区横跨南阳、驻马店、平顶山三地市，分布在新野、唐河等8县境内。已累计找到14个油田，探明石油地质储量1.7亿吨及含油面积117.9平方公里。1995年年产原油192万吨。

（11）长庆油田：勘探区域主要在陕甘宁盆地，勘探总面积约37万平方公里。油气勘探开发建设始于1970年，先后找到油气田22个，其中油田19个，累计探明油气地质储量54188.8万吨（含天然气探明储量2330.08亿立方米，按当量折合原油储量在内），1995年年产原油220万吨，天然气1亿立方米。

（12）江汉油田：是我国中南地区重要的综合型石油基地。油田主要分布在湖北省境内的潜江、荆沙等7个市县和山东寿光市、广饶县以及湖南省衡阳市。先后发现24个油气田，探明含油面积139.6平方公里、含气面积71.04平方公里，累计生产原油2118.73万吨、天然气9.54亿立方米。1995年年产原油85万吨。

（13）江苏油田：油区主要分布在江苏省的扬州、盐城、淮阴、镇江4个地区8个县市，已投入开发的油气田22个。目前勘探的主要对象在苏北盆地东台坳陷。1995年年产原油101万吨。

（14）青海油田：位于青海省西北部柴达木盆地。盆地面积约25万平方公里，沉积面积12万平方公里，具有油气远景的中新生界沉积面积约9.6万平方公里。目前，已探明油田16个；气田6个。1995年年产原油122万吨

（15）塔里木油田：位于新疆南部的塔里木盆地。东西长1400公里，南北最宽处520公里，总面积56万平方公里，是我国最大的内陆盆地。中部是号称"死亡之海"的塔克拉玛干大沙漠。1988年轮南2井喷出高产油气流后，经过7年的勘探，已探明9个大中型油气田、26个含油气构造，累计探明油气地质储量3.78亿吨，具备年产500万原油、

80100 万吨凝折油、25 亿立方米天然气的资源保证。1995 年年产原油 253 万吨。

（16）土哈油田：位于新疆吐鲁番、哈密盆地境内，负责吐鲁番、哈密盆地的石油勘探。盆地东西长 600 公里、南北宽 50130 公里，面积约 5.3 万平方公里。于 1991 年 2 月全面展开吐哈石油勘探开发会战。截止 1995 年底，共发现鄯善、温吉桑等 14 个油气田和 6 个含油气构造，探明含油气面积 178.1 平方公里，累计探明石油地质储量 2.08 亿吨、天然气储量 731 亿立方米。1995 年年产原油 221 万吨。

（17）玉门油田：位于甘肃玉门市境内，总面积 114.37 平方公里。油田于 1939 年投入开发，1959 年生产原油曾达到 140.29 万吨，占当年全国原油产量的 50.9%。创造了 70 年代 60 万吨稳产 10 年和 80 年代 50 万吨稳产 10 年的优异成绩。誉为中国石油工业的摇篮。1995 年年产原油 40 万吨。

（18）滇黔桂石油勘探局：负责云南、贵州、广西三省（区）的石油天然气的勘探开发。区域面积 86 万平方公里，具有大量的中古生界及众多的第三系小盆地，可供勘探面积 27.7 万平方公里。先后在百色、赤水、楚雄等地区油气勘探有了重大突破，展示了滇黔桂地区具有广阔的油气发展前景。1995 年年产原油 10 万吨。

（19）冀东油田：位于渤海湾北部沿海。油田勘探开发范围覆盖唐山、秦皇岛、唐海等两市七县，总面积 6300 平方公里，其中陆地 3600 平方公里，潮间带和极浅海面积 2700 平方公里。相继发现高尚堡、柳赞、杨各庄等 7 个油田 13 套含油层系。1995 年年产原油 51 万吨 [1]。

1.1.1.4 油田开采

油田开采主要与下列因素有关：

1）渗透率：有压力差时岩石允许液体及气体通过的性质称为岩石的渗透性，渗透率是岩石渗透性的数量表示。它表征了油气通过地层岩石流向井底的能力，单位是平方米（或平方微米）。

2）绝对渗透率：绝对或物理渗透率是指当只有任何一相（气体或单一液体）在岩石孔隙中流动而与岩石没有物理化学作用时所求得的渗透率。通常则以气体渗透率为代表，又简称渗透率。

3）相（有效）渗透率与相对渗透率：多相流体共存和流动于地层中时，其中某一相流体在岩石中的通过能力的大小，就称为该相流体的相渗透率或有效渗透率。某一相流体的相对渗透率是指该相流体的有效渗透率与绝对渗透率的比值。

4）地层压力及原始地层压力：油、气层本身及其中的油、气、水都承受一定的压力，称为地层压力。地层压力可分三种：原始地层压力，目前地层压力和油、气层静压力。油田未投入开发之前，整个油层处于均衡受压状态，没有流动发生。在油田开发初期，第一口或第一批油井完井，放喷之后，关井测压。此时所测得的压力就是原始地层压力。

5）地层压力系数：地层的压力系数等于从地面算起，地层深度每增加 10 米时压力的增量。

6）低压异常及高压异常：一般来说，油层埋藏愈深压力越大，大多数油藏的压力系数在 0.7–1.2 之间，小于 0.7 者为低压异常，大于 1.2 者为高压异常。

7）油井酸化处理：酸化的目的是使酸液大体沿油井径向渗入地层，从而在酸液的作用下扩大孔隙空间，溶解空间内的颗粒堵塞物，消除井筒附近使地层渗透率降低的不良影响，达到增产效果。

8）压裂酸化：在足以压开地层形成裂缝或张开地层原有裂缝的压力下对地层挤酸的酸处理工艺称为压裂酸化。压裂酸化主要用于堵塞范围较深或者低渗透区的油气井。

9）压裂：所谓压裂就是利用水力作用，使油层形成裂缝的一种方法，又称油层水力压裂。油层压裂工艺过程是用压裂车，把高压大排量具有一定粘度的液体挤入油层，当把油层压出许多裂缝后，加入支撑剂（如石英砂等）充填进裂缝，提高油层的渗透能力，以增加注水量（注水井）或产油量（油井）。常用的压裂液有水基压裂液、油基压裂液、乳状压裂液、泡沫压裂液及酸基压裂液5种基本类型。

10）高能气体压裂：用固体火箭推进剂或液体的火药，在井下油层部位引火爆燃（而不是爆炸），产生大量的高压高温气体，在几个毫秒到几十毫秒之内将油层压开多条辐射状，长达 2～5m 的裂缝，爆燃冲击波消失后裂缝并不能完全闭合，从而解除油层部分堵塞，提高井底附近地层渗透能力，这种工艺技术就是高能气体压裂。高能气体压裂具有许多优点，主要的有以下几点，不用大型压裂设备；不用大量的压裂液；不用注入支撑剂；施工作业方便快速；对地层伤害小甚至无伤害；成本费用低等。

11）油田开发：油田开发是指在认识和掌握油田地质及其变化规律的基础上，在油藏上合理的分布油井和投产顺序，以及通过调整采油井的工作制度和其它技术措施，把地下石油资源采到地面的全过程。

12）油藏驱动类型：油藏驱动类型是指油层开采时驱油主要动力。驱油的动力不同，驱动方式也就不同。油藏的驱动方式可以分为四类：水压驱动、气压驱动、溶解气驱动和重力驱动。实际上，油藏的开采过程中的不同阶段会有不同的驱动能量，也就是同时存在着几种驱动方式。

13）可采储量：可采储量是指在现有经济和技术条件下，从油气藏中能采出的那一部分油气量。可采储量随着油气价格上涨及应用先进开采工艺技术而增加。

14）采油速度：油田（油藏）年采出量与其地质储量的比例，以百分比表示，称做采油速度。

15）采油强度：采油强度是单位油层厚度的日采油量，就是每米油层每日采出多少吨油。

16）采油指数：油井日产油量除以井底压力差，所得的商叫采油指数。采油指数等于单位生产压差的油井日产油量，它是表示油井产能大小的重要参数。

17）采收率：可采储量占地质储量的百分率，称做采收率。

18）采油树：采油树是自喷井的井口装置。它主要用于悬挂下入井中的油管柱，密封油套管的环形空间，控制和调节油井生产，保证作业，施工，录取油、套压资料，测试及清蜡等日常生产管理。

19）递减率、自然递减率和综合递减率：油、气田开发一定时间后，产量将按照一定的规律递减，递减率就是指单位时间内产量递减的百分数。自然递减率是指不包括各种增产措施增加的产量之后，下阶段采油量与上阶段采油量之比。综合递减率是指包括各种增产措施增加的产量在内的递减率。

20）油田日产水平：油田实际日产量的平均值称为日产水平。由于油井间隔一定时间需要在短期内检修或进行增产措施的施工等，每日不是所有的油井都在采油，所以日产水平要低于日产能力。

21）油井测气：测气是油井管理中极重要的工作之一，只有掌握了准确的气量和气油比，才能正确地分析和判断油井地下变化情况，掌握油田、油井的注采等关系，更好地管好油井。目前现场上常用的测气分放空测气和密闭测气两大类。测气方法常用的有三种：（1）垫圈流量计放空测气法（压差计测气）；（2）差动流量计（浮子式压差计）密闭测压法；（3）波纹管自动测气法。

22）分层配产：分层配产就是根据油田开发要求，在井内下封隔器把油层分成几个开采层段。对各个不同层段下配产器，装不同直径的井下油嘴，控制不同的生产压差，以求得不同的产量。

23）机械采油：当油层的能量不足以维护自喷时，则必须人为地从地面补充能量，才能把原油举升出井口。如果补充能量的方式是用机械能量把油采出地面，就称为机械采油。目前，国内外机械采油装置主要分有杆泵和无杆泵两大类。提高抽油泵泵效方法：（1）提高注水效果，保持地层能量，稳定地层压力，提高供液能力。（2）合理选择深井泵，提高泵的质量（检修），保证泵的配合间隙及凡尔不漏。（3）合理选择抽油井工作参数。（4）减少冲程损失。（5）防止砂、蜡、水及腐蚀介质对泵的侵害。

1.1.2 稠油

稠油是一种高粘度、高密度的原油，成分相当复杂，一般都含有沥青质、胶质成分，是石油烃类能源中的重要组成成分，国外将重油和沥青砂油统称为重质原油。国内外稠油的分类标准不一致，一般用粘度 μ、密度 ρ、重度 API 表示。稠油分类不仅直接关系到油藏类型划分与评价，也关系到稠油油藏开采方式的选择及其开采潜力 [2]。为此，许多专家对稠油分类标准进行了研究并多次举行国际学术会议进行讨论。

关于稠油的定义及分类标准是：重油和油砂是天然存在于孔隙介质中的石油或类似石油的液体或半固体，可以用粘度和密度来表示其特性。重油是指在原始油藏温度下脱气原油粘度为 $100-10000$ mPa·S，或在 $15.6℃$（$60℉$）及大气压下密 $0.9340\sim1.0000$ g/m³（$20°$API$-10°$API）的原油；在原始油藏温度下脱气原油粘度大于 10000 mPa·s 或在 $15.6℃$（$60℉$）及大气压下密度大于 1.0000 g/cm³（小于 $10°$API）的原油被称为为沥青或油砂。美国能源部（DOE）对于稠油的界定是 API 重度在 $10.0°-22.3°$ 之间的原油，而 API 重度小于 $10°$ 的为超稠油。根据刘文章教授的稠油分类标准，以油层条件下或油层温度下的脱气原油粘度为主，密度为辅分类，在 50 mPa·s 以上，密度大于 0.9200 g/cm³ 称为稠油。其中粘度为 $50-10000$ mPa·s，密度大于 $0.9200-0.9500$ g/cm³ 为普通稠油；粘度 $10000-50000$ mPa·s，密度大 $0.9500-0.9800$ g/cm³ 为特稠油；粘度大于 50000 mPa·s，密度大于 0.9800 g/cm³ 为超稠油。目前国内执行的就是这个标准。

根据国际稠油分类标准，我国石油工作在考虑我国稠油特性的同时，按开发的现实及今后的潜在生产能力，提出了中国稠油分类标准，即将粘度为 $1 \times 10^2 \sim 1 \times 10^4 \mathrm{mPa \cdot s}$，且相对密度大于 0.92 的原油称为普通稠油；将粘度为 $1 \times 10^4 \sim 5 \times 10^4 \mathrm{mPa \cdot s}$，且相对密度大于 0.95 的原油称为特稠油；将粘度大于 $5 \times 10^4 \mathrm{mPa \cdot s}$，且相对密度大于 0.98 的原油称为超稠油。这里必须弄清稠油与高凝油的区别，高凝油是指原油的凝固点比较高，在开发过程主要由于当原油处于凝固点以下温度状态时，原油中的某些重质组分（如石蜡）凝固析出，并沉积到油层岩石颗粒、抽油设备或管线上，造成油层渗流阻力过高，或抽油设备正常工作困难。到目前为止，高凝油尚无统一的划分标准，我国某些油田有自己的地区性划分方法，例如有的油田将凝固点大于 40℃，含蜡量超过 35% 的原油定为高凝油。

我国的稠油油藏分布广泛，按储层时代，从中元古代至第三纪均有分布，其中大部分稠油油藏分布在中新生代地层中。相对于常规油藏而言，稠油油藏具有以下特点。

（1）油层埋藏浅，地层压力及温度低。稠油油藏的埋藏深度范围分布很广，埋藏深的可以达到 4000 多米，多数稠油油藏埋深小于 2000m。埋藏浅的离地表仅几米、几十米，有的甚至就在地表上。由于稠油油藏埋藏浅，因此，其地层压力及温度一般较低。例如准噶尔盆地，西北缘稠油油藏埋深小于 600m 的储量约占 88%，地层压力一般为 1.8 ～ 4.0MPa，地层温度为 16 ～ 27℃。

（2）气油比低，饱和压力低。由于稠油油藏在形成过程中产生了生物降解作用和氧化作用，并在次生运移过程中天然气和轻质组分溢散，所以一般稠油油藏具有饱和压力低，气油比低的特点。

（3）油层胶结疏松。世界上，绝大部分稠油分布在砂岩油藏中。我国已发现的稠油油藏几乎全部为砂岩油藏。内于稠油油藏一般埋藏浅，成岩作用差，因此，一般稠油油藏具有胶结疏松的特点。如泌阳拗陷井楼油田，稠油油藏埋深一般小于 500m，钻井取心时，油层岩样似"古巴糖"状，基本上无成形岩心。

（4）油层物性好。由于稠油油藏埋藏浅，成岩作用差，胶结疏松，因此，稠油油藏一般具有孔隙度高、渗透率高和含油饱和度高的特点。我国发现的稠油油藏分布很广，类型很多，埋藏深度变化很大，一般在 10 ～ 2000m 之间，主要储层为砂岩。

（5）稠油随着密度增加其粘度增高，但线性关系较差。众所周知，原油密度的大小与其含金属元素的多少有关，而原油粘度的高低主要取决于其含胶质量的多少。我国稠油油藏属于陆相沉积，原油中金属元素含量少，而沥青、胶质含量变化大，与其他国家相比，沥青质含量较低，一级不超过 10%，而胶质含量较高，一般超过 20%。因此，原油密度较小，但原油粘度较高。

（6）稠油中烃类组分低。稠油与稀油的重要区别是其烃类组分上的差异。我国陆相稀油中，烃的组成（饱和烃＋芳香烃）一般大于 60%，最高可达 95%，而稠油中烃的组成一般小于 60%，最少者在 20% 以下，稠油中随着非烃和沥青质含量的增加，其密度呈规律性增大。

（7）稠油中含硫量低。在我国已发现的大量稠油油藏中，稠油中的含流量都比较低，一般小于 0.8%。河南油田稠油中含硫量仅为 0.1 - 0.38%，远远低于国外调油含流量。

（8）稠油中含蜡量低。我国的大多数稠油油田（如辽河高升、曙光、欢喜岭，新疆克九区，胜利单家寺）原油中含蜡量在 5% 左右。河南井楼稠油油田稠油中含蜡量虽然高于上述稠油油田，但远低于河南双河等稀油油田的含蜡量（一般含蜡量在 30%以上）。

（9）稠泊油金属含量较低。中国陆相稠油与国外海相稠油相比，稠油中镍、钒、铁及铜等金属元素含量很低。特别是钒含量仅为国外稠油的 1/200 ~ 1/400，这是中国稠油粘度较高，而密度较小的重要原因之一。

（10）稠油凝固点较低。大多数稠油油藏属于次生油藏，由于石蜡的大量脱损，以及浅部氧化作用强烈，因此，稠油性质表现为胶质沥青含量高、含蜡量及凝固点低的特点。

1.1.3　稠油资源

世界上稠油资源极为丰富，其地质储量远远超过常规原油储量。据统计，世界上已证实的常规原油地质储量约为 4200×10^8t，而稠油（包括沥青）油藏地质储量高达 155500×10^8t。我国稠油资源分布很广，储量丰富，陆上稠油、沥青资源约占石油总资源量的 20%以上 [3]。目前已在松辽盆地、渤海湾盆地、准葛尔盆地、南襄盆地、二连盆地等 15 个大中型含油盆地和地区发现了 70 多个稠油油藏，全国稠油（包括沥青）地质储量在 80×10^8t 以上，其中仅渤海湾盆地各拗陷在低凸起、边缘斜坡带等处，稠油储量可达 40×10^8t；准噶尔盆地西北缘稠油储量达 10×10^8t 以上。我国陆上稠油油藏多数为中生代陆相沉积，少量为古生代的海相沉积，储层以碎屑岩为主，具有高孔隙度，高渗透率，胶结疏松的特征。辽河油田是我国主要的稠油开发区，油藏类型多；其次是克拉玛依油田、胜利油田及大港油区。

我国有丰富的稠油资源，探明和控制储量已达 16×10^8t，是继美国、加拿大和委内瑞拉之后的世界第四大稠油生产国。重点分布在胜利、辽河、河南、新疆等油田。我国陆上稠油资源约占石油总资源量的 20%以上，探明与控制储量约为 40 亿吨，目前在 12 个盆地发现了 70 多个稠油油田。胜利油田地质储量约 15000 万吨，中原油田约为 3200 万吨，克拉玛依油田约 6660 万吨，国内每年稠油产量约占原油总产量的 10%。中国尚未动用的超稠油探明地质储量为 7.01×10^8t。辽河油田公司 2007 年重新计算确定探明储量中的难动用和未动用储量为 4 亿吨，目前原油年开采能力 1000 万吨以上，天然气年开采能力 17 亿立方米。辽河油区稠油油藏，油层埋藏深度变化较大：最浅小于 600m，最深达 1700m，一般在 700 ~ 1300m 之间。按埋藏深度统计，超过 1300m 的深层稠油油藏，其储量占探明储量的 42.92%，900 ~ 1300m 的中深层油藏，储量占 41.39%，600 ~ 900m 的中浅层占 15.69%。由上述统计不难看出辽河 84.3%储量油藏埋藏深度在 900m 以上。塔河油田累计探明油气地质储量 7.8 亿吨，塔河油田是我国发现的第一个超深超稠碳酸盐岩油藏，埋深 5350 ~ 6600m，80%的储量为特超稠油，稠油产量占总产量 57%。随着国家西部大开发的实施，作为我国石油战略接替区的塔里木盆地的油气产量正逐年上升，2002 年该地区两大油田生产原油约 751 万 t，发展势头较猛。同时，沿塔里木河一带的稠油探明储量为 3.35 亿 t，可采储量为 4500 万 t。2002 年产出稠油约 270 万 t，占塔里木原油产量的 36%。比例相当可观，这部分资源开发对今后塔里木石油的发展起着重要作用。然而，该稠油性质极差（目前中国最差），属于高硫、高残碳、高金属、高密度、高黏度、高沥青质含量的"六高"原油，运输困难，一般的已有的炼油工艺很难对其进行加工处理，因此必须采用一种新的工艺对其进行轻质化加工处理。塔里木盆地可探明油气资源总量为 160 亿吨，其中石油 80 亿吨、天然气 10 万亿立方米。在寒武系顶部 4573.5 ~ 4577 m 获得少量稠油，粘度 2698mPa·s。河南油田已累计找到 14 个油田，探明石油地质储量 1.7 亿吨及含油面积 117.9 平方公里。

胜利油田已投入开发 68 个油气田，动用石油地质储量 33.34 亿吨。目前原油生产能力 2644.8 万吨，已累计生产原油 7.46 亿吨。胜利油区探明稠油地质储量 $4.41 \times 10^8 t$；已动用储量 $3.05 \times 10^8 t$，未动用储量 $1.36 \times 10^8 t$。胜利油区未动用稠油储量主要以超稠油油藏及薄层稠油油藏为主，其中原油粘度超过 100000mPa·s 的超稠油储量 $5159 \times 10^4 t$，占未动用稠油储量的 38%，是胜利油田主要的未动用资源之一。吐哈油田，其深层稠油和三塘湖盆地浅层稠油探明储量 $9814 \times 10^4 t$。

表 1.1　我国稠油资源分布

油田	储量/ $\times 10^8 t$	所占比例
稠油总储量	16	100%
塔河油田	6.24	39%
辽河油田	4	25%
胜利油田	1.5	9.4%
中原油田	0.32	2%
克拉玛依油田	0.67	4.2%
土哈油田	0.98	6.1%
其它油田	2.29	14.3%

我国目前发现数量众多的稠油油藏，其埋藏深度变化很大，在 10 ~ 2000m 之间，但从全国范围来看，绝大部分稠油油藏埋藏深度为 1000 ~ 1500m 之间 [3]。稠油粘度高，密度大，开采中流动阻力大，不仅驱动效率低，而且体积扫油效率也低，难于用常规方法进行开采。稠油的突出特点是含沥青质、胶质较高。我国胶质、沥青质含量较高的稠油产量约占原有总产量的 70%。因此，稠油的开采具有很大的潜力，而且随着轻质油开采储量的减少，21 世纪开采稠油所占的比重将会不断增大。对于稠油油藏，常规方法很难开采，要采取一些特殊的工艺措施，如热力采油，化学方法采油、生物采油及一些组合方法等。为此，各国均有针对性地加强了稠油开采的技术研发。

1.1.4 稠油开采技术

就目前稠油开采技术而言，稠油开采可分为热采和冷采两大类。稠油粘度虽高，但对温度极为敏感，每增加 10℃，粘度即下降约一半。加热过程中，水、轻质油和稠油粘度的变化表明，增加相同的温度，稠油的粘度比水和轻质油降低的多得多。依国际通用的标准，中国许多稠油油田的稠油粘温曲线呈斜直线状，斜率几乎一样 [4]。这说明稠油对加热降粘的规律性是一致的，这也是稠油热采的主要机理。热力采油作为目前稠油开发的主要手段，能够有效升高油层温度，降低稠油粘度，使稠油易于流动，从而将稠油采出。稠油"冷采"是相对"热采"而言的，即在稠油油藏开发过程中，不是通过升温方式来降低油品的粘度，提高油品的流动性能，而是通过其它不涉及升温的方法（如微生物采油，三元复合驱或者加入适当的化学试剂），利用油藏的特性，采取适当的工艺达到降粘开采的目的［5］。

稠油对温度敏感这一特征，国内外普遍认为热处理油层是较为理想的稠油开采方法。目前，广泛采用的热处理油层的采油方法是注热流体（如蒸汽和热水）、火烧油层两类方法，注热流体根据其采油工艺特点主要包括蒸汽吞吐和蒸汽驱两种方式。同时，在 20 世纪 80 年代末，90 年代初，世界上有关石油工程技术人员利用稠油油藏开采过程中容易出砂的原理发展起来一项稠油开采新技术，即稠油出沙冷采技术。

1.1.4.1 蒸汽吞吐采油方法

该法又叫周期注气或循环蒸汽方法，即将一定数量的高温高压下的湿饱和蒸汽注入油层，焖井数天，加热油层中的原油，然后开井回采。我国多数新的稠油油藏，不论浅层（200m～300m）还是深层（1000m～1600m），均首先采用这种技术，这是稠油开发中最普遍的采用方法。过去十年，依靠蒸汽吞吐技术打开了我国稠油开采的新局面。在国外，从 1959 年第一口井蒸汽吞吐以来，到目前为止还在普遍应用。对于稠油油藏如果采用常规采油速度很低或根本无法采油时，必需采用蒸汽吞吐方法开采。而后在进行蒸汽驱开采。该方法的主要优点是投资少、工艺技术简单，增产快，经济效益好，对于普遍稠油及特稠油油藏几乎没有技术及经济上的风险性。但是由于它是单井作业，虽然每口油井（包括预定的蒸汽驱注气井）都要经过蒸汽吞吐采油，可是整个开发区的原油采收率不高，一般只为 8%～20%，我国也有个别地区近 30% 的实例，还需要接着进行蒸汽驱开采以提高最终的采收率。蒸汽吞吐可分为注气、焖井及回采三个阶段。稠油油藏进行蒸汽吞吐开采的增产机理为：

（1）油层中原油加热后粘度大幅度降低，流动阻力大大减小，这是主要的增产机理。向油层注入高温高压蒸汽后，近井地带相当距离内的地层温度升高，将油层及原油加热。虽然注入油层的蒸汽优先进入高渗透层，而且由于蒸汽的密度很小，在重力作用下，蒸汽将向油层顶部超覆，油层加热并不均匀，但由于热对流及热传导作用，注入蒸汽量足够多时，加热范围逐渐扩展，蒸汽带的温度仍保持井底蒸汽温度 Ts（250～350℃）。蒸汽凝结带，即热水带的温度虽有所下降，但仍然很高。形成的加热带中的原油粘度将由几千到几万 mPa·S 降低到几个 mPa·S。这样，原油流向井底的阻力大大减小，流动系数成几十倍地增加，油井产量必然增加许多倍。

（2）对于油层压力高的油层，油层的弹性能量在加热油层后也充分释放出来，成为驱油能量。受热后的原油产生膨胀，原油中如果存在少量的溶解气，也将从原油中逸出，产生溶解气驱的作用。这也是重要的增产机理。在蒸汽吞吐数值模拟计算中即使考虑了岩石压缩系数、含气原油的降粘作用等，但生产中实际的产量往往比计算预测的产量高，尤其是第一周期，这说明加热油层后，放大压差生产时，弹性能量、溶气驱及流体的热膨胀等作用发挥相当重要的作用。

（3）厚油层，热原油流向井底时，除油层压力驱动外，重力驱动也是一种增产机理；美国加州稠油油田重力驱动便是主要的增产机理。

（4）带走大量热量，冷油补充入降压的加热带，当油井注汽后回采时，随着蒸汽加热的原油及蒸汽凝结水在较大的生产压差下采出过程中，带走了大量热能，但加热带附近的冷原油将以极低的流速流向近井地带，补充入降压地加热带。由于吸收油层顶盖层及夹层中的余热而将原油粘度下降，因而流向井底的原油数量可以延续很长时间。尤其对普通稠油在油层条件下本来就具有一定的流动性，当原油加热温度高于原始油层温度时，在一定的压力梯度下，流向井底的速度加快。但是，对于特稠油，非加热带的原油进入供油区的数量减少，超稠油更是困难。

（5）地层的压实作用是不可忽视的一种驱油机理。委内瑞拉马拉开湖岸重油区，实际观测到在蒸汽吞吐开采过程 30 年以来，由于地层压实作用，产生严重的地面沉降。产油区地面沉降达 20m～30m。据研究，地层压实作用产生的驱出油量高达 15% 左右。

（6）蒸汽吞吐过程中的油层解堵作用。稠油油藏在钻井完井、井下作业及采油过程中，入井液及沥青胶质很容易阻塞油藏，造成严中重油层伤害。一旦造成油层伤害后，常规采油方法，甚至采用酸化，热洗等方法都很难清除堵塞物。这是由于固形堵塞物受到稠油中沥青胶质成分的粘结作用，加上流速很低时，很难排出。例如辽河高升油田几十口常规采油井产量低于 $10m^3/d$。进行蒸汽吞吐后，开井回采时能够自喷，放喷产量高达 $200～300m^3/d$ 左右，正常自喷生产产量高达 $50～100m^3/d$，个别井超过 $100m^3/d$。我国其它油田也有同样情况。早在 20 世纪 60 年代美国加州许多重质油田蒸汽吞吐采油历史表明，蒸汽吞吐后的解堵增产油量高达倍 20 左右。

7）注入油层的蒸汽回采时具有一定的驱动作用。分布在蒸汽加热带的蒸汽，在回采过程中，蒸汽将大大膨胀，部分高压凝结热水由于突然降压闪蒸为蒸汽。这也具有一定程度的驱动作用。

（8）高温下原油裂解，粘度降低。油层中的原油在高温蒸汽下产生蒸馏作用某种程度的裂解，使原油轻馏分增多，粘度有所降低。这种油层中的原油裂解作用，无疑对油井增产起到了积极作用。

（9）油层加热后，油水相对渗透率变化，增加了流向井筒的可动油。在油层中，注入湿蒸汽加热油层后，在高温下，油层对油与水的相对渗透率起了变化，砂粒表面的沥青胶质极性油膜破坏，润湿性改变，由原来油层为亲油或强亲油，变为亲水或强亲水。在同样水饱和度条件下，油相渗透率增加，水相渗透率降低，束缚水饱和度增加。而且热水吸入低渗透率油层，替换出的油进入渗透孔道，增加了流向井筒的可动油。

（10）某些有边水的稠油油藏，在蒸汽吞吐过程中，随着油层压力下降，边水向开发区推进。如胜利油区单家寺油田及辽河油区欢喜锦 45 区。在前几轮吞吐周期，边水推进在一定程度上补充了压力，即驱动能量之一，有增产作用。但一旦边水推进到生产油井，含水率迅速增加，产油量受到影响。而且随着油层条件下，油水粘度比的大小不同，其正、负效应也有不同，但总的看，弊大于利，尤其是极不利于以后的蒸汽驱开采，应控制边水推进。从总体上讲，蒸汽吞吐开采属于依靠天然能量开采，只不过在人工注入一定数量蒸汽，加热油层后，产生了一系列强化采油机理，而主导的是原油加热降粘的作用。蒸汽吞吐开采效果的好坏，已经建立了较为成熟的技术评价指标，主要内容包括：1）周期产油量及吞吐阶段累积采油量；2）周期原油蒸汽比及吞吐阶段累积油汽比；原油蒸汽比定义为采出油量与注入蒸汽量（水当量）之比，即每注一吨蒸汽的采油量。如果油井吞吐前有常规产油量，则按增产油量计算，称作增产油汽比。通常每烧一吨原油作燃料，可生产 15m³ 蒸汽；3）采油速度，年采油量占开发区动用地质储量百分数；4）周期回采水率及吞吐阶段回采水率。回采水率定义为采出水量占注入蒸汽的水当量百分数；5）原油生产成本；6）吞吐阶段原油采收率，即阶段累积产量占动用区块地质储量的百分数；7）油井生产时率及油井利用率，按开发区计算；8）阶段油层压力下降程度。

1.1.4.2 蒸汽驱

蒸汽驱开采是稠油油藏经过蒸汽吞吐开采以后接着为进一步提高原油采收率的热采阶段。因为进行蒸汽吞吐开采时，只能采出各个油井井点附近油层中的原油，井间留有大量的死油区，一般原油采收率为 10%～20%。采用蒸汽驱开采时，由注入井连续注入高干度蒸汽，注入油层中的大量热能加热油层，从而大大降低了原油粘度，而且注入的热流体将原油驱动至周围的生产井中采出，将采出更多的原油，使原油采收率增加 20%～30%。虽然蒸汽驱开采阶段的耗汽量远远大于蒸汽吞吐，原油蒸汽比低得多，但它是主要的热采阶段。

在蒸汽驱动开采过程中，由注气井注入的蒸汽，加热原油并将它驱向生产井中。注入油藏的蒸汽，由注入井推向生产井过程中，形成几个不同的温度区及油饱和度区。即蒸汽区、凝结热水区、油带、冷水带及原始油层带。如图 4 及 5 所示。热水凝结带又可分为溶剂带及热水带。事实上这些区带之间没有明显的区别的界限。这样划分便于描述蒸汽驱过程中油藏的各种变化。当蒸汽注入油藏后，在注入的蒸汽使蒸汽带向前推进。在蒸汽带前面，由于加热油层，蒸汽释放热量而凝结为热水凝结带，热水凝结带包括溶剂油及热水带，他的温度逐渐降低。继续注入蒸汽，推进热水带并将蒸汽带前缘的热量加热距注入井更远的冷油区，凝结热水加热油层损失热量后，它的温度逐渐降到原始油层温度。未加热的油层保持原始温度。

由于每个区带的驱替机理不同，因此注入井与生产井之间的油饱和度也不同。原油饱和度因经受的温度最高而降至最低程度。它不取决于原油饱和度，而取决于温度及原油的组分。在蒸汽温度下，原油中部分轻质馏分受到蒸汽的蒸馏作用，在蒸汽带前缘形成溶剂油带或轻馏分油带。在热凝结带中，这种轻馏分油带从油层中能抽提部分原油形成了油相混相驱替作用。同时热凝结带的温度较高，使原油粘度大大降低，受热水驱扫后的油饱和度远低于冷水驱。

由于蒸汽带及热水带不断向前推进，将可动原油驱扫向前，热水带前面形成了原油饱和度高于原始值的油带及冷水带，此处的驱油形式和水驱相同。在油层原始区，温度和油饱和度仍是原原始状态。

这些机理作用在油层中各个区带中的作用程度是不一样的，而且主要取决于原油及油层的性质。在蒸汽带中，蒸汽驱的主要机理是蒸汽的蒸馏作用及蒸汽驱油作用。在热凝结带中，主要是降粘、热膨胀、高渗透率变化、重力分离及溶解气驱等作用。在原始带中，主要是常规水驱及重力分离作用。

1.1.4.3 火烧油层

火烧油层是较早使用的提高油田采收率方法之一。1947 年开始室内研究；20 世纪 50 年代进行了现场小型实验；20 世纪 60 年代现场应用发展较快；20 世纪 70 年代由于受到注蒸汽开采冲击，曾一度进展缓慢；进入 80 年代后，由于注氧火烧等先进技术的应用，火烧油层技术的得到较快发展和广泛应用。美国、前苏联、罗马尼亚、加拿大等国 100 多个油田开展了大规模工业性开采实验。现场实验资料证实，火烧油层的采收率可以达到 50%～80%。

火烧油层又称油层内燃烧驱油法，简称火驱。它是利用油层本身的部分重质裂化产物作燃料，不断燃烧生热，依靠热力、汽驱等多种综合作用，实现提高原油采收率的目的。

通过适当井网，选择点火井，将空气或氧气注入油层，并用点火器将油层点燃，然后继续向油层注入氧化剂（空气或氧气）助燃形成移动的燃烧前缘（又称燃烧带）。燃烧带前方的原油受热降粘、蒸馏，蒸馏的轻质油、气和燃烧烟气驱向前方，未被蒸馏的重质碳氢化合物在高温下产生裂解作用，最后留下裂解产物—焦炭作为维持油层燃烧的燃料，使油层燃烧不断蔓延扩大。由于在高温下地层束缚水、注入水及裂解生成氢气与注入空气的氧化合成水蒸气，携带大量的热量传递给前方油层，从而形成一个多种驱动的复杂过程，把原油驱向生产井。被烧掉的裂解残渣约占储量的 10%～15%。从火烧油层的驱油机理看，它具有以下特点。

1）具有注蒸汽、热水驱的作用，热利用率和驱油效率更高，同时由于蒸馏和裂解作用，提高了产物的轻质成分。

2）具有注汽、注水保持油层压力的特点，且波及系数及洗油效率均较高。

3）具有注二氧化碳和混相驱的性质，驱油效率更高，见效更快，且无须专门制造各种介质及配套设备。火烧油层采油适应范围广，既可用于深层（3500m）、薄层（<6m）、较细密（0.035 μm²）、高含水（>75%）的水驱稀油油藏，又可用于稠油油藏；既可用于一、二次采油，又可用于三次采油，还被认为是开采残余油的重要方法。

1.1.4.4 出砂冷采

稠油油藏一般埋藏较浅，压实成岩作用差，储层胶结疏松，开采过程中出砂现象十分普遍和严重，给生产带来危害，采用各种防砂工艺技术后，虽然能收到一定的防砂效果，但是，这既影响了油井的产油量，又增加了防砂工具的投资。"出砂冷采"正是能克服上述危害和不利而产生的一项稠油开采新技术，它不需要向油层注入热量，属于一次采油的范畴，允许油藏出砂，并通过出砂采油大幅度提高稠油常规产量。

稠油油藏一般埋藏较浅，压实成岩作用差，储层胶结疏松，沙砾间的结合能力弱，在较高的压力梯度作用下，砂粒容易发生脱落，而原油粘度较高，携沙能力强，致使砂粒随稠油一道采出，油层中形成"蚯蚓洞"网络（据有关文献介绍，"蚯蚓洞"的形成主要依赖于砂粒间结合力的强弱差异来实现），从而使油层空隙度和渗透率大幅度提高。一

（3）溶解气膨胀，提供了驱油能量。稠油中的溶解气以微气泡的形式存在于地层中，当含气原油向井筒流动时，由于孔隙压力降低，不仅微气泡急剧发生膨胀，形成泡沫油，而且油层中的原油、水以及岩石骨架也会发生弹性膨胀。这些因素的联合作用，为原油的流动提供了驱动能量。

（4）远距离的边、底水存在，提供了补充能量。边底水对稠油出砂冷采的作用，国外存在不同的看法。有人认为，边底水的存在可以为驱动补充能量，有利于稠油出砂冷采。也有人认为，稠油出砂冷采过程中必然形成蚯蚓洞网络，一旦蚯蚓洞网络延伸到边底水区域，必然导致油井只产水不产油。

1.1.4.5　井筒降粘技术

井筒降粘技术是指通过热力、化学、稀释等措施使得井筒中的流体保持低粘度，从而达到减少井筒流动阻力，缓解抽油设备的不适应性，提高稠油及高凝油的开发效果等目的的采油工艺技术。该技术主要与用于稠油粘度不很高或油层温度较高，所开采的原油能够流入井底，只需保持井筒流体有较低的粘度和良好的流动性，采用常规开采方式就能进行开采的油藏。目前常采用的井筒降粘技术主要包括化学降粘技术和热力降粘技术。

1）井筒化学降粘技术。井筒化学降粘技术是指通过向井筒流体中掺入化学药剂，从而使流体粘度降低的开采稠油及高粘油的技术。其作用机理是：在井筒流体中加入一定量的水溶性表面活性剂溶液，使原油以微小油珠分散在活性水中形成水包油乳状液或水包油型粗分散体系，同时活性剂溶液在油管壁和抽油杆柱表面形成一层活性水膜，起到乳化降粘和润湿降阻的作用。乳化剂在化学降粘中起着重要作用，如乳状液的形成类型及稳定性都与乳化剂本身的性质有直接关系，选用乳化剂一般按其亲油亲水平衡值（HLB）来确定，通常形成水包油型乳状液的 HLB 值为 8～18。在实际应用中，为了满足开采要求，乳化剂选择标准有三条：（1）活性剂比较容易与原油形成水包油型乳状液，具有好的稳定性和流动性；（2）乳化剂用量少，室内试验浓度不高于 0.05%；（3）原油采出后重力分离快，易于破乳脱水。

2）化学降粘工艺技术。乳化降粘开采工艺是在地面油气集输中建设降粘流程，根据加药地点不同，可分为单井乳化降粘、计量站多井乳化降粘及大面积集中管理乳化降粘三种地面流程。根据化学剂与原油混合点的不同，又可分为地面乳化降粘和井筒中乳化降粘技术。

单井乳化降粘是在油井井口加药，然后把活性水掺入油套环形空间；计量站多井乳化降粘是为了便于集中管理，在计量站总管线完成加药、加压加热及水量计量，然后再分配到各井，达到降粘的目的；而大面积集中管理乳化降粘则在接转站进行加药，这种方式设备简单、易于集中管理。

地面乳化降粘是使用于油井能够正常生产，地面集输管线中流动困难的油井。原油从油井产出后，经井口油水混合器与活性剂溶液混合成乳状液，由输油管线输送到集油站。

井筒中乳化降粘工艺是由管柱装有封隔器和单流阀，活性剂溶液通过油管柱上的单流阀进入油管与原油乳化，达到降粘的目的。根据单流阀与抽油泵的相对位置又可分为泵上乳化降粘和泵下乳化降粘，其管柱如图 6 所示化学降粘工艺一定要根据油井的实际情况进行选择，其设计中的主要参数包括活性剂溶液的浓度、温度、水液比。

活性剂水溶液的浓度要适当，浓度过低不能形成水包油型乳状液，浓度过高时乳状液浓度进一步下降幅度不大，采油成本提高，经济上不合算，而且有化学剂（如烧碱、水玻璃等），在高浓度时易形成油包水型乳状液，反而会造成原油粘度的升高。温度对已形成的乳状液粘度影响不大，但它影响乳化效果。实验证明，随着温度的提高，乳化效果变好。水液比是指活性水与产出液总量的比值，它直接影响乳状液的类型、粘度和油井产油量。水液比应根据油井实际情况而定，某油田现场试验结果表明：在井口活性剂溶液保持60℃，活性剂浓度为0.02～0.03时，不同的原油粘度与水液比关系的表。

3）井筒热力降粘技术。井筒热力降粘技术是利用高粘油、稠油对温度敏感这一特点，通过提高井筒流体的温度，使井筒流体粘度降低的工艺技术。目前常用的井筒热力降粘技术根据其加热介质可分为两大类：即热流体循环加热降粘技术和电加热降粘技术。

热流体循环加热降粘技术应用地面泵组，将高于井筒生产流体温度的油或水等热流体，以一定的流量通过井下特殊管柱注入井筒中建立循环通道以伴热井筒生产流体，从而达到提高井筒生产流体的温度、降低粘度、改善其流动性目的的工艺技术。根据其井下管（杆）柱结构的不同主要分为以下四种形式：

（1）开式热流体循环工艺。开式热流体循环根据循环流体的通道不同又可分为正循环和反循环两种。开式热流体反循环工艺是油井产出的流体或地面其他来源的流体经过加热后，以一定的流量通过油套环形空间注入井筒中，加热井筒生产流体及油管、套管和地层，然后在泵下或泵上的某一深度上进入油管并与生产流体混合后一起采到地面。开式热流体正循环工艺则是指热流体由油管注入井筒中，在油管的某一深度处进入油套环形空间与生产流体混合。这种工艺技术适用于自喷井和抽油井等不同采油方式生产的高凝油及稠油油井。

（2）闭式热流体循环工艺。闭式热流体循环工艺循环的热流体与从油层采出的流体不相混合，而且循环流体也不会对油层产生干扰。

（3）空心抽油杆开式热流体循环工艺。它是将空心抽油杆与地面掺热流体管线连接，热流体从空心抽油杆注入，经杆底部凡尔流到油管内与油层采出流体混合后一同被举升到地面。

（4）空心抽油杆闭式热流体循环工艺。油层流体进入油管后，经特定的换向设备进入空心抽油杆流向地面，而热流体由杆与油管的环形空间进入井筒，然后由油套环形空间返回地面。

除此之外，热流体循环加热降粘技术的管柱结构变形很多，其基本的原理是相似的，在实际应用中应根据具体情况确定，目标是使得所开采的原油具有低的开采成本。热流体循环加热降粘技术的关键在于确定循环流体的量、循环深度、井口循环流粘度、含蜡量等的制约和流体在循环通道中流动时与管壁、井筒及地层岩石换热的影响。循环深度的确定主要取决于油层采出流体沿井筒的温度和粘度分布，循环深度确定后要求使得井筒中的流体具有足够低的粘度和较好的流动性，满足油井正常生产的换热过程研究的基础上，这两个参数是影响加热效果的主要因素，同时热流体循环量往往会受到井口注入压力的限制，在一定循环量的条件下，井口注入压力必须能保证循环的顺利进行，相反在地面限定井口注入压力的情况下，循环量将受到制约。因此要保证达到加热效果，应根据油井的条件在优化井筒管柱结构的基础上，合理选择热流体循环的四个关键参数。

电加热降粘技术是利用电热杆或伴电缆，将电能转化为热能，提高井筒生产流体温度，以降低其粘度和改善其流动性。目前常用方法有电热杆采油工艺和伴热电缆采油工艺两种技术：

（5）电热杆采油。其工作原理是交流电从悬接器输送到电热杆的终端，使得空心抽油杆内的电杆发热或利用电缆线与空心抽油杆杆体形成回路，根据集肤效应原筒中生产流体的温度、粘度分布及流体特性等为基础确定，加热功率的大小取决于所需的温度增值，要通过设计使得井筒内的生产流体具有低粘度和较好的流动性，同时考虑到节省材料和节省能源，因此要根据具体情况确定合理的加热深度和经济的加热功率。

电加热降粘技术对电缆和电缆杆制造工艺要求比较高，要去其质量稳定，工作可靠，温度调节容易。在工艺实施过程中，其地面设备简单，生产管理方便，温度调节和控制容易、快速，沿程加热均匀，停电凝管处理容易，热效率高，便于实现自动控制，且对环境无污染，使用安全。电热杆采油工艺还具有井下作业和维修施工方便、简单，一次性投资少，资金回收快的特点，且电热杆的重量加在悬点上，只适于有杆抽油系统采油的油井。而伴热电缆则井下作业和维修施工复杂，且一次性投资较高，但其应用不受采油方式的影响，因而适用范围更广。

1.1.5 稠油开采带来的废水问题

稠油热采是提高原油采收率的有效方法，该技术自问世以来，已经有了突飞猛进的发展，形成了以蒸汽吞吐、蒸汽驱、蒸汽辅助重力泄油（Steam Assisted Gravity Drainage，SAGD）、热水驱、火烧油层、电磁加热等为代表的技术框架。其中大部分技术已经应用于稠油油田的开发，取得了显著的效果。

稠油开采越来越倾向于水平井或者复合井技术的应用。水平井与常规油井相比较，具有提高生产能力，加快开采速度和降低底水锥等优点。已经应用的水平井稠油热采技术有[6]：水平井蒸汽吞吐、水平井蒸汽驱、加热通道蒸汽驱、重力辅助蒸汽驱、改进的重力辅助蒸汽驱（The Improved Gravity Auxiliary Steam Drive，ESAGD）、水平井电加热开采、坑道式水平井开采、多底水平井开采、重力辅助火烧油层技术、水平井火烧油层等。其中SAGD 工艺是提高稠油、超稠油、高凝油采收率的一项前沿技术，辽河油田从 20 世纪 90年代开始进行 SAGD 采油工艺的研究与实践。2003 年开始，辽河油田在曙一区杜 84 块选择了 8 个井组转 SAGD 先导试验，获得了成功，采收率提高到近 60%，效果显著。先导试验项目 2006 年 10 月通过了股份公司专家组验收，目前辽河油田已经成为全国最重要的稠油生产基地。在辽河油田之后，新疆的克拉玛依油田也展开了稠油的 SAGD 技术的应用。目前国内外油田的开采竞相应用 SAGD 技术，它已经成为稠油开采的主流技术，其注汽工艺的原理如图 1.1 所示。

SAGD 技术使用的注汽锅炉为直流式锅炉，生产的是干度 80% 以下的湿蒸汽，降低了

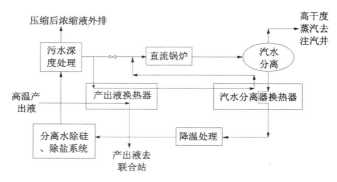

图 1. 1   SAGD 先导实验注汽工艺的原理图

SAGD 技术开采的效率。而能够生产高干度或过热蒸汽的汽包锅炉对给水的标准非常高，在实际生产中油田污水深度处理技术不能满足水质的要求，它的工艺流程如图 1.2 所示。

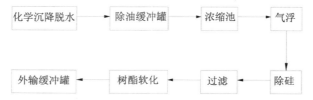

图 1. 2   油田污水深度处理技术的流程图

稠油废水是油田采出液中油水分离以后剩余的废水，含有微量的残油，兼有高温蒸汽在地下对岩土层的溶解成分，即含有丰富的钙、硅等污垢离子。经图 1.2 的工艺深度处理后出水的二氧化硅含量高、含油量高、电导率高，不能满足汽包锅炉给水的标准（GB/T12145 – 1999），需要研究开发更好的废水处理技术或者工艺。现实情况下，稠油采出液的出口温度达到 160 ~ 180 ℃，油水分离后的稠油废水温度仍有 80 ~ 90 ℃[7]。经过初步处理，温度仍在 70 ℃ 左右，远高于环境温度。如果将稠油废水直接排放，必定破坏油田的生态环境，因此国家严格禁止稠油废水的直接排放。如何有效地处理和利用稠油废水，成为油田生产过程中面临的重大问题。

SAGD 技术一方面可以大幅度提高石油的采收率，另一方面却也产生了大量的余热。余热的来源有稠油废水的自身余热、汽水分离器高温分离水的余热。高温产出液的余热，温度在 160 ℃ 左右，流量为注汽量的 1.1 倍左右。此外还有锅炉高温烟气的余热，这些热量尚未得到很好的利用。另一方面为了实现稠油的顺利开采，需要消耗大量的蒸汽。在大多数油田生产现场，面临着水资源的短缺。稠油废水如果不能用作锅炉给水，必然要排放到水环境，会引起水体的污染，破坏生态平衡。国内外处理油田废水的出路一般有三种：①回注，即代替洁净的水资源直接回注地层，或者加入一定量的聚合物后回注地层。过去将油田废水进行处理后直接回注地层是一种比较经济的方法，但是随着油田开发进入高含水的阶段，回注的水量越多，原油的含水率就越高。回注的方法使得油田污水站超负荷运行，处理后的水质难以达标，导致回注工艺的实施越来越困难。②回用，即处理后作为锅炉的给水，充分利用了废水资源，比较环保，减轻了油田废水对水体环境的污染。③外排，将稠油废水经过化学法、物理法或者生物法处理后，满足国家污水的排放标准，直接排放。但是此法成本高，而且不能解决油田生产现场水资源的短缺。我国是水资源匮乏的国家之一，人均占有水资源不足 2200m³，约为世界平均水平的 30%，而且地区分布不均。全国水资源可利用的量为 11000 ×10⁹m³，仅相当于水资源总量的 39.3%[8]，节约水资源势在必行。SAGD 体系的直流锅炉汽水分离器，它分离的盐水和采出高温液都含有较高的余热。此外，在生产中排出的烟气温度在 200 ℃ 以上，有时高达 250 ℃ 以上，而且锅炉数量多，也具有余热利用的潜力。

由于我国油田分布相对分散，大多处于淡水资源缺乏的地区，有些甚至处于自然资源保护区，很多油田无法取得高品质的淡水作为锅炉给水，或者为了保护周围水资源无法开采地下水，也提高了稠油废水达标排放的要求。如果利用 SAGD 技术开采过程中的余热，将经过初步处理后的稠油废水蒸发，收集得到的蒸馏水用作注汽锅炉的给水，这样既可以节约水资源，又可以利用废水的余热，实现了污染物的零排放。但是稠油废水的性质决定了在蒸发回收过程必定会面临严重的结垢难题和蒸馏水质量的污染。

近年来等离子体（Plasma）技术，特别是低温等离子体（Non - Thermal Plasma，NTP）技术作为一种新的废水治理方法受到广泛关注。NTP 的工艺多用于有机化合物的降解、废水脱色、有毒液体的处理等领域[9~11]。由于在 NTP 产生过程中会发生多重高级氧化反应，并生产大量的自由基，可以和稠油废水中的各种离子或者微粒反应，甚至结合。初步分析认为，NTP 技术是一种可以降解稠油废水中有机物和和缓解结垢的潜在物理方法。

稠油废水是随着油田应用 SAGD 开采技术而产生的，出现的时间不长。它有别于其它种类的油田废水，主要特征是在高温的蒸汽重力辅助泄油条件下，从地下深处采出，含有高浓度的钙、硅等离子，同时也含有比较丰富的盐类。为了水资源的循环利用，同时发挥废水的余热，本文研究稠油废水蒸发浓缩回收蒸馏水作为注汽锅炉给水的工艺，着重阐述蒸发过程中控制污垢的方法以及改善稠油废水与蒸馏水质量的措施。

1.1.6 稠油废水的性质

稠油废水是指油田热采过程产生的废水，它在高温高压的油层中溶解了地层的各种盐类和气体，附带采油时又从油层里携带了许多悬浮固体，还有油气集输过程为了降低粘度而掺进了各类化学试剂。根据油品性质的不同油田污水又可分为稠油污水、稀油污水和高凝油污水等。一般认为采出水中的油是以 3 种形式存在即悬浮油、乳化油和溶解油。我国有四大稠油生产基地包括辽河油田、胜利油田、中原油田和新疆油田，其中辽河油田是生产稠油的大户年产量达约 1400 万吨。目前年产稠油污水量为约 3070 万吨。油井开采年限越长，原油含水率就越高，原油脱出水水量就越大。目前辽河油田原产稠油的含水率在 60~75% 之间，即产一吨原油的同时会产生 3~4 吨的含油污水。随着开采开发方式的改变，稠油区将采用汽驱开采含水率将大幅度提高，同时汽驱所需的清水量也相应的提高。中油总公司要求各油田污水回注或综合处理率不低于 98%，但目前全国各大油田均不能达到总公司的要求，其主要原因是稠油污水的处理目前基本没有展开。因此，稠油废水的水量和水质经常处于波动状态，而且成分十分复杂，主要特点有：

1）油水密度小。稠油的平均密度在 900kg/m³ 以上[12]，油与水的密度差小于 100 kg/

m^3，石油颗粒长期悬浮在水中，无法使用重力除油的处理方式。

2）温度较高。油田在开发、集输和脱水过程中，为降低原油粘度，往往将温度提高到 70 ~ 80 ℃，导致稠油废水的出口温度高[13]。

3）高含油量，且易形成水包油的乳状液。石油含有的胶质和沥青具有天然的乳化作用，使得废水的乳化现象更加严重，进一步加大了废水除油的难度[14]。

4）含有不少的污垢微粒。稠油废水中的 Ca^{2+}、Mg^+、HCO_3^-、CO_3^{2-}、SO_4^{2-}、SiO_2 等微粒含量高，在蒸发时这些离子之间容易发生相互作用，甚至聚合而沉积，造成换热设备的结垢。

5）可生化性差。在开采和油水分离过程中添加了各种类型的化学试剂，如降稠剂、阻垢剂、防泡剂、杀菌剂等，大部分药剂是生物难以降解的，这些有机物残留在废水里面，给稠油废水的处理增添了困难[15]。

1.2 油田开采带来的社会问题

石油还被称为黑色金子，它带来的利益财富会使地区之间产生巨大冲突，比如尼日利亚暴力冲突非常严重。也严重污染环境，原油泄漏严重破坏海洋生态系统，且石油燃烧释放的二氧化碳使全球变暖。现代社会对石油天然气资源开发利用所造成的能源危机、资源浪费、环境污染等社会问题，石油天然气资源分布和消费的不均匀性对世界政治、经济产生重大的影响。指出我国石油工业组织结构现状，为谋求人与自然的合谐发展和经济的持续稳定发展，提出了对石油天然气资源合理开发利用应采取的对策。通过一些政策和措施的实现，使石油开采带来的不良影响尽可能消除。

第2章 废水蒸发的研究现状

2.1 废水治理的现状

目前国内水质恶化的情况十分严重，给水体环境造成极大的危害，破坏了生态平衡，其中最重要的原因是工业废水的超标排放。国家规定工业废水必须经过处理，达到排放标准才能进入水体环境，而水质检测是指导废水处理设施稳定运行的依据。2011年以来，由于国家节能减排的强制要求，在城市生活污水处理率有了大幅提高的背景下，工业废水的治理成了突出问题，高浓度难降解工业废水的处理更是重中之重。然而，由于工业废水含有污染物的数量巨大，并且常规技术难以处理，所以一直是水污染不能彻底解决的难点。根据环保部门的统计数据，2011年我国废水的排放量达到652.1亿吨[16]。其中造纸、石化、纺织、制药、食品等工业生产中排出的大量工业废水种类繁多、成分复杂，COD（Chemical Oxygen Demand）浓度很高、生化处理困难，而且有很强的毒性。如果工业废水不能有效地加以处理，必然会给自然环境带来严重的污染和破坏，因此对工业废水展开综合治理是当前需要切实解决好的重大课题。工业废水种类繁多，稠油废水就是其中之一。一方面如果稠油废水得到不合理的处理，例如回注和排放，不仅使油田地面设施不能正常运行，而且会因地层堵塞而带来危害，同时也会造成环境污染，影响油田安全生产。另一方面，稠油废水由于矿化度高，溶解了不同程度的硫化氢、二氧化碳等酸性气体和溶解氧，处理和回注到地层会对处理设施、回注系统产生腐蚀。更重要的是石油注汽开采的工艺需要大量、高品质的水源，而油田生产现场又常常面临水资源的短缺，因此对稠油废水的循环利用显得更为迫切和需要。

2.1.1 油田废水的处理方法

油田废水常用处理方法可按其作用分为四大类，即物理处理法、化学处理法、物理化学法和生物处理法。

（1）物理处理法，通过物理作用，以分离、回收废水中不溶解的呈悬浮状态污染物质（包括油膜和油珠），常用的有重力分离法、离心分离法、过滤法等。

（2）化学处理法，向污水中投加某种化学物质，利用化学反应来分离、回收污水中的污染物质，常用的有化学沉淀法、混凝法、中和法、氧化还原（包括电解）法等。

（3）物理化学法，利用物理化学作用去除废水中的污染物质，主要有吸附法、离子交换法、膜分离法、萃取法等。

（4）生物处理法，通过微生物的代谢作用，使废水中呈溶液、胶体以及微细悬浮状态的有机性污染物质转化为稳定、无害的物质，可分为好氧生物处理法和厌氧生物处理法。

油田废水的有效治理应遵循如下原则：①最根本的是改革生产工艺，尽可能在生产过程中杜绝有毒有害废水的产生。如以无毒用料或产品取代有毒用料或产品。②在使用有毒原料以及产生有毒的中间产物和产品的生产过程中，采用合理的工艺流程和设备，并实行严格的操作和监督，消除漏逸，尽量减少流失量。③含有剧毒物质废水，如含有一些重金属、放射性物质、高浓度酚、氰等废水应与其他废水分流，以便于处理和回收有用物质。④一些流量大而污染轻的废水如冷却废水，不宜排入下水道，以免增加城市下水道和污水处理厂的负荷。这类废水应在厂内经适当处理后循环使用。⑤成分和性质类似于城市污水的有机废水，如造纸废水、制糖废水、食品加工废水等，可以排入城市污水系统。应建造大型污水处理厂，包括因地制宜修建的生物氧化塘、污水库、土地处理系统等简易可行的处理设施。与小型污水处理厂相比，大型污水处理厂既能显著降低基本建设和运行费用，又因水量和水质稳定，易于保持良好的运行状况和处理效果。⑥一些可以生物降解的有毒废水如含酚、氰废水，经厂内处理后，可按容许排放标准排入城市下水道，由污水处理厂进一步进行生物氧化降解处理。⑦含有难以生物降解的有毒污染物废水，不应排入城市下水道和输往污水处理厂，而应进行单独处理。

2.1.1.1 物理处理法

物理法是利用油田废水中各成分在物理性质方面的差别，通过物理作用分离、回收废水中不溶解的呈悬浮状态的污染物（包括油膜和油珠）的废水处理法，可分为重力分离法、离心分离法和筛滤截留法等。属于重力分离法的处理单元有：沉淀、上浮（气浮）等，相应使用的处理设备是沉砂池、沉淀池、隔油池、气浮池及其附属装置等。离心分离法本身就是一种处理单元，使用的处理装置有离心分离机和水旋分离器等。筛滤截留法有栅筛截留和过滤两种处理单元，前者使用的处理设备是格栅、筛网，而后者使用的是砂滤池和微孔滤机等。以热交换原理为基础的处理法也属于物理处理法，其处理单元有蒸发、结晶等。

1）过滤法，它是利用过滤介质截流污水中的悬浮物。过滤介质有钢条、筛网、纱布、塑料、微孔管，常用的过滤设备有：格栅、栅网、微滤机、砂滤机、真空滤机、压滤机等。

2）气浮法，它将空气通入污水中，并以微小气泡形式从水中析出成为载体，污水中相对密度洁净与水的微小颗粒状的污染物质（如乳化油）粘附在气泡上，并随气泡上升至水面，形成泡沫气、水、悬浮颗粒（油）三相混合体，从而使污水中的污染物质得以从污水中分离出来。根据空气打入方式不同，气浮处理设备有：加压溶气气浮法、叶轮气浮法和射流气浮法等。为了提高气浮效果，有时需向污水中投加混凝剂。

3）沉淀法，它利用污水中呈悬浮状的污染物和水比重不同的原理，借重力沉降（或上浮）作用，使其水中悬浮物分离出来。沉淀（或上浮）处理设备有沉砂池、沉淀池和隔油池。在污水处理与回收利用方法中，沉淀与上浮法常常作为其他处理方法前的预处理，如用生物处理法处理污水时，一般需事先经过预沉池去除大部分悬浮物质减少生化处理构筑物的处理负荷，而经生物处理后的出水仍要经过二次沉淀池的处理，进行泥水分离保证出水水质。

4）离心分离法，当含有悬浮污染物质的污水在高速旋转时，优于悬浮颗粒（如乳化油）和污水的质量不同，因此旋转时收到的离心力大小不同，质量大的被甩到外围，质量小的则留在内圈，通过不同的出口分别引导出来，从而回收污水中的有用物质（如乳化油），并净化污水。常用的离心设备按离心力产生的方式可分为两种：由水流本身旋转产生离心力的旋流分离器；有设备旋转同时也带动液体旋转产生离心力的离心分离机。旋流分离器分为压力式和重力式两种。离心机的种类很多，按分离因素分有常速离心机和高速离心机。常速离心机用于粉底低浆废水效果可达到 60% – 70%，还可用于沉淀池的沉渣脱水等。高速离心机适用于乳状液的分离。如用于分离羊毛废水，可回收 30% – 40% 的羊毛脂。

5）反渗透，是膜分离技术的一种，属于膜分离技术的还有电渗析、渗析、正渗透等。利用一种特殊的半渗透膜，在一定的压力下，将水分子压过去，而溶解于水中的污染物质则被膜所截流，污水被浓缩，而被压透过膜的水就是处理过的水。目前该处理方法已用于海水淡化、含重金属的废水处理及污水的深度处理等方面。反渗透处理工艺流程应该由三部分组成，预处理、膜分离及后处理。预处理的目的是将能够对膜分离功能产生有害影响的各种因素加以消除或将其减少到最低的程度。

陈雷等[17]研究几种填料的聚结除油性能的对比实验，分析三元复合驱油田废水处理工艺的参数。结果表明，在不投加任何药剂的情况下，该流程可将三元复合驱油田废水处理到理想效果。郝敬辉[18]研究含聚合物的油田废水治理条件，阐述新型高分子材料处理废水的室内试验及现场小试，可满足含聚合物浓度小于 150 mg/L 的废水处理要求。刘成宝等[19]研究膨胀石墨吸附剂作为废水处理装置的材料，阐述水流速度、膨胀石墨的填充密度、吸附流程对废水处理效果的影响规律，结果表明，处理后的废水能达到回注标准。马程等[20]分析膨润土的基本特性及其在油田废水处理中的应用。实验证明，天然膨润土经改性后，可吸附废水中的油、烃类衍生物、残留聚合物及表面活性剂，达到除油的目的。Zhang 等[21]研究基于大庆油田废水的特性而设计的油水分离器，它的设计优化通过正交实验来完成，结果表明，处理效果良好。

2.1.1.2 化学处理法

化学法是利用油田废水中某些离子的存在，添加部分药剂，发生化学反应，包括混凝沉淀、化学转化和中和等。通过化学反应和传质作用来分离、去除废水中呈溶解、胶体状态的污染物或将其转化为无害物质的废水处理法。在化学处理法中，以投加药剂产生化学反应为基础的处理单元是：混凝、中和、氧化还原等；而以传质作用为基础的处理单元则有：萃取、汽提、吹脱、吸附、离子交换以及电渗析和反渗透等。后两种处理单元又合称为膜分离技术。

1) 废水臭氧化处理法，是用臭氧作氧化剂对废水进行净化和消毒处理的方法。用此法处理废水所使用的是含低浓度臭氧的空气或氧气。臭氧是一种极不稳定、易分解的强氧化剂，需现场制造，工艺设施主要由臭氧发生器和气水接触设备组成。这种方法主要用于：水的消毒，去除水中酚、氰等污染物质，水的脱色，水中铁、锰等金属离子的去除，异味和臭味的去除等。主要优点是反应迅速、流程简单、无二次污染。在环境保护和化工等方面广泛应用。

2) 废水电解处理法，是应用电解的基本原理，使废水中有害物质通过电解转化成为无害物质以实现净化的方法。废水电解处理包括电极表面电化学作用、间接氧化和间接还原、电浮选和电絮凝等过程，分别以不同的作用去除废水中的污染物。其主要优点：①使用低压直流电源，不必大量耗费化学药剂；②在常温常压下操作，管理简便；③如废水中污染物浓度发生变化，可以通过调整电压和电流的方法，保证出水水质稳定；④处理装置占地面积不大。但在处理大量废水时电耗和电极金属的消耗量较大，分离的沉淀物不易处理利用，主要用于含铬废水和含氰废水的处理。

3) 废水化学沉淀处理法，是通过向废水中投加可溶性化学药剂，使之与其中呈离子状态的无机污染物起化学反应，生成不溶于或难溶于水的化合物沉淀析出，从而使废水净化的方法。投入废水中的化学药剂称为沉淀剂，常用的有石灰、硫化物和钡盐等。根据沉淀剂的不同，可分为：①氢氧化物沉淀法，即中和沉淀法，是从废水中除去重金属有效而经济的方法；②硫化物沉淀法，能更有效地处理含金属废水，特别是经氢氧化物沉淀法处理仍不能达到排放标准的含汞、含镉废水；③钡盐沉淀法，常用于电镀含铬废水的处理。化学沉淀法是一种传统的水处理方法，广泛用于水质处理中的软化过程，也常用于工业废水处理，以去除重金属和氰化物。

4) 废水混凝处理法，是通过向废水中投加混凝剂，使其中的胶粒物质发生凝聚和絮凝而分离出来，以净化废水的方法。混凝系凝聚作用与絮凝作用的合称。前者系因投加电解质，使胶粒电动电势降低或消除，以致胶体颗粒失去稳定性，脱稳胶粒相互聚结而产生；后者系由高分子物质吸附搭桥，使胶体颗粒相互聚结而产生。混凝剂可归纳为两类：①无机盐类，有铝盐（硫酸铝、硫酸铝钾、铝酸钾等）、铁盐（三氯化铁、硫酸亚铁、硫酸铁等）和碳酸镁；②高分子物质，有聚合氯化铝，聚丙烯酰胺等。处理时，向废水中加入混凝剂，消除或降低水中胶体颗粒间的相互排斥力，使水中胶体颗粒易于相互碰撞和附聚搭接而形成较大颗粒或絮凝体，进而从水中分离出来。影响混凝效果的因素有：水温、pH 值、浊度、硬度及混凝剂的投放量等。

5) 废水氧化处理法，是利用强氧化剂氧化分解废水中污染物，以净化废水的方法。强氧化剂能将废水中的有机物逐步降解成为简单的无机物，也能把溶解于水中的污染物氧化为不溶于水、而易于从水中分离出来的物质。

常用氧化剂：①氯类，有气态氯、液态氯、次氯酸钠、次氯酸钙、二氧化氯等；②氧类，有空气中的氧、臭氧、过氧化氢、高锰酸钾等。氧化剂的选择应考虑：对废水中特定的污染物有良好的氧化作用，反应后的生成物应是无害的或易于从废水中分离，价格便宜，来源方便，常温下反应速度较快，反应时不需要大幅度调节 pH 值等。氧化处理法几乎可处理一切工业废水，特别适用于处理废水中难以被生物降解的有机物，如绝大部分农药和杀虫剂，酚、氰化物，以及引起色度、臭味的物质等。

6）废水中和处理法，是利用中和作用处理废水，使之净化的方法。其基本原理是，使酸性废水中的 H + 与外加 OH － ，或使碱性废水中的 OH － 与外加的 H + 相互作用，生成弱解离的水分子，同时生成可溶解或难溶解的其他盐类，从而消除它们的有害作用。反应服从当量定律。采用此法可以处理并回收利用酸性废水和碱性废水，可以调节酸性或碱性废水的 pH 值。

李长俊等[22]阐述电解反应设施对川中油气勘探开发公司的油田废水进行的电解实验，考查电流密度、电解时间等工艺条件对实验效果的影响，结果发现该工艺可以使废水的 COD 值减小、氯离子浓度降低。张翼等[23]采用电化学氧化法来提高废水的可生化性，考察不同因素对除污效果的影响，利用正交实验来确定电化学氧化的最佳工艺参数。陈颖等[24]研究絮凝－纳米 TiO_2 光催化剂对油田废水进行处理的实验，并对其工艺参数进行分析。结果表明，油的去除率达到 94.1%，悬浮物的去除率达到 96.4%，处理后的废水达到回注标准。李莉等[25]研究化学混凝沉降兼氧化还原法处理油田废水的实验。结果表明，COD、色度等指标能降低到一定的水平，达到废水排放标准。Zeng 等[26]研究新疆油田废水的处理工艺，该系统能有效地降低废水中硅的含量，处理后的废水可以回用到锅炉。

2.1.1.3 生物处理法

生物法是通过微生物的代谢作用，使废水中呈溶液、胶体以及微细悬浮状态的有机污染物，转化为稳定、无害的物质的废水处理法。根据作用微生物的不同，生物处理法又可分为需氧生物处理和厌氧生物处理两种类型。

1）传统活性污泥法，是一种最古老的工业污水处理工艺，其工业污水处理的关键组成部分为沼气池与沉淀池。污水中的有机物在曝气池停留的过程中，曝气池中的微生物吸附污水中的大部分有机物，并且在曝气池中被氧化成无机物，然后在沉淀池中经过沉淀后的部分活性泥需要回流到曝气池中。该工艺的优点有：有机物去除率高，污泥负荷高，池的容积小，耗电省，运行成本低。该工艺的缺点有：普通曝气池占地多，建设投资大，满足国家标准相关指标范围小、易产生污泥膨胀现象，磷和氮的去除率低。

2）A/O 法，是在传统活性污泥法的基础上发展起来的一种工业污水处理工艺。A/O 法是一种缺氧－好氧生物工业污水处理工艺。该工艺通过增加好氧池与缺氧池所形成的硝化－反硝化反应系统，很好的处理了污水中的氮含量，具有明显的脱氮效果。但是此硝化－反硝化反应系统需要得到很好的控制，这样就对该工艺提出了更高的管理要求，这也成为了该工艺的一大缺点。

3）A_2/O 法，是在传统活性污泥法的基础上发展起来的一种工业污水处理工艺。A_2/O 是一种厌氧—缺氧－好氧工业污水处理工艺。A_2/O 法的除磷脱氮效果非常好，非常适合用于对除磷脱氮有要求的工业污水处理。因此，在对除磷脱氮有特别要求的城市工业污水处理厂，一般首选 A_2/O 工艺。

4）A/B 法，是吸附生物降解法的简称，该工艺没有初沉淀，将曝气池分为高低负荷两段，并分别有独立的沉淀和污泥回流系统。高负荷段停留时间约为 20~40min，以生物絮凝吸附作用为主，同时发生不完全氧化反应，去除 BOD 达 50% 以上。B 段与常规活性污泥法相识，负荷较低。AB 法中 A 段效率很高，并有较强的缓冲能力。B 段起到出水把关作用，处理稳定性较好。对于高浓度的工业污水处理，AB 法具有很好的适用性，并有较高的节能效益。尤其在采用污泥消化和沼气利用工艺时，优势最为明显。但是，AB 法污泥产量较大，A 段污泥有机物含量极高，因此必须添加污泥后续稳定化处理，这样就将增加一定的投资和费用。另外，由于 A 段去除了较多的 BOD，造成了碳源不足，难以实现脱氮工艺的要求。对于污水浓度低 的场合，B 段也比较困难，也难以发挥优势。总体而言，AB 法工艺较适合于污水浓度高，具有污泥消化等后续处理设施的大中规模的城市工业污水处理厂，且有明显的节能效果，而对于有脱氮要求的城市工业污水处理厂，一般不宜采用。

5）SBR 法，是歇式活性污泥法的简称，是一种按照一定的时间顺序间歇式操作的污水生物处理技术，也是一种按间歇曝气方式来运行的活性污泥工业污水处理技术，又称序批式活性污泥法。其反应机理及去除污染物的机理与传统的活性污泥法基本相同，只是运行操作方式不尽相同。SBR 法与传统的水处理工艺的最大区别在于它是以时间顺序来分割流程各单元，以时间分割操作代替空间分割操作，非稳态生化反应代替生化反应，静置沉淀代替动态沉淀等。整个过程对于单个操作单元而言是间歇进行的，但是通过多个单元组合调度后又是连续的，在运行上实现了有序和间歇操作相结合。

2.1.1.4 物理化学处理法

废水物理化学处理法是废水处理方法之一种。系运用物理和化学的综合作用使废水得到净化的方法。它是由物理方法和化学方法组成的废水处理系统，或是包括物理过程和化学过程的单项处理方法，如浮选、吹脱、结晶、吸附、萃取、电解、电渗析、离子交换、反渗透等。如为去除悬浮的和溶解的污染物而采用的化学混凝 - 沉淀和活性炭吸附的两级处理，是一种比较典型的物理化学处理系统。和生物处理法相比，此法优点：占地面积少；出水水质好，且比较稳定；对废水水量、水温和浓度变化适应性强；可去除有害的重金属离子；除磷、脱氮、脱色效果好；管理操作易于自动检测和自动控制等。但是，处理系统的设备费和日常运转费较高。

常用于化工废水处理的物理化学法有：离子交换法、萃取法、膜分离法和吸附法等。废水中经常含有某些细小的悬浮物及溶解静态有机物，为了进一步去除残存在水中的污染物，可以采用物理化学方法进行处理。离子交换法是一种借助于离子交换剂上离子和水中离子进行交换反应而除去废水有害离子态物质的方法，在水的软化、有机废水处理中有着广泛的应用。萃取法采用与水不互溶但能很好溶解污染物的萃取剂，使其与废水充分混合接触，利用污染物在水和溶剂中的溶解度或分配比的不同，达到分离、提取污染物和净化废水的目的。电渗析是在渗析法的基础上发展起来的一项废水处理工艺，它是在直流电场的作用下，利用阴、阳离子交换膜对溶液中阴、阳离子的选择透过性，而使溶液中的溶质与水分离的一种物理化学过程。反渗透是利用半渗透膜进行分子过滤，来处理废水的一种方法，所以又称为膜分离技术，这种方法是利用"半渗透膜"的性质，进行分离作用。这种膜可以使水通过，但不能使水中悬浮物及溶质通过，所以这种膜称为半渗透膜，利用它可以除去水中的溶解固体、大部分溶解性有机物和胶状物质。近年来该方法开始得到人们的重视，应用范围也在不断扩大。这些方法只适用于某一类物质的分离，具有较强的选择性，且成本较高，容易造成二次污染。吸附法是利用多孔性固体物质作为吸附剂，以吸附剂的表面吸附废水中的有机污染物的方法，活性炭是一种非选择性的常用的水处理吸附材料。但是由于活性炭再生性能差，水处理费用高，因而难以广泛使用。

朱炜等[27]研究 BAF（Biological Aerated Filter）工艺处理油田废水的实验。结果表明，当水力停留时间 3h，出水指标达到国家一级排放标准。刘雯婷等[28]研究曝气生物滤池组合工艺在油田废水处理中的实验，该技术对 COD、SS（Suspended Solid）、N、石油等有较高的去除率。肖文胜等[29]研究油田废水的上流式曝气生物滤池的处理工艺，结果表明：CODcr、$NH_3 - N$、SS 等主要污染物的去除率超过 80%。包木太等[30]研究在室内模拟条件下，采用生物接触氧化技术处理油田废水。结果表明，生化系统可将废水的含油量由 10 ~ 25 mg/L 降低到 1 mg/L 以下，COD 稳定在 100 mg/L 以内，腐蚀率控制在 0.076 mm/a 以下。金文标等[31]研究用常规功能菌筛选和诱变方法获得 5 株高效降解原油菌，通过试验确定其适宜的降解条件，可使废水的含油量从 44.4mg/L 降至 4.0mg/L，平均去除率为91.0%。刘宏菊等[32]研究高温水解 + 好氧接触氧化法处理油田废水的实验。结果表明，废水中 COD 的去除率可达到 85%。Ji 等[33]研究人工湿地对胜利油田废水的处理实验，时间长达 3 年，结果是令人满意的。

表2.1 将各种废水处理技术进行了归纳。由表可知，蒸发工艺具有处理速度快、进水水质要求低、出水品质好，还可以利用油田废水携带的大量余热的特性，对于稠油废水是较为合适的处理方法。

表2.1　废水处理方法的对比

处理技术	环境的影响	处理速度	出水质量	利用余热	存在的问题
过滤工艺	无二次污染	快	较好	不能	滤料易堵塞
膜工艺	无二次污染	快	好	不能	膜难以清洗
浮选工艺	无二次污染	快	一般	不能	去除悬浮油滴和固体悬浮物
吸附工艺	无二次污染	快	好	不能	吸附剂再生困难
蒸发工艺	无二次污染	快	好	能	易结垢
NTP	无二次污染	快	一般	不能	研究较少
混凝沉淀	二次污染	一般	一般	不能	药剂消耗大，运行成本高
盐析工艺	二次污染	一般	不好	不能	药剂消耗大，运行成本高
生物工艺	二次污染	慢	好	不能	占地面积大，运行成本高

2.1.2 油田废水治理存在的问题

石油与天然气作为重要的能源之一，在世界能源构成中占很大的比重，据统计，在20世纪60年代分别是34.4%和16.1%，随后上升至44.7%和18.7%，上世纪90年代为40%和23%。随着石油和天然气消费需求的不断增长，我国石油和天然气的开采量也开始大幅度上升。由于石油勘探开发活动增多，所产生的污染物也随之增加，对环境造成的污染日趋严重。如何有效地控制和治理在开采和使用石油、天然气过程中造成的环境污染，已成为世界各国面临的重要课题。油田废水成分复杂，除了含有可溶性盐类和重金属、悬浮的乳化的原油、固体颗粒、硫化氢等天然的杂质外，还含有一些用来改变采出水性质的化学添加剂，以及注入地层的酸类、除氧剂、润滑剂、杀菌剂、防垢剂等。油田废水处理面临的问题：目前，国内大部分油田已进入三次采油阶段，用水驱来实现大规模生产。随着油田的发展，聚合物驱油和三元驱油（聚合物、碱和表面活性剂）已在大庆、大港、胜利、玉门等油田广泛应用。这使油田采出水中的聚合物含量不断增加，粘度也随之增加，乳化油更加稳定。原来的废水处理设施难以使污水处理达到回注水水质的标准。针对目前的现状，开发与之配套的采出水处理工艺已迫在眉睫。国内研究人员主要从两方面入手：一是开发小型高效水处理设备（如聚结器、旋流器等），加速油水分离速度；二是开发高效水处理药剂，降低采出水的粘度，破坏油水体系，达到油珠凝聚，加速分离的目的。另外，随着油田综合含水率的提高，采油污水的产出量不断增加，已超过注水量的需求，不能全部用于注水；再加上有些区块地层渗透率低，对注水水质要求很严，处理后的采油废水达不到要求，只能注新鲜水；还有的地区注蒸汽采油，采油污水处理后达到锅炉水质标准也很难，所以，相当一部分采油废水必须要排放到环境中，而且必须达到国家排放标准，这样对处理后污水的 COD 等指标提出了更高的要求，过去的处理工艺很难满足需要，这就给很多油田的采油废水处理提出了新的课题。

1) 存在的问题之重力混凝沉淀及过滤：重力沉降除油率小于60%，沉降停留时间短，除油效果欠佳。由于污水停留时间短，小密度微粒随水流出；罐底污泥不能及时排出，污泥厚度达到集水口附近时，沉下来的絮体颗粒很容易随水流出。悬浮物得不到有效的沉降，使得过滤单位进水水质差，造成过滤器不能有效地发挥作用，出水水质波动大，致使污水排放达标不稳定。固需要根据实际情况进行工艺上适当的调整，以便能够使出水水质达到标准。

2) 存在的问题之含油污水处理：随着石油开采的不断深入，现运行的低温含油污水处理技术（其主要是针对常温集输工艺中产生的废水处理问题），在随着集输工艺的发展和推广，由于采出液温度较低，油水分离效果不好，致使水含油浓度增大。所以必须对现运行的废水处理工艺将进行适当的调整，以适应较低温度废水的处理。

3) 存在的问题之稠油废水的处理：油田污水处理及回注并不是一件简单的事情。对于低渗透率油层和稠油区块，对注水水质要求非常严格，能注入清水或蒸汽，致使大部分的采油污水不得不排放到环境中。稠油废水的处理仍然面临着问题，其开采的废水，因前端油水分离效果不理想，使污水含油量、含泥量高，而且废水巾含有大量的人工合成物和地层中的胶质类物质，BOD 与 COD 的比值极低。随着油田综合含水率的提高，水量与回注水量的平衡被打破。目前，胜利油田采出液综合含水率已达到 90% 以上，每天需外排污水约 8 万 m³，而外排达标率只有 30% 左右。提高采油污水处理率及采用先进有效的处理工艺成为解决采油污水外排问题的关键。废水的排放对环境造成了不可小觑的损害，随着外排水量的增加，这一问题将成为制约油田发展的一个因素。

现有油田废水治理的方法存在一些不足[34]。化学法表现在：费用高，添加的化学试剂对环境产生新的污染，占地面积大。生物法的不足表现在：处理后的水质不稳定，难以达到废水排放的要求，也无法满足日益严格的环境法律和法规，更不能达到注汽锅炉给水的标准。常规物理法的不足表现在：处理效率低下，水质要达到废水排放标准都比较困难，常作为预处理。油田废水处理技术急需解决的问题日渐突出，主要体现在以下方面[35]：①高温含油废水的处理技术；②油田污水的达标排放技术；③油田废水的回用、达标排放技术；④聚合物驱油三元复合驱采废水处理技术；④热能的回收利用。因此开发出环保的、彻底的和经济的油田废水处理新技术或者新工艺是科研工作者的责任。

2.1.3 蒸发工艺应用于废水的处理

2.1.3.1 蒸发工艺

溶液中易挥发的物质从液相变成气相的过程，称为蒸发，也是将含有不挥发溶质的液体加热蒸发，使其中的挥发性溶剂部分汽化从而达到将溶液浓缩等生产目的的单元操作。蒸发过程就是水的相变过程，溶液中的水受热升高温度转变成蒸汽，将蒸汽冷凝收集就得到蒸馏水，而溶液中的盐剩余在溶液中。常见的水的汽化，蒸馏水的制备等。当然蒸发也是浓缩溶液的一种比较常用的方法，因此蒸发广泛应用于石油、化工、制药、淡化、脱盐等行业，其基本原理如图 2.1 所示：

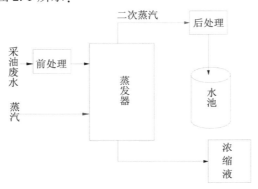

图 2.1　蒸发原理图

由蒸发原理图可知，蒸发主要由蒸发器、前处理设备和后处理设备以及相应的辅助设备组成，组成并不复杂，但是蒸发操作是耗能大户，消耗的能量是惊人的。为了降低蒸发能耗，提高能源的利用效率，减少 CO_2 的减排量，研究者做了很多工作，从 1 效发展到 2效、3 效……。但实际上，由于热损失、温度差损失等原因，单位蒸汽消耗量不可能达到十分完美的经济程度。表征蒸发效果的指标有两个，一个指标是产出率，即产生的水量与消耗的能量之比；另一个指标就是单位能量的产水量，即消耗的单位能量能产生多少蒸馏水。根据生产经验，最大的 $\frac{W}{D}$ 的值大致如表 2.2 所示。也有研究者为了进一步提高能源的效率，将二次蒸汽回用，在此基础上发展了热压缩、机械压缩等技术。

表 2.2　各效蒸汽与水的比较表

效数	单效	双效	三效	四效	五效
$\left(\dfrac{D}{W}\right)_{\min}$	1.1	0.57	0.4	0.3	0.27
$\left(\dfrac{W}{D}\right)_{\max}$	0.91	0.175	2.5	3.33	3.70

表中：D——蒸汽质量，kg；W——水的质量，kg。

2.1.3.2 蒸发在废水处理中的应用

蒸发过程是相变过程，溶液中的水受热升高温度转变成蒸汽，蒸汽冷凝收集就得到蒸馏水，而溶液中的盐将沉积下来。蒸发工艺广泛应用于石油、化工、制药、淡化、脱盐等行业，并逐渐扩展到了废水治理的领域。蒸发工艺处理废水是利用污染物与水的沸点不同，不能与水蒸气一同挥发而达到废水治理的目的，表现在：无需严格控制进水水质，即使水源发生波动，也不会影响蒸发的正常运行；其次蒸发收集得到蒸馏水，品质高，受工艺参数变化影响的程度低。

蒸发、蒸馏、蒸发结晶、蒸发干燥装置都是高能耗的。能耗在这些装置的运行成本中占很大的比例，因此单位能耗的降低和优化对降低整个运行成本至关重要。

1）多效蒸发

如果蒸发的操作单元多于 1 个，就可以称为多效蒸发，如 2 效、3 效、……20 效等，可以采用的组合方式有并流、逆流、错流等形式。图 2.2 是一效蒸发流程示意图，蒸汽和料液在蒸发器中进行热交换，产生的液汽混合物在蒸发器的分离室内予以分离，二次蒸汽进入换热器冷凝成水，浓缩液汇集再处理。全过程消耗的能量等于蒸汽需要的能量。

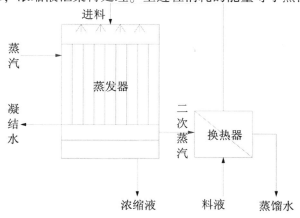

图 2.2　蒸发原理图

单效蒸发的产量依赖于操作温度，为了提高产量，降低能耗，发展了多效蒸发。多效蒸发即前一效的二次蒸汽作为后一效的加热蒸汽，以此类推，一直到二次蒸汽温度和压力降低到一定限度。多效蒸发的流程有逆流，如图 2.3 所示；并流，如图 2.4 所示；以及错流等。

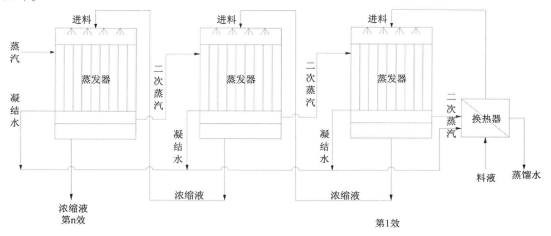

图 2.3　三效蒸发逆流流程示意图

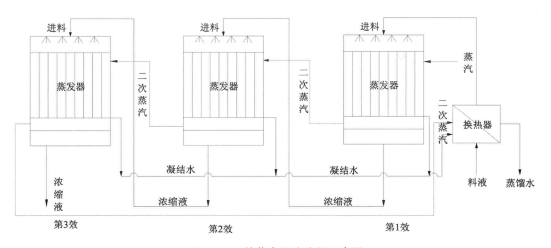

图 2.4　三效蒸发顺流流程示意图

在多效蒸发装置中，由新蒸汽加热第一效产生的蒸汽不进入冷凝器，而是作为第二效的加热介质得以再次利用。这样可以将新蒸汽消耗有效降低约 50%。重复利用此原理，可进一步降低新蒸汽消耗。第一效的最高加热温度与最后一效的最低沸点温度形成了总温差，分布于各个效。结果，每效温差随效数增加而减小。所以为达到指定的蒸发速率必须增大加热面积。初步估算表明，用于所有效的加热面积随效数成比例增加，这样一来蒸汽节省量逐渐减少的同时，投资费用显著增加。

2.1.3.3 蒸汽压缩蒸发

蒸发压缩蒸发（Vapor compression，VC）根据动力来源的不同，可以分为机械蒸汽压缩（Mechanical vapor compression，MVC）和热压缩（Thermal vapor compression，TVC）。机械蒸汽压缩是以电力作为动力能源，采用压缩机将二次蒸汽压缩升温，然后再循环利用，这样就构成一个循环，本工艺的特点是不需要蒸汽，只要有电力就可以了，比较适合于小规模、偏远地方的生产，如图 2.5 所示。热压缩是采用高压蒸汽将二次蒸汽升高温度和压力再利用，可以节省能源消耗，如图 2.6 所示。

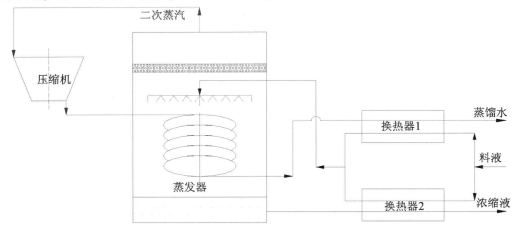

图 2.5　MVC 蒸发流程示意图

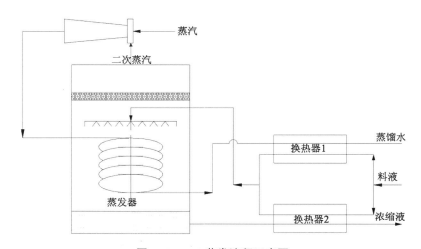

图 2.6　TVC 蒸发流程示意图

热力蒸汽再压缩时，根据热泵原理，来自沸腾室的蒸汽被压缩到加热室的较高压力；即能量被加到蒸汽上。由于与加热室压力相对应的饱和蒸汽温度更高，使得蒸汽能够再用于加热。为此采用蒸汽喷射压缩器。它们是根据喷射泵原理来操作，没有活动件，设计简单而有效，并能确保最高的工作可靠性。使用一台热力蒸汽压缩器与增加一效蒸发器具有相同的节省蒸汽/节能效果。热力蒸汽压缩器的操作需要一定数量的新蒸汽,即所谓的动力蒸汽。这些动力蒸汽必须被传送到下一效,或者被送至冷凝器作为残余蒸汽。包含在残余蒸汽中的剩余能量大约与动力蒸汽所提供的能量相当。

机械蒸汽再压缩时,通过机械驱动的压缩机将蒸发器蒸出的蒸汽压缩至较高压力。因此再压缩机也作为热泵来工作,给蒸汽增加能量。与用循环工艺流体(即封闭系统,制冷循环)的压缩热泵相反,因为蒸汽再压缩机是作为开放系统来工作,故可将其视为特殊的压缩热泵。在蒸汽压缩和随后的加热蒸汽冷凝之后,冷凝液离开循环。加热蒸汽(热的一侧)与二次蒸汽(冷的一侧)被蒸发器的换热表面分隔开来。开放式压缩热泵与封闭式压缩热泵的对比表明:在开放系统中的蒸发器表面基本上取代了封闭系统中工艺流体膨胀阀的功能。通过使用相对少的能量,即在压缩热泵情况下的压缩机叶轮的机械能,能量被加入工艺加热介质中并进入连续循环。在此情况下,不需要一次蒸汽作为加热介质。

多效蒸发是使用最早的海水淡化技术,现今已经发展成为较为成熟的废水蒸发技术,解决了结垢严重的问题,逐步应用于高含盐水处理方向。多效主要有如下几个方面的技术特点:①多效蒸发的传热过程是沸腾和冷凝换热,是双侧相变传热,因此传热系数很高。对于相同的温度范围,多效蒸发所用的传热面积要比多级闪蒸少。②多效蒸发的动力消耗少。由于多级闪蒸产生淡水依赖的是含盐水吸收的显热,而潜热远大于显热,因此生产同样多的淡水,多级闪蒸需要的循环量比多效蒸发大出很多,所以多级闪蒸需要更多的动力消耗。③多效蒸发的操作弹性很大,负荷范围从110%到40%,皆可正常操作,而且不会使造水比下降。

盐水首先进入冷凝器中预热、脱气,而后被分成两股物流。一股作为冷却水排回大海,另一股作为蒸馏过程的进料。进料含盐水加入阻垢剂后被引入到蒸发器的后几效中。料液经喷嘴被均匀分布到蒸发器的顶排管上,然后沿顶排管以薄膜形式向下流动,部分水吸收管内冷凝蒸汽的潜热而蒸发。二次蒸汽在下一效中冷凝成产品水,剩余料液由泵输送到蒸发器的下一个效组中,该组的操作温度比上一组略高,在新的效组中重复喷淋、蒸发、冷凝过程。剩余的料液由泵往高温效组输送,最后在温度最高的效组中以浓缩液的形式离开装置。　生蒸汽被输入到第一效的蒸发管内并在管内冷凝,管外含盐水产生与冷凝量基本等量的二次蒸汽。由于第二效的操作压力要低于第一效,二次蒸汽在经过汽液分离器后,进入下一效传热管。蒸发、冷凝过程在各效重复,每效均产生基本等量的蒸馏水,最后一效的蒸汽在冷凝器中被含盐水冷凝。　第一效的冷凝液返回蒸汽发生器,其余效的冷凝液进入产品水罐,各效产品水罐相连。由于各效压力不同使产品水闪蒸,并将热量带回蒸发器。这样,产品水呈阶梯状流动并被逐级闪蒸冷却,回收的热量可提高系统的总效率。被冷却的产品水由产品水泵输送到产品水储罐。这样生产出来的产品水是平均含盐量小于 5mg/1 的纯水。　浓盐水从第一效呈阶梯状流入一系列的浓盐水闪蒸罐中,过热的浓盐水被闪蒸以回收其热量。经过闪蒸冷却之后的浓盐水最后经浓盐水泵排回大海。不凝气在冷凝器富集,由真空泵抽出。

从其上述原理可以看出,低温多效蒸发的技术优势体现在如下几个方面:①由于操作温度低,可避免或减缓设备的腐蚀和结垢。②由于操作温度低,可充分利用电厂和化工厂的低温废热,对低温多效蒸发技术而言,50℃－70℃ 的低品位蒸汽均可作为理想的热源,可大大减轻抽取背压蒸汽对电厂发电的影响。③进料含盐水的预处理更为简单。系统低温操作带来的另一大好处是大大的简化了含盐水的预处理过程。含盐水进入低温多效装置之前只需经过筛网过滤和加入少量阻垢剂就行，而不象多级闪蒸那样必须进行加酸脱气处理。④系统的操作弹性大。在高峰期，该淡化系统可以提供设计值110%的产品水；而在低谷期，该淡化系统可以稳定地提供额定值40%的产品水。⑤系统的动力消耗小。低温多效系统用于输送液体的动力消耗很低，只有 $0.9-1.2kW \cdot h/m^3$ 左右。如此可以大大的降低淡化水的制水成本，这一点对于电价较高的地区尤为重要。⑥系统的热效率高。30 余度的温差即可安排 12 以上的传热效数，从而达到 10 左右的造水比。⑦系统的操作安全可靠。在低温多效系统中，发生的是管内蒸汽冷凝而管外液膜蒸发，即使传热管发生了腐蚀穿孔而泄漏，由于汽侧压力大于液膜侧压力，浓盐水不会流到产品水中，充其量只会产生蒸汽的少量泄漏而影响造水量。

炼化企业有大量富裕的低温余热待利用，经过低温多效蒸发技术处理后的淡水可回用至多个工艺环节，如循环水补水等，实现污水的资源化利用的同时，实现了低温余热的高效利用。因此，将低温多效蒸发技术引入炼化企业水处理行业，利用其高造水比、处理水质好等优点，可以实现低温余热利用和炼化污水深度处理的有机结合，并解决炼化污水中高含盐污水脱盐难、能耗高等问题。

多效蒸发工艺有以下几种工艺模式：顺流工艺流程，溶液和蒸汽的流向相同，都由第一效顺序流到末效。原料液用泵送入到第一效，依靠效间压差，自流入（浓缩过程中要是有固体产生或溶液粘度较大就需要添加过料泵）下一效进行处理，完成液自末效用泵抽出。后一效的压力低，溶液的沸点也相对较低，故溶液从前一效进入后一效时会因过热而自行蒸发，称为闪蒸。因而后一效有可能比前效产生较多的二次蒸汽，但因为后效的浓度比前效高，而操作温度又较低，所以后一效的传热系数比前一效要低，往往第一效的传热系数比末效高很多。并流流程适宜处理在高浓度下为热敏性的物料。

逆流加料工艺流程，原料液由末效加入，用泵一次送到前一效，完成液由第一效放出，料液与蒸汽逆向流动。随着溶剂的蒸发、溶液浓度逐渐提高的同时，溶液的蒸发温度也逐效上升，因此各效溶液的浓度也比较接近，使各效的传热系数也相近。但因为溶液从后一效输送到前一效时，料液温度低于送入效的沸点，有时需要补加加热，否则产生的二次蒸汽量将逐渐减少。一般来说，逆流加料流程适宜处理粘度随温度和浓度变化较大的物料，而不适宜处理热敏性的物料。

平流加料工艺流程，各效都加入料液，又都引出完成液。此流程用于饱和溶液的蒸发（或溶液浓度较高）。各效都有晶体析出，可及时分离晶体。此法还可用于同时浓缩两种或多种水溶液。

错流加料工艺流程，亦称混流流程。它是并、逆流流程的结合。错流的特点是兼有并流与逆流的优点而避免其缺点。但操作复杂，要有完善的自控仪表才能实现其稳定操作。

选择顺流工艺的原因：污水进水料液粘稠度低，不含有大量低沸点的物质，不需要选择逆流模式先冷凝，且不影响传热系数。其次，污水进水盐浓度并不高，只有在极其高浓度时，选择并流加料模式。

垃圾渗滤液的成分复杂，含有无机和有机污染物，是一种危害很大的高浓度有机废水。如果渗滤液处理不当会造成严重的环境污染,但是采用单一的生物和化学法都不理想,因此蒸发的工艺被研究者提出了。许玉东等[36]研究了垃圾填埋场渗滤液的蒸发处理工艺,出水的水质已经超过国家排放标准,而且水质稳定,可知蒸发处理垃圾渗滤液是一类有发展前景的技术。岳东北等[37]等采用浸没燃烧蒸发工艺处理浓缩渗滤液,结果也是非常理想的。杨琦等[38]研究渗滤液蒸发处理工艺,即负压蒸发工艺,对它作了技术与特性分析,该法可解决设备的腐蚀问题,同时经济性好,经过膜处理可达到回用水质的水平。

蒸发技术应用于造纸黑液的浓缩也很普遍。刘晓莉等[39]研究多效蒸发工艺应用于造纸黑液的浓缩,并与蒸汽压缩加热黑液浓缩流程的新工艺进行对比,并比较两种工艺的特点和经济性。Johansson 等[40]分析黑液在降膜蒸发器中的变化情况,浓缩后的黑液满足工艺要求,还发现传热效率与 Pr、Re 等参数有关。

蒸发工艺也一直是海水淡化技术的研究热点,特别是垂直管和水平管的蒸发。目前常用的蒸发工艺有多效蒸发(Multiple Effect Evaporation,MEE)、多效闪蒸(Multi – Stage Flash Evaporation,MSF)、机械蒸汽压缩(Mechanical Vapor Compression,MVC),蒸汽热压缩蒸发(Thermal Vapor Compression,TVC)等,表 2.3 是各蒸发工艺的主要参数[41]。

表 2.3　各蒸发工艺的主要参数

蒸发工艺	效数	能耗/(kW·h/m³)	产水率
MEE	8 ~ 18	1.2 ~ 2.0	
MSF	20 ~ 46	2.5 ~ 4.0	10 ~ 12
MVC		7.5 ~ 12.0	
TVC	4 ~ 7	46.5 ~ 93	12 ~ 14

工业生产中蒸发器有多种结构形式,但均由主要加热室(器)、流动(或循环)管道以及分离室(器)组成。根据溶液在加热室内的流动情况,蒸发器可分为循环型和单程型两类,本文略为介绍目前使用比较广泛的降膜蒸发器和升膜蒸发器。

2.1.3.4 升膜式蒸发器

升膜式蒸发器如图 2.7 所示,它的加热室由一根或数根垂直长管组成。通常加热管径为 25 ~ 50mm,管长与管径之比为 100 ~ 150。原料液预热后由蒸发器底部进入加热器管内,加热蒸汽在管外冷凝。当原料液受热后沸腾汽化,生成二次蒸汽在管内高速上升,带动料液沿管内壁成膜状向上流动,并不断地蒸发汽化,加速流动,气液混合物进入分离器后分离,浓缩后的完成液由分离器底部放出。

升膜式蒸发器需要精心设计与操作,即加热管内的二次蒸汽应具有较高速度,并获较高的传热系数,使料液一次通过加热管即达到预定的浓缩要求。通常,常压下,管上端出口处速度以保持 20 ~ 50m/s 为宜,减压操作时,速度可达 100 ~ 160m/s。升膜蒸发器适宜处理蒸发量较大,热敏性,粘度不大及易起沫的溶液,但不适于高粘度、有晶体析出和易结垢的溶液。

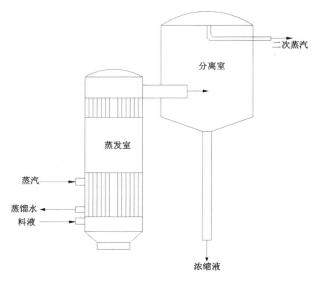

图 2.7　升膜式蒸发器

2.1.3.5 降膜式蒸发器

降膜式蒸发器如图 2.8 和图 2.9 所示，原料液由加热室顶端加入，经分布器分布后，沿管壁成膜状向下流动，气液混合物由加热管底部排出进入分离室，完成液由分离室底部排出。

设计和操作降膜式蒸发器的要点是：尽力使料液在加热管内壁形成均匀液膜，并且不能让二次蒸汽由管上端窜出。降膜式蒸发器可用于蒸发粘度较大（0.05～0.45 Pa·s），浓度较高的溶液，但不适于处理易结晶和易结垢的溶液，这是因为这种溶液形成均匀液膜较困难，传热系数也不高。表 2.4 是各种水平降膜式蒸发器的传热系数汇总表。

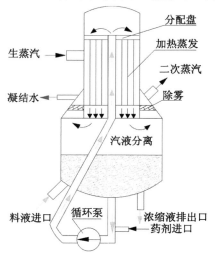

图 2.8　降膜式蒸发器

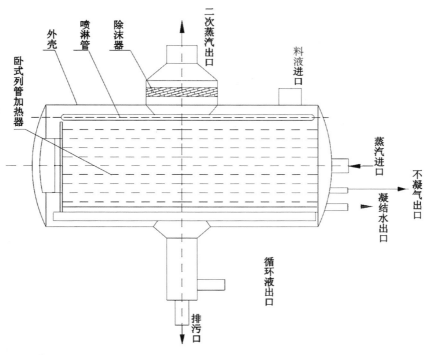

图 2.9 水平管蒸发器

表 2.4 水平管降膜蒸发器

蒸发器类型	总传热系数（W/（m² · K））	备注
中央循环管式	580 ~ 3000	
带搅拌的中央循环管式	1200 ~ 5800	
悬筐式	580 ~ 3500	
自然循环	1000 ~ 3000	
强制循环	1200 ~ 3000	
升膜式	580 ~ 5800	
降膜式	1200 ~ 3500	
刮膜式，粘度 1mPa · s	2000	
刮膜式，粘度 100 ~ 100，00 mPa · s	200 ~ 1200	
中央循环管式	580 ~ 3000	

2.1.3.6 稠油废水的蒸发处理

1999 年，GE 水处理和 Deer Creek 能源在加拿大 Alberta 油田将蒸发工艺应用于稠油废水的治理，起初只是将蒸发工艺引入蒸汽辅助重力泄油的采油工艺，主要与离子交换系统相结合来处理稠油废水。此装置的成功运行，证明了蒸发工艺处理稠油废水是可行的[42]。2002 年，Heins[43]认为蒸发工艺处理稠油废水可以代替传统的石灰软 + 过滤 + 弱酸离子交换的方法，直接应用于 SAGD 法的废水治理，采用垂直管降膜蒸发的装置处理稠油废水，出水可以作为补充水回用于直流蒸汽锅炉。基于前期蒸发技术的成功运行，2004 年 Deer Creek 能源在 Joslyn 油砂层的第二期项目中，进一步应用蒸汽压缩的垂直管降膜蒸发装置对稠油废水进行处理，蒸馏水作为汽包锅炉给水使用[44]。2005 年，Heins 对于稠油废水降膜蒸发后产生的浓缩液通过零液体排放结晶系统，达到了废水零排放的目标[45]。陈德珍、张依 [46-47] 针对稠油废水的蒸发处理方案，提出了废热的综合利用工艺，值得关注。2010 年，孙绳昆[48]在辽河油田曙一区参考加拿大 Alberta 油田 SAGD 的开采技术，以机械蒸汽压缩蒸发为核心技术，辅以重力沉降和浮选的预处理工艺，并且在运行过程中投加药剂来调节 pH 值以防止结垢。将得到的蒸馏水与蒸汽动力设备水汽质量标准[49]对比，部分指标如电导率、二氧化硅的含量和 pH 值，还不能完全满足标准要求。但鉴于火力发电锅炉和油田开采汽包锅炉的不同，应以注汽锅炉的给水标准[50]为指标，发现蒸馏水的水质能够勉强满足要求。

2.1.4 稠油废水蒸发工艺存在的问题

我国的石油资源经过几十年的开发，油田开采的难度日益增大。但是石油开采技术也逐步提升，逐渐发展到灌注蒸汽到油井，才能有效开采出石油，因此需要大量的、纯净的水资源。由于各种原因，能够提供给注汽锅炉的水资源严重不足，面临着困境。一方面是注汽锅炉用水的要求高，常规的稠油废水处理方法不能满足要求；另一方面稠油废水的回收再利用也很重要。因此需要开发既能治理稠油废水，又能有实现废水资源循环利用的工艺或者技术。这样不但提高废水资源的利用率，取得一定的经济效益；而且还能缓解环境压力，取得巨大的社会效益。稠油废水通过降膜蒸发浓缩回收蒸馏水，是比较环保、彻底的工艺，具有很大的市场前景。

稠油废水蒸发回收蒸馏水的工艺面临着三个问题。问题一是蒸发是能耗大户，应用于稠油废水处理时面临同样的难题，但是由于稠油的开采会产生足够的余热，将它充分利用，可以基本解决蒸发工艺所需要的能源，本文就不予以考虑和研究了。问题二是蒸发浓缩过程中所产生的污垢，污垢一旦形成，就会对换热设备带来不良的影响，需要解决。问题三是蒸发收集的蒸馏水的质量，本文要求蒸馏水的水质满足注汽锅炉给水的标准，需要研究。

稠油废水在蒸发浓缩过程中，随着时间的推移，浓缩倍数的提高，溶液中离子的浓度迅速增加，导致某些离子形成盐，这些盐又因达到过饱和度而结晶析出，附着在蒸发器管壁上。时间越久，污垢越厚，不但增大生产成本，而且还严重影响生产安全。废水离子浓度的增加，也会污染二次蒸汽，影响蒸馏水的质量。这些问题的存在，使降膜蒸发浓缩稠油废水并回收蒸馏水的工艺在技术上面临很大的挑战。污垢问题可以采用化学法应对，即在油田废水处理过程中添加一定量的阻垢剂、缓蚀剂等化学药品，达到减缓污垢沉积的速率等。但是这些药品具有一定的危害性，特别是对水环境和人体健康产生破坏，甚至降低蒸馏水的品质。蒸发工艺处理稠油废水与传统的离子交换法和反渗透法相比，它无需严格控制进水水质，即使面对高含油、高含悬浮物的稠油废水进入，仍然不会影响系统的正常运行；其次蒸发工艺处理后的产品水即为蒸馏水；另外，蒸发工艺还可以充分利用稠油废水的余热[51]。

2.2　污垢理论

污垢是指与工作流体相接触的固体壁面上逐渐形成、由小到大缓慢积累起来的多余固态物质，也有学者称之为多余的沉积于换热面上的物质。污垢形成的过程是物理、化学、力学等多种作用的结果。锅炉和蒸发器壁面形成的污垢，通常是矿物盐形成晶体在换热壁面成长的结果[52~54]。污垢的组成可以是晶体、生物质、腐蚀产物或者微粒沉积等，它们粘附在换热器上。几乎所有的固体物质或者半固体物质都有可能转变成污垢，污垢主要有无机物污垢和有机物污垢两大类。无机物：空气夹带的灰尘和沙砾；水夹带的泥土和淤泥；钙盐和镁盐；氧化铁。有机物：生物质，如细菌、真菌等；油、蜡和油脂；大分子有机物沉淀，如聚合物等；碳。在工业生产中应用的各种换热设备，处处可见污垢的踪迹，有资料表明，工业中应用的换热设备，有超过90%的设备表面上有污垢沉积，各种换热器污垢比例如图 2.10 所示。污垢的研究有着悠久的历史，但是真正有据可查的第一篇关于污垢的文献是 1756 年 Leidenfrost 关于加热面上的水滴完全蒸发后留下的沉积物的观察。Somerscales 将 1979 年以前的污垢发展史分为四个阶段，基于 Somerscales 的工作，可将研究污垢的历史分为下述 5 个阶段，包括无机物污垢和有机物污垢两大类[55]。图 2.10 表明工业生产中的各种换热设备，超过90%的换热设备上有污垢沉积[56]。

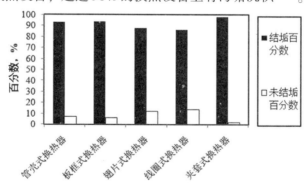

图 2.10　各种换热器的污垢百分数

污垢研究有着悠久的历史，但是真正有据可查的第一篇关于污垢的文献是 1756 年 Leidenfrost 关于加热面上的水滴完全蒸发后留下的沉积物的观察[57]，而后，Somerscales 将研究污垢的历史分为 5 个阶段[58]：

1）水垢时代（1920 年以前）

此阶段的研究主要集中在水垢现象的观察、影响因素分析和对策方面。

2）污垢描述与测量时代（1920~1935 年）

这期间的重要进展是在污垢的定量描述和对策方面。Mcadams 等[59]首次将 Wilson 方法用于确定污垢热阻。Hardie 和 Cooper[60~61]在一台运行了近十年的凝汽器的一系列实验中获得了清洁系数的可信数值。

3) 污垢系数时代 (1935 ~ 1945 年)

这个时代的污垢研究进展主要集中于换热器的设计中如何计入污垢影响和进行合理清洗的问题。Sieder[62]率先向 ASME (The American Society of Mechanical Engineers) 推荐了污垢系数,并指出清洁系数"没能给出污垢导致修正量的真实描述"这一根本缺陷。

4) 污垢走向科学时代 (1945 ~ 1979 年)

1959 年,Kern 和 Seaton[63]针对污垢系数没有揭示污垢时变性的不足,提出单位面积上污垢沉积量的净增长率等于沉积率与剥蚀率之差的污垢分析模型 (后来称 Kern – Seaton 模型),该模型很快得到了广大科技人员的认同。

5) 污垢研究的国际化时代 (1979 ~ 现在)

随着对污垢危害认识的深入,从事传热研究的科技人员,逐渐加强沟通,相互合作,使污垢研究成为一个世界性的课题。国际社会对污垢的研究与合作日渐增多,并多次组织传热与污垢的国际会议,逐步形成了每两年召开一次会议的惯例,比如 2007 年、2009 年、2011 年、2013 年、2015 年和 2017 年的污垢及防垢年度会议。

2.2.1 污垢的危害

污垢的危害,表现是多方面的:一是由于污垢是热的不良导体,增加热量传递过程的阻力;二是增加设备的盈余面积,加大制造成本;三是增加动力的消耗,提高运行成本;四是增加清洗的次数,提高维护成本;五是影响产品的质量,特别是在食品工业生成中表现更为严重[64~68]。据保守估计,发达国家的换热设备因污垢年损失 GDP (Gross Domestic Product) 约 0.25%[69~70]。我国的工业技术落后,设备陈旧,因污垢造成的年损失费用更大[71]。污垢的损失费用主要体现在以下几个方面:①因设备面积的增大而增加的投资费用;②因停机保养或者维修造成的损失费用;③因产量下降造成的损失费用;④因清洗水量的提高而造成的清洗费用;⑤因浪费能源而造成的动力损失费用。表 2.5 是发达国家因污垢造成的年损失参数表[72~74]。

表2.5　发达国家因污垢造成的损失表

国家	污垢年损失费用/（百万美元）	占 GDP 的百分数/（%）
英国	700.00 ~ 930.00	0.20 ~ 0.33
美国	8000.00 ~ 10,000.00	0.28 ~ 0.35
日本	3062.00	0.25
澳大利亚	260.00	0.15
新西兰	35.00	0.15
全部工业化国家	26,850.00	0.20

如果锅炉给水未经过处理，直接供入，那么水中的杂质会在炉膛受热面上形成水垢。对于电站锅炉，一般情况下锅炉换热面上的污垢达到 1mm 的程度，为维持同样的功率就多消耗 3% ~ 7% 燃料[75~76]。而各种设备因结垢所造成的能源损失更是惊人的，因为每 1mm 的水垢就要多消耗能源 7% ~ 9%，热效率降低 10% ~ 20%[77]。海水淡化反渗透的工艺，最大的障碍

图 2.11 换热设备表面的温度梯度分布图

是膜上的污垢[78~79]，污垢沉积于膜表面，阻碍水分子的通过，降低膜的生产能力，并逐渐使膜失去净化功能。污垢在换热设备的沉积增加了热阻，直接降低了设备的传热系数，导致传热能力的恶化，图 2.11 阐述了换热设备因污垢的出现而形成的温度梯度分布图[55]。

污垢沉积于换热面上，降低管材的导热能力，表 2.6 是常见污垢的导热系数。由表可知，污垢的导热系数一般在 3W/（m·K），甚至低于 0.1W/（m·K），而钢材的导热系数为 46~70W/（m·K）。换热设备常用的材料就是钢材，很明显，污垢的存在将显著降低设备的传热能力，致使热量利用的效率受到极大的挑战。

表 2.6 钢和各种水垢的平均导热系数

名称	钢铁	碳酸盐垢	硫酸盐垢	硅酸盐垢	被油污染垢	氧化铁垢
性质	坚韧	坚硬程度和孔隙度大小不一	坚硬密实	坚硬	坚硬	坚硬
导热系数 /（W/（m·K））	46.00 ~ 70.00	0.60 ~ 6.00	0.60 ~ 2.00	0.06 ~ 0.20	0.10	0.10 ~ 0.20

2.2.2 污垢的类型及形成

根据污垢沉积的机理，可将污垢类型分为微粒污垢、析晶污垢、反应污垢、腐蚀污垢、生物污垢、凝固污垢、复合污垢七类。

1）微粒污垢

悬浮于流体里面的固体微粒在换热表面上的积聚，称为微粒污垢。这种污垢也包括较大固态微粒在水平换热面上因重力作用形成的沉淀层，即所谓沉淀污垢和其他胶体微粒的沉积。

2）析晶污垢

溶解于流体的无机盐在换热表面上结晶而形成的沉积物称为析晶污垢，它通常发生在过饱和或者冷却时的状态，典型的污垢如冷却水侧的碳酸钙、硫酸钙和硅酸盐污垢层。

3）反应污垢

在传热表面上进行化学反应而产生的污垢称为反应污垢，传热面材料不参加反应，但

可作为化学反应的一种催化剂。

4）腐蚀污垢

具有腐蚀性的流体或者含有腐蚀性的杂质流体，它们会对换热表面腐蚀而产生的污垢。通常，腐蚀程度取决于流体的成分、温度及被处理流体的 pH 值。

5）生物污垢

除海水冷却装置外，一般生物污垢均指微生物污垢。其可能产生粘泥，而粘泥反过来又为生物污垢的繁殖提供了条件，这种污垢对温度很敏感，在适宜的温度条件下，生物污垢可生成一定厚度的污垢层。

6）凝固污垢

流体在过冷的换热面上凝固而形成的污垢称为凝固污垢，例如当水低于冰点而在换热表面上凝固成冰，温度分布的均匀与否对这种污垢影响很大。

7）复合污垢

人们在换热设备上见到的污垢都不是单一的污垢，而是由两种或者更多的污垢类型沉积在一起形成的复合污垢，有时体现出以某种污垢类型为主，如微粒污垢和析晶污垢协同作用形成的复合污垢。

2.2.2.1 污垢形成的五个阶段

科研工作者认为，无机物质形成污垢的过程由以下四步组成：第一步，水中的离子结合形成溶解度很小的盐类分子；第二步，分子结合和排列形成微晶体，然后产生晶粒化过程；第三步，大量晶粒堆积长大，沉积成垢；第四步，在不同的条件下，聚结成不同形状的污垢物质[80~81]。图 2.12 简单描述了污垢沉积过程两个主要过程，以及污垢沉积过程和污垢剥离过程所涉及的主要机理。

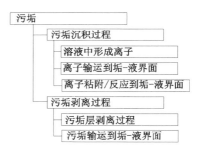

图 2.12　污垢形成过程示意图

成核作用是指沉淀可在细微颗粒上发生，这些细微颗粒称为核或者晶种。如核是沉淀成分的分子或者离子对簇，称为均相成核；如核系外来颗粒或者固体表面，则称为异相成核。由于从不规则的溶液离子到形成有规则的固体微粒，需要消耗能量（即自由能），而在相似表面（如液固界面）上形成晶体所需的自由能较少，因此结晶沉淀主要发生在不光滑的管壁等与沉淀本身相似的容器壁上，成核主要是异相成核作用。当污垢物质的浓度大于其溶解度，而且过饱和程度较高时，成核几率大，结晶数目多，结晶颗粒小，沉淀速度快，溶液处于不稳定的状态。成核作用既有均相成核也有异相成核，当结晶核占据固－液界面的所有空间，污垢离子便在溶液内部自身结合成核并在已成核的表面进一步沉淀。

污垢形成过程因受到的影响因素不同，产生的污垢特性也各不相同，但是污垢的形成一般要经历五个阶段，即：起始、输运（传递）、附着、剥蚀和老化。

1）起始

污垢在洁净的换热面上形成污垢过程的第一阶段，当换热面上被污垢微粒完全覆盖后，这时可以算是污垢起始阶段的结束，以后的污垢形成阶段可以认为是污垢沉积层上的增长过程。

2）输运

流体中的各种微粒从溶液中转移到固体表面的过程，其作用机制有以下几种模型。① 布朗扩散或者分子扩散：悬浮在溶液中的微粒，处于一直不停的、无序热运动的流体分子包围之中，不断受到来自各方面的分子不平衡撞击而被随机的推向换热表面。微粒到达固体表面率与微粒直径成反比，微粒直径超过 0.01 μm 的粒子，布朗扩散可以忽略不计。② 湍流扩散：溶液中的微粒被湍流边界层内的漩涡所夹带并被卷向换热面，微粒达到换热面的数量与边界层的自由速度和微粒大小成正比，而与边界层厚度成反比。③ 化学反应速率支配的输运：化学反应速率支配的输运模式下，换热面上微粒物质的积聚率主要取决于微粒在换热器表面上的化学反应速率。④ 惯性碰撞：在流体流动方向变化处，比如管道的弯曲处，惯性比流体大的微粒轨道将偏离流体流动方向而被惯性抛向换热面，微粒到达换热面的数量是其直径的函数。⑤ 热泳：所谓"热泳"是指流体中处于不均匀温度场的微粒，在温度梯度的驱动系，由高温处向低温处移动的现象。热泳在 5 μm 以下微粒的输运中起重要作用，而对微粒粒径在 0.1 μm 左右的微粒输运则起着支配作用。⑥ 电泳：流体中带电微粒在电泳作用下被吸向换热面，它对于微粒粒径在 0.1 μm 以下的微粒才显示出明显的作用。⑦ 扩散泳：扩散泳是以浓度梯度为驱动力，将微粒从溶液中的高浓度区输运到换热面的低浓度区。微粒到达换热面的数量取决于微粒的大小，并且与微粒大小成反比。扩散泳在冷却面上水汽凝结过程中起着重要作用。⑧ 重力：重力是指溶液中 1 μm 以上的微粒可因重力作用而沉降于换热面上。

3）附着

流体中微粒到达换热面后，与固体表面的相互作用而沉积于换热器壁面上的过程。对于附着的作用机制主要是粒子附着于表面的概率来描述，目前关于附着概率的影响因素和影响机制还知之不多。但可以猜测的是，当污垢粒子接近换热面时，主要受范德华力、双电层斥力和伯恩斥力的作用，同时粒子的尺寸、密度、弹性、表面条件及固体壁面条件等参数对粒子的附着概率也会有重要影响。目前，颗粒污垢的附着概率模型有 Beal 表达式、Ruckenstein 和 Prieve 表达式、Watkinson 和 Epstein 表达式等 [82]。

4）剥蚀

剥蚀是指沉积在换热面上的污垢重新脱离换热面或污垢层被流动流体带走的过程。由此可知，污垢剥蚀过程同时包含 2 个子过程，即：污垢物质从流体 – 固体界面处的脱离过程和污垢物质从表面到流体的输运过程，前者常称为剥离，后者一般称为重新夹带或者夹带。换热面上的污垢物质脱离壁面的基本形态有 3 种，即：离子、颗粒和大块，为此，研究者提出了 3 种剥蚀机制：溶解、磨蚀和剥落。

5）老化

污垢一旦形成，老化作用也开始了。老化的进行使污垢的特性发生变化，导致一些物理、化学性质也产生相应的变化，因而剥蚀过程也会随之改变。老化过程在一些情况下还被表面温度所影响

2.2.2.2 污垢曲线

污垢沉积在换热器的表面，便产生了污垢热阻。对于污垢的形成过程，可以用物理模型来描述，预测的基本模型有质量平衡模型、扩散反应模型和表面反应模型。理想状态下，污垢层的厚度随着时间的变化曲线如图 2.13 所示[83]。此图描述的是污垢沉积于换热面上形成了渐近线型的热阻曲线。该曲线明显分为三个区域，区域 A 是诱导阶段，即是污垢沉积刚开始的时候，污垢热阻很小，可以不予考虑。区域 B 表示换热面上污垢稳定增加的阶段，污垢沉积率逐渐降低，而污垢剥蚀率反而逐渐增加，污垢热阻呈现上升的趋势。区域 C 是平衡阶段，污垢沉积率和污垢剥蚀率处于相等的状态，污垢厚度维持不变，污垢热阻保持稳定，此时意味着换热设备需要清洗了。

其实污垢曲线不只一种，常见的是如图 2.14 所示的四条污垢曲线，即线型污垢曲线、降幂型污垢曲线、渐近线型污垢曲线和锯齿型污垢曲线[84]。

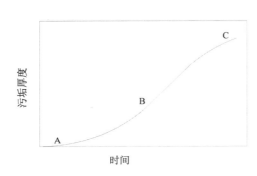

图 2.13　污垢厚度随时间的变化 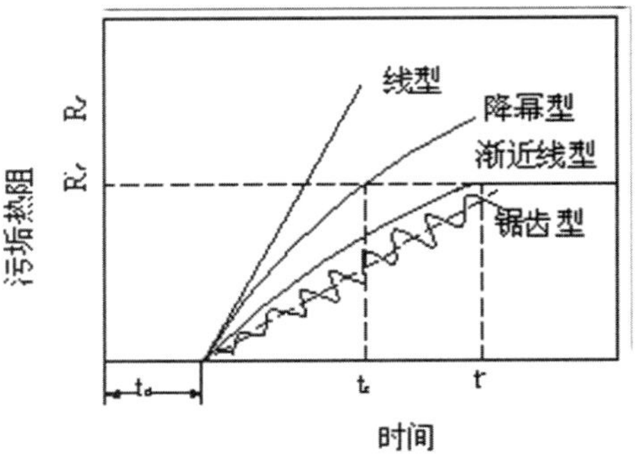　　　图 2.14　污垢热阻随时间变化的曲线类型

预测污垢形成过程最基本的模型是 1959 年 Kern 和 Seaton 提出的，即污垢沉积的净速率等于污垢沉积的速率与污垢剥蚀的速率之差，方程为[63]：

$$\frac{dm_f}{dt} = \dot{m}_d - \dot{m}_r$$

式中：$\frac{dm_f}{dt}$——污垢的质量随时间变化率；$\dot{m}_d$——污垢的沉积速率；$\dot{m}_r$——污垢的剥蚀速率。假定换热面上污垢性质均一，那么污垢沉积速率也可以表示为：

$$\frac{dm_f}{dt} = \dot{m}_f = \rho_f \cdot \lambda_f \cdot \frac{dR_f}{dt}$$

式中：ρ_f——污垢密度；λ_f——污垢导热系数；R_f——污垢热阻。

图 2.14 中有四条污垢热阻随时间变化的曲线。第一条是污垢热阻呈线型变化的曲线，意味着污垢热阻的增加随着时间呈线性地上升，它一般在非常坚硬的污垢且具有很强的粘附力的时候才能观察到。该曲线表明污垢沉积速率和剥蚀速率是常数，或者剥蚀速率为 0。线型污垢曲线是最简单的污垢模型，在不考虑污垢诱导期的影响时，方程为：

$$\delta_f = \frac{d\delta}{dt} \cdot t$$

式中：δ_f——污垢厚度；t——时间。如果考虑到污垢的诱导期或者起始时间，那么方程（2.3）可以表示为：

$$\delta_f = \frac{d\delta}{dt} \cdot (t - t_i)$$ 式中：t_i——诱导期或者起始时间。因此污垢热阻的方程为：

$$R_f(t) = \frac{dR_f}{dt} \cdot (t - t_i)$$

$$R_f(t) = \frac{\delta_f(t)}{\lambda_f}$$

式中：$R_f(t)$——t 时刻的污垢热阻；$\delta_f(t)$——t 时刻的污垢厚度。

污垢热阻呈降幂型变化的曲线，它表示污垢热阻随着时间的延长而升高，但是增加的幅度是降低的。同时意味着污垢的机械性能差，沉积的速率下降或者剥蚀的速率升高。Epstein 提出了降幂型的污垢模型[85]，方程为：

$$\frac{dR_f}{dt} = \frac{K}{(R_c + R_f)^n}$$

式中：K——常数；n——指数；R_c——洁净时的热阻；R_f——污垢时的热阻。

$$\int_{t=0}^{t=t} \frac{dR_f}{dt} = \int_{R_0}^{R_f} \frac{K}{(R_c + R_f)}$$

则有：

$$(R_c + R_f)^{n+1} - R_c^{n+1} = K \cdot (n - 1) \cdot t$$

$$\frac{1}{K_D^{n+1}} - \frac{1}{K_C^{n+1}} = K \cdot t$$

式中：K——传热系数。

污垢热阻呈渐近线型的曲线，它表示污垢热阻随着时间的延续，一定时间后处于一个稳定的数值。描述的状态是污垢沉积的速率为常数，而污垢剥蚀的速率持续增加，最后二者的速率相等，可以用式（2.11）表示[85]：

$$R_f = R_f^* \cdot \left[1 - \exp\left(-\frac{t}{t_c}\right) \right]$$

$$R_f^* = \frac{K_1 \cdot C' \cdot W}{\lambda_f \cdot K_2 \cdot \tau}$$

$$K_2 \cdot \tau = \frac{1}{t_c}$$

式中：C'、W——稳态时的常数；τ——剪切力；K_1、K_2——常数；D_f——污垢管道的平均直径；D_o——管道外径；L——管道长度；λ_f——污垢的导热系数；ρ_f——污垢的密度；w——污垢质量；t——时间；t_c——时间常数。

污垢热阻呈锯齿型的变化曲线。即在污垢的形成过程中，一方面污垢沉积于换热面上，导致污垢热阻增加；但另一方面，也有部分污垢在各种外力作用下被剥蚀，脱离了换热表面，减薄了污垢厚度，从而降低了污垢热阻。因此，污垢热阻呈现锯齿型的变化曲线就是两者作用过程的叠加，也是污垢热阻随时间变化的真实反映。

2.2.2.3 污垢形成的影响因素

研究发现，影响污垢形成的因素可以分为三种类型，即运行参数、换热设备参数和流体性质参数。根据研究对象的特性，本文还需要考虑流体沸腾对污垢沉积的影响。

1）运行参数

运行参数主要包括：流体速度、流体温度、换热设备壁面温度、流体－污垢界面温度等。其中流体速度、流体温度和换热设备壁面温度是最重要的影响污垢行为的参数，特别是对污垢沉积速率的影响。换热壁面温度越高，越有助于污垢的沉积，而且温度的变化还影响流体的黏度。$CaCO_3$污垢沉积的趋势是随着壁面温度的升高而增加，如果壁面温度超过 60 ℃，沉积量将成指数增加[73]。

流体流速也是影响污垢沉积和剥蚀的关键因素。流速的增大直接加强了微粒从流体中向壁面的输运，但是也增加了污垢的剥蚀力，总趋势是降低了污垢微粒沉积并粘附于换热壁面的作用力。因此污垢沉积速率受流速影响时，它可能升高，也可能降低，关键在于流体流速所控制的污垢机理而定。

2）流体性质参数

流体性质参数主要包括：流体本身的性质、被流体夹带的各种物质的特性。例如，稠油废水含有的 Ca^{2+}、Mg^{2+}、CO_3^{2-}、SO_4^{2-}、SiO_2 等离子或者微粒，一旦被浓缩，杂质浓度也升高了，甚至结晶析出的盐远远超过其相应的饱和溶解度，从而沉淀下来，直接影响污垢沉积的速率。

3）换热设备参数

换热设备参数主要包括：换热面材料、换热面状态、换热面的型式以及几何尺寸。换热设备表面粗糙度也影响污垢的形成，粗糙的表面，因提供更多的成核位置而促进污垢沉积。例如铜和黄铜材质的换热设备表面比不锈钢的换热设备易于形成污垢。盘式换热器表面比管状换热器表面难于结垢，其原因是盘式换热器容易形成湍流，有助于抑制污垢的形成。

4）沸腾对污垢的影响

蒸发系统、海水淡化系统、蒸汽发生系统等设备，如果在换热面上形成了沸腾状态，特别是沸腾时产生的气泡会对污垢沉积特性产生重要的影响。

2.2.2.4 污垢形成过程的预测

由于污垢造成的危害很严重，世界各国都投入了不少的人力、物力进行研究，取得了无数的成果。Mutairi[86]分析了污垢形成的机理和污垢类型，建立污垢物理模型，并与实验数据对比，得到污垢的影响因素及减缓污垢的措施。陈小砖等[87]研究高硬度循环水结垢过程中溶液硬度、温度、流速等参数对污垢形成的影响，并用实验来阐述。Helalizadeh 等[88]研究在对流传热和过冷沸腾条件下混合盐结晶析出的机理，采用实验与物理模型两方面进行对照的研究方法，发现实验结果

和模型相吻合。Khan 等[89]以污垢热阻模型为依据，通过与文献的实验数据对比，发现污垢热阻是换热设备的壁温、雷诺数、管子直径和时间的函数。

1）$CaSO_4$或 $CaCO_3$形成的污垢

污垢的主要物质有 $CaSO_4$ 和 $CaCO_3$，科研工作者对此有了比较详细的阐述。Mwaba

等[90]研究 CaSO₄的析晶污垢实验，发现析晶污垢过程可分为四个阶段，并依据实验数据建立经验关联式来预测析晶污垢的形成，结果表明关联式是合适的。Bansal 等[91]研究 CaSO₄析晶污垢速率的模型，分析溶液过饱和度等因素对析晶污垢沉积速率的影响，采用实验来予以确认。Brahim 等[92~93]采用 FLUENT 软件模拟 CaSO₄污垢的形成过程，将模拟结果与实验结果对照，两者吻合程度很高。徐志明等[94]从传热传质的角度建立 CaSO₄析晶污垢形成过程的物理模型，通过模型分析得出 CaSO₄析晶污垢的沉积率、剥蚀率以及污垢热阻随时间的变化规律。王睿等[95]研究循环冷却水系统中传热面上 CaCO₃污垢速率的预测模型，从理论上预测 CaCO₃的污垢形成速率，结果表明，数值模拟的结果与实测值吻合良好。

2）其他盐形成的污垢

除上述两种盐形成的污垢以外，还有多种物质也会产生污垢。Mansoori[96]研究在石油炼制系统中，大分子有机物在换热设备上析出和沉积的原理，建立预测污垢沉积的模型。Steinhagen 等[97]研究造纸黑液蒸发器的传热和污垢的问题，详细阐述污垢形成的原因、影响因素和应对措施。Jun 等[98]研究在 3-D 环境下蛋白质等在换热设备上的污垢沉积问题，采用 FLUENT 软件模拟污垢形成过程。徐志明等[99]利用面积比建立微粒和析晶混合污垢热阻的分析模型，通过 MgO 微粒污垢和 CaCO₃析晶污垢实验验证模型的正确性。吴丽[100]等根据油田和石油炼制系统中的污垢，提出一套水质动态分析及结垢预测的技术，并编写一套水化学分析与污垢预测的软件。Kovo[101]建立污垢模型来预测石油炼制时的污垢沉积过程，将实验结果与数值模拟结果进行对比，两者误差很小。Sheikholeslami 等[102]研究含 CaCO₃、CaSO₄、CaC₂O₄和 SiO₂混合盐的污垢产生过程，阐述混合盐污垢形成的影响因素。Glade 等[103]研究水平管降膜蒸发器淡化海水的污垢形成条件，指出了污垢形成机理与钙离子浓度之间的关系。

2.3 污垢的分析

2.3.1 污垢热阻的分析

垢的形成过程是一个很复杂的物理、化学过程，它是动量、能量和质量传递的综合结果。对于污垢的监测方法很多，按照对沉积物的监测手段可分为：热学法和非传热量的污垢监测法。热学法又可分为热阻法和温差法两种；非传热量的污垢监测法可以分为：称重法、厚度测量法、压降测量法、放射性技术、时间推移电影法、显微照相法、点解法和化学法。就换热设备而言，最直接而且与换热设备性能联系最密切的是热学法[81]。冯殿义等[104]针对污垢热阻预测模型在操作条件变化较大时存在很大的原理误差，不能用于污垢实时监测的现实，提出一种对污垢热阻预测模型的校正方法。全贞花等[105]阐述污垢热阻动态监测装置的构成，并用实验装置进行光滑管对流换热性能的测试，结果表明两侧流体热平衡最大偏差小于 10%，实验数据与经验公式计算的 Nu 数相吻合。Chen 等[106]研究以测量溶液电阻的方法来测量牛奶的污垢热阻，并用实验数据来建立热阻与电阻的关联式。Rang 等[107]阐述火电厂因污垢造成的损失，采用加速模型来测量污垢热阻，用统计方法来分析实验数据。程伟良等[108]研究管内基于质量传递理论的污垢监测模型，避免因温差描述产生污垢热阻为负值的特异现象，结果表明模型是合适的。本文以温差法来测定污垢热阻，热阻法测量原理是根据换热设备有无污垢时的传热系数之差，方程如下：

$$Q = K \cdot S \cdot \Delta T$$

$$\Delta T = \frac{(T_{sat} - T_i) - (T_{sat} - T_o)}{\ln\left(\dfrac{T_{sat} - T_i}{T_{sat} - T_o}\right)}$$

$$R_f = \frac{1}{K_f} - \frac{1}{K_c}$$

式中：R_f——污垢热阻；K_f——有污垢的传热系数；K_c——无污垢的传热系数。

2.3.2 污垢热阻的形貌分析

如果要对污垢样品进行分析，都应该先用 X 射线荧光光谱仪（X – ray fluorescence，XRF）污垢含有含哪些元素。想要更进一步确定矿物成分，也就是含有哪些晶体和非晶体，需要利用 XRD 来分析，即物相鉴定。粉末晶体 X 射线物相定性分析是根据晶体对 X 射线的衍射特征即衍射线的方向及强度来达到鉴定结晶物质的。一旦样品和已知物相的衍射数据或者图谱对比后相吻合，则表明待测物相与已知物相是同一相，因为：

1）每一种结晶物质都有各自独特的化学组成和晶体结构，不会存在 2 种结晶物质的晶胞大小、质点种类和质点在晶胞中的排列方式完全一致的物质；

2）结晶物质有自己独特的衍射花样（d、θ和 I）；

3）多种结晶状物质混合或者共生，它们的衍射花样也只是简单叠加，互不干扰，相互独立。

X 射线物相分析原理是指任何结晶物质都有其特定的化学组成和结构参数（包括点阵类型、晶胞大小、晶胞中质点的数目和坐标等）。当 X 射线通过晶体时，产生特定的衍射图形，对应一系列特定的面间距 d 和相对强度 I/I₁值。其中 d 与晶胞形状及大小有关，I/I₁与质点的种类及位置有关。所以，任何一种结晶物质的衍射数据 d 和 I/I₁是其晶体结构的必然反映。将实验测定的衍射花样与已知标准物质的衍射花样比较，从而判定未知物相。混合试样物相的 X 射线衍射花样是各个单独物相衍射花样的简单叠加，根据这一原理，就有可能把混合物物相的各个物相分析出来 [109]。常规物相定性分析的步骤：

1）实验，用粉末照相法或者粉末衍射仪法获取被测试样物相的衍射花样或者图谱。

2）通过对所获得的衍射图谱或者花样进行分析和计算，获得各衍射线条的 2θ，d 及相对强度大小 I/I₁。在这几个数据中，要求对 2θ和 d 值进行高精度的测量计算，而 I/I₁对精度要求不高。目前，一般的衍射仪均有计算机直接给出所测物相衍射线条的 d 值。

对于物质的微观相貌，一般采用 SEM 分析的方法。

1）扫描电镜 SEM 的优点：①景深长，图像富有立体感；②图像的放大倍率可在大范围内连续改变，而且分辨率高；③样品制备方法比较简单，视线范围大，便于观察；④样品的辐照损伤以及受污染的程度不大；⑤可以实现多功能的分析。

2）扫描电镜的构成：①电子光学系统：电子枪、电磁透镜和扫描线圈等；②机械系统：支撑部分和样品室；③真空系统；④样品所产生的信号收集、处理和显示系统。

试样的制备：对试样的要求试样可以是块状或粉末颗粒，在真空中能保持稳定，含有水分的试样应先烘干除去水分。表面受到污染的试样，要在不破坏试样面结构的前提下进行适当清洗，然后烘干。粉末试样的制备：先将导电胶或双面胶纸粘结在样品座上，再均匀地把粉末样撒在上面，用洗耳球吹去未粘住的粉末，再镀上一层导电膜，即可上电镜观察。

2.4　稠油废水蒸发浓缩的污垢类型

2.4.1 析晶污垢

2.4.1.1 析晶过程

研究表明，含无机离子的溶液形成污垢的过程可分为四个步骤，第一步是水中的离子结合形成低溶解度的盐类分子；第二步是低溶解度分子相互聚结并形成微小的晶粒，然后产生晶粒化过程；第三步是大量晶粒在特定部位堆积长大；第四步是在不同的部位形成污垢[1110~111]。溶液中的盐有两大类型，正溶解性盐和逆溶解性盐，常见的污垢多属于逆溶解性盐，如表 2.7 所示。

表 2.7　污垢中常见的逆溶解性盐

名称	化学式	名称	化学式
碳酸钙	$CaCO_3$	硅酸钙	$CaSiO_3$
氢氧化钙	$Ca(OH)_2$	氢氧化镁	$Mg(OH)_2$
磷酸钙	$Ca_3(PO_4)_2$	硅酸镁	$MgSiO_3$
硫酸钙	$CaSO_4$	硫酸钠	Na_2SO_4

逆溶解性盐在溶液中的变化过程如图 2.17 所示。当溶液处于 A 点时，是属于不饱和状态；当溶液被加热升温至 T_1 时，达到饱和溶液的状态，即 B 点；继续加热升温到 T_2，即 C 点，沉积就会发生。C 点是处于亚稳定的状态，继续加热，溶液中的微粒因浓度/温度平衡移向 D 点，产生沉淀，形成了污垢[55]。

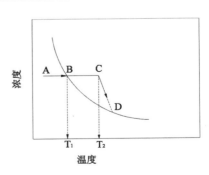

图 2.17　逆溶解性盐的溶解度随温度的变化

2.4.1.2 析晶机理

一般而言，溶液过饱和的程度是决定离子析晶或者沉积的关键因素。在污垢沉淀过程中伴随以下三个分过程：一是过饱和溶液的出现；二是晶核或者晶粒的形成；三是晶体的生长[83]。Mullin 提出三个理论来解释晶体

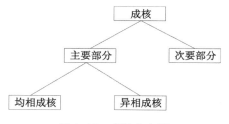

图 2.15　成核分布图

的生长，即表面自由能，吸附层的出现和扩散理论。表面自由能指的是当晶体成长时，晶体形状有最小的表面能，晶体成长是一个很复杂的过程[112]。图 2.15 和图 2.16 比较简略地示意了晶体成核变化过程 [83]。

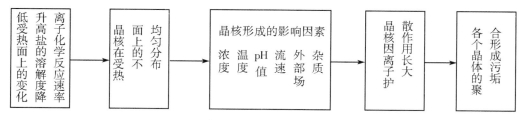

图 2.16　成核过程示意图

Mullin 认为析晶过程有七步：①溶液的离子通过扩散边界层；②溶液的离子通过吸附边界层；③界面微粒或者溶液微粒在换热面的扩散；④部分或者全部离子的去溶剂化；⑤离子与晶格的结合；⑥通过吸附层的反扩散；⑦通过边界层的反扩散。晶体的成长机理有两种，即浓度扩散控制和化学反应控制，方程如下[55]：

$$R_f = \frac{1}{K_f} - \frac{1}{K_c}$$

$$\frac{dm}{dt} = K_D \cdot A \cdot (c_b - c_i)$$

式中：$\frac{dm}{dt}$——析晶速率；c_i——界面浓度；c_b——流体浓度；A——析晶面积；k_r——速率常数。化学反应控制方程：

$$\frac{dm}{dt} = k_r \cdot A \cdot (c_i - c_e)^n$$

式中：$\frac{dm}{dt}$——析晶速率；c_i——界面浓度；c_e——平衡浓度；A——析晶面积；K_D——传质扩散系数。将浓度扩散控制方程和化学反应控制方程结合成通用的方程：

$$\frac{dm}{dt} = K_G \cdot A \cdot (c_b - c_e)^n$$

式中：$\frac{dm}{dt}$——析晶速率；c_e——平衡浓度；c_b——流体浓度；A——析晶面积；——次方；K_G——析晶速率系数。

2.4.2 微粒污垢

2.4.2.1 微粒污垢的分析

微粒污垢是溶液中粒子沉积的结果，这些粒子来自流动的液体或者溶液中离子析晶形成的。微粒一般指颗粒物质、细菌、腐蚀性物质、化学产物、结晶等，重力沉积和流体输运是控制微粒沉积于换热面的两个主要机理。微粒从溶液中沉积到壁面一般与以下三个阶段相关联：在流体输运的作用下，微粒通过扩散作用而穿过边界层，从而粘附在固体壁面上；微粒粘附在壁面或者污垢上；也有污垢被剥蚀而离开壁面。图 2.18 是微粒在管道中湍流状态下沉积的示意图[55]。由图可知，首先是溶液中的微粒被流体输送到换热壁面附近，然后再沉积并粘附于壁面，形成了微粒污垢，可知析晶污垢与微粒污垢的形成机理有显著的不同。

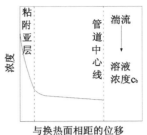

图 2.18　管道中湍流状态时浓度梯度的分布

根据图 2.18 所表示的微粒沉积过程，粒子被输运到换热面的沉积速率 $\dot{m}_d$ 为：

$$\dot{m}_d = K_t \cdot (c_b - c_s)$$

式中：$\dot{m}_d$——微粒沉积速率；K_t——输运系数；c_b——溶液中的微粒浓度；c_s——换热面处的微粒浓度。一般情况下，可以认为 $c_s = 0$，则式（2.21）可以简化为：

$$\dot{m}_d = K_d \cdot c_b$$

式中：K_d——微粒沉积系数。

有时，一些微粒沉积到换热面后又被剥蚀，因此一般情况下 $K_d < K_t$。为定量描述二者之间的关系，引进一个粘附概率 P，方程如下：

$$K_d = P \cdot K_t$$

$$P \propto \frac{e^{-E/(R \cdot T_s)}}{\overline{\tau}_s}$$

也有文献表明，P 有如下的经验关系[113]：

$$P = 1 \qquad S_d^+ \lesssim 2.4$$

$$P = (2.4/S_d^+)^2 \qquad S_d^+ \geq 2.4$$

式中：P——粘附概率；$\overline{\tau}_s$——换热面流体剪切力的平均值；T_s——换热面的温度；E——化学反应的活化能；S_d^+——无因子距离。

2.4.2.2 微粒的沉积速率

微粒沉积到换热面上受到两种主要的作用力，即范德华力和双电层作用力。微粒沉积时电磁相互作用的一般特征：①如果电磁作用的能垒没有出现（比如静电吸引力），微粒在范德华力的作用下以有限的速率沉积到换热面上；②能垒的升高将降低微粒沉积的速率，溶液 pH 值和吸附特定的离子都将引起能垒的变化，反过来就影响微粒在换热面上的沉积；③根据胶体理论，起初主要微粒的最小沉积速率是因为范德华力的作用而不可逆的；④小部分微粒因为比较小的粘附力，出现在孤立点的换热面上，常用的微粒沉积速率方程如下[55]：

$$u_T = \frac{e \cdot E}{3 \cdot \pi \cdot \mu \cdot d_p}$$

式中：e——电荷；E——微粒通过的电场强度；d_p——微粒直接；μ——流体黏度。

表2.8　无因子沉积参数 [55]

机理	参数
惯性力，N_I	$\frac{C \cdot \rho_p \cdot d_p \cdot u_g}{18 \cdot \eta \cdot D}$
拦截，N_C	$\frac{d_p}{D_c}$
扩散，N_D	$\frac{D_p}{u_g \cdot D}$
热泳，N_T	$\frac{u_T}{u_g}$

式中：C——坎宁安系数；D_c——收集器直径；u_g——热泳时气体速率；u_T——热泳时微粒速率；D_p——微粒扩散系数。

2.4.2.3 微粒剥蚀

微粒剥蚀（或者夹带）是指沉积在换热面上的污垢重新脱离换热面或者污垢层被流动流体带走的过程。由此可知，污垢剥蚀的过程同时包含两个子过程，即：污垢物质从流体–固体界面处的脱离过程和污垢物质从表面到流体的输运过程，前者常称为剥离，后者称为重新夹带或者夹带，水溶液中微粒的夹带受到水动力的影响[114~116]。换热面上的污垢物质脱离壁面的基本形态有三种，即离子、颗粒和大块，研究者提出了三种对应的剥蚀机制：溶解、磨蚀和剥落[82]。剥蚀的机理指出：更小的粒子需要更高的剪切应力才能有效去除。分离一个群体中分散的粒子，需要一个连续分布的压力，而不是一个单值的临界压力。pH值对污垢的粘结强度产生的显著影响，基于胶体理论可观察到pH值对污垢沉积的影响[112]。污垢剥蚀是溶液水动力剪切的结果，它代表的是附着力，研究表明，剥蚀是最有可能的微粒污垢去除机理。

2.4.3 三种成垢盐

依据采油废水的成分分析，以及初步的蒸发浓缩实验结果和有关资料，可以明确，采油废水在蒸发浓缩过程中，主要是产生无机盐污垢，污垢中的盐以硅酸盐、碳酸盐和硫酸盐为主。因此需要了解采油废水中成垢盐，主要是 SiO_2、$CaCO_3$ 和 $CaSO_4$ 的一些基本的物理化学性质，特别是它们在特定条件下的溶解度。

2.4.1.1 二氧化硅

二氧化硅又名硅石，化学式为 SiO_2，自然环境中存在 2 种形态的氧化硅，即结晶二氧化硅和无定形二氧化硅。根据形态分类，二氧化硅可分为硅石、沉淀法二氧化硅、气相法二氧化硅、硅胶。结晶二氧化硅因晶体结构不同，可以分为石英、鳞石英和方石英三种。二氧化硅是原子晶体，熔点和沸点都比较高。天然存在的硅藻土是无定形二氧化硅，为白色固体或者粉末状物质，具有多孔、质轻、松软的特性，吸附性强。二氧化硅的化学性质比较稳定，不与水反应，微溶于水，是酸性氧化物，可以与强碱发生反应 [117]。

SiO_2 是地壳中最丰富的无机物之一，它具有多种形式的结晶态和无定形态。常见的结晶态的 SiO_2 有石英、磷石英（tridymite）或方石英（cristobalite），它们在水中溶解度都很低，只有 6mg/kg（以 SiO_2 计）。无定形态通常是指不具有结晶结构的 SiO_2，它具有较高的溶解度，在 100～140mg/kg。Chen 等根据 373～523K 时电解质溶液中非晶质 SiO_2 的溶解度实验结果，经回归获得 SiO_2 溶解度的关联式 [118]：

$$logS = logS^0 - Dm - Em^2$$
$$= logS^0 - (a + bT + cT^2)m - (d + eT + fT^2)m^2$$

式中：S ——盐水溶液中的非晶质 SiO_2 的溶解度，mol/kg；S^0 ——纯水中的溶解度，mol/kg；m ——电解质浓度，mol/kg；T ——溶液的温度，K；不同盐类系数 a、b、c、d、e、f 的值列于表 2.8。

表 2.8　不同电解质溶液参数 a、b、c、d、e、f 的取值

电解质	$10a$	10^4b	10^7c	10^2d	10^4e	10^7f
NaCl	0.31949	4.6982	-8.7442	3.1961	-1.8951	2.4453
	1.8754	-4.5052	3.0504	0	0	0
Na_2SO_4	0.7087	3.8692	-13.648	-0.61449	-1.2489	3.133
	0.54372	2.0844	-8.6803	0	0	0
$MgCl_2$	4.4621	1.7798	-16.354	-2.7712	-0.4324	2.0922
	3.3566	-0.8385	-6.3309	0	0	0
$MgSO_4$	-9.6086	59.306	-78.775	35.959	-15.729	14.690
	7.5108	-28.740	29.829	0	0	0

SiO_2 的聚合程度与溶液密切关联，比如溶液 pH 值有变化时，得到的聚合物质也会相应发生变化。SiO_2 的聚合因溶液 pH 值不同，存在下列平衡中的某些反应，其反应式为：

$$SiO_2 + 2H_2O \Leftrightarrow Si(OH)_4$$
$$Si(OH)_4 + OH^- \Leftrightarrow HSiO_3^- + 2H_2O$$
$$HSiO_3^- \Leftrightarrow Si_2O_5^{2-} + H_2O$$
$$HSiO_3^- + OH^- \Leftrightarrow SiO_3^{2-} + H_2O$$
$$Si(OH)_4 + OH^- \Leftrightarrow H_3SiO_4^- + H_2O$$
$$Si(OH)_4 + H_3SiO_4^- \Leftrightarrow (OH)_3SiOSi(OH)_3 + OH^-$$

pH 值对上述化学平衡的影响很明显，当 pH ≥3 时，反应（2.30）式和（2.31）式占主导地位；当 pH ＝ 8 ~ 9 时，这种缩合能力达到最大程度。当 pH ≥10 时，反应（2.33）式是主要的，生成了水溶性较好的原硅酸离子 [119]。

25 ℃ 时 pH 值对 SiO₂ 溶解度的影响见表 2.9，从表中看到 pH ＝ 10 时 SiO₂ 溶解度才明显增高，而冷却水中 pH 一般是 8 ~ 9，这时缩合反应能力是最大的。由原硅酸生成二缩体是慢过程，一旦形成，几乎立刻生成三缩体；生成四缩、五缩体的速率又较慢，六缩体形成时即开始出现侧基反应，形成异构体并交联，导致胶体 SiO₂ 形成，最终凝胶和成垢。

表 2.9　不同电解质溶液参数 a、b、c、d、e、f 的取值

pH	6 ~ 8	9	9.5	10	10.6
SiO₂溶解度/ppm	120	138	180	310	876

在冷却水条件下，多价金属离子能引起或者促进 SiO₂ 的缩合。水中最常见的 Ca^{2+} 在 pH 值 6 ~ 9 时并不影响硅垢的形成，但是 $CaCO_3$ 和 $Ca_3(PO_4)_2$ 会成为硅沉积的核心，促使硅垢出现。Al^{3+} 在 pH ＞4 时能增进硅垢的沉积 [119]。

SiO₂ 浓度的测定，胶体 SiO₂ 含量不能被直接测定，而是用总的 SiO₂ 含量减去活性 SiO₂ 含量算出。测定总的 SiO₂ 含量的常用方法有：火焰原子吸收法（硅含量大于 250mg/kg 时）；无焰原子吸收法（硅含量在 25 ~ 250mg/kg）；对低硅含量用电感耦合等离子体（ICP）法；总的消化方法为采用烧碱或氢氟酸。SiO₂ 反应的测定可采用硅钼酸和杂多蓝法 [120]。

2.4.2.1　碳酸钙

碳酸钙是地球上常见的物质，俗称石灰石或者石粉，化学式为 $CaCO_3$，微溶于水，存在于霰石、方解石、白垩、石灰岩、大理石、石灰华等岩石内，也是动物的骨骼或者外壳的主要组成。碳酸钙主要存在两种结晶，一种是正交晶体文石，一种是六方菱面晶体方解石，有无定型和结晶型两种形态。结晶型中又可分为斜方晶系和六方晶系，呈柱状或菱形。碳酸钙溶于酸，并发生泡沸 [121]。文石，碳酸盐矿物，成分为 $CaCO_3$，又称霰石，与方解石等成同质多象。斜方晶系，晶体呈柱状或矛状，常见假六方对称的三连晶，在自然界文石不稳定，常转变为方解石 [122]。方解石是也是一种碳酸钙矿物，天然碳酸钙中最常见的就是它，方解石的晶体形状多种多样，它们的集合体可以是一簇簇的晶体，也可以是粒状、块状、纤维状、钟乳状、土状等等。敲击方解石可以得到很多方形碎块，故名方解石 [123]。有资料表明，方解石易于形成难于清理的坚硬垢层，而文石则易于形成相对松软、不易沉积、易于清除、类似水渣的垢，所以目前使用的大多数化学阻垢剂、电磁阻垢技术等方法都是依据使碳酸钙趋向形成文石晶相的原理 [124]。

$CaCO_3$ 的溶解度随温度变化的关联式 [125]，可以用方程（2.38）表示：

$$c_s = 98.85714 - 1.71071 \cdot T + 9.82 \times 10^{-3} \cdot T^2$$

式中：c_s ——饱和浓度，kg/m^3；T ——温度，℃。

当在高 pH 值的条件下（pH ＞10），只考虑溶液中存在 CO_3^{2-} 离子；当在低 pH 值的条件下（pH ＜8）计算时只考虑 HCO_3^{2-} 离子的扩散率。高 pH 值条件下，扩散率公式 [126]：

$$\dot{m} = k_D \cdot \{[Ca^{2+}] - [Ca^{2+}]_i\} = k_D \cdot \{[CO_3^{2-}] - [CO_3^{2-}]_i\}$$

式中：k_D——对流传质系数；$[c]$——离子浓度；$\dot{m}$——污垢沉积速率；i——换热面处。

$$k_D = 0.023 \cdot \upsilon \cdot Sc^{-\frac{2}{3}} \cdot Re^{-0.17}$$

$$Sc = \frac{\upsilon}{D}$$

$$Re = \frac{\upsilon \cdot d}{\upsilon}$$

2.4.3.1 硫酸钙的物理化学性质

硫酸钙系白色单斜结晶或者结晶性粉末，稍溶于水，在热水中溶解较少，通常含有 2 个结晶水，一般以石膏矿的形式存在。晶体类型有：二水合硫酸钙，二分之一水合硫酸钙和无水硫酸钙的三种晶体 [127]。

$CaSO_4$ 的溶解度的关联式如下 [128]：

$$c_s(T_i) = 2.0 \times 10^{-6} \cdot (\frac{T}{i} - 273)3 - 4.0 \times 10^{-4} \cdot (\frac{T}{i} - 273)2$$
$$+ 0.0222 \cdot (T_i - 273) + 1.7557$$

式中：c_s——饱和浓度，kg/m^3；T——温度，K。

2.5　控制污垢的方法

目前应用于控制污垢的方法有减缓污垢和去除污垢的两种方式。减缓污垢是对溶液进行预处理以达到消除污垢的目的；去除污垢是对设备上已经产生的污垢进行清除。控制污垢的原则应考虑以下几点：一是防止污垢的形成；二是防止污垢物质之间的粘结及其在传热表面上的沉积；三是从传热表面上清除沉积物。因此相对应的控制污垢的具体措施有：①添加化学试剂或者阻垢剂；②采用机械的方法清除污垢；③改善换热面，减缓污垢的沉积；④定期清洗换热设备；⑤设计可以控制污垢的设备或者工艺，尽可能减轻污垢[83]。

控制污垢的方法有如下几种 [85]：（1）剔除冷却水中引起积垢的化学组分。离子交换和氧化钙软化是剔除溶液中镁、钙的有效方法，如果系统中冷却水的用量很大，则采用这些方法时的投资和运行费用会很高，以后的发展趋势是采用小容积流量、高循环倍率以减少成本。2）将硬盐转换成易于溶解的形式。水溶液中的化学组分的溶解度通常随 pH 值的减少而增加，在系统中加酸使 pH 值维持在 6.5 – 7.5 之间，可以抑制污垢。如果酸的量控制不当，则可能引起设备的腐蚀。若冷却水水中硫酸盐的浓度较高，则使用硫酸可能会形成硫酸盐垢。加入 CO_2 可以降低 pH 值。即使 pH 值可以减小，但是由于硬盐的存在，碱度却可能增加，在冷却塔中 CO_2 的损失也会增加运行成本。3）化学处理。处理冷却水的药剂所产生的影响有：影响晶体的结构，使其难于附着在换热面上，或者使晶体层与换热面之间的结合力降低的变型剂。使小晶体一旦形成就立即分散到流体中，避免它们集中到换热面上的分散剂。可以与析出物形成螯合剂，防止它们粘附在换热面上的螯合剂。可以抑制晶核产生的阈值处理剂。4）控制浓度。仔细控制排放量和补给水量，可能减少发生过饱和的机会。5）离子交换处理。用易溶离子替换难溶离子，可以潜在的污垢。

2.5.1 阻垢性能评价方法

目前，关于各种阻垢技术的阻垢效果的评价方法主要有静态试验法和动态试验法两类，此外还有重量法、分形法和恒定组分技术等方法 [129]。

2.5.1.1 静态试验法

静态法是对制备的一定体积、浓度的含有成垢物质的溶液，用加热、蒸发浓缩或是滴定等方法破坏平衡，通过阻垢剂加入前后溶液某些参数的变化来判断水中成垢物质的离析情况，用以评价阻垢性能。静态阻垢法和鼓泡法是最常用的两种静态试验方法。大部分静态试验需要测量平衡后的稳定参数，要等沉淀完全，测试时间较长；而临界 pH 法、电导法等无需等到完全平衡，因而测定时间短，所需仪器也较简单（pH 计和电导计）。

总之静态试验法设备简单，在阻垢剂的初选中得到广泛应用。但是应当看到，静态法普遍存在操作复杂、试验中间环节多、数据的重复性差等缺点，而且除微电解法和电化学法外，测定的均为阻垢剂抑制成垢盐类在溶液中的析出程度，并不能定量推断换热面的积垢情况，具有一定的局限性。

2.5.1.2 动态试验法

动态模拟试验是通过测量特制模拟换热器的污垢热阻来定量反映阻垢效果，动态快速阻垢测试法是一种带有传热面的阻垢测试方法，可快速准确地筛选阻垢剂。为缩短测试周期，可采用较低的流速（水流速度一般控制在 0.3m/s 以下），作为一种强化的测试手段，一般在 6~24h 内即可得到较明显的测试结果。这种测试方法快速、灵敏、复现性好，除可以直接用天平称垢重计算并评价药剂的阻垢率外，还可以直接观察垢层的生长和结垢特点，甚至可以进一步分析垢层的化学组成等。然而由于使用了耐蚀材料和强化测试手段，其测试条件和生产现场的实际工况仍有较大差距，而且在测试元件表面容易产生气泡，气泡处易发生腐蚀和导致测试误差。

动态模拟试验是一种介于实验室和现场测试之间的工程化阻垢剂评价方法。但该方法检测时间长（通常在 10d 以上），而且设备较贵。

2.5.1.3 其它试验方法

前述静态试验法和动态试验法的最大区别在于是否具有模拟受热面。目前报道的还有其他一些方法和技术，在研究结垢的机理上发挥了积极的作用。

重量法是通过称取传热面或电极上沉积的垢层重量从而进行阻垢剂效果评定的。石英微天平法可以看作是重量法和电化学法的结合。除此之外，还有研究机构利用扫描电子显微镜观察晶体的成核、生长、聚集及核吸附的过程；用原子显微镜研究观察阻垢剂对碳酸钙晶体生长的抑制作用；用 X 衍射法研究垢样的细碎程度、晶体畸变等；用粒径分析仪研究晶核生长动力学。pH 静态沉积法等则可用于阻垢剂性能评价及机理研究。

阻垢测定实验方法，该法是对人工配制的硬水进行不同实验条件下的抗垢效果实验研究。抗垢效果用阻垢率表示，阻垢率可以用污垢热阻形式表示，也可以用污垢质量的形式表示。

$$\eta = 1 - \frac{R'_f}{R_f}$$

式中：η——以污垢热阻表示的抗垢率，%；R'_f——抗垢实验的污垢热阻；R_f——结垢实验的污垢热阻。

$$\eta_M = 1 - \frac{M'_f}{M_f}$$

式中：η_M——以污垢质量表示的抗垢率，%；M'_f——抗垢实验的污垢质量；M_f——结垢实验的污垢质量。

2.5.2　化学法抑制污垢

水中析出碳酸钙等污垢的过程，即是微溶性盐从溶液中结晶沉淀的结果。按照结晶动力学的观点，析晶的过程首先是形成晶核，产生少量的微晶粒，然后这种微小的晶粒在溶液里面由于热运动不断地相互碰撞，和金属器壁也持续的碰撞，从而形成污垢。因此，如果在水中投加化学试剂，破坏晶粒增长，就可以达到抑制污垢产生的目的。化学防垢的实质是添加药剂，通过螯合、晶格畸变、静电排斥等作用起到抑制碳酸钙、硫酸钙等污垢的生成[73,130]。常用的商业性阻垢剂主要有三大系列：聚磷酸盐，有机磷酸盐，聚合高分子电解质。表 2.10 指出了各种阻垢剂的溶解污垢的能力 [119]。

表 2.10　各种聚合物的溶垢能力

药剂名称	溶碳酸钙/%	溶磷酸钙/%	溶硅酸镁/%
聚丙烯酸	34.7	56.2	0
聚马来酸酐	28.8	7.3	17.8
次磷酸丙烯酸调聚物	57.1	76.1	80.0
聚苯乙烯磺酸	17.1	5.2	0
丙烯酸、甲基丙烯酸共聚物	45.3	30.8	7
丙烯酸、丙烯酰胺共聚物	33.5	80.1	0
丙烯酸、丙烯酸羟丙酯共聚物	26.1	20.1	27.4
丙烯酸乙烯磺酸聚物	47.8	28.1	20.9
丙烯酸、2-丙烯酰胺基-2-甲基丙基磺酸	45.3	57.4	10.9
磺化苯乙烯马来酸酐共聚物	27.4	12.5	12.9
乙烯、马来酸酐共聚物	32.8	22.8	11.6

丙烯酸、2－丙烯酰胺基－2－甲基丙基磺酸、次磷酸调聚物	51.6	65.6	18.8
丙基磺酸、醋酸乙烯共聚物	41.1	53.3	35.6
EDTANa$_4$	72.2	98.5	52.5

2.5.1.1 化学法抑制污垢的特点

化学药剂抑制污垢的行为可以一个或更多的作用方式发挥阻垢的效果，表现在：①阻垢剂可以与污垢微粒发生化学反应，改变污垢的电势；②阻垢剂通过改变与换热面的作用，达到对污垢形成的过程产生物理影响；③阻垢剂可以改进换热面污垢的特性，使之更容易被去除；④阻垢剂甚至可能破坏污垢的活性，比如生物污垢，使之不再粘附在换热面上[55]。

2.5.1.2 化学法抑制污垢的不足

化学法抑制污垢需要试剂的量必须按照溶液的实际情况准确投放，否则会带来更大的危害，因此要求提供样品的准确分析，具体表现在以下四个方面[131]：

1）经过化学法处理的溶液，会对阀门和管道等设备带来严重的腐蚀，缩短了设备的使用寿命；

2）化学法抑制污垢产生的废液要进行后处理，否则会对环境造成二次污染；

3）化学法抑制污垢使用的试剂和处理过程会对环境和人体造成危害；

4）化学法抑制污垢的处理费用比较高。

化学法抑制污垢的技术[132]，如表2.11所示，都涉及到一些化学试剂的使用，因此会给环境带来一定的破坏作用，所以研究者需要积极寻找可代替的、更环保的方法，物理法水处理技术就应运而生了。

表2.11　常见化学法处理技术的对比分析

类别	除垢方法	原理	优缺点
化学法处理技术	离子交换树酯法	原水经过离子交换树酯床，水中的杂质离子与树酯上的无害离子交换，从而去除杂质离子	优点：处理能力大，工作寿命长 缺点：必须排放可以导致淡水碱化的再生废液；投入成本高
	加药软化法	原水中投入化学药剂，使水中硬度成分分离	优点：目的明确，原理清楚 缺点：需要经常检查、化验及进行排污处理；人工费用高
	投加阻垢剂	投加某些药剂，抑制CaCO$_3$结晶的增长	优点：理论较为完整，应用广泛 缺点：每种药剂只发挥单一的作用，需要根据水质进行多种药剂的复合配置

2.5.2 物理法控制污垢

物理法控制污垢主要是指运用声、光、电、磁等技术及其相应设备,通过它们有目的地改变溶液中各种微粒的运动状况,甚至使污垢类型发生变化,如以析晶污垢为主转变为以微粒污垢为主,从而达到将污垢微粒沉积于溶液中或者脱落,延缓污垢在换热设备壁面的沉积,提升设备的传热能力[73]。

2.5.2.1 物理法控制污垢的特点

物理法一般具有多种功能,它集除垢、防垢、缓释、杀菌等多项功能于一身,应用前景比较好[133]。物理法在阻垢的同时通常都具备除去老垢的功能,而且应用时操作简单。更重要的是物理法不会带来新的物质,因而不会改变溶液的化学性质,也不会给环境带来二次污染,这是物理法和化学法最大的区别,也是物理法最大的优势。

2.5.2.2 物理法控制污垢的常用技术

物理法控制污垢的技术,主要是指电、磁、声、光等技术和相应设备的应用,常见的处理技术如表 2.7 所示[132]。它们不但具有抑制污垢的功能,同时还具有缓蚀、杀菌、灭藻等多项功能,使用方便,成本低,无污染,因此得到了迅猛发展,应用的领域和范围正在逐渐扩大。

1）磁场处理技术

1945 年比利时人 Vermeriven 应用磁化技术处理锅炉给水,减少了锅炉水垢的生成[134]。到了 20 世纪 70 年代,前苏联、美国、日本等先后掀起了研究磁场处理水而阻垢的高潮,学术界和企业界竞相投入了大量的人力和资金对磁场处理技术进行研究,取得了大量的研究成果和发明专利,并建成了大型磁场处理设备。研究表明,磁场处理对水的许多物理化学性质都有影响,磁场处理会使水结构发生变化。磁场处理对物质的溶解、结晶、聚合、湿润、凝聚、沉淀过程都有影响,可使水系显著活化,并能影响化学反应的动力学过程。研究还发现,磁场对溶液作用具有明显的“记忆效应”,即当撤掉外磁场后,溶液的物理化学性质能保持数小时或者数天。迄今为止,世界上很多公司生产了磁场处理装置,其设备已广泛应用于工业和民用给水系统中防垢、除垢、杀菌、防腐及石油开采等领域。

2）静电处理技术

利用静电防垢的技术始于上世纪 60 年代的美国,20 世纪 70 年代末在日本有所发展。该技术是由美国的几位工程师在磁化法防垢、除垢技术的研究中得到启发,研究并开发出来的。在此之后人们又进行大量的研究 [134],将此法逐步完善并发展起来。我国在 20 世纪 70 年代中期也开始进行静电水处理器的研制,随后,静电水处理器在我国的部分企业得到应用,它广泛应用于化工、制药、食品等行业的工业循环冷却水系统。

3）超声波防垢

声波及超声波的机械作用和空化作用能有效地防止和除去管路及生产设备中的结垢。

超声波防垢主要是利用超声波的强声场处理流体，使流体中污垢物质在超声场作用下，其物理形态和化学性能发生一系列的变化，使之分散、粉碎、松散、松脱而不易附着管壁，抑制污垢的形成。超声波的防垢机理主要表现在以下几个方面：空化效应，活化效应，剪切效应和抑制效应。

4）高频电场处理技术

高频电场水处理装置，在循环水处理方面是新一代物理水处理技术产品，是永磁式和高压静电式电子水处理器的换代产品，操作比较简单、维护方便。高频电场处理水的防垢效果，不仅与外界施加的频率、电场强度有关，也与水中 Ca^{2+} 浓度、pH 值、放置时间等条件有关。该方法的缺点是，频率超过一定的范围，媒体的电磁参数就会受到影响，引起介质损耗，产生能量损耗。

5）变频电磁场处理技术

利用电磁场能量进行水处理是一个相当复杂的过程，在整个处理过程中伴随着各种物理反应、化学反应和生物反应。实验证实，各种在水中产生的反应和作用都不是在同一频率的电磁场驱动下产生的，为此提出将直流脉冲技术与变频原理相结合，从而产生了变频电磁场处理技术。该技术是在静电阻垢和磁场软化水的基础上发展起来的一种新型物理法水处理技术。变频电磁场水处理器在水处理中可集防垢、除垢、缓蚀、杀菌增注等多功能于一体。

物理法处理水技术和方法不止上面阐述的 5 种，现将它们进行归纳如表 2.12 所示。甚至还有研究者将化学法与物理法结合使用，或者多种物理方法联合使用，也列于表 2.12。

表 2.12　常见物理法水处理技术的对比分析

类别	除垢方法	原理	优缺点
物理法处理技术	膜处理法	在高分子薄膜上施加压力或者化学位差，对溶质和溶剂进行分离、分级、提纯和富集的方法。高分子薄膜可以是天然或者人工合成的。	优点：能耗小，操作简单，处理效率高。缺点：膜污染，如何有效解决膜污染问题，降低成本，提高运行寿命仍是目前研究的主要问题。
	磁场处理技术	流动的水切割磁力线，水中杂质被磁场磁化，改变水垢的结晶方式，抑制硬垢生成的同时清除老垢。	优点：结构简单，操作方便，对环境无污染。缺点：除垢机理多，但尚不统一，处理效果不稳定。
	电子水处理技术	采用低压直流电或具有特定波形的脉冲电源，对水流施加电场力，改变溶液的物理化学性质，从而起到防垢的作用。	优点：防垢除垢的同时能杀菌灭藻，防腐。缺点：对阳极要求较高，能耗大。
	静电处理技术	水在高压静电场中物理性质发生改变	优点：具有防垢杀菌、效果好、使用时间长的优点。缺点：能抑制污垢沉积和能否防腐，观点不一。

	超声波防垢	超声波的空化作用、热作用、机械作用减缓了 $CaCO_3$ 的析出，并能清除老垢层。	优点：阻垢效果好，同时能使垢层松脱。 缺点：应用范围有待扩展。
联合处理方法	阻垢剂 – 磁化协同	经磁场处理的水加入聚天冬氨酸，投加阻垢剂与磁场共同作用。	优点：扩大了聚天冬氨酸的使用范围。 缺点：应用尚不广泛，还在研究开发阶段。
	超声波 – 磁化协同	将磁场和超声波共同作用。	优点：协同使用阻垢和除垢效果优于单独使用。 缺点：费用较高。

2.5.3 除垢的方法

1）机械清洗是各种工业中常用的清除换热设备污垢的方法。用这种方法可以除去化学清洗方法不能除去的炭化污垢和硬质垢，并且钢材损耗微小。但是采用机械清洗时，常常必须将设备解体，因而清洗时间可能较长，费用也较高。设备解体也有有利的一方面，即在清洗时，可以修补或者替换损坏了的换热面。机械清洗的方法可以分为两类：一类是强力清洗法，如喷水清洗、喷砂清洗、刮刀或者钻头除去污垢。另一类是软机械清洗，如钢丝刷清洗和胶球清洗等。

2）化学清洗的机制［85］：Harper首次以理论的形式提出清洗机制，它包括如下几个过程：清洗剂进入要清除的污垢层；清洗剂湿润并穿透污垢层，且与其中的一些组分发生化学反应；扩散作用使反应生成物在清洗剂中耗散。许多研究表明，有若干个因素影响清洗动力学。其中，起主要作用的有清洗剂浓度、清洗温度和化学反应。这三个因素实际上表明了清除污垢所要求的三种主要能量形式。可是，清洗时间不能认为是独立变量，因为它直接取决于清洗过程的其它变量。此外，机械作用（流量、流速和湍流）对清洗过程也有一定的影响。

化学法清洗的优点有：化学清洗常可不必拆开设备，这对塔类和管壳式设备特别重要。化学清洗能清洗到机械清洗不到的地方；化学清洗均匀一致，微小的间隙均能洗到，而且不会剩下沉积的颗粒，形成新垢的核心；化学清洗可以避免金属表面的损伤，如形成尖角，而这种尖角能促进腐蚀，并在其附近形成污垢；由于进行了防腐和敦化处理，清洗后可以防止生锈；化学清洗的钢材腐蚀量，几乎可以忽略不计。即使是把酸洗时钢材腐蚀率取为 $1mg/cm2$，其所损伤的壁厚也只有 $10\ \mu m$ 以下，而且一般情况比这个腐蚀率更低；化学清洗可以在现场完成，劳动强度比机械清洗小。

化学法清洗的缺点有：钢材因加了缓蚀剂而抑制了腐蚀，如果缓蚀剂的选定和使用条件有误，就会产生腐蚀现象；管程、壳程全被污垢堵塞后，无法用化学清洗；因使用了各种药剂，对清洗废液必须加以处理；难以除去碳污垢。

目前使用的化学清洗法有：循环法，它用泵强制清洗液循环，进行清洗；浸渍法，将清洗液充满设备，静置一定时间；浪涌法，将清洗液充满清洗设备，每隔一定时间把清洗液从底部卸出一部分，再将卸出的液体装回设备内，以达到搅拌清洗的目的。

3）污垢在线清洗技术有如下优点：减少机械或者化学清洗的停工时间；节省停工清洗的劳力和费用；延长运转周期，节约维修费用；防止运行过程中压降增加，提高了传热效率，降低了能耗。常用的在线清洗技术有：海绵胶球连续清洗系统；自动刷洗系统；螺旋形弹簧在线清洗；

2.6 蒸发回收蒸馏水的水质要求

垃圾渗沥液排放标准已经有了国家标准[135]。如果将垃圾渗沥液通过蒸发工艺的处理，发现收集的蒸馏水已经大大超过废水排放标准，能够满足日益严格的环保要求。

海水淡化是指通过水处理技术，脱除海水中的大部分盐类，使处理后的海水达到生活用水或工业纯净水标准，生活饮用水卫生标准部分指标[136]如表2.13所示，能作为居民饮用水和工业生产用水。

表2.13　饮用水的水质感官性状和一般化学指标

指标名称	参数值	指标名称	参数值
色度	20	pH 值	6.5 ~ 9.5
浑浊度/（NTU）	3	铁/（mg/L）	0.5
耗氧量（COD_{Mn}法，以 O_2 计）/（mg/L）	5	锰/（mg/L）	0.3
溶解性固体/（mg/L）	1500	氯化物/（mg/L）	300
总硬度（以 $CaCO_3$ 计）/（mg/L）	550	硫酸盐/（mg/L）	300

但是注汽锅炉给水的标准要远远高于垃圾渗沥液和海水淡化后的水质要求，它的标准[50]如表2.14所示。该标准是国家根据稠油废水蒸发浓缩回收蒸馏水再利用的现状，特定制订的标准。它适用于出口蒸汽干度小于或者等于80%的蒸汽发生器的采出水水质，因为采出水中许多有害于蒸汽发生器的离子都溶于20%的热水而注入油层，避免了对蒸汽发生器的危害。

表2.14　注汽锅炉给水的水质标准（SY0027 - 2000）

序号	项目	单位	数量	备注
1	溶解氧	mg/L	<0.05	——
2	总硬度	mg/L	<0.10	以 $CaCO_3$ 计
3	总铁	mg/L	<0.05	——
4	二氧化硅	mg/L	<50.00	——
5	悬浮物	mg/L	<2.00	——
6	总碱度	mg/L	<2000.00	——

7	油和脂	mg/L	<2.00	建议不计溶解油
8	可溶性固体	mg/L	<7000.00	——
9	pH 值	——	7.50 – 11.00	——

第3章 等离子体

3.1 等离子体

　　早在 19 世纪初，物理学家就提出，是否存在着与已知的物质"三态"有本质区别的第四态？1835 年，法拉第用低压放电管观察到气体的辉光放电现象。1879 年，英国物理学家克鲁克斯是第一个指出物质还存在第四态。1929 年汤克斯和朗缪尔引入等离子体（Plasma）这一术语 [137]。当物质的温度从低到高变化时，物质将逐次经历固体、液体和气体三种状态；当温度进一步升高时，气体中的原子、分子将出现电离状态，形成电子、离子组成的体系，这种由大量带电粒子（有时还有中性粒子）组成的体系便是等离子体。等离子体是区别于固体、液体和气体的另一种物质存在状态，故又称为物质的第四态 [138]。

　　人类对等离子体的认识开始于 19 世纪 30 年代气体放电管中电离气体的研究；到了 20 世纪 20 年代，等离子体的基本概念和特征运动的时空尺度已经基本建立；20 世纪 30~50 年代初，在借鉴其他学科研究方法的基础上，建立了等离子体物理的基本理论框架和描述方法。与物质存在状态的另外三态相比较，等离子体可以存在的参数范围异常宽广（其密度、温度以及磁场强度都可以跨越十几个数量级）；等离子体的形态和性质受外加电磁场的强烈影响，并存在极其丰富的集体运动（如各种静电波、漂移波、电磁波以及非线性的相干结构和湍动）；此外等离子体对边界条件十分敏感。所以，等离子体性质的研究强烈地依赖具体的研究对象 [139]。

　　等离子体是气体分子受热或外加电场及辐射等能量激发而分解、电离形成的电子、离子、原子（基态或激发态）、分子（激发态或基态）及自由基等组成的导电性流体。等离子体处于激发、电离的高能状态，其电子的负电荷和离子的正电荷总数数值相等，宏观上对外不显电性，呈中性，故称等离子体。离子化程度变化范围从 100%（充分离子化）到非常低的程度（例如：$10^{-4} \sim 10^{-6}$，部分离子化）[140]。有研究者给等离子体如下的定义：等离子体是由大量正负带电粒子组成的（有时还有中性粒子），具有准电中性的、在电磁及其他长程力作用下粒子的运动和行为是以集体效应为主的体系［138］。等离子体的主要特征是：①带电粒子之间不存在净库仑力；②它是一种优良导电流体，利用这一特征已实现磁流体发电；③带电粒子间无净磁力；④电离气体具有一定的热效应；⑤粒子间存在长程库仑相互作用；⑥等离子体的运动与电磁场的运动紧密耦合，存在极其丰富的集体效应和集体运动模式［139］。

根据产生等离子体产生的来源不同，等离子体可分为：辐射等离子体（Radiation plasma）和放电等离子体（Discharge plasma）。按照粒子温度的分类：等离子体可分为热等离子体（Thermal plasma）或热平衡等离子体（Thermal equilibrium plasma）和低温等离子体（Cold plasma）或非平衡等离子体（Non-equilibrium plasma）。在热平衡等离子体中，电子与其它粒子的温度相等，一般在 5000K 以上。在非平衡等离子体中，电子温度一般要高达数万度，而其它粒子的温度只有 300～500K。相对热平衡等离子体而言，非平衡态的等离子体的电子具有足够高的能量使反应物分子激发、离解和电离，同时反应体系又可保持低温，乃至接近室温。低温等离子体是指在实验室和工业设备中通过气体放电或者高温燃烧而产生的温度低于几十万度的部分电离气体。低温等离子体一般是弱电离、多成份的，并且和其它物质有强烈的相互作用。按照物理性质，低温等离子体又可分为三类：热等离子体（或者近局域热力学平衡等离子体）；冷等离子体（非平衡等离子体）；燃烧等离子体［137］。

本文主要研究弱电离等离子体对采油废水的作用。弱电离等离子体具有的特性：①它们由外加电场驱动；②其中重要的物理过程是带电粒子和中性气体分子间的碰撞；③存在某些边界，在这些边界处粒子的表面损失是重要的；④稳态放电过程是通过不断电离中性粒子来维持的；⑤电子和离子之间不存在热平衡［141］。

3.1.1 等离子体的来源

低温等离子体是在特定的反应器内，由高压脉冲电源向水中或者水面上的空间注入能量产生的［142］。当陡前沿、窄脉冲的高压施加于放电极和接地极之间时，巨大的脉冲电流使系统温度急剧上升，在两极之间形成放电通道，同时高强电场使电子瞬间获得能量成为高能电子，与水分子碰撞解离，在高温条件下，通道内就形成了稠密的等离子体［143］。实验和工业中产生等离子体的生成方法有很多种，如：辉光放电、电晕放电、介质阻挡放电、射频电晕放电、微波放电等［137］、［144］。

3.1.2 等离子体的参数与表征

等离子体是一个复杂的混合体，要准确的描述它，参数不少，需要做大量的工作。等离子体基本的物理量有两类，即粒子性质和宏观状态的物理量。描述等离子体系统的独立参量只有等离子体密度和温度［138］。等离子体的主要参量为：①电子温度 T_e，它是等离子体的一个主要参量，因为在等离子体中电子碰撞电离是主要的，而电子碰撞电离与电子的能量有直接关系，即与电子温度相关联；②带电粒子密度，电子密度 n_e，正离子密

度 n_i，在等离子体中有：$n_e = n_i$；③轴向电场强度 E_L，表征为维持等离子体的存在所需的能量；④电子平均动能 $\bar{E}_e$；⑤空间电位分布。图 3.1 是等离子体的可变量及其影响因素图。

图 3.1　等离子体可变量及其影响图

等离子体的德拜长度，是德拜在研究强电解液时推导出来的一个特征参数，表达式为：

$$\lambda_D = \sqrt{\frac{\varepsilon_0 \cdot k \cdot T_e}{n \cdot e^2}}$$

式中：k——玻尔兹曼常数；e——电子电荷；ε_0——电容率。

由此得到德拜长度的简便表达式：

$$\lambda_D = 6.9 \times \sqrt{\frac{T}{n}}$$

式中：T——电子温度；n——电子密度。

那么等离子体的振荡频率公式可以简化为：

$$f = \frac{\omega}{2 \cdot \pi} = 9000 \cdot \frac{\sqrt{n}}{s}$$

可见，密度越大，等离子体的振荡频率越高。德拜长度 λ_D 和振荡频率 f，它们都跟等离子体的温度 T 和密度 n 有关。图 3.2 是等离子体的电子密度 – 电子动力温度分布图。

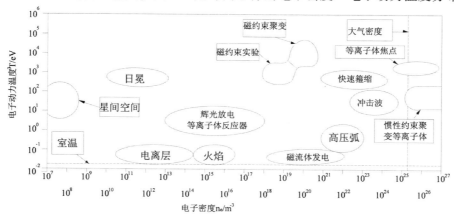

图 3.2　等离子体的电子密度 – 电子动力温度分布图

描述等离子体中电子和离子流体的宏观方程如下，这些方程对每一种带电离子都成立[141]、[145]：

连续性方程：

$$\nabla \cdot (n \cdot u) = \nu_{iz} \cdot n_e$$

受力方程：

$$m \cdot n \cdot \left[\frac{\partial u}{\partial t} + u \cdot \nabla u \right] = q \cdot n \cdot E - \nabla p - m \cdot n \cdot \nu_m \cdot u$$

等温方程：

$$p = n \cdot k \cdot T$$

能量守恒方程：

$$\nabla \cdot \left(\frac{3}{2} \cdot p \cdot u \right) = \frac{\partial}{\partial t} \left(\frac{3}{2} \cdot p \right) \big|_c$$

等离子体稳定的放电电流方程如下：

$$i = i_0 \cdot \exp(\alpha \cdot d) / \{ 1 - \gamma \cdot [\exp(\alpha \cdot d) - 1] \}$$

放电电压、电流等检测设备：最大电压达到120kV，电压测定采用高压电极法测定（Model P6015A，Tektronix Inc.）；电流监测采用毫微秒电流监测器；电气特性采用数字采集器采集[146]。

两电极之间的高脉冲电压，在大气压条件下将产生电晕放电等离子体。击穿电场的电压变化范围为：25～30kV/cm。放电等离子体的动力学的描述有如下的动力学方程[147]：

$$\frac{\partial n_j}{\partial t} + \nabla \cdot (n_j \cdot v_j) = S_j$$

$$n_j \cdot v_j = n_j \cdot \mu_j \cdot E - D_j \cdot \nabla n_j$$

$$\nabla \cdot E = \frac{q}{\varepsilon} \cdot (Z_j \cdot n_j - n_e)$$

式（3.9）是连续性方程。式（3.10）j放电离子的质量方程。

3.1.3 等离子体的应用领域

随着科技的发展，人们对等离子体的研究越来越深，等离子体技术的应用也逐渐推广。在能源领域，利用超高密度、超高温度等离子体的核聚变发电受到瞩目。在新材料加工领域，等离子体或者等离子体加工的有关技术正在被广泛地被人们利用。近年来，人们对应用等离子体技术于地球环保方面的期待正日益高涨，研究者将等离子体技术应用于有机固体废弃物、有机废水、有机废气等的处理均取得了较好的效果[148]。高压脉冲放电水处理技术是在特定的反应器内，利用外加电场注入能量到水中或者水面上的空间，产生非平衡等离子体，引发一系列复杂的物理、化学过程，使有机污染物最终矿化为CO_2和H_2O，达到有效去除水中污染物的目的[142]。等离子体还可以应用于放射性化学；诊断技术等[149]。等离子体会发生转换，如微粒、动量或者能量。不管是微粒、动量或是能量被注入等离子体，经过等离子体输出还是微粒（可能是产生化学或者物理变化）、动量

（加速度或者焰光）或者能量（热或者光）［150］。等温等离子体作为一种去污剂具有以下一些优点［151］：它不会升高除污设备的温度；设备成本不高，操作费用可以忽略；在设备表面不会留下副产物；去污功能的发挥不需在一个密闭的空间进行；去污操作简单；可以长期保存，不会发生失效的问题。等离子体的用途很多，具体情况可以参见表3.1 ［148］。

表 3.1　等离子体的应用

能源	物理、材料	环境、宇宙
1. 电气应用	1. 热学应用	1. 热学应用
热电子发电	电弧焊接	等离子体熔炼
MHD 发电	放电加工	城市垃圾处理
核聚变发电	等离子体喷涂	2. 电气应用
闸流管	烧结	静电除尘装置
引燃管	生成微粒材料	空气清洁器
		汽车静电喷涂
2. 光学反应	2. 化学应用	3. 化学应用
照明用放电管	表面改性	臭氧发生器
霓虹灯	等离子体化学气相沉积	燃烧废气处理
气体激发器	等离子体刻蚀	汽车尾气处理
等离子体显示		
X 射线源		
3. 力学应用	3. 力学应用	4. 力学应用
离子源	溅射	火箭推进
电子源	离子注入	
粒子加速	粒子束加工	

3.1.4 等离子体的理论

大部分研究者关注于低温等离子体，因为它应用范围比较广，设备投资小，操作相对简单，本文的等离子体也是指的低温等离子体。低温等离子体具有高密度、高膨胀效应和高能量储存能力的特点，它将能放电能量以分子的动能、离解能、电离能和原子的激励能等形式储存于等离子体中，继而转换为热能、膨胀压力势能、光能以及辐射能等，导致等离子体内部存在压力梯度，等离子体边界存在温度梯度，其中膨胀势能和热辐射压力能的叠加形成液相放电的冲击波，这一压力作用于水介质，通过水分子的机械惯性，使其以波的形式传播出去，便形成了压力冲击波。同时，等离子体通道的热能不仅气化了周围的液体，而且转变为气泡的内能及膨胀势能。由于气泡内的压强和温度很高，使它向外膨胀对周围的液体介质做功，气泡内的位能又转变为液体介质运动的动能，假如介质比较均匀，就会出现动能、位能两者之间的转换，从而出现气泡的膨胀 – 收缩过程（液电空化效应）。气泡的形成过程是等离子体消失的过程，气泡内残存大量的离子、自由基和处于不同激发态的原子、分子随气泡的破灭而向周围介质中扩散。此外，等离子体通道内的热能向周围液体传输，导致了很多高温、高压的蒸汽泡的产生，这些蒸汽泡的温度和压力足以形成暂态的超临界水（临界温度 647K，临界压力 2.2×10^7Pa）。Yan 等开发的平均功率 2kW 的火花隙脉冲电源，单脉冲能量为 0.5 ~ 3.0J。最近，Pokryvailo 等［143］开发的平均功率 3 ~5kW 的火花隙脉冲电源，单脉冲能量为 3 ~5.0J，，为此技术的工业化奠定了基础。目前，只能根据不同条件和研究的问题，采用不同的近似方法，对等离子体进行描述。常用的描述方法有：单粒子轨道描述法、磁流体描述法、统计描述法和粒子模拟法［138］。

等离子体的理论研究方法大致可以分为宏观描述和统计描述两大类。宏观描述是流体描述，它包括磁流体力学和双流体力学。统计描述是以各种粒子的速度分布函数的时间演化方程为手段的理论途径［139］。图 3.3 是研究低温等离子体的理论框架图［137］。

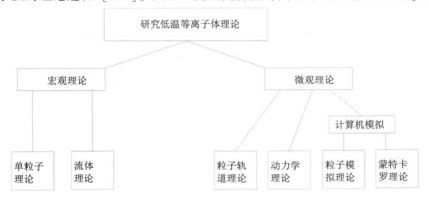

图 3.3 低温等离子体的理论研究分类图

宏观理论的中流体模型将低温等离子体粒子作为流体来处理。由分别描述电子、离子的两个连续性方程，两个传输方程以及描述电场分布的泊松方程耦合而成。这样既解决了场自洽的问题，也考虑到了带电粒子的非平衡问题，能够反映出等离子体的主要宏观性质，是一种简单快捷的分析方法。

等离子体的流体模型主要由连续性方程、动量方程、能量方程和泊松方程组成。由流体模型分析等离子体各参数的变化情况，其实质就是将上述方程化为适当的偏微分方程组，再将偏微分方程组归一化后以离散的数值差分形式求解，即将等离子体放电的物理过程的分析转换为求解偏微分方程问题。

3.2　等离子体的放电形式

等离子体的放电形式按照外加电压分为直流、交流和脉冲 3 种；按照介质参与反应的相态分为气相、液相和气液混合两相 3 种［152］。等离子体的放电可分为分为自持放电和非自持放电 2 大类。自持放电又可以分为辉光放电和电弧放电。与辉光放电直接相连的是汤生放电和电晕放电，这些都是自持放电而且电流比较小的类型。电晕具有辉光放电和火花放电的一般特征［146］。

放电模式可分为电晕流光放电、火花放电和弧光放电。电晕流光放电产生非平衡等离子体，火花放电产生非平衡和热等离子体的混合体，弧光放电产生热等离子体。火花和弧光放电不同于电晕流光放电，火花和弧光放电之间的不同仅在于它们的持续时间［142］。脉冲电晕放电是一种非平衡等离子体技术，是利用电能产生高能量电子的技术，本文就是采用高压脉冲放电工艺产生等离子体。脉冲电晕放电的影响因素有：放电电压、脉冲频率、污染物的起始浓度、温度和湿度。等离子体的放电过程列于表 3.2［146］。

表 3. 2　放电过程的分类

项目	击穿	非平衡等离子体	平衡等离子体
介电常数	放电管中辉光放电的引发	辉光放电的正圆柱形	高压电弧放电的正圆柱形
辐射频率	充满希有气体管中的射频放电	希有气体中的射频放电与电容的耦合	电感耦合等离子体火炬
微波范围	波导和谐振器的击穿	希有气体的微波放电	微波等离子体发生器
光学范围	激光辐射的气体击穿	最后阶段的光解	连续的光放电

3.2.1 气相放电

气相放电是指放电在气相中发生的放电方式。气相放电反应器的空间一般可以分成 2 个区域：在高压电极附近为等离子体区域，放电开始后，高压电极首先将其附近的气体分子电离，产生高活性的粒子。如果媒介是空气，那么就可以生成 O、H、OH 和 O_3 等活性粒子。在等离子体区域以外的地方，此处电场强度比等离子体区域的电场强度差，在此区域，气体分子利用电能产生 O、O_2^-、O_3^-、H^- 和 OH^- 等负离子，这些离子在电场力的作用下快速向液体表面运动，与水反应生成·OH、·OOH、O_3 等［153］。

气体放电按照放电形式可以分为电晕放电、辉光放电、火花放电、弧光放电、介质阻挡放电等［148］，表 3.3 将气体放电产生等离子体的特点和参数予以了归纳。不同的放电形式有不同的特性，在电器参数及放电状态都有极大的不同［144］。

表3.3 气体放电等离子体的特点和参数

等离子体类型	放电气压	电场强度	等离子体密度
高频放电	< 1atm	低	高
微波放电	1atm	中等	高
电晕放电	1atm	高	高
辉光放电	< 10Pa	低	低
电弧放电	1atm	低	非常高

3.2.2 液相放电

液相放电的整个放电过程均在溶液中进行，一般在极不均匀电场中由尖电极产生。近年来发展起来的改进形式是液电空化技术，即尖电极在水中放电的同时向溶液中通入气体，由于气体的密度很小，介电常数为1，而液体的介电常数为80，因而，液体中气泡的存在是有利的，易于引起气泡的局部放电，最后导致等离子体通道的形成，气泡的局部放电还增加了反应活性分子 [153]。

液体介质击穿的理论，概况起来大致有以下几种观点，即：把气体的电子碰撞游离理论推广应用于液体的击穿，认为液体含气、电极吸附或者液体气化是液体击穿的关键性影响因素 [144]。

3.2.3 混合两相放电

混合两相放电方式具体的形式有在气体中喷雾状液体和在液体中引入气泡两种。气体和液体表面的放电，目的是有尽可能大的等离子体与水接触的面积 [152]。气中喷雾放电形式一般是在极不均匀电场中由尖（线）电极产生，利用机械喷雾形成气液混合两相体，使放电易于发生，同时放电产生的活性粒子和液体有大的接触面积。水中气泡放电形式即将电极置于水中，同时在水中吹进微小气泡时的放电，现多以玻璃器壁形成介质阻挡放电。气体以微小的气泡分散于水中，有利于放电产生的高能电子、臭氧、活性粒子以及紫外光与水充分接触，易于产生羟基等自由基。

 **3.3 高压脉冲放电等离子体的物理模型**

3.3.1 等离子体的模块

等离子体模块用于无核反应的低温等离子体分析（非平衡放电），或者处于平衡状态的磁流体仿真。等离子体模拟时涉及参数有：电磁场（瞬间发生），电子能量（不足10^{-9}

s)，电子输运（10^{-9}s 级），离子输运（10^{-6}s 级），受激物质运移（10^{-4}s），中性气体流动以及温度场（几个 10^{-3}s）。等离子体模块内建的物理界面有：电感耦合等离子体（Inductively coupled plasma，ICP）反应器，它研究由感应电流维持放电的多物理场界面，感应电流在频域求解；直流放电，它研究由静电场维持的多物理场界面；微波等离子体，它研究由电磁波维持放电的多物理场界面。

3.3.2 放电模型

综合考虑各种放电模型，流体模型是比较实用的选择。流体模型将低温等离子体作为流体来处理，由描述电子、离子的连续性方程，两个传输方程以及描述电场分布的泊松方程耦合而成。这样不但解决了场自洽的难题，也解决了带电离子的非平衡问题，还能够反映等离子体的主要性质[137]。

等离子体的产生技术有电晕放电和介质阻挡放电，它们是比较合适的方式。介质阻挡放电能产生高密度的电场，电晕放电会更容易扩展到大型气体流。介质阻挡放电需要沿着介质产生气体放电和表面放电的结合，因此设备更复杂。

（正）电晕放电发展很快，研究很多，关于其工艺需要关注以下一些问题：不对称电极的制造；高电压的生成；必须有自由电荷；雪崩必须建立和留下一个空间电荷区；载体以外的空间电荷区，有光子雪崩创建新的电荷；近阴极区将形成新的雪崩。电晕放电需要在大气压或者近大气压条件下，消耗的电能是相对小的。依靠由小直径的线状、针状、或者具有狭窄的边界电极的强电场能够产生稳定的电，图 3.4 给出了电极电晕放电示意图，图 3.5 是脉冲放电示意图[154]。

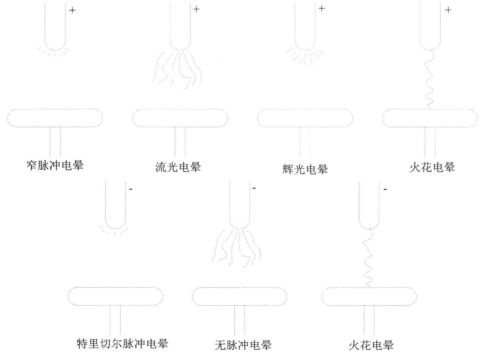

图 3.4　电极电晕放电示意图

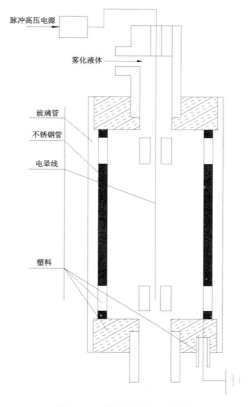

脉冲高压电源

雾化液体

玻璃管

不锈钢管

电晕线

塑料

图 3.5　脉冲放电示意图

3.4　高压脉冲放电等离子体与水的作用机理

　　根据文献可知溶液经过物理法处理后的物理和化学性质参数的改变主要有以下方面：一种是流经电磁场后水溶液的物理化学性质发生变化（如电导率、pH 值、残留溶液的钙离子浓度、溶液表面张力、溶解度等）；另一种是微粒晶态或者粒度发生变化。但是不管是哪个方面，得到的都是水溶液流经电磁场后不在管壁上结垢或者水垢易于从管壁上脱落[155]。水将按正负次序连在一起整齐排列起来。当水中含有溶解盐时，这些盐的正、负离子也以正、负极的次序进入偶极子群中。偶极子将水中阴、阳离子包围，并按正负顺序呈链状整齐排列，使之不能自由运动，从而抑制了溶液中阴、阳离子向换热表面扩散并反应而形成水垢。经过电磁场处理的晶体较未经过处理的晶体尺寸增大很多，说明电磁场在较高温度下具有促进污垢晶体生长的作用，这样溶液中形成的晶体与换热面表面争相夺得溶液中的离子，从而使换热表面结垢减轻。

　　实验结果表明，等离子体处理对溶液中污垢的溶解、结晶、聚合、润湿、凝固、沉淀过程及生物系统的代谢过程也发生影响，甚至可使水系统显著活化，并能影响化学反应的动力学过程。研究还发现，等离子体对水系统的作用具有明显的记忆效应。如李明建[156]认为经过电磁场处理后的钙离子浓度比较处理前明显增大，由此得出电磁场的引入阻止了碳酸钙颗粒的析出的结论来解释电磁场抗垢的机理。

3.4.1 等离子体的作用机理

粒子间的碰撞是指它们在各种力场的相互作用。粒子受到其他粒子的影响后，其物理状态发生了变化，可以认为这些粒子之间发生了碰撞。粒子碰撞的结果就是使放电体系的状态发生变化，有些粒子的运动状态发生了变化（粒子间交换了动量和动能，造成了粒子的扩散和漂移），有些粒子的位能发生了变化（原子被激发和电离），有些粒子的极性发生了变化（电子的捕获和复合）等。根据等离子体中粒子间的相互及粒子状态的变化，可以把粒子发生的碰撞分成弹性碰撞和非弹性碰撞。

3.4.2.1 弹性碰撞

弹性碰撞即在碰撞过程中粒子的总动能保持不变，碰撞粒子的内能不发生变化，也没有新的粒子或者光子产生，只改变粒子的速度。对于弹性碰撞，我们只考虑对心碰撞，并把参加碰撞的粒子假定为小钢球，即一个静止的靶粒子，一个入射粒子。入射粒子以一定的速度朝着靶粒子的中心前进，根据能量能量守恒和动量守恒定律有：

$$\frac{1}{2} \cdot m_1 \cdot v_1^2 = \frac{1}{2} \cdot m_1 \cdot v'^2_1 + \frac{1}{2} \cdot m_2 \cdot v'^2_2$$

$$m_1 \cdot v_1 = m_1 \cdot v'_1 + m_2 \cdot v'_2$$

由此可知，起始时静止的靶粒子通过与入射粒子的碰撞，获得的动能为：

$$\frac{1}{2} \cdot m_2 \cdot v'^2_2 = \frac{4 \cdot a}{(1 + a)^2} \cdot \frac{1}{2} \cdot m_1 \cdot v_1^2$$

$$a = \frac{m_1}{m_2}$$

v_1 入射粒子的速度；m_1 和 m_2 分别是入射粒子和靶粒子的质量；v'_1 和 v'_2 分别是碰撞后入射粒子和靶粒子的速度；a 为常数。

从方程（3.14）和（3.15）可知：

当 $m_1 << m_2$ 时，碰撞过程中传递的能量只是入射粒子原有动能的一小部分；

当 $m_1 = m_2$ 时，碰撞后入射粒子的动能都传递给靶粒子。

3.4.1.2 非弹性碰撞

如果 2 个粒子在碰撞过程中能引起粒子内能的改变，或者产生新的粒子和光子，这类碰撞称之为非弹性碰撞。适用的能量守恒和动量守恒方程为：

$$\frac{1}{2} \cdot m_1 \cdot v_1^2 + \frac{1}{2} \cdot m_2 \cdot v_2^2 = \frac{1}{2} \cdot m_1 \cdot v'^2_1 + \frac{1}{2} \cdot m_2 \cdot v'^2_2 + W$$

$$m_1 \cdot v_1 + m_2 \cdot v_2 = m_1 \cdot v'_1 + m_2 \cdot v'_2$$

碰撞后粒子 1 的速度为：

$$v'_1 = \frac{a - \sqrt{1 - \dfrac{\dfrac{2 \cdot W}{m_1}(1 + a)}{v_1^2}}}{1 + a} \cdot v_1$$

W 碰撞过程中内能的改变量；a 为常数。

考虑到 v'_1 的物理意义，因此有：

$$W \leqslant \frac{m_2}{m_1 + m_2} \cdot \left(\frac{1}{2} \cdot m_1 \cdot v_1^2 \right)$$

由方程（3.19）可知，粒子 1 的初始动能转化为粒子 2 的内能时，W 最多只能是初始动量的 $\dfrac{m_2}{m_1 + m_2}$ 倍。在碰撞过程中粒子内能的变化引起了粒子状态的变化，产生激发、电离、复合、电荷交换、电子附着和核反应等各种现象。

1）激发

一个原子或者分子通过跟其它粒子碰撞，吸收能量，满足一定的条件，那么原子或者分子中的一个电子由低能级跃迁到较高能级，称为激发。激发后的原子或者分子并不是永远停留在激发态，它很快（停留时间约为 10^{-4} s）又回到了低能级的状态。此过程是以辐射光子的形式放出多余的能量，称为自发跃迁。

2）电离

假如一个原子从碰撞中吸收的能量足够大，那么它的外层电子就会完全摆脱原子核的束缚而成为自由电子，即所谓的电离。如果电离继续吸收足够大的能量就可能使更多的核外电子也成为自由电子，形成多级电离。

3）复合

电子与离子相互碰撞从而结合成为中性粒子的过程称为复合，它是电离过程的逆过程，根据复合时多余能量的消失方式可以分为三种类型。

第 1 种类型：一个离子和一个电子碰撞后成为一个激发态的原子，同时发出光子带走多余能量，在稀薄等离子体中表现更突出，辐射复合方程如下：

$$e + A^+ \rightarrow A^* + h\nu$$

式中：A^+——表示某种离子；A^*——表示激发态原子；$h\nu$——表示光子。

第 2 种类型：一个离子与两个电子同时碰撞，其中一个电子跟离子结合成为一个激发原子，另一个电子带走多余的能量，即所谓的三粒子碰撞复合，在稠密等离子体中主要是这种形式，方程为：

$$e + e + A^+ \rightarrow A^* + e$$

第 3 种类型：一个带正电的分子或者离子与一个电子碰撞成为一个激发的分子。由于该分子很不稳定，容易离解成为一个激发原子和一个中性原子，这称为离解复合类型，在电离层中占主导地位。方程为：

$$e + (AB)^+ \rightarrow (AB)^* + B$$

4）电荷交换

一个快速运动的离子和一个缓慢运动的中性粒子相互碰撞时，离子从原子中夺取电子，从而使快速离子变成快速中性原子，缓慢运动的原子却变成了缓慢运动的离子，电荷交换现象在热核等离子体中十分重要，它是引起能量损失的主要机制之一。原因是高温的离子通过电荷交换变成高温的中性原子，它不受磁场约束从而逃逸，引起能量损失。方程为：

$$A^+ + B \rightarrow A + B^*$$

5）电子吸附

电子与中性原子或者分子相互碰撞时，在一定条件下并不发生激发和电离，而是附着在中性粒子上面形成负离子，这个作用过程称为电子吸附。如果在吸附过程中还放出光子，该过程称为辐射吸附，方程为：

$$e + A \rightarrow A^- + h\nu$$

如果电子与中性分子相互碰撞形成不稳定的负分子离子，它会进一步离解为一个负离子和一个中性原子，称为离解吸附，方程为：

$$e + AB \rightarrow (AB)^- \rightarrow A^- + B$$

6）聚变核反应

当2个离子在一定条件下相互碰撞时会发生核反应，形成一个新的质量较重的核，称为聚变核反应。

放电现象在水溶液中的发生及其发展要求水中必须有一定的电场强度，电场的大小主要取决于高压电极的极性及水的电导率。水（或者水溶液）中的电场力随着水（水溶液）电导率的增加而降低，而导通时间却反而增加。对水中放电机理的研究表明，场致电流的加热作用其电子轰击作用使高压电极周围产生气体，当气体的密度下降到一定值时气泡发生电子雪崩。放电的发生使得气体分子、水分子发生电离和活化作用，在空间生成大量的活性原子、自由基及其激发态分子。放电过程中活性自由基主要在放电通道的周围产生。放电的流注通道长度与所加的放电的电晕、脉冲的宽度、水的电导率等有关。同时伴随着放电紫外光、射线、超生等现象的发生，这些作用的综合效益打断水中的污染物某些化合键，发生降解和破坏作用，实现净化和杀菌目的［157］。

等离子体影响被处理溶液一般有3种方式：①气相等离子体中活性粒子向液相的传质；②放电直接在溶液中产生活性粒子；③通过紫外光辐射在液相产生活性粒子［142］。

高压脉冲放电水处理技术是一个非常复杂的过程，目前对它的理论研究还很不成熟，主要的活性物种（羟基自由基、臭氧和过氧化氢）和反应条件（紫外光和冲击波）等这些明确的过程已用化学和物理方法进行了鉴别，然而定量的信息并不适用于所有装置，其它活性物种的作用还须进一步的进行评价［142］。

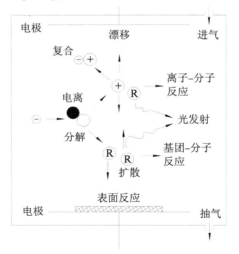

图3.6　等离子体在反应器中可能发生的反应

3.4.2 等离子体的基本反应与模型

3.4.2.1 等离子体的基本反应

下面是等离子体气相反应的主要方程 [158]、[157]。

$$H_2O \rightarrow H \cdot + \cdot OH$$

$$H_2O \rightarrow \frac{1}{2}H_2O_2 + \frac{1}{2}H_2$$

$$H_2O \rightarrow H^- + e_{aq}^- + \cdot OH$$

$$\cdot OH + H_2O_2 \rightarrow HO_2 \cdot + H_2O$$

$$HO_2 \cdot \rightarrow O_2^- \cdot + H^+$$

$$O_2^- \cdot + H^+ \rightarrow HO_2 \cdot$$

$$HO_2 \cdot + HO_2 \cdot \rightarrow H_2O_2 + O_2$$

$$HO_2 \cdot + O_2^- \cdot \rightarrow H_2O_2 + O_2$$

$$\cdot HO + H_2 \rightarrow H \cdot + H_2O$$

$$\cdot HO + O_2^- \rightarrow O_2 + OH^-$$

$$\cdot HO + HO_2 \cdot \rightarrow H_2O + O_2$$

$$2 \cdot HO \rightarrow H_2O_2$$

$$\cdot HO + OH^- \rightarrow H_2O + O^-$$

$$\cdot HO + H_2O_2 \rightarrow O_2^- \cdot + H_2O$$

$$\cdot HO + O^- \cdot \rightarrow HO_2^-$$

$$\cdot HO + HO_2^- \rightarrow HO_2 \cdot + OH^-$$

$$e_{aq}^- + H \cdot \rightarrow H_2 + OH^-$$

$$2e_{aq}^- \rightarrow 2OH^- + H_2$$

$$e_{aq}^- + H_2O_2 \rightarrow \cdot OH + OH^-$$

$$e_{aq}^- + O_2 \rightarrow O_2^-$$

$$e_{aq}^- + O_2^- \cdot \rightarrow O_2^{2-}$$

$$e_{aq}^- + H^+ \rightarrow H \cdot$$

$$e_{aq}^- \rightarrow H \cdot + OH^-$$

$$e_{aq}^- + HO_2^- \cdot \rightarrow 2OH^- + \cdot OH$$

$$e_{aq}^- + \cdot OH \rightarrow OH^-$$

$$e_{aq}^- + O^- \cdot \rightarrow 2OH^-$$

$$H \cdot + O_2 \rightarrow HO_2 \cdot$$

$$H \cdot + O_2 \rightarrow HO_2 \cdot$$

$$H \cdot + O_2^- \cdot \rightarrow HO_2^-$$

$$2H \cdot \rightarrow H_2$$

$$H \cdot + \cdot OH \rightarrow H_2O$$

$$H \cdot + HO_2 \cdot \rightarrow H_2O_2$$

$$H \cdot + H_2O_2 \rightarrow H_2O + \cdot OH$$

$$H \cdot + OH^- \rightarrow e_{aq}^- + H_2O H \cdot + H_2O \rightarrow H_2 + \cdot OH$$

$$O^- \cdot + H_2O \rightarrow \cdot OH + OH^-$$

$$O^- \cdot + HO_2^- \rightarrow O_2^- \cdot + OH^-$$

$$O^- \cdot + H_2 \rightarrow H \cdot + OH^-$$

$$O^- \cdot + H_2O_2 \rightarrow O_2^- \cdot + H_2O$$

$$O^- \cdot + O_2^- \cdot \rightarrow 2OH^- + O_2$$

$$H^+ + OH^- \rightarrow H_2O$$

$$H^+ + HO_2^- \rightarrow H_2O_2$$

$$H_2O_2 \rightarrow H^+ + HO_2^-$$

3.4.2.2 混合两相放电等离子体的动力学模型

本课题涉及的等离子体放电反应，由于原料是潮湿空气，主要成分有 O_2、N_2 和 H_2O。分析其等离子体的化学反应动力学模型，离不开 O_2、N_2 和 H_2O 的放电特性，初步分析涉及的反应有有许多，主要反应有 [159] 如下一些。等电荷离解也可生成氧原子：

$$e + O_2 \rightarrow e + 2O$$

氧气分子中的电子发散是臭氧形成的基础，臭氧的形成是由氧原子加到氧气分子上，该反应需要第三者参与：

$$O + O_2 + M \leftrightarrow O_3 + M$$

式中：$M = O$，O_2，O_3 和 N_2。

臭氧在与氧原子的反应中或者在光分解反应中消耗：

$$O_3 + O \rightarrow 2O_2$$

$$e + O_3 \rightarrow e + O_2 + O$$

水的激发状态引发的离解反应有：

$$e + H_2O \rightarrow e + H^* + HO^*$$

$$e + H_2O \rightarrow e + H_2O \rightarrow e + H^* + HO^*$$

$$e + H_2O \rightarrow e + H_2O \rightarrow e + O + H_2$$

弱能量的电子能够通过离解反应的吸附效应生成 HO^* 和 O^* 自由基：

$$e + H_2O \rightarrow O^{*-} + H_2$$

水的电离潜能有 12.6eV，电离反应与离解反应一样，生成了 HO^* 自由基或者氧原子：

$$e + H_2O \rightarrow 2e + H_2O^{*+}$$

$$H_2O^{*+} \rightarrow H^+ + HO^*$$

$$H_2O^{*+} + H_2O \rightarrow H_3O^+ + HO^*$$

$$e + H_2O \rightarrow 2e + O + H^* + H^+$$

等离子体是氢的过氧化物的形成的中心场所，通过以下的一些反应：

$$2HO^* \rightarrow H_2O_2$$

$$2HO^* \rightarrow O + H_2O$$

$$O + HO^* \rightarrow O_2 + H^*$$

反应动力学模型需要考虑的反应有：

$$O + H_2O \rightarrow 2HO^*$$

$$O_2 + H^* \rightarrow O + HO^*$$

$$O_3 + HO^* \rightarrow O_2 + HO_2^*$$

$$2HO^* \rightarrow HO_2^* + H^*$$

$$HO_2^* + H^* \rightarrow 2HO^*$$

$$HO_2^* + HO^* \rightarrow H_2O + O_2$$

$$2HO_2^* + O \rightarrow O_2 + HO^*$$

$$2HO_2^* + O \rightarrow O_2 + HO^*$$

$$H_2O_2 + O \rightarrow HO_2^* + HO^*$$

$$O_3 + H^* \rightarrow HO^* + O_2$$

$$O_3 + H^* \rightarrow HO_2^* + O$$

$$HO_2^* + H^* \rightarrow 2H_2O + O$$

氮气离解反应和再合成的反应：

$$2N + M \rightarrow N_2 + M$$

式中：$M = N_2$ 或者 O_2。

氮氧化物的合成和分解的主要反应有：

$$N + O + M \rightarrow NO + M$$

式中：$M = N_2$ 或者 O_2。

$$N + O_2 \rightarrow NO + O$$

$$N + O_3 \rightarrow NO + O_2$$

$$N + NO \rightarrow N_2 + O$$

$$NO + O_3 \rightarrow NO_2 + O_2$$

$$NO + O + M \rightarrow NO_2 + M$$

式中：$M = N_2$，O_2 或者 N_2O。

$$N + NO_2 \rightarrow N_2O + O$$
$$2NO + O_2 \rightarrow 2NO_2$$
$$2NO_2 \rightarrow 2NO + O_2$$
$$NO + O_2 \rightarrow NO_2 + O$$
$$NO_2 + O \rightarrow NO + O_2$$
$$NO_2 + O + M \leftrightarrow NO_3 + M$$

式中：$M = N_2$ 或者 O_2。

$$NO_2 + O_3 \rightarrow NO_3 + O_2$$
$$NO_2 + NO_3 + M \leftrightarrow N_2O_5 + M$$

式中：$M = N_2$ 或者 O_2。

$$NO_3 + O \rightarrow NO_2 + O_2$$
$$NO_3 + O_2 \rightarrow NO_2 + O_3$$
$$NO + NO_3 \rightarrow 2NO_2$$
$$2NO_3 \rightarrow 2NO_2 + O_2$$
$$N_2O + O \rightarrow N_2 + O_2$$
$$N_2O + O \rightarrow 2NO$$
$$2N_2O_5 + O \rightarrow 2NO_2 + O_2$$

与湿氧气中的观测相比，物种 H^*、HO^* 和 HO_2^* 的形成速度和最大浓度变低了，这是由于它们和含氮物质反应的结果：

$$N_2 + HO^* \rightarrow N_2O + H^*$$
$$N + HO^* \rightarrow NO + H^*$$
$$NO_2 + H^* \rightarrow NO + HO^*$$

3.4.4 等离子体与采油废水的作用机理

在水中产生的等离子体由如下粒子组成：H^+、OH^-、处于不同激励状态下的氧原子、氢原子及 $OH\cdot$、$H\cdot$、$O\cdot$ 等自由基，还有 O_3、O_2、H_2 光子及电子、$OH_2\cdot$ 自由基团等。它们会使等离子体通道内的有机物分子完全被高温热解和在自由基的作用下发生化学降解。同时，由于高温高压等离子体通道的产生，伴随着强烈的紫外光及其巨大的冲击波，使得在等离子体通道的内部及其外部区域中的溶液引起如下几种降解效应：①高压脉冲放电产生的紫光降解；②等离子体通道内的高温热解；③放电过程中产生的空化效应；④高温高压状态下的超临界水氧化作用；⑤水中放电导致的水激发和电离产生的活性物质的氧化作用等。氢键起着重要的作用，由于氢和氧的电负性之差是 1.4（氧的电负性为 3.5，氢的电负性较小为 2.1），所以 $O-H$ 键的极性很强，水分子之间存在着一种电性吸引力而形成大的缔合水分子 [160]。

3.5　等离子体控制污垢的机理

物理法水处理（Physical water treatment，PWT）的机理：物理法水处理技术能够在水中形成沉积；当被处理水中的物质溶解度在换热面降低时，细小的微粒能够逐渐扩大，导致沉淀；如果水的流速能够除去换热面松软的沉积物，那么，物理法处理水就能达到抑制污垢的作用。物理法处理水抑制污垢的核心是微粒在溶液中沉积，异相成核结晶是导致微粒在溶液中沉积的主要机理。溶液中的沉积产生微粒污垢，这些微粒在换热面上形成松软的污垢。经过物理法处理的连续操作，松软的污垢能够被去除，无数的实验结果已经证明了这个机理［161］。

3.5.1　等离子体控制硅酸盐污垢的机理

等离子体有降低溶液表面张力的作用，表面张力的降低可以缩短成垢物质的结晶诱导期，微晶析出速度加快，形成不易沉积、可以被水流带走的软垢。采油废水经过等离子体预处理，阻垢效果逐渐加强。但是随着采油废水浓缩倍数的增加，废水表面张力的减小率随着时间的增加越来越小，因此等离子体抑垢率的上升趋势随着时间的增加越来越缓慢。

3.5.2　等离子体控制含钙、镁盐污垢的机理

目前普遍使用化学阻垢剂，化学阻垢剂的残留会对人体健康和环境产生毒害作用。因此能够促进硬水中 $CaCO_3$ 沉积的非化学法，许多研究者已经进行了一些研究，这些方法有：微波法、电场法、磁场法、催化材料法。近来，通过脉冲火花放电促进过饱和硬水中钙离子沉积的研究也有报道。要研究通过脉冲火花放电促进过饱和硬水中钙离子沉积的机理，需要的表征指标有：pH 值、Ca^{2+} 浓度、悬浮粒子大小的分布和 $CaCO_3$ 污垢的形貌。根据文献资料，均相成核的条件：过饱和度要超过临界值的 40 倍。在高电场中的溶液粒子因非热放电导致沉积。已有文献指出外加磁场能提高成核速率。根据文献，成核自由能随着外加磁场强度的升高而降低［162］。等离子体有助于无机离子沉积于溶液中的机理可能有：电解、等离子体通道附近的局部加热、等离子体气流形成的高电场，导致水合离子双电层结构的变化［163］。

第4章 实验方案与装备

稠油废水在蒸发浓缩过程中，由于废水中含有无机离子和有机物等杂质，随着浓缩倍数的提高，水中杂质的浓度也相应地增大，形成的盐会逐渐达到甚至过饱和而析出，沉积在蒸发器的壁面上形成污垢。此外稠油废水降膜蒸发的最终目标是得到高纯度的蒸馏水，而废水中有机物等杂质的存在，会影响蒸馏水的质量。为了研究稠油废水降膜蒸发浓缩过程中的结垢行为和蒸馏水质量的影响因素及应对措施，本文设计了两个实验：①稠油废水降膜蒸发浓缩回收蒸馏水的小试和中试实验；②NTP预处理稠油废水蒸发浓缩回收蒸馏水的实验。通过实验来检验NTP在蒸发过程中对污垢沉积和蒸馏水质量的影响效果。

4.1 实验原料

选取了两种有代表性的油田废水作为实验对象，即1#稠油废水和2#。1#稠油废水来自东北某油田，2#稠油废水来自新疆某油田，两种稠油废水均经过了气浮和除硅的处理，都是除硅池的出水。由表4.1和表4.2可知，两者的物理化学性质比较相似。从图4.1和图4.2可知，1#稠油废水的水样偏红褐色，杂质较多、底部有部分沉淀物。2#稠油废水水样颜色偏浅、较清澈，接近透明，底部无沉淀物，而且两个稠油废水都含有一定量的石油，散发较重的油味。

图 4.1　1#稠油废水的外观　　　　图 4.2　2#稠油废水的外观

由表 4.1 和表 4.2 还可以看出，稠油废水的含油量较高，含盐量也很丰富，尤其是含有较多的可溶性硅（以 SiO_2 表示），并同时含有钙、镁等离子，在蒸发过程中将易生成复合垢。

表 4.1　1#稠油废水的水质参数

指标	单位	参数	指标	单位	参数
Na^+	mg/L	45.10	HCO_3^-	mg/L	115.90
K^+	mg/L	35.26	SiO_2	mg/L	103.29
Mg^{2+}	mg/L	4.80	Cl^-	mg/L	97.20
Fe^{2+}	mg/L	1.32	CO_3^{2-}	mg/L	27.90
Ca^{2+}	mg/L	20.27	油	mg/L	98.62
Cu^{2+}	mg/L	0.30	电导率	μS/cm	2840.00
SO_4^{2-}	mg/L	29.50	pH	——	8.77

表 4.2　2#稠油废水的水质参数

指标	单位	参数	指标	单位	参数
Na^+	mg/L	121.10	HCO_3^-	mg/L	122.70
K^+	mg/L	8.01	SiO_2	mg/L	134.86
Mg^{2+}	mg/L	3.30	Cl^-	mg/L	116.70
Fe^{2+}	mg/L	0.51	CO_3^{2-}	mg/L	35.90
Ca^{2+}	mg/L	27.11	油	mg/L	25.18
Cu^{2+}	mg/L	0.13	电导率	μS/cm	3010.00

| SO_4^{2-} | mg/L | 29.80 | pH | —— | 7.82 |

4.2 实验装置

4.2.1 稠油废水降膜蒸发回收蒸馏水的实验方案

稠油废水降膜蒸发浓缩回收蒸馏水的中试实验是在某公司实地进行的，采用了面积为 1m² 的降膜蒸发管，由 3 根长 2.3m、DN50mm、管壁厚度为 1 mm 的不锈钢管组成。蒸发器下部的汽液分离室直径为 800mm，高度 1200mm，除沫器由两层不锈钢丝网制成，废水贮存罐容积约 1m³。由电锅炉产生的蒸汽作为热源，废水由循环泵提升至降膜蒸发管的上部通过布膜器分配到蒸发管上循环蒸发，蒸汽除沫后进入冷凝器回收蒸馏水，实验的目的是检验稠油废水降膜蒸发的可行性、阻垢剂的效果以及蒸馏水质量的影响因素。实验的流程如图 4.3 所示，

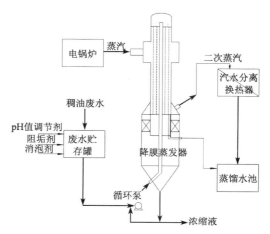

图 4.3 降膜蒸发中试实验的流程图

图 4.4 和图 4.5 是对应的实物图。实验步骤为：稠油废水先在混合池中加碱调节 pH 值，并加入一定比例的阻垢剂和消泡剂，混合均匀后经循环泵由降膜蒸发器的中心进液管送至受热面予以加热。废水和蒸汽通过降膜蒸发管完成热量的交换，水受热后达到沸点而汽化，浓缩液继续循环蒸发，二次蒸汽送入换热器进行冷凝，然后回收凝结水（蒸馏水）待分析。

图 4.4 降膜蒸发中试实验的实物图

图 4.5 降膜蒸发管的示意图

4.2.2 稠油废水降膜蒸发回收蒸馏水的小试实验

图 4.6 是蒸发实验小试实验流程图，图 4.7 是对应的装置图。稠油废水经过小储罐送入蒸发器，蒸发器传热面的直径为Φ200mm；蒸发器由电加热进行蒸发浓缩，可调电加热器的功率为 0～2kW。二次蒸汽冷凝并收集，得到蒸馏水。除蒸发结束，其它时间蒸发器的液量一直控制在 1.5～2.0L。蒸发器的底部（传热面）和水中均安装有测定温度的热电偶，实验过程中以自编的数据采集器实时采集溶液和蒸发器换热面的温度，在长达几十小时的蒸发过程中，温度采样时间间隔为

15min。蒸发实验完成后，将蒸发器底部的污垢风干、收集、称量，等待下一步的XRD 和 SEM 分析。

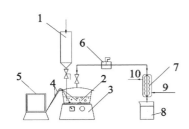

图 4.6　稠油废水小试实验流程图

图 4.7　稠油废水小试实验装置图

1—稠油废水储罐；2—蒸发器；3—加热炉；

4—热电偶；5—数据采集仪；6—排气阀；7—冷凝器；

8—蒸馏水；9—冷却水进口；10—冷却水出口

4.2.3 NTP 预处理稠油废水的实验

NTP 预处理稠油废水的流程如图 4.8 所示，图 4.9 是相应的装置图。NTP 发生装置采用多组线－筒式电极，放电时满载负荷功率为 2kW，对应的放电频率为 1000PPS（Pulse Per Second）。实际放电所消耗的功率为放电频率与额定频率 1000PPS 的比值再乘以 2kW。放电电极为钛丝，电极半径为 0.2mm，接受电极为圆筒壁，半径为 42.5mm，放电电极有效长度为 780mm。

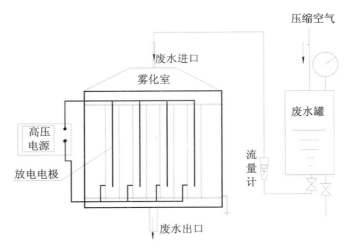

图 4.8　NTP 预处理稠油废水的流程图

放电电源采用直流高压电源，通过高频窄脉冲放电产生等离子体，它是属于 NTP 的范畴，高压脉冲放电电压变化如图 4.10 所示，电压峰值为 37～40kV。NTP 预处理稠油废水的流程如下：先用离心泵将稠油废水送至压力容器，压力容器上方连通压力高于 0.6MPa 的压缩空气，压缩空气由最高压力为 0.8MPa 的空气压缩机提供。由压缩空气将容器内的废水压至喷雾区，以喷雾的形式送至 NTP 反应器，喷嘴压力大于 0.3MPa。在流体输送时采用流量计控制合适的流量，实验设定的流量为每组电极对应的流量，约为 1L/min，一次通过的时间约为 0.26～0.3s。稠油废水雾化后直接通过 NTP 发生区（正、负电极之间的区域），由直流高压脉冲放电产生自由基等与稠油废水一起发生作用。

图 4.9　低温等离子体预处理稠油废水的装置图　　　图 4.10　脉冲放电电压的变化图

NTP 装置的特性体现在：它利用 DC40000V，PPS 为 1000 的脉冲电压打开有机物分子链，大幅降低 COD，使其后续处理工艺简化，降低运行成本。直流高压快脉冲 NTP 主要是由高电压冲击电流发生装置在气相中放电产生，在此过程中强大的电流在极短的时间（微秒级）向发电通道通入，形成电子雪崩，巨大的脉冲电流（10^3～10^5A）使通道内形成高能密度（10^2～10^3A/cm^3），由此引起局部高温（10^4－10^5K）。这样发电过程中，放电通道内完全由稠密的 NTP 所充满，且辐射出很强的紫外线。同时，由于瞬间高温加热，放电通道内的压力急剧升高，从而等离子通道以较高的速度（10^2－10^3m/s）迅速向外膨胀，完成整个击穿，达到对气体中的重金属和有害成分通过键重组达到析出和去除效果。

稠油废水经 NTP 预处理后立即送到如图 4.7 和图 4.8 所示的蒸发器进行蒸发，温度和污垢的处理方法同上所述。

4.3　水质指标及分析方法

稠油废水需要分析的项目有：硬度，电导率，pH 值，钙、镁等金属离子的含量，二氧化硅的含量和含油量等。根据稠油废水蒸发浓缩回收蒸馏水作为注汽锅炉给水的标准，可以得知，蒸馏水要分析的水质指标主要有五个[47]，即电导率，pH 值，钙、镁等金属离子的含量，二氧化硅的含量和含油量。

4.3.1 电导率的测定

电导率是表示溶液中离子的导电能力，它受到溶液的离子数，溶液浓度，迁移率，化合价和温度等因素的影响，因此电导率的数值能间接代表溶液离子的浓度。电导率是以数字表示溶液传导电流的能力，纯水电导率很小，当水中含有无机酸、碱或者盐，电导率肯定会升高。水溶液的电导率取决于离子的性质和浓度，溶液的温度和黏度等。电导率的标准单位是 S/m，常用的单位为 µS/cm。电导率还受到温度的影响，温度每升高 1 ℃，电导率增加约 2%，通常规定 25 ℃ 为测定电导率的标准温度。本实验电导率的测定方法是采用电导率仪法[144]，仪器型号为 HI8733 型。

4.3.2 废水 pH 值的测定

天然水的 pH 值多在 6 ~ 9 范围内，这也是我国废水排放标准的控制范围。pH 值是水化学分析常用的和最重要的检验项目之一，由于水的 pH 值容易受到温度的影响而发生变化，测定时应在规定的温度下进行，或者校正温度。通常采用玻璃电极法和比色法测定 pH 值。比色法简便，但是受色度、浊度、胶体物质、氧化剂、还原剂及盐度的干扰；玻璃电极法基本上不受以上因素的干扰。

4.3.3 钙、镁等金属离子含量的测定

硬度过高的水不适宜作为锅炉给水，因为钙、镁等金属离子会在锅炉内壁形成水垢，影响生产安全，所以使用前必须进行软化处理。因此检测钙、镁等金属离子的浓度是水软化的前提。钙、镁离子浓度的测定方法常用有三种[164]，即：①EDTA（Ethylene Diamine Tetracetie Acid）络合滴定法；②原子吸收法；③等离子发射光谱法。

4.3.4 二氧化硅含量的测定

二氧化硅含量的测定有比色法，它包括硅钼黄和硅钼兰两种。硅钼黄法基于单硅酸与钼酸铵在适当的条件下生成黄色的硅钼酸络合物（硅钼黄）；而硅钼兰法把生成的硅钼黄用还原剂还原成兰色的络合物（硅钼兰）。硅钼黄法可以测出比硅钼兰法含量较高的二氧化硅含量，而后者的灵敏度却远比前者要高。因此在一般样品的分析中，对少量二氧化硅的测定都采用硅钼兰比色法。

4.3.5 含油量的测定

锅炉给水中的油和脂随着水一起进入注汽锅炉，使炉水里面含有油和脂。它们会给锅炉带来一定的危害：①油质附着在炉管管壁上，因受热分解而形成一种导热系数很小的附

着物，这样会危及炉管的安全运行；②它使炉水中生成漂浮的水渣，促进泡沫的形成，容易引起炉水产生泡沫，从而使蒸汽品质劣化；③含油的细小水滴若被蒸汽带到过热器中，在过热器上会形成附着物，而使过热器因过热而烧损。为了防止上述情况的发生，必须对注汽锅炉给水的含油量进行检测。含油量指被测水样中能够溶解于特定溶剂中而收集到的所有物质，其中包括容器从酸化水样中萃取并在试验过程中不挥发的所有物质。测定方法有：油田污水中含油量的分光光度法（SY/T0530 – 93）和水中石油类和动植物油类的红外分光光度法（HJ 637 – 2012）两种。红外分光光度法适用于地表水、地下水、工业废水和生活污水中石油类和动植物油类的测定。它具有灵敏度高，适合于各种油品，选择性强，测定结果不受溶液中油品变化的影响，在不同地方测定的数据均具有可比性。

4.4　污垢的分析

污垢样品的 XRD 分析，首先应该用 X 射线荧光光谱仪（X – Ray Fluorescence，XRF）分析污垢含有哪些元素。如果需要进一步确定矿物成分或者物相，利用 XRD 来分析，即物相鉴定。将实验收集的污垢样品磨碎，达到能通过 350 目筛子的要求，然后进行分析和测定。

物质的微观形貌的观察，常采用 SEM 仪器分析的方法。污垢是属于粉末状的固体，它的制备方法是：先将导电胶或双面胶纸粘结在样品座上，再均匀地把粉末样撒在上面，用洗耳球吹去未粘住的粉末，再镀上一层导电膜，即可上电镜观察。

第5章　降膜蒸发回收蒸馏水

　　阻垢（Scale Inhibition）利用化学的或者物理的方法，防止换热设备的受热面产生沉积物的处理技术。化学法有化学软化法、酸化法、碳化法以及投加阻垢剂。化学阻垢的方法是利用阻垢剂能与水中 Ca^{2+}、Mg^{2+} 等阳离子形成稳定的可溶性螯合物，从而提高了冷却水中 Ca^{2+}、Mg^{2+} 等离子的允许浓度，相对来说就增大了钙、镁等盐的溶解度。同时，在 $CaCO_3$ 微晶的成长过程中，若晶体吸附有阻垢剂并掺杂在晶格的点阵中，就会使晶体发生畸变，或者使大晶体内部的应力增大，从而使晶体易于破裂，阻碍了沉积垢的生长。油田水处理中常用的阻垢剂有无机聚磷酸盐、含磷有机缓蚀阻垢剂、聚羧酸型阻垢剂和天然高分子阻垢剂等。应用较多的阻垢剂是含磷有机缓蚀阻垢剂和聚羧酸型阻垢剂以及它们的复配型复合物，有机聚合物阻垢剂是高效阻垢剂的发展趋势[165]。由于阻垢剂的种类很多，在具体选用哪种阻垢剂时，应当考虑稠油废水的实际情况，需要通过实验来确定阻垢剂类型。本章阻垢剂选型的实验安排分为两步：第一步以实验的方法，对阻垢药剂进行筛选和配制；第二步将第一步得到的试剂应用于 1# 稠油废水的中试实验，在高浓缩倍数和长时间的蒸发环境中，检验阻垢的效果。

 ## 5.1　阻垢剂的选择

5.1.1 阻垢剂的筛选分析

本章实验使用的阻垢剂是在同济大学城市污染控制与自然化重点实验室完成筛选工作

的[166]。市场上常见的阻垢试剂一般性能单一，例如有的药剂能够阻止硅垢，有的药剂能够阻止钙垢；而同时能够阻止硅、钙垢的药剂很少。试剂筛选的实验是在已有药剂的基础上进行广泛复配而制备的，期望能同时具有抑制硅垢和钙垢的效果。实验方法是：先配制一定浓度的含硅的溶液进行蒸发，比较各种药剂的效果。在此基础上再加入钙盐，选择经过一定时间后，选择能使硅、钙均不沉淀的药剂，具体结果如图5.1和图5.2所示。

由图5.1可知，在溶液中只含有硅和pH=7的条件下，自制的TJ-SI100型试剂抑制硅沉淀的效果是最好的。图5.2的结果表明：在溶液中同时含有硅、钙和pH=8.5的条件下，自制的TJ-SI100型试剂的效果也是最好的。图5.1的实验结果还表明：在药剂浓度为50ppm，实验结果表明市售的聚合物阻垢分散剂对水中的胶体二氧化硅垢、硅酸钙垢，没有任何抑制作用。而自制的TJ-SI100型试剂，虽然对胶体二氧化硅垢、硅酸盐垢的沉积有抑制作用，但由于1#稠油废水的二氧化硅浓度较高，药剂投放量较大，经济上不合适。以后的实验在考虑提高溶液的pH值，增加硅酸盐垢的溶解度的前提下，可借助TJ-SI100型试剂，在一定程度达到控制溶液的钙垢和硅垢。

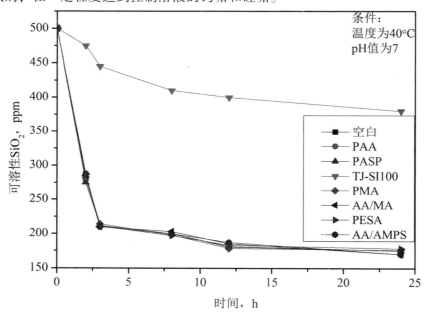

图5.1

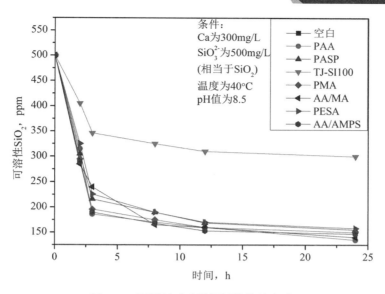

图 5.2 阻垢剂对硅酸钙垢性能的实验

5.1.2 阻垢剂的效果验证

5.1.2.1 实验原料

本章实验原料来自东北某油田经初步处理后除硅池的出水，即1#稠油废水，各种成分和参数如表4.1所示。

5.1.2.2 实验方案

阻垢剂效果的验证实验采用最简单的蒸发装置，如图5.3所示。取6L1#稠油废水，加入一定量的 NaOH 和 TJ－SI100 试剂，在沸腾状态下，使溶液浓缩30倍，最后的溶液为200mL。实验探讨不同 pH 值条件下的结垢情况，并分析实验完成后的垢样，分析方法如图5.4和图5.5所示。实验过程中，pH 值分别控制在 8.5、9.0、9.5、10.0、10.5、11.0、11.5、12.0，使用的阻垢剂为 TJ－SI100。实验步骤是：在沸腾状态下将溶液浓缩30倍（工业上设计的浓缩倍数），实验完成后，收集垢样待分析。

图 5.3 检验阻垢剂效果的蒸发装置

图 5.4 包装待分析的垢样

图 5.5 蒸发浓缩后容器底部的渣

5.1.2.3 实验现象

在沸腾状态下将溶液浓缩30倍，实验完成后，收集垢样待分析。

①稠油废水不加试剂，6L的稠油废水直接蒸发浓缩30倍后，得到200mL溶液，发现有大量的垢沉积，将垢过滤。实验发现废水蒸发时，产生大量的泡沫。并且在蒸发器底部有大量的油垢、硬垢，且非常密实，用机械的方法去除困难。

②在垢中加入盐酸，发现有气泡产生，一部分垢溶解，但是还有一部分垢不溶解。过滤，得到滤液（可溶于酸的垢）。将不溶于酸的垢加碱，一部分垢溶解，一部分垢不溶解。因此可见，稠油废水直接蒸发产生的垢分为三部分：可溶于酸的垢、可溶于碱的垢、不溶于酸和碱的垢。

③采用同样的蒸发装置，将加入TJ–SI100试剂的稠油废水于沸腾状态下，6L的溶液浓缩30倍，得到200mL溶液。实验发现得到的污垢明显减少，基本没有不溶于酸和碱的硬垢。

④在多次实验中，TJ–SI100阻垢剂最合适的pH条件在11～12范围内。因此后面的中试实验将把稠油废水的pH值调节到11～12范围内。

5.2 稠油废水降膜蒸发的中试实验

5.2.1 实验目的

蒸发工艺是取得纯净水的一种经典的方法，它还是浓缩溶液的一种有效的技术，常用于需要去除大量水的溶液，然后得到结晶产品。而对于稠油废水的治理，目的是获得高品质的蒸馏水，因而工艺要求与常规的蒸发技术有所不同。常用的蒸发设备是降膜蒸发器，有水平管和垂直管降膜蒸发器两种。水平管降膜蒸发器在海水淡化得到了大量应用，它的特点是处理量大，浓缩倍数低，一般不超过五倍，其流动与传热特性也有较多的研究报道[167-171]。垂直管降膜蒸发器应用领域也很广泛，特别是在高浓缩倍数的溶液蒸发中使用更多，但防垢非常重要[172-173]。稠油废水蒸发回收蒸馏水是一种浓缩倍数很高的单元操作，还需要回收高品质的蒸馏水，因此适合选择垂直管降膜蒸发器。本节在已经选择好阻垢剂的基础上，研究稠油废水降膜蒸发回收蒸馏水的中试实验，掌握传热系数和蒸馏水品质的影响因素，了解阻垢剂的特性，以便为后续的实验提供合理的工艺参数。

5.2.2 实验流程和步骤

采用垂直管降膜蒸发处理稠油废水回收蒸馏水的流程示意图如图4.3所示。操作步骤为：稠油废水先在混合池中加碱调节pH值，然后加入一定比例的阻垢剂和消泡剂，混合均匀后经由降膜蒸发器的中心进液管送至蒸发受热面，通过加热管完成蒸发。浓缩液继续循环蒸发浓缩，二次蒸汽送入换热器进行冷凝换热，然后回收凝结水（蒸馏水），并分析蒸馏水的电导率、pH 值等指标。图 5.6 是降膜蒸发器内两种流体热传递的示意图，蒸发时采取管外蒸汽和管内废水并流的方式。实验过程中蒸发器内稠油废水的浓缩倍数随着蒸发时间的延长而升高，导致溶液中各种离子的浓度会越来越大。

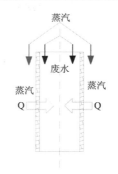

图 5.6　传热过程的示意图

5.3　实验结果及分析

5.3.1 传热系数的影响因素

　　降膜蒸发处理稠油废水回收蒸馏水工艺的一个重要参数，就是设备的传热效率。传热效率直接由传热系数决定，传热系数不仅决定设备的生产能力，也影响热源类型。如果传热系数高，则可以采用较小的温差，因而可以使用品质差的热源。考查传热系数的影响时，需要的基本方程有：

$$Q = K \cdot S \cdot \Delta T$$

$$K = \frac{m_h \cdot r_h - c_{Pc} \cdot m_c \cdot (t_2 - t_1) - Q_s}{3600 \cdot S \cdot \Delta T} \approx \frac{m_e r_e}{3600 \cdot S \cdot \Delta T}$$

　　式中：Q——热通量；Q_s——散热损失；K——以蒸发侧为基准的传热系数，kW/（m² · K）；S——传热面积，m²；ΔT——传热温差，K；t_1、t_2——稠油废水进、出蒸发器的温度，℃；m_c——稠油废水进入蒸发器的质量流量，kg/h；c_{Pc}——稠油废水的定压热容，

kJ/（kg · K）；r_h——蒸汽凝结潜热，kJ/kg；m_h——加热蒸汽的质量流量，kg/h；m_e——稠油废水的蒸发量，kg/h；r_e——二次蒸汽的凝结潜热，kJ/kg。

　　实验的蒸发速率 m_e（反映到 Q 值）、传热温差、废水循环流量、m_c 均可以直接测量，因而传热系数可以根据实验结果直接计算。稠油废水的蒸发负荷、循环线速率、传热温差和浓缩倍数等因素是影响系统运行经济性的重要工艺参数，本章考察了它们对蒸发过程中传热系数的影响。

5.3.1.1 蒸发负荷对传热系数的影响

　　蒸发负荷是指在一定时间内单位面积上的蒸发器所生产的蒸馏水，定义如下：

$$F = \frac{m_v}{S}$$

　　式中：F——蒸发负荷，kg/（h · m²）；m_v——蒸馏水的质量流量，kg/h。

传热系数随蒸发负荷的变化趋势如图 5.7 所示。从图中的线性拟合曲线的斜率可以看出：随着蒸发负荷的增加，传热系数有降低的趋势。图中的波动点是因为温差、循环流速等都在变化而引起的结果。当废水循环线速度约为 1.4 kg/（s·m）时，表 5.1 给出了因蒸发负荷变化而引起的传热系数的波动。由表可知，由于蒸发负荷的增大，增加了管内液膜的厚度，从而降低了蒸发器的传热系数。

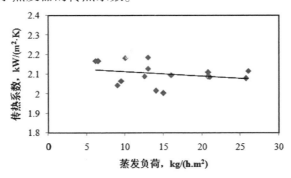

图 5.7　蒸发负荷与传热系数的关系

表 5.1　蒸发负荷与传热系数

蒸发负荷/ （kg/（h·m²））	传热系数/ （kW/m²·K）	蒸发负荷/ （kg/（h·m²））	传热系数/ （kW/m²·K）
25.70	2.08	13.00	2.13
21.00	2.09	6.50	2.17
16.00	2.10		

5.3.1.2 循环线速率对传热系数的影响

循环线速率指的是在一定时间内单位长度的加热管壁所流过的液体量。稠油废水的循环线速率直接影响管壁内液膜的厚度，而降膜蒸发器的液膜厚度会直接影响传热系数，从而使传热系数与循环线速率建立了关联性。液膜厚度由稠油废水的循环线速率所决定，因此稠油废水沿加热管内周边下降的线速率方程为：

$$v = \frac{\Gamma \times 1000}{3600 \times \pi \times d_i}$$

式中：Γ——单个蒸发管对应的稠油废水循环体积流量，m³/h；d_i——管子内径，m；v——稠油废水线速率，kg/（s·m）。

实验过程中传热系数随稠油废水循环线速率的变化如图 5.8 所示。稠油废水循环量超过一定的限度，直接导致管壁液膜厚度过大，热、质传递的阻力过大，不利于废水的蒸发，并且使管内蒸发器的传热系数降低，恶化了液膜的导热过程，图中的曲线清晰地体现了这一变化趋势。从图还可以得知，稠油废水的循环线速率不宜超过 1.0 ～ 1.2 kg/（s·m）。

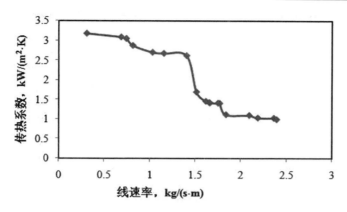

图 5.8 传热系数随循环线速率的变化

5.3.1.3 传热温差对传热系数的影响

实验提供的加热蒸汽由电热锅炉产生，蒸汽温度有一定的波动幅度，而二次蒸汽冷凝侧的温度、压力不变，因此蒸发的温差随热源温度的变化而波动。图 5.9 是实验得到的传热系数随温差的变化趋势。由图可以看出，传热系数随着温差的上升而下降。换热器的传热系数可表示为：

$$K = f(u,l,\rho,\eta,\lambda,c_p)$$

式中：K——传热系数；u——流体流速；l——管道长度；ρ——流体密度；η——流体动力黏度；λ——导热系数；c_p——定压热熔。在研究中更常用的、具体的计算公式为：

$$K = \cfrac{1}{\cfrac{1}{h_i} \cdot \cfrac{d_o}{d_i} + R_{f,i} \cdot \cfrac{d_o}{d_i} + \cfrac{d_o}{2\lambda} \cdot \ln \cfrac{d_o}{d_i} + R_{f,o} + \cfrac{1}{h_o}}$$

式中：h_o——凝结传热系数，kW/（$m^2 \cdot$ K）；h_i——蒸发传热系数，kW/（$m^2 \cdot$ K）；$R_{f,o}$——管外污垢热阻，$m^2 \cdot$ K/kW；$R_{f,i}$——管内污垢热阻，$m^2 \cdot$ K/kW；d_o——管道外径，m；λ——管道导热系数，kW/（m · K）。

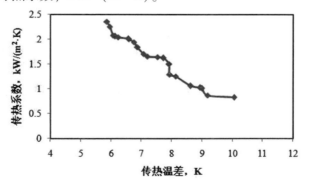

图 5.9 传热系数随温差的变化

当温差升高时一方面蒸发侧的汽化加速；另一方面加热蒸汽侧的凝结也加快，增大了管外冷凝液体的流量，使冷凝液膜的厚度增加，导致管外传热系数的下降，因此它使传热系数随着温差的升高而降低，与前人的研究结果相吻合[174]。另外，温差的增加，也使逆溶解性的盐饱和度降低，加速污垢的沉积，导致污垢热阻的增加，蒸发器传热系数的下降。

5.3.1.4 浓缩倍数对传热系数的影响

稠油废水降膜蒸发的工艺，面临的更大问题是溶液中的颗粒沉积于换热壁面。因为随着蒸发的进行，杂质的浓度越来越大，颗粒沉积于换热面上并将逐渐增厚，导致换热设备传热的恶化。由图 5.10 中的曲线可以得知，传热系数呈下降的趋势，而且随着浓缩倍数的增大，降低的幅度逐渐增加。究其原因是因为废水中离子浓度会随着浓缩倍数的升高而增加，导致污垢沉积的速率也增大，从而证实废水污垢沉积的速率受浓度扩散控制，因此使传热系数降低的幅度也相应地提高。

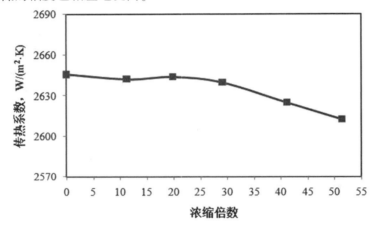

图 5.10　浓缩倍数对传热系数的影响

5.3.2 污垢的形成及分析

5.3.2.1 蒸发器的污垢

实验结束后，发现即使按照经济条件使用了阻垢剂，垂直管降膜蒸发器的壁面仍旧形成了一层污垢，如图 5.11 所示。由图可知，蒸发器的污垢沉积现象比较严重，导致蒸发器传热系数的降低，直接影响了降膜蒸发系统的传热效率。但是该污垢的硬度不高，轻轻一刮就可以除掉，显示了阻垢剂的作用。

图 5.11　降膜蒸发器的污垢

5.3.2.2 污垢形成过程的分析

文献表明，蒸发过程中影响污垢沉积的因素有溶液的性质参数、操作参数、换热器的设计参数和溶液的沸腾状态等[175]。稠油废水蒸发浓缩析出的污垢主要是析晶污垢和微粒污垢[176]。废水中的各种微粒，如 Ca^{2+}、Mg^{2+}、CO_3^{2-}、SO_4^{2-}、SiO_2 等，它们会相互结合形成盐，方程如下所示[119,174,177]：

$$Ca^{2+} + CO_3^{2-} \Leftrightarrow CaCO_3（S）$$

$$Mg^{2+} + CO_3^{2-} \Leftrightarrow MgCO_3（S）$$

$$Ca^{2+} + SO_4^{2-} \Leftrightarrow CaSO_4（S）$$

$$Mg^{2+} + 2OH^- \Leftrightarrow Mg（OH）_2（S）$$

$$SiO_2 + 2H_2O \Leftrightarrow Si（OH）_4$$

$$Si（OH）_4 + OH^- \Leftrightarrow HSiO_3^- + 2H_2O$$

$$Si（OH）_4 + OH^- \Leftrightarrow H_3SiO_4^- + H_2O$$

$$2Ca（OH）_2 + H_3SiO_4^- \Leftrightarrow Ca_2SiO_4 + 3H_2O + OH^-$$

随着蒸发时间的延续，溶液中的水所占的比例越来越少，盐的浓度逐渐升高，甚至达到某些盐的临界溶解度，逐渐形成晶体而析出。如果废水的流速小，一些细微的晶核就会沉积在换热面上。随着废水流速的增大，小的晶核不能自持，难以沉降，被废水带走。在废水中小晶核彼此相互聚集形成的微粒，从而沉积于换热面上。

稠油废水蒸发浓缩过程中，溶液中的各种离子和微粒相互结合成盐，依靠传质扩散或者化学反应形成晶核，有些晶核相互结合成微粒，并聚集成大的颗粒沉积于换热面上。根据表 4.1 有关的数据，在降膜蒸发器壁面上沉积的污垢，主要成分有：$CaCO_3$、Ca_2SiO_4、$NaCl$ 无机盐等。但是从图 5.12 污垢成分的 XRD 图可知，实际的垢多为复合盐垢，如 $K_2Ca（CO_3）_2$，$Mg_3Ca（CO_3）_4$，$Ca_3（SiO_2·OH）_2·2H_2O$ 等。废水中的 K^+、Na^+、Cl^-、H_2O 等微粒，这些离子或者分子可能填补晶格中的缺陷，还有可能被包裹于晶体或者微粒之中，然后一起沉积于换热面，形成污垢。盐的过饱和度是盐从溶液中析出的一个先决条件，但是每种盐的析出还与废水的其他性质参数相关。另外 $Mg（OH）_2$ 在一定条件下会转化为碳酸盐，如式（5.15）所示。

$$CO_2 + Ca^{2+} + Mg（OH）_2 \Leftrightarrow CaCO_3 + Mg^{2+} + H_2O$$

由式（5.15）可知，$Mg（OH）_2$ 在合适的条件下将转化为 $CaCO_3$ 沉淀，因而，图 5.12 所示的 XRD 谱图中没发现 $Mg（OH）_2$ 是合理的。

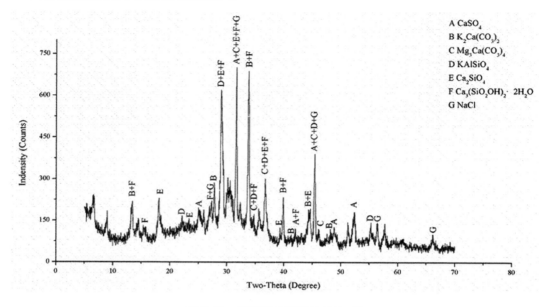

图 5.12　降膜蒸发污垢的 XRD 图

5.3.3 蒸馏水质量的影响因素

蒸馏方法制备纯水的原理是把废水煮沸后使其冷凝并回收。但是废水中的杂质，有些也会随着蒸汽的挥发而冷凝到蒸馏水中，降低蒸馏水的品质。影响蒸馏水质量的因素有废水含有的杂质成分，蒸发设备的生产能力，除沫器的效果，设备洁净状况等。

5.3.3.1 蒸馏水的水质参数

蒸馏水的质量标准与它的用途直接相关，实验的目的是将稠油废水蒸发回收蒸馏水用于注汽锅炉的给水，降膜蒸发收集得到的蒸馏水质量如表 5.2 所示。

表 5.2　蒸馏水的质量对比表

项目	单位	注汽锅炉给水要求*	浓缩液 / (61 倍)	不同浓缩倍数对应的蒸馏水水质		
				浓缩 11 倍	浓缩 13 倍	浓缩 54 倍
总硬度	mg/L	< 0.100	——	0.000	0.000	0.000
总铁	mg/L	< 0.050	——	0.003	0.000	0.004
二氧化硅	mg/L	< 50.000	——	0.310	0.300	0.560
油和脂	mg/L	< 2.000	——	2.347	2.347	2.205
pH 值	——	7.500 – 11.000	11.500	9.086	8.830	5.957
铜	mg/L	——	——	0.001	0.000	0.003

*：依据标准 SY0027 – 2000

从表 5.2 对比中可以发现，蒸馏水的含油量高于注汽锅炉的给水标准，不能满足要求。在一般情况下，凝结水中所含有油主要是以乳化态油和溶解态油的形态存在，含量少，纳滤（NF）或者反渗透膜（RO）是凝结水除油的一种选择[178]，当然也可以选择 NTP 技术。

5.3.3.2　蒸馏水电导率的影响因素

蒸馏水的品质可以用电导率间接表示，电导率反映了蒸馏水的离子浓度，电导率越大则意味着离子浓度越高，反之离子浓度则越低。图 5.13 显示了蒸发负荷与蒸馏水导电率之间的关系。由图可知，随着稠油废水蒸发负荷的升高，蒸馏水的电导率也逐步增加。原因是浓缩的稠油废水中含有的盐分，随蒸发负荷的增大，二次蒸汽所携带的的水滴增多，通过除沫器的速度也越快，携带的水滴也更难拦截捕集下来。因此使二次蒸汽携带的杂质增多，冷凝的蒸馏水中盐分增加，导致蒸馏水的电导率升高。图 5.14 是实验测得的蒸馏水导电率随稠油废水浓缩倍数的变化趋势。随着蒸发时间的延续，浓缩倍数的提高，降膜蒸发器中溶液所含的各种离子浓度越来越高，如果过程中其它因素不变，则蒸馏水的电导率应该随着蒸发浓缩倍数的升高而增加。但是图 5.14 中的曲线所示：蒸馏水的导电率先是随着浓缩倍数的升高逐渐降低，然后逐渐增加。这说明，除了浓缩倍数外还有其它的影响因素在起作用。稠油废水中除含有油类物质以外，还含有其它可溶性气体，在加入新的废水以后蒸发时，废水中的可溶性气体受热释放随着二次蒸汽一起出来，又在冷凝过程中被溶解于蒸馏水中，使蒸馏水的导电率上升。当蒸发一段时间后可溶气体已经析出完毕，虽然浓缩倍数提高，但是二次蒸汽在携带液滴不严重的情况下，冷凝液中的导电离子减少，表现出导电率降低。由于没有液体排出口，各种离子的浓度在废水中持续增加的同时，当浓缩倍数增加到一定程度时，二次蒸汽携带的水滴由于含有高浓度的离子而使蒸馏水电导率在浓缩倍数高于 30 倍以后逐渐上升，一旦高于 50 倍就急剧升高。

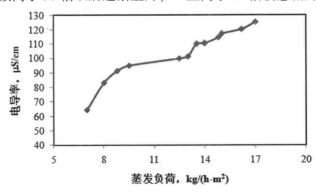

图 5.13　蒸馏水电导率随蒸发负荷的变化

为了验证这一说法，检验和对比了刚刚加入废水时（补液后）蒸馏水品质的变化。由于废水基本不变，只能分析废水刚加入与加入后循环了若干次的情况比较，这种对比结果有助于指导进水是否需要预处理。蒸发的二次蒸汽冷凝水的导电率与 pH 值变化见图 5.15 及图 5.16 所示。从两图可知，刚加入废水时，蒸馏水的 pH 值和电导率均较高，而一旦停

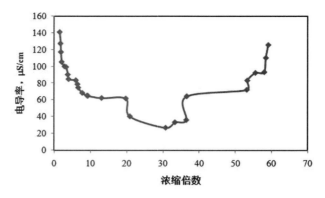

图 5.14　蒸馏水电导率随浓缩倍数的变化

止补充新鲜废水，蒸馏水的 pH 值和电导率迅速降低，导电率最低可以达到 26.8 uS/cm。由此证实，油田废水中确实存在某些挥发性物质与水一起形成蒸汽挥发出来，然后又溶于凝结水中，导致蒸发后的蒸馏水的 pH 值和电导率都升高。而当水中的挥发性物质蒸发以后，再蒸馏出的水质较高。因此为了保证蒸馏水的水质，可以考虑加入一段预处理步骤，将进水除气，并使除气设施的除气效率尽量的高。

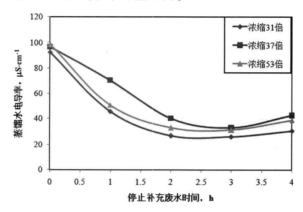

图 5.15　停止时间对蒸馏水电导率的影响

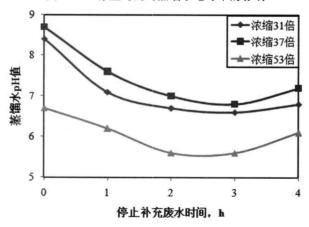

图 5.16　停止时间对蒸馏水 pH 值的影响

　　研究表明在药剂可靠、结垢和腐蚀能够预防的情形下，提高浓缩倍数大于 30 倍以上是完全可行的，以后的实验应该考虑能降低蒸馏水电导率的具体措施。

第6章 NTP 预处理稠油废水蒸发浓缩的实验

6.1 实验原理与方法

6.1.1 实验原料

1#稠油废水来自东北某油田，2#稠油废水来自新疆某油田，表4.1和表4.2分别给出它们的成分及参数。由表可知，它们不但含有一定量的无机离子，还含有一定量的有机物。两种废水在组成上十分相似，都具有非常高的矿化度和硬度，但是2#稠油废水含有更多的二氧化硅。从稠油废水的组成上看，可以预测蒸发污垢含有的盐有钙、镁硫酸盐垢，钙、镁碳酸盐垢，钙、镁硅酸盐垢等。这些无机盐构成的污垢，具有逆溶解性，即温度升高，溶解度反而降低，因而颗粒会沉积在蒸发器的加热面上，形成污垢，削减换热设备的传热能力[64,179]。

稠油废水蒸发的目标是获得大量的高品质蒸馏水，同时尽可能减少浓缩液的排放量，因而工艺要求与常规的蒸发技术有所不同。

6.1.2 实验方法

本章采用对比的实验方法，实验流程图与设备图见第4章中的图4.6~4.9所示。具体步骤为：第1组实验将未处理的1#稠油废水#直接蒸发浓缩，收集蒸馏水和污垢进行分析；第2、3和4组实验首先用NTP预处理#1稠油废水，设计的放电频率分别为300PPS、500PPS和900PPS，然后进行蒸发浓缩，收集蒸馏水和污垢进行分析；第5组实验将加入浓度为5ppm阻垢剂的#1稠油废水进行蒸发浓缩，收集蒸馏水和污垢进行分析。

　　第 6 组实验将未处理的#2 稠油废水直接蒸发浓缩，收集蒸馏水和污垢进行分析；第 7 组实验将经过 NTP 预处理的#2 稠油废水，放电频率为 500PPS，然后进行蒸发浓缩，收集蒸馏水和污垢进行分析；第 8 组实验将加入浓度为 5ppm 阻垢剂的 2# 稠油废水进行蒸发浓缩，收集蒸馏水和污垢进行分析；第 9 组实验将经过 NTP 预处理，放电频率 500PPS，然后再加入浓度为 5ppm 阻垢剂的 2# 稠油废水进行蒸发浓缩，收集蒸馏水和污垢进行分析。

表 6.1　实验方案的分组说明

项目	组号	实验操作单元
1# 稠油废水	1	未处理 + 蒸发浓缩
	2	NTP 放电频率 300PPS + 蒸发浓缩
	3	NTP 放电频率 500PPS + 蒸发浓缩
	4	NTP 放电频率 900PPS + 蒸发浓缩
	5	阻垢剂浓度 5ppm + 蒸发浓缩
2# 稠油废水	6	未处理 + 蒸发浓缩
	7	NTP 放电频率 500PPS + 蒸发浓缩
	8	阻垢剂浓度 5ppm + 蒸发浓缩
	9	NTP 放电频率 500PPS + 阻垢剂浓度 5ppm + 蒸发浓缩

　　实验完成后，分析污垢和收集的蒸馏水水质。

6.1.3 实验步骤

　　根据实验分组的安排，采取相应的实验步骤，例如第 9 组的实验步骤是：将 2# 稠油废水首先经过 NTP 预处理；再向其中加入浓度为 5ppm 的阻垢剂，混合均匀；然后将稠油废水送入蒸发器进行蒸发浓缩，收集二次蒸汽的凝结水即蒸馏水，水质分析的指标参考第 4 章 4.3 节的有关内容。实验过程中，电脑实时记录热电偶测定的废水和蒸发器的壁面温度。一组实验完成之后，将污垢干燥后全部收集并称量，并进行污垢的成分和形貌分析。

6.2　结果分析

　　NTP 预处理是稠油废水蒸发浓缩的前提，本节讨论 NTP 处理稠油废水的实验，分析 NTP 对稠油废水的作用效果。表 6.2 给出了 1# 稠油废水和 2# 经过 NTP 处理后的水质变化状况，此表包括了 pH 值、电导率、二氧化硅的含量和硬度四个指标。由表 6.2 可知，经过 NTP 预处理的稠油废水，上述各水质指标均发生不同程度的变化。对比稠油废水处理前后的硬度可以发现，经过 NTP 处理后 1# 稠油废水和 2# 的硬度下降程度显著，这样将大幅减轻蒸发时的结垢倾向。对于 1# 稠油废水，最低硬度出现在以放电频率 500PPS 处理一次后；而对于其它情况和 2#稠油废水，经过两次 NTP 处理后硬度进一步降低。

NTP 放电产生的自由基团·OH 和 H·可被水分子吸收，因而与水中的离子发生反应。例如·OH 促进 Ca^{2+} 沉淀，而剩余的 H·则使水的 pH 值降低；导致处理后的废水 pH 值和硬度同时降低。H_2O_2 可以氧化有机物，因而使水中的离子性质发生改变，促进某些离子的沉淀。

表 6.2　NTP 处理后稠油废水的参数

水样名称	pH 值	电导率 / (μS/cm)	二氧化硅 / (mg/L)	硬度（以 $CaCO_3$ 计） / (mg/L)	备注
稠油废水 1	8.77	2840.00	103.29	40.29	未放电
	8.50	2950.00	65.21	21.32	300PPS 放电 1 次
	8.40	2850.00	53.04	19.41	300PPS 放电 2 次
	8.55	3000.00	51.21	10.21	500PPS 放电 1 次
	8.46	2940.00	54.25	19.19	500PPS 放电 2 次
	8.53	2900.00	53.64	17.38	900PPS 放电 1 次
	8.62	2890.00	69.46	12.02	900PPS 放电 2 次
稠油废水 2	7.82	3010.00	134.86	40.87	未放电
	7.66	3590.00	90.76	19.06	900PPS 放电 1 次
	7.50	3640.00	95.02	12.55	900PPS 放电 2 次

6.3　蒸发浓缩实验的结果与讨论

6.3.1 实验步骤

1#稠油废水安排了五组实验，具体的步骤是：第一步是每组实验开始之前均要分析 1#稠油废水的成分。第二步是进行 NTP 预处理，并分析预处理后 1#稠油废水的水质参数。第三步蒸发浓缩实验，收集的蒸馏水需要分析，实验过程的温度变化由数据采集器收集，并汇总到个人电脑。实验结束后，收集的污垢留待下一步用 SEM 和 XRD 仪器处理。另外四组实验以及 2#稠油废水的四组实验都要按照上述步骤重复进行。

6.3.2 稠油废水的水质分析

6.3.2.1 实验条件对稠油废水对含油量的影响

图 6.1 中的（a）图是 1# 稠油废水经过预处理工艺后含油量的变化图。由图可以看出，随着 NTP 放电频率的升高，油的含量相应地降低。当 NTP 的放电频率为 300PPS、500PPS 和 900PPS 时，1# 稠油废水的含油量分别降低了 38.5%、38.9% 和 48.8%。当阻垢剂浓度为 5ppm 时，1# 稠油废水的含油量也下降了 30.1%。

图 6.1 中的（b）图是 2# 稠油废水经过 NTP 和阻垢剂处理后含油量的变化趋势。当 NTP 放电频率 500PPS、阻垢剂浓度 5ppm 和 NTP 放电频率 500PPS + 阻垢剂浓度 5ppm 的工艺处理 2# 稠油废水后，废水的含油量分别降低了 43.4%、47.5% 和 25.9%。

稠油废水含油量下降的原因是 NTP 能够降解部分油类有机物。随着放电频率的升高，NTP 的能耗增大，产生活性的微粒也随之增加，导致降解的高分子有机物增多，所以废水的含油量下降。阻垢剂不但有阻垢的效果，还有吸附和增溶的作用，使废水的含油量降低。但是 NTP 和阻垢剂在降低废水的含油量方面是对抗作用，原因是 NTP 可以降解部分阻垢剂，使之转化为油类物质，因此废水含油量下降的幅度比单独作用时少。

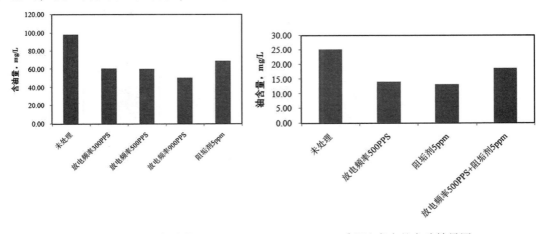

（a）1# 稠油废水的实验结果　　　　　（b）2# 稠油废水的实验结果图

6.1 含油量随实验条件的变化

6.3.2.2 实验条件对稠油废水 SiO_2 含量的影响

图 6.2 中的（a）图是 1# 稠油废水经过处理后二氧化硅含量的变化趋势。由图可知，经过 NTP 或者阻垢剂的处理，废水二氧化硅的含量有明显的下降。

图 6.2 中的（b）图是 2# 稠油废水经过处理后二氧化硅的含量变化趋势。由图可知：2# 稠油废水经过 NTP 预处理后，二氧化硅浓度有明显的降低，下降幅度达到 43.1%，可减轻硅酸盐污垢形成的倾向，有利于后续的蒸发处理。但是阻垢剂和 NTP + 阻垢剂的工艺

只能稍微降低废水中的 SiO_2 含量。

　　由此两图可知，NTP 预处理能使稠油废水中的二氧化硅沉积于溶液中，导致二氧化硅的浓度明显降低，可减轻硅酸盐污垢形成的倾向，有利于后续的蒸发处理。阻垢剂具有一定的吸附作用，也可以在一定程度上削减废水中二氧化硅的含量。如果将 NTP 和阻垢剂的配合使用，起到对抗的作用，不能显著降低稠油废水中 SiO_2 的含量。

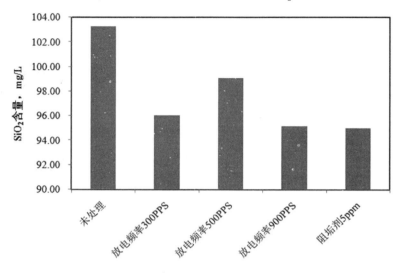

（a）1#稠油废水的实验结果

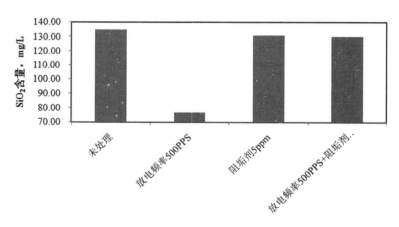

（b）2#稠油废水的实验结果图

6.2　二氧化硅的含量随实验条件变化图

6.3.2.3 NTP 对稠油废水金属离子含量的影响

表 6.3 反映了 1#稠油废水经过 NTP 预处理后，溶液中金属离子含量的变化状况。

表 6.4 反映了 2#稠油废水在三种实验条件下，溶液中金属离子含量的参数。

由两表可知，NTP 有降低废水中金属离子含量的效果。原因在于 NTP 的预处理促进了溶液中金属离子的沉淀，从而使废水金属离子的含量降低。阻垢剂因为是聚合物，可以与某些金属离子络合，促进了钙离子和铜离子的沉淀，达到降低部分金属离子的作用。但是当 NTP 与阻垢剂的联合使用，产生对抗作用，反而会增加废水中金属离子的含量。

表 6.3　金属离子的含量随实验条件变化表

作用方式	Ca^{2+} /（mg/L）	Cu^{2+} /（mg/L）	Fe^{2+} /（mg/L）	K^+ /（mg/L）	Mg^{2+} /（mg/L）	Na^+ /（mg/L）
未处理	20.2700	0.3000	1.3200	35.2600	4.8000	45.1000
放电频率 300PPS	17.2519	0.0843	0.8136	28.7575	2.1906	42.4774
放电频率 500PPS	13.4799	0.0569	0.9070	26.2697	1.5426	34.1353
放电频率 900PPS	18.4419	0.0765	0.5742	29.6286	2.0088	40.7284

表 6.4　金属离子的含量随实验条件变化表

作用方式	Ca^{2+} /（mg/L）	Cu^{2+} /（mg/L）	Fe^{2+} /（mg/L）	K^+ /（mg/L）	Mg^{2+} /（mg/L）	Na^+ /（mg/L）
未处理	27.1100	0.1300	0.5100	8.0100	3.3000	121.1000
放电频率 500PPS	26.2256	0.1005	0.4242	6.7979	2.2250	98.1500
阻垢剂 5ppm	22.8316	0.0823	0.3963	8.5382	3.0864	122.9288
放电频率 500PPS + 阻垢剂 5ppm	28.2136	0.0614	0.6558	9.0348	3.5119	123.6363

6.3.3 污垢热阻的分析

由文献可知，影响污垢沉降、沉淀和生长的因素有过饱和度、温度、离子强度、接触时间、pH 值等。蒸发器的表面温度，溶液温度，溶液成分和化学性质，流体速度和流动状态，溶液的物理性质（黏度、密度），传热面的表面特性（材料、表面结构、粗糙度、表面能），污垢的物理性质（密度、导热系数、粘附性），溶解平衡，化学动力学（化学反应）等，这些因素都能影响污垢热阻。导致污垢热阻难以预测的原因有：污垢沉积过程的非线性化、不稳定性及大的波动性等因素[180]。

6.3.3.1 NTP 放电频率对污垢热阻的影响

图 6.3 描述了 NTP 的放电频率对污垢热阻的影响程度。由图中的曲线可知，NTP 预处

理对污垢沉积有一定程度的抑制作用。当 NTP 的放电频率为 300PPS、500PPS 和 900PPS 时，污垢热阻相对于未预处理的 1# 稠油废水分别降低了 12.8%、22.8% 和 22.2%。原因是 1# 稠油废水经过 NTP 预处理后促进了溶液的微粒聚合，加速大的颗粒形成，从而使更多的析晶颗粒向微粒污垢转变，形成大的颗粒沉淀于废水中，而不是换热面上，有效地降低了污垢热阻。当放电频率为 500PPS 和 900PPS 时，污垢热阻降低的幅度差别不大，说明再提高放电频率抑制污垢的效果不明显，而且放电频率的升高，消耗的能量也增多，因此选择 NTP 的放电频率为 500PPS 是可行的。

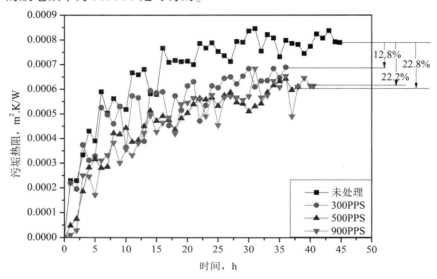

图 6.3　污垢热阻随放电频率的变化

6.3.3.2 温差对污垢热阻的影响

温度对污垢热阻的影响已经进行了充分的研究，污垢机理也已经推出或者能够模拟[181~182]。为了能够掌握污垢的形成全过程，研究者测量了污垢热阻随时间变化的数值。基于实验数据，一些经验或者半经验污垢热阻随时间变化的模型已经提出[183]。本章是以实验的方法研究 NTP 和阻垢剂对蒸发污垢的影响，图 6.4 的（a）图表示 1# 稠油废水在各种实验条件下，蒸发浓缩过程中污垢热阻随传热温差的变化趋势。由图可知，未处理的 1# 稠油废水的污垢热阻为 $8.46 \times 10^{-4} \mathrm{m}^2 \cdot \mathrm{K/W}$；NTP 放电频率 300PPS 时污垢热阻为 $6.84 \times 10^{-4} \mathrm{m}^2 \cdot \mathrm{K/W}$，降低 19.1%，由 1 代表；NTP 放电频率 500PPS 时污垢热阻为 $6.41 \times 10^{-4} \mathrm{m}^2 \cdot \mathrm{K/W}$，降低 24.2%，由 4 代表；NTP 放电频率 900PPS 时污垢热阻为 $6.53 \times 10^{-4} \mathrm{m}^2 \cdot \mathrm{K/W}$，降低 22.8%，由 3 代表；阻垢剂浓度 5ppm 时污垢热阻为 $6.62 \times 10^{-4} \mathrm{m}^2 \cdot \mathrm{K/W}$，降低 21.7%，由 2 代表。

图 6.4 的（b）图表示 2# 稠油废水在各种实验条件下，污垢热阻随传热温差的变化状况。由图可知，未处理的 2# 稠油废水污垢热阻为 $8.35 \times 10^{-4} \mathrm{m}^2 \cdot \mathrm{K/W}$；NTP 放电频率 500PPS 时污垢热阻为 $5.74 \times 10^{-4} \mathrm{m}^2 \cdot \mathrm{K/W}$，降低 31.2%；阻垢剂浓度 5ppm 时污垢热阻为 $6.70 \times 10^{-4} \mathrm{m}^2 \cdot \mathrm{K/W}$，降低 19.7%；NTP 放电频率 500PPS + 阻垢剂浓度 5ppm 时污垢热

阻为 6.52 ×10^{-4} m^2 · K/W，降低 21.9%。

　　从两图可以得出，传热温差越高，污垢热阻也越大。因为温差越大，在溶液沸腾温度一定的条件下，传热面的温度越高，有利于逆溶解性盐的析出，使污垢层越厚，导致污垢热阻也越大，直接影响了换热设备的传热系数，降低了蒸发器的传热效率。此外温差增大，并不影响 NTP 预处理的抑垢作用，尤其是经过 500ppps 的预处理，高温差下的阻垢效果甚至优于阻垢剂。

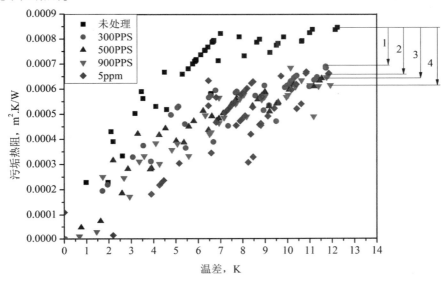

（a）1$^\#$稠油废水的实验结果

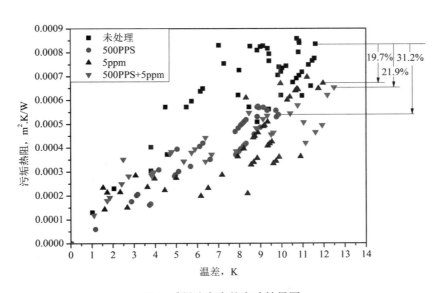

（b）2$^\#$稠油废水的实验结果图

6.4　污垢热阻随温差的变化

6.3.3.3 浓缩倍数对污垢热阻的影响

图 6.5 的（a）图是 $1^{\#}$ 稠油废水在蒸发过程中污垢热阻随浓缩倍数的变化。$1^{\#}$ 稠油废水直接蒸发的污垢热阻值为 $7.901 \times 10^{-4} m^2 \cdot K/W$；经过放电频率为 300PPS 的 NTP 预处理后污垢热阻为 $6.893 \times 10^{-4} m^2 \cdot K/W$，降低 12.8%，在图 5.5 中由 1 代表；经过放电频率 500PPS 处理后污垢热阻为 $6.098 \times 10^{-4} m^2 \cdot K/W$，与未处理相比降低了 22.8%，在图 6.5 中由 3 代表；经过放电频率 900PPS 的 NTP 处理后污垢热阻为 $6.144 \times 10^{-4} m^2 \cdot K/W$，降低 22.2%，在图 6.5 中由 2 代表；阻垢剂浓度 5ppm 时污垢热阻为 $5.864 \times 10^{-4} m^2 \cdot K/W$，相比未处理降低了 25.8%，在图 6.5 中由 4 代表。

图 6.5 的（b）图是 $2^{\#}$ 稠油废水在蒸发过程中，污垢热阻随浓缩倍数的变化。由图可知，未处理的 $2^{\#}$ 稠油废水污垢热阻为 $8.58 \times 10^{-4} m^2 \cdot K/W$；NTP 放电频率 500PPS 时污垢热阻为 $5.72 \times 10^{-4} m^2 \cdot K/W$，降低 33.0%；阻垢剂浓度 5ppm 时污垢热阻为 $6.09 \times 10^{-4} m^2 \cdot K/W$，降低 29.0%；NTP 放电频率 500PPS + 阻垢剂浓度 5ppm 时污垢热阻为 $6.21 \times 10^{-4} m^2 \cdot K/W$，降低 28.7%。

两图说明 NTP 和阻垢剂都能降低污垢热阻，起到抑制溶液中的微粒沉积于换热面的作用。两图还阐述了污垢的沉积速率受稠油废水浓度的影响，即浓度扩散控制。因为浓缩倍数的增加，溶液中的离子浓度升高，导致污垢沉积的速率增大，污垢的厚度增加，从而使污垢热阻升高，直接削减了设备的传热系数，降低了设备的传热效率。

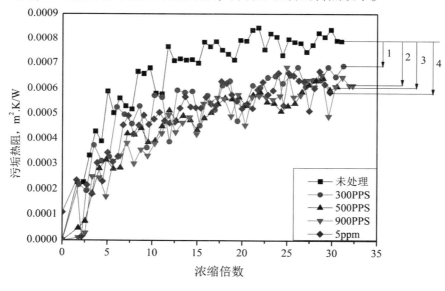

（a） $1^{\#}$ 稠油废水的实验结果

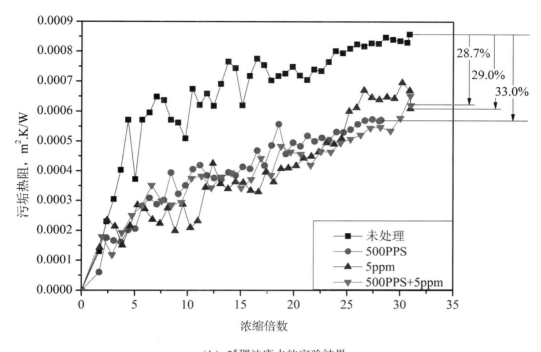

（b）2#稠油废水的实验结果

图 6.5 污垢热阻随浓缩倍数的变化

6.3.3.4 阻垢剂对污垢热阻的影响

实验还研究了阻垢剂对污垢热阻的影响，图 6.6 的（a）图的曲线描述了有无阻垢剂的污垢热阻对比图。从两条曲线的变化可以得知，相比于无阻垢剂处理的 1#稠油废水，其污垢热阻要大。有阻垢剂处理的 1#稠油废水，污垢热阻在无阻垢剂的基础上下降了 25.8%。

图 6.6 的（b）图是 2#稠油废水在未处理和在阻垢剂浓度 5ppm 的实验条件下，污垢热阻的对比图。由图可知，2#稠油废水经过阻垢剂处理，污垢热阻比未处理降低了 29.0%。

此两图表明，污垢热阻降低的幅度是比较大的，说明阻垢剂抑制污垢的效果十分明显，这也证实了阻垢剂能起到抑制污垢沉淀的效果，与前人的研究成果相吻合。阻垢剂主要是抑制溶液中钙、镁等离子的沉积，增大易析出盐的溶解度，延缓了污垢的沉淀，起到降低污垢热阻的作用，提高了蒸发器的传热系数，提升了设备的传热效率。

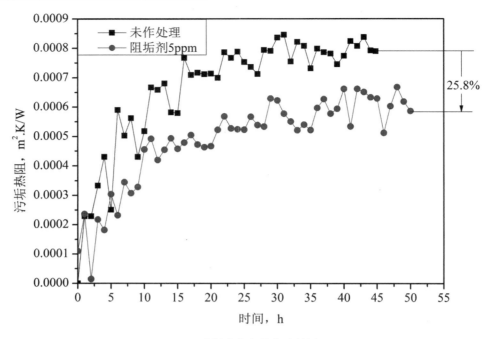

（a）1#稠油废水的实验结果

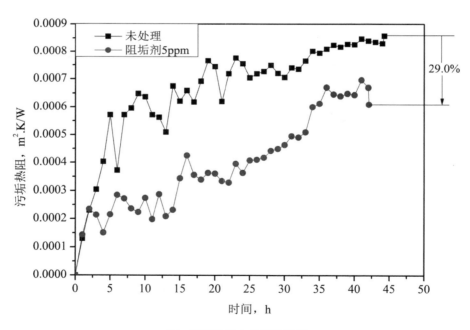

（b）2#稠油废水的实验结果

图6.6　阻垢剂对污垢热阻的影响

　　污垢的形成大部分是由盐沉积产生的，污垢沉积趋势的预测受各种方法和设备等因素的制约，主要有实验法、数值模拟法、统计分析法、静态法、动态法等。

其中静态法是依靠测定水中一些参数的变化来判定污垢物质的沉积状况，主要包括静态阻垢法、极限碳酸盐硬度法、临界 pH 值法、鼓泡法、浊度法、电化学法、电导法、玻璃电极法、恒定组分技术等。动态法是依靠测量特制模拟换热器的污垢热阻变化来反映污垢的实际状况。采用常压下饱和水蒸汽或者热水加热的换热设备，来模拟实际状态下的流速、流态、水质、金属材质等，不仅可以评定阻垢效果，还可以测定缓释效果，是一种比较理想的综合性测试方法。

6.3.4 污垢沉积趋势分析

6.3.4.1 盐的过饱和度指数

水溶液在加热条件下，很容易产生沉淀沉积于换热设备上，最常见的污垢物质有碳酸钙盐、硫酸钙盐、硅酸盐等。从第 2 章中 2.2 节可知污垢对换热设备的危害很大，为了减轻因污垢造成的损失，科研工作者对污垢进行了不懈的研究，取得了显著的成果。有学者已经提出了一些预测污垢沉积趋势的饱和指数的经验公式，如 Langelier 饱和指数，Ryzner 稳定指数，Stiff - Davis 稳定指数，Puckorius 沉积指数，Larson - Skold 指数，Oddo - Tomson 指数[184~189]。在饱和指数的基础上，又提出了一些预测软件，盐的过饱和度指数预测软件就是研究成果之一，该软件对于评价和控制废水的水质具有重要意义。

6.3.4.2 盐的过饱和度预测分析

MINTEQ［190］是一款由美国国家环境保护局（EPA）开发，已经被广泛应用在模拟环境水平衡溶液中或水体中的离子和矿物平衡情况的软件，现已发展到经计算机软件窗口化的 Visual MINTEQ 3.0［191］。该模型拥有强大的平衡常数数据库，涉及液相络合、溶解/沉淀、氧化/还原、气 - 液相平衡、吸附等多种平衡反应。通过平衡常数、吉布斯自由能等热力学数据计算化学物质的相互作用，以及通过质量作用表达式来判断化学物质的形态分布，预测金属的吸附和金属有机络合物的形成。典型的 MINTEQ 程序主要包括以下计算：计算环境水化学体系中各种化学形态分布；模拟土壤水体与矿物相的相互作用；计算水化学体系的理论 pH；模拟离子的转移和变化；计算表面吸附行为；模拟固相沉淀；测定新的化合物热力学常数；评价实验室数据质量的准确度。

Visual MINTEQ 模型的理论基础是美国著名教授 WL Lindsay 创立的土壤化学平衡理论［192］。模型中使用预定义的基本组分（basic component，如 Na^+、Cd^{2+}、SO_4^{2-} 等），作为反应物来编写反应方程。每一种化学物质均可用基本组分表示（如 $CaCl^+$ 和 $CaCl_2$ 等，可以写成由基本组分 Ca^{2+} 和 CI^- 组成的化合物），所以，对于 N 个水溶物质均可用输入的 M 个基本组分来表示，其化合反应的平衡常数亦包含在 Visual MINTEQ 的数据库中，使用者也可参考文献报道的平衡常数值，替换模型中的默认值或将新的化合物平衡常数添加到模型中［193］。

Visual MINTEQ 使用模型时，首先输入一个给定的参数文件，包括离子初始浓度（如 Ca^{2+}，CO_3^{2+}）或初始无机化合物含量（如 $CaCO_3$）、浸出液 pH、温度、离子强度、氧化还原电位（ORP）等信息。浸出液 pH、ORP 和离子强度可设为固定值（根据实测值输入），也可通过输入的条件进行平衡计算而得。

然后，运行模型程序进行计算。Visual MINTEQ 根据 M 个基本组分的初始浓度，通过 N 个物质的溶解/沉淀、吸附、络合、氧化还原等平衡反应方程和平衡常数，进行重复迭代，模拟计算体系达到平衡时，溶液中各物质的化学形态（分子或离子组成）和浓度。若在模型中设置"不允许过饱和物质沉淀"，则计算结果中各组分将全部溶解，Visual MINT-EQ 会自动计算各物质的饱和指数（Saturability index，SI）。通过 SI 值可判断该物质是否有沉淀可能，SI < 0 时表示物质在溶液中的浓度未超过其溶解度，不会沉淀；而 SI > 0 时物质过饱和，将会沉淀。也可设置"允许过饱和物质沉淀"，此时，所有 SI > 0 的物质将沉淀下来，沉淀的量作为新的变量继续参与迭代，直到该物质 SI = 0，即达到溶解/沉淀平衡。

计算结束后，程序会给出输出文件，包含了溶液平衡计算结果，如溶解物质的浓度和化学形态、沉淀物质化学形态、平衡时 pH 以及物质的饱和指数等。

Visual MINTEQ 模型由于其具有强大的计算能力、较全面的数据库、灵活的操作方式等优点，已经被广泛用在模拟土壤溶液中或水体中的离子和矿物的平衡情况，并用于模拟人工配制的溶液和天然水体中的金属化学形态，预测沉淀的形成，以及预测金属的吸附和金属有机络合物的形成等。MINTEQ 可模拟 500 多种水溶液形态、70 种组分、400 多种矿物质、16 种气体形态和 21 种氧化还原反应；同时有 7 种吸附模型可以应用于吸附过程的模拟［194］。

稠油废水的离子相互作用形成盐是否过饱和度，可以用过饱和度指数的软件 Visual MINTEQ 来进行预测。软件预测的基本原理依据饱和指数方程确定的，如下所示：

$$SI = \log IAP - \log K_s$$

式中：SI——饱和指数；IAP——溶液的离子活度积；K_s——物质的溶度积。

当 SI < 0 时，说明稠油废水的盐处于不饱和状态，不具备成垢的条件；

当 SI = 0 时，说明稠油废水的盐处于饱和状态，不具备成垢的条件；

当 SI > 0 时，说明稠油废水的盐处于过饱和状态，具备成垢的条件。

饱和指数软件界面的示意图如图 6.7 ~ 6.10 所示：Visual minteq

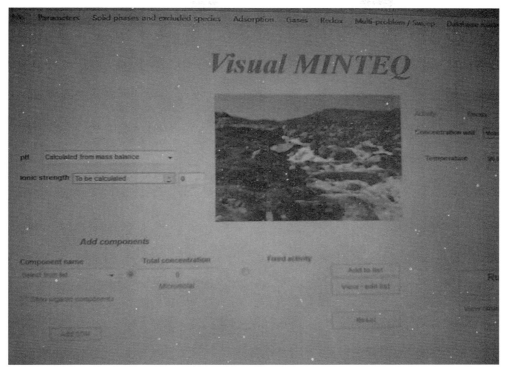

图 6.7　软件界面的示意图

Components in the present problem

Component name	Total concentration* Molal	Act guess?**	
H+1	0.00000000170	✓	Delete this component
Ca+2	0.00050574	✓	Delete this component
CO3-2	0.0023643	✓	Delete this component
Cl-1	0.0027419	✓	Delete this component
Cu+2	0.00000472	✓	Delete this component
Fe+2	0.00002362	✓	Delete this component
K+1	0.00090179	✓	Delete this component
Mg+2	0.00019745	✓	Delete this component
Na+1	0.0019617	✓	Delete this component
Si (H4SiO4)	0.0017189	✓	Delete this component
SO4-2	0.00030797	✓	Delete this component

图 6.8　输入参数的界面示意图

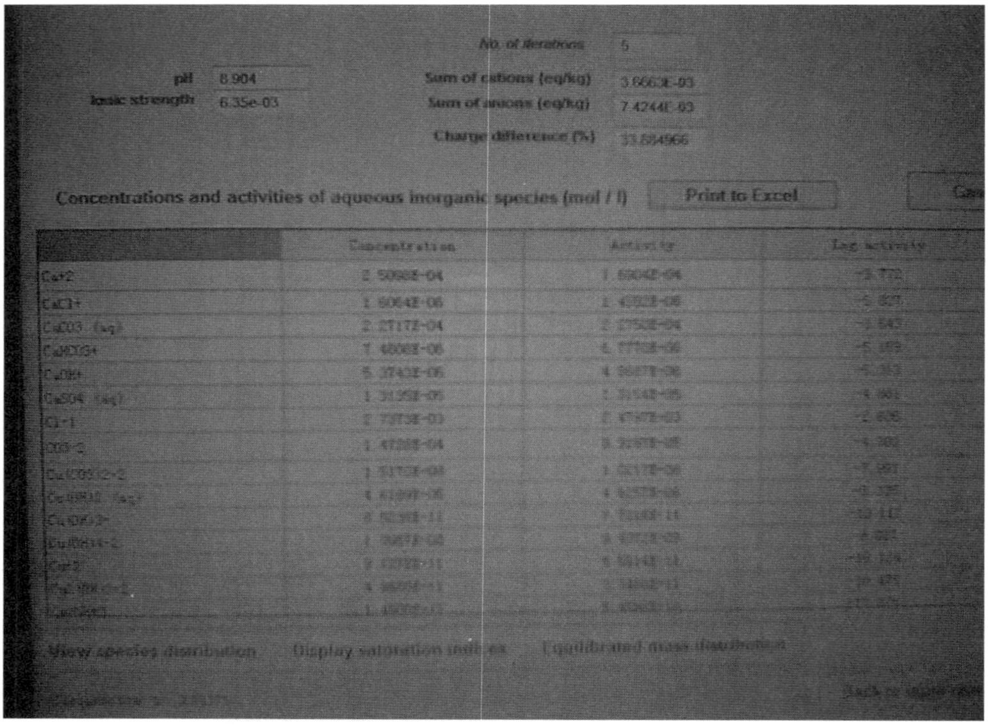

图 6.9　软件运算结束时的示意图

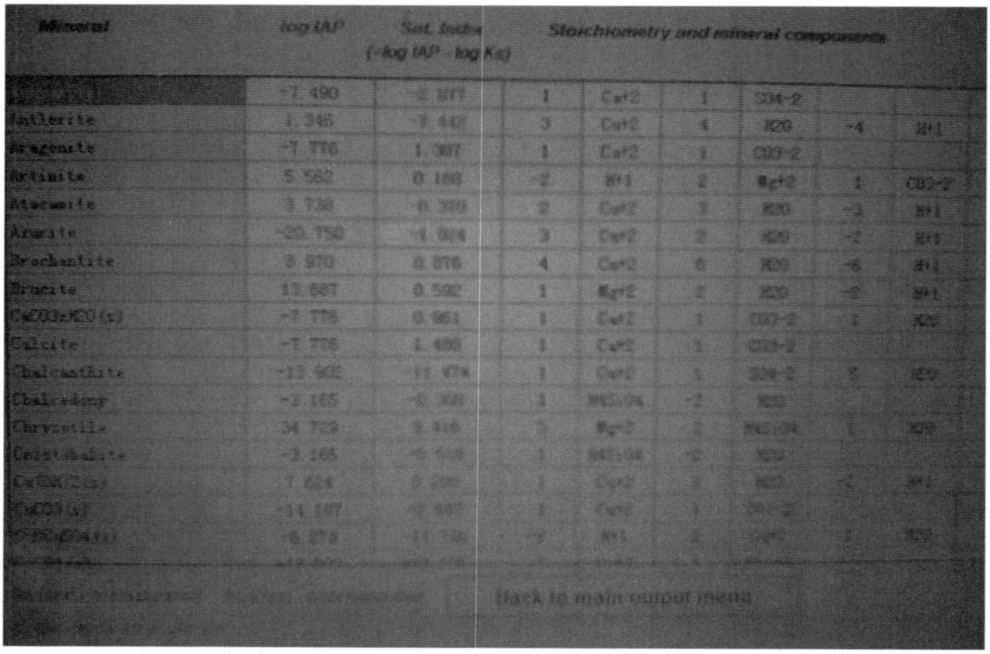

图 6.20　饱和指数参数表（红色代表过饱和）

1）1#稠油废水中的盐沉积趋势的预测

　　将 1#稠油废水的参数，如表 4.1 所示，输入软件相应的位置，得到的结果如表 6.5 ~ 6.9 所示。表 6.5 表示软件运行后溶液里所有的微粒或者离子的浓度和活性，有助于了解溶液中哪些离子或者微粒有沉淀的可能。表 6.6 给出了溶液中各种微粒或者离子的质量百分比，帮助我们分析溶液中哪些微粒或者离子是占主要部分，有利于掌握溶液中各离子的动态变化。表 6.7 指出各种离子或者微粒在溶液中存在的状态，有助于了解溶液是否出现沉淀，以及沉淀的趋势。表 6.8 阐述了溶液的微粒或者离子存在状态和趋势，从此表可以进一步得知，哪些微粒或者离子应该先沉淀。从表 6.8 可知，虽然 1#稠油废水的有些无机物已经达到过饱和的程度，但是从表 6.7 中的数据发现，溶液的物质全部是以溶解状态存在，暂时没有出现沉淀，可见沉淀的产生是需要满足一定的过饱和条件。

表 6.5　1#稠油废水中各种离子存在的状态

Particle	Concentration/（mg/L）	Activity	Log activity
Ca^{2+}	2.5098×10^{-4}	1.6904×10^{-4}	-3.7720
$CaCl^+$	1.6064×10^{-6}	1.4552×10^{-6}	-5.8370
$CaCO_3$（aq）	2.2717×10^{-4}	2.2750×10^{-4}	-3.6430
$CaHCO_3^+$	7.4808×10^{-6}	6.7770×10^{-6}	-5.1690
$CaOH^+$	5.3743×10^{-6}	4.8687×10^{-6}	-5.3130
$CaSO_4$（aq）	1.3135×10^{-5}	1.3154×10^{-5}	-4.8810
Cl^-	2.7373×10^{-3}	2.4797×10^{-3}	-2.6060
CO_3^{2-}	1.4728×10^{-4}	9.9197×10^{-5}	-4.0030
$Cu(CO_3)_2^{2-}$	1.5170×10^{-8}	1.0217×10^{-8}	-7.9910
$Cu(OH)_2$（aq）	4.6189×10^{-6}	4.6257×10^{-6}	-5.3350
$Cu(OH)_3^-$	8.5238×10^{-11}	7.7218×10^{-11}	-10.1120
$Cu(OH)_4^{2-}$	1.3967×10^{-8}	9.4072×10^{-9}	-8.0270
Cu^{2+}	9.7272×10^{-11}	6.5514×10^{-11}	-10.1840
$Cu_2(OH)_2^{2+}$	4.9680×10^{-11}	3.3460×10^{-11}	-10.4750
Cu_2OH^{3+}	1.4500×10^{-17}	5.9588×10^{-18}	-17.2250
$Cu_3(OH)_4^{2+}$	1.5163×10^{-12}	1.0212×10^{-12}	-11.9910
$CuCl^+$	7.0030×10^{-13}	6.3442×10^{-13}	-12.1980
$CuCl_2$（aq）	7.8879×10^{-15}	7.8995×10^{-15}	-14.1020
$CuCl_3^-$	5.8220×10^{-19}	5.2742×10^{-19}	-18.2780

$CuCl_4^{2-}$	1.3163×10^{-24}	8.8657×10^{-25}	-24.0520
$CuCO_3$（aq）	3.8212×10^{-8}	3.8268×10^{-8}	-7.4170
$CuHCO_3^+$	1.2049×10^{-11}	1.0915×10^{-11}	-10.9620
$CuHSO_4+$	3.7762×10^{-21}	3.4209×10^{-21}	-20.4660
$CuOH^+$	3.3442×10^{-8}	3.0296×10^{-8}	-7.5190
$CuSO_4$（aq）	5.7942×10^{-12}	5.8026×10^{-12}	-11.2360
$Fe(OH)_2$（aq）	1.1324×10^{-5}	1.1340×10^{-5}	-4.9450
$Fe(OH)_3^-$	5.5414×10^{-7}	5.0200×10^{-7}	-6.2990
Fe^{2+}	5.1240×10^{-7}	3.4511×10^{-7}	-6.4620
$FeCl^+$	5.9603×10^{-10}	5.3996×10^{-10}	-9.2680
$FeHCO_3^+$	1.2664×10^{-8}	1.1472×10^{-8}	-7.9400
$FeOH^+$	1.1186×10^{-5}	1.0133×10^{-5}	-4.9940
$FeSO_4$（aq）	3.0904×10^{-8}	3.0949×10^{-8}	-7.5090
H^+	1.3776×10^{-9}	1.2480×10^{-9}	-8.9040
$H_2CO_3 *$（aq）	5.8759×10^{-6}	5.8845×10^{-6}	-5.2300
$H_2SiO_4^{2-}$	1.4229×10^{-5}	9.5832×10^{-6}	-5.0180
$H_3SiO_4^-$	1.0223×10^{-3}	9.2615×10^{-4}	-3.0330
H_4SiO_4	6.8226×10^{-4}	6.8326×10^{-4}	-3.1650
$H_4SiO_4SO_4^{2-}$	6.5783×10^{-8}	4.4306×10^{-8}	-7.3540
HCO_3^-	1.9526×10^{-3}	1.7689×10^{-3}	-2.7520
HSO_4^-	2.5575×10^{-10}	2.3168×10^{-10}	-9.6350
K^+	8.9658×10^{-4}	8.1222×10^{-4}	-3.0900
KCl（aq）	7.2928×10^{-7}	7.3035×10^{-7}	-6.1360
KOH（aq）	1.0395×10^{-6}	1.0410×10^{-6}	-5.9830
KSO_4^-	3.4458×10^{-6}	3.1216×10^{-6}	-5.5060
Mg^{2+}	1.1237×10^{-4}	7.5683×10^{-5}	-4.1210
$Mg_2CO_3^{2+}$	3.2821×10^{-9}	2.2105×10^{-9}	-8.6560
$MgCl^+$	1.1399×10^{-6}	1.0326×10^{-6}	-5.9860

Particle	Concentration／（mg/L）	Activity	Log activity
$MgCO_3$（aq）	1.9669×10^{-5}	1.9698×10^{-5}	-4.7060
$MgHCO_3^+$	3.2246×10^{-6}	2.9212×10^{-6}	-5.5340
$MgOH^+$	5.6835×10^{-5}	5.1488×10^{-5}	-4.2880
$MgSO_4$（aq）	4.2049×10^{-6}	4.2111×10^{-6}	-5.3760
Na^+	1.9551×10^{-3}	1.7712×10^{-3}	-2.7520
$NaCl$（aq）	1.1506×10^{-6}	1.1523×10^{-6}	-5.9380
$NaCO_3^-$	6.9604×10^{-7}	6.3055×10^{-7}	-6.2000
$NaHCO_3$（aq）	2.3654×10^{-7}	2.3688×10^{-7}	-6.6250
$NaOH$（aq）	2.2697×10^{-6}	2.2730×10^{-6}	-5.6430
$NaSO_4^-$	2.2280×10^{-6}	2.0184×10^{-6}	-5.6950
OH^-	8.1415×10^{-4}	7.3755×10^{-4}	-3.1320
SO_4^{2-}	2.8396×10^{-4}	1.9125×10^{-4}	-3.7180

表 6.6　1#稠油废水中各种离子的浓度百分比

Component	% of total concentration	Species name
Ca^{2+}	49.626	Ca^{2+}
	1.063	$CaOH^+$
	0.318	$CaCl^+$
	2.597	$CaSO_4$（aq）
	1.479	$CaHCO_3^+$
	44.917	$CaCO_3$（aq）
CO_3^{2-}	6.229	CO_3^{2-}
	82.586	HCO_3^-
	0.249	$H_2CO_3 *$（aq）
	0.832	$MgCO_3$（aq）
	0.136	$MgHCO_3^+$
	0.316	$CaHCO_3^+$
	9.608	$CaCO_3$（aq）
	0.029	$NaCO_3^-$
	0.010	$NaHCO_3$（aq）

	99.831	Cl^-
	0.059	$CaCl^+$
Cl^-	0.042	$MgCl^+$
	0.027	KCl (aq)
	0.042	$NaCl$ (aq)
	0.709	$CuOH^+$
	0.296	$Cu(OH)_4^{2-}$
Cu^{2+}	97.858	$Cu(OH)_2$ (aq)
	0.810	$CuCO_3$ (aq)
	0.321	$Cu(CO_3)_2^{2-}$
	2.169	Fe^{2+}
	47.356	$FeOH^+$
Fe^{2+}	47.942	$Fe(OH)_2$ (aq)
	2.346	$Fe(OH)_3^-$
	0.131	$FeSO_4$ (aq)
	0.054	$FeHCO_3^+$
K^+	99.422	K^+
	0.115	KOH (aq)
K^+	0.081	KCl (aq)
	0.382	KSO_4^-
	56.911	Mg^{2+}
	28.785	$MgOH^+$
Mg^{2+}	0.577	$MgCl^+$
	2.130	$MgSO_4$ (aq)
	9.961	$MgCO_3$ (aq)
	1.633	$MgHCO_3^+$
	99.665	Na^+
	0.116	$NaOH$ (aq)
Na^+	0.059	$NaCl$ (aq)
	0.114	$NaSO_4^-$
	0.035	$NaCO_3^-$
	0.012	$NaHCO_3$ (aq)

	39.692	H_4SiO_4
H_4SiO_4	59.477	$H_3SiO_4^-$
	0.828	$H_2SiO_4^{2-}$
	92.474	SO_4^{2-}
	0.010	$FeSO_4$ （aq）
	1.369	$MgSO_4$ （aq）
SO_4^{2-}	4.277	$CaSO_4$ （aq）
	0.726	$NaSO_4^-$
	1.122	KSO_4^-
	0.021	$H_4SiO_4SO_4^{2-}$

表 6.7　1# 稠油废水中各离子成分的平衡表

Component	Total dissolved /（mg/L）	Dissolved /（%）	Total sorbed	Sorbed /（%）	Total precipitated	Precipitated /（%）
Ca^{2+}	5.0574×10^{-4}	100.0000	0.0000	0.0000	0.0000	0.0000
Cl^-	2.7419×10^{-3}	100.0000	0.0000	0.0000	0.0000	0.0000
CO_3^{2-}	2.3643×10^{-3}	100.0000	0.0000	0.0000	0.0000	0.0000
Cu^{2+}	4.7200×10^{-6}	100.0000	0.0000	0.0000	0.0000	0.0000
Fe^{2+}	2.3620×10^{-5}	100.0000	0.0000	0.0000	0.0000	0.0000
H^+	1.6972×10^{-9}	100.0000	0.0000	0.0000	0.0000	0.0000
H_4SiO_4	1.7189×10^{-3}	100.0000	0.0000	0.0000	0.0000	0.0000
K^+	9.0179×10^{-4}	100.0000	0.0000	0.0000	0.0000	0.0000
Mg^{2+}	1.9745×10^{-4}	100.0000	0.0000	0.0000	0.0000	0.0000
Na^+	1.9617×10^{-3}	100.0000	0.0000	0.0000	0.0000	0.0000
SO_4^{2-}	3.0707×10^{-4}	100.0000	0.0000	0.0000	0.0000	0.0000

表 6.8　1# 稠油废水中各物质的溶解状况参数表

Mineral	logIAP	Sat. index	Stoichiometry	Particle	Particle	Particle	Particle
Antlerite	1.346	-7.442	3.000	Cu^{2+}		H^+	SO_4^{2-}
Aragonite	-7.776	1.387	1.000	Ca^{2+}			
Artinite	5.562	0.188	-2.000	H^+		CO_3^{2-}	H_2O
Atacamite	3.738	-0.370	2.000	Cu^{2+}		H^+	Cl^-

Azurite	− 20. 750	− 1. 924	3. 000	Cu^{2+}		H^+	CO_3^{2-}
Brochantite	8. 970	0. 876	4. 000	Cu^{2+}		H^+	SO_4^{2-}
Brucite	13. 687	0. 592	1. 000	Mg^{2+}		H^+	
$CaCO_3 xH_2O$ （s）	− 7. 776	0. 961	1. 000	Ca^{2+}		H_2O	
Calcite	− 7. 776	1. 488	1. 000	Ca^{2+}			
Chalcanthite	− 13. 902	− 11. 474	1. 000	Cu^{2+}		H_2O	
Chalcedony	− 3. 165	− 0. 308	1. 000	H_4SiO_4			
Chrysotile	34. 729	9. 416	3. 000	Mg^{2+}		H_2O	H^+
Cristobalite	− 3. 165	− 0. 518	1. 000	H_4SiO_4			
Cu （OH）$_2$ （s）	7. 624	0. 200	1. 000	Cu^{2+}		H^+	
$CuCO_3$ （s）	− 14. 187	− 2. 687	1. 000	Cu^{2+}			
$CuOCuSO_4$ （s）	− 6. 278	− 11. 740	− 2. 000	H^+		H_2O	SO_4^{2-}
$CuSO_4$ （s）	− 13. 902	− 14. 275	1. 000	Cu^{2+}			
Dolomite （disordered）	− 15. 900	2. 270	1. 000	Ca^{2+}		CO_3^{2-}	
Dolomite （ordered）	− 15. 900	2. 578	1. 000	Ca^{2+}		CO_3^{2-}	
Epsomite	− 7. 839	− 6. 119	1. 000	Mg^{2+}		H_2O	
Fe （OH）$_2$ （am）	11. 346	1. 075	1. 000	Fe^{2+}		H^+	
Fe （OH）$_2$ （c）	11. 346	− 1. 544	1. 000	Fe^{2+}		H_2O	
Greenalite	27. 706	6. 896	− 6. 000	H^+		H_4SiO_4	H_2O
Gypsum	− 7. 490	− 2. 916	1. 000	Ca^{2+}		H_2O	
Halite	− 5. 357	− 7. 037	1. 000	Na^+			
Huntite	− 32. 149	1. 606	3. 000	Mg^{2+}		CO_3^{2-}	
Hydromagnesite	− 18. 811	− 2. 370	5. 000	Mg^{2+}		H^+	H_2O
KCl （s）	− 5. 696	− 6. 596	1. 000	K^+			
Langite	8. 970	− 2. 702	− 6. 000	H^+		H_2O	SO_4^{2-}
Lime	14. 036	− 11. 850	− 2. 000	H^+		H_2O	
Magnesite	− 8. 125	− 1. 367	1. 000	Mg^{2+}			

Malachite	-6.563	0.459	2.000	Cu^{2+}		H^+	CO_3^{2-}
Melanothallite	-15.395	-19.424	1.000	Cu^{2+}	H_2O		
Melanterite	-10.180	-8.692	1.000	Fe^{2+}	CO_3^{2-}	H_2O	
Mg（OH）$_2$（active）	13.687	-5.107	1.000	Mg^{2+}	Mg^{2+}	H^+	
Mg$_2$（OH）$_3$Cl：4H$_2$O（s）	15.864	-10.136	2.000	Mg^{2+}	H_2O	H^+	H_2O
MgCO$_3$：5H$_2$O（s）	-8.125	-3.585	1.000	Mg^{2+}	H_2O	H_2O	
Mirabilite	-9.222	-10.899	2.000	Na^+	H_2O	H_2O	
Natron	-9.507	-10.511	2.000	Na^+	H_2O	H_2O	
Nesquehonite	-8.125	-2.603	1.000	Mg^{2+}	CO_3^{2-}	H_2O	
Periclase	13.687	-2.584	-2.000	H^+	CO_3^{2-}	H_2O	
Portlandite	14.036	-4.149	1.000	Ca^{2+}	SO_4^{2-}	H^+	
Quartz	-3.165	0.049	1.000	H_4SiO_4	H_2O		
Sepiolite	17.877	6.126	2.000	Mg^{2+}	H_4SiO_4	H^+	H_2O
Sepiolite（A）	17.877	-0.903	-0.500	H_2O	H_2O	H_4SiO_4	H^+
Siderite	-10.466	0.381	1.000	Fe^{2+}	H_2O		
SiO$_2$（am, gel）	-3.165	-0.947	1.000	H_4SiO_4	CO_3^{2-}		
SiO$_2$（am, ppt）	-3.165	-0.958	1.000	H_4SiO_4	Cu^{2+}		
Tenorite（am）	7.624	1.413	1.000	Cu^{2+}	SO_4^{2-}	H^+	
Tenorite（c）	7.624	2.264	1.000	Cu^{2+}	Mg^{2+}	H_2O	
Thenardite	-9.222	-9.223	2.000	Na^+	Mg^{2+}		

| Thermonatrite | − 9.507 | − 9.776 | 2.000 | Na$^+$ | SO$_4^{2-}$ | H$_2$O | |
| Vaterite | − 7.776 | 1.080 | 1.000 | Ca^{2+} | H$_2$O | H$^+$ | |

注：Sat. index 的数值大于 0，意味着该物质在溶液中已经达到过饱和状态。

表 6.9 1$^\#$稠油废水中达到过饱和度的物质

英文名称	名称	分子式	饱和指数
Aragonite	霰石	CaCO$_3$	1.387
Artinite	纤维菱镁矿	MgCO$_3$	0.188
Brochantite	水胆矾	Cu$_4$SO$_4$（OH）$_6$	0.876
Brucite	氢氧镁石	Mg（OH）$_2$	0.592
CaCO$_3$xH$_2$O（s）	水合碳酸钙	CaCO$_3$xH$_2$O（s）	0.961
Calcite	方解石	CaCO$_3$	1.488
Chrysotile	温石棉	Mg$_6$Si$_4$O$_{10}$（OH）$_8$	9.416
Cu（OH）$_2$（s）	氢氧化铜	Cu（OH）$_2$	0.200
Dolomite（disordered）	白云石	CaMg（CO$_3$）$_2$	2.270
Dolomite（ordered）	白云石	CaMg（CO$_3$）$_2$	2.578
Fe（OH）$_2$（am）	氢氧化亚铁	Fe（OH）$_2$	1.075
Greenalite	铁蛇纹石	（Mg，Fe，Ni）$_3$Si$_2$O$_5$（OH）$_4$	6.896
Huntite	碳酸钙镁石	CaMg$_3$（CO$_3$）$_4$	1.606
Malachite	孔雀石	Cu$_2$（OH）$_2$CO$_3$	0.459
Quartz	石英	SiO$_2$	0.049
Sepiolite	海泡石	Mg$_8$（H$_2$O）$_4$［Si$_6$O$_{15}$］$_2$（OH）$_4$·8H$_2$O	6.126
Siderite	菱铁矿	FeCO$_3$	0.381
Tenorite（am）	黑铜矿	CuO	1.413
Tenorite（c）	黑铜矿	CuO	2.264
Vaterite	球霰石	CaCO$_3$	1.080

2）2$^\#$稠油废水中的盐沉积趋势的预测

将表 4.2 所示的 2$^\#$稠油废水的水质参数输入软件相应的位置，得到如下的结果，即表 6.10～6.14。表 6.10 是软件运行后溶液中所有的微粒或者离子浓度和活性状态，有助于了解溶液中哪些离子或者微粒有沉淀的可能。表 6.11 阐述了溶液的各种微粒或者离子的质量百分比，有利于分析溶液中哪些微粒或者离子是占主要部分，便于了解溶液中离子的状态。表 6.12 分析废水中各种离子或者在溶液中存在的状态，有助于了解溶液是否出现沉淀。表 6.13 指出溶液的微粒或者离子存在状态和趋势，从此表可以进一步得知，哪些微粒或者离子应该先沉淀。从表 6.13 还可得知，虽然 2# 稠油废水中的一些盐已经达到过饱和的程度，但是从表 6.12 的数据发现，溶液的物质全部是以溶解状态存在，没有出现物质沉淀，意味着这些盐还需要继续过饱和度才有可能沉积下来。

表 6.10　2# 稠油废水中离子的存在状态

Particle	Concentration/（mg/L）	Activity	Log activity
Ca^{2+}	3.4584×10^{-4}	2.2182×10^{-4}	-3.6540
$CaCl^+$	2.5295×10^{-6}	2.2637×10^{-6}	-5.6450
$CaCO_3$（aq）	2.9434×10^{-4}	2.949×10^{-4}	-3.5300
$CaHCO_3^+$	1.0689×10^{-5}	9.5658×10^{-6}	-5.0190
$CaOH^+$	6.5563×10^{-6}	5.8672×10^{-6}	-5.2320
$CaSO_4$（aq）	1.6435×10^{-5}	1.6467×10^{-5}	-4.7830
Cl^-	3.2847×10^{-3}	2.9395×10^{-3}	-2.5320
CO_3^{2-}	1.5279×10^{-4}	9.7993×10^{-5}	-4.0090
$Cu(CO_3)_2^{2-}$	7.9723×10^{-9}	5.1132×10^{-9}	-8.2910
$Cu(OH)_2$（aq）	1.9969×10^{-6}	2.0007×10^{-6}	-5.6990
$Cu(OH)_3^-$	3.4274×10^{-11}	3.0672×10^{-11}	-10.5130
$Cu(OH)_4^{2-}$	5.3505×10^{-9}	3.4316×10^{-9}	-8.4640
Cu^{2+}	5.2384×10^{-11}	3.3597×10^{-11}	-10.4740
$Cu_2(OH)_2^{2+}$	1.1572×10^{-11}	7.4218×10^{-12}	-11.1290
Cu_2OH^{3+}	3.9095×10^{-18}	1.4392×10^{-18}	-17.8420
$Cu_3(OH)_4^{2+}$	1.5276×10^{-13}	9.7975×10^{-14}	-13.0090
$CuCl^+$	4.3096×10^{-13}	3.8567×10^{-13}	-12.4140
$CuCl_2$（aq）	5.6817×10^{-15}	5.6926×10^{-15}	-14.2450
$CuCl_3^-$	5.0345×10^{-19}	4.5054×10^{-19}	-18.3460
$CuCl_4^{2-}$	1.3997×10^{-24}	8.9775×10^{-25}	-24.0470
$CuCO_3$（aq）	1.9350×10^{-8}	1.9387×10^{-8}	-7.7120
$CuHCO_3^+$	6.7284×10^{-12}	6.0213×10^{-12}	-11.2200

Particle	Concentration/ (mg/L)	Activity	Log activity
$CuHSO_4^+$	2.0364×10^{-21}	1.8224×10^{-21}	-20.7390
$CuOH^+$	1.5944×10^{-8}	1.4268×10^{-8}	-7.8460
$CuSO_4$ （aq）	2.8334×10^{-12}	2.8388×10^{-12}	-11.5470
$Fe (OH)_2$ （aq）	4.1587×10^{-6}	4.1666×10^{-6}	-5.3800
$Fe (OH)_3^-$	1.8928×10^{-7}	1.6939×10^{-7}	-6.7710
Fe^{2+}	2.3440×10^{-7}	1.5034×10^{-7}	-6.8230
$FeCl^+$	3.1158×10^{-10}	2.7884×10^{-10}	-9.5550
Particle	Concentration/ （mg/L）	Activity	Log activity
$FeHCO_3^+$	6.0073×10^{-9}	5.3760×10^{-9}	-8.2700
$FeOH^+$	4.5301×10^{-6}	4.0540×10^{-6}	-5.3920
$FeSO_4$ （aq）	1.2838×10^{-8}	1.2862×10^{-8}	-7.8910
H^+	1.5185×10^{-9}	1.3589×10^{-9}	-8.8670
$H_2CO_3 *$ （aq）	6.8794×10^{-6}	6.8924×10^{-6}	-5.1620
$H_2SiO_4^{2-}$	1.7192×10^{-5}	1.1027×10^{-5}	-4.9580
$H_3SiO_4^-$	1.2966×10^{-3}	1.1604×10^{-3}	-2.9350
H_4SiO_4	9.3038×10^{-4}	9.3215×10^{-4}	-3.0310
$H_4SiO_4SO_4^{2-}$	8.9906×10^{-8}	5.7663×10^{-8}	-7.2390
HCO_3^-	2.1262×10^{-3}	1.9027×10^{-3}	-2.7210
HSO_4^-	2.6893×10^{-10}	2.4067×10^{-10}	-9.6190
K^+	2.0370×10^{-4}	1.8230×10^{-4}	-3.7390
KCl （aq）	1.9394×10^{-7}	1.9431×10^{-7}	-6.7110
KOH （aq）	2.1417×10^{-7}	2.1458×10^{-7}	-6.6680
KSO_4^-	7.4686×10^{-7}	6.6837×10^{-7}	-6.1750
Mg^{2+}	8.0432×10^{-5}	5.1587×10^{-5}	-4.2870
$Mg_2CO_3^{2+}$	1.5818×10^{-9}	1.0145×10^{-9}	-8.9940
$MgCl^+$	9.3235×10^{-7}	8.3437×10^{-7}	-6.0790
$MgCO_3$ （aq）	1.3238×10^{-5}	1.3263×10^{-5}	-4.8770
$MgHCO_3^+$	2.3933×10^{-6}	2.1418×10^{-6}	-5.6690

MgOH$^+$	3.6015×10^{-5}	3.2230×10^{-5}	-4.4920
MgSO$_4$（aq）	2.7330×10^{-6}	2.7382×10^{-6}	-5.5630
Na$^+$	5.2501×10^{-3}	4.6984×10^{-3}	-2.3280
NaCl（aq）	3.6166×10^{-6}	3.6235×10^{-6}	-5.4410
NaCO$_3$$^-$	1.8464×10^{-6}	1.6524×10^{-6}	-5.7820
NaHCO$_3$（aq）	6.7464×10^{-7}	6.7592×10^{-7}	-6.1700
NaOH（aq）	5.5268×10^{-6}	5.5373×10^{-6}	-5.2570
NaSO$_4$$^-$	5.7075×10^{-6}	5.1077×10^{-6}	-5.2920
OH$^-$	7.5688×10^{-4}	6.7734×10^{-4}	-3.1690
SO$_4$$^{2-}$	2.8447×10^{-4}	1.8245×10^{-4}	-3.7390

表 6.11　2$^\#$稠油废水中各微粒的浓度百分比

Component	% of total concentration	Species name
Na$^+$	99.670	Na$^+$
	0.105	NaOH（aq）
	0.069	NaCl（aq）
	0.108	NaSO$_4$$^-$
	0.035	NaCO$_3$$^-$
	0.013	NaHCO$_3$（aq）
K$^+$	99.436	K$^+$
	0.105	KOH（aq）
	0.095	KCl（aq）
	0.365	KSO$_4$$^-$
Mg^{2+}	59.251	Mg^{2+}
	26.531	MgOH$^+$
	0.687	MgCl$^+$
Mg^{2+}	2.013	MgSO$_4$（aq）
	9.752	MgCO$_3$（aq）
	1.763	MgHCO$_3$$^+$

	2.567	Fe^{2+}
Fe^{2+}	49.609	$FeOH^+$
	45.542	$Fe(OH)_2(aq)$
	2.073	$Fe(OH)_3^-$
	0.141	$FeSO_4(aq)$
	0.066	$FeHCO_3^+$
Ca^{2+}	51.130	Ca^{2+}
	0.969	$CaOH^+$
	0.374	$CaCl^+$
	2.430	$CaSO_4(aq)$
	1.580	$CaHCO_3^+$
	43.516	$CaCO_3(aq)$
Cu^{2+}	0.779	$CuOH^+$
	0.262	$Cu(OH)_4^{2-}$
	97.618	$Cu(OH)_2(aq)$
	0.946	$CuCO_3(aq)$
	0.390	$Cu(CO_3)_2^{2-}$
SO_4^{2-}	91.706	SO_4^{2-}
	0.881	$MgSO_4(aq)$
	5.298	$CaSO_4(aq)$
	1.840	$NaSO_4^-$
	0.241	KSO_4^-
	0.029	$H_4SiO_4SO_4^{2-}$
H_4SiO_4	41.455	H_4SiO_4
	57.775	$H_3SiO_4^-$
	0.766	$H_2SiO_4^{2-}$
Cl^-	99.779	Cl^-
	0.077	$CaCl^+$
	0.028	$MgCl^+$
	0.110	$NaCl(aq)$

	5.856	CO_3^{2-}
CO_3^{2-}	81.492	HCO_3^-
	0.264	$H_2CO_3 * $ （aq）
	0.507	$MgCO_3$ （aq）
	0.092	$MgHCO_3^+$
	0.410	$CaHCO_3^+$
CO_3^{2-}	11.282	$CaCO_3$ （aq）
	0.071	$NaCO_3^-$
	0.026	$NaHCO_3$ （aq）

表 6.12　$2^\#$ 稠油废水中各离子的平衡表

Component	Total dissolved / （mg/L）	Dissolved / （%）	Total sorbed	Sorbed / （%）	Total precipitated	Precipitated / （%）
Ca^{2+}	6.7640×10^{-4}	100.0000	0.0000	0.0000	0.0000	0.0000
Cl^-	3.2920×10^{-3}	100.0000	0.0000	0.0000	0.0000	0.0000
CO_3^{2-}	2.6091×10^{-3}	100.0000	0.0000	0.0000	0.0000	0.0000
Cu^{2+}	2.0456×10^{-6}	100.0000	0.0000	0.0000	0.0000	0.0000
Fe^{2+}	9.1316×10^{-6}	100.0000	0.0000	0.0000	0.0000	0.0000
H^+	1.5055×10^{-8}	100.0000	0.0000	0.0000	0.0000	0.0000
H_4SiO_4	2.2443×10^{-3}	100.0000	0.0000	0.0000	0.0000	0.0000
K^+	2.0486×10^{-4}	100.0000	0.0000	0.0000	0.0000	0.0000
Mg^{2+}	1.3575×10^{-4}	100.0000	0.0000	0.0000	0.0000	0.0000
Na^+	5.2675×10^{-3}	100.0000	0.0000	0.0000	0.0000	0.0000
SO_4^{2-}	3.1019×10^{-4}	100.0000	0.0000	0.0000	0.0000	0.0000

表 6.13　$2^\#$ 稠油废水各微粒的存在状态表

Mineral	logIAP	Sat. index	Stoichiometry	Particle	Particle	Particle	Particle
Antlerite	0.307	−8.481	3.000	Cu^{2+}	H_2O	H^+	SO_4^{2-}
Aragonite	−7.663	1.500	1.000	Ca^{2+}	CO_3^{2-}		
Artinite	5.150	−0.225	−2.000	H^+	Mg^{2+}	CO_3^{2-}	H_2O
Atacamite	3.121	−0.987	2.000	Cu^{2+}	H_2O	H^+	Cl^-

Azurite	-21.705	-2.879	3.000	Cu^{2+}	H_2O	H^+	CO_3^{2-}
Brochantite	7.567	-0.527	4.000	Cu^{2+}	H_2O	H^+	SO_4^{2-}
Brucite	13.446	0.352	1.000	Mg^{2+}	H_2O	H^+	
$CaCO_3 x H_2O$ (s)	-7.663	1.074	1.000	Ca^{2+}	CO_3^{2-}	H_2O	
Calcite	-7.663	1.601	1.000	Ca^{2+}	CO_3^{2-}		
Chalcanthite	-14.213	-11.784	1.000	Cu^{2+}	SO_4^{2-}	H_2O	
Chalcedony	-3.031	-0.173	1.000	H_4SiO_4	H_2O		
Chrysotile	34.277	8.964	3.000	Mg^{2+}	H_4SiO_4	H_2O	H^+
Cristobalite	-3.031	-0.383	1.000	H_4SiO_4	H_2O		
Cu (OH)$_2$ (s)	7.260	-0.164	1.000	Cu^{2+}	H_2O	H^+	
CuCO$_3$ (s)	-14.482	-2.982	1.000	Cu^{2+}	CO_3^{2-}		
CuOCuSO$_4$ (s)	-6.953	-12.415	-2.000	H^+	Cu^{2+}	H_2O	SO_4^{2-}
CuSO$_4$ (s)	-14.213	-14.586	1.000	Cu^{2+}	SO_4^{2-}		
Dolomite (disordered)	-15.959	2.211	1.000	Ca^{2+}	Mg^{2+}	CO_3^{2-}	
Dolomite (ordered)	-15.959	2.519	1.000	Ca^{2+}	Mg^{2+}	CO_3^{2-}	
Epsomite	-8.026	-6.306	1.000	Mg^{2+}	SO_4^{2-}	H_2O	
Fe (OH)$_2$ (am)	10.911	0.640	1.000	Fe^{2+}	H_2O	H^+	
Fe (OH)$_2$ (c)	10.911	-1.979	1.000	Fe^{2+}	H^+	H_2O	
Greenalite	26.671	5.861	-6.000	H^+	Fe^{2+}	H_4SiO_4	H_2O
Gypsum	-7.393	-2.818	1.000	Ca^{2+}	SO_4^{2-}	H_2O	
Halite	-4.860	-6.540	1.000	Na^+	Cl^-		
Huntite	-32.552	1.203	3.000	Mg^{2+}	Ca^{2+}	CO_3^{2-}	
Sepiolitenesite	-19.739	-3.297	5.000	Mg^{2+}	CO_3^{2-}	H^+	H_2O
KCl (s)	-6.271	-7.171	1.000	K^+	Cl^-		
Langite	7.567	-4.104	-6.000	H^+	Cu^{2+}	H_2O	SO_4^{2-}
Lime	14.080	-11.806	-2.000	H^+	Ca^{2+}	H_2O	
Magnesite	-8.296	-1.539	1.000	Mg^{2+}	CO_3^{2-}		
Malachite	-7.223	-0.201	2.000	Cu^{2+}	H_2O	H^+	CO_3^{2-}
Melanothallite	-15.537	-19.566	1.000	Cu^{2+}	Cl^-		
Melanterite	-10.562	-9.073	1.000	Fe^{2+}	SO_4^{2-}	H_2O	

Mg（OH）₂（active）	13.446	−5.348	1.000	Mg^{2+}	H_2O	H^+	
Mg₂（OH）₃Cl:4H₂O（s）	15.494	−10.506	2.000	Mg^{2+}	Cl^-	H^+	H_2O
MgCO₃:5H₂O（s）	−8.296	−3.756	1.000	Mg^{2+}	CO_3^{2-}	H_2O	
Mirabilite	−8.395	−10.072	2.000	Na^+	SO_4^{2-}	H_2O	
Natron	−8.665	−9.669	2.000	Na^+	CO_3^{2-}	H_2O	
Nesquehonite	−8.296	−2.775	1.000	Mg^{2+}	CO_3^{2-}	H_2O	
Periclase	13.446	−2.824	−2.000	H^+	Mg^{2+}	H_2O	
Portlandite	14.080	−4.105	1.000	Ca^{2+}	H_2O	H^+	
Quartz	−3.031	0.184	1.000	H_4SiO_4	H_2O		
Sepiolite	17.801	6.050	2.000	Mg^{2+}	H_4SiO_4	H^+	H_2O
Sepiolite（A）	17.801	−0.979	−0.500	H_2O	Mg^{2+}	H_4SiO_4	H^+
Siderite	−10.832	0.015	1.000	Fe^{2+}	CO_3^{2-}		
SiO₂（am, gel）	−3.031	−0.812	1.000	H_4SiO_4	H_2O		
SiO₂（am, ppt）	−3.031	−0.823	1.000	H_4SiO_4	H_2O		
Tenorite（am）	7.260	1.049	1.000	Cu^{2+}	H_2O	H^+	
Tenorite（c）	7.260	1.900	1.000	Cu^{2+}	H^+	H_2O	
Thenardite	−8.395	−8.396	2.000	Na^+	SO_4^{2-}		
Thermonatrite	−8.665	−8.934	2.000	Na^+	CO_3^{2-}	H_2O	
Vaterite	−7.663	1.193	1.000	Ca^{2+}	CO_3^{2-}	H^+	

注：Sat. index 的数值大于 0，意味着该物质在溶液中已经达到过饱和状态。

表 6.14　2#稠油废水中达到过饱和度的物质

英文名称	名称	分子式	饱和指数
Aragonite	霰石	$CaCO_3$	1.500
Brucite	氢氧镁石	$Mg（OH）_2$	0.352
CaCO₃xH₂O（s）	水合碳酸钙	$CaCO_3xH_2O$（s）	1.074
Calcite	方解石	$CaCO_3$	1.601
Chrysotile	温石棉	$Mg_6Si_4O_{10}（OH）_8$	8.964

Dolomite（disordered）	白云石	$CaMg（CO_3）_2$	2.211
Dolomite（ordered）	白云石	$CaMg（CO_3）_2$	2.519
$Fe（OH）_2$（am）	氢氧化亚铁	$Fe（OH）_2$	0.640
Greenalite	铁蛇纹石	$（Mg，Fe，Ni）_3Si_2O_5（OH）_4$	5.861
Huntite	碳酸钙镁石	$CaMg_3（CO_3）_4$	1.203
Quartz	石英	SiO_2	0.184
Sepiolite	海泡石	$Mg_8（H_2O）_4[Si_6O_{15}]_2（OH）_4 \cdot 8H_2O$	6.050
Siderite	菱铁矿	$FeCO_3$	0.015
Tenorite（am）	黑铜矿	CuO	1.049
Tenorite（c）	黑铜矿	CuO	1.900
Vaterite	球霰石	$CaCO_3$	1.193

3）NTP 与稠油废水的作用

水中产生的等离子体由如下粒子组成：H^+、OH^-、处于不同激励状态下的氧原子、氢原子及 $OH \cdot$、$H \cdot$、$O \cdot$ 等自由基，还有 O_3、O_2、H_2 光子及电子、$OH_2 \cdot$ 自由基团等。它们会使 NTP 反应器通道内的有机物分子完全被高温热解和在自由基的作用下发生化学降解。等离子体中的活性微粒轰击油类物质的 $C-C$ 键及不饱和键，发生断键和开环等一系列反应，或者使部分大分子变成小分子，从而降低了蒸馏水中的油的含量［143］。同时，由于高温高压等离子体通道的产生，伴随着强烈的紫外光及其巨大的冲击波，使得在等离子体通道的内部及其外部区域的溶液引起如下几种降解效应：①高压脉冲放电产生的紫外光降解；②等离子体通道内的高温热解；③放电过程中产生的空化效应；④高温高压状态下的超临界水氧化作用；⑤水中放电导致的水激发和电离产生的活性物质的氧化作用等［160］。

$$e + H_2O \rightarrow e + H_2O^+$$

$$e + H_2O \rightarrow e + OH^- + H$$

$$e + H_2O \rightarrow e + OH + H^-$$

$$e + H_2O \rightarrow e + O^- + H_2$$

$$e + H_2O \rightarrow e + H_2O^*$$

$$e + H_2O \rightarrow e + H_2O^-$$

6.3.5 蒸发污垢的分析

6.3.5.1 蒸发污垢的 XRD 分析

1）1#稠油废水蒸发污垢的 XRD 分析

污垢的 XRD 分析，是用来阐述污垢中所含有物质的成分和物相的。图 6.11 是 1#稠油废水未处理的污垢 XRD 图；图 6.12～6.14 是 1#稠油废水经过 NTP 预处理的污垢 XRD 图；图 6.15 是 1#稠油废水经过阻垢剂处理的污垢 XRD 图。

由表 6.15 可知，五组实验条件下，污垢中都含有 $CaCO_3$、Na_2CaSiO_4、Ca_2SiO_4、$NaCl$ 等无机盐，可以说这五组实验得到的污垢在组成成分上非常相似。从表 6.9 可知，优先析出的盐有 $CaCO_3$、SiO_2、$CaMg(CO_3)_2$、$Mg_6Si_4O_{10}(OH)_8$ 等，可以说污垢的组成在预测的范围之内。但是从图 6.11～6.15 可知，它们的物相还是有区别的，图中不同的波峰很清晰地表明，各种盐析出物相有所不同。

表 6.15　1#稠油废水的五组实验污垢主要成分表

作用方式	A 组分	B 组分	C 组分	D 组分	E 组分
未处理	$CaCO_3$	$NaCl$	Na_2CaSiO_4	Ca_2SiO_4	$Ca_8Si_5O_{18}$
300PPS	$CaCO_3$	$NaCl$	Na_2CaSiO_4	Ca_2SiO_4	
500PPS	$CaCO_3$	$NaCl$	Na_2CaSiO_4	Ca_2SiO_4	
900PPS	$CaCO_3$	$NaCl$	Na_2CaSiO_4	Ca_2SiO_4	
阻垢剂浓度5ppm	$CaCO_3$	$NaCl$	Na_2CaSiO_4	Ca_2SiO_4	$Ca_2Mg(SiO_4)_4$

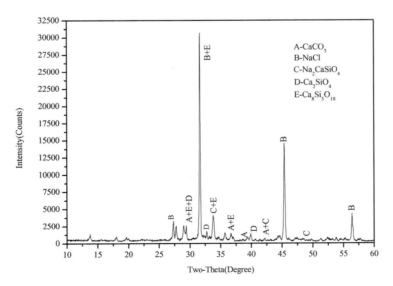

图 6.31　未处理污垢 XRD 图

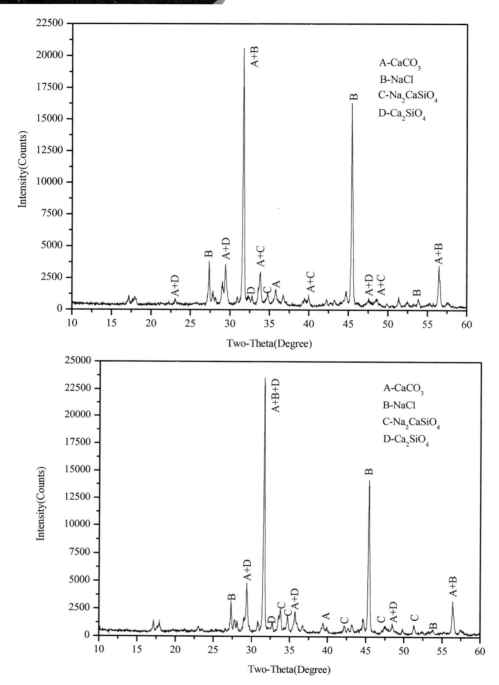

图 6.53　放电频率 500PPS 污垢 XRD 图

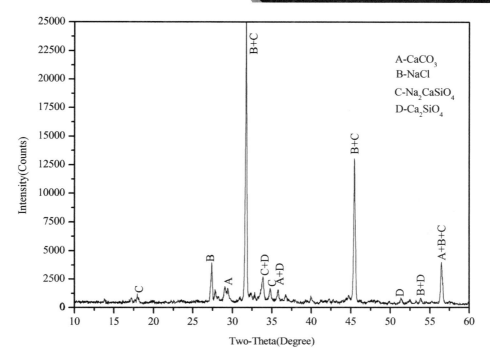

图 6.64 放电频率 900PPS 污垢 XRD 图

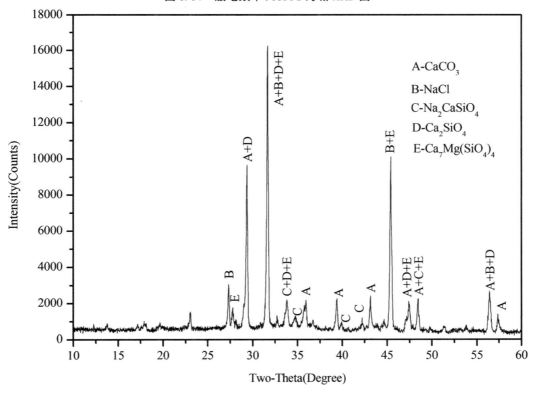

图 6.75 阻垢剂浓度 5ppm 污垢 XRD 图

2）2#稠油废水蒸发污垢的 XRD 分析

污垢的 XRD 分析，是用来阐述污垢中所含有的物质成分和物相的。图 6.16 是 2#稠油废水未处理的污垢 XRD 图；图 6.17 是 2#稠油废水经过 NTP 预处理的污垢 XRD 图，设定的放电频率为 500PPS；图 6.18 是 2#稠油废水经过阻垢剂浓度 5ppm 处理的污垢 XRD 图；图 6.19 是 2#稠油废水经过 NTP 放电频率 500PPS ＋阻垢剂浓度 5ppm 处理的污垢 XRD 图。

从表 6.16 可知，四组实验条件下，污垢中都有 $CaCO_3$、$Ca_8Si_5O_{18}$、NaCl 等无机盐，有的污垢还有 Ca_2SiO_4 等，可以说这四组污垢在组成成分方面稍微有点区别，但是差别不大。从表 6.14 可知，优先析出的盐有：$CaCO_3$、$CaMg(CO_3)_2$、SiO_2、$Mg_6Si_4O_{10}(OH)_8$ 等，可以认为污垢的组成在预测的范围之内。由图 6.16 ~ 6.19 可知，它们的物相还是有区别的，图中不同的波峰很清晰地表明，各种盐析出的物相有所差别。

表 6.16   2#稠油废水的四组实验获得的污垢成分表

作用方式	A 物质	B 物质	C 物质	D 物质	E 物质
未处理	$CaCO_3$	NaCl	$Ca_8Si_5O_{18}$	Ca_2SiO_4	
500PPS	$CaCO_3$	NaCl	$Ca_8Si_5O_{18}$	Ca_2SiO_4	$Na_2Ca_2(SiO_3)_3$
阻垢剂浓度 5ppm	$CaCO_3$	NaCl	$Ca_8Si_5O_{18}$		
500PPS + 阻垢剂浓度 5ppm	$CaCO_3$	NaCl	$Ca_8Si_5O_{18}$		

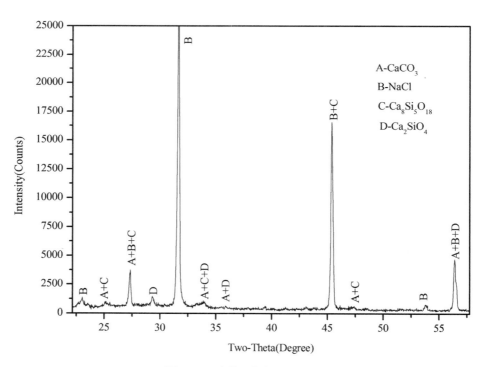

图 6.86   未处理污垢 XRD 图

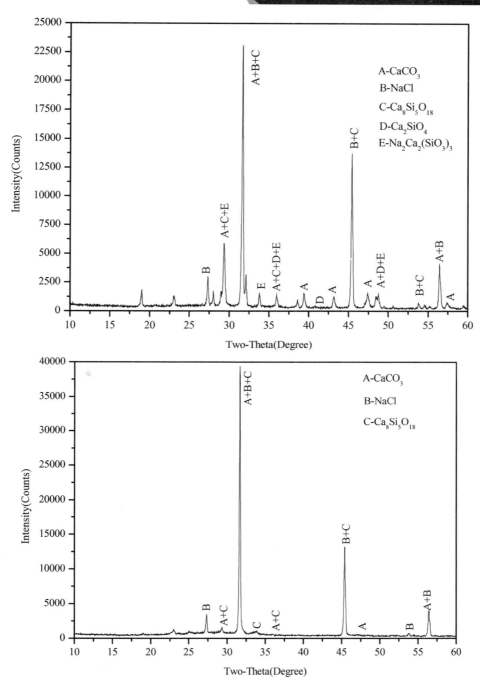

图 6.108　阻垢剂 5ppm 污垢 XRD 图

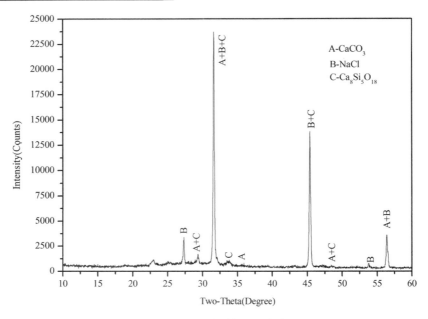

图 6.119　500PPS + 阻垢剂 5ppm 污垢 XRD 图

6.3.5.2 蒸发污垢的 SEM 分析

1）1#稠油废水污垢颗粒大小的比较

图 6.20 ~ 6.241#稠油废水蒸发浓缩后收集得到的污垢颗粒大小的分布图，SEM 的放大倍数均为 250 倍。由图可知，未处理 1#稠油废水的蒸发污垢颗粒的数量要比 NTP 预处理和阻垢剂处理时明显要少很多。

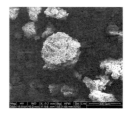

图 6.20　未处理污垢　　　　图 6.21　放电频率 300PPS　　　图 6.22　放电频率 500PPS
　　　　颗粒大小图　　　　　　　　污垢颗粒大小图　　　　　　　污垢颗粒大小图

图 6.23　放电频率 900PPS　　　图 6.24　阻垢剂浓度 5ppm
　　　　污垢颗粒大小图　　　　　　　污垢颗粒大小分布图

2）2#稠油废水污垢颗粒大小的比较

图 6.25 ~ 6.28 是 2#稠油废水蒸发浓缩后污垢颗粒大小的分布图，SEM 的放大倍数均为 250 倍。由图可知，未处理的 2#稠油废水的蒸发污垢颗粒数量要比 NTP 预处理和阻垢剂处理后的明显要少一些，但是没有 1#稠油废水那么显著。

由图 6.20 ~ 6.28 可知，稠油废水经过 NTP 或者阻垢剂的处理，有助于在蒸发时溶液中微粒的沉淀。根据本章 6.3.3 节的内容可知，有 NTP 和阻垢剂处理的稠油废水，其污垢热阻比未处理的稠油废水要低，因此可以认为废水的微粒是沉淀在溶液中而不是蒸发器的壁面上。

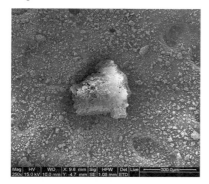

图 6.25　未处理污垢颗粒大小图

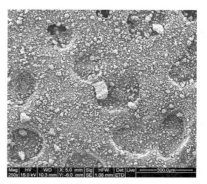

图 6.26　放电频率 500PPS 污垢颗粒大小图

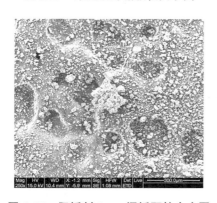

图 6.27　阻垢剂 5ppm 污垢颗粒大小图

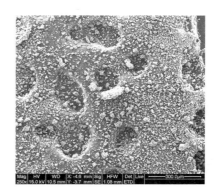

图 6.28　500PPS + 阻垢剂 5ppm 污垢颗粒大小图

3）1#稠油废水的污垢晶型和元素能谱的分析

前面已经分析了污垢颗粒的大小，接着阐述污垢晶型和元素含量。图 6.29、图 6.31、图 6.33、图 6.35 和图 6.37 是污垢在 SEM 扫描下的晶型图，放大倍数均为 10000 倍。图 6.30、图 6.32、图 6.34、图 6.36 和图 6.38 是污垢元素含量的能谱图，分别与前面的晶型图一一对应。从图 6.31、图 6.33、图 6.35 和图 6.37 可以得知，经过 NTP 和阻垢剂处理的 1#稠油废水，污垢形貌与未处理的 1#稠油废水有显著的不同。没有经过 NTP 预处理的 1#稠油废水，污垢晶型具有规则的几何形状，一般呈长方形、块状、条状等，如图 6.29所示。经过 NTP 处理的 1#稠油废水，污垢晶型一般不具有规则的几何形状，如图 6.31、图 6.33 和图 6.35 所示。在图 6.33 中也有部分块状结构，但是与图 6.29 相比，块状的大了很多，而且只有区区几根，在数量上根本不能与图 6.29 相比。

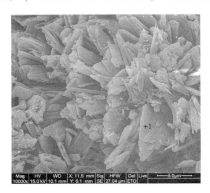

Element	Wt %	At %
C K	17.57	25.64
N K	01.14	01.43
O K	38.78	42.48
NaK	36.60	27.90
MgK	00.50	00.36
SiK	00.92	00.57
CaK	01.75	00.76
FeK	02.74	00.86

图 6.29　未处理污垢 SEM 图　　　　图 6.30　未处理污垢元素含量能谱图

Element	Wt %	At %
C K	17.43	27.62
N K	04.57	06.21
O K	24.95	29.68
NaK	18.71	15.49
MgK	05.06	03.96
SiK	19.05	12.90
CaK	04.90	02.32
FeK	05.34	01.82

图 6.31　放电频率 300PPS 污垢 SEM 图　　　图 6.32　放电频率 300PPS 污垢元素含量能谱图

Element	Wt %	At %
C K	22.51	32.15
N K	05.95	07.28
O K	35.54	38.12
NaK	11.50	08.58
MgK	04.64	03.27
SiK	13.58	08.30
CaK	03.05	01.30
FeK	03.24	01.00

图 6.33　放电频率 500PPS 污垢 SEM 图　　　图 6.34　放电频率 500PPS 污垢元素含量能谱图

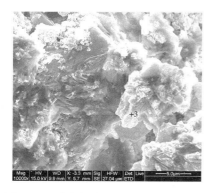

图 6.35　放电频率 900PPS 污垢 SEM 图

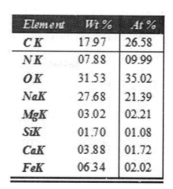

Element	Wt %	At %
C K	17.97	26.58
N K	07.88	09.99
O K	31.53	35.02
Na K	27.68	21.39
Mg K	03.02	02.21
Si K	01.70	01.08
Ca K	03.88	01.72
Fe K	06.34	02.02

图 6.36　放电频率 900PPS 污垢元素含量能谱图

图 6.37　阻垢剂浓度 5ppm 污垢 SEM 图

Element	Wt%	At%
C K	08.27	23.07
O K	10.03	21.00
Na K	15.81	23.03
Mg K	00.34	00.47
Si K	00.71	00.84
Au M	38.04	06.47
Cl K	24.92	23.54
K K	00.78	00.66
Ca K	01.09	00.91

图 6.38　阻垢剂浓度 5ppm 污垢元素含量能谱图

4) 2# 稠油废水的污垢晶型和元素能谱的分析

对 2# 稠油废水在阐述污垢颗粒大小的基础上，也分析了污垢晶型和元素的含量。图 6.39、图 6.41、图 6.43 和图 6.45 是污垢在 SEM 扫描条件下的晶型图，放大倍数均为 10000 倍，图 6.40、图 6.42、图 6.44 和图 6.46 是相对应的污垢元素含量能谱图。从图 6.41、图 6.43 和图 6.45 得知，经过 NTP 和阻垢剂处理的 2# 稠油废水，污垢形貌与未处理的 2# 稠油废水有显著的不同。没有经过预处理的 2# 稠油废水，污垢晶型具有规则的几何形状，出现层状结构，如图 6.39 所示。经过 NTP 或者阻垢剂处理的 2# 稠油废水，污垢晶型一般不具有规则的几何形状，如图 6.41、图 6.43 和图 6.45 所示。

5) 污垢晶型和元素能谱的理论阐述

结晶动力学认为：过饱和度低时晶体按照螺旋式生长；过饱和度高时晶体呈现层式发展；过饱和度相当大时晶体呈现树枝状生长[134]。导致污垢形貌差别大的原因是 NTP 预处理的作用，废水中的微粒在 NTP 的影响下快速、大量成核，导致成核不完整，使析晶污垢向微粒污垢转变，导致污垢形状不规则，甚至成一团[195]，如图 6.31、图 6.33、图 6.35、图 6.42 和图 6.46 所示。污垢形貌的 SEM 扫描结果证明 NTP 的阻垢机理，是符合物理法阻垢的一般原理。图 6.37、图 6.41 和图 6.45 是阻垢剂处理的蒸发污垢，阻垢剂也改变了污垢晶型，使之无法形成有规则的形状，即析晶污垢。从图 6.30、图 6.32、图 6.34、图

6.36、图 6.42 和图 6.46 污垢元素含量的能谱图可以发现，NTP 预处理的稠油废水，能使溶液中更多钙和硅沉淀，这更进一步证实了 NTP 能够有效地削减溶液中钙和硅的含量，阻止析晶污垢的形成，从而降低了污垢的厚度，增大了设备的传热系数，提升了传热效率。

图 6.39　未处理污垢 SEM 图

Element	Wt%	At%
C K	06.18	21.29
O K	01.50	03.87
NaK	16.59	29.87
MgK	00.55	00.93
AlK	00.75	01.14
SiK	01.47	02.16
AuM	46.16	09.70
ClK	24.57	28.68
K K	01.27	01.35
CaK	00.98	01.01

图 6.40　未处理污垢元素含量能谱图

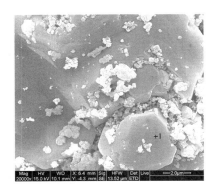

图 6.41　放电频率 500PPS 污垢 SEM 图

Element	Wt%	At%
C K	07.92	25.06
O K	02.97	07.07
NaK	17.65	29.19
MgK	00.53	00.82
AlK	00.25	00.35
SiK	01.15	01.56
AuM	43.76	08.45
ClK	24.71	26.50
K K	00.00	00.00
CaK	01.07	01.01

图 6.42　放电频率 500PPS 污垢元素含量能谱图

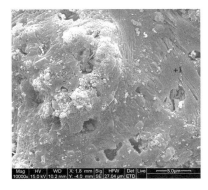

图 6.43 阻垢剂浓度 5ppm 污垢 SEM 图

Element	Wt%	At%
C K	07.03	24.44
O K	10.87	28.37
NaK	15.19	27.59
MgK	00.45	00.77
AlK	00.84	01.31
SiK	00.50	00.74
AuM	61.87	13.12
ClK	01.90	02.24
K K	00.67	00.71
CaK	00.68	00.71

图 6.44　阻垢剂浓度 5ppm 污垢元素含量能谱图

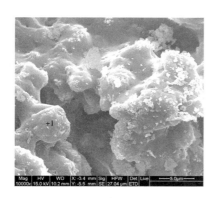

Element	Wt%	At%
C K	05.90	17.84
O K	04.95	11.25
NaK	19.19	30.31
MgK	00.42	00.62
AlK	00.18	00.24
SiK	03.07	03.96
AuM	37.95	07.00
ClK	25.97	26.60
K K	00.98	00.91
CaK	01.39	01.26

图 6.45　放电频率 500PPS + 阻垢剂浓度 5ppm

图 6.46　放电频率 500PPS + 阻垢剂浓度污垢 SEM 图 5ppm 污垢元素含量能谱图

6.3.6 蒸发回收蒸馏水质量的分析

稠油废水蒸发浓缩回收蒸馏水作为注汽锅炉给水的工艺，是减轻水体环境污染、实现废水资源循环利用的一个重要方法。给水是指进锅炉的水，水质不良会使锅炉产生的蒸汽中带有较多的水分、盐分和其他杂质，称为蒸汽污染。被蒸汽带出的杂质会沉积在蒸汽通过的各个部位，如换热器等，称为积盐，杂质还会直接影响蒸馏水的质量。锅炉水体的杂质越多，蒸汽所含水分、盐分和其他杂质的量也相应地增加，积盐现象就会越严重。换热器的积盐会引起金属管壁过热，甚至爆管，直接影响设备运行的安全，因此，必须随时检测蒸馏水的质量。从第 2 章表 2.11 注汽锅炉的给水标准可知，电导率、pH 值、SiO_2 含量、含油量和金属离子含量是五个关键指标[196]。蒸馏水中可溶性固体的含量直接决定溶液的导电能力，溶解的固体越多，溶液导电能力就越强。注汽锅炉给水的指标规定 pH 值在 7.5 ~ 11.0 的范围内。蒸馏水中的 SiO_2 容易形成硅垢，难以清除，影响锅炉的运行，也是一个重点检测对象。因此本节着重分析蒸馏水的电导率、pH 值、SiO_2 含量、含油量和金属离子含量的影响因素和变化趋势。

6.3.6.1 蒸馏水电导率的影响因素

1）排空气体对蒸馏水电导率的影响

由图 6.47 ~ 6.51 可知，每次加入 1# 稠油废水之后，收集蒸馏水之前，先将蒸汽对空排放 5min，然后再收集蒸馏水，发现蒸馏水的电导率均有不同的程度下降。在未处理、NTP 放电频率 300PPS、500PPS、900PPS 和阻垢剂浓度 5ppm 的实验条件下，蒸馏水的电导率对应各自降低的幅度分别是 9.4%、78.4%、76.9%、56.7% 和 34.1%。

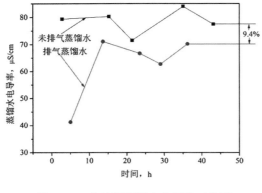

图 6.47　未处理蒸馏水电导率对比图

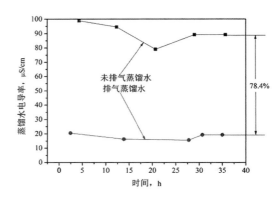

图 6.48　300PPS 蒸馏水电导率对比图

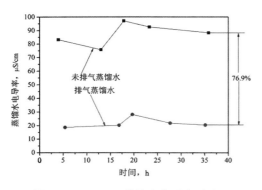

图 6.49　500PPS 蒸馏水电导率对比图

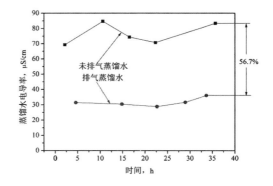

图 6.50　900PPS 蒸馏水电导率对比图

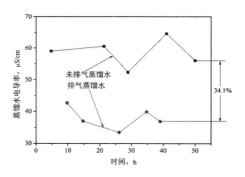

图 6.51　阻垢剂 5ppm 蒸馏水电导率对比图

　　从图 6.52 ~ 6.55 可知，在每次加入 2# 稠油废水之后，收集蒸馏水之前，先将蒸汽对空排放 5min，然后再收集蒸馏水，发现蒸馏水的电导率均有不同的程度下降。在未处理、NTP 放电频率 500PPS、阻垢剂浓度 5ppm 和放电频率 500PPS + 阻垢剂浓度 5ppm 的实验条件下，蒸馏水的电导率各自降低的幅度分别是 41.8%、52.3%、42.9% 和 57.9%。

　　由图 6.47 ~ 6.55 可知，初始蒸汽的排空有利于稠油废水的易挥发性物质和 CO_2 等杂质的排放，使收集的蒸馏水中无机离子的含量下降，达到降低蒸馏水电导率的效果，提升了蒸馏水的品质。

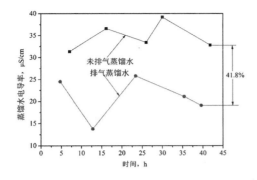

图 6.52　未处理蒸馏水电导率对比图

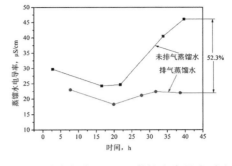

图 6.53　放电频率 500PPS 蒸馏水电导率对比图

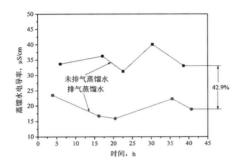

6.54　阻垢剂 5ppm 蒸馏水电导率对比图

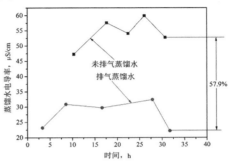

6.55　500PPS + 阻垢剂 5ppm 电导率对比图

2）NTP 发生装置的放电频率对蒸馏水电导率的影响

图 6.56 是蒸馏水的电导率随 NTP 放电频率的变化曲线。由图可知，NTP 预处理有降低蒸馏水电导率的功能，其原因是 NTP 促使溶液的无机离子沉淀于溶液中，减少了无机离子被蒸汽携带进入蒸馏水的机会，导致蒸馏水的电导率下降。NTP 放电频率越高，越有利于促进蒸馏水电导率的降低。因为放电频率越高，更有利于促进溶液中无机离子的沉淀，但是消耗的能量也越高，为此需要考虑能耗问题和系统运行的经济性，NTP 放电频率不宜太高。

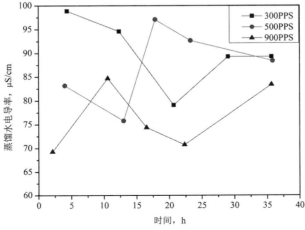

图 6.56　蒸馏水电导率随体放电频率的变化

6.3.6.2 蒸馏水 pH 的影响因素

图 6.57 的（a）图可知，从 $1^{\#}$ 稠油废水获取的蒸馏水的 pH 值都在 7.0 以下。当是 NTP 放电频率 500PS 时的蒸馏水，它的 pH 值接近 7.0。

图 6.57 的（b）图可知，从 $2^{\#}$ 稠油废水获取的蒸馏水，蒸馏水的 pH 值都在 7.0 以下。比较好的是 NTP 放电频率 500PS + 阻垢剂浓度 5ppm 时的蒸馏水，它的 pH 值比较接近 7.0。

蒸馏水的 pH 值随着浓缩倍数的增加，反而呈现降低的趋势，两图的变化趋势很相似。原因在于稠油废水中存在的 Fe^{2+} 或者 Mg^{2+} 可能以氢氧化物的形式沉积，导致废水的 pH 值降低，也使蒸馏水的 pH 值逐渐降低。溶液中存在的亚铁离子，可能被氧化成铁离子[197]，从而产生沉淀。随着 Mg^{2+} 浓度的提高，也有可能与 OH^- 形成沉淀，方程如下：

$$Fe^{2+} + OH^{\bullet} \rightarrow Fe^{3+} + OH^-$$

$$Fe^{2+} + OH_2^{\bullet} \rightarrow Fe^{3+} + HO_2^-$$

$$2Fe^{2+} + H_2O_2 \rightarrow 2Fe^{3+} \downarrow + 2OH^-$$

$$2Fe^{2+} + H_2O_2 + 2H^+ \rightarrow 2Fe^{3+} \downarrow + 2H_2O$$

$$Mg^{2+} + OH^- \rightarrow Mg(OH)_2 \downarrow$$

由图还可以得知，NTP 和阻垢剂的两种作用方式对蒸馏水 pH 值的影响效果有差别。溶液中 CO_2 在水中存在如下的平衡，如方程（6.13）和（6.14）所示。NTP 有助于溶液中的金属离子与 CO_3^{2-} 离子形成沉淀，使溶液的 pH 值逐渐下降，导致蒸馏水的 pH 值也降低，而且下降的幅度还比较大。

$$CO_2 + H_2O \rightarrow HCO_3^- + H^+$$

$$HCO_3^- + H_2O \rightarrow CO_3^{2-} + H^+$$

水分子的离子化也有可能降低溶液的 pH 值，离子化方程如下：

$$e + H_2O \rightarrow H_2O^+ + 2e$$

$$H_2O^+ + H_2O \rightarrow H_3O^+ + OH^{\bullet}$$

阻垢剂相对 NTP 而言，它对溶液 pH 值的影响效果要差一些，因此 pH 值的降低幅度也没有 NTP 那么显著。

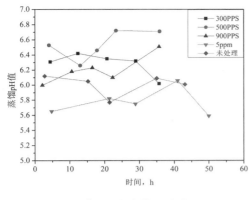
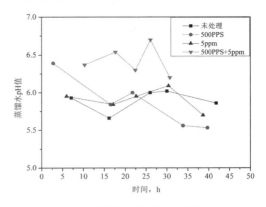

（a）1#稠油废水的实验结果　　　　　　（b）2#稠油废水的实验结果

图 6.57　蒸馏水的 pH 值随实验条件变化图

6.3.6.3　蒸馏水 SiO_2 含量的影响因素

图 6.58 的（a）图清晰表明，从 1#稠油废水获取的蒸馏水 SiO_2 含量随实验条件的变化状况。在 NTP 放电频率 500PPS 时，蒸馏水的 SiO_2 含量最低，而阻垢剂对降低蒸馏水的 SiO_2 含量不明显。

图 6.58 的（b）图也清晰表明，从 2#稠油废水获取的蒸馏水 SiO_2 含量随实验条件的变化趋势。在放电频率 500PPS 时，蒸馏水的 SiO_2 含量最低，而阻垢剂对降低蒸馏水的 SiO_2 含量不明显。

原因是 NTP 促使 SiO_2 沉淀于溶液中，减少被蒸汽携带进入蒸馏水的机会。而阻垢剂吸附 SiO_2 的能力有限，不能大幅度地降低蒸馏水的 SiO_2 含量，因此也就难以完全抑制 SiO_2 被蒸汽携带于蒸馏水中，导致蒸馏水 SiO_2 的含量下降幅度小。阻垢剂和 NTP 的联合使用的工艺，不能发挥 NTP 降低 SiO_2 含量的作用，因而 SiO_2 的含量降低幅度小。由此可知，等离子有显著降低蒸馏水 SiO_2 含量的效果。

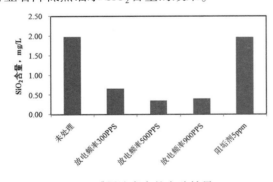
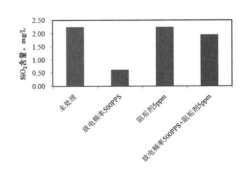

（a）1#稠油废水的实验结果　　　　　　（b）2#稠油废水的实验结果

图 6.58　蒸馏水 SiO_2 的含量随实验条件变化图

6.3.6.4　蒸馏水含油量的影响因素

图 6.59 的（a）图的柱状图反映了由 1#稠油废水蒸发收集得到的蒸馏水的含油量的变

化状况。

图6.59的（b）图的柱状图反映了由2#稠油废水蒸发收集的蒸馏水的含油量随实验条件的变化趋势。NTP和阻垢剂都能有效地降低蒸馏水的含油量，下降的幅度分别达到31.9%和37.7%。如果将NTP和阻垢剂联合使用，反而使蒸馏水的含油量增加了50.7%。

阻垢剂能使蒸馏水的含油量下降到最少，原因在于阻垢剂增溶和吸附作用，使部分易挥发的有机物不能随蒸汽带走，导致蒸馏水的含油量下降幅度大。但是NTP也可将阻垢剂部分降解，形成的有机物随蒸汽挥发并溶于蒸馏水中，导致含蒸馏水的油量升高。

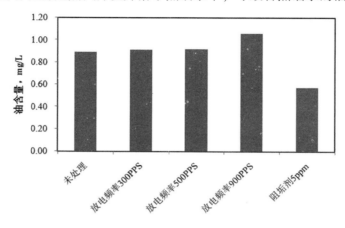

（a）1#稠油废水的实验结果

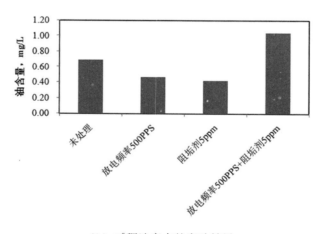

（b）2#稠油废水的实验结果

图6.59 蒸馏水的油含量随实验条件变化图

6.3.6.5 蒸馏水金属离子含量的影响因素

表6.17是由1#稠油废水蒸发收集的蒸馏水的金属离子含量变化表。

表6.18是由2#稠油废水蒸发收集的蒸馏水中金属离子的含量变化表。

由两表可知：NTP有助于降低水中Fe^{2+}、K^+、Na^+的含量，也就有利于降低蒸馏水的电导率。但是由于阻垢剂是一种聚合物，可能会含有一些金属，因此当在实验中使用阻垢剂、或者将阻垢剂与 NTP 共同作用时，可能会带入杂质到蒸馏水里，使蒸馏水的一些金属离子如 Ca^{2+}、K^+、Mg^{2+} 和 Na^+ 等的含量反而增加。

表 6.17　1#稠油废水获得的蒸馏水金属离子的含量表

作用方式	Ca^{2+} /（mg/L）	Cu^{2+} /（mg/L）	Fe^{2+} /（mg/L）	K^+ /（mg/L）	Mg^{2+} /（mg/L）	Na^+ /（mg/L）
未处理	0.0000	0.0000	0.0000	0.1191	0.0000	0.1678
放电频率 300PPS	0.0000	0.0000	0.0000	0.1085	0.0000	0.1486
放电频率 500PPS	0.0000	0.0000	0.0000	0.0966	0.0000	0.1284
放电频率 900PPS	0.0000	0.0000	0.0000	0.1086	0.0000	0.0977
阻垢剂 5ppm	0.0000	0.0000	0.0000	0.1537	0.0000	0.1894

表 6.18　2#稠油废水获得的蒸馏水中金属离子的含量

作用方式	Ca^{2+} /（mg/L）	Cu^{2+} /（mg/L）	Fe^{2+} /（mg/L）	K^+ /（mg/L）	Mg^{2+} /（mg/L）	Na^+ /（mg/L）
未处理	0.0000	0.0000	0.8841	0.1439	0.0000	0.1781
放电频率 500PPS	0.0000	0.0000	0.0000	0.1262	0.0000	0.1684
阻垢剂 5ppm	0.1591	0.0000	0.0000	0.1401	0.0000	0.1847
放电频率 500PPS + 阻垢剂浓度 5ppm	0.2408	0.0000	0.0000	0.1517	0.0816	0.1821

第7章　稠油废水高倍浓缩蒸发污垢热阻的模拟

7.1　污垢模型的选择

7.1.1 污垢的预测原理

　　污垢是实际生产中一直没有彻底解决的难题，许多学者进行了深入的研究，取得了一定的成果 [85]。目前几种预测模型都是以下述简化假定为基础的：1）各类污垢都是独立存在的，因而有可能只针对一类污垢分析其特性；2）污垢沉积层诸特性参数在各个方向上都是相同的，且均匀分布；3）污垢表面粗糙度的影响可以忽略；4）流体物理性质在污垢形成过程中的变化可以略去；5）换热面的初始状态不考虑。

　　为了能够减轻污垢的危害，合理安排污垢的清洗周期至关重要，因此预测污垢的形成过程是其先决条件。科研工作者已经提出各种污垢模型，最早的污垢模型是 Kern 和 Seaton 在 1959 年提出来的 [63]，即：

$$\dot{m} = \dot{m}_d - \dot{m}_r$$

　　式中：$\dot{m}$——污垢净沉积速率；$\dot{m}_d$——污垢沉积速率；$\dot{m}_r$——污垢剥蚀速率。

　　虽然，目前的模型已有多种，但其基础仍是 Kern 和 Seaton 提出的污垢模型，不同的是只是沉积率和剥蚀率的表达式。

　　（1）经验模型，它包括降率模型和线性增长模型。污垢的降率模型最早是 1924 年 McCabe 和 Robinson 针对蒸发器水垢而提出的，他们假定污垢沉积速率与污垢 – 流体界面温度和主流温度只差成正比：

$$\dot{m} = \kappa_r B (T_i - T_b)$$

式中：κ_r——传质系数和反应率常数的综合常数，m/s；B——溶解度的温度系数，kg/（$m^3 \cdot ℃$）。

线性增长模型，如果以常热流假定来代替常温假定，则可得到热阻随时间线性增长模型。

（2）微粒污垢预测模型。Kern – Seaton 模型：微粒污垢在冷却水系统，特别是以海水和河水冷却的单流程冷却系统中，或者流体中某些成分能促使微观尘粒聚结的情况下，是经常遇到的。Watkinson 模型：对于油 – 气系统，Watkinson 得出一个流速关系式与上述不同的微粒污垢模型，将污垢形成的三个基本过程，即输运、附着和剥蚀分为两项。

（3）化学反应污垢预测模型。很多化工过程，如热分裂、聚合物和其他长链化合物的生成中，都有碳氢化合物的加热或者冷却。而在碳氢化合物与换热面接触过程中，则经常发生化学反应污垢。在大多数情况下，要确定形成污垢的实际反应很不容易，因为它所包含的反应动力学极为复杂。

（4）析晶污垢预测模型。有正常溶解度的盐类，在温度下降引起溶解度减小时，溶解的盐因过饱和而淀析在冷却面上，如地热水的硅沉积。而又反常溶解度的盐类，则在温度升高时溶解度下降，溶解的盐类也会因过饱和而淀析在加热面上，从而形成污垢，最常见的是 $CaCO_3$、$MgCO_3$、$CaSO_4$ 和 $MgSO_4$ 等。

7.1.2 污垢模型分析

科研工作者在 1959 年污垢模型的基础上，又提出了改进的污垢模型。Georgiadis 等[198]研究在牛奶环境中，建立了单效管壳式换热器的结垢过程的物理模型，计算结果与实验数据相一致。Zubair 等[199]根据风险水平和过程分散率两个因素提出污垢的生长模型，依据模型分析了线性污垢热阻随时间变化的趋势，并与石油加工时管壳式换热器污垢热阻实验数据进行对比，二者相互吻合。Ishiyama 等[200]依据污垢老化的过程，建立了集中参数的污垢动力学模型，认定模型的反应级数为一级，在恒热流和恒壁温条件下分别予以模拟。在壁温一定的条件下，污垢老化随沉积速率的增大而加快；而在热流一定的条件下，污垢老化速率变化不明显。Kostoglou 等[201]模拟管道湍流条件下污垢形成的过程，考虑溶液过饱和度等因素，建立污垢模型，阐述过饱和度和微粒聚合对污垢的影响。然后以此模型来预测换热设备的污垢形成过程，结果发现，换热面与溶液的接触角是污垢形成的主要参数。根据实验结果，推荐能有效减缓结垢的换热材料。Yang 等[202]研究集中参数的污垢模型，用来预测污垢形成过程的诱导期，分析表面温度、溶液流速和换热器的表面性质对污垢诱导期的影响程度。采用此模型能预测原油垢、硫酸钙垢和蛋白质垢的诱导期。Coletti 等[203]研究了管壳式换热器中的原油污垢形成的模型，分析污垢产生的过程，阐述时间、空间等因素变化对污垢形成的影响。全贞花等[204]研究碳酸钙于换热表面结垢的传热模型，不但考虑换热表面的析晶污垢，而且也考虑因溶液过饱和而形成的颗粒垢，分析结垢过程与温度场耦合作用的模型。计算的结果表明，模拟值与实验值的偏差没超过15%。Khan 等[205]研究 316 管材制成换热器的表面污垢，建立 $CaCO_3$ 污垢的模型，发现污垢热阻是换热面壁温、雷诺数、管子直径和时间的函数，模拟结果与实验数值满足误差要求，说明模型是合适的。Brahim 等[92]研究 $CaSO_4$ 结垢的过程，采用 FLUENT 软件模拟结垢，阐述溶液流速和温差对污垢形成过程的影响，以及污垢对换热面热通量的影响，并将模拟结果与实验数值对比，发现两者吻合的比较好。Sheikholeslami[206]研究 $CaSO_4$ 结垢过程的复合模型，模型考虑析晶垢和微粒垢的沉积和剥蚀过程，并将模拟结果与实验数据对比，结果是令人满意的。Peyghambarzadeh 等[207]研究 $CaSO_4$ 溶液在过冷流体沸腾条件下的结垢过程，得到污垢模型，通过实验的方法，证明模型是合理的。结果还发现，热通量对污垢沉积速率影响比较大。Alahmad[208]研究海水淡化过程的污垢问题，海水中的硫酸钙、碳酸钙、氢氧化镁以及海水的 pH 值、流速、管长、换热面的粗糙度等因素都会影响污垢沉积速率，以 Kern – Seaton 污垢模型为基础，改进其相应的数学方程，经过模拟并以实验证实，污垢模型是合适的。实验还表明，污垢中的硫酸钙垢最难处理。Mutairi[86]分别研究了三种盐的污垢模型，即硫酸钙、硫酸钡和氢氧化镁的污垢形成过程，建立相应的污垢模型，分析溶液浓度、流体速度和换热面温度对污垢沉积速率的影响，并采用相应的实验予以验证，结果是令人满意的。根据模拟和实验结果，提出了减缓污垢形成的措施。Helalizadeh 等[88, 209]研究在对流传热和过冷沸腾条件下 $CaCO_3$ 和 $CaSO_4$ 混合盐析晶垢的沉积机理，建立混合污垢的物理模型，分析壁面温度、沸腾等因素对污垢沉积的影响，并以实验来验证，结果是理想的。Wang[83]研究海水反渗透时，$CaCO_3$ 和 $CaSO_4$ 复合污垢的形成过程，建立污垢析出的物理模型，分析阻垢剂的效果以及对污垢沉积的影响。Schreier 等[210]研究食物加工工业中溶液在换热器上形成污垢的过程，建立污垢物理模型，阐述壁面温度、表面反应对污垢沉积速率的影响，模型较好地预测污垢的形成过程。Chanapai[211]研究石油生产工艺，预热器加热石油时逆溶解性盐在溶液中形成污垢的过程，选择 8 个物理模型分别予以模拟，结果表明：石油污垢主要是以析晶垢/微粒垢沉积为主，阐述了溶液温度和过饱和度对污垢形成过程的影响及程度。对于析晶污垢是否发生，可以盐的吉布斯自由能的变化予以考虑：$\Delta G = \left(\sum \nu_i \cdot G_i \right)_{产物} - \left(\sum \nu_i \cdot G_i \right)_{反应物}$

式中：ν_i——反应方程的系数；G_i——摩尔质量的吉布斯能。

当 $\Delta G = 0$ 时，反应处于平衡状态；当 $\Delta G > 0$ 时，反应不能自发进行；如果反应能够发生，必须借助外界的能量；当 $\Delta G < 0$ 时，反应能够自发进行。例如，对于水溶液的 CO_3^{2-}，有如下 2 个反应：

$$CO_3^{2-} + H_2O \rightarrow CO_2 \uparrow + 2OH^-$$

方程（7.4）的自由能 $\Delta G = 58.52 \ kJ/mol$。

$$CO_3^{2-} + Ca^{2+} \rightarrow CaCO_3 \downarrow$$

方程（7.5）的自由能 $\Delta G = -47.57 \ kJ/mol$。

从上面两个方程可知，水溶液有自发产生 $CaCO_3$ 沉淀的趋势。溶液中的离子形成晶核是消耗能量的过程，因此要求溶液必须过饱和。均相成核的驱动力要大于异相成核的驱动力，异相成核时的外来粒子活化了沉积的表面。Bansal 等[212]研究了硫酸钙析晶的速率方程，并与实验结果对比，模型是令人满意的。Epstein[213]研究换热面上微粒垢沉积的机理和模型，总结了几十年来微粒污垢沉积的机理和模型，阐述一些因素对污垢沉积的影响。

7.1.3 稠油废水的污垢热阻模型

本文的研究对象是稠油废水，选择的处理方法是 NTP 预处理与蒸发浓缩相结合的工艺。由于稠油废水含有一定量的 Ca^{2+}、CO_3^{2-}、SO_4^{2-}、SiO_2 等污垢离子或者微粒，在蒸发浓缩时，某些离子形成的盐会逐渐达到饱和状态，甚至过饱和，从而在溶液中以晶粒析出，并逐渐沉积在换热面上而形成污垢。由上述文献可知，对于污垢的预测模型有多种，但是关于稠油废水在蒸发浓缩状态下的污垢沉积过程，特别是高倍浓缩溶液的蒸发污垢形成过程缺乏研究。第 6 章用软件预测了稠油废水中哪些盐可能先析出的趋势，本章将采用数值模拟的方法，以污垢热阻为表征参数，阐述稠油废水在蒸发浓缩时污垢形成的过程。根据对污垢晶型的分析，建立相应的污垢热阻的物理模型，即析晶污垢模型和微粒污垢模型。根据污垢模型模拟的结果和实验数据，分别阐述 1# 稠油废水和 2# 在蒸发浓缩过程中的污垢热阻随浓缩倍数的变化趋势，并指出污垢层的主要成分。

7.2　污垢热阻的物理模型

污垢的形成过程是微粒沉积和剥蚀共同作用的结果，可以用图 7.1 简单表示。废水的污垢沉积机理很复杂，为了简化问题，抓住本质，本章只考虑析晶污垢和微粒污垢。稠油废水蒸发浓缩时，汽泡的形成过程对污垢的沉积产生显著的影响，图 7.2 是废水蒸发时汽泡形成的示意图。

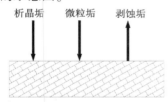

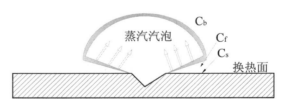

图 7.1　污垢形成过程的示意图　　图 7.2　核态沸腾时汽泡和污垢形成过程的示意图

汽泡产生时，溶液的离子会形成一定的浓度梯度，如图 7.2 所示，图中三者浓度的大小关系如式（7.6）所示：

$$C_b < C_f < C_s$$

图 7.3 是溶液中析晶污垢形成过程的浓度梯度变化示意图。由图可知，反应推动力和扩散推动力是形成析晶污垢的主要动力。溶液中析晶污垢的形成，受溶液浓度变化的影响很大，因为浓度梯度是离子传质扩散的原动力。

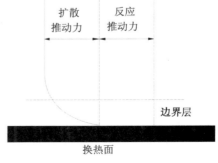

图 7.3　溶液中离子浓度变化的示意图

7.3 污垢热阻的数学模型

污垢形成过程的影响因素很多，详细的参数如图 7.4 所示[92]。由图可知，污垢热阻主要由污垢厚度和导热系数决定，而污垢厚度又被污垢的沉积速率和剥蚀速率所影响，这两个速率参数受到更多的外部条件所影响。依据污垢沉积的原理，可以将模型分为三大类，即质量平衡模型，扩散反应模型和表面反应模型[214]。为了使模型简化，便于计算，需要一些基本的假设条件：

1）只考虑析晶/沉淀和微粒污垢的形成过程；
2）污垢剥蚀过程，作为整体考虑；
3）各种盐单独形成污垢，不相互影响；
4）污垢的密度和导热系数按照质量百分数进行计算；
5）污垢的性质是各向同性。

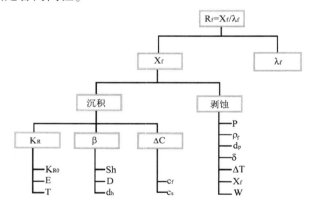

图 7.4 影响污垢形成因素的示意图

7.3.1 过饱和度指数

7.3.1.1 物质的溶解度

固体物质的溶解度是指在一定的温度下，某物质在 100g 溶剂里（通常为水）达到饱和状态时所能溶解的溶剂的质量。溶解度是衡量物质在溶剂里溶解性大小的尺度，是溶解性的定量表示。溶解度和溶解性是一种物质在另一种物质中的溶解能力，通常用易溶、可溶、微溶、难溶或者不溶等来表示，真正不溶的物质几乎不存在。多数固体物质的溶解度随温度的升高而增大，少数物质的溶解度受温度变化的影响很小，$CaCO_3$、$CaSO_4$ 等物质的溶解度随温度的升高而减小。物质的溶解度依赖于三种不同的参数：溶液的温度，溶液的 pH 值，溶液中的其它离子。其中温度对溶解度的影响很大，图 7.5 反映了物质溶解度随温度的变化。例如某微溶盐的分子式为 M_aA_b，溶解度常数为 k_c，根据溶解平衡，应该有：

$$M_a A_b \Leftrightarrow aM^{z+} + bA^{z-}$$

$$k_c = (M^{z+})^a \cdot (A^{z-})^b$$

式中：$z+$、$z-$——分别表示阳、阴离子的化合价。

如果 $a = b$，那么溶解度 s^* 的方程如下：

$$s^* = (k_c)^{\frac{1}{2}}$$

一般而言，溶解度 s^* 的方程如下：$s^* = (\dfrac{k_c}{a^a \cdot b^b})^{\frac{1}{a+b}}$

7.3.1.2 盐的过饱和度

当换热设备被加热或者冷却时，溶液中的盐因是温度的函数，有可能导致过饱和，产生析晶污垢。溶液浓度随温度的变化可以分成三个明显的状态：稳定状态、亚稳定状态和析晶状态，从而划分为 3 个区域，如图 7.6 所示。饱和溶液是溶质处于平衡的状态，过饱和溶液是溶液中的溶质超过溶解平衡的状态。过饱和溶液是离子形成晶粒的前提，直接影响析晶污垢。溶液由不饱和状态逐渐到过饱和程度的工艺有：①逆溶解性盐被加热煮沸，液体成蒸汽逸出，导致溶液中的盐过饱和，如 $CaSO_4$ 溶液被煮沸；②含有逆溶解性盐的溶液被加热到超过盐的饱和溶解度的温度，如 $CaSO_4$ 溶液被对流加热；③含有正溶解性盐的溶液被冷却到低于盐的饱和溶解度的温度；④不同污垢的协调作用，导致溶液中盐达到一定程度的过饱和，如磷酸溶液蒸发器中 $CaSO_4$ 的形成[215]。

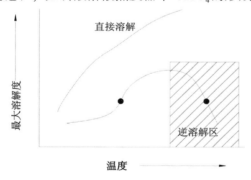 

图 7.5 物质溶解度随随温度的变化   7.6 溶液状态的分区图

7.3.2 析晶污垢的沉积模型

稠油废水蒸发浓缩时，废水中无机离子的含量将随着浓缩倍数的升高而增加，形成的盐因达到过饱和度而结晶析出，并相互聚结成较大的颗粒而沉淀[216]。析晶污垢的特性是污垢形貌比较有规则，如条状、块状等，而且污垢坚硬，不容易脱落。析晶污垢的形成过程，首先是溶液中的离子形成低溶解度的盐类分子，然后低溶解度分子相互结合并形成微小的晶粒，最后大量晶粒在特定部位堆积长大而产生的，如图 7.7 所示，废水中离子的浓度直接影响析晶过程和速率[217]。

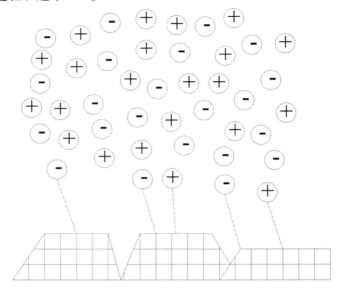

图 7.7 析晶污垢沉积过程的示意图

针对稠油废水高倍浓缩的蒸发污垢的沉积过程，建立三层析晶污垢的物理模型，那么析晶污垢的沉积速率方程为[208]：

$$\dot{m}_{d\ n} = NBF \cdot \dot{m}_{nb} + (1 - NBF) \cdot \dot{m}_{nob} \tag{3}$$

式中：$\dot{m}_{d\ n}$——某种物质污垢沉积率，kg/（m^2·s）；NBF——核态沸腾分数；$\dot{m}_{nb}$——核态沸腾污垢沉积率，kg/（m^2·s）；$\dot{m}_{nob}$——非核态沸腾污垢沉积率，kg/（m^2·s）。

沸腾条件下，污垢的沉积速率受化学反应控制[176]，即：

$$\dot{m}_{nb} = k_1 \cdot (C_f - C_s)^{n_1}$$

沉积析出物质的界面浓度方程为：

$$C_f = \gamma \cdot C_b$$

式中：C_f——沉积析出物质的界面浓度，g/L；C_s——沉积析出物质的饱和浓度，g/L；C_b——沉积析出物质的溶液浓度，g/L；k_1——反应常数，m^4/（kg·s）；γ——浓度倍数关系因子。

非核态沸腾的传质扩散方程为：

$$\dot{m}_{nob} = \beta \cdot (C_b - C_f)$$

式中：β——扩散系数，m/s。传质扩散系数方程[176]：

$$\beta = 0.023 \cdot \mathrm{Re}^{0.85} \cdot Sc^{0.33} \cdot D/d_p$$

式中：D——晶粒的扩散系数，m^2/s；d_p——晶粒的直径，m。

传质系数方程：

$$D = D_0 \cdot \frac{T}{T_0} \cdot \exp\left(3.8 \cdot T^* \cdot \left(\frac{1}{T_0} - \frac{1}{T}\right)\right)$$

式中：$D_0 = 1.0633 \times 10^{-9} m^2/s$；$T_0 = 355.5K$ [176]。

稠油废水的密度和粘度的变化在蒸发浓缩过程中是很微小的，可以认为是常数，不予考虑。表面反应方程为：

$$\dot{m}_{nob} = k_2 \cdot (C_f - C_s)^2$$

式中：k_2 ——反应常数，$m^4/(kg \cdot s)$。

所以，非核态沸腾的污垢沉积速率方程为：

$$\dot{m}_{nob} = \beta \cdot \left[\frac{1}{2} \cdot \left(\frac{\beta}{k_2}\right) + (C_b - C_s) - \sqrt{\frac{1}{4} \cdot \left(\frac{\beta}{k_2}\right)^2 + \left(\frac{\beta}{k_2}\right) \cdot (C_b - C_s)} \right]$$

硅酸盐的沉积速率不同于碳酸盐和复盐，方程如下 [218~219]：

$$\dot{m}_{d3} = k_m \cdot P \cdot (C_b - C_s)^{n3}$$

式中：k_m ——硅酸盐的沉积系数，m/s；

　　　P ——硅酸盐的粘附概率；

　　　n_3 ——硅酸盐的聚合级数。

浓缩倍数的方程为：

$$f = \frac{C_t}{C_0}$$

式中：f ——浓缩倍数；

　　　C_0 ——溶液起始浓度，g/L；

　　　C_t ——t 时刻的溶液浓度，g/L。

那么废水的浓度变化方程为：

$$C_b = f \cdot C_0$$

为了问题简化，污垢沉积时采用三类盐单独沉积的计算方法，污垢的剥蚀采用整体的方法，因此污垢剥蚀速率方程 [92]：

$$\dot{m}_r = \frac{K}{P} \cdot \rho_f \cdot (1 + B \cdot \Delta T) \cdot d_p \cdot (\rho^2 \cdot \mu \cdot g)^{\frac{1}{3}} \cdot x_f \cdot u^2$$

$$\rho_f = \frac{m}{x_f}$$

式中：m ——污垢质量，kg/m^2；

　　　x_f ——污垢厚度，m；

　　　ρ_f ——污垢密度，kg/m^3。

因此，式（7.22）可以转化为：

$$\dot{m}_r = 83.2 \cdot u^{2.54} \cdot m \cdot (1 + B \cdot \Delta T) \cdot d_p \cdot (\rho^2 \cdot \mu \cdot g)^{\frac{1}{3}}$$

式中：B ——线性膨胀系数。那么式（7.24）可以简化为式（7.25）：

$$\dot{m}_r = A \cdot m$$

其中：

$$A = 83.2 \cdot u^{2.54} \cdot (1 + B \cdot \Delta T) \cdot d_p \cdot (\rho^2 \cdot \mu \cdot g)^{\frac{1}{3}}$$

所以，稠油废水的污垢沉积速率方程为：

$$m = \dot{m}_d - \dot{m}_r = \dot{m}_d - A \cdot m$$

$$m = \frac{1}{1+A}\dot{m}_d$$

按照稠油废水中碳酸盐、复盐和硅酸盐各自形成污垢层的假设，那么混合污垢的沉积速率的方程为：

$$\dot{m}_d = \dot{m}_{d1} + \dot{m}_{d2} + \dot{m}_{d3}$$

式中：$\dot{m}_{d1}$——碳酸盐；$\dot{m}_{d2}$——复盐；$\dot{m}_{d3}$——硅酸盐。

混合污垢的平均密度和导热系数的方程如下[220]：

$$\rho_{mix} = \left(\sum \frac{w_i}{\rho_i} \right)^{-1}$$

$$\lambda_{mix} = \left(\sum \frac{\rho_{mix}}{\rho_i} \cdot \frac{w_i}{\lambda_i} \right)^{-1}$$

式中：ρ_{mix}——平均污垢密度，kg/m^3；ρ_i——某一种成垢盐污垢密度，kg/m^3；w_i——某一种成垢盐在总污垢中的质量百分数；λ_{mix}——污垢平均导热系数，$W/(m \cdot K)$；λ_i——某一种成垢盐的污垢导热系数，$W/(m \cdot K)$。

所以污垢热阻的方程为：

$$\frac{dR_f}{dt} = \frac{m}{\rho_{mix} \cdot \lambda_{mix}}$$

7.3.3 微粒污垢的沉积模型

稠油废水蒸发浓缩时，废水中的离子或者微粒的含量将随着浓缩倍数的提高而增加，有些盐由于达到过饱和状态而结晶析出，或者形成较大的微粒相互絮凝或者聚合而沉积[216]。微粒污垢是指悬浮在流体中的固态微粒在换热面上的积聚，这种污垢包括较大固态微粒在水平面上的重力沉积和以其他机理在水平面和非水平面上形成的胶体粒子沉积物。微粒污垢的形成过程是溶液中的微粒（可能也有晶粒）聚合而成的污垢，溶液中的微粒相互聚沉或者絮凝，产生大的颗粒，在重力或者流体的作用下沉积于换热面，形成污垢，如图 7.8 所示。微粒污垢的特性是：污垢一般不具有规则的形状，污垢松软，容易被剥蚀。

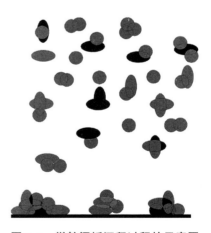

图 7.8 微粒污垢沉积过程的示意图

高压脉冲放电产生 NTP 的工艺，带来大量的高能电子和活化粒子（比如活性粒子和分子）[221~222]，这些粒子不但能氧化降解废水中的有机物，还可以与废水中的其它粒子发生碰撞。以电子与水分子的碰撞过程为例，碰撞过程如图 7.9 所示。NTP 产生的电子等各种粒子对溶液中原来的微粒结构产生很大影响，比如 Ca^{2+} 一直被 H_2O 包围，一旦被冲击，

Ca^{2+} 等离子就有可能裸露出来，为 $CaCO_3$ 晶核的形成创造条件，从而引发一系列的反应，最终形成大的颗粒沉淀于废水中。这样有效地降低溶液中 Ca^{2+} 离子浓度，延迟了溶液中 $CaCO_3$ 达到过饱和结晶析出的条件，为减缓 $CaCO_3$ 析晶污垢的形成奠定了基础。

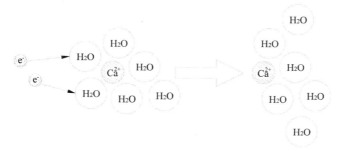

图 7.9　电子与粒子碰撞的示意图

从前面的分析可知，NTP 处理的稠油废水，在蒸发浓缩条件下会形成微粒污垢，并沉积于换热面上。学者已经做了不少关于微粒污垢的研究工作，取得了一定的成果[223~225]。本文在已有工作的基础上，建立 NTP 预处理稠油废水高倍浓缩蒸发污垢的微粒污垢模型，它是属于多种混合物质形成的污垢。根据相关的分析，主要考虑到碳酸盐、复盐和硅酸盐的沉积。微粒污垢沉积模型与溶液中气泡的形成及运动直接相关，图 7.10 是气泡各部分大小的示意图。

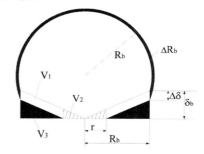

图 7.10　沸腾时气泡各部分大小的示意图

微粒污垢沉积的质量方程为[226~228]：

$$m = \frac{\dot{m}_d}{k_r + k_c} \cdot \left[k_c \cdot t + \frac{k_r}{k_r + k_c} \cdot (1 - e^{-(k_r + k_c)t}) \right]$$

式中：t ——时间，s；k_c ——固化常数，s^{-1}；k_r ——剥蚀常数，s^{-1}；$\dot{m}_d$ ——微粒污垢的沉积速率，kg/s。其中 k_c 的方程为：

$$k_c = b_c \cdot (1 - m_{lab})$$

式中：b_c ——常数，1×10^{-5}；m_{lab} ——可靠性参数。

其中：

$$k_r = \frac{\zeta}{\rho_p}$$

式中：ζ ——微粒捕获因子，范围为 $0 \sim 1$，可以取 0.04；ρ_p ——微粒密度，kg/m³。

微粒污垢的沉积速率方程为：

$$\dot{m}_{dn} = N_a \cdot f_b \cdot (\dot{m}_b - \dot{m}_w)$$

式中：$\dot{m}_{dn}$ ——微粒污垢沉积速率，kg/（m²·s）；f_b ——气泡成核频率；$\dot{m}_b$ ——沸腾时沉积速率，kg/（m²·s）；$\dot{m}_w$ ——非沸腾时沉积速率，kg/（m²·s）。其中：

$$\dot{m}_b = \dot{m}_n + D \cdot t_g \cdot A_s$$

式中：$\dot{m}_n$——成核时污垢沉积速率，kg/（m²·s）；t_g——成核时间，s；D——传质扩散系数，m/s。

$$\dot{m}_w = D \cdot t_w \cdot A_s$$

式中：t_w——非沸腾时间，s。其中：

$$\dot{m}_n = \frac{q}{H} \cdot K \cdot (C_{trap} + C_{pump}) \cdot \frac{A_s}{f}$$

其中：

$$C_{trap} = \left(\frac{C_w + C_b}{2}\right) \cdot \zeta \cdot \int_0^t \frac{V_t}{V_1} dt$$

式中：C_b——溶液中微粒浓度，g/L；C_w——壁面处微粒浓度，g/L。其中：

$$C_{pump} = C_w \cdot \left(1 + \frac{V_3}{V_1 + V_2 + V_3}\right)$$

式中 V_1、V_2 和 V_3 所表示的体积部分见图 7.10 所示。

微粒污垢的剥蚀速率方程为：

$$\dot{m}_{rn} = k_r \cdot C_w$$

浓缩倍数的公式同上述的式（7.20）。

随着稠油废水浓缩倍数的升高，可能会有污垢产生并沉积于蒸发器壁上。根据第 6 章中稠油废水成分和污垢的分析，构成污垢的盐有碳酸盐、复盐和硅酸盐，由此可以得到混合污垢的沉积速率方程：

$$\dot{m}_d = (\dot{m}_{d1} - \dot{m}_{r1}) + (\dot{m}_{d2} - \dot{m}_{r2}) + (\dot{m}_{d3} - \dot{m}_{r3})$$

式中：$\dot{m}_{d1} - \dot{m}_{r1}$——碳酸盐；$\dot{m}_{d2} - \dot{m}_{r2}$——复盐；$\dot{m}_{d3} - \dot{m}_{r3}$——硅酸盐。

混合污垢的平均密度、平均导热系数和污垢热阻的公式分别同上述的式（7.30）、式（7.31）和式（7.32）。

7.3.4 模拟参数

析晶污垢和微粒污垢的热阻模型的模拟计算采用 MATLAB 软件来进行，有关参数可以参见表 7.1 和表 7.2。

表 7.1　析晶污垢的模拟参数表

参数说明	参数符号	参数数值	参数说明	参数符号	参数数值
复盐的反应活化能[207]	E_2	1.350×10^5 J/mol	复盐的密度	ρ_2	2165.000kg/m³

复盐的传质扩散指前因子[176]	K_{30}	2.900×10^{10}	复盐的浓度倍数关系[176]	γ_2	2.000
复盐的反应指前因子[176]	K_{40}	5.700×10^{11}	复盐的导热系数	λ_2	2.230W/（m·K）
核态沸腾传热比例[176]	NBF	0.919	硅酸盐的密度[219]	ρ_3	2320.000kg/m³
硅酸盐的聚合级数[218]	n_3	1.500	硅酸盐的导热系数[125]	λ_3	0.200W/（m·K）
硅酸盐的沉积系数[218]	k_m	1.010×10^{-9}	溶液温度	T	373.150K
硅酸盐的粘附系数[218]	P	0.800	晶粒平均直径[229]	d_p	12.000 μm
换热面温度	Ts	380.150K	线性膨胀系数[176]	B	1.000×10^{-6}K
废水密度	ρ	990.000kg/m³	废水粘度	μ	598.000×10^{-6}Pa·s
碳酸盐的反应活化能[229]	E_1	1.100×10^5J/mol	碳酸盐的密度	ρ_1	2705.000kg/m³
碳酸盐的传质扩散指前因子[229]	k_{10}	9.800×10^{11}	复盐的扩散反应级数[229]	n_2	0.150
碳酸盐的反应指前因子[229]	k_{20}	10.800×10^{11}	碳酸盐的浓度倍数关系[229]	γ_1	1.500
碳酸盐的扩散反应级数[229]	n_1	0.150	碳酸盐的导热系数	λ_1	1.942W/（m·K）

表 7.2　微粒污垢的模拟参数表

参数说明	参数符号	参数数值	参数说明	参数符号	参数数值
复盐的导热系数	λ_2	2.230W/（m·K）	碳酸盐的导热系数	λ_1	1.942W/（m·K）
复盐的密度	ρ_2	2165.000kg/m³	硅酸盐的密度[213]	ρ_3	2320.000kg/m³
波尔兹曼常数[228]	K_B	1.380×10^{-23}	硅酸盐的导热系数[218]	λ_3	0.200W/（m·K）
热通量	q	51.000×10^3J/m²	溶液温度	T	373.150K
废水密度	ρ_L	990.000kg/m³	换热面温度	Ts	380.150K
蒸发器直径	d	0.200m	废水粘度	μ	598.000×10^{-6}Pa·s

常数[228]	b_c	1.000×10^{-5}	晶粒平均直径[228]	d_p	$0.600 \ \mu m$
气泡密度	ρ_G	$1.120 \ kg/m^3$	碳酸盐的密度	ρ_1	$2705.000 kg/m^3$
气泡扩大速率[228]	U	$1.000 \times 10^{-5} m/s$	废水的蒸发热	H	$2.260 \times 10^3 J/kg$
气泡扩散时间[228]	t_g	$4.500 \times 10^{-3} s$	废水的导热系数	α_w	$0.680 \ W/(m \cdot K)$
气泡等待时间[228]	t_w	$2.900 \times 10^{-3} s$	气泡成核频率[226]	f_b	7.000

7.3.5 MATLAB 软件

MATLAB 是美国 MathWorks 公司出品的商业数学软件，用于算法开发、数据可视化、数据分析以及数值计算的高级技术计算语言和交互式环境，主要包括 MATLAB 和 Simulink 两大部分。MATLAB 是 matrix&laboratory 两个词的组合，意为矩阵工厂（矩阵实验室）。是由美国 mathworks 公司发布的主要面对科学计算、可视化以及交互式程序设计的高科技计算环境。它将数值分析、矩阵计算、科学数据可视化以及非线性动态系统的建模和仿真等诸多强大功能集成在一个易于使用的视窗环境中，为科学研究、工程设计以及必须进行有效数值计算的众多科学领域提供了一种全面的解决方案，并在很大程度上摆脱了传统非交互式程序设计语言（如 C、Fortran）的编辑模式，代表了当今国际科学计算软件的先进水平。

MATLAB 和 Mathematica、Maple 并称为三大数学软件。它在数学类科技应用软件中在数值计算方面首屈一指。MATLAB 可以进行矩阵运算、绘制函数和数据、实现算法、创建用户界面、连接其他编程语言的程序等，主要应用于工程计算、控制设计、信号处理与通讯、图像处理、信号检测、金融建模设计与分析等领域。

MATLAB 的基本数据单位是矩阵，它的指令表达式与数学、工程中常用的形式十分相似，故用 MATLAB 来解算问题要比用 C，FORTRAN 等语言完成相同的事情简捷得多，并且 MATLAB 也吸收了像 Maple 等软件的优点，使 MATLAB 成为一个强大的数学软件。在新的版本中也加入了对 C，FORTRAN，C++，JAVA 的支持。

MATLAB 的优势特点：1）高效的数值计算及符号计算功能，能使用户从繁杂的数学运算分析中解脱出来；2）具有完备的图形处理功能，实现计算结果和编程的可视化；3）友好的用户界面及接近数学表达式的自然化语言，使学者易于学习和掌握；4）功能丰富的应用工具箱（如信号处理工具箱、通信工具箱等），为用户提供了大量方便实用的处理工具。

MATLAB 由一系列工具组成。这些工具方便用户使用 MATLAB 的函数和文件，其中许多工具采用的是图形用户界面。包括 MATLAB 桌面和命令窗口、历史命令窗口、编辑器和调试器、路径搜索和用于用户浏览帮助、工作空间、文件的浏览器。随着 MATLAB 的商业化以及软件本身的不断升级，MATLAB 的用户界面也越来越精致，更加接近 Windows 的标准界面，人机交互性更强，操作更简单。而且新版本的 MATLAB 提供了完整的联机查询、帮助系统，极大的方便了用户的使用。简单的编程环境提供了比较完备的调试系统，程序不必经过编译就可以直接运行，而且能够及时地报告出现的错误及进行出错原因分析。

　　Matlab 是一个高级的矩阵/阵列语言，它包含控制语句、函数、数据结构、输入和输出和面向对象编程特点。用户可以在命令窗口中将输入语句与执行命令同步，也可以先编写好一个较大的复杂的应用程序（M 文件）后再一起运行。新版本的 MATLAB 语言是基于最为流行的 C + + 语言基础上的，因此语法特征与 C + + 语言极为相似，而且更加简单，更加符合科技人员对数学表达式的书写格式。使之更利于非计算机专业的科技人员使用。而且这种语言可移植性好、可拓展性极强，这也是 MATLAB 能够深入到科学研究及工程计算各个领域的重要原因。

　　MATLAB 是一个包含大量计算算法的集合。其拥有 600 多个工程中要用到的数学运算函数，可以方便的实现用户所需的各种计算功能。函数中所使用的算法都是科研和工程计算中的最新研究成果，而且经过了各种优化和容错处理。在通常情况下，可以用它来代替底层编程语言，如 C 和 C + + 。在计算要求相同的情况下，使用 MATLAB 的编程工作量会大大减少。MATLAB 的这些函数集包括从最简单最基本的函数到诸如矩阵，特征向量、快速傅立叶变换的复杂函数。函数所能解决的问题其大致包括矩阵运算和线性方程组的求解、微分方程及偏微分方程的组的求解、符号运算、傅立叶变换和数据的统计分析、工程中的优化问题、稀疏矩阵运算、复数的各种运算、三角函数和其他初等数学运算、多维数组操作以及建模动态仿真等。

　　MATLAB 自产生之日起就具有方便的数据可视化功能，以将向量和矩阵用图形表现出来，并且可以对图形进行标注和打印。高层次的作图包括二维和三维的可视化、图象处理、动画和表达式作图。可用于科学计算和工程绘图。新版本的 MATLAB 对整个图形处理功能作了很大的改进和完善，使它不仅在一般数据可视化软件都具有的功能（例如二维曲线和三维曲面的绘制和处理等）方面更加完善，而且对于一些其他软件所没有的功能（例如图形的光照处理、色度处理以及四维数据的表现等），MATLAB 同样表现了出色的处理能力。同时对一些特殊的可视化要求，例如图形对话等，MATLAB 也有相应的功能函数，保证了用户不同层次的要求。另外新版本的 MATLAB 还着重在图形用户界面（GUI）的制作上作了很大的改善，对这方面有特殊要求的用户也可以得到满足。

　　MATLAB 对许多专门的领域都开发了功能强大的模块集和工具箱。一般来说，它们都是由特定领域的专家开发的，用户可以直接使用工具箱学习、应用和评估不同的方法而不需要自己编写代码。领域，诸如数据采集、数据库接口、概率统计、样条拟合、优化算法、偏微分方程求解、神经网络、小波分析、信号处理、图像处理、系统辨识、控制系统设计、LMI 控制、鲁棒控制、模型预测、模糊逻辑、金融分析、地图工具、非线性控制设计、实时快速原型及半物理仿真、嵌入式系统开发、定点仿真、DSP 与通讯、电力系统仿真等，都在工具箱（Toolbox）家族中有了自己的一席之地。

　　MATLAB 可以利用 MATLAB 编译器和 C/C + + 数学库和图形库，将自己的 MATLAB 程序自动转换为独立于 MATLAB 运行的 C 和 C + + 代码。允许用户编写可以和 MATLAB 进行交互的 C 或 C + + 语言程序。另外，MATLAB 网页服务程序还容许在 Web 应用中使用自己的 MATLAB 数学和图形程序。MATLAB 的一个重要特色就是具有一套程序扩展系统和一组称之为工具箱的特殊应用子程序。工具箱是 MATLAB 函数的子程序库，每一个工具箱

都是为某一类学科专业和应用而定制的，主要包括信号处理、控制系统、神经网络、模糊逻辑、小波分析和系统仿真等方面的应用［230］。模拟计算以 MATLAB 作为运算工具进行相应的运算。

7.4　结果分析

7.4.1 $1^\#$稠油废水的蒸发污垢

在本文的实验条件下，$1^\#$稠油废水形成的蒸发污垢，主要包含两种污垢类型：析晶污垢和微粒污垢，下面分析它们的污垢热阻随浓缩倍数变化的趋势。

7.4.1.1 未处理 $1^\#$稠油废水的蒸发污垢

图 7.11 是模拟碳酸盐（如 $CaCO_3$）、复盐（如 Na_2CaSiO_4）和硅酸盐（如 Ca_2SiO_4）结晶析出的污垢热阻随浓缩倍数的变化。从图可知，随着浓缩倍数的升高，三层污垢的热阻逐渐增加，说明析晶污垢的沉积是受浓度扩散控制的。不同污垢成分的热阻在总热阻中占的比例不同，碳酸盐（如 $CaCO_3$）、复盐（如 Na_2CaSiO_4）和硅酸盐（如 Ca_2SiO_4）构成的污垢层占污垢热阻的比例分别为 91.76%、4.54% 和 3.70%。模拟结果表明，碳酸盐在污垢层占有绝对地位，因为它的污垢热阻已经超过 90.00%。

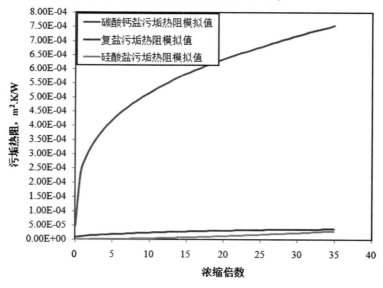

图 7.31　不同污垢层热阻随浓缩倍数的变化

图 7.12 是稠油废水蒸发浓缩过程中污垢热阻随浓缩倍数变化的对比图。从图中可以得知，通过建立污垢热阻模型模拟得到的结果与实验值吻合的比较好，说明污垢的沉积速率受稠油废水浓度影响，即浓度扩散控制，也证实前面建立污垢模型的原理是正确的。因

为影响污垢热阻的因素较多，加之实验时人为调节废水流量，影响实蒸发浓缩的温度，从而造成实验值有波动。计算值略偏低的原因是因为有较多的实际因素未考虑进去，例如非污垢性盐（如 NaCl 等）的沉积对污垢热阻的影响，它在计算中没有考虑。

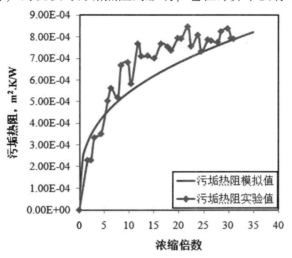

图 7.42　污垢热阻随浓缩倍数的变化

7.4.1.2 NTP 预处理 1# 稠油废水的蒸发污垢

图 7.13 是模拟碳酸盐（如 $CaCO_3$）、复盐（如 Na_2CaSiO_4）和硅酸盐（如 Ca_2SiO_4）在 NTP 作用下的污垢热阻随浓缩倍数的变化态势。由图可知，随着浓缩倍数的升高，三类物质构成的污垢热阻都在增大，说明析晶污垢的沉积是受浓度扩散控制。不同污垢层的热阻在总污垢热阻中占的比例不同，碳酸盐（如 $CaCO_3$）、复盐（如 Na_2CaSiO_4）和硅酸盐（如 Ca_2SiO_4）构成的污垢层占总污垢热阻的比例分别为 4.53%、8.31% 和 87.16%。模拟结果表明，硅酸盐在污垢层占有绝对地位，因为它的污垢热阻已经超过 87.00%。

图 7.14 是经过 NTP 预处理的稠油废水污垢热阻随浓缩倍数变化的对比图，NTP 的放电频率为 500PPS。从图中的曲线可以得知，通过建立污垢热阻模型模拟得到的结果与实验值吻合的比较好，而且随着浓缩倍数的升高，污垢热阻增加的幅度越来越大，说明污垢的沉积速率受稠油废水的浓度影响，即浓度扩散控制，也证实前面建立污垢模型的原理是正确的。考虑到实验时人为调节稠油废水的流量，影响实验蒸发浓缩的温度，从而造成实验值有波动。

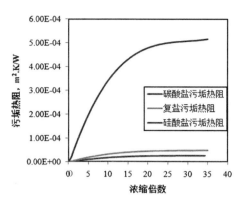

7.53 不同层污垢热阻随浓缩倍数的变化

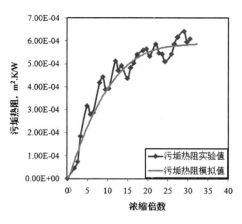

图 7.64 污垢热阻随浓缩倍数的变化

7.4.2 2#稠油废水的蒸发污垢

本文实验条件下 2#稠油废水产生的蒸发污垢，主要也包含两种污垢类型，即析晶污垢和微粒污垢。它们污垢热阻的物理模型同样适用 7.4 节的模型。

7.4.2.1 未处理 2#稠油废水的蒸发污垢

图 7.15 是模拟碳酸盐（如 $CaCO_3$）、复盐（如 $Ca_8Si_5O_{18}$）和硅酸盐（如 Ca_2SiO_4）结晶析出的污垢热阻随浓缩倍数的变化图。从图可知，随着浓缩倍数的升高，三层污垢的热阻逐渐增加，说明析晶污垢的沉积是受浓度扩散控制。不同污垢成分的热阻在总热阻中占的比例不同，碳酸盐（如 $CaCO_3$）、复盐（如 $Ca_8Si_5O_{18}$）和硅酸盐（如 Ca_2SiO_4）构成的污垢层占总污垢热阻的比例分别为 90.18%、4.63% 和 5.19%。模拟结果表明，碳酸盐在污垢层占有绝对地位，它对应的热阻已经超过 90.0%。

图 7.16 是稠油废水蒸发浓缩过程中污垢热阻随浓缩倍数变化的对比图。从图中的曲线可以得知，通过建立污垢热阻模型模拟得到的结果与实验值吻合的比较好，而且随着浓缩倍数的增加，模拟得到的结果与实验值吻合的程度越来越好，说明污垢的沉积速率受稠油废水浓度影响，即浓度扩散控制，也证实前面建立污垢模型的原理是正确的。虽然模拟值稍微低于实验值，这是因为在建立析晶污垢模型时未考虑到微粒污垢等影响所致。加之实验时人为调节废水流量，影响实验操作时的温度，从而造成实验值有波动。

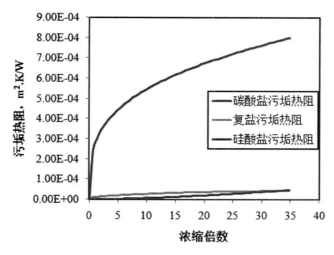

图 7.75 不同层污垢热阻随浓缩倍数的变化

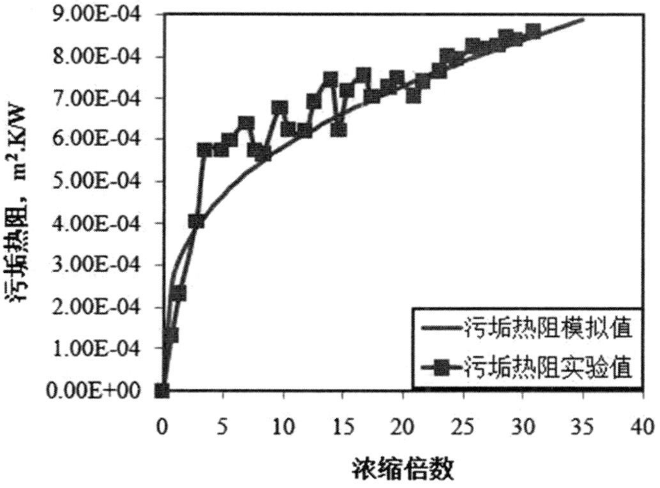

图 7.86 污垢热阻随浓缩倍数的变化

7.4.2.2 NTP 预处理 2$^{\#}$ 稠油废水的蒸发污垢

图 7.17 是模拟碳酸盐（如 $CaCO_3$）、复盐（如 $Ca_8Si_5O_{18}$）和硅酸盐（如 Ca_2SiO_4）在 NTP 作用下的污垢热阻随浓缩倍数的变化趋势。从图可知，随着浓缩倍数的升高，三层污垢的热阻逐渐增加，说明析晶污垢的沉积是受浓度扩散控制。不同污垢成分的热阻在总热阻中占的比例不同，碳酸盐（如 $CaCO_3$）、复盐（如 $Ca_8Si_5O_{18}$）和硅酸盐（如 Ca_2SiO_4）构成的污垢层占总污垢热阻的比例分别为 8.32%、4.61% 和 87.07%。模拟结果表明，硅酸盐在污垢层占有绝对地位，因为它的污垢热阻已经超过 87.00%。

图 7.18 是经过 NTP 预处理的稠油废水污垢热阻随浓缩倍数的变化图，NTP 的放电频率为 500PPS。

从图中的曲线可以得知，通过建立污垢热阻模型模拟得到的结果与实验值吻合的比较好，而且随着浓缩倍数的增加，污垢热阻增加的幅度越来越大，说明污垢的沉积速率受稠油废水浓度影响，即浓度扩散控制，也证实前面建立污垢模型的原理是正确的。考虑到实验时人为调节稠油废水的流量，影响实验操作时的温度，从而造成实验值有波动。

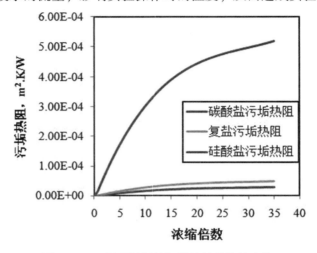

图 7.97　不同层污垢热阻随浓缩倍数的变化

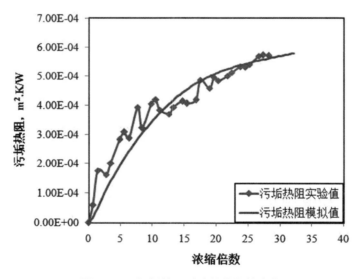

图 7.108　污垢热阻随浓缩倍数的变化

参 考 文 献

[1] https：//baike. baidu. com/item/% E6% B2% B9% E7% 94% B0/808815？ fr = aladdin

[2] 于连东. 世界稠油资源的分布及其开采技术的现状和展望 ［J］. 特种油气藏, 2001, 8（2）：98 ~ 104.

[3] 廖泽文. 油藏开发中沥青质的研究进展 ［J］. 科学报, 1999（19）：18 ~ 24.

[4] 张荣斌, 陈勇. 日臻完善的 SAGD 采油技术 ［J］. 国外油田工程, 1999, 11（3）：15 ~ 17.

[5] 黄鸥, 黄忠廉译. 油田稠油热采技术综述 ［J］. 国外油田工程, 1997, 01（6）：9 ~ 10.

[6] 宗铁, 雍自强. 油田企业节能技术与实例分析 ［M］. 北京：中国石化出版社, 2010.

[7] 谢家才, 胡雨燕, 陈德珍. SADG 稠油开采余热回收系统的优化构建 ［J］. 化工进展, 2010, 29（增刊）：630 ~ 635.

[8] 田军, 谢阳. 油气田采出水深度处理和利用技术 ［J］. 油气田地面工程, 1998, 17（6）：28 ~ 31.

[9] 竹涛, 万艳东, 李坚等. 低温等离子体 – 催化耦合降解甲苯的研究及机理探讨 ［J］. 高校学工程学报, 2011, 25（1）：161 ~ 167.

[10] 区瑞锟, 陈砺, 严宗诚等. 低温等离子体 – 催化协同降解挥发性有机废气 ［J］. 环境科学与技术, 2011, 34（1）：79 ~ 84.

[11] 陈琳. 低温等离子体 – 催化选择性转化甲烷研究进展 ［J］. 天然气化工, 2011, 36（2）：70 ~ 74.

[12] 王卓飞, 曾文超, 魏新春等. 稠油污水深度处理与回用技术探讨 ［J］. 油气田环境保护, 2010, 20：63 ~ 65.

[13] 彭忠勋. 稠油采出水回用蒸汽发生器的水质控制 ［J］. 石油规划设计, 2001, 4：12 ~ 15.

[14] 侯傲. 油田污水回注处理现状与展望 ［J］. 工业用水与废水, 2007, 38（3）：9 ~ 12.

[15] 张伟, 王景峰, 李官贤等. 辽河油田稠油废水生物治理初步研究 ［J］. 工业水处理, 2004, 24（3）：37 ~ 39.

[16] http：//www. gov. cn/wszb/zhibo516/content_ 2153449. htm.

[17] 陈雷, 祁佩时, 王永庆等. 三元复合驱采石油废水的处理与回用研究 ［J］. 中国给水排水, 2001, 17（6）：4 ~ 6.

[18] 郝敬辉. 新型高分子材料物理法处理油田污水 ［J］. 油气田地面工程, 2010, 29（7）：101 ~ 102.

[19] 刘成宝, 陈志刚, 刘曦. 应用膨胀石墨动态吸附处理油田污水 ［J］. 水处理

技术，2007, 33（5）: 58～60.

[20] 马程，肖羽堂，吕晓龙等. 用膨润土处理油田污水的研究进展［J］. 化工环保，2007, 27（1）: 37～40.

[21] L. H. Zhang, H. Xiao, H. T. Zhang, et al. Optimal design of a novel oil - water separator for raw oil produced from ASP flooding ［J］. Journal of Petroleum Science and Engineering, 2007, 59: 213～218.

[22] 李长俊，王兵，李进等. 电解法处理高含氯离子油田污水［J］. 西南石油大学学报（自然科学版），2008, 30（2）: 155～157.

[23] 张翼，张妍，李雪峰等. 油田污水的可生化性及生化反应动力学［J］. 化学工程，2009, 37（2）: 58～62.

[24] 陈颖，张亚文，李金莲等. 絮凝－纳米 TiO_2 光催化氧化法处理油田污水［J］. 化工科技，2010, 18（4）: 20～23.

[25] 李莉，张联胜，李延利等. 油田钻井废水处理技术与研究［J］. 石油工业技术监督，2010, 26（1）: 23～26.

[26] Y. B. Zeng, C. Z. Yang, W. H. Pu, et al. Removal of silica from heavy oil wastewater to be reused in a boiler by combining magnesium and zinc compounds with coagulation ［J］. Desalination, 2007, 216: 147～159.

[27] 朱炜，唐新亮，宋晓林. BAF 工艺在炼油废水处理中的应用［J］. 给水排水，2005, 31（6）: 50～52.

[28] 刘雯婷，王白杨. BAF 组合工艺在炼油废水处理中的研究与应用［J］. 江西化工，2006,（4）: 64～66.

[29] 肖文胜，徐文国，杨桔才. UBAF 处理炼油厂含油废水［J］. 工业水处理，2005, 25（3）: 66～68.

[30] 包木太，泮胜友，王海峰等. 渤南低渗透油田污水生化处理室内模拟研究［J］. 环境工程学报，2009, 3（6）: 961～964.

[31] 金文标，王宝贞，宋莉晖. 高效降解原油细菌的筛选和处理效果［J］. 中国给水排水，2002, 18（3）: 51～53.

[32] 刘宏菊，赵奇峰，李璐. 高温水解－好氧接触氧化法处理油田污水的研究［J］. 水处理技术. 2007, 33（3）: 30～32.

[33] G. D. Ji, T. H. Sun, J. R. Ni. Surface flow constructed wetland for heavy oil - produced water treatment ［J］. Bioresource Technology, 2007, 98: 436～441.

[34] F. Ra. Ahmadun, A. Pendashteh, L. C. Abdullah, et al. Review of technologies for oil and gas produced water treatment ［J］. Journal of Hazardous Materials, 2009, 170: 530～551.

[35] 魏敏，邹晓兰，贺莹. 油田采油污水处理技术及面临的问题［J］. 山东化工，2007, 36（5）: 19～21.

[36] 许玉东，聂永丰，岳东北. 垃圾填埋场渗滤液的蒸发处理工艺［J］. 环境污染治理技术与设备，2005, 6（1）: 68～72.

［37］ 岳东北，刘建国，聂永丰等．蒸发法深度处理浓缩渗滤液的实验研究［J］．环境科学动态，2005，(1)：44～45.

［38］ 杨琦，何晶晶，邵立明．负压蒸发法处理生活垃圾填埋场渗滤液［J］．环境工程，2006，24 (2)：17～19.

［39］ 刘晓莉，顾兆林，刘宗宽等．蒸汽压缩加热造纸黑液浓缩新工艺［J］．节能技术，2003，21 (5)：27～28.

［40］ M. Johansson, L. Vamling, L. Olausson. Heat transfer in evaporating black liquor falling film［J］. International Journal of Heat and Mass Transfer, 2009, (52): 2759～2768.

［41］ B. M. Hamieh. A theoretical and experimental study of seawater desalination using dewvaporation：［Dissertation］. Arizona State：Arizona State University, 2001.

［42］ W. F. Heins, R. Ncneill, S. Albion. World′s first SAGD facility using evaporators, drum boilers and zero discharge crystallizers to treat produced water［J］. Journal of Canadian Petroleum Technology, 2006, 45: 30～36.

［43］ W. Heins, D. Peterson. Use of evaporation for heavy oil produced water treatment［J］. Journal of Canadian Petroleum Technology, 2005, 44 (1): 26～30.

［44］ W. Heins, K. Schooley. Achieving zero liquid discharge in SAGD heavy oil recovery［J］. Journal of Canadian Petroleum Technology, 2004, 43 (8): 1～6.

［45］ W. Heins, X. Xie, D. C. Yan. New technology for heavy oil exploitation wastewater reused as boiler feed water［J］. Petroleum Exploration and Development, 2008, 35 (1): 113～117.

［46］ 陈德珍，张依，谢家才．SAGD 稠油开采余热综合利用途径及装备［J］．装备制造，2011，60 (2)：179－184.

［47］ 张依，邹龙生，陈德珍等．SAGD 稠油开采余热综合利用方案及实施［J］．化工进展．2011，30 (9)：669～672.

［48］ 孙绳昆．降膜蒸发处理法处理超稠油 SAGD 采出水试验研究［J］．石油规划设计，2010，21 (1)：25～27.

［49］ 国家质量监督检验检疫总局．火力发电机组及蒸汽动力设备水汽质量［S］．北京：中国标准出版社，2008.

［50］ 国家石油和化学工业局．SY0027－2000 稠油油田采出水用于蒸汽发生器给水处理设计规范［S］．北京：标准出版社，2000.

［51］ 陈文峰，李景方．油田污水锅炉回用处理技术现状和发展趋势［J］．油气田地面工程，2010，29 (5)：71～72.

［52］ 邢晓凯，马重芳，陈永昌等．一种用于污垢监测的温差热阻新方法［J］．石油大学学报（自然科学版），2004，28 (5)：70～73.

［53］ R. W. Morse, J. G. Knudsen. Effect of alkalinity on the scaling of simulated cooling tower water［J］. Canadian Journal of Chemical Engineering, 1997, 55: 272～278.

[54]　H. M. Steinhagen. Cooling water fouling in heat exchangers [M]. New York: Academic Press, 1999.

[55]　T. R. Bott. Fouling of heat exchangers [M]. New York: Elsevier Science & Technology Books, 1995.

[56]　H. M. Steinhagen. Heat transfer fouling: 50 years after the Kern and Seaton model [J]. Heat Transfer Engineering, 2011, 32 (1): 1~13.

[57]　J. G. Leidenfrost. De aguae communis nonnullis quqlitatibus tractatus [J]. International Journal Heat Mass Transfer, 1966, 9: 1153~1166.

[58]　E. F. C. Somescale. Fouling of heat transfer surfaces: a historical review [J]. Heat Transfer Engineering, 1990, 11 (1): 19~36.

[59]　W. H. Mcadams, T. K. Sherwood, R. L. Turner. Heat transmission from condensing steam to water in surface condensers and feed water heaters [J]. ASME Trans, 1926, 48: 1233~1268.

[60]　P. H. Hardie, W. S. Cooper. A test method for determining the quantitative effect of tub fouling in condenser performance [J]. ASME Trans, 1933, 5 (3): 37~49.

[61]　P. H. Hardie, W. S. Cooper. The accuracy of the cleanliness factor measurement for surface condensers [J]. ASME Trans, 1936, 58 (5): 349~353.

[62]　E. N. Sieder. Application of fouling factors in the design of heat exchangers [M]. New York: ASME, 1935.

[63]　D. Q. Kern, R. E. Seaton. A theoretical analysis of thermal surfaces fouling [J]. British Chemical Engineering, 1959, 4 (5): 258~262.

[64]　X. K. Xing, C. F. Ma, Y. C. Chen. Mechanism of calcium carbonate scale deposition under subcooled flow boiling conditions [J]. Chinese J. Chem. Eng, 2005, 13 (4): 464~470.

[65]　B. Bansal, H. M. Steinhagen, X. D. Chen. Comparison of crystallization fouling in plate and double – pipe heat exchangers [J]. Heat Transfer Engineering, 2001, 22: 13~25.

[66]　H. Zabiri, V. R. Radhakrishnan, M. Ramasamy, et al. Development of heat exchanger fouling model and preventive maintenance diagnostic tool [J]. Chemical Product and Process Modeling, 2007, 2 (2): 1~10.

[67]　R. Sheikholeslami. Scaling potential index (SPI) for $CaCO_3$ based on gibbs free energies [J]. American Institute of Chemical Engineers, 2005, 51 (6): 1782~1789.

[68]　J. Y. M. Chew, V. Höfling, W. Augustin, et al. A method for measuring the strength of scale deposits on heat transfer surfaces [J]. Chem. Eng. Mineral Process, 2005, 13 (1/2): 21~30.

[69]　张仲彬. 换热表面污垢特性的研究: [博士学位论文]. 保定: 华北电力大学,

2009.

[70] Z. M. Xu, S. R. Yang, S. Q. Guo, et al. Costs due to utility boiler fouling in China [J]. Heat Transfer – Asian Research, 2005, 34 (2): 53 ~63.

[71] 徐志明, 杨善让, 郭淑青等. 电站锅炉污垢费用估算 [J]. 中国电机工程学报, 2004, 24 (2): 196 ~200.

[72] S. Jun, V. M. Puri. Fouling models for heat exchangers in dairy processing: a review [J]. Journal of Food Process Engineering, 2005, 28: 1 ~34.

[73] J. MacAdam, S. A. Parsons. Calcium carbonate scale formation and control [J]. Reviews in Environmental Science and Bio/Technology, 2004, 3: 159 ~169.

[74] S. N. Kazi. Fouling and fouling mitigation on heat exchanger surfaces [J]. Heat Exchangers – Basics Design Applications, 2006, 84: 507 ~532.

[75] 黄生琪, 周菊华. 我国节能减排的意义、现状及措施 [J]. 节能技术, 2008, 26 (148): 172 ~175.

[76] 高昭福, 郭丽群. 锅炉水垢的种类、危害及预防 [J]. 一重技术, 2005, 1: 57 ~58.

[77] 刘斌, 张宝刚. 设备污垢的清洗方法 [J]. 天津化工, 1999: 20 ~22.

[78] R. Sheikholeslami, H. W. K. Ong. Kinetics and thermodynamics of calcium carbonate and calcium sulfate at salinities up to 1.5 M [J]. Desalination, 2003, 157: 217 ~234.

[79] T. H. Chong, R. Sheikholeslami. Thermodynamics and kinetics for mixed calcium carbonate and calcium sulfate precipitation [J]. Chemical Engineering Science, 2001, 56: 5391 ~5400.

[80] 王鑫, 张玉奎, 朱平生等. 榆树林油田注水井结垢及机理研究 [J]. 油田化学, 1997, 14 (2): 139 ~142.

[81] 舒福昌, 宝良. 油田注水结垢趋势预测及试验验证 [J]. 江汉石油学院学报, 2000, 22 (3): 87 ~91.

[82] 刘志琨, 王志荣, 陶汉中. 换热设备污垢研究进展 [J]. 化工进展. 2011, 30 (11), 2364 ~2368.

[83] Y. Wang. Composite fouling of calcium sulfate and calcium carbonate in a dynamic seawater reverse osmosis unit: [dissertation]. Sydney: The University of New South Wales, 2005.

[84] Hong Yu. The mechanisms of composite fouling in Australian sugar mill evaporators by calcium oxalate and amorphous silica: [Dissertation]. Sydney: The University of New South Wales, 2003.

[85] 杨善让, 徐志明. 换热设备的污垢与对策 [M]. 北京: 科学出版社, 2004.

[86] N. N. A. Mutairi. Fouling studies and control in heat exchangers: [Dissertation]. Muharram: King Saud University, 2007.

[87] 陈小砖, 任晓利, 陈永昌. 高硬度循环水结垢机理的实验研究 [J]. 工业水

处理,2008,28(7):17~20.

[88] A. Helalizadeh, H. M. Steinhagen, M. Jamialahmadi. Mathematical modeling of mixed salt precipitation during convective heat transfer and sub – cooled flow boiling [J]. Chemical Engineering Science, 2005, 60:5078~5088.

[89] M. S. Khan, S. M. Zubair, M. O. Budair, et al. Fouling resistance model for prediction of $CaCO_3$ scaling in AISI 316 tubes [J]. Heat and Mass Transfer, 1996, 32:73~79.

[90] M. G. Mwaba, M. R. Golriz, J. Gu. A semi – empirical correlation for crystallization fouling on heat exchange surfaces [J]. Applied Thermal Engineering, 2006, 26:440~447.

[91] B. Bansal, X. D. Chen, H. M. Steinhagen. Analysis of "classical" deposition rate law for crystallisation fouling [J]. Chemical Engineering and Processing, 2008, 47:1201~1210.

[92] F. Brahim, W. Augustin, M. Bohnet. Numerical simulation of the fouling process [J]. International Journal of Thermal Sciences, 2003, 42:323~334.

[93] E. Suárez, C. Paz, J. Porteiro, et al. Simulation of the fouling layer evolution in heat transfer surfaces [C]. European Conference on Computational Fluid Dynamics Eccomas CFD, 2010:1~8.

[94] 徐志明,张进朝. $CaSO_4$析晶污垢形成过程的数值模拟 [J]. 东北电力大学学报,2008,28(1):8~11.

[95] 王睿,杨晓静,林昭华等. 循环水系统 $CaCO_3$ 结垢速率的理论预测 [J]. 石油学报,2002,18(1):72~77.

[96] G. A. Mansoori. Deposition and fouling of heavy organic oils and other compounds [C]. 9th International Conference on Properties and Phase Equilibria for Product and Process Design, 2001, 1~9.

[97] H. M. Steinhagen, C. A. Branch. Heat transfer and heat transfer fouling in kraft black liquor evaporators [J]. Experimental Thermal and Fluid Science, 1997, 14:425~437.

[98] S. Jun, V. M. Puri. 3D milk – fouling model of plate heat exchangers using computational fluid dynamics [J]. International Journal of Dairy Technology, 2005, 58(4):214~224.

[99] 徐志明,张仲彬,郭闻州等. 微粒和析晶混合污垢模型 [J]. 工程热物理学报,2006,27(2):81~84.

[100] 吴丽,魏新春,项勇. 化学分析与结垢预测软件的研制与应用 [J]. 中国石油和化工,2008,(8):54~56.

[101] A. S. Kovo. Mathematical modelling and simulation of fouling of nigerian crude oil equipment installations [J]. Leonardo Journal of Sciences, 2006, (9):111~124.

[102] R. Sheikholeslami. Nucleation and kinetics of mixed salts in scaling ［J］. AIChE Journal, 2003, 49 (1)：194~202.

[103] H. Glade, K. Krömer, S. Will, et al. Scale formation of mixed salts in multiple – effect distillers ［J］. International Communications in Heat and Mass Transfer, 2011, 38：119~127.

[104] 冯殿义, 范佳, 孙守仁. 污垢热阻实时预测模型校正与应用 ［J］. 化学工程, 2009, 37 (11)：12~15.

[105] 全贞花, 陈永昌, 王春明等. 污垢热阻动态监测装置及其传热计算方法的研究 ［J］. 工程热物理学报, 2007, 28 (2)：322~324.

[106] X. D. Chen, D. X. Y. Li, S. X. Q. Lin, et al. On – line foulingcleaning detection by measuring electric resistance – equipment development and application to milk fouling detection and chemical cleaning monitoring ［J］. Journal of Food Engineering, 2004, 61：181~189.

[107] S. R. Yang, L. F. Sun, F. Guo, et al. Study on constant stress accelerated life tests of fouling thermal resistance ［J］. Heat Transfer – Asian Research, 2006, 35 (2)：110~114.

[108] 程伟良, 李艳秋, 周茵等. 管内污垢监测模型研究 ［J］. 工程热物理学报, 2004, 25 (3)：508~510.

[109] http：//wenku. baidu. com/view/3bd7f1d2195f312b3169a5ca. html

[110] 周万荣. 汽提法处理环己酮废水 ［J］. 化工生产与技术, 1999, 12 (1)：31~32.

[111] 段黎明, 郭艳萍, 闫凤平. 碳酸钙结垢预测方法及应用效果对比 ［J］. 辽宁化工, 2011, 40 (5)：511~514.

[112] A. J. Karabelas. Scale formation in tubular heat exchangers – research priorities ［J］. Int. J. Therm. Sci, 2002, 41：682~692.

[113] S. Lee, J. Kim, C. H. Lee. Analysis of $CaSO_4$ scale formation mechanism in various nanofiltration modules ［J］. Journal of Membrane Science, 1999, 163：63~74.

[114] B. Dahneke. Kinetic theory of the escape of particles from surfaces ［J］. Journal of Colloid and Interface Science, 1975, 50：89~107.

[115] J. W. Cleaver, B. Yates. The effect of re – entrainment on particle deposition ［J］. Chemical Engineering Science, 1976, 31：147~151.

[116] S. K. Beal. The fouling of heat exchangers ［M］. New York：Hemisphere Publishing Corporation, 1981.

[117] http：//baike. baidu. com/view/27254. htm

[118] 张生, 李统锦. 二氧化硅溶解度方程和地温计 ［J］. 地质科技情报. 1997, 16 (1), 53~58.

[119] 叶德霖. 硅垢及其阻垢剂 ［J］. 工业水处理. 1994, 14 (3), 3~6, 9.

［120］ 孙卫东．钙镁离子对 SiO_2 溶解度的影响［J］．中国甜菜糖业．2001，（4），21～24，40.

［121］ http：//baike. baidu. com/view/165237. htm

［122］ http：//baike. baidu. com/view/246850. htm

［123］ http：//baike. baidu. com/view/5526. htm

［124］ 赵亮，邹勇，刘义达等．温度对换热器析晶污垢形成的影响［J］．化工学报．2009，60（8），1938～1942.

［125］ 程浩明．$CaCO_3$ 污垢生长过程的数值模拟［D－M］．东北电力大学．2009，1～57.

［126］ N. Andritsos, M. Kontopoulou, A. J. Karabelas, et al. Calcium carbonate deposit formation under isothermal conditions［J］. The Canadian Journal of Chemical Engineering. 1996, 74, 911～919.

［127］ http：//baike. baidu. com/view/149219. htm

［128］ R. M. Behbahani, H. Müller－Steinhagen, M. Jamialahmadi. Investigation of scale formation in heat exchangers of phosphoric acid evaporator plants［J］. The Canadian Journal of Chemical Engineering. 2006, 84, 189～197.

［129］ http：//www. bokee. net/companymodule/weblog_ viewEntry. do? id = 1347506

［130］ 张贵才，葛际江，孙铭勤等．从防垢剂对碳酸钙晶形分布影响的角度研究防垢机理［J］．中国科学 B 辑，2006，36（5）：433～438.

［131］ Z. Amjad. Mineral scale formation and inhibition［M］. New York：Plenum Press, 1995.

［132］ 韩良敏．水在磁场作用下的结垢性研究：［硕士学位论文］．广州：华南理工大学，2011.

［133］ E. Dalas, P. G. Koutsoubos. The effect of magnetic fields on calcium carbaonate scale formation［J］. Journal of Crystal Growth, 1989, 96：802～806.

［134］ 惠希增．变频电磁场处理油田水防垢技术研究［D－M］．中国石油大学．2007，1～77.

［135］ 环境保护部，国家质量监督检验检疫总局．生活垃圾填埋污染控制标准［S］．北京：中国标准出版社，2008.

［136］ 中华人民共和国卫生部，中国国家标准化管理委员会．生活饮用水卫生标准［S］．北京：中国标准出版社，2006.

［137］ 胡庆．低温等离子体放电过程的数值模拟：［硕士学位论文］．成都：电子科技大学，2007.

［138］ 郑春开．等离子体物理［M］．北京：北京大学出版社，2009.

［139］ 国家自然科学基金委员会．等离子体物理学［M］．北京：科学出版社．1994，1～176.

［140］ Annemie Bogaerts, Erik Neyts, Renaat Gijbels, et al. Gas discharge plasmas and their applications [J]. Spectrochimica Acta Part B. 2002, 57, 609~658.

[141]　迈克尔. A. 力伯曼, 阿伦. J. 里登伯格, 蒲以康. 等离子体放电原理与材料处理 [M]. 北京: 科学出版社. 2007, 1~585.

[142]　张延宗, 郑经堂, 陈宏刚. 高压脉冲放电水处理技术的理论研究 [J]. 高电压技术. 2007, 33 (2), 136~140.

[143]　左岩, 阎光绪, 郭绍辉. 低温等离子体氧化技术在废水处理中的应用 [J]. 水处理技术. 2008, 34 (7), 1~6.

[144]　靳承铀. 介质阻挡放电反应器在水处理中的实验研究 [D-M]. 大连理工大学. 2003, 1~71.

[145]　Wook Hee Koh, In Ho Park. Numerical simulation of a pulsed corona discharge plasma [J]. Journal of the Korean Physical Society. 2003, 42, 920~924.

[146]　Evgeniya Hristova Lock. Pulsed corona discharge at atmospheric and supercritical conditions [D-D]. University of Illinois at Chicago. 2002, 1~134.

[147]　Sung Taek Chun. Spatial and temporal evolution of a pulsed corona discharge plasma [J]. Journal of the Korean Physical Society. 1998, 33 (4), 428~433.

[148]　刘芳. 电晕放电等离子体灭菌的实验研究 [D-M]. 广东工业大学. 2007, 1~92.

[149]　M. Goldman, A. Goldman, R. S. Sigmond. The corona discharge, its properties and specific uses [J]. Pure &Appl. Chem. 1985, 57 (9), 1353~1362.

[150]　毛平平. 油田污水电磁防垢除垢技术研究: [硕士学位论文]. 北京: 中国石油大学, 2007.

[151]　Scholtz V, Julak J, Kríha V, et al. Decontamination effects of low-temperature plasma generated by corona discharge part I: an overview [J]. Prague Medical Report. 2007, 108 (2), 115~127.

[152]　叶齐政, 万辉, 雷燕等. 放电等离子体水处理技术中的若干问题 [J]. 高压电技术. 2003, 29 (4), 32~34.

[153　刘芳, 黄海涛. 高压脉冲放电等离子体水处理中的放电方式及其应用 [J]. 工业安全与环保. 2006, 32 (7), 1~4.

[154]　Jen-Shih Chang, Phil A. Lawless, Toshiaki Yamamoto. Corona discharge processes [C]. IEEE Transactions on Plasma Science. 1991, 19 (6), 1152~1166.

[155]　吴智慧, 陈永昌, 刑小凯等. 电磁抗垢机理的实验研究 [J]. 水处理技术. 2006, 32 (4), 49~52.

[156]　. 吴智慧. 电磁抗垢装置的研制及抗垢机理的实验研究 [D-M]. 北京工业大学. 2005, 1~83.

[157]　吴彦, 张若兵, 许德玄. 利用高压脉冲放电处理废水的研究进展 [J]. 环境污染治理技术与设备. 2002, 3 (3), 51~55.

[158]　David Richard Grymonpre. An experimental and theoretical analysis of phenol deg-

radation by pulsed corona discharge［D－D］. The Florida State University. 2001, 1~285.

［159］ 杜长明. 滑动弧放电等离子体降解气相及液相中有机污染物的研究［D－D］. 浙江大学. 2006, 1~185.

［160］ 杨胜凡. 用等离子体技术处理废水的实验研究［D－M］. 重庆大学. 2007, 1~67.

［161］ Y. I. Cho, A. F. Fridman, S. H. Lee, et al. Physical water treatment for fouling prevention in heat exchangers［J］. Advances in Heat Transfer. 2004, 38, 1 ~72.

［162］ Yong Yang, Hyoungsup Kim, Andrey Starikovskiy, et al. Mechanism of calcium ion precipitation from hard water using pulsed spark discharges［J］. Plasma Chem Plasma Process. 2011, 31, 51~66.

［163］ Yong Yang, Hyoungsup Kim, Andrey Starikovskiy, et al. Application of pulsed spark discharge for calcium carbonate precipitation in hard water［J］. Water Research. 2010, 44, 3659~3668.

［164］ 国家环境保护总局, 水和废水监测分析方法编委会等. 水和废水监测分析方法（第四版）［M］. 北京: 中国环境科学出版社, 2002.

［165］ 何潇. 油田回注水系统中的防腐阻垢技术研究: ［硕士学位论文］. 南京: 南京理工大学. 2009.

［166］ 同济大学. 稠油开采余热回收及关键配套技术研究［M］. 2012: 13~15.

［167］ 昝元峰, 蒋淑蓉. 海水淡化装置中水平管降膜蒸发研究进展［J］. 水处理技术, 2007, 33（5）: 1~5.

［168］ T. Hisham. E. Dessouky, H. M. Ettouney. Multiple－effect evaporation desalination systems: thermal analysis［J］. Desalination, 1999, 125: 259~276.

［169］ F. A. Juwayhel, H. T. Dessouky, H. M Ettouney. Analysis of single－effect evaporator desalination systems combined with vapor compression heat pumps［J］. Desalination, 1997, 114: 253~275.

［170］ 侯昊, 毕勤成, 张晓兰. 海水淡化系统中水平管降膜蒸发器流动与传热特性数值研究［J］. 中国电机工程学报, 2011, 31（20）: 81~87.

［171］ 许莉, 王世昌, 王宇新. 水平管薄膜蒸发传热系数［J］. 化工学报, 2003, 53（3）: 299~304.

［172］ 赵斌, 张少峰, 李金红等. 三效错流降膜真空蒸发低浓度氯化铵废水工艺［J］. 无机盐工业, 2006, 38（8）: 35~37.

［173］ 赵燕禹, 姜峰, 李修伦等. 蒸发装置防垢新技术及其在氯化钙生产中的应用［J］. 无机盐工业, 2008, 40（8）: 59~61.

［174］ A. E. Rawajfeh. Modeling of alkaline scale formation in falling film horizontal－tube multiple－effect distillers［J］. Desalination, 2007, 205: 124~139.

［175］ 曹生现. 冷却水污垢对策评价与预测方法及装置研究: ［博士学位论文］.

保定：华北电力大学，2009.

[176]　S. H. Najibi, H. M. Steinhagen, M. Jamialahmadi. Calcium sulphate scale formation during subcooled flow boiling ［J］. Chemical Engineering Science, 1997, 52（8）: 1265~1284.

[177]　A. E. Rawajfeh, M. A. Garalleh, G. A. Mazaideh, et al. Understanding $CaCO_3$ – Mg（OH）$_2$ scale formation a semi – empirical MINDO – forces study of CO_2 – H_2O system ［J］. Chem. Eng. Comm, 2008, 195: 998~1010.

[178]　冷树成. 凝结水的净化技术 ［J］. 工业水处理, 2010, 30（3）: 64~67.

[179]　E. Lim. A preliminary investigation of fouling in brazed plate heat exchangers: ［dissertation］. Seattle: Seattle University, 2010.

[180]　M. R. Malayeri, H. M. Steinhagen. Intelligent discrimination model to identify influential parameters during crystallisation fouling ［C］. Heat Exchanger Fouling and Cleaning VII, 2007, RP5: 285~291.

[181]　X. D. Qi, J. G. Knudsen. Functional correlation of surface temperature and flow velocity on fouling of cooling – tower water ［J］. Heat Transfer Engineering, 1986, 7: 63~71.

[182]　M. Bohnet. Fouling of heat transfer surfaces ［J］. Chemical Engineering Technology, 1987, 10: 113~125.

[183]　S. H. Chan, K. F. Ghassemi. Analytical modeling of calcium carbonate deposition for laminar falling films and turbulent in annuli: part 2 – mutispecies model ［J］. Journal of Heat Transfer, 1991, 113: 741~746.

[184]　P. R. Puckorius, J. M. Brooke. A new practical index for calcium carbonate scale producing in cooling tower systems ［J］. Corrosion, 1991, 47: 280~284.

[185]　T. E. Larson, R. V. Skold. Laboratory studies relating mineral quality of water to corrosion of steel and cast iron ［J］. Illinois State Water Survey: Champaign, 1958: 43~46.

[186]　R. Sheikholeslami. Assessment of the scaling potential for sparingly soluble salts in RO and NF units ［J］. Desalination, 2004, 167: 247~256.

[187]　H. A. Stiff, J. R. M. Aime, L. E. Davis. A method for predicting the tendency of oil field waters to deposit calcium sulfate ［J］. Journal of Petroleum Technology, 1952, 4（2）: 25~28.

[188]　W. John. Ryznar. A new index for determining the amount of calcium carbonate formed by a water ［J］. Water Works Ass, 1944, 36: 472~475.

[189]　K. M. Zia, M. Iqbal, H. Nawaz, et al. Langelier calcium carbonate saturometry determination by table values ［J］. International Journal of Agriculture &Biology, 1999, 1（4）: 353~355.

[190]　Westall J C, Zachary J L, Morel F M M. MINEQL: A computer program for the calculation of chemical equilibrium composition of aqueous systems ［M］. Water

Quality Laboratory, Ralph M. Parsons Laboratory for Water Resources and Environmental Engineering [sic], Department of Civil Engineering, Massachusetts Institute of Technology, 1976.

[191]　Gustafsson, J. P. Visual MINTEQ ver 2. 50, 2006. http://www. lwr. kth. se/English/OurSoftware/vminteq/.

[192]　Laperche V, Logan T J, Gaddam P, et al. Effect of apatite amendments on plant uptake of lead from contaminated soil [J]. Environmental Science & Technology, 1997, 31 (10): 2745 – 2753.

[193]　章骅. 城市生活垃圾焚烧灰渣重金属源特征及归趋 [D]. 上海: 同济大学, 2006.

[194]　吴彦瑜. Fenton 氧化和 MAP 化学沉淀工艺深度处理垃圾渗滤液 [D]. 华南理工大学, 2011.

[195]　X. K. Xing, C. F. Ma, Y. C. Chen, et al. Electromagnetic anti – fouling technology for prevention of scale [J]. J. Cent. South Univ. Technol, 2005, 13 (1): 68 ~ 74.

[196]　宋业林. 新编化学水处理技术问答 [M]. 北京: 中国石化出版社, 2008.

[197]　A. A. Pivovarov, A. P. Tischenko. Cold plasma as a new tool for purification of wastewater [S]. Modern Tools and Methods of Water Treatment for Improving Living Standards, 2005.

[198]　M. C. Georgiadis, G. E. Rotstein, S. Macchietto. Modeling and Simulation of Shell and Tube Heat Exchangers under Milk Fouling [J]. AIChE Journal, 1998, 44 (4): 971 ~ 959.

[199]　S. M. Zubair, A. Sheikh, M. Younas, et al. A risk based heat exchanger analysis subject to fouling part I performance evaluation [J]. Heat Transfer Engineering, 2000, 25: 427 ~ 443.

[200]　E. M. Ishiyama, F. Coletti, S. Macchietto, et al. Impact of deposit ageing on thermal fouling lumped parameter model [J]. AIChE Journal, 2010, 56 (2): 531 ~ 545.

[201]　M. Kostoglou, A. J. Karabelas. Comprehensive modeling of precipitation and fouling in turbulent pipe flow [J]. Ind. Eng. Chem. Res, 1998, 37: 1536 ~ 1550.

[202]　M. Yang, A. Young, A. Niyetkaliyev, et al. Modelling fouling induction periods [J]. International Journal of Thermal Sciences, 2012, 51: 175 ~ 183.

[203]　F. Coletti, S. Macchietto. A dynamic, distributed model of shell – and – tube heat exchangers under going crude oil fouling [J]. Ind. Eng. Chem. Res, 2011, 50: 4515 ~ 4533.

[204]　全贞花, 陈永昌, 马重芳. 碳酸钙于换热表面结垢的传热与传质模型 [J]. 中国科学 E 辑, 2008, 38 (5): 773 ~ 780.

［205］ M. O. Budair, M. S. Khan, S. M. Zubair, et al. $CaCO_3$ scaling in AISI 316 stainless steel tubes – effect of thermal and hydraulic parameters on the induction time and growth rate ［J］. Heat and Mass Transfer, 1998, 34: 163 ~ 170.

［206］ R. Sheikholeslami. Calcium sulfate fouling – precipitation or particulate: a proposed composite model ［J］. Heat Transfer Engineering, 2000, 21 (3): 24 ~ 33.

［207］ S. M. Peyghambarzadeh, A. Vatani , M. Jamialahmadi. Application of asymptotic model for the prediction of fouling rate of calcium sulfate under subcooled flow boiling ［J］. Applied Thermal Engineering, 2012, 39: 105 ~ 113.

［208］ M. Alahmad. Factors affecting scale formation in sea water environments – an experimental approach ［J］. Chem. Eng. Technol, 2008, 31 (1): 149 ~ 156.

［209］ A. Helalizadeh, H. M. Steinhagen, M. Jamialahmadi. Mixed salt crystallisation fouling ［J］. Chemical Engineering and Processing, 2000, 39: 29 ~ 43.

［210］ P. J. R. Schreier, P. J. Fryer. Heat exchanger fouling: a model study of the scale up of laboratory data ［J］. Chemical Engineering Science, 1995, 50 (8): 1311 ~ 1321.

［211］ A. Chanapai. Modeling of crystallization fouling in shell – and – tube heat exchangers: ［Dissertation］. London: Imperial College, 2010.

［212］ R. Maniero, P. Canu. A model of fine particles deposition on smooth surfaces i – theoretical basis and model development ［J］. Chemical Engineering Science, 2006, 61: 7626 ~ 7635.

［213］ N. Epstein. Particulate fouling of heat transfer surfaces: mechanisms and models ［M］. New York: Fouling Science and Technology, 1988.

［214］ 张小霓. 电导率法评定阻垢剂及碳酸钙结晶动力学研究: ［硕士学位论文］. 武汉: 武汉大学, 2004.

［215］ D. Hasson. Precipitation fouling, in fouling of heat transfer equipment ［M］. New York: Hemisphere, 1981.

［216］ H. L. Sung. A study of physical water treatment technology to mitigate the mineral fouling in a heat exchanger: ［Dissertation］. Drexel: Drexel University, 2002.

［217］ 舒福昌, 余维初, 梅平等. 宝浪油田注水结垢趋势预测及试验验证 ［J］. 江汉石油学院学报, 2000, 22 (3): 87 – 89.

［218］ H. Yua, R. Sheikholeslami, W. O. S. Doherty. Mechanisms, thermodynamics and kinetics of composite fouling of calcium oxalate and amorphous silica in sugar mill evaporators – a preliminary study ［J］. Chemical Engineering Science, 2002, 57: 1969 – 1978.

［219］ A. G. Icopini, S. Brantley, P. J. Heaney. Kinetics of silica oligomerization and nanocolloid formation as a function of pH and ionic strength at $25°C$ ［J］. Geochimica et Cosmochimica Acta, 2005, 69 (2): 293 – 303.

[220] M. Bohnet. Fouling of heat transfer surfaces [J]. Chem. Eng. Technol, 1987, 10: 113~125.

[221] B. R. Locke, M Sato, P Sunka, et al. Electrohydraulic discharge and non – thermal plasma for water treatment [J]. Ind. Eng. Chem. Res, 2006, 45 (3): 882 ~905.

[222] H. H. Cheng, S. S. Chen, Y. C. Wu, et al. Non – thermal plasma technology for degradation of organic compounds in wastewater control: a critical review [J]. J. Environ. Eng. Manage, 2007, 17 (6): 427~433.

[223] L. W. B. Browne. Deposition of particles on rough surfaces during turbulent gas – flow in a pipe [J]. Atmospheric Environment, 1974, 8 (8): 801~816.

[224] S. K. Friedlander, H. F. Johnstone. Deposition of suspended particles from turbulent gas streams [J]. Ind. Eng. Chem, 1957, 49 (7): 1151~1156

[225] N. B. Wood. A simple method for the calculation of turbulent deposition to smooth and rough surfaces [J]. Journal of Aerosol Science, 1981, 12 (3): 275~290.

[226] F. Cussac. Modelling of particulate fouling on heat transfer surfaces: the influence of bubbles on the deposition of iron oxides on alloy – 800 heater tubes: [Dissertation]. New Brunswick: The University of New Brunswick, 2007.

[227] D. Lister, F. Cussac. Modeling of particulate fouling on heat exchanger surfaces: influence of bubbles on iron oxide deposition [J]. Heat Transfer Engineering, 2009, 30 (10~11): 840~850.

[228] S. Uchida, Y. Asakura, H. Suzuki. Deposition of boron on fuel rod surface under sub – cooled boiling conditions – an approach toward understanding AOA occurrence [J]. Nuclear Engineering and Design, 2011, 241: 2398~2410.

[229] S. H. Najibi. Heat transfer and heat transfer fouling during subcooled flow boiling for electrolyte solutions: [Dissertation]. London: The University of Surrey, 1997.

[230] https: //baike. baidu. com/item/MATLAB/263035? fr = aladdin

FAN... STA...

SUNSHINE
BLOSSOM
GRACE
GALAXY
SMILE

Cherish
Enthusiasm
Rainbow...
If you weeped for
the missing sunset

Not A
Distance
the touch
of love
everyone
becomes
a poet

Distance
makes the
hearts grow
fonder

INTO
OUR
HEARTS
Love is like the moon

LOVE KEEPS
THE COLD OUT BETTER
THAN A CLOAK

HERE ARE
NO TRAILS
HE WINGS IN THE SKY,
RDS HAS FLIED AWAY

Darkness is
Darkness
With Thee

THERE IS NO
REMEDY
FOR LOVE
BUT TO
LOVE MORE

9章 文本的创建与编辑
调整文本对齐方式制作杂志封面
视频位置：光盘/教学视频第9章

2章 文档的基本操作
文件基本操作的完整流程
视频位置：光盘/教学视频第2章

KUDOS
www.kudos.ro

sun,09\08

OPTICK
ROSARIO
INTERNULLO

LOCK-IN
MOISTURE
BLOCK-OUT
DRYNESS

allure

SKIN SMOOTHING

GARNIER
Moisture
Rescue

24 hours of refreshing
hydration

Take ca
GARNIER

SMI
L&E
CUTE

To feel the flame of dreaming and to feel of
dancing, when all the romance IS FAR
away, the eternity is always there

all the SHINING STARS

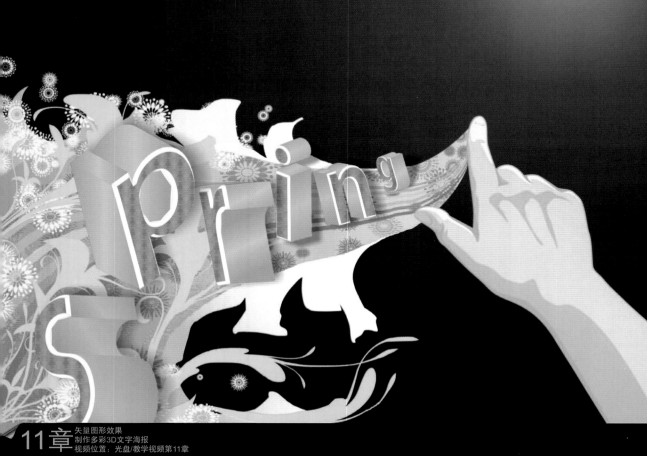

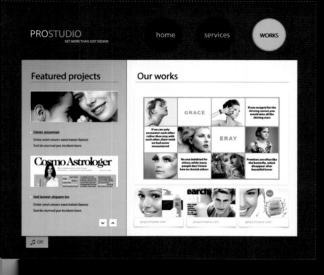

LOVE SALE

SCHOOL HOT SALE!

Student Discount 78%

ILE THE BIRDS HAS FLIED AWAY

I AM LOOKING FOR THE MISSING CLASS SHOES WHO HAS PICKED IT UP

COMPUTER BAG

SHOES

BASEBALL CAP

14章 综合练习实例
拼贴风格宣传海报
视频位置：光盘/教学视频第14章

14章
综合练习实例
时尚杂志封面
设计
视频位置：
光盘/教学视频
第14章

PERFECT BOOK FROM THE ERAY

Lifestyle eray

SMILE ETERNITY HOPE

GRACE BLISS MOMENT

5-10 NOVEMBER 2012

I 'M TOO HAPPY TO STAND FAINT

13章
神奇的位图效果
制作有趣的卷页
照片
视频位置：
光盘/教学视频
第13章

150 THINGS WE DIDN'T KNOW

About Sunshine

Thank to the god.Today I can still sit before the computer desk.I can get enough food and water.I am still alive .I am not gonna die of any disease or natural disaster.

I can still enjoy your warm hug and the loving expression in your eyes. Some people, arguing with you every day, but don't blame you. Some people, even the quarrel all have no, but already disappeared into the crowd.The moonlight stands for my heart!

Once in a moment, we think oneself grow up, one day, we finally found the meaning of desire and grew up .

There is no use being broken-hearted. The most important thing is to live a good life. Love is beautiful.

Miss you when I am depressed, just as I miss the sunlight in winter; I miss you when I feel happy, just as I miss the shade in the hot sun.

My heart beats for you every day. I am inspired by you every minute, and I worry about you every second. courage and strong except, as well as some must sacrificeIt is wonderful to have you in my life.

Pray for the swan goose, the moonlight and the spring breeze for thousands of times.I am too happy to stand faint!

I am looking for the missing glass-shoes who has picked it up

I am looking for the missing glass-shoes who has picked it up **109**

Zenobia
Designer

Finger rift,twisted in the love

STORY /LOVE /DESIGN

To feel the flame of dream and to feel the moment of dancing,when all the romance is far away,the eternity is always there

I would like weeping with the cry,when my heart is broken ,is it needed to fix to feel the flame of dreaming and to feel the moment of dancing,when all the romance is far away,the eternity is always there

I would like weeping with the smile rather than repenting with the cry, when my heart is broken ,is it needed to fix.

When keeping the ambiguity with you .I fear I will fall in love with you, and I fear I will cry after your leaving.

HI! NEW VISION

ABOUT TRUTH

ALL BURIED HERE

FASHION DESIGN

I would like weeping with the smile rather than repenting with the cry,when my heart is broken ,is it needed to fix .Love you so I don t wanna go to sleep. for reality is better than a dream.If I could rearrange the alphabet,I d put Y and I together I would like weeping with the smile rather than repenting with the

I would like weeping with the smile rather than repenting with the cry.when my heart is broken ,is it needed to fix .Love you so I don t wanna go to sleep. for reality is better than a dream.If I could rearrange the alphabet,I d put Y and I together

BABY'S FEAST AXEL

I don t know whether I really love you, but I know I cannot lose you. If the earth is going to be destroyed I want to tell you that you are the only one I want to see.
I can meet a person in a minute. like a person in an hour and love a person in a day. but it will take me a whole life to forget you but it will take me a whole life to forget you

To feel the flame of dream and to feel the moment of dancing,when all the romance is far away,the eternity is always there

I would like weeping with the smile rather than repenting with the cry,when my heart is broken ,is it needed to fix to feel the flame of dreaming and to feel the moment of dancing,when all the romance is always there

I would like weeping with the smile rather than repenting with the cry, when my heart is broken ,is it needed to fix

When keeping the ambiguity with you .I fear I will fall in love with you, and I fear I will cry after your leaving.

Dreaming in the memory is not as good as waiting for the paradise in the hell

Where there is great love, there are always miracles.

I would like weeping with the smile rather than repenting with the cry,when my heart is broken ,is it needed to fix to feel the flame of dreaming and to feel the moment of dancing,when all the romance is far away,the eternity is always there.

It is graceful grief and sweet sadness to think of you, but in my heart, there is a kind of soft warmth that can t be expressed with any choice of words.

Do you understand the feeling of missing someone .It is just like that you will spend a long hard time to turn the ice-cold water you have drunk into tears.

I would like weeping with the smile rather than repenting with the cry,when my heart is broken ,is it needed to fix .Love you so I don t wanna go to sleep. for reality is better than a dream.If I could rearrange the alphabet,I d put Y and I together.

9章 文本的创建与编辑
使用分栏与首字下沉制作杂志版式
视频位置：光盘/教学视频第9章

12章 位图的编辑处理
导入并裁剪图像制作杂志内页
视频位置：光盘/教学视频第12章

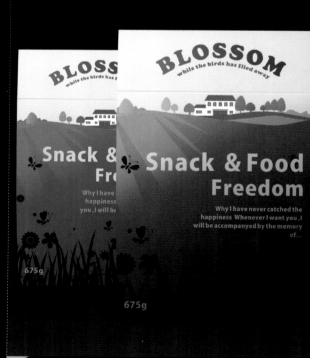

FADING IS TRUE
WHILE
FLOWERING
IS PAS

WE LOVE ERAY
Eternity is not a distance but a decision

COOLMILK
CHOCOLATE
Instant milk
That the milk Healthy beverage
"High calcium milk"

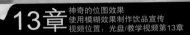

6章 对象的编辑与变换
制作矢量风格网页
视频位置：光盘/教学视频第6章

10章 表格的创建与编辑
使用表格完成宣传册版式制作
视频位置：光盘/教学视频第10章

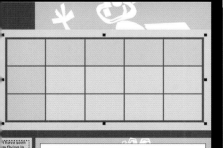

家居/心/主张

6.8万打造90平米360°无死角瞩目美居,真绘力!

家装大多都以木质材料为主,现在则是有选择性的使用木材,多用现代气息较浓的玻璃材料。除水、电和墙面打灰等基础装修外,其他部分家庭装修中,设计师与业主之间的沟通和交流越来多。

随着业主自我意识的提高,对设计师的要求也日益增加,什么样的设计理念和服务宗旨才能使客户满意?现在的家装设计潮流轻装修、重装防,风格简约的设计理念,完全是根据业主的个性需求如兴趣、喜爱、习惯等诸多元素而定,所以,设计师要把自己专业的、时尚的乃至个人珍藏的统一规划起来,从而达到协调的、完美的效果。

从专业的角度来看,流行的家居装饰物,存在两套少的情况:摆设品多,可移动的装饰品多,固定性品少,这种格局使居室有很强的灵活性和现代感。都可变装饰设计,设计师的设计重在打破传统的装念,尊重业主的喜好,引导他们共同打造舒适的居间。

如今的家居装饰灵活多样,形式越来越不固定。大多十分讲究灯光的处理和效果,墙面上还可多布置一些小装饰品、几个小层板、一些简单的小挂件等,都能成为墙面上最好的装饰品。很多业主出去游玩时买回的一些工艺品、纪念品也都是很好的装饰物。有些人喜欢过的小石头,看到的奇形怪状的小木头和藤制品,以及一些可爱的小贝壳等,都在设计师的指导下无限制地用作装饰品。

比如,儿童房的设计格调一般要求自然、活泼,曾经见过一间独特的儿童房,床头的背景墙上没有用普通的夹板或墙纸,而是先刷上粘性较强的涂料,再粘上一些小贝壳、海螺、海藻等天然物品,竟然起到意想不到的艺术效果。这样花的钱既不多,相比夹板和墙纸还有很好的环保作用。

色彩斑斓的时尚美家

因住房面积是一个定值,在一个有限的空间内家庭成员要进行学习、娱乐、睡眠、进餐和卫浴活动,故对空间的要求各不相同,需要对整体进行规划与设计、避免相互影响和干扰,合理地确定各部分的功能划分。因而,必须首先进行居室的功能划分,才能达到科学利用空间的目的。

超赞的蓝色儿童房

用竖线条纹图案来装饰室内墙面、有室内空间长高的感觉。在墙面上贴同一花样和材料的墙布以及床罩、窗帘等,能够使房间倍感亲切,也在视觉上扩大了空间。

在设计时,应注意室内空间流通、减少阻挡视觉空间流通的家具和陈设,使空间有延伸感。所谓合理,就是根据建筑的空间分布情况,布置的区域符合人们的日常生活规律,满足家庭成员各种活动的需要,并充分利用空间,保证环境质量。

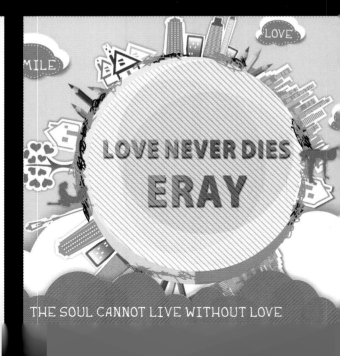

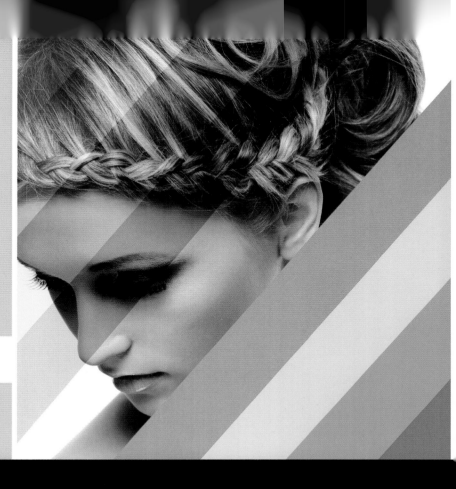

ERAY

ERAY ART DESIGN STUDIO

11章 矢量图形效果
使用透镜制作炫彩效果
视频位置：光盘/教学视频第11章

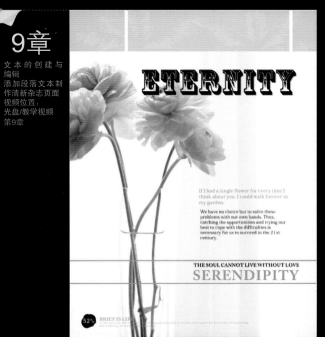

9章 文本的创建与
编辑
添加段落文本制
作清新杂志页面
视频位置：
光盘/教学视频
第9章

ETERNITY

If I had a single flower for every time I think about you, I could walk forever in my garden.

We have no choice but to solve these problems with our own hands. Thus, catching the opportunities and trying our best to cope with the difficulties is necessary for us to succeed in the 21st century.

THE SOUL CANNOT LIVE WITHOUT LOVE
SERENDIPITY

52% BRIEF IS LIFE

11章 矢量图形效果
使用调和效果制
作宣传页
视频位置：
光盘/教学视频
第11章

SHOW ME THE MONEY

Constant learning supplies us with inexhaustible fuel for driving us to sharpen our power of reasoning, analysis, and judgment. Learning incessantly is the surest way to keep pace with the times in the information age, and an infallible warrant of success in times of uncertainty. vegetation sets in. It is a common fallacy to regard school as the only workshop for the acquisition of knowledge. On the contrary, learning should be a never-ending process, from the cradle to the grave. With the world ever changing so fast, the cease from learning for just a few days will make a person lag behind. What's worse, the animalistic instinct dormant deep in our subconsciousness will come to life, weakening our will to pursue our noble ideal, sapping our determination to sweep away obstacles to our success and strangling our desire for the refinement of our character. Lack of learning will inevitably lead to the stagnation of the mind, or even worse, its fossilization, Therefore, to stay mentally young, we have to take learning as a lifelong career.

我的心情
我的时尚色彩
潮流前线最 in 流行色彩

润泽的血色腮红是型格女孩的可爱Secret用质地丰盈润泽的腮红，带来健康的成熟妆容，拥有好气色的妆容更能吸引众人目光，做个气色好的女生用刷腮红就能提升整体妆容的颜色感哦！

Alice 系列是最近在网络上具有超高人气的毛孔收缩系列护肤品，多年研发在护肤品中特别采用了表层生长因子保活技术，使细胞的生长及恢复更为迅速。

套装中轻柔泡沫洁面用着挺温和，闻着有股甜甜的味道，搭配着咪薇堂的超细珍珠粉，把毛孔清洗得干干净净。

不过最管效的还当属套装里的霜保湿无味不刺激，特别运用了生物阳光独家的活性保持技术而活性成分能使皮肤细胞活化，增加肌肤弹性，收缩毛孔使肌肤更加紧致的目的。

THE TREND OF THE FRONT MOST IN FASHION COLOR

8章 填充与轮廓
课后练习——时装杂志版式
视频位置：光盘/教学视频第8章

4章
绘制简单的图形
使用矩形制作杂志广告
视频位置：
光盘/教学视频
第4章

lose myself
find myself wanting
be lost again

Constant learning supplies us with

11章
矢量图形效果
创建透明效果制作个性海报
视频位置：
光盘/教学视频
第11章

ERAY/IF

7章
对象管理
制作美丽的蝴蝶
视频位置：光盘/教学视频第7章

5章
绘制复杂对象
使用艺术笔工具为卡通
画增色
视频位置：
光盘/教学视频第5章

12章 位图的编辑处理
导入图像制作留声机海报
视频位置：光盘/教学视频第12章

3章 页面设置与文档显示
课后练习——使用不同方式查看文档
视频位置：光盘/教学视频第3章

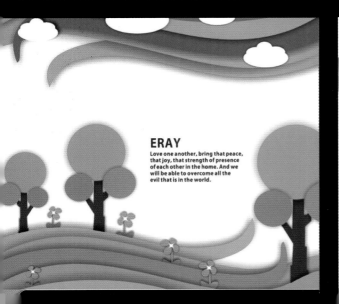

ERAY

Love one another, bring that peace,
that joy, that strength of presence
of each other in the home. And we
will be able to overcome all the
evil that is in the world.

personal resume

I could walk
forever in my garden

The Younger

hope

FOR THE MISSING
HAS PICKED IT UP

WHERE THERE IS GREAT LOVE
LOVE NEVER DIES

If I had a single flower for every time I think about you. I could walk forever in my garden

位图的编辑处理
12章 视频课堂——欧美风格混合插画
视频位置：光盘/教学视频第12章

位图的编辑处理
12章 使用双色模式制作欧美风格人像海报
视频位置：光盘/教学视频第12章

SMILE
PEACE
PROMISES ARE
OFTEN LIKE
THE BUTTERFLY, WHICH
DISAPPEAR AFTER
BEAUTIFUL
HOVER

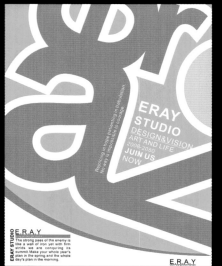

E R A Y
STUDIO
DESIGN&VISION
ART AND LIFE
2008-2080
JUIN US
NOW

E.R.A.Y
ERAY STUDIO
The strong pass of the enemy is like a wall of iron yet with firm strids we are conquring its summit. Make your whole year's plan in the spring and the whole day's plan in the morning.

E.R.A.Y

绘制复杂对象　　　　　　　对象的编辑与变换　　　　　　　填充与轮廓

5章 绘制复杂对象
视频课堂——使用钢笔工具制作简约名片
视频位置：光盘/教学视频第5章

9章 文本的创建与编辑
利用文本样式制作企业画册
视频位置：光盘/教学视频第9章

11章 矢量图形效果
使用立体化创建立体文字效果
视频位置：光盘/教学视频第11章

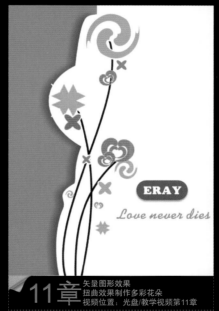

11章 矢量图形效果
扭曲效果制作多彩花朵
视频位置：光盘/教学视频第11章

14章 综合练习实例
淡雅饮品包装设计
视频位置：光盘/教学视频第14章

7章 对象管理
视频课堂——制作输入法皮肤
视频位置：光盘/教学视频第7章

11章 矢量图形效果
制作卡通风格产品宣传页
视频位置：光盘/教学视频第11章

页 1   页 2   页 3

3章 页面设置与文档显示
设置合适的文档页面
视频位置：光盘/教学视频第3章

13章

神奇的位图效果
使用晶体化命令制作抽
象画效果
视频位置：
光盘/教学视频第13章

6章 对象的编辑与变换
使用合并命令制作商场
促销广告
视频位置：
光盘/教学视频第6章

6章 对象的编辑与变换
使用倾斜命令制作杂志
版式
光盘/教学视频第6章

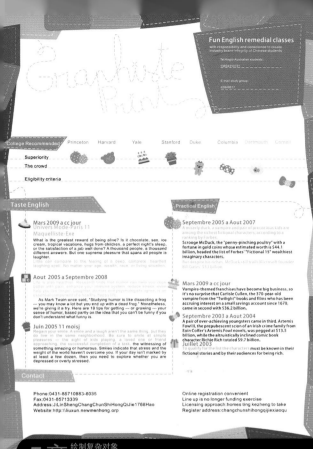

NO ONE INDEBTED FOR OTHERS

I MISS YOU SO MUCH ALREADY AND I HAVEN'T EVEN LEFT YET!

F L A B B E R G A S T E D !

HIPPOPOTAMUS
BUTTERFLY

sophisticated

BLISS

Passionate love is a quenchless

SUNSHINE
PEACE

SMILE

+

GRACE
PEACE OF AQUA

MY HEART IS WITH YOU

HAS NEVER LIVED

GRACE

galaxy

8

ERAY

Love one another, bring that peace,
that joy, that strength of presence
of each other in the home. And we
will be able to overcome all the
evil that is in the world.

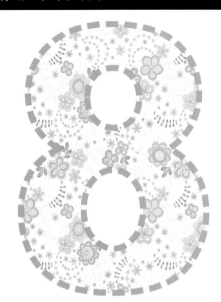

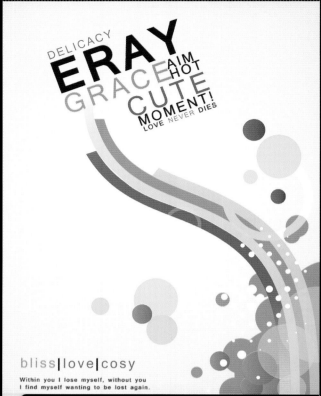

8章 填充与轮廓
编辑轮廓线制作有趣的数字海报
视频位置：光盘/教学视频第8章

6章 对象的编辑与变换
改变对象大小打造缤纷文字海报
视频位置：光盘/教学视频第6章

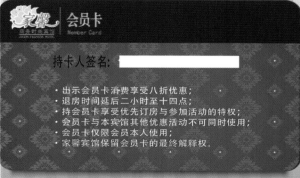

7章 对象管理
课后练习——制作宾馆会员卡
视频位置：光盘/教学视频第7章

14章

综合练习实例
汽车与城市主题招贴
视频位置：光盘/教学视频第14章

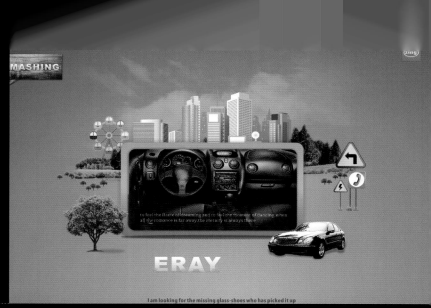

12章

位图的编辑处理
打造清新人像
视频位置：光盘/教学视频第12章

13章

神奇的位图效果
视频课堂——制作三维空间
视频位置：光盘/教学视频第13章

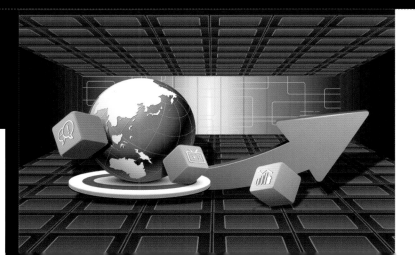

8章 填充与轮廓
使用滴管工具制作华丽播放器
视频位置:光盘/教学视频第10章

4章 绘制简单的图形
使用星形制作趣味勋章
视频位置:光盘/教学视频第4章

5章 绘制复杂对象
使用涂抹笔刷制作趣味标志
视频位置：光盘/教学视频第5章

4章

绘制简单的图形
使用多边形制作标志
视频位置：
光盘/教学视频第4章

8章 填充与轮廓
使用网状填充工具制作卡通女孩
视频位置：光盘/教学视频第8章

4章

绘制简单的图形
课后练习——多彩的
LOGO设计
视频位置：
光盘/教学视频第4章

2章
文档的基本操作
为CorelDRAW文档导出JPG
预览图
视频位置：光盘/视频第2章

8章
填充与轮廓
使用均匀填充制作卡通猫咪
视频位置：光盘/视频第8章

12章
位图的编辑处理
使用所选颜色命令打造秋季
景色
视频位置：光盘/视频第12章

5章
绘制复杂对象
使用刻刀工具制作炫彩标志
视频位置：光盘/视频第5章

4章
绘制简单的图形
使用圆形工具制作卡通树
视频位置：光盘/视频第4章

4章
绘制简单的图形
使用箭头形状制作名片
视频位置：光盘/视频第4章

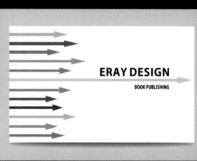

5章
绘制复杂对象
使用钢笔工具完成卡通少女
的制作
视频位置：光盘/视频第5章

6章
对象的编辑与变换
精确裁剪制作古典纸扇
视频位置：光盘/视频第6章

5章
绘制复杂对象
炫彩质感标志设计
视频位置：光盘/视频第5章

11章
矢量图形效果
使用封套变形制作创意文字
海报
视频位置：光盘/视频第11章

6章

对象的编辑与变换
使用移除前面对象命令制作卡
通城堡
视频位置：光盘/视频第6章

13章

神奇的位图效果
使用三维效果制作包装袋
视频位置：光盘/视频第13章

11章

矢量图形效果
编辑透明效果制作混合文字
视频位置：光盘/视频第11章

8章

填充与轮廓
视频课堂——使用渐变填充制
作徽章
视频位置：光盘/视频第8章

14章

综合练习实例
简约化妆品标志设计
视频位置：光盘/视频第14章

14章

综合练习实例
简洁风格儿童主题网站
视频位置：光盘/视频第14章

5 章

绘制复杂对象
视频课堂——绘制卡通兔子
视频位置：光盘/视频第5章

14章

综合练习实例
充满青春活力的请柬
视频位置：光盘/视频第14章

13章

神奇的位图效果
制作彩色蜡笔画背景
视频位置：光盘/视频第13章

11章

矢量图形效果
课后练习——制作唯美卡片
视频位置：光盘/视频第11章

CorelDRAW X6自学视频教程

唯美映像　编著

清华大学出版社

北　京

内 容 简 介

《CorelDRAW X6自学视频教程》一书从专业、实用的角度出发，全面、系统地讲解CorelDRAW X6的使用方法。全书共分14章，其中前13章主要介绍了CorelDRAW的核心功能和技巧，主要内容包括 CorelDRAW X6的基础知识、文档的基本操作、图形的绘制、对象的编辑和管理、填充与轮廓、文本和表格的创建与编辑、矢量图形效果、位图的编辑处理等，最后一章通过化妆品标志设计、请柬设计、杂志封面设计、包装设计和主题招贴设计等8个具体的设计实例让读者进行有针对性和实用性的实战练习，不仅使读者巩固了前面学到的技术技巧，更是为读者在以后实际学习工作进行提前"练兵"。

本书是一本CorelDRAW X6完全自学视频教程，适合于CorelDRAW的初学者，同时对具有一定CorelDRAW使用经验的读者也有很好的参考价值，还可作为学校、培训机构的教学用书。

本书和光盘有以下显著特点：

1. 103节大型配套视频讲解，让老师手把手教您。（最快的学习方式）

2. 103个中小实例循序渐进，从实例中学、边用边学更有兴趣。（提高学习兴趣）

3. 会用软件远远不够，会做商业作品才是硬道理，本书列举了许多实战案例。（积累实战经验）

4. 专业作者心血之作，经验技巧尽在其中。（实战应用、提高学习效率）

5. 千余项配套资源极为丰富，素材效果一应俱全。（方便深入和拓展学习）

21类常用静态设计素材1000多个；《色彩设计搭配手册》和常用颜色色谱表。另外，本光盘还赠送了位图处理软件Photoshop CS6基本操作104讲，感兴趣的读者可选择学习。

图书在版编目（CIP）数据

CorelDRAW X6 自学视频教程/唯美映像编著. —北京：清华大学出版社，2015（2021.1 重印）
ISBN 978-7-302-35390-4

Ⅰ. ①C… Ⅱ. ①唯… Ⅲ. ①图形软件－教材 Ⅳ. ①TP391.41

中国版本图书馆CIP数据核字（2014）第022940号

责任编辑： 赵洛育
封面设计： 刘洪利
版式设计： 文森时代
责任校对： 马军令
责任印制： 宋 林

出版发行： 清华大学出版社
　　　　　网　　　址：http://www.tup.com.cn，http://www.wqbook.com
　　　　　地　　　址：北京清华大学学研大厦A座　　　　　　　邮　　编：100084
　　　　　社 总 机：010-62770175　　　　　　　　　　　　邮　　购：010-62786544
　　　　　投稿与读者服务：010-62776969，c-service@tup.tsinghua.edu.cn
　　　　　质量反馈：010-62772015，zhiliang@tup.tsinghua.edu.cn

印 装 者： 三河市龙大印装有限公司
经　　销： 全国新华书店
开　　本： 203mm×260mm　　**印　张：** 26　　**插　页：** 14　　**字　　数：** 1078千字
　　　　　（附DVD光盘1张）
版　　次： 2015年6月第1版　　　　　　　　　　　　**印　　次：** 2021年1月第5次印刷
定　　价： 88.00元

产品编号：049298-01

前言
Preface

CorelDRAW是Corel公司开发的矢量图形绘制软件，广泛应用于商标设计、模型绘制、插图描画、排版及分色输出等诸多领域。

作为一个强大的绘图软件，CorelDRAW为设计者提供了一整套的绘图工具，如圆形、矩形、多边形、螺旋线，并配合塑形工具，可对各种基本形作出更多的变化，如圆角矩形、弧形、扇形、星形等。同时CorelDRAW还提供了特殊笔刷，如压力笔、书写笔、喷洒器等，以便充分地利用电脑处理信息量大、随机控制能力高的特点。

另外，在图形的精确定位和变形控制、色彩配置及文字处理等方面，CorelDRAW都提供了相比其他图形软件都更完备的工具和命令，为设计者带来极大的便利。

CorelDRAW主要应用在如下领域：

■ 平面设计

平面设计是CorelDRAW应用最为广泛的领域，无论您是在大街小巷，还是在日常生活中见到的广告、招牌、海报、招贴、包装、图书封面等各类矢量平面印刷品，很多都是使用CorelDRAW设计的。

■ 商标设计

商标是企业形象、特征、信誉和文化的浓缩。商标设计是商标创意的体现和表达，是用文字或艺术手段将商标构思具体化、成果化的过程。作为一款优秀的矢量绘图软件，CorelDRAW在商标设计领域应用非常普遍。

■ 插画设计

插画作为一种视觉化艺术形式，普遍应用于现代设计领域的各个方面，如广告设计、包装设计、书籍装帧设计、宣传样本设计、展示设计等。插画的造型、色彩和线条的活力能强烈冲击人们的视觉神经，有效地吸引人们的注意力。CorelDRAW中包含众多优秀的绘画工具，可以绘制出各种风格的数字绘画。

■ 排版及分色输出

CorelDRAW是一种专业性的绘图软件，同时也是一种功能强大的排版软件，目前市场中能见到的任何一种书籍或刊物，几乎没有CorelDRAW不能做下来的项目。很多设计作品都直接在CorelDRAW中排版然后分色输出。国内的广大平面设计人员和印前制作人员，通常都对CorelDRAW进行必要的了解和掌握，与Photoshop一起构成平面设计人员的必备工具。

本书内容编写特点

1. 完全从零开始

本书以入门者为主要读者对象，通过对基础知识细致入微的介绍，辅助以对比图示效果，结合中小实例，对常用工具、命令、参数做了详细的介绍，同时给出了技巧提示，确保读者零起点、轻松快速入门。

2. 内容极为详细

本书内容涵盖了CorelDRAW X6几乎所有工具、命令的相关功能，是市场上内容最为全面的图书之一，可以说是入门者的百科全书，有基础者的参考手册。

3. 例子丰富精美

本书的实例均经过精心挑选，确保例子实用的基础上精美、漂亮，一方面熏陶读者朋友的美感，一方面让读者在学习中享受美的世界。

4. 注重学习规律

本书在讲解过程中采用了"知识点+理论实践+实例练习+综合实例+技术拓展+技巧提示"的模式，符合轻松易学的学习规律。

本书显著特色

1. 大型配套视频讲解，让老师手把手教您

光盘配备与书同步的自学视频，涵盖全书几乎所有实例，如同老师在身边手把手教您，让学习更轻松、更高效！

2. 中小实例循序渐进，边用边学更有兴趣

中小实例极为丰富，通过实例讲解，让学习更有兴趣，而且读者还可以多动手，多练习，只有如此才能深入理解、灵活应用！

3. 配套资源极为丰富，素材效果一应俱全

本光盘除包含书中实例的素材和源文件外，还赠送经常用到的设计素材及《色彩设计搭配手册》和常用颜色色谱表等。

4. 会用软件远远不够，商业作品才是王道

仅仅学会软件使用远远不能适应社会需要，本书后边给出不同类型的综合商业案例，以便积累实战经验，为以后的实际工作就业搭桥。

5. 专业作者心血之作，经验技巧尽在其中

作者系艺术学院讲师，设计、教学经验丰富，大量的经验技巧融在书中，可以提高学习效率，少走弯路。

本书服务

1. CorelDRAW X6软件获取方式

本书提供的光盘文件包括教学视频和素材等，教学视频可以演示观看。要按照书中实例操作，必须安装CorelDRAW 软件之后，才可以进行。您可以通过如下方式获取CorelDRAW X6简体中文版：

（1）登录官方网站http://www.corel.com/corel/咨询。

（2）到当地电脑城的软件专卖店咨询。

（3）到网上咨询、搜索购买方式。

2. 关于本书光盘的常见问题

（1）本书光盘需在电脑DVD格式光驱中使用。其中的视频文件可以用播放软件进行播放，但不能在家用DVD播放机上播放，也不能在CD格式光驱的电脑上使用（现在CD格式的光驱已经很少）。

（2）如果光盘仍然无法读取，建议多换几台电脑试试看，绝大多数光盘都可以得到解决。

（3）盘面有胶、有脏物建议要先行擦拭干净。

（4）光盘如果仍然无法读取的话，请将光盘邮寄给：北京清华大学（校内）出版社白楼201 编辑部，电话：010-62791977-278。我们查明原因后，予以调换。

（5）如果读者朋友在网上或者书店购买此书时光盘缺失，建议向该网站或书店索取。

3. 交流答疑QQ群

为了方便解答读者提出的问题，我们特意建立了如下QQ群：

CorelDRAW技术交流QQ群：206907739。（如果群满，我们将会建其他群，请留意加群时的提示）

4. 留言或关注最新动态

为了方便读者，我们会及时发布与本书有关的信息，包括读者答疑、勘误信息，读者朋友可登录本书官方网站（www.eraybook.com）进行查询。

关于作者

本书由唯美映像组织编写，唯美映像是一家由十多名艺术学院讲师组成的平面设计、动漫制作、影视后期合成的专业培训机构。瞿颖健和曹茂鹏讲师参与了本书的主要编写工作。另外，由于本书工作量巨大，以下人员也参与了本书的编写工作，他们是：杨建超、马啸、李路、孙芳、李化、葛妍、丁仁雯、高歌、韩雷、瞿吉业、杨力、张建霞、瞿学严、杨宗香、董辅川、杨春明、马扬、王萍、曹诗雅、朱于振、于燕香、曹子龙、孙雅娜、曹爱德、曹玮、张效晨、孙丹、李进、曹元钢、张玉华、鞠闯、艾飞、瞿学统、李芳、陶恒斌、曹明、张越、瞿云芳、解桐林、张琼丹、解文耀、孙晓军、瞿江业、王爱花、樊清英等，在此一并表示感谢。

特别说明

本书是在原来CorelDRAW X5的版本上修改而来，适合于X5和X6两种版本，极少数内容和界面稍有区别，不会影响到对本书内容的学习。

衷心感谢

在编写的过程中，得到了吉林艺术学院副院长郭春方教授的悉心指导，得到了吉林艺术学院设计学院院长宋飞教授的大力支持，在此向他们表示衷心的感谢。本书项目负责人及策划编辑刘利民先生对本书出版做了大量工作，谢谢！

寄语读者

亲爱的读者朋友，千里有缘一线牵，感谢您在茫茫书海中找到了本书，希望她架起你我之间学习、友谊的桥梁，希望她带您轻松步入五彩斑斓的设计世界，希望她成为您成长道路上的铺路石。

唯美映像

目录
Contents

103节大型高清同步视频讲解

第 1 章 学习CorelDRAW X6 的基础知识 ········· 1

1.1 认识CorelDRAW X6 ································ 2
　　重点 技术拓展：矢量图形 ···························· 2
　　1.1.1 CorelDRAW X6的定义 ···················· 2
　　1.1.2 CorelDRAW X6的新增功能 ··············· 2
　　1.1.3 CorelDRAW的应用 ························· 3
1.2 安装与卸载CorelDRAW ························· 5
　　1.2.1 安装CorelDRAW的系统要求 ·············· 5
　　1.2.2 动手学：安装CorelDRAW X6 ·············· 6
　　1.2.3 卸载CorelDRAW X6 ······················· 7
1.3 CorelDRAW的启动与退出 ···················· 8
　　1.3.1 启动CorelDRAW ··························· 8
　　1.3.2 详解"欢迎屏幕" ··························· 8
　　1.3.3 退出 CorelDRAW ·························· 9
1.4 认识CorelDRAW的工作界面 ················· 10
　　1.4.1 工作界面概述 ····························· 10
　　1.4.2 动手学：设置CorelDRAW的工作区 ······ 11
　　1.4.3 菜单栏的菜单命令速查 ···················· 11
　　1.4.4 标准工具栏的工具速查 ···················· 12
　　1.4.5 工具栏的工具速查 ························· 12

第 2 章 文档的基本操作 ················· 15

2.1 创建新的文档 ································· 16
　　2.1.1 动手学：文档的新建 ······················ 16
　　重点 技术拓展：详解"创建新文档"对话框 ······ 16
　　2.1.2 动手学：从模板新建文档 ·················· 17
2.2 打开文档 ····································· 18
　　2.2.1 动手学：打开已有文档 ···················· 18
　　2.2.2 动手学：打开最近用过的文档 ·············· 19
2.3 保存文档 ····································· 19
　　2.3.1 动手学：使用"保存"命令 ················ 19
　　2.3.2 使用"另存为"命令 ······················ 20
　　2.3.3 动手学：将文档另存为模板 ················ 20
　　重点 案例实战——将文档另存为
Adobe Illustrator可用的格式 ······················ 20

　　重点 技术拓展：关于Adobe Illustrator ············ 22
2.4 导入与导出 ·································· 22
　　2.4.1 动手学：向文档中导入其他内容 ············ 22
　　2.4.2 导出文档 ································· 23
　　2.4.3 将文档导出到Office ······················ 23
　　重点 案例实战——为CorelDRAW文档导出JPG预览图 ·· 24
　　重点 技术拓展：JPG格式位图图像 ··············· 25
　　重点 视频课堂——使用"导入"命令制作贺卡 ····· 26
2.5 将文档发布到PDF ····························· 26
　　重点 答疑解惑：什么是PDF？ ··················· 26
2.6 文档的关闭 ·································· 26
　　2.6.1 动手学：关闭文档 ························· 26
　　2.6.2 全部关闭 ································· 27
　　重点 案例实战——文档基本操作的完整流程 ······ 27
2.7 自动收集用于输出的相关文件 ·················· 28
2.8 打印 ··· 29
　　2.8.1 打印设置 ································· 29
　　2.8.2 打印预览 ································· 29
　　2.8.3 打印文档 ································· 31
2.9 输出为网页形式 ······························· 31
　　2.9.1 导出到网页 ······························· 32
　　重点 技术拓展：Web兼容的文件格式 ············ 32
　　2.9.2 导出HTML ······························· 32

第 3 章 页面设置与文档显示 ················· 34

3.1 修改页面属性 ································· 35
　　3.1.1 页面设置 ································· 35
　　3.1.2 在属性栏中修改页面属性 ·················· 36
　　3.1.3 标签页面 ································· 37
3.2 文档页面的操作 ······························· 38
　　3.2.1 动手学：选择页面 ························· 38
　　3.2.2 动手学：转到特定页面 ···················· 38
　　3.2.3 动手学：插入页面 ························· 39
　　3.2.4 再制页面 ································· 39
　　3.2.5 动手学：重命名页面 ······················ 39
　　3.2.6 动手学：删除页面 ························· 40
　　3.2.7 设置页面布局 ····························· 40
3.3 动手学：设置页面背景 ························· 40
3.4 新建参考窗口 ································· 41

3.5 设置文档的显示方式 ································· 41
    3.5.1 设置合适的文档排列方式 ··············· 42
    3.5.2 更改文档的显示模式 ····················· 42
    3.5.3 动手学：设置文档的预览方式 ········· 42
    3.5.4 使用视图管理器 ··························· 43
    重点 案例实战——设置合适的文档页面 ··· 43
3.6 使用缩放/平移工具查看文档 ················· 44
    3.6.1 认识缩放工具 ····························· 44
    3.6.2 轻松放大/缩小画面显示比例 ··········· 45
    3.6.3 使用平移工具查看不同区域 ··········· 45
3.7 显示页边框/出血/可打印区域 ················· 45
3.8 常用的辅助工具 ································· 46
    3.8.1 动手学：使用标尺 ······················· 46
    重点 技术拓展：标尺的参数设置 ··········· 47
    3.8.2 动手学：使用辅助线 ····················· 47
    重点 答疑解惑：如何更改辅助线的颜色？ ··· 48
    3.8.3 使用动态辅助线 ··························· 48
    3.8.4 文档网格 ·································· 48
    3.8.5 自动贴齐对象 ····························· 49
    重点 技术拓展：认识贴齐对象 ·············· 49

第 4 章 绘制简单的图形 ················· 51

（📷 视频演示：47分钟）

4.1 认识图形绘制 ································· 52
    4.1.1 认识图形绘制工具 ······················· 52
    4.1.2 将图形对象转换为曲线对象 ··········· 53
4.2 对象的简单操作 ································· 53
    4.2.1 动手学：选择对象 ······················· 53
    重点 技术拓展：配合快捷键选择对象 ······· 54
    4.2.2 动手学：移动对象 ······················· 55
    4.2.3 删除对象 ·································· 55
    4.2.4 动手学：复制对象与粘贴对象 ········· 55
    4.2.5 剪切对象 ·································· 56
    4.2.6 选择性粘贴 ······························· 56
4.3 绘制矩形 ······································· 57
    4.3.1 动手学：使用矩形工具 ················· 57
    重点 案例实战——使用矩形工具制作创意简历 ··· 57
    4.3.2 动手学：制作圆角矩形/扇形角矩形/倒菱角矩形 ··· 58
    4.3.3 使用3点矩形工具 ························· 59
    重点 案例实战——使用矩形制作杂志广告 ··· 59
4.4 绘制椭圆形 ····································· 61
    4.4.1 动手学：使用椭圆形工具 ············· 61
    重点 案例实战——使用椭圆形工具制作卡通树 ··· 61
    4.4.2 动手学：绘制饼形和弧形 ············· 62
    4.4.3 使用3点椭圆形工具 ····················· 63
    重点 案例实战——使用椭圆形工具制作创意招贴 ··· 63

4.5 操作的撤销与重做 ····························· 66
    4.5.1 动手学：撤销错误操作 ················· 66
    重点 答疑解惑：最多可以撤销多少步错误操作呢？ ··· 66
    4.5.2 重做撤销的操作 ··························· 66
    4.5.3 重复进行之前的操作 ····················· 66
4.6 绘制多边形 ····································· 67
    重点 案例实战——使用多边形制作标志 ····· 67
4.7 绘制星形 ······································· 70
    4.7.1 动手学：绘制星形 ······················· 70
    重点 案例实战——使用星形制作趣味勋章 ··· 71
    4.7.2 动手学：绘制复杂星形 ················· 72
    重点 案例实战——使用星形制作星光贺年卡 ··· 72
    重点 案例实战——绘制卡通海星招贴 ······· 73
4.8 使用图纸工具 ································· 78
4.9 绘制常见的基本形状 ··························· 78
    4.9.1 动手学：基本形状工具 ················· 79
    4.9.2 动手学：箭头形状工具 ················· 79
    重点 案例实战——使用箭头形状制作名片 ··· 80
    4.9.3 流程图形状工具 ··························· 80
    4.9.4 动手学：标题形状工具 ················· 81
    4.9.5 动手学：标注形状工具 ················· 81
4.10 智能绘图 ······································· 82
4.11 创建条形码 ····································· 82

第 5 章 绘制复杂对象 ················· 84

（📷 视频演示：48分钟）

5.1 使用贝塞尔工具绘图 ··························· 85
    5.1.1 动手学：使用贝塞尔工具绘制直线与折线 ··· 85
    5.1.2 动手学：使用贝塞尔工具绘制曲线 ··· 85
    重点 案例实战——炫彩质感标志设计 ······· 85
    重点 视频课堂——绘制卡通兔子 ··········· 87
5.2 钢笔工具 ······································· 87
    重点 案例实战——使用钢笔工具完成卡通少女的制作 ··· 88
    重点 答疑解惑：什么是"群组"？ ··········· 89
    重点 视频讲堂——使用钢笔工具制作简约名片 ··· 89
5.3 动手学：使用手绘工具轻松绘图 ············· 90
5.4 应用艺术笔制作有趣的线条 ··············· 90
    重点 技术拓展：拆分艺术笔群组 ··········· 91
    5.4.1 动手学：使用预设模式艺术笔 ········· 91
    5.4.2 笔刷模式艺术笔 ··························· 92
    5.4.3 动手学：使用喷涂模式艺术笔 ········· 92
    重点 案例实战——使用艺术笔工具为卡通画增色 ··· 93
    5.4.4 使用书法模式艺术笔 ····················· 95
    5.4.5 使用压力模式艺术笔 ····················· 95
    重点 案例实战——使用多种绘图工具制作创意文字 ··· 95

5.5 使用其他的线形绘图工具 ·············· 98
　5.5.1 使用2点线工具 ······················ 98
　5.5.2 使用B样条工具 ····················· 99
　5.5.3 动手学：使用折线工具 ············· 99
　　重点 技术拓展：折线工具的平滑设置 ···· 100
　5.5.4 使用3点曲线工具 ·················· 100
　5.5.5 绘制螺纹线 ························· 100
5.6 使用形状工具编辑对象 ··············· 101
　5.6.1 动手学：使用形状工具选择节点 ···· 101
　　重点 技术拓展：快速选择第一个或最后一个节点 ···· 102
　　重点 技术拓展："选取范围模式"详解 ···· 102
　5.6.2 动手学：改变节点位置 ············ 102
　5.6.3 动手学：在曲线上添加或删除节点 ·· 103
　5.6.4 动手学：转换节点 ················· 103
　5.6.5 动手学：连接节点和断开节点 ······ 104
　5.6.6 动手学：闭合曲线 ················· 104
　5.6.7 动手学：延展与缩放节点 ·········· 104
　5.6.8 动手学：旋转和倾斜节点 ·········· 105
　5.6.9 动手学：对齐节点 ················· 105
5.7 简单好用的形状编辑工具 ············· 106
　5.7.1 使用涂抹笔刷 ····················· 106
　　重点 案例实战——使用涂抹笔刷制作趣味标志 ···· 107
　5.7.2 使用粗糙笔刷 ····················· 108
　5.7.3 使用自由变换工具 ················· 109
　5.7.4 使用涂抹工具 ····················· 110
　5.7.5 转动工具的应用 ··················· 110
　5.7.6 吸引工具的应用 ··················· 111
　5.7.7 排斥工具的应用 ··················· 111
5.8 裁剪工具与刻刀工具 ················· 111
　5.8.1 动手学：使用裁剪工具 ············ 112
　5.8.2 动手学：使用刻刀工具 ············ 112
　　重点 案例实战——使用刻刀工具制作炫彩标志 ···· 113
5.9 橡皮擦工具 ························· 113
　5.9.1 擦除线条 ························· 114
　5.9.2 动手学：擦除图形 ················· 114
　5.9.3 擦除位图 ························· 114
5.10 动手学：使用虚拟段删除工具 ········ 114
　　重点 答疑解惑：什么是虚拟线段？ ······ 115

第 6 章 对象的编辑与变换 ·············· 116
（🎬视频演示：64分钟）

6.1 对象的变换 ························· 117
　6.1.1 动手学：旋转对象角度 ············ 117
　　重点 案例实战——制作矢量风格网页 ···· 117
　6.1.2 动手学：缩放对象大小 ············ 120
　　重点 案例实战——改变对象大小打造缤纷文字海报 ···· 120

6.1.3 动手学：镜像对象 ················· 122
6.1.4 动手学：倾斜对象 ················· 122
　重点 案例实战——使用"倾斜"命令制作杂志版式 ···· 122
6.1.5 透视对象 ························· 124
　重点 案例实战——透视效果制作电子产品海报 ···· 125
　重点 视频课堂——使用透视制作可爱宣传页 ···· 126
6.1.6 清除变换 ························· 126
6.2 对象的造形 ························· 126
　6.2.1 焊接 ··························· 127
　　重点 案例实战——使用焊接制作创意字体海报 ···· 127
　6.2.2 动手学：修剪 ····················· 130
　6.2.3 动手学：相交 ····················· 130
　6.2.4 简化 ··························· 131
　6.2.5 动手学：移除后面对象/移除前面对象 ···· 131
　　重点 案例实战——使用"移除前面对象"命令制作卡通城堡 ···· 131
　6.2.6 创建对象边界 ····················· 133
　　重点 案例实战——使用"合并"命令制作商场促销广告 ···· 133
6.3 对象的合并与拆分 ··················· 135
　6.3.1 动手学：合并图形对象 ············ 135
　6.3.2 动手学：拆分图形对象 ············ 135
6.4 图框精确剪裁 ······················· 136
　6.4.1 动手学：将对象放置在容器中 ······ 136
　　重点 答疑解惑：为什么要把内容对象放在容器对象上呢？ ···· 136
　　重点 案例实战——精确裁剪制作古典纸扇 ···· 137
　6.4.2 动手学：提取内容 ················· 138
　6.4.3 动手学：编辑内容 ················· 138
　6.4.4 动手学：锁定图框精确剪裁的内容 ·· 139
　　重点 案例实战——使用图框精确剪裁制作浪漫文字 ···· 139
6.5 使用度量工具 ······················· 141
　6.5.1 平行度量工具 ····················· 141
　6.5.2 水平或垂直度量工具 ··············· 141
　6.5.3 角度量工具 ······················· 142
　6.5.4 线段度量工具 ····················· 142
　6.5.5 3点标注工具 ····················· 142
6.6 使用连接器工具连接对象 ············· 142
　6.6.1 直线连接器 ······················· 142
　6.6.2 直角连接器 ······················· 143
　6.6.3 直角圆形连接器 ··················· 143
　6.6.4 编辑锚点 ························· 143

第 7 章 对象管理 ······················· 145
（🎬视频演示：20分钟）

7.1 动手学：调整对象堆叠顺序 ··········· 146

7.2 锁定对象与解除锁定 ·············· 147
   7.2.1 锁定 ································ 147
   7.2.2 解锁对象 ························· 147
   7.2.3 对所有对象解锁 ·················· 147
7.3 群组与取消群组 ·················· 148
   7.3.1 动手学：群组 ···················· 148
   7.3.2 动手学：取消群组 ················ 148
   7.3.3 取消全部群组 ···················· 148
   重点 案例实战——制作美丽的蝴蝶 ····· 149
7.4 多个对象的对齐与分布 ············ 151
   7.4.1 动手学：对齐对象 ················ 151
   重点 视频课堂——制作输入法皮肤 ····· 152
   7.4.2 动手学：分布对象 ················ 152
   重点 案例实战——使用"对齐与分布"命令制作
   音乐会海报 ··························· 152
7.5 对象的智能化复制 ················ 154
   7.5.1 动手学：使用"再制"命令复制对象 ·· 154
   7.5.2 克隆对象 ························· 155
   7.5.3 步长和重复 ······················ 156
7.6 使用对象管理器 ·················· 156
   7.6.1 主页面 ··························· 156
   7.6.2 动手学：显示或隐藏图层 ·········· 157
   7.6.3 新建图层 ························· 157
   7.6.4 动手学：新建主图层 ·············· 157
   7.6.5 向图层中添加对象 ················ 158
   7.6.6 复制图层 ························· 158
   7.6.7 移动图层 ························· 158
   7.6.8 删除图层 ························· 158

第 8 章 填充与轮廓 ···························· 160

（视频演示：47分钟）

8.1 认识填充与轮廓线 ················ 161
8.2 使用调色板设置填充色与轮廓色 ··· 161
   重点 技术拓展：常用的颜色模式 ········ 161
   8.2.1 使用调色板设置对象填充色 ········ 162
   8.2.2 使用调色板设置对象轮廓色 ········ 163
   8.2.3 设置调色板 ······················ 163
8.3 使用填充工具 ···················· 164
   8.3.1 均匀填充 ························· 165
   重点 案例实战——使用均匀填充制作卡通猫咪 ·· 166
   8.3.2 认识渐变填充工具 ················ 167
   8.3.3 动手学：填充双色渐变 ············ 168
   8.3.4 动手学：填充自定义渐变 ·········· 169
   重点 案例实战——使用渐变填充制作质感手机 ·· 169
   重点 视频课堂——使用渐变填充制作徽章 ·· 171
   8.3.5 认识图样填充工具 ················ 172

   8.3.6 动手学：使用图样填充工具填充双色图样 ··· 172
   8.3.7 动手学：使用图样填充工具填充全色图样 ··· 173
   8.3.8 动手学：使用图样填充工具填充位图图样 ··· 174
   重点 案例实战——使用图样填充制作层次感招贴 ·· 174
   8.3.9 动手学：底纹填充 ················ 177
   8.3.10 PostScript填充 ················· 178
   8.3.11 去除对象填充 ··················· 179
8.4 编辑轮廓线 ······················ 179
   8.4.1 设置"轮廓笔"属性 ·············· 180
   重点 技术拓展：设置虚线样式 ·········· 181
   重点 案例实战——编辑轮廓线制作有趣的数字海报 ·· 181
   8.4.2 清除轮廓线 ······················ 183
   8.4.3 将轮廓转换为对象 ················ 183
   重点 案例实战——添加轮廓线制作可爱卡通相框 ·· 183
8.5 使用智能填充工具 ················ 186
   8.5.1 认识智能填充工具 ················ 186
   8.5.2 动手学：使用智能填充工具填充重叠区域 ·· 186
8.6 交互式填充 ······················ 187
   8.6.1 认识交互式填充工具 ·············· 187
   8.6.2 动手学：使用交互式填充工具 ······ 187
8.7 动手学：使用网状填充工具 ········ 189
   8.7.1 认识网状填充工具 ················ 189
   8.7.2 动手学：使用网状填充工具 ········ 189
   重点 案例实战——使用网状填充工具制作卡通女孩 ·· 190
8.8 使用"颜色泊坞窗"设置填充色、轮廓色 · 191
8.9 使用滴管工具 ···················· 192
   8.9.1 颜色滴管 ························· 192
   8.9.2 属性滴管 ························· 192
   重点 答疑解惑：如何设置属性滴管复制的属性类型？ ·· 193
   重点 案例实战——使用滴管工具制作华丽播放器 ·· 193
   重点 案例实战——使用属性滴管制作网页 ·· 197
8.10 复制属性 ······················· 200
8.11 对象样式 ······················· 201
   8.11.1 从对象新建样式集 ··············· 201
   8.11.2 为对象应用样式 ················· 201
   8.11.3 编辑已有样式 ··················· 202
8.12 颜色样式 ······················· 202
   8.12.1 动手学：创建颜色样式 ··········· 202
   8.12.2 编辑颜色样式 ··················· 203

第 9 章 文本的创建与编辑 ···················· 204

（视频演示：70分钟）

9.1 创建多种类型的文本 ·············· 205
   9.1.1 创建美术字 ······················ 205
   重点 案例实战——创建美术字制作宣传页 ·· 206

9.1.2 创建段落文本 ·······················207
重点 技术拓展：美术字与段落文本的转换 ·······207
重点 案例实战——添加段落文本制作清新杂志页面 ···207
9.1.3 创建路径文本 ·······················209
重点 技术拓展：详解 "路径文字" 选项 ·······209
重点 案例实战——使用路径文字制作清爽化妆品宣传页 ···210
9.1.4 创建区域文字 ·······················211

9.2 快速导入外部文本 ······················211

9.3 编辑文本的基本属性 ····················212
9.3.1 选择文本对象 ·······················212
9.3.2 动手学：选择合适的字体 ·············213
9.3.3 动手学：设置文本字号 ···············214
9.3.4 动手学：更改文本颜色 ···············214
重点 案例实战——更改字符属性制作简约海报 ···215
9.3.5 动手学：精确移动和旋转字符 ·········216
9.3.6 动手学：设置文本的对齐方式 ·········216
重点 案例实战——调整文本对齐方式制作杂志封面 ···216
9.3.7 转换文字方向 ·······················218
9.3.8 设置字符间距 ·······················218
9.3.9 设置字符效果 ·······················219

9.4 编辑文本的段落格式 ····················219
9.4.1 设置段落缩进 ·······················219
9.4.2 动手学：使用文本断字功能 ···········220
9.4.3 添加制表位 ·························220
重点 案例实战——使用制表位制作年历 ·······221
9.4.4 设置项目符号 ·······················224
9.4.5 动手学：设置首字下沉 ···············224
重点 视频课堂——使用首字下沉制作家居杂志版式 ···225
9.4.6 设置分栏 ···························225
重点 案例实战——使用分栏与首字下沉制作杂志版式 ···226
9.4.7 链接段落文本框 ·····················228
重点 动手学：链接同一页面的文本 ···········229
重点 动手学：链接不同页面的文本 ···········229
9.4.8 动手学：使用文本换行 ···············230
重点 案例实战——使用文本换行进行书籍内页排版 ···230

9.5 使用文本样式 ·························231
9.5.1 创建文本样式 ·······················231
9.5.2 应用文本样式 ·······················232
9.5.3 编辑文本样式 ·······················232
重点 案例实战——利用文本样式制作企业画册 ···232

9.6 处理文本内容 ·························235
9.6.1 使用 "编辑文本" 命令 ···············235
9.6.2 查找文本 ···························235
9.6.3 替换文本 ···························235
9.6.4 拼写检查 ···························236
9.6.5 语法检查 ···························236
9.6.6 同义词 ·····························237
9.6.7 快速更正 ···························237
9.6.8 插入特殊字符 ·······················237
9.6.9 文本转换为曲线 ·····················237
重点 案例实战——将文本转换为曲线制作变形文字 ···238

第 10 章 表格的创建与编辑 ·······················241

（ 视频演示：10分钟）

10.1 创建表格 ···························242
10.1.1 动手学：使用表格工具绘制表格 ·······242
10.1.2 使用命令创建新表格 ···············242

10.2 选择表格中的对象 ····················243
10.2.1 选择表格 ·························243
10.2.2 动手学：选择单元格 ···············243
10.2.3 选择行 ···························244
10.2.4 选择列 ···························245

10.3 编辑表格中的内容 ····················245
10.3.1 动手学：向表格中添加文字 ·········245
10.3.2 动手学：向表格中添加图形、图像 ···246
10.3.3 删除内容 ·························247
重点 视频课堂——制作页面中的表格 ·········247

10.4 表格的编辑操作 ·····················247
10.4.1 调整表格的行数和列数 ·············248
10.4.2 动手学：调整表格的行高和列宽 ·····248
10.4.3 合并多个单元格 ···················248
10.4.4 动手学：拆分单元格 ···············248
10.4.5 动手学：快速插入单行/单列 ·········249
10.4.6 动手学：插入多行/多列 ·············250
10.4.7 动手学：平均分布行/列 ·············251
10.4.8 删除行/列 ·························251
10.4.9 删除表格 ·························252

10.5 设置表格颜色及样式 ··················252
10.5.1 设置表格背景色 ···················252
10.5.2 设置表格或单元格的边框 ···········252

10.6 文本与表格相互转换 ··················253
10.6.1 将文本转换为表格 ·················253
10.6.2 将表格转换为文本 ·················253
重点 案例实战——使用表格完成宣传册版式的制作 ·········253

第 11 章 矢量图形效果 ·······················256

（ 视频演示：60分钟）

11.1 调和 ·······························257
11.1.1 创建调和 ·························257
11.1.2 动手学：编辑调和参数 ·············257
11.1.3 使用与保存调和效果 ···············258
11.1.4 沿路径调和 ·······················258
重点 案例实战——使用调和效果制作宣传页 ···259

11.1.5 复制调和属性 ······ 261
11.1.6 拆分调和对象 ······ 262
11.1.7 清除调和效果 ······ 262
🎬重点 视频课堂——使用调和制作珍珠项链 ······ 262
11.2 轮廓图 ······ 263
11.2.1 动手学：创建轮廓图 ······ 263
11.2.2 动手学：编辑轮廓图颜色 ······ 264
11.2.3 拆分轮廓图 ······ 265
11.2.4 清除轮廓图 ······ 265
🎬重点 案例实战——使用轮廓图制作创意树藤 ······ 266
11.3 变形 ······ 268
11.3.1 认识变形工具 ······ 268
11.3.2 动手学：使用推拉变形 ······ 269
11.3.3 动手学：使用拉链变形 ······ 269
11.3.4 动手学：使用扭曲变形 ······ 270
🎬重点 案例实战——使用变形制作旋转的背景 ······ 270
11.3.5 清除变形效果 ······ 271
🎬重点 案例实战——使用扭曲效果制作多彩花朵 ······ 272
11.4 阴影 ······ 274
11.4.1 动手学：为对象添加阴影 ······ 274
11.4.2 使用预设阴影效果 ······ 275
11.4.3 动手学：调整阴影的形态 ······ 275
11.4.4 动手学：设置阴影的颜色与透明 ······ 276
11.4.5 拆分阴影群组 ······ 277
11.4.6 清除阴影 ······ 277
🎬重点 案例实战——使用阴影工具打造剪纸感卡通画 ······ 278
11.5 封套 ······ 280
11.5.1 为对象添加封套 ······ 280
11.5.2 选择预设的封套变形效果 ······ 281
11.5.3 编辑封套 ······ 281
🎬重点 案例实战——使用封套变形制作创意文字海报 ······ 282
11.6 立体化 ······ 283
11.6.1 认识立体化工具 ······ 284
11.6.2 使用预设创建立体效果 ······ 285
11.6.3 动手学：手动创建立体化对象 ······ 285
11.6.4 编辑立体化效果 ······ 285
11.6.5 动手学：旋转立体化对象 ······ 286
11.6.6 设置立体化对象颜色 ······ 287
🎬重点 案例实战——制作多彩3D文字海报 ······ 287
11.6.7 动手学：立体化对象的照明设置 ······ 289
11.6.8 使用斜角修饰边 ······ 290
🎬重点 案例实战——使用立体化创建立体文字效果 ······ 290
11.7 透明度 ······ 292
11.7.1 动手学：创建均匀透明对象 ······ 292
🎬重点 案例实战——使用均匀透明效果制作混合文字 ······ 292
11.7.2 动手学：创建渐变透明对象 ······ 294
🎬重点 技术拓展：渐变效果的透明度参数 ······ 295
11.7.3 设置对象的颜色调和方式 ······ 295
🎬重点 案例实战——制作卡通风格产品宣传页 ······ 295
11.7.4 动手学：创建图样透明对象 ······ 299

🎬重点 技术拓展：不同类型的图样透明 ······ 299
11.7.5 动手学：创建底纹透明对象 ······ 300
🎬重点 案例实战——创建透明效果制作个性海报 ······ 300
11.8 斜角 ······ 302
11.9 透镜 ······ 303
🎬重点 案例实战——使用透镜制作炫彩效果 ······ 304

第 12 章 位图的编辑处理 ······ 308

(📹 视频演示：21分钟)

12.1 位图的基本操作 ······ 309
12.1.1 动手学：导入位图 ······ 309
🎬重点 案例实战——导入图像制作留声机海报 ······ 310
12.1.2 链接位图 ······ 311
🎬重点 案例实战——导入并裁剪图像制作杂志内页 ······ 312
12.1.3 动手学：矫正图像 ······ 315
12.1.4 动手学：调整位图外轮廓 ······ 316
12.1.5 使用"重新取样"命令改变位图大小与分辨率 ······ 316
🎬重点 技术拓展：详解"重新取样"选项 ······ 317
12.1.6 动手学：使用"位图颜色遮罩"命令 ······ 317
12.1.7 使用Corel PHOTO-PAINT编辑位图 ······ 317
🎬重点 视频课堂——欧美风格混合插画 ······ 318
12.2 将矢量图形转换为位图 ······ 318
12.3 将位图描摹为矢量图 ······ 318
12.3.1 动手学：使用"快速描摹"命令 ······ 319
🎬重点 案例实战——使用"快速描摹"命令打造绘画效果 ······ 319
12.3.2 中心线描摹位图 ······ 320
🎬重点 技术拓展：描摹参数详解 ······ 320
12.3.3 轮廓描摹 ······ 321
12.4 位图的颜色模式 ······ 322
12.4.1 动手学：转换为黑白模式 ······ 322
🎬重点 技术拓展：详解"转换方法" ······ 322
12.4.2 动手学：转换为灰度模式 ······ 323
12.4.3 动手学：转换为双色模式 ······ 323
🎬重点 案例实战——使用双色模式制作欧美风格人像海报 ······ 324
12.4.4 动手学：转换为调色板模式 ······ 326
🎬重点 技术拓展：添加预设 ······ 326
12.4.5 动手学：转换为RGB颜色模式 ······ 326
12.4.6 动手学：转换为Lab色模式 ······ 327
12.4.7 动手学：转换为CMYK色模式 ······ 327
12.5 位图的调色技术 ······ 327
12.5.1 自动调整 ······ 328
12.5.2 图像调整实验室 ······ 328
12.5.3 高反差 ······ 329
12.5.4 局部平衡 ······ 330
12.5.5 取样/目标平衡 ······ 330
12.5.6 调合曲线 ······ 331

12.5.7 亮度/对比度/强度 ·················· 331
12.5.8 颜色平衡 ························· 332
12.5.9 伽玛值 ··························· 332
12.5.10 色度/饱和度/亮度 ·············· 333
⚑重点 案例实战——打造清新人像 ······ 333
12.5.11 所选颜色 ······················· 334
⚑重点 案例实战——使用"所选颜色"命令
打造秋季景色 ····························· 335
12.5.12 替换颜色 ······················· 336
12.5.13 取消饱和 ······················· 336
12.5.14 通道混合器 ····················· 337
12.5.15 去交错 ························· 337
12.5.16 反显 ··························· 337
12.5.17 极色化 ························· 337

第 13 章 神奇的位图效果 ················ 339

🎥 视频演示：32分钟

13.1 三维效果 ····························· 340
13.1.1 动手学：使用"三维旋转"命令 ··· 340
13.1.2 柱面 ···························· 340
13.1.3 动手学：使用"浮雕"命令 ······· 341
13.1.4 卷页 ···························· 341
13.1.5 透视 ···························· 341
⚑重点 视频课堂——制作三维空间 ······ 342
13.1.6 挤远/挤近 ······················ 342
13.1.7 球面 ···························· 342
⚑重点 案例实战——使用三维效果制作包装袋 343
13.2 艺术笔触效果 ························· 344
13.2.1 动手学：使用"炭笔画"命令 ····· 345
13.2.2 动手学：使用"单色蜡笔画"命令 345
13.2.3 蜡笔画 ·························· 346
13.2.4 立体派 ·························· 346
13.2.5 印象派 ·························· 346
13.2.6 调色刀 ·························· 347
13.2.7 彩色蜡笔画 ······················ 347
⚑重点 案例实战——制作彩色蜡笔画背景 347
13.2.8 钢笔画 ·························· 348
13.2.9 点彩派 ·························· 348
13.2.10 木版画 ························· 349
13.2.11 素描 ··························· 349
13.2.12 动手学：使用"水彩画"命令 ···· 349
13.2.13 水印画 ························· 350
13.2.14 波纹纸画 ······················ 351
13.3 模糊效果 ····························· 351
13.3.1 定向平滑 ························ 352
13.3.2 高斯式模糊 ····················· 352
⚑重点 案例实战——使用模糊效果制作饮品宣传 352

13.3.3 锯齿状模糊 ····················· 355
13.3.4 低通滤波器 ····················· 355
13.3.5 动手学：使用"动态模糊"命令 ··· 355
13.3.6 放射式模糊 ····················· 356
13.3.7 平滑 ···························· 356
13.3.8 柔和 ···························· 356
13.3.9 缩放 ···························· 356
13.4 相机效果 ····························· 357
13.5 颜色转换效果 ························· 357
13.5.1 位平面 ·························· 357
13.5.2 半色调 ·························· 357
13.5.3 梦幻色调 ························ 358
13.5.4 曝光 ···························· 358
13.6 轮廓图效果 ··························· 358
13.6.1 动手学：使用"边缘检测"命令 ··· 358
13.6.2 查找边缘 ························ 359
13.6.3 描摹轮廓 ························ 359
13.7 创造性效果 ··························· 360
13.7.1 动手学：使用"工艺"命令 ······· 360
13.7.2 晶体化 ·························· 361
⚑重点 案例实战——使用"晶体化"命令制作抽象画效果 361
13.7.3 织物 ···························· 363
13.7.4 框架 ···························· 363
⚑重点 技术拓展：预设的添加与删除 ··· 363
13.7.5 玻璃砖 ·························· 364
13.7.6 儿童游戏 ························ 364
13.7.7 马赛克 ·························· 364
13.7.8 粒子 ···························· 365
13.7.9 散开 ···························· 365
13.7.10 茶色玻璃 ······················ 365
13.7.11 动手学：使用"彩色玻璃"命令 ·· 366
13.7.12 动手学：使用"虚光"命令 ······ 367
13.7.13 动手学：使用"旋涡"命令 ······ 367
13.7.14 动手学：使用"天气"命令 ······ 368
13.8 扭曲效果 ····························· 369
13.8.1 动手学：使用"块状"命令 ······· 369
13.8.2 动手学：使用"置换"命令 ······· 369
13.8.3 动手学：使用"偏移"命令 ······· 370
13.8.4 像素 ···························· 371
13.8.5 动手学：使用"龟纹"命令 ······· 371
13.8.6 动手学：使用"旋涡"命令 ······· 372
13.8.7 平铺 ···························· 372
13.8.8 湿笔画 ·························· 373
13.8.9 涡流 ···························· 373
⚑重点 技术拓展：样式的添加与删除 ··· 373
13.8.10 动手学：使用"风吹效果"命令 ·· 373
13.9 杂点效果 ····························· 374
13.9.1 动手学：使用"添加杂点"命令 ··· 374
⚑重点 案例实战——使用"添加杂点"命令制作磨砂包装 375
13.9.2 最大值 ·························· 379

13.9.3 中值 ·· 379
13.9.4 最小 ·· 379
13.9.5 动手学：使用"去除龟纹"命令 ········· 379
13.9.6 动手学：使用"去除杂点"命令 ········· 380
13.10 鲜明化效果 ···································· 380
    13.10.1 适应非鲜明化 ························· 380
    13.10.2 定向柔化 ······························ 381
    13.10.3 高通滤波器 ··························· 381
    13.10.4 动手学：使用"鲜明化"命令 ········· 381
    13.10.5 非鲜明化遮罩 ························· 382

14.1 简约化妆品标志设计 ··························· 384
14.2 拼贴风格宣传海报 ····························· 385
14.3 简洁风格儿童主题网站 ······················· 387
14.4 充满青春活力的请柬 ··························· 390
14.5 时尚杂志封面设计 ····························· 393
14.6 淡雅饮品包装设计 ····························· 395
14.7 卡通风格食品包装盒 ··························· 398
14.8 汽车与城市主题招贴 ··························· 400

第 14 章 综合练习实例 ·························· 383

（📹 视频演示：120分钟）

第1章

学习CorelDRAW X6
的基础知识

本章内容简介：

CorelDRAW是平面设计中常用的矢量绘图软件之一。在学习这款软件之前首先需要了解该软件的用途与特性，学习CorelDRAW的安装与启动方法，进而熟悉工作环境，以便为后面学习软件的具体绘图功能打下基础。

本章学习要点：

- 初步认识CorelDRAW X6
- 掌握CorelDRAW的安装与卸载方法
- 掌握CorelDRAW的启动与退出方法
- 熟悉CorelDRAW的工作界面

1.1 认识CorelDRAW X6

CorelDRAW是一款界面设计友好，操作精微、细致的矢量绘图软件，广泛地应用在平面设计的方方面面。例如广告设计、包装设计、标志制作、模型绘制、插图描画、排版及分色输出等诸多领域，如图1-1和图1-2所示。

图1-1 图1-2

技术拓展：矢量图形

与位图处理软件Photoshop不同，CorelDRAW是一款典型的矢量绘图软件。那什么是矢量图形呢？矢量图形是由一条条的直线和曲线构成的，在填充颜色时，系统将按照用户指定的颜色沿曲线的轮廓线边缘进行着色处理。矢量图形的颜色与分辨率无关，图形被缩放时，对象能够维持原有的清晰度以及弯曲度，颜色和外形也都不会发生偏差和变形。所以，矢量图经常用于户外大型喷绘或巨幅海报等印刷尺寸较大的项目中。

1.1.1 CorelDRAW X6的定义

CorelDRAW X6是Corel公司比较有代表性的软件。Corel公司成立于1985年，总部设立于加拿大安大略省渥太华市。经过20多年的发展，Corel公司已是全球排名前十名的软件包生产供应商。作为知名的设计软件公司，Corel的产品销售到世界75个国家和地区。Corel公司的产品主要分为图形设计软件、办公软件和数字媒体软件3大类别。除了大名鼎鼎的CorelDRAW外，还有目前世界上最为完善的电脑美术绘画软件painter、视频编辑和DVD制作的软件"会声会影"以及著名的压缩软件WinZip等，如图1-3~图1-5所示。

1989年，CorelDRAW横空出世，它引入了全色矢量插图和版面设计程序，填补了该领域的空白。到2012年CorelDRAW® GRAPHICS SUITE X6问世，CorelDRAW以其丰富的内容环境和专业的平面设计、照片编辑、网页设计功能为用户提供了无限的设计风格和创意的可能性。CorelDRAW® GRAPHICS SUITE X6包含两个绘图应用程序：一个用于矢量图及页面设计——CorelDRAW X6，一个用于图像编辑——Corel PHOTO-PAINT X6，如图1-6和图1-7所示。

图1-3 图1-4 图1-5 图1-6 图1-7

1.1.2 CorelDRAW X6的新增功能

"X6"是软件的版本号，在CorelDRAW X6版本中新增了高级OpenType®支持、自定义构建的颜色和谐、Corel®CONNECT™中的多个托盘、创造性矢量造型工具、文档样式、页面布局工具、对复杂脚本的支持、网站设计软件、本机64位和多核支持以及位图和矢量图样填充等功能来加快和简化日常任务。在CorelDRAW X6面世之前，常见的历史版本包括CorelDRAW 8、CorelDRAW 9、CorelDRAW 10、CorelDRAW 11、CorelDRAW 12、CorelDRAW X3、CorelDRAW X4和CorelDRAW X5等，如图1-8~图1-11所示。下面简要介绍一下在CorelDRAW X6版本中的新增功能。

图1-8 图1-9

图1-10 图1-11

- 高级 OpenType® 支持：借助诸如上下文和样式替代、连字、装饰、小型大写字母、花体变体之类的高级 OpenType 版式功能，以便用户创建精美文本。
- 自定义构建的颜色和谐：通过"颜色样式"泊坞窗可以使用新增的颜色和谐工具，颜色和谐工具可以将各种颜色样式融合为一个"和谐"组合，使用户能够集中修改颜色。该工具还可以分析颜色和色调，提供辅助颜色方案。
- Corel® CONNECT™ 中的多个托盘：能够在本地网络上即时地找到图像并搜索 iStockphoto®、Fotolia 和 Flickr® 网站。
- 创造性矢量造型工具：CorelDRAW X6 引入了4种造型工具，涂抹工具可以沿着对象轮廓进行拉长或缩进；转动工具可以对对象应用转动效果；吸引和排斥工具可以通过吸引或分隔节点对曲线造型。
- 文档样式："对象样式"可以创建轮廓、填充、段落、字符和文本框样式，并将这些样式快速应用到对象中。还可以将常用样式整理到样式集中，以便能够一次对多个对象进行格式化，不仅快速高效，而且还能确保一致性。
- 页面布局工具：可以使用新增的占位符文本命令来模拟页面布局，预览文本的显示效果。此外，还可以通过插入页码命令轻松添加页码。
- 对复杂脚本的支持：可以保证亚洲和中东语言的正确排版和显示。对复杂脚本的支持作用与OpenType 字体相同，可以边输入边修改字符，实现上下文的准确性。
- 网站设计软件：可以通过 Corel® Website Creator™ X6 轻松构建专业外观的网站、设计网页并管理 Web 内容。其站点向导、模板、拖放功能以及与 XHTML、CSS、JavaScript 和 XML 的无缝集成让网站设计从未如此轻松（需要有 Corel 账户，才能下载此应用程序）。
- 本机 64 位和多核支持：全面提升的速度使用户能够快速处理大型文件和图像。此外，系统在同时运行多个应用程序时，响应速度将变得更快。
- 位图和矢量图样填充：新增对矢量图样填充中透明背景的支持，添加了一个填充集合，包括新增位图填充以及首次采用的透明背景矢量图样填充。

1.1.3 CorelDRAW的应用

作为平面设计师常用的矢量绘图软件，CorelDRAW的应用范围可谓相当广泛。无论是海报设计、画册设计，还是书籍设计或是版式设计、包装设计、界面设计，甚至是插画、数字艺术等领域都能见到CorelDRAW的身影。作为初学者可能会对这些设计领域感到陌生，下面简要介绍一下CorelDRAW经常涉足的领域。

- 海报设计：海报又名招贴或宣传画，属于户外广告，是广告艺术中比较大众化的一种体裁，用来完成一定的宣传鼓动任务，主要为报导、广告、劝喻和教育服务，如图1-12~图1-15所示。

图1-12　　　　　　　图1-13　　　　　　　图1-14　　　　　　　图1-15

- 画册样本设计：画册是企业公关交往中的主要广告媒体，所以画册设计就是当代经济领域里的市场营销活动。研究宣传册设计的规律和技巧具有现实意义。画册按照用途和作用可分为形象画册、产品画册、宣传画册、年报画册和折页画册，如图1-16和图1-17所示。

- 书籍装帧设计：书籍装帧是书籍存在和视觉传递的重要形式，书籍装帧设计是指通过特有的形式、图像、文字色彩向读者传递书籍的思想、气质和精神的一门艺术。优秀的装帧设计能充分发挥其各要素之间的关系，达到一种由表及里的完美，如图1-18~图1-20所示。

图1-16　　　　　　图1-17　　　　　　图1-18　　　　　　图1-19　　　　　　图1-20

- 版式设计：版式即版面格式，具体指的是开本、版心和周围空白的尺寸，正文的字体、字号、排版形，字数、排列地位，还有目录和标题、注释、表格、图名、图注、标点符号、书眉、页码以及版面装饰等项的排法，如图1-21~图1-23所示。

图1-21　　　　　　　　　图1-22　　　　　　　　　图1-23

- 包装设计：包装设计指选用合适的包装材料，运用巧妙的工艺手段，为包装商品进行的容器结构造型和包装的美化装饰设计，从而达到在竞争激烈的商品市场上提高产品附加值、促进销售、扩大产品宣传影响等目的，如图1-24~图1-26所示。

图1-24　　　　　　　　　图1-25　　　　　　　　　图1-26

- 标志设计：标志是表明事物特征的记号，具有象征功能和识别功能，是企业形象、特征、信誉和文化的浓缩，如图1-27~图1-29所示。

图1-27　　　　　　　　　图1-28　　　　　　　　　图1-29

- VI设计：VI全称Visual Identity，即视觉识别，是企业形象设计的重要组成部分，如图1-30和图1-31所示。
- 界面设计：也就是通常所说的UI（User Interface，用户界面）。界面设计虽然是设计中的新兴领域，但也越来越多地受到重视。使用CorelDRAW进行界面设计制作是非常好的选择，如图1-32~图1-34所示。
- 数字绘画：CorelDRAW不仅可以针对已有图像进行处理，更可以帮助艺术家创造新的图像。CorelDRAW中也包含众多优秀的绘画工具，使用CorelDRAW可以制作各种风格的数字绘画，如图1-35和图1-36所示。

图1-30

图1-31

图1-32　　　　　　　　　　图1-33

图1-34

图1-35

图1-36

1.2 安装与卸载CorelDRAW

在使用CorelDRAW X6之前首先需要在计算机上成功地安装并启动CorelDRAW X6，下面我们就来学习一下CorelDRAW X6的安装方法。安装与卸载CorelDRAW X6的过程与其他应用软件的安装方法大致相同，而且在每个安装步骤中都会有相应的文字提示，所以安装过程并不复杂。需要注意的是，由于CorelDRAW X6是制图类设计软件，所以对硬件设备会有相应的配置需求。

1.2.1 安装CorelDRAW的系统要求

- Microsoft® Windows® 8（32 位或 64 位版本）、Microsoft® Windows® 7（32 位或 64 位版本）、Windows Vista®（32 位或 64 位版本）或 Windows® XP（32 位版本），均安装有最新的 Service Pack。
- Intel® Pentium® 4、AMD Athlon™ 64 或 AMD Opteron™。
- 1GB RAM。
- 1.5 GB 硬盘空间（适用不含内容的典型安装 - 安装期间可能需要额外的磁盘空间）。
- 鼠标或写字板。

● 1024×768 屏幕分辨率。

● DVD 驱动器。

● Microsoft® Internet Explorer® 7 或更高版本。

1.2.2 动手学：安装CorelDRAW X6

① CorelDRAW X6的安装与其他应用软件的安装方式大同小异。双击打开CorelDRAW X6的安装文件，开始运行安装程序，如图1-37和图1-38所示。运行后会显示出安装前的运行程序，程序自动运行完成后结束。

图1-37 　　　　　　图1-38

技巧提示

如果没有安装程序，可以在Corel公司授权经销商处购买正版软件，或者到Corel公司官方网站（http://www.corel.com/corel/）下载免费试用版进行试用，试用版的功能与正式版相同，但是试用版只可以免费使用30天。

② 在弹出的"阅读详细许可证协议"对话框中单击"我接受"按钮进行下一步，如图1-39所示。接着在弹出的窗口中输入序列号，单击"下一步"按钮进行下一步，如图1-40所示。

图1-39

图1-40

思维点拨：软件的"序列号"

序列号就是软件开发商给软件的一个识别码，和人的身份证号码类似，其作用主要是为了防止自己的软件被其他用户盗用。其他用户要使用其软件就必须知道序列号。在用户注册时会根据用户软件所安装的计算机软硬件信息生成唯一的识别码，一般称作机器码，也叫序列号、认证码、注册申请码等。其英文表示为Serial Number。

③ 切换至安装界面后，选择"典型安装"选项，如图1-41所示。进入安装状态，不需要进行任何操作，稍作等待即可完成安装，如图1-42所示。

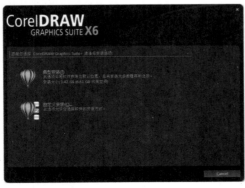

图1-41

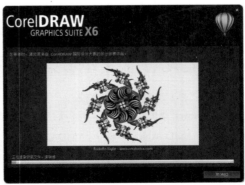

图1-42

04 在弹出的设置成功窗口中单击CorelDRAW按钮即可打开软件，或者单击"完成"按钮结束简体中文的安装程序，如图1-43所示。

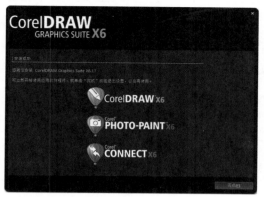

图1-43

读书笔记

1.2.3 卸载CorelDRAW X6

当用户需要将CorelDRAW X6软件程序从计算机中移除时，可以执行"开始>控制面板"命令，在打开的"控制面板"中双击"程序和功能"图标，如图1-44所示。打开"卸载或更改程序"窗口，选择CorelDRAW X6选项，最后单击右键执行"卸载/更改"命令，如图1-45所示。在弹出的CorelDRAW X6面板中选中"删除"单选按钮，单击"移除"按钮即可卸载CorelDRAW X6，如图1-46所示。

图1-44

图1-45

图1-46

读书笔记

CorelDRAW的启动与退出

1.3.1 启动CorelDRAW

　　成功安装 CorelDRAW X6之后，单击桌面左下角的"开始"按钮，从打开的程序菜单中选择CorelDRAW X6选项即可启动 CorelDRAW X6，如图1-47所示。或者直接双击桌面的 CorelDRAW X6快捷方式，如图1-48所示。

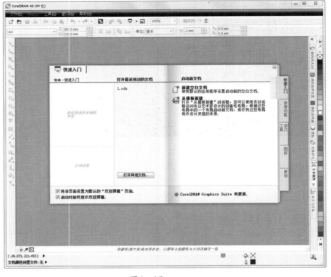

图1-47　　　　　　　　　　　　　　　　　　　　　图1-48

1.3.2 详解"欢迎屏幕"

　　在启动CorelDRAW之后，默认情况界面中心会弹出欢迎界面，在右侧的"书签"中可以看到欢迎界面包括快速入门、新增功能、学习工具、图库和更新5个页面。

　　当前页面为"快速入门"页面，这一页中的内容比较适合入门级别的新手使用，左侧页面主要用于打开文档，右侧页面用于新建文档，如图1-49所示。在右侧"书签"中单击"新增功能"，这一页面主要介绍在CorelDRAW X6版本中新增的功能，单击某一项即可打开次级页面进行详细学习，如图1-50所示。

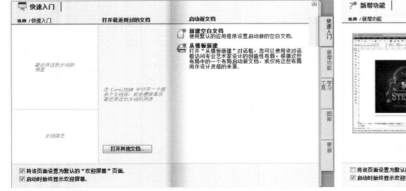

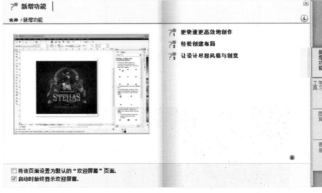

图1-49　　　　　　　　　　　　　　　　　　　　　图1-50

 技巧提示

　　在工具栏中单击"欢迎屏幕"按钮，可以在已经打开的文档中调出欢迎面板，如图1-51所示。

图1-51

通过"学习工具"页面可以浏览"视频教程"、"指导手册"、"提示与技巧"等学习资料，如图1-52所示。在"图库"页面中可以欣赏优秀的设计作品，如图1-53所示。

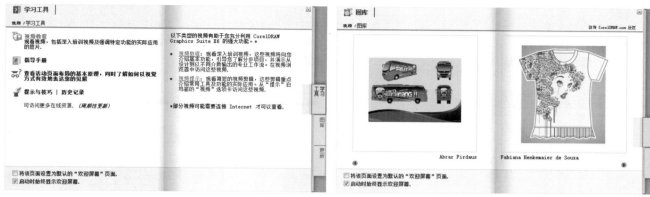

图1-52   图1-53

最后的"更新"页面主要显示了当前版本的软件更新情况以及产品最新消息，如图1-54所示。

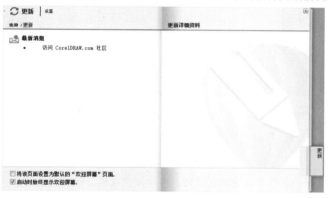

技巧提示

　　熟练掌握CorelDRAW后可能不再需要使用欢迎界面，只要在该页面底部取消选中"启动时始终显示欢迎屏幕"复选框即可，如图1-55所示。

　　□ 启动时始终显示欢迎屏幕.

图1-55

图1-54

1.3.3 退出 CorelDRAW

若要退出 CorelDRAW X6，可以像其他应用程序一样直接单击右上角的"关闭"按钮；执行"文件>退出"命令也可以退出CorelDRAW X6；使用快捷键"Alt+F4"同样可以快速退出，如图1-56所示。

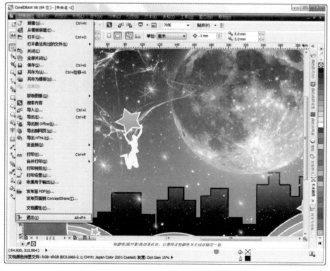

读书笔记

图1-56

工作界面顾名思义就是CorelDRAW供使用者操作的工作环境，也是放置工具、命令、绘画区域等信息的区域，熟悉CorelDRAW的工作界面布局对于实际的设计操作非常重要。随着版本的不断升级，CorelDRAW X6的工作界面布局也更加合理，而且还可以根据用户的喜好对CorelDRAW的工作区进行设置。

1.4.1 工作界面概述

双击图标启动CorelDRAW X6，首先出现的是CorelDRAW X6的启动画面，如图1-57所示。稍后CorelDRAW X6的工作界面就会呈现在屏幕中，如图1-58所示。

图1-57

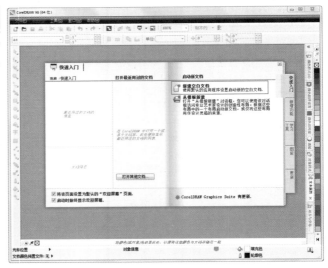

图1-58

 技巧提示

因为当前的CorelDRAW X6中没有打开任何工程文件，所以此时的工作界面是不完整的。为了便于观察，可以在欢迎界面中单击"新建空白文档"按钮，并在弹出的"创建新文档"对话框中单击"确定"按钮，创建出一个空白文档。

此时可以看到在工作界面中包含标题栏、菜单栏、标准工具栏、属性栏、工具箱、标尺、工作区、绘图页面、泊坞窗、调色板以及状态栏多个区域，如图1-59所示。下面一起了解一下CorelDRAW界面的各个部分。

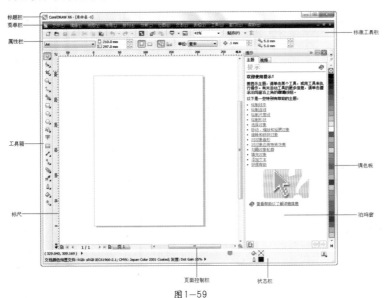

图1-59

- 标题栏：CorelDRAW X6的标题栏左边包含弹出式菜单按钮，可以控制程序窗口，显示当前所处理的文件名称。标题栏右边包含了窗口最小化、最大化及关闭窗口3个按钮。

- 菜单栏：其中的各个菜单控制并管理着整个界面的状态和图像处理的要素，单击菜单栏上任一菜单，则弹出该菜单列表，菜单列表中有的命令包含箭头▶，把光标移至该命令上，可以弹出该命令的子菜单。

- 标准工具栏：通过使用标准工具栏中的快捷按钮，可以简化用户的操作步骤，提高工作效率。标准工具栏通常位于菜单栏的下方，其中有菜单命令中经常使用的命令的快捷按钮。如果用户在标准工具栏上单击并拖动鼠标，可以将标准工具栏拖动到工作界面的任意位置。

- 属性栏：包含了与当前用户所使用的工具或所选择对象相关的可使用的功能选项，它的内容根据所选择的工具或对象的不同而不同。属性栏的使用减少了用户对菜单命令的访问，使用户的工作更有针对性。

- 工具箱：其中集合了CorelDRAW X6的大部分工具。其中每个按钮都代表一个工具，有些工具按钮的右下角显示有黑色的小三角，表示该工具下包含了相关系列的隐藏工具，单击该按钮可以弹出一个子工具条，子工具条中的按钮各自代表一个独立的工具。
- 绘图页面：绘图页面用于图像的编辑，对象产生的变化会自动地同时反映到绘图窗口中。
- 泊坞窗：即编辑调整对象时所应用到的一些功能命令选项设置面板。执行"窗口>泊坞窗"命令，在子菜单中可以选择需要打开的泊坞窗，或者将其最小化，只以标题的形式显示出来。可以方便对页面的编辑。
- 调色板：CorelDRAW X6默认的调色板是根据四色印刷模式的色彩比例设定的，用户可以直接将调色板中的颜色用于对象的轮廓或填充。单击 ◄ 按钮时可以显示更多颜色，单击 ▲ 或 ▼ 按钮，可以上下滚动调色板以选择使用的颜色。
- 状态栏：是位于窗口下方的横条，显示了用户所选择对象的有关信息，如对象的轮廓线色、填充色、对象所在图层等。

1.4.2 动手学：设置CorelDRAW的工作区

执行"工具>选项"命令或按"Ctrl+J"快捷键，如图1-60所示，即可打开"选项"对话框。在这里可以对工作区进行设定，如图1-61所示。

01 在"选项"对话框中用户可以根据个人喜好选择"Adobe® Illustrator®"的工作区或"X6默认工作区"，这两种工作区域的主要差别在于菜单栏和工具箱的排列方式上。

02 除此之外用户还可以通过右侧的"新建"、"删除"等按钮新建或删除自定义工作区，以及导入或导出工作区。

03 如果要对工作区的细节进行设置，例如对显示、编辑等进行设置，也可以通过左侧的列表选择相应选项，并根据用户的需要快速调整出便于使用的工作区。

图1-60

图1-61

1.4.3 菜单栏的菜单命令速查

CorelDRAW X6的菜单栏中包含12个菜单，下面简要介绍一下各个菜单的用途，以方便查找。

- 文件：是最基本的操作命令的集合，它管理着与文件相关的基本设置、文件信息后期处理等操作，如图1-62所示。
- 编辑：控制图像部分属性和基本编辑的命令菜单，如图1-63所示。
- 视图：用于控制工作界面中部分版面的视图显示，可以方便用户根据自己的工作习惯设置，如图1-64所示。

- 布局：用于管理文件的页面和组织打印多页文档，利用这个菜单可以很方便地设置页面的格式，如图1-65所示。
- 排列：是针对对象的排列和组织来进行设定的，可同时控制一个或多个对象，如图1-66所示。
- 效果：用于为对象添加特殊的效果，将矢量绘图丰富的功能进行完善，利用这些特殊的功能，可以针对矢量对象进行调节和设定，如图1-67所示。

图1-65　　　　图1-66　　　　图1-67

- 位图：针对编辑位图图像而制定的多样命令，在将矢量图像转换为位图后，可应用该菜单中大部分的命令，如图1-68所示。

图1-62

图1-63

图1-64

- **文本**：用于排版编辑文本，允许用户对文本同时进行复杂的文字处理和特殊艺术效果的转换，并可结合图形对象制作形态丰富的文本效果，如图1-69所示。
- **表格**：可以绘制并编辑表格，同时也可以完成表格和文字间的相互转换，如图1-70所示。

- **工具**：可简化实际操作，用于设置软件基本功能和管理对象颜色图层等，如图1-71所示。
- **窗口**：该菜单可以管理工作界面的显示内容，如图1-72所示。
- **帮助**：针对用户的疑问集合了一些帮助解答的功能，通过帮助菜单的应用，用户可以了解关于CorelDRAW X6的相关信息，如图1-73所示。

图1-68　　　　图1-69　　　　图1-70

图1-71　　　　图1-72　　　　图1-73

1.4.4 标准工具栏的工具速查

标准工具栏中的工具大多与菜单栏中的菜单命令相对应，这些工具都是日常操作中最为实用也最为基础的工具，为了提高工作效率，首先来了解标准工具栏中各个按钮的含义，并快速使用它们，如图1-74所示。

图1-74

- **新建**：新建一个文档。
- **打开**：打开一个已经存在的CorelDRAW绘图文件。
- **保存**：将当前编辑的绘图文件进行保存。
- **打印**：打印绘制完成的文件。
- **剪切**：将选定的内容剪切到剪贴板中。
- **复制**：将选定的内容复制到剪贴板中。
- **粘贴**：将剪切或复制到剪贴板中的内容粘贴到页面中。
- **撤销**：撤销上一步的操作命令。
- **重做**：恢复上一步撤销的操作命令。

- **导入**：可以导入非CorelDRAW X6所默认的文件格式，如BMP、GIF、TIF、HTM等多种格式。
- **导出**：将制作完成的文件导出生成其他格式。
- **应用程序启动器**：打开CorelDRAW X6的套装软件，包括Corel PHOTO-PAINT等。
- **欢迎屏幕**：快速启动欢迎屏幕。
- **缩放级别**：设置当前视图的缩放比例。
- **贴齐**：将绘制窗口贴齐网格、辅助线、对象、动态导向。
- **选项**：快速打开选项对话框。

1.4.5 工具栏的工具速查

工具栏中包含很多个工作组以及单独的工具，而且每个工具组中又包含了多个工具。这些工具将在本书的不同章节中进行讲解，下面的内容可以方便用户快速认识各个工具，或是查找工具所在位置。

工具组一：

- **选择工具**：选择对象实体，用于选择一个或多个对象并进行任意移动或大小调整。
- **手绘选择工具**：使用手绘的方式绘制选择区域并选取对象。

工具组二：

- **形状工具**：用于调整对象轮廓的形状，包括对节点

的添加、删除等。

- **涂抹笔刷工具**：通过沿矢量图形对象的轮廓拖动，以达到使其变形的目的。
- **粗糙笔刷工具**：通过沿矢量图形对象的轮廓拖动，以达到使其轮廓变形的目的。
- **自由变换工具**：通过自由旋转、角度旋转、比例和倾斜工具来变换对象。

- 🖌涂抹：沿对象轮廓拖动工具来更改其边缘。
- 🖌转动：通过沿对象轮廓拖动工具来添加转动效果。
- 🖌吸引：通过将节点吸引到光标处调整对象的形状。
- 🖌排斥：通过将节点推离光标处调整对象的形状。

工具组三：

- 🔪裁剪工具：用于裁剪对象中不需要的部分图像。
- 🔪刻刀工具：可以切割选择的对象。
- 🔪橡皮擦工具：可以移除绘图不需要的区域。
- 🔪虚拟段删除工具：用于删除图像中不需要的线段。

工具组四：

- 🔍缩放工具：可以放大或缩小页面的图像。
- 🔍平移工具：不更改缩放级别，将绘图的隐藏区域拖动到视图。

工具组五：

- 🖌手绘工具：方便地绘制自己所需的图形。
- 🖌2点线工具：通过起始点和结束点来绘制曲线。
- 🖌贝塞尔工具：允许每次绘制一段曲线或直线。
- 🖌艺术笔工具：提供预设、笔刷、喷涂、书法和压力笔触类型工具。
- 🖌钢笔工具：可以绘制合适的曲线。
- 🖌B样条工具：通过对绘制点的调整绘制理想图形。
- 🖌折线工具：随意绘制自己需要的图形。
- 🖌3点曲线：通过起始点、结束点和中心点来绘制曲线。

工具组六：

- 🖌智能填充工具：可对包括位图图像在内的任何封闭的对象进行填充。
- 🖌智能绘图工具：将绘制的图形自动调整得更为规范。

工具组七：

- ▭矩形工具：绘制矩形。
- ▭3点矩形工具：创建矩形基线，通过定义高度绘制矩形。

工具组八：

- ○椭圆形工具：绘制椭圆形。
- ○3点椭圆形工具：创建椭圆基线，通过定义高度绘制椭圆形。

工具组九：

- ○多边形工具：绘制多边形。
- ☆星形工具：绘制带状和星形对象。
- ☆复杂星形工具：绘制爆炸形状。
- 🖌图纸工具：可以绘制出与图纸上类似的网格线。
- 🌀螺纹工具：绘制对称式与对数式螺纹。

工具组十：

- 🖌基本形状工具：可以选择各种形状进行直接绘制。
- 🖌箭头形状工具：绘制各种形状、方向和多个箭尖的箭头。
- 🖌流程图形状工具：绘制流程图符号。
- 🖌标题形状工具：绘制标题形状图形。
- 🖌标注形状工具：绘制标注和标签。

工具组十一：

- 🔤文本工具：在页面单击左键可输入美术字，拖动鼠标创建文本框，在文本框内输入段落文字。

工具组十二：

- ▦表格工具：用于绘制表格对象，可绘制任意行列数的表格。

工具组十三：

- 🖌平行度量工具：用于度量对象的尺寸或角度。
- 🖌水平或垂直度量工具：可以度量对象水平或垂直尺寸。
- 🖌角度量工具：用于度量对象的角度。
- 🖌线段度量工具：可以测任意线段的尺寸。
- 🖌3点标注工具：绘制标注线。

工具组十四：

- 🖌直线连接器工具：用于连接对象的锚点。
- 🖌直角连接器工具：可以对直角进行连接。
- 🖌直角圆形连接器工具：用于绘制直角圆角连线。
- 🖌编辑锚点工具：可以在选择的对象上添加锚点。

工具组十五：

- 🖌调和工具：主要作用是处理艺术效果。
- 🖌轮廓图工具：可以将轮廓图应用于对象。
- 🖌变形工具：将拖拉变形、拉链变形或扭曲变形应用于对象上。
- 🖌阴影工具：可以将阴影应用于选择的对象上。
- 🖌封套工具：拖动封套上的节点使对象变形。
- 🖌立体化工具：可以让对象具有纵深感。
- 🖌透明度工具：可以将透明效果应用于对象。

工具组十六：

- 🖌颜色滴管工具：用于取样对象的颜色，将其赋予新的对象。
- 🖌属性滴管工具：用于取样对象的属性，将其赋予新的对象。

工具组十七：

- 🖌轮廓笔工具：利用它可以更改外框属性，如颜色和宽度等。

工具组十八：

● 填充工具：对所选定的图形进行填充处理，其中包括多种填充工具。

工具组十九：

● 交互式填充工具：提供更为艺术化的填充效果。

● 网状工具：可以将网格应用于对象。

课后练习

01 安装CorelDRAW X6到计算机中，并练习CorelDRAW X6的启动与关闭。

02 大胆尝试CorelDRAW X6工作界面中的各个工具。

03 尝试打开多个泊坞窗，并关闭它们。

本章小结

通过本章的学习，希望大家能够对CorelDRAW X6有一个初步的认识，在掌握了CorelDRAW X6的安装与启动方法之后就可以大胆对其工作界面中的各个部分进行一番尝试。千万不要担心会把CorelDRAW X6"弄坏"，因为自己"探索"学到的技能永远比别人教授的印象深刻。

读书笔记

第2章

文档的基本操作

本章内容简介：

本章内容与CorelDRAW 的"文档"相关，所谓"文档"也被称为CorelDRAW 的文件、源文件、工程文件。在CorelDRAW中进行的一切绘图操作都是基于CorelDRAW的文档，如果没有文档，那么"绘制"、"变形"、"效果"也都无从谈起。对于"文档"的操作其实比较简单，例如常规的"新建"、"打开"、"保存"、"关闭"。当然，在CorelDRAW中也有一些特有的文档操作，如"导入"、"导出"、"自动收集"等。

本章学习要点：

- 掌握创建新文档的方式
- 掌握文档的保存与导出方法
- 了解文档的打印设置

2.1 创建新的文档

就像画画需要有画布一样，要使用CorelDRAW进行绘图也需要有相应的承载物，那就是文档。在使用CorelDRAW进行操作前，首先需要学习一下如何创建CorelDRAW绘图文档。在CorelDRAW中其实提供了很多种便捷的新建文档的方式，那就让我们来一起学习一下吧！

2.1.1 动手学：文档的新建

01 启动CorelDRAW之后的欢迎界面中即可创建新文档，单击右侧的"新建空白文档"按钮，在弹出的"创建新文档"对话框中进行相关名称及数值的设置，如图2-1和图2-2所示。

图2-1　　　　　　　　　　　　　　　　　　图2-2

技术拓展：详解"创建新文档"对话框

- 名称：用于设置当前文档的文件名称。
- 预设目标：可以在下拉列表中选择CorelDRAW内置的预设类型，例如Web、CorelDRAW默认、默认CMYK、默认RGB等。
- 大小：在下拉列表中可以选择常用页面尺寸，例如A4、A3等。
- 宽度/高度：设置文档的宽度以及高度数值，在宽度数值后方的下拉列表中可以进行单位设置，单击高度数值后的两个按钮可以设置页面的方向为横向或纵向。
- 页码数：设置新建文档包含的页数。
- 原色模式：在下拉列表中可以选择文档的原色模式，默认的颜色模式会影响一些效果中的颜色的混合方式，例如填充、混合和透明。
- 渲染分辨率：设置在文档中将会出现的栅格化部分（位图部分）的分辨率，例如透明、阴影等。
- 预览模式：在下拉列表中可以选择在CorelDRAW中预览到的效果模式。
- 颜色设置：展开卷展栏后可以进行"RGB预置文件"、"CMYK预置文件"、"灰度预置文件"、"匹配类型"的设置。
- 描述：展开卷展栏后，将光标移动到某个选项上时，此处会显示该选项的描述。

② 当然也可以通过菜单命令进行新建，执行"文件>新建"命令（快捷键为"Ctrl+N"），如图2-3所示。在弹出的"创建新文档"对话框中设置完毕后单击"确定"按钮结束操作，完成空白文档的新建，如图2-4所示。

③ 不要忘了标准工具栏中也有"新建"按钮，单击即可快速进行文档的新建，如图2-5所示。

图2-3 　　　　　　　　　　图2-4 　　　　　　　　　　图2-5

思维点拨：四色印刷

　　印刷通常提到"四色印刷"这个概念，是因为印刷品中的颜色都是由C、M、Y、K四种颜色所构成的。成千上万种不同的色彩都是由这几种色彩根据不同比例叠加、调配而成的。通常我们所接触的印刷品，如书籍杂志、宣传画等，是按照四色叠印而成的。也就是说，在印刷过程中，承印物（纸张）在印刷过程中经历了四次印刷，印刷一次黑色、一次洋红色、一次青色、一次黄色。完毕后四种颜色叠合在一起，就构成了画面上的各种颜色，如图2-6所示。

图2-6

2.1.2 动手学：从模板新建文档

　　CorelDRAW中的模板是指某些有特定模式的文件，其中包含构成某类作品的基本结构、元素或者页面布局等。当需要制作这类作品时，即可套用模板，并进行适当更改即可，既方便快捷又具有一定的准确性。在CorelDRAW X6中提供了多种可供调用的内置模板，执行"从模板新建"命令可为新手在文档的创建制作中提供思路。

① 执行"文件>从模板新建"命令，或在欢迎界面中单击"从模板新建"按钮，如图2-7所示，弹出"从模板新建"对话框，在左侧的"过滤器"中可以选择模板的类型，在"模板"列表中选择一种合适的模板，右侧即可出现模板的相关信息，如图2-8所示。

② 单击"打开"按钮即可将所选模板在CorelDRAW中打开，如图2-9所示。此时可以看到界面中已经出现了效果还不错的模板文档，接下来只需要通过对文档元素加以调整即可完成一个完整案例的制作。

图2-7

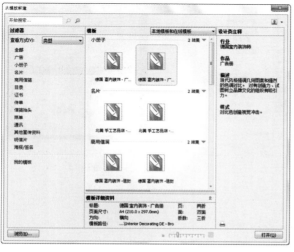

图2-8

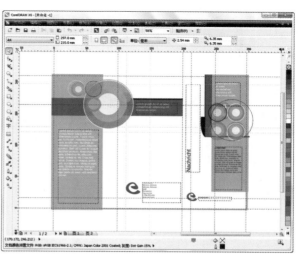

图2-9

2.2 打开文档

在CorelDRAW中可以打开多种格式的文档，不仅仅是矢量图形文件，位图图像文件同样也能够打开。但是CorelDRAW特有的CDR格式文件并不容易被其他软件打开和编辑，所以如果需要对已有的CorelDRAW文件进行编辑，就需要在CorelDRAW中打开，如图2-10和图2-11所示。

图2—10

图2—11

2.2.1 动手学：打开已有文档

在安装CorelDRAW X6之后，计算机中的所有CorelDRAW文档都将自动默认使用CorelDRAW X6打开，所以需要打开某一文档只需要打开文档所在文件夹，并在CDR格式的文档上双击即可。

① 打开已有文档非常简单，执行菜单栏中的"文件>打开"命令（快捷键为"Ctrl+O"），如图2-12所示，即可弹出"打开绘图"对话框，如图2-13所示。

② 在"打开绘图"对话框中选择文档所在位置后，接下来选择所要打开的文档，选择"预览"选项即可通过缩览图来预览文档效果，如图2-14所示。然后单击"打开"按钮即可在CorelDRAW中打开该文档，如图2-15所示。

图2—12

图2—13   图2—14   图2—15

技巧提示

在选择文档时按住"Shift"键可以选择连续的多个文档，按"Ctrl"键则可以进行不连续的加选。

03 当然也可以在工具栏中，单击"打开"按钮，打开文档。或在欢迎界面中单击底部的"打开其他文档"按钮，如图2-16所示。

04 也可以拖动需要打开的文档到CorelDRAW界面的灰色区域，释放鼠标即可将其打开，如图2-17所示。需要注意的是，如果拖动到已有的文档画布中则相当于置入到该文档中。

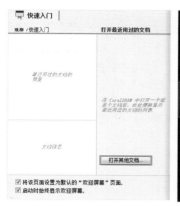

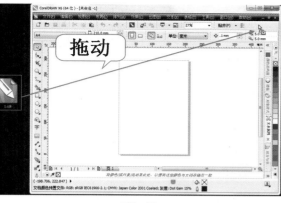

图2-16　　　　　　　　　　　　　　　　图2-17

2.2.2 动手学：打开最近用过的文档

01 执行"文件>打开最近用过的文件"命令，在次级菜单中可以看到近期在CorelDRAW中打开过的文件，单击某一项即可快速打开该文档，如图2-18所示。

02 另外，在欢迎界面中也显示着近期打开过的文件列表，将鼠标指针移动到"打开最近用过的文档"列表某一文档名称上时，左侧即可显示出该文档的缩览图、文档名称、保存路径以及文档大小等属性。单击即可打开该文档，如图2-19所示。

图2-18　　　　　　　　　　图2-19

2.3　保存文档

"保存"是一项非常重要的功能，将新建的文档进行保存可便于以后的编辑或修改。需要注意的是，不仅要在新建的文档制作完成时才对其进行保存，在操作过程中及时地将当前操作进度进行保存也是非常必要的。在CorelDRAW中可以通过多种保存方式将文档进行保存，方法很简单，希望大家也能够熟记相关快捷键操作。

2.3.1 动手学：使用"保存"命令

01 如果当前文件为新建的文件，并且没有进行过"保存"操作，那么执行"文件>保存"命令，或按"Ctrl+S"快捷键，如图2-20所示，在弹出的"保存绘图"对话框中设置文档位置及名称，在"保存类型"下拉列表中可以选择文档的存储格式，通常情况下都将工程文件保存为".cdr"格式。单击"保存"按钮结束操作，可以将当前文件以".cdr"格式的文档存储在计算机中，如图2-21所示。

图2-20

02 如果当前文档为已有文档，那么进行"保存"操作会以文档的当前状态自动覆盖之前的编辑状态。

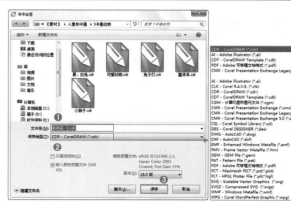

图2-21

2.3.2 使用"另存为"命令

技术速查："另存为"命令主要用于对文档进行备份而不破坏原文档。

如果想将当前文档以不同的位置、不同的名称或不同的格式进行存储，那么就需要使用到"另存为"命令。执行"文件>另存为"命令，如图2-22所示，此时也会弹出"保存绘图"对话框，在这里重新设置文档位置及名称，单击"保存"按钮结束操作，即可实现不破坏原文档，也能将文档另外进行保存的目的，如图2-23所示。

图2-22

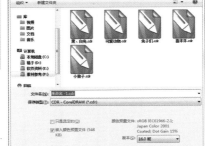

图2-23

读书笔记

2.3.3 动手学：将文档另存为模板

在"2.1.2 动手学：从模板新建文档"中可以感受到"模板"是一个非常实用的功能。那么可不可以制作适合自己日常工作的模板呢？当然可以，只需要在文档制作完成后执行"文件>另存为模板"命令即可将当前文档保存为一个模板，以便调用。

01 执行"文件>另存为模板"命令，同样在弹出的"保存绘图"对话框中设置模板文档的名称、格式等信息，完成后单击"保存"按钮，如图2-24和图2-25所示。

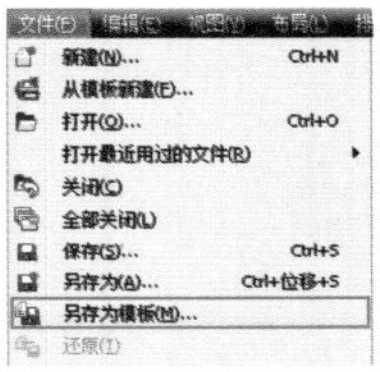

02 接下来弹出"模板属性"对话框，在这里可以对模板的名称、打印面、折叠、类型、行业、注释进行设置，如图2-26所示。设置完成后单击"确定"按钮结束操作。

图2-24

CorelDRAW文档另存为Adobe Illustrator可用的格式文档，效果如图2-27和图2-28所示。

图2-27

图2-25

图2-26

★ 案例实战——将文档另存为Adobe Illustrator可用的格式

案例文件	案例文件\第2章\将文档另存为Adobe Illustrator可用的格式.ai
视频教学	视频文件\第2章\将文档另存为Adobe Illustrator可用的格式.flv
难度级别	★★★★★
技术要点	"打开"、"另存为"命令

案例效果

本例主要是通过使用"打开"、"另存为"命令将

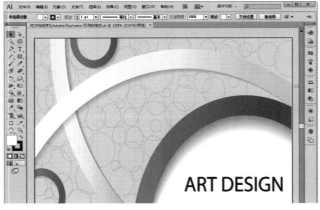

图2-28

操作步骤

01 执行"文件>打开"命令，或按"Ctrl+O"快捷键，在"打开绘图"对话框的右下角选择所有文件格式，单击选择素材"1.cdr"文档所在位置，单击"打开"按钮，打开文档，如图2-29所示。此时CorelDRAW界面中出现了文档"1.cdr"，如图2-30所示。

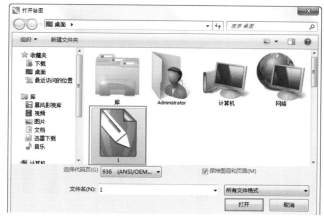

图2-29

图2-30

02 下面需要将当前文档存储为其他格式，此时需要使用到"另存为"命令。执行"文件>另存为"命令，在弹出的"保存绘图"对话框中单击"保存类型"下拉按钮，在列表中选择"AI-Adobe Illustrator"选项，并选择合适的存储位置，设置完毕后单击"保存"按钮，如图2-31所示。弹出"Adobe Illustrator导出"对话框，在"兼容性"列表中可以选择存储的Adobe Illustrator文档的版本；在"导出范围"中选中"当前页"单选按钮；在"导出文本方式"中选中"曲线"单选按钮，最后单击"确定"按钮完成导出，如图2-32所示。

03 存储完毕后可以在所选的存储位置下找到AI格式的文件，如图2-33所示。尝试在Adobe Illustrator CS6中打开，效果如图2-34所示。

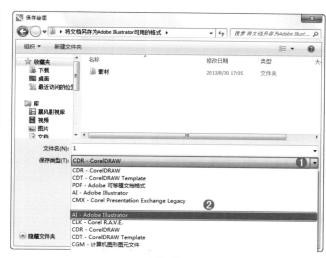

图2-31

图2-32

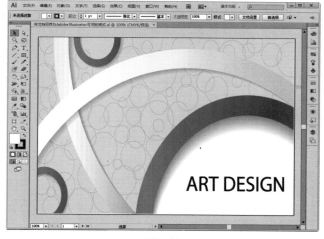

将文档另存为Adobe Illustrator可用的格式.ai

图2-33

图2-34

读书笔记

技术拓展：关于Adobe Illustrator

　　Adobe Illustrator是Adobe系统公司推出的基于矢量的图形制作软件，与CorelDRAW的应用范围非常相似，也是一款深受平面设计师喜爱的矢量图形软件。因为Adobe Illustrator与CorelDRAW的用户群体都比较大，所以实现两款软件文档的互通就非常有必要了。在CorelDRAW X6中能够直接打开Adobe Illustrator的文档，但是在Adobe Illustrator中却不能正确地打开".cdr"格式的文档，通过本案例中使用到的"另存为"功能就很好地解决了这个问题。

2.4 导入与导出

　　"导入"与"导出"命令主要是将其他格式的文件导入到CorelDRAW中，以便添加必要元素或者丰富的画面效果，以及将CorelDRAW文件导出为其他格式，以便不同软件之间文档的交流和预览。

2.4.1 动手学：向文档中导入其他内容

技术速查："导入"命令可以导入其他矢量软件的文档或者位图文档。

　　使用CorelDRAW制作一幅海报时，如果画面中需要一张人像照片，那么就需要将位图形式的照片素材导入到CorelDRAW中。同理，要使用Microsoft Word中的大段文字进行杂志的排版时，也可以将Word文档导入到CorelDRAW中，如图2-35和图2-36所示。

　　01 执行"文件>导入"命令（快捷键为"Ctrl+I"），在弹出的"导入"对话框中可以通过单击的方式选择所要导入的文档，单击"导入"按钮结束操作，如图2-37和图2-38所示。

　　02 如果导入的文档是矢量图形，那么很可能会作为矢量群组对象出现在CorelDRAW界面中，如图2-39所示。如果想

图2-35　　　　　　　　　　图2-36

要进行单独对象的编辑，那么可以选中该对象，单击右键，执行"取消群组"命令即可对矢量图形的每一部分进行编辑，如图2-40所示。

图2-37　　　　　　　　　　图2-38　　　　　　　　　　　　　　图2-39　　　　　　　　图2-40

　　03 如果导入的文件是".jpg"格式的位图文档时，回到画面中可以看到光标变为了如图2-41所示的形状，在画面中单击并拖动光标确定导入画面的位置及大小，如图2-41所示。松开光标后位图图像将会出现在CorelDRAW中，如图2-42所示。

　　04 当然也可以单击标准工具栏中的"导入"按钮 ，如图2-43所示，在弹出的"导入"对话框中选择文档，单击"导入"按钮结束操作。或者在绘制区内单击右键，执行"导入"命令，用同样的方法导入所需图片，如图2-44所示。

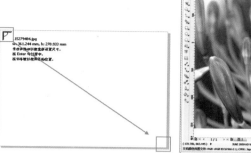

图2-41

图2-42

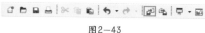

图2-43

图2-44

2.4.2 导出文档

技术速查："导出"命令主要是用于文档在不同软件中的交互编辑以及在不同平台下使用（例如实时预览、打印等）。

直接单击工具栏中的"导出"按钮，如图2-45所示。执行"文件>导出"命令，或按"Ctrl+E"快捷键，如图2-46所示。在弹出的"导出"对话框中选择导出文档的位置，单击"导出"按钮结束操作可以快速的导出文档，如图2-47所示。

图2-45

图2-46

图2-47

2.4.3 将文档导出到Office

技术速查：使用"导出到Office"命令可以将文档导出到Microsoft Office或WordPerfect Office中。

执行"文件>导出到Office"命令，如图2-48所示，在弹出的"导出到Office"对话框中可以针对导出文件的质量进行一定设置，如图2-49所示。

01 在"导出到"下拉列表框中有两种方式，选择Microsoft Office选项可以设置选项以满足Microsoft Office应用程序的不同输出需求，如图2-50所示。

在"图形最佳适合"下拉列表框中包含以下2个选项：

- "兼容性"选项：可以将绘图另存为PNG格式的位图，将绘图导入办公应用程序时可以保留绘图的外观。
- "编辑"选项：可以在ExtendedMetafileFormat（EMF）中保存绘图，可以在矢量绘图中保留大多数可编辑元素。

在"优化"下拉列表框中包含以下3个选项：

- "演示文稿"选项：可以优化输出文档，如幻灯片或在线文档（96dpi）。
- "桌面打印"选项：可以保持用于桌面打印良好的图像质量（150dpi）。

图2-48

图2-49

图2-50

● "商业印刷"选项：可以优化文档以适用高质量打印（300dpi）。

02 选择"WordPerfect Office"选项则可以通过将CorelWordPerfectOffice图像转换为WordPerfect图形文档（WPG）来优化图像，如图2-51所示。

图2-51

★ 案例实战——为CorelDRAW文档导出JPG预览图

案例文件	案例文件\第2章\为CorelDRAW文档导出JPG预览图.jpg
视频教学	视频文件\第2章\为CorelDRAW文档导出JPG预览图.flv
难度级别	☆☆☆☆☆
技术要点	"打开"、"导出"命令

案例效果

".cdr"格式是CorelDRAW特有的工程文件格式，需要使用CorelDRAW才能打开。但是很多时候当需要将当前的设计效果展示给客户看或者需要将作品上传到网络时，".cdr"格式就不那么方便了。此时就需要将当前作品的预览效果进行导出，导出为".jpg"格式的图像文件是比较常见的。本例主要是通过使用"导出"命令将CorelDRAW文件导出为JPG格式的方便预览的图像文件。效果如图2-52所示。

图2-52

操作步骤

01 执行"文件>打开"命令，或按"Ctrl+O"快捷键，在"打开绘图"对话框右下角选择所有文件格式，单击选择素材"1.cdr"文档所在位置，单击"打开"按钮，打开文档，如图2-53所示。此时CorelDRAW界面中出现了文档"1.cdr"，如图2-54所示。

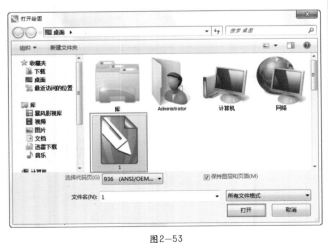

图2-53

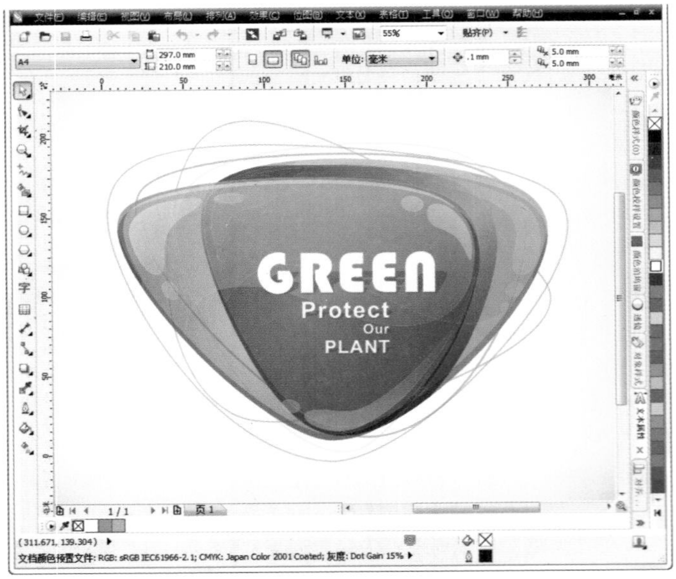

图2-54

02 执行"文件>导出"命令，在弹出的"导出"对话框中设置合适的文件名，并在"保存类型"下拉列表中选择"JPG-JEPG位图（*.jpg;*.jtf;*.jff;*.jpeg）"选项，然后单击"导出"按钮，如图2-55所示。接着会弹出"导出到JPEG"窗口，这个窗口主要用于设置导出的位图图片的属性参数，在右侧面板中可以看到颜色模式、图像质量以及尺寸等参数的设置，如图2-56所示。

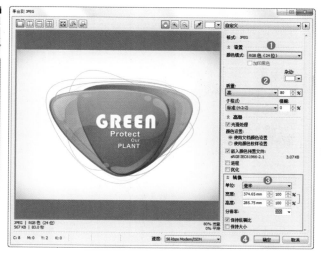

图2-55　　　　　　　　　　　　　　　　　　　　　　图2-56

03 设置完毕后单击"确定"按钮完成操作，随后可以在所选的存储位置看到导出的可以方便预览的".jpg"格式图像，如图2-57和图2-58所示。

图2-57

图2-58

JPG全名是JPEG，是由国际标准组织和国际电话电报咨询委员会为静态图像所建立的第一个国际数字图像压缩标准，也是至今一直在使用的、应用最广的图像压缩标准。JPEG由于可以提供有损压缩，因此压缩比可以达到其他传统压缩算法无法比拟的程度。简单说来，JPG格式是一种很常见的位图图片格式，可以方便快捷地观看与传输。例如，使用数码相机拍摄出的照片，或是网页上的图片，或是手机桌面使用的壁纸都可以是JPG格式的图像。

 读书笔记

第 2 章　文档的基本操作

☆ 视频课堂——使用"导入"命令制作贺卡

案例文件\第2章\视频课堂——使用"导入"命令制作贺卡.cdr
视频文件\第2章\视频课堂——使用"导入"命令制作贺卡.flv

思路解析：

01 创建新文件。
02 导入人像素材。
03 导入花纹素材。
04 移动花纹的位置。

2.5 将文档发布到PDF

技术速查："发布至PDF"命令是将CorelDRAW的矢量文档转换为便于预览和印刷的PDF格式文档。

使用"发布至PDF"命令非常简单，与"保存"或"导出"命令非常相似。执行"文件>发布至PDF"命令，如图2-59所示，在弹出的"发布至PDF"对话框中可以对文档保存位置、名称，在"PDF预设"下拉列表框中可以选择合适的输出预设。单击"保存"按钮结束命令，如图2-60所示。

 技巧提示

单击"设置"按钮，可进入"PDF设置"对话框，在这里可以进行更多参数的设置，如图2-61所示。

图2-61

图2-59

图2-60

 答疑解惑：什么是PDF？

PDF是Portable Document Format（便携文件格式）的缩写，是一种电子文件格式，与操作系统平台无关，由Adobe公司开发而成。PDF 文件是以PostScript语言图像模型为基础，无论在哪种打印机上都可保证精确的颜色和准确的打印效果，即PDF会再现原稿的每一个字符、颜色以及图像。

2.6 文档的关闭

在第1章中介绍了关闭整个CorelDRAW的方法，但是在CorelDRAW中可能同时存在多个文档，如果关闭整个CorelDRAW软件，那么所有文档都会被关闭，所以需要学习一下只关闭文档而不关闭软件的方法。

2.6.1 动手学：关闭文档

01 在CorelDRAW中文档操作完成后可以将其关闭，执行"文件>关闭"命令即可将当前文档关闭，如图2-62所示。

02 在操作界面的右上角可以看到两个用于关闭的"差号"按钮，上方的为关闭整个软件的按钮，而下方的"关闭"按钮 ❌ 则为关闭当前文档的按钮，如图2-63所示。也可以单击窗口左上角图标，执行"关闭"命令，或按"Ctrl+F4"快捷键，将当前文档进行关闭，如图2-64所示。

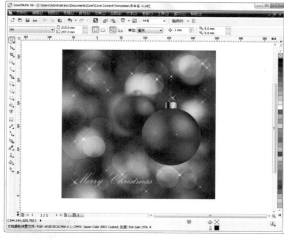

图2-62　　　　　　　　　　图2-63　　　　　　　　　　　　　　　图2-64

2.6.2 全部关闭

当CorelDRAW中开启了多个文档时，可以通过执行"文件>全部关闭"命令，快速关闭CorelDRAW中的全部文档，如图2-65所示。

图2-65

★ 案例实战——文档基本操作的完整流程

案例文件	案例文件\第2章\文档基本操作的完整流程.cdr
视频教学	视频文件\第2章\文档基本操作的完整流程.flv
难度级别	★★★★★
技术要点	"打开"、"导入"、"另存为"、"导出"命令

案例效果

本例主要是通过"打开"、"导入"、"另存为"、"导出"等命令完成文档基本操作的完整流程，效果如图2-66所示。

图2-66

操作步骤

01 执行"文件>打开"命令，或按"Ctrl+O"快捷键，在"打开绘图"对话框中右下角选择所有文件格式，单击选择素材"1.cdr"文档所在位置，如图2-67所示。单击"打开"按钮，此时该文档将在CorelDRAW中打开，如图2-68所示。

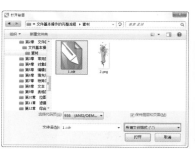

图2-67　　　　　　　　图2-68

02 下面需要为画面添加前景位图素材，执行"文件>导入"命令，或按"Ctrl+I"快捷键，在"导入"对话框的右下角选择所有文件格式，单击选择素材"2.png"文档所在位置，如图2-69所示。调整素材文档的大小及位置，如图2-70所示。

03 到这里文档内容制作完成，执行"文件>另存为"命令，在"保存绘图"对话框中输入文档名，单击"保存类型"下拉列表框，在下拉列表中选择"CDR-CorelDRAW（*.cdr）"选项，如图2-71所示。单击"保存"按钮，可以在存储的文件夹中找到相应的文档，如图2-72所示。

04 执行"文件>导出"命令，或按"Ctrl+E"快捷键，在"保存绘图"对话框中输入文档名，单击"保存类型"下拉框，在下拉列表中选择"JPG-JPEG位图（*.jpg；*.jtf；*.jff；*.jpeg）"选项，如图2-73所示。单击"保存"按钮，可以在存储的文档夹中找到相应的文档，如图2-74所示。

图2-73　　　　　　图2-74

图2-69　　　　　　图2-70

图2-71　　　　　　图2-72

 思维点拨

冷色系与暖色系的结合搭配作为背景，拉伸空间，使画面具有强烈的层次感。画面以前面凸出的暖色系为主色调，与蓝色系搭配，产生强烈的明快感，更加突显了欢乐的感觉，使人印象深刻，如图2-75和图2-76所示。

图2-75　　　　　　图2-76

2.7 自动收集用于输出的相关文件

在实际工作中，经常会出现将".cdr"格式的工程文档转移到其他设备时，打开后可能会出现文档中图像或文字显示不正确的情况。这是因为在使用CorelDRAW制作设计作品的过程中经常会需要使用位图素材以及文字，而很多时候位图素材以及文字的字体并不是嵌入到CorelDRAW文档中，而是通过链接的方式调用本地计算机中的文件，所以当操作设备发生变化时，相应文件自然就不存在了，而画面效果也因为这部分对象的缺失发生了变化。为了避免这种情况的发生，CorelDRAW提供了"收集用于输出"命令，使用这一命令可以快捷地将链接的位图素材、字体素材等信息进行提取整理。

01 对已完成的文档执行"文件>收集用于输出"命令，如图2-77所示，弹出"收集用于输出"对话框，选中"自动收集所有与文档相关的文档"单选按钮，完成后单击"下一步"按钮，如图2-78所示。

02 下面需要选择文档的输出文件格式，选中"包括PDF"复选框，并在"PDF预设"下拉列表框中选择适当的预设。选中"包括CDR"复选框，然后在"另存为版本"列表中选择工程文档保存的版本。设置完成后单击"下一步"按钮，如图2-79所示。

图2-77　　　　　图2-78　　　　　图2-79

03 在当前对话框中可以选择是否包含颜色预设文件，设置完成后单击"下一步"按钮，如图2-80所示。单击"浏览"按钮可以选择输出的文档，选中"放入压缩（zipped）文件夹中"复选框即可压缩文档的形式进行保存，更加便于传输，设置完成后单击"下一步"按钮，如图2-81所示。

04 稍作等待即可完成收集，单击"完成"按钮即可，如图2-82和图2-83所示。在之前设置的输出文件的位置中可以看到从计算机中提取出的相应文件。

图2-80

图2-81

图2-82

图2-83

2.8 打印

打印是设计行业必不可少的一个环节，无论是使用激光打印机进行样稿的打印，或是户外巨型广告的喷绘，还是在印刷厂批量印制成品，这些过程都是从数字文档输出为实物的过程。而为了达到满意的输出效果就需要在CorelDRAW中进行一系列的相关设置，如图2-84~图2-86所示。

图2-84

图2-85

图2-86

2.8.1 打印设置

用户在进行打印输出之前需要进行一些常规的设置，执行"文件>打印设置"命令，在"打印设置"对话框中可以选择合适的打印机，并对页面的方向进行设置，如图2-87所示。单击"首选项"按钮，弹出打印机的属性设置对话框，不同的打印机显示的对话框不同。不过通常情况下，在打印机的属性对话框中都可以对打印质量、数量、纸张类型、页面版式等参数进行设置，如图2-88所示。

读书笔记

图2-87

图2-88

2.8.2 打印预览

在进行正式的打印输出前，需要进行打印预览，以便确认打印输出的总体效果。执行"文件>打开预览"命令，在"打印预览"界面中不仅可以预览打印效果，还可以对输出效果进行调整。预览完毕后单击 ⬛ 按钮关闭打印预览，如图2-89所示。

下面对图2-89中各按钮的含义进行介绍。

- 打印样式：在列表中可以选择自定义打印样式，或者导入预设文档。

- 打印样式另存为：将当前打印样式保存为预设。

- 删除打印样式：删除当前选择的打印预设。
- 打印选项：单击打开打印选项窗口，在该窗口中可以对常规打印设置、颜色设置、复合、布局、预印以及印前检查的设置。
- 缩放：从列表中选择预览的缩放级别。
- 全屏：单击该按钮进行全屏预览，按"Esc"键退出全屏模式。
- 启用分色：分色是一个印刷专业名词，指的是将原稿上的各种颜色分解为黄、洋红、青、黑4种原色颜色，单击该按钮后彩色图像将会以分色的形式呈现出多个颜色通道，在预览窗口的底部可以切换浏览不同的分色效果，如图2-90和图2-91所示。
- 反显：单击该按钮可观察到当前图像颜色反向的效果，如图2-92和图2-93所示。

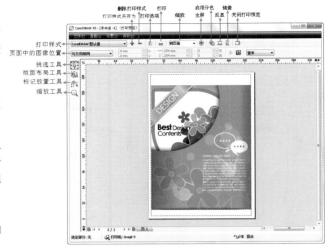

图2-89

图2-90

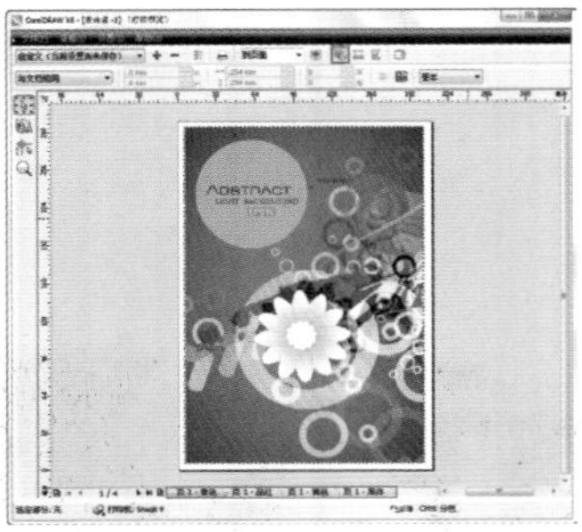

图2-92

图2-93

图2-91

- 镜像：单击该按钮可以观察到当前图像的水平镜像效果，如图2-94和图2-95所示。
- 关闭打印预览：单击即可关闭当前预览窗口。
- 页面中的图像位置：在下拉列表框中能够设置图像在印刷页面中所处的位置，如图2-96和图2-97所示分别为页面中心和右下角。
- 挑选工具：挑选工具可以用于选择画面中的对象，选中的对象可以进行移动、缩放等操作，如图2-98和图2-99所示。

图2-94

图2-95

图2-96

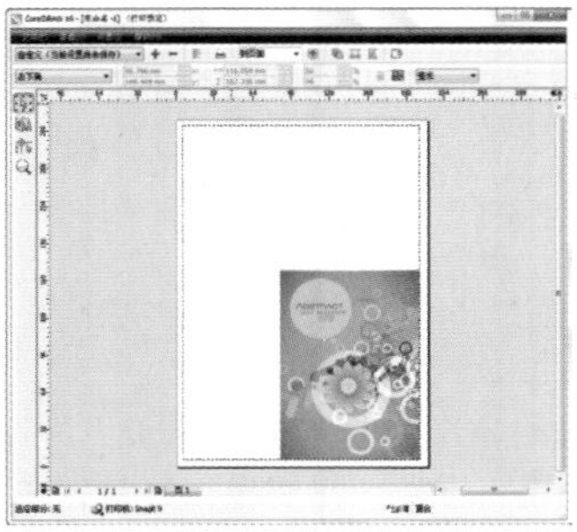

图2-97

图2-98

图2-99

- 版面布局工具：单击该按钮可以查看到当前图像预览模式，将工作区中所显示的阿拉伯数字进行垂直翻转，单击"挑选工具"按钮回到图像预览状态后可以看到图像也会发生相应的变换，如图2-100~图2-103所示。

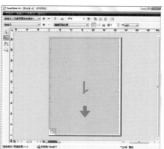

图2-100　　　　　　　　　图2-101　　　　　　　　　图2-102　　　　　　　　　图2-103

- 标记放置工具：用于定位打印机标记。
- 缩放工具：调整预览画面显示比例。

2.8.3 打印文档

打印的相关设置结束后可以进行正式的打印了，执行"文件>打印"命令，或使用快捷键"Ctrl+P"，会弹出"打印"对话框，在这里也可以进行打印机、打印范围以及副本数的设置，设置完毕后单击"打印"按钮开始打印，如图2-104所示。

图2-104

读书笔记

 思维点拨：印刷流程

印刷品的生产，一般要经过原稿的选择或设计、原版制作、印版晒制、印刷、印后加工等5个工艺过程。也就是说，首先选择或设计适合印刷的原稿，然后对原稿的图文信息进行处理，制作出供晒版或雕刻印版的原版（一般叫阳图或阴图底片），再用原版制出供印刷用的印版，最后把印版安装在印刷机上，利用输墨系统将油墨涂敷在印版表面，由压力机械加压，油墨便从印版转移到承印物上，如此复制的大量印张，经印后加工，便成了适应各种使用目的的成品。现在，人们常常把原稿的设计、图文信息处理、制版统称为印前处理，而把印版上的油墨向承印物上转移的过程叫做印刷，印刷后期的工作，一般指印刷品的后加工，包括裁切、覆膜、模切、装订、装裱等，多用于宣传类和包装类印刷品。这样一件印刷品的完成需要经过印前处理、印刷、印后加工等过程。

2.9 输出为网页形式

在使用CorelDRAW制作网页形式的作品时就需要对输出的图像进行相应的设置。因为我们都知道网页为了能够快速地将大量的内容展现在人们眼前，就必须保证能够快速地传输数据。所以网页上的单个图像就需要尽可能地在保证效果的同时占用更少的空间，这就需要将绘制的图形导出为适合网页使用的图像形式，如图2-105和图2-106所示。

图2-105　　　　　　　　　图2-106

2.9.1 导出到网页

技术速查："导出到网页"命令可以将当前图像进行优化并导出与Web兼容的GIF、PNG或JPEG格式图像。

执行"文件>导出到网页"命令，在"导出到网页"窗口中可以直接使用预设设置进行导出，或者自定义参数进行设置以得到特定结果，如图2-107和图2-108所示。

下面对图2-108中各部分的含义进行介绍。

- 预览窗口：显示对文档的预览。
- 预览模式：在单个窗口或拆分的窗口中预览所做的调整。
- 缩放和平移工具：可以将显示在预览窗口中的文档放大和缩小，将显示在高于100%的缩放级上的图像平移，使图像适合预览窗口。
- 滴管工具和取样的色样：可对颜色进行取样并显示取样的颜色。
- 预设列表框：选择文件格式的设置。
- 导出设置：自定义导出设置，如颜色、显示选项和大小。
- 格式信息：查看文件格式信息，在每一个预览窗口都可以查看。
- 颜色信息：显示所选颜色的颜色值。
- 速度列表框：选择保存文档的因特网速度。

图2-107

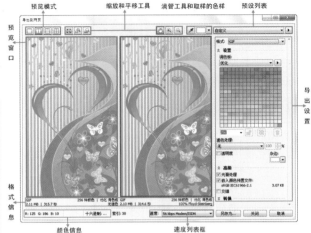

图2-108

 技术拓展：Web兼容的文件格式

- GIF：适用线条图、文本、颜色很少的图像或具有锐利边缘的图像，如扫描的黑白图像或徽标。GIF提供了多种高级图像选项，包括透明背景、隔行图像和动画。还可以创建图像的自定义调色板。
- PNG：适用各种图像类型，包括照片和线条画。PNG文件格式（与GIF和JPEG格式不同）支持Alpha通道，也就是可以保存带有透明部分的图像。
- JPEG：适用照片和扫描的图像。JPEG文档使用文档压缩来保存近似大小的图像压缩文档，这会造成一些图像数据丢失，但是不会影响大多数照片的质量。在保存图像时，可以对图像质量进行设置，图像质量越高，文档大小越大。

2.9.2 导出HTML

我们都知道网页只有图像是不够的，还需要有相应的程序才能使网站运转。将文档或选定内容发布到互联网上时就需要执行"文件>导出HTML"命令，在"导出HTML"对话框中可以对图像格式、HTML布局、导出范围以及文档传输协议（FTP）站点等参数进行设置。在"导出HTML"对话框中还可以对"细节"、"图像"、"高级"、"总结"等多个选项进行设置，如图2-109所示。

下面对图2-109中各个选项的含义进行介绍。

- 常规：包含 HTML 布局、HTML 文档和图像的文件夹、FTP 站点和导出范围等选项。也可以对预设进行选择、添加或移除。
- 细节：包含生成的 HTML 文档的细节，且允许更改页面名和文档名。
- 图像：列出所有当前 HTML 导出的图像。可将单个对象设置为 JPEG、GIF 和 PNG 格式。单击选项可以选择每种图像类型的预设。
- 高级：提供生成翻转和层叠样式表的 JavaScript，维护到外部文档的链接。
- 总结：根据不同的下载速度显示文档统计信息。
- 问题：显示潜在问题的列表，包括解释、建议和提示。如果没问题，则该选项卡显示为"无问题"。

图2-109

课后练习

【课后练习——使用导入与导出制作儿童相册】

思路解析：

　　本案例通过对"导入"命令的使用制作可爱风格的儿童相册，并使用"导出"命令完成相册制作的整体流程。

本章小结

　　使用CorelDRAW绘图的任何操作都是基于文档进行的，所以文档的重要性自然不言而喻。通过本章的学习，相信大家也了解了文档的操作流程，日常的文档处理流程非常相似，基本可以概括为以下步骤："新建文件/打开已有文件"→"编辑"→"导入素材"→"保存工程文件"→"导出预览效果图"→"打印/输出"→"关闭"。最后要强调的一点是保存文件非常重要。建议大家创建新文件之后立即进行保存操作，然后在正常的绘图编辑过程中随时进行保存，以避免CorelDRAW突然关闭或系统崩溃造成"前功尽弃"。

📖 读书笔记

第3章

页面设置与文档显示

■ **本章内容简介：**

本章主要讲解了三方面的内容：页面的设置、文档显示的页面是指绘图区，一般在绘图前需要对页面进行各种设置，便于文件的保存及打印等。在CorelDRAW中可根据不同的需求对文档设置不同显示模式，也可以对文档设置缩放、预览和平移视图显示以便观察画面的细节或全貌。以标尺、辅助线、网格为例的辅助工具则是能够在编辑绘制过程中辅助用户提高工作效率的一些常用工具。

本章学习要点：

· 学习修改页面基本属性的方法
· 掌握插入、删除、转到等页面的基本操作
· 熟练掌握缩放、平移工具的使用方法
· 掌握标尺与辅助线的使用方法

3.1 修改页面属性

使用CorelDRAW进行设计绘图时，我们可以看到操作区域中有一个类似纸张边界的矩形框，这个矩形框以内的区域就是CorelDRAW的页面区域，也是通常情况下CorelDRAW所认定的可以输出打印的区域。对于这个区域的尺寸、方向等信息可以通过属性栏以及"页面设置"命令进行方便的调整，如图3-1和图3-2所示。

图3-1 图3-2

3.1.1 页面设置

执行"布局>页面设置"命令，如图3-3所示，打开"选项"对话框。在"选项"对话框中可以对CorelDRAW的工作区、文档以及全局进行设置，在左侧的列表中选择"文档"组中的"页面尺寸"选项，在右侧可以看到与页面相关的参数设置，如图3-4所示。

图3-3 图3-4

下面对"页面尺寸"面板中的各选项进行介绍。

- 大小：从下拉列表框中选择预设纸张类型。
- 打印机获取页面尺寸：单击该按钮使页面尺寸和方向与打印机设置匹配。
- 宽度/高度：在宽度和高度框中输入值，指定自定义页面尺寸。
- 横向或纵向按钮：设置页面方向。
- 只将大小应用到当前页面：选中该复选框，当前页面设置只应用于当前页面。
- 显示页边框：选中该复选框，可以显示页边框。
- 添加页框：单击该按钮，可以在页面周围添加页框。

○ 渲染分辨率：从"渲染分辨率"列表框中选择一种分辨率设置为文档的分辨率。该选项仅在测量单位设置为像素时才可用。

○ 出血：选中"显示出血区域"复选框，并在出血框中输入一个值即可设置出血区域的尺寸。

思维点拨：分辨率

在这里我们所说的分辨率是指图像分辨率，图像分辨率用于控制位图图像中的细节精细度，测量单位是像素/英寸（ppi），每英寸的像素越多，分辨率越高。一般来说，图像的分辨率越高，印刷出来的质量就越好。比如在图3-5中，这是两张尺寸和内容相同的图像，左图的分辨率为300ppi，右图的分辨率为72ppi，可以观察到这两张图像的清晰度有着明显的差异，即左图的清晰度明显高于右图。

图3-5

3.1.2 在属性栏中修改页面属性

单击工具箱中的"选择工具"按钮，在未选择任何对象状态下，属性栏中会显示当前文档页面的尺寸、方向等信息，当然也可以在这里快速地对页面进行简单的设置，如图3-6所示。

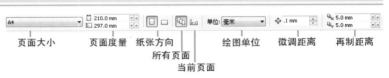

页面大小　　页面度量　　纸张方向　　　绘图单位　微调距离　再制距离
　　　　　　　　　所有页面
　　　　　　当前页面

图3-6

01 在创建新文档时，CorelDRAW给出的默认页面大小为A4。如果想要快速更换纸张的大小，可以在属性栏中单击"页面大小"下拉箭头，在下拉列表中可以看到很多的标准规格纸张尺寸。而右侧的页面度量中的数值就是当前所选纸张的尺寸，如图3-7所示。

02 当然也可以手动输入特定的数值，例如直接在页面度量中将横向以及纵向都输入数值88.9mm，那么当前的页面大小变为"自定义"，画面中出现了一个正方形的纸张，如图3-8所示。

图3-7

图3-8

技巧提示

在文件包含多个页面时，在属性栏中单击"所有页面"按钮，修改当前页面的属性时，其他页面的属性也会发生同样的变化。单击"当前页面"按钮，修改当前页面的属性时，其他页面的属性不会发生同样的变化。

⓵③ 如果要切换页面方向，可以在属性栏中使用"切换纸张方向"按钮▣快速切换纸张方向，如图3-9所示。也可以执行"布局>切换页面方向"命令，切换页面的方向，如图3-10和图3-11所示。

图3-9

读书笔记

图3-10    图3-11

3.1.3 标签页面

技术速查：CorelDRAW提供来自不同标签制造商超过 800 种预设的标签格式，并且可以预览标签的尺度并查看它们如何适合打印的页面。

　　执行"布局>页面设置"命令，在"文档"下级目录下选择"标签"选项，如图3-12所示。在"标签"界面中选中"标签"单选按钮，并在"标签类型"列表中设置标签形态，右侧的预览窗口会显示当前所选标签类型的页面效果。单击选中某一种标签类型，并单击"确定"按钮完成操作，此时文档也会发生变化，如图3-13所示。

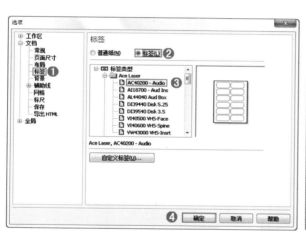

图3-12

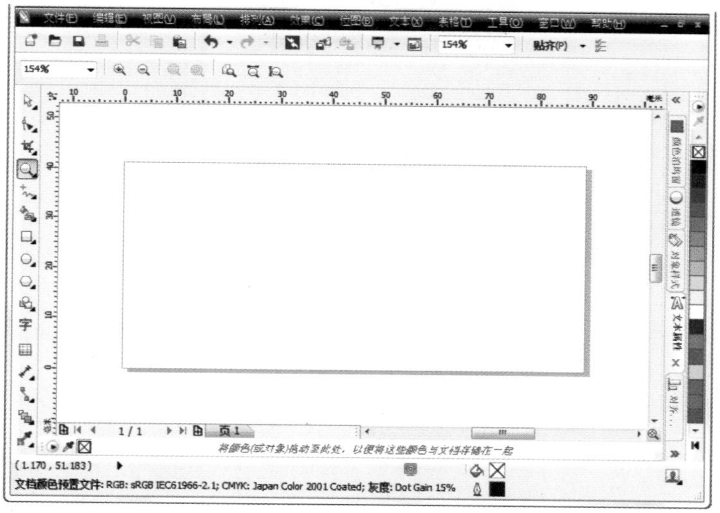

图3-13

技巧提示

　　如果 CorelDRAW 未提供满足要求的标签样式，则可以单击"自定义标签"按钮，并在弹出的"自定义标签"对话框中设置标签的"布局"、"标签尺寸"、"页边距"和"栏间距"的相关数值，如图3-14所示。

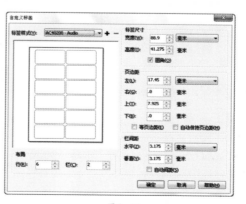

图3-14

3.2 文档页面的操作

在一个CorelDRAW文档中可以包含多个页面，每个页面可以包含不同的内容，这也就方便了我们使用CorelDRAW制作画册或书籍等多页的项目。那么对于众多的页面的创建、删除等操作也正是本节将要讲解的内容。如图3-15和图3-16所示为包含多个页面的文档。

图3-15

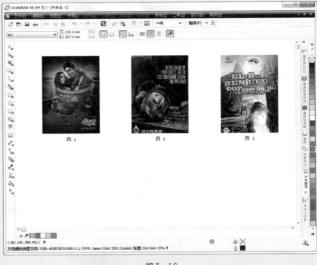

图3-16

3.2.1 动手学：选择页面

01 当CorelDRAW文档中包含多个页面时，想要跳转到某一页面只需要在页面控制栏中单击相应的页面即可切换到所选页面，如图3-17所示。

02 单击"第一页"按钮或"最后一页"按钮，可以快速跳转到第一页或最后一页。在页面控制栏中单击"前一页"按钮或"后一页"按钮，可以跳转页面，如图3-18和图3-19所示。

图3-17

图3-18

图3-19

3.2.2 动手学：转到特定页面

如果要从某一页面转换到所需的页面时，则可以单击页面控制栏底部的页码处，在弹出的"转到某页"对话框中设置需要转换到的页面编号即可快速跳转到特定页面，如图3-20所示。或执行"布局>转到某页"命令，也可弹出"转到某页"对话框，如图3-21所示。

图3-20

图3-21

3.2.3 动手学：插入页面

如果在新建文档时创建的文档页数不够，可以通过插入页面的方式为当前文档增加新的空白页面。插入页面的方法很多，下面介绍几种比较常用的方法。

①1 执行"布局>插入页面"命令，在弹出的"插入页面"对话框中可以设置插入页面的数量、位置以及尺寸等信息，设置完毕后单击"确定"按钮结束操作，如图3-22和图3-23所示。

②2 在CorelDRAW操作界面的底部可以看到页面控制栏 ，单击其中的"添加页面"按钮 ，即可在当前页面前后添加页面，如图3-24和图3-25所示。

图3-22　　　　　　　图3-23　　　　　　　　　　图3-24　　　　　　　　　　　　图3-25

③3 也可以在页面控制栏中的页面上单击右键，在弹出的快捷菜单中执行相应的插入页面命令，如图3-26所示。

技巧提示

在第二种方法中单击前面的按钮可以在当前页面的前方添加新页面，单击右面的按钮即可在当前页面后方添加新页面。

图3-26

3.2.4 再制页面

执行"布局>再制页面"命令，在弹出的"再制页面"对话框中可以选择插入的新页面在当前页面的前方或后方。选中"仅复制图层"单选按钮，即再制图层结构而不复制图层的内容；选中"复制图层及其内容"单选按钮可以再制图层及其内容，如图3-27和图3-28所示。

3.2.5 动手学：重命名页面

当我们正在为一个数十页的画册进行排版时，想要通过"页1"、"页2"、"页3"等名称找到其中某一页可能会非常难，但是如果将页面的名称进行更改就可以快速定位需要的页面了。

①1 对当前页面执行"布局>重命名页面"命令，如图3-29所示。然后在弹出的对话框中输入新的页名即可，如图3-30所示。此时当前页面的名称会发生变化，如图3-31所示。

②2 如果想要对其他页面进行名称的更换，可以在页面控制栏中的某一页面名称上单击右键，执行"重命名页面"命令，同样可以弹出"重命名页面"对话框，如图3-32所示。

图3-27　　　　　　图3-28　　　　　　图3-29　　　　　　图3-30　　　　　　　　图3-31　　　　　　　　图3-32

3.2.6 动手学：删除页面

删除多余页面的操作非常简单，但是需要注意的是，删除页面的同时，页面上的内容也会被删除。

① 想要删除某一个页面时，执行"布局>删除页面"命令，在弹出的对话框中输入删除页面的编号，单击"确定"按钮结束操作，如图3-33和图3-34所示。也可以在页面控制栏中需要删除的页面上单击右键，执行"删除页面"命令。

② 如果要删除多个页面，则可以选中"通到页面"复选框，在"删除页面"中输入起始页面编号，在"通到页面"中输入结束页面编号，即可删除页码之间的页面，如图3-35所示。

图3-34

图3-33

图3-35

3.2.7 设置页面布局

技术速查：页面的布局设置主要包括对图像文件的页面布局尺寸和开页状态进行设置。

执行"布局>页面设置"命令，在"文档"下级目录下选择"布局"选项，在"布局"页面的预设列表中进行选择，如图3-36所示。

图3-36

思维点拨

版式设计是平面设计中的重要组成部分，我们经常在不知不觉中利用着版式。强调版面艺术性不仅是对观者阅读需要的满足，也是对其审美需要的满足。版式设计是一个调动文字字体、图片图形、线条和色块诸因素，根据特定内容的需要将它们有机组合起来的编排过程，并运用造型要素及形式原理把构思与计划以视觉形式表现出来。也就是寻求艺术手段来正确地表现版面信息，是一种直觉性、创造性的活动。它的设计范围包括传统的书籍、期刊、报纸的版面，以及现代信息社会中一切视觉传达与广告传达领域的版面设计。

3.3 动手学：设置页面背景

使用"页面背景"命令可以方便地为当前文档设置背景，可供选择的类型为纯色和位图。如图3-37和图3-38所示为可以使用到该命令制作的作品。

① 执行"布局>页面背景"命令，在"背景"设置界面中可以选中"无背景"、"纯色"和"位图"3个单选按钮，如图3-39所示。默认情况下选中"无背景"单选按钮，也就是取消页面背景，如图3-40所示。

② 如果选中"纯色"单选按钮，那么可以单击"纯色"后面的颜色下拉按钮，选择一种颜色作为页面背景，如图3-41和图3-42所示。

图3-37

图3-38

图3-39

图3-40

图3-41

图3-42

⑩3 如果需要更复杂的背景或者动态背景，可以选中"位图"单选按钮，然后单击"浏览"按钮 [浏览(W)...]，在弹出的"导入"面板中选择作为背景的位图，单击"导入"按钮结束操作，或在"来源"的文本框中输入链接地址，如图3-43和图3-44所示。

图3-43　　　　　　　　　　图3-44

技巧提示

选择位图作为背景时，默认情况下位图将以"嵌入"的形式嵌入到文件中。如果为了避免嵌入的位图过多而文件过大的情况，也可以选择"链接"方式。这样在以后编辑该图像时，所作的修改会自动反映在绘图中。需要注意的是，如果原位图文件丢失或者位置更改，那么文件中的位图将会发生显示错误的问题。

3.4 新建参考窗口

技术速查："新建窗口"命令可以在操作界面中出现一个相同的文档。该命令主要用于在文档细节编辑时能够在另一个文档中观察到当前文档的整体效果。

执行"窗口>新建窗口"命令，CorelDRAW 将会自动复制出一个相同的文档，并且在对其中一个文档操作时，另外一个文档中的内容进行编辑，另一个文档也会发生相同的变化。但是对其中一个文档视图显示比例或显示区域进行调整时，另一个文档不会发生变化。如图3-45和图3-46所示。

读书笔记

图3-45　　　　　　　　　　　　　　　　　　图3-46

3.5 设置文档的显示方式

CorelDRAW中的矢量文档可以有多种显示方式，例如我们通常所看到的正常方式，或者线框的方式，如图3-47所示。而当在CorelDRAW中打开多个文档时，也可以通过更改文档排列方式使界面中一次性显示多个文档，如图3-48所示。

图3-47　　　　　　　　　　　　　　　　　　图3-48

3.5.1 设置合适的文档排列方式

当CorelDRAW中打开多个文档时，如果想要对其他文档进行操作，那么就需要首先将当前文档最小化（单击右上角第二排的"最小化"按钮 ▬ ），或者将当前文档向下还原（单击右上角第二排的"向下还原"按钮 ▣ ），如图3-49所示。将当前文档向下还原即可看到其他文档，如图3-50所示。

在同时进行多个文档的操作时，将窗口按一定的排列方式排列才能方便用户的使用。执行"窗口>层叠"命令，可以将窗口进行层叠排列，如图3-51所示；执行"窗口>水平平铺"命令，将窗口进行水平排列，方便用户对比观察，如图3-52所示；执行"窗口>垂直平铺"命令，将窗口进行垂直排列，方便用户对比观察，如图3-53所示。

图3-49

图3-50

图3-51

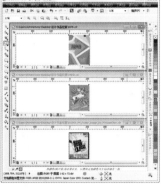
图3-52

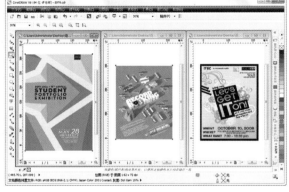
图3-53

3.5.2 更改文档的显示模式

"视图"菜单中的命令主要就是用于控制文档的显示效果。为了方便用户观察文档的效果，在菜单的顶部可以看到6种视图的显示方法："简单线框"、"线框"、"草稿"、"正常"、"增强"和"像素"，如图3-54所示。单击其中某一种显示方式，图像中即出现相应变化。效果如图3-55所示。

执行"布局>页面设置"命令，在左侧选择文档选项组下的"常规"选项，在"视图模式"下拉列表框中同样可以进行视图显示方式的设置，如图3-56所示。

图3-54

简单线框

线框

草稿

正常

增强

像素

图3-55

图3-56

3.5.3 动手学：设置文档的预览方式

01 预览文档是指预先浏览文档的完整效果。CorelDRAW提供了多种预览模式，执行"视图>全屏预览"命令可以将文档内容布满整个屏幕，其他区域均为白色，如图3-57所示。

02 执行"视图>只预览选中的对象"命令可以隐藏其他内容并以全屏的模式预览所选对象。需要注意的是，如果启用了只预览选定的对象模式，但没有选定对象，则全屏预览将显示空白屏幕，如图3-58所示。

03 执行"视图>页面排序器视图"命令可以打开"页面排序器视图"窗口，在"页面排序器视图"窗口中可以方便地预览多页面文档，在查看页面内容的同时更改页面的顺序、复制、添加、重命名和删除页面，如图3-59所示。

图3-57　　　　　图3-58　　　　　图3-59

3.5.4 使用视图管理器

技术速查：在视图管理器中可以对视图位置进行添加、删除、重命名等操作。

执行"视图>视图管理器"命令或按"Ctrl+F2"快捷键，打开"视图管理器"泊坞窗。单击"添加当前视图"按钮➕，即可将当前视图位置进行保存。存储之后可以对列表中的视图位置进行调用，如图3-60和图3-61所示。双击视图名，然后输入新名称即可重命名视图。想要删除已保存的视图，可以单击该视图，然后单击"删除当前视图"按钮➖即可。

图3-60　　　　　图3-61

★ 案例实战——设置合适的文档页面

案例文件	案例文件\第3章\设置合适的文档页面.cdr
视频教学	视频文件\第3章\设置合适的文档页面.flv
难度级别	★★★★★
技术要点	页面设置、插入页面、页面排序器视图

案例效果

本例主要是通过使用页面设置、插入页面、页面排序器视图等功能对文档页面进行调整，效果如图3-62所示。

页1　　　　　页2　　　　　页3

图3-62

操作步骤

01 执行"文件>打开"命令，打开素材文件夹中的"1.cdr"，在这里可以看到主体图像与文档页面尺寸不符，而且当前只有一个页面，所以我们需要在CorelDRAW操作界面底部的页面控制栏中单击两次"添加页面"按钮📄，如图3-63所示，即可在当前页面前方添加两个页面，如图3-64所示。

图3-63　　　　　图3-64

02 下面需要调整页面的尺寸和方向，执行"布局>页面设置"命令，在左侧的列表中选择"文档"组中的"页面尺寸"选项，然后在右侧设置"大小"为B5（ISO），方向为横向，取消选中"只将大小应用到当前页面"复选框，并单击"确定"按钮，如图3-65所示。此时文档中的所有页面都发生了变化，如图3-66所示。

图3-65　　　　　图3-66

03 下面需要在页面控制栏中单击"页2"，进入第二页的编辑状态，执行"文件>导入"命令，导入素材"2.jpg"，如图3-67所示，摆放在合适位置上，如图3-68所示。用同样的方法对剩余的页面进行编辑，如图3-69所示。

图3-67

04 执行"视图>页面排序器视图"命令，如图3-70所示。进入"页面排序器视图"后可以切换视图方式为"中等缩略图"，此时可以一次性观看到3个页面的效果，如图3-71所示。

图3-68

图3-69

图3-70

图3-71

3.6 使用缩放/平移工具查看文档

缩放工具 🔍 与平移工具 🖐 在设计、绘图软件中很常见，从名称上就能大概了解这两个工具的功能分别是用于放大、缩小以及移动画面，如图3-72和图3-73所示。但是需要注意的是，这两个工具都只是调整文档画面的显示效果，而并非真正地放大或缩小画面的尺寸。

图3-72

图3-73

3.6.1 认识缩放工具

技术速查：缩放工具是通过放大或缩小图像显示比例的方法方便地查看图像的细节或整体效果。

单击工具栏中的"缩放工具"按钮 🔍，在使用缩放工具状态下属性栏显示相应的选项与工具，如图3-74所示。

图3-74

下面对图3-74中各选项进行介绍。

- 放大/缩小：单击属性栏中的"放大"按钮 🔍，放大图像；单击"缩小"按钮 🔍，缩小图像，如图3-75和图3-76所示
- 显示比例：在属性栏的缩放级别下拉菜单中设置显示比例可以调整画面的显示比例，如图3-77和图3-78所示。
- 缩放选定对象：选择某一对象后，单击该按钮只缩放所选对象，快捷键为"Shift+F2"。
- 缩放全部对象：调整缩放级别以包含所有对象，快捷键为"F4"。
- 显示页面：调整缩放级别以适合整个页面，快捷键为"Shift+F4"。
- 按页宽显示：调整缩放级别以适合整个页面宽度。
- 按页高显示：调整缩放级别以适合整个页面长度。

图3-75

图3-76

图3-77

图3-78

3.6.2 轻松放大/缩小画面显示比例

单击工具栏中的"缩放工具"按钮 🔍，或按 "Z" 键，光标变为 🔍，在画面中单击即可放大图像，如图3-79和图3-80所示。需要注意的是，这里放大或缩小的只是显示比例，而不是图形实际大小。

按"Shift"键可以快速切换为缩小工具，光标变为 🔍，在画面中单击即可缩小，如图3-81和图3-82所示。

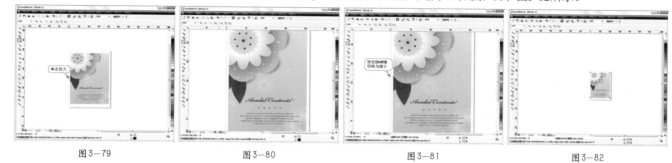

| 图3-79 | 图3-80 | 图3-81 | 图3-82 |

3.6.3 使用平移工具查看不同区域

技术速查：当图像超出图像窗口时，通过平移工具可以将图像区域拖动到视图中。

单击工具箱中的"平移工具"按钮 ✋，或按 "H" 键，然后在画面上按住鼠标左键并拖曳光标到另一位置，之后释放光标即可平移画面，如图3-83~图3-85所示为完整画面、平移前与平移后的效果。

| 图3-83 | 图3-84 | 图3-85 |

3.7 显示页边框/出血/可打印区域

在进行作品的制作时需要注意文档的绘制区域，虽然在CorelDRAW中文档上的白色区域都能够进行图形绘制，但是并不是全部区域都能够被输出或印刷出来。所以，在制作过程中需要注意到页面的大小以及出血区域的预留。这就需要我们在进行绘图时显示出页边框、出血框以及可打印区域，如图3-86所示。

01 执行"视图>显示>页边框"命令可以切换页边框的显示与隐藏，页边框的使用可以让用户更加方便地观察页面大小，如图3-87~图3-89所示。

出血框 ←
可打印范围 ←

| 图3-86 | 图3-87 | 图3-88 | 图3-89 |

02 执行"视图>显示>出血"命令，使绘制区显示出出血线，如图3-90和图3-91所示。

图3-90　　　　　　　　图3-91

03 执行"视图>显示>可打印区域"命令，方便用户在打印区域内绘制图形，避免在打印时产生差错，如图3-92和图3-93所示。

图3-92　　　　　　　　图3-93

思维点拨：印刷中的"出血"

"出血"是一种印刷业的术语。印刷中的出血是指加大产品外尺寸的图案，在裁切位加一些图案的延伸，专门给各生产工序在其工艺公差范围内使用，以避免裁切后的成品露白边或裁到内容。

在印刷行业中由于裁切印刷品使用的工具为机械工具，所以裁切位置并不十分准确。为了解决因裁切不精准而带来印刷品边缘出现的非预想颜色的问题，一般设计师会在图片裁切位的四周加上2~4毫米预留位置"出血"来确保成品效果的一致。在制作时分为设计尺寸和成品尺寸，设计尺寸总是比成品尺寸大，大出来的边是要在印刷后裁切掉的，这个要印出来并裁切掉的部分就称为印刷出血。

技巧提示

页边框、出血框和可打印区域在图像的输出与印刷中是不可见的。

3.8 常用的辅助工具

在实际操作中一定出现过这种情况：在屏幕上明明没有注意到的一些小间隔和微小的不对齐现象，而在打印后却暴露出来了。为了使图形绘制以及设计布局标准而规整，辅助工具的使用是非常必要的。在CorelDRAW中，常用的辅助工具包括标尺、辅助线、网格等，而且辅助工具的使用也有利于提高工作效率，如图3-94和图3-95所示。

图3-94　　　　　　　　图3-95

3.8.1 动手学：使用标尺

技术速查：使用标尺能够帮助用户精确地绘制、缩放和对齐对象。还可以根据需要来自定义标尺的原点、选择测量单位，以及指定每个完整单位标记之间显示标记或记号的数目。

01 执行"视图>标尺"命令可以切换标尺的显示与隐藏状态，如图3-96所示。标尺有水平和垂直两种标尺，都可以度量横向和纵向的尺寸，如图3-97所示。

02 默认情况下，标尺的原点位于页面的左上角处，如果想要更改标尺原点的位置可以直接在画面中标尺原点处按住鼠标左键并移动来更改标尺原点位置，如图3-98和图3-99所示。

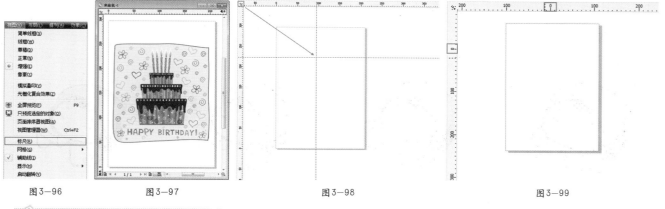

图3-96　　　　　　图3-97　　　　　　　　　图3-98　　　　　　　　　图3-99

在窗口标尺栏双击左键，可以快速地打开"选项"对话框进行标尺的设置。

03　如需复原只需要在标尺左上角的交点处双击即可，如图3-100所示。

图3-100

技术拓展：标尺的参数设置

执行"视图>设置>网格和标尺设置"命令，在弹出的"选项"对话框中选择"标尺"选项，在这里可以对标尺的参数进行设置，如图3-101所示。在微调区域中的微调、精密微调和细微调框中输入相应的值可以指定微调设置。

图3-101

3.8.2 动手学：使用辅助线

技术速查：辅助线可以辅助用户更精确地绘图，而且辅助线是虚拟对象，不会在印刷中显示出来，但是能够在存储文件时被保留下来。

01　想要在文档中创建辅助线，首先需要将光标定位到标尺上，按住鼠标左键并向画面中拖动，松开鼠标之后就会出现辅助线，如图3-102所示。

02　执行"视图>辅助线"命令，可以切换辅助线的显示与隐藏。执行"视图>对齐辅助线"命令，使"对齐辅助线"命令处于选中状态。绘制或者移动对象时会自动捕获到最近的辅助线上，如图3-103和图3-104所示。

图3-102　　　　　　图3-103　　　　　　图3-104

从水平标尺拖曳出的辅助线为水平辅助线，从垂直标尺拖曳出的辅助线为垂直辅助线。

03 CorelDRAW中的辅助线是可以旋转角度的。选中其中一条辅助线，默认情况下，被选中的辅助线为红色。当辅助线变为红色时再次单击，线的两侧会出现旋转控制点，按住左键可以将其进行旋转，如图3-105和图3-106所示。

04 如果需要删除某一条辅助线，只需单击该辅助线，当辅助线变为红色选中状态时，按"Delete"键即可删除，如图3-107和图3-108所示。

图3-105　　　　　　　图3-106　　　　　　　图3-107　　　　　　　图3-108

 答疑解惑：如何更改辅助线的颜色？

执行"视图>设置>辅助线设置"命令，在弹出的对话框中可以对辅助线的显示、贴齐以及颜色进行设置，如图3-109所示。

图3-109

3.8.3 使用动态辅助线

技术速查：动态辅助线是一种"临时"的辅助线，可以帮助用户准确地移动、对齐和绘制对象。动态辅助线可以从对象的中心、节点、象限和文本基线的对齐点中拉出。

执行"视图>动态辅助线"命令可以开启或关闭动态辅助线。如果"动态辅助线"命令旁边有复选标记表示已启用动态辅助线，如图3-110所示。启用动态辅助线后，移动对象时对象周围则会出现动态辅助线。沿动态辅助线拖动对象则会显示移动的距离以及偏移的角度，如图3-111所示。

如果需要对动态辅助线进行设置，可以执行"视图>设置>动态辅助线"命令，打开"选项"对话框，在这里可以设置动态辅助线的显示以及捕捉的间距和角度，如图3-112所示。

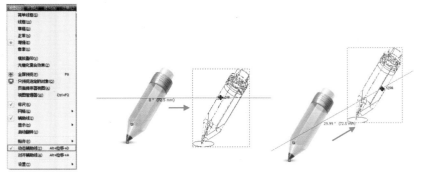

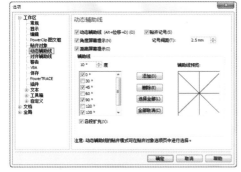

图3-110　　　　　　　　　图3-111　　　　　　　　　　　图3-112

3.8.4 文档网格

技术速查：文档网格是一组显示在绘图窗口的交叉线条，用于在绘图过程中方便地对齐对象。使用网格可以在绘制的过程中更加精确，但是网格在输出或印刷时无法显示。

执行"视图>网格>文档网格"命令，即可在画面中显示出网格，如图3-113和图3-114所示。

为了便于在不同情况下观察还可以通过更改网格显示和网格间距来自定义网格外观。执行"视图>设置>网格和标尺设置"命令，在弹出的对话框中可以对网格的大小、显示方式、颜色、透明度等参数进行设置，如图3-115所示。

图3-113　　　　　　　　　　　图3-114　　　　　　　　　　　图3-115

　　自定义网格有两种方式，设置为"毫米间距"时输入的参数表示网格的间距；设置为"每毫米的网格线数"时输入的参数表示网格的数量。

　　如果标尺的测量单位设置为像素或启用了像素预览，则可以指定像素网格的颜色和不透明度。

　　选中"贴齐像素"复选框可以使对象与网格或像素网格贴齐，这样在移动对象时，对象就会在网格线之间跳动。

3.8.5 自动贴齐对象

技术速查：移动或绘制对象时，使用"贴齐"命令可以将它与绘图中的另一个对象贴齐，或者将一个对象与目标对象中的多个贴齐点贴齐。

　　执行"视图>设置>贴齐对象设置"命令，打开"贴齐对象"设置界面，如图3-116所示。在"视图"菜单的最底部包含6个可供设置的贴齐选项："贴齐像素"、"贴齐网格"、"贴齐基线网格"、"贴齐辅助线"、"贴齐对象"、"贴齐页面"。单击即可切换该选项的启用与关闭，当某项命令上出现✓符号时，即代表该选项被启用。

图3-116

技术拓展：认识贴齐对象

- □ 节点：用于与对象上的节点贴齐。
- ◇ 交集：用于与对象的几何交叉点贴齐。
- △ 中点：用于与线段中点贴齐。
- ◇ 象限：允许与圆形、椭圆或弧形上位于0°、90°、180°和270°的点对齐。
- σ 正切：用于与弧形、圆或椭圆外边缘上的某个切点贴齐。
- ㅏ 垂直：用于与线段外边缘上的某个垂点贴齐。
- ◆ 边缘：用于与对象边缘接触的点贴齐。
- ⊕ 中心：用于与最近对象的中心贴齐。
- ◇ 文本基线：用于与美术字或段落文本基线上的点贴齐。

　　当移动指针接近贴齐点时，贴齐点将突出显示，表示该贴齐点是指针要贴齐的目标，如图3-117和图3-118所示。

图3-117　　　　　　图3-118

 **技巧提示**

　　可以选择多个贴齐选项，也可以禁用某些或全部贴齐模式使程序运行速度更快。或者可以对贴齐阈值进行设置，指定贴齐点在变成活动状态时距指针的距离。

课后练习

【课后练习——使用不同方式查看文档】

思路解析：

　　使用不同的显示模式进行预览，并尝试使用缩放工具与平移工具查看画面的微小细节。

本章小结

　　页面的使用是本章最重要的部分。因为页面属性的正确与否直接关系到作品设计的成败，试想如果客户要求制作一幅100cm×100cm的方形海报，而你在100cm×50cm的页面上制作了与要求比例不同的作品，那么设计得再好，客户也不会满意的。这就是页面的重要性。而熟练掌握文档显示的设置、缩放/平移工具，以及辅助工具这几方面内容则更有利于日常操作。

 读书笔记

第4章

绘制简单的图形

本章内容简介：

CorelDRAW 中的图形绘制工具种类丰富，包含矩形工具、圆形工具、多边形工具、星形工具等。几乎满足了常见的简单几何图形的绘制需要，而且这些图形绘制工具的使用方法非常简单，简单到几乎只需要在画面中进行简单的操作（按住鼠标并拖动），就可以得到相应的形状。所以大家可以在学习本章之前尝试动手使用这些工具。

本章学习要点：

- 掌握内置图形工具的使用方法
- 熟练掌握对象的选择、移动、删除、复制、粘贴等基础操作
- 熟练掌握撤销错误操作的方法与快捷键

4.1 认识图形绘制

技术速查：CorelDRAW中的绘图工具大致可以分为两大类：用于创建内置规则几何图形的图形绘制类工具和用于绘制曲线对象的直线/曲线类工具。

在工具箱中可以看到某些工具图标的右下角带有一个朝向右下的三角号，带有这个标志的图标为工具组，而工具组中通常包括同类型的多个工具。在工具组上按住鼠标左键，一两秒之后就会显示出该工具组中的其他工具，单击即可使用某个工具。

4.1.1 认识图形绘制工具

本章将要讲解的图形绘制工具也大多处于工具组中，如图4-1所示。通过众多的几何图形绘制工具的使用可以轻松地绘制出简单的几何图形，如图4-2所示。从以上绘制出的图形中不难发现，图形绘制工具绘制出的对象都是封闭的形状，而在CorelDRAW中想要绘制开放式的线条则需要使用直线/曲线类工具。

图4-1

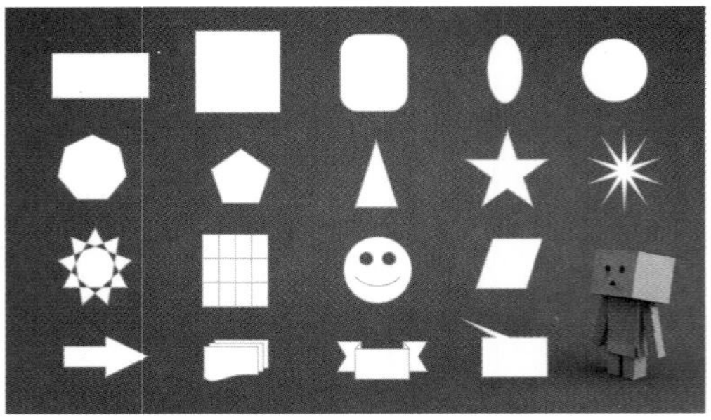

图4-2

单击工具箱中的"图形绘制工具"按钮时，在图形绘制工具的属性栏中可以看到其中包含很多设置选项。不同的工具选项略有不同，不过对象位置、对象大小、缩放因子、角度、排列顺序等选项是各个图形绘制工具所共有的，如图4-3所示。

图4-3

图形绘制完成后可以选择该图形，并在属性栏中对图形的属性进行更改，还可以在属性栏中对图形进行快速的镜像、转换为曲线以及设置轮廓宽度的操作。如图4-4所示为矩形、椭圆形、多边形、星形和复杂星形的属性。

图4-4

 技巧提示

在CorelDRAW中，"曲线对象"是可以直接对节点进行编辑调整的，而"形状对象"则不能直接对节点进行移动等操作。如果想要对"形状对象"的节点进行调整，则需要转换为曲线后进行操作。单击属性栏中的"转换为曲线"按钮 即可将几何图形转换为曲线。转换为曲线的形状不能够再进行原始形状的特定属性调整，但是可以进行节点的调整。

4.1.2 将图形对象转换为曲线对象

技术速查：在CorelDRAW中虽然包含很多内置的图形，但是在实际的设计工作中并不总是只用到这些基本图形，而是经常会将这些基本形状进行一定的编辑以达到改变或重组成所需图形的目的。在CorelDRAW中普通的曲线对象可以直接编辑节点，但是矩形、圆形等几何图形对象以及文字对象则需要经过"转换为曲线"操作后才能进行编辑。

转换为曲线的操作很简单，选择需要转换的图形或文字对象，执行"编辑>转换为曲线"命令，或按"Ctrl+Q"快捷键即可将图形转换为曲线，如图4-5和图4-6所示。转换为曲线对象后即可使用形状工具 对象上的节点进行随意的调节，以便制作出复杂的对象，如图4-7所示。

图4-5　　　　　　　　　图4-6　　　　　　　　　图4-7

4.2 对象的简单操作

在CorelDRAW中，对于已有的图形对象我们可以进行多种多样的编辑操作。本节将要进行对象最基本操作的讲解，而对图形进行任何操作之前一定要选择需要操作的对象，这也是本节首先要讲解的内容。如图4-8和图4-9所示为优秀的设计作品。

图4-8　　　　　　　　　图4-9

4.2.1 动手学：选择对象

技术速查：选择工具不仅可以选择图形，还可以选择位图、群组等对象。

在对图形进行处理前，首选需要使该对象处于选中状态。选取对象的方法有很多种，可以一次性选择单个对象，也可以选择多个对象或者选择全部对象，还可以借助其他辅助键，快捷地对图像中的对象进行多种方式的选择。在CorelDRAW中有两种选择工具：选择工具 与手绘选择工具 ，如图4-10所示。

图4-10

① 单击工具箱中的"选择工具"按钮 ，在图形上单击，即可选定图形。当一个对象被选中时，周围会出现8个黑色正方形控制点，单击控制点可以修改其位置、形状及大小，如图4-11和图4-12所示。

② 使用选择工具在需要选取的对象周围框选该对象，如图4-13所示。被选框覆盖的区域将被选取，如图4-14所示。

图4-11　　　　　　图4-12　　　　　　　　图4-13　　　　　　　图4-14

在使用其他工具时，按下空格键即可切换到选择工具，再次按下空格键即可切换回之前使用的工具。

03 使用手绘选择工具 ，能够以绘画的方式绘制选择区域，如图4-15所示。区域以内的部分将被选中，如图4-16所示。

04 如果要选择文档中的几个特定对象，那么需要在使用选择工具选择其中一个对象之后，按住"Shift"键并单击要选择的每个对象，如图4-17和图4-18所示。

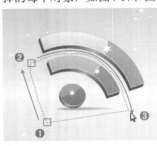

按住Shift键单击

图4-15　　　　　　　　　图4-16　　　　　　　　　　图4-17　　　　　　　　　图4-18

05 执行"编辑>全选"命令，在子菜单中可以看到4种可供选择的类型，执行其中某项命令即可选中文档中全部该类型的对象，也可以使用快捷键"Ctrl+A"一次性选择文档中所有未锁定以及未隐藏的对象，如图4-19所示。

06 如图4-20所示为一个群组对象。如果需要选择群组中的一个对象，可以按住"Ctrl"键并使用选择工具单击群组中的对象，如图4-21所示；如果需要选择嵌套群组中的一个对象，则需要按住"Ctrl"键，多次单击该对象直到其周围出现选择框，如图4-22所示。

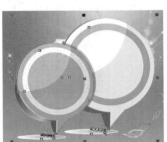
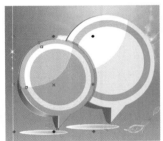
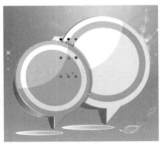

图4-19　　　　　　　　　图4-20　　　　　　　　　图4-21　　　　　　　　　图4-22

技术拓展：配合快捷键选择对象

● 在按对象创建顺序查看对象：选中某一对象后，按"Tab"键会自动选择最近绘制的对象，再次按"Tab"键会继续选择最近绘制的第二个对象。如果在按"Shift"键的同时按"Tab"键进行切换，则可以从第一个绘制的对象起，按照绘制顺序进行选择。

● 选择视图中被其他对象遮掩的对象：按住"Alt"键，单击选择工具，然后单击最顶端的对象一次或多次，直到隐藏对象周围出现选择框。

● 选择多个隐藏对象：按住"Shift+Alt"键，单击选择工具，然后单击最顶端的对象一次或多次，直到隐藏对象周围出现选择框。

● 选择群组中的一个隐藏对象：按住"Ctrl+Alt"键，单击选择工具，然后单击最顶端的对象一次或多次，直到隐藏对象周围出现选择框。

读书笔记

4.2.2 动手学：移动对象

01 想要移动对象首先也需要将对象进行选中，使用工具箱中的选择工具选定对象后，对象周围出现8个控制点，将光标移动到对象中间的 × 标志上按住鼠标左键即可移动对象，如图4-23和图4-24所示。

图4-23　　　　　　　　　图4-24

02 如果想要精确地将对象移动到某一坐标位置，那么可以选中对象，在属性栏中可以看到当前对象的"位置"信息，在X、Y的坐标框中输入数值，即可更改图像位置，如图4-25所示。

03 也可以通过"变换"泊坞窗进行精确距离的移动。选中对象，执行"窗口>泊坞窗>变换>位置"命令，或按"Alt+F7"快捷键，如图4-26所示，在弹出的"变换"面板中单击"位置"按钮，然后可以输入位置数值以及相对位置，单击"应用"按钮结束操作即可移动对象位置，如图4-27所示。

 读书笔记

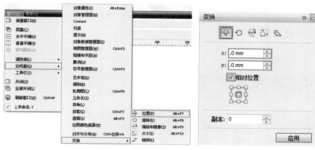

图4-26　　　　　　　　　图4-27

技巧提示

如果想要对对象进行距离微调，那么可以选中对象，按键盘上的上、下、左、右方向键，可以使被调对象按预设的微调距离移动。

图4-25

4.2.3 删除对象

在图像的制作过程中，需要对多余的部分进行清除。首先需要使用选择工具选中所要清除的对象，单击工具栏中的"编辑工具"按钮，执行"编辑>删除"命令，或直接按"Delete"键将多余部分进行清除，如图4-28~图4-30所示。

图4-28　　　　　　图4-29　　　　　　图4-30

4.2.4 动手学：复制对象与粘贴对象

在一幅画面中经常会使用到多个相同的对象时，如果是拿着画笔在纸上进行操作则需要多次重复绘制，而在CorelDRAW中只需"复制"与"粘贴"的操作即可快速制作出多个相同的对象，如图4-31和图4-32所示。

01 如果想要复制对象，那么首先需要选择该对象，执行"编辑>复制"命令或使用快捷键"Ctrl+C"，即可将对象复制到剪贴板中，如图4-33和图4-34所示。

 技巧提示

与"剪切"命令不同，经过复制后的对象虽然也被保存到剪贴板中，但是原物体不会被删除。

图4-31　　　　　图4-32　　　　　图4-33　　　　　图4-34

02 也可以选择一个对象，单击右键执行"复制"命令进行复制，如图4-35所示。在对对象进行过复制或者剪切操作后，就需要继续进行粘贴操作。复制完成后，执行"编辑>粘贴"命令，可以在原位置粘贴出一个新的对象，再通过移动操作移动到其他位置，如图4-36所示。另外也可以使用快捷键"Ctrl+V"进行粘贴。

图4-35 　　　　　　　　图4-36

03 使用鼠标右键单击并拖动对象到另外的位置，松开鼠标后会弹出菜单，在菜单中执行"复制"命令即可，如图4-37所示。

04 还有一种比较方便的复制对象的方法，使用选择工具左键单击对象并拖动，移动到某一位置后单击右键后松开鼠标，即可在当前位置复制出一个对象，如图4-38所示。

图4-37 　　　　　　　　图4-38

 技巧提示

如果想要快速复制出大量重复对象，可以在复制一次对象后，选择原有的对象和复制的对象并进行再次复制，以便快速复制多个对象。

4.2.5 剪切对象

技术速查："剪切"就是把当前选中的对象移入到剪贴板中，使对象从原位置消失。但是之后可以通过"粘贴"命令调用剪贴板中的该对象。

选择一个对象，执行"编辑>剪切"命令或按"Ctrl+X"快捷键，将所选对象剪切到剪贴板中，被剪切的对象从画面中消失，如图4-39~图4-41所示。也可以在选中的对象上单击右键执行"剪切"命令。

图4-39 　　　　　　　图4-40 　　　　　　　图4-41

 技巧提示

"剪切"和"粘贴"命令经常一起使用，使对象从原位置消失，并且出现在新位置上。剪切和粘贴对象可以在同一文件或者不同文件中进行。如图4-42~图4-44所示分别为原图、剪切出的对象与粘贴到新文件中的效果。

图4-42 　　　　　　　图4-43 　　　　　　　图4-44

4.2.6 选择性粘贴

如果需要粘贴不受支持的文件格式的对象，或者需要为粘贴的对象指定选项，那么就需要执行"编辑>选择性粘贴"命令，如图4-45所示。在弹出的对话框中进行相应设置后，单击"确定"按钮结束操作，如图4-46所示。

 读书笔记

图4-45 　　　　　　　图4-46

4.3 绘制矩形

在CorelDRAW中包含两种可以用于绘制矩形的工具，分别为矩形工具和3点矩形工具，如图4-47所示。使用这些工具可以绘制长方形、正方形、圆角矩形、扇形角矩形以及倒菱角矩形，如图4-48和图4-49所示为使用矩形工具绘制的作品。

图4—47

图4—48　　　　　　图4—49

4.3.1 动手学：使用矩形工具

技术速查：使用矩形工具可以绘制出长方形及正方形，而且绘制出的矩形可以通过边角的设置制作出圆角矩形、扇形角矩形以及倒菱角矩形。

01 单击工具箱中的"矩形工具"按钮 □ ，在绘制区按左键并向右下角进行拖曳，移动到合适大小后释放鼠标即可，如图4-50所示。

02 如果按住"Shift"键再按左键并进行拖曳可以绘制出以中心点为基准的矩形，如图4-51所示。

03 想要绘制正方形，可以在使用矩形工具绘制矩形时，按住"Ctrl"键并拖曳鼠标，绘制出正方形，如图4-52所示。

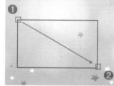

图4—50

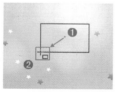

图4—51

图4—52

技巧提示

在使用矩形工具时按住"Ctrl+Shift"键，则可以绘制出以中心点为基准的正方形。

★ 案例实战——使用矩形工具制作创意简历

案例文件	案例文件\第4章\使用矩形工具制作创意简历.cdr
视频教学	视频文件\第4章\使用矩形工具制作创意简历.flv
难度级别	★★★★★
技术要点	矩形工具

案例效果

本例主要是通过使用矩形工具和文本工具等命令制作创意简历，效果如图4-53所示。

图4—53

操作步骤

01 打开素材文件"1.cdr"，如图4-54所示。选择素材中的渐变矩形和白色矩形，单击工具箱中的"矩形工具"按钮 □ ，在白色矩形左上角按住左键并拖曳，如图4-55所示。

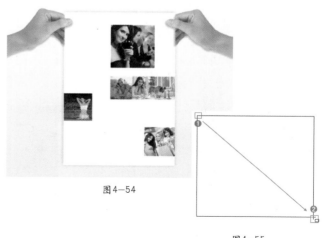

图4—54

图4—55

02 释放鼠标得到一个合适大小的矩形,单击调色板上的蓝色,使矩形填充颜色变为蓝色,然后设置"轮廓笔"为无,效果如图4-56所示。单击工具箱中的"文本工具"按钮,设置合适的字体及大小,在蓝色矩形上单击并输入不同颜色的文字,如图4-57所示。

图4-56   图4-57

03 将手素材摆放在合适位置,按"Ctrl+PageUp"快捷键,调整手素材堆叠顺序到最顶部,如图4-58所示。用同样的方法制作其他不同颜色及大小的矩形,如图4-59所示。

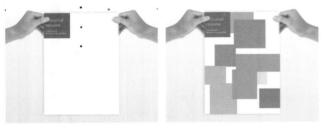

图4-58   图4-59

04 使用文本工具输入合适文字,如图4-60所示。将素材文件中的人像图片移动到合适位置,并调整对象顺序,最终效果如图4-61所示。

图4-60

图4-61

4.3.2 动手学:制作圆角矩形/扇形角矩形/倒菱角矩形

圆角矩形、扇形角矩形和倒菱角矩形都是常见矩形的表现形式,而这些效果主要是通过对矩形的角类型进行设置得到的。如图4-62和图4-63所示为圆角矩形制作的作品。

01 选中绘制的矩形,单击属性栏中的"圆角工具"按钮 ,如图4-64所示。然后使用形状工具在任意角的节点上按下左键并拖动鼠标,此时可以看到四个角都变成了圆角,如图4-65所示。

02 下面尝试单击属性栏中的"扇形角工具"按钮 或"倒菱角工具"按钮 ,当前矩形的角形状会发生变化,如图4-66和图4-67所示。

图4-62

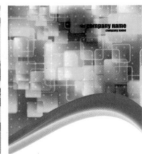

图4-63

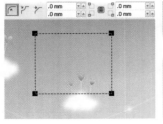

图4-64

图4-65

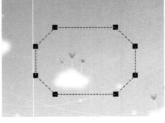

图4-66

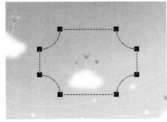

图4-67

03 当然也可以设置角的类型后，在"角半径"中输入数值改变角的大小，如图4-68和图4-69所示。

04 当属性栏中的"同时编辑所有角"按钮 处于启用状态时，4个角的参数不能分开调整。单击该按钮使之处于未启用状态，选定矩形，单击某个角的节点，然后在该节点上按左键并拖动鼠标，此时可以看到只有所选角发生了变化，如图4-70~图4-72所示。

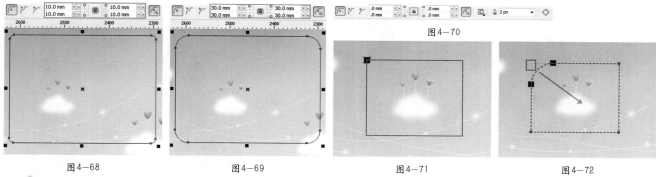

图4-70

图4-68　　　　　　　　　图4-69　　　　　　　　　图4-71　　　　　　　　　图4-72

 技巧提示

单击"相对的角缩放"按钮 ，则可以按相对于矩形大小来缩放大小。

4.3.3 使用3点矩形工具

技术速查：使用3点矩形工具可以通过创建矩形的3个点绘制出不同角度的矩形。

单击工具箱中的"3点矩形工具"按钮 ，在绘制区单击定位第一个点，拖动鼠标并单击定位第二个点，画面中出现一条直线为矩形的一个边，再次拖动光标可在矩形的一个边的垂直方向上移动，再单击定位矩形的宽度或高度，如图4-73所示。

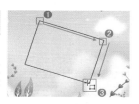

图4-73

★ 案例实战——使用矩形制作杂志广告

案例文件	案例文件\第4章\使用矩形制作杂志广告.cdr
视频教学	视频文件\第4章\使用矩形制作杂志广告.flv
难度级别	★★★★★
技术要点	矩形工具、文本工具、选择对象、群组、旋转操作

案例效果

本例主要是通过使用矩形工具与文本工具制作杂志广告，效果如图4-74所示。

操作步骤

01 执行"文件>新建"命令，或使用快捷键"Ctrl+N"，创建出一个空白文件，如图4-75所示。然后执行"文件>导入"命令，导入人像素材文件"1.jpg"，如图4-76所示。

图4-74

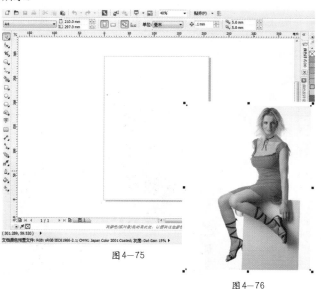

图4-75

图4-76

02 单击工具箱中的"矩形工具"按钮 ▢，在人像左侧按住鼠标左键，然后向右侧拖曳，此时出现一个矩形。由于需要为矩形设置颜色，所以需要单击调色板底部的 ◀ 按钮展开调色板，如图4-77和图4-78所示。

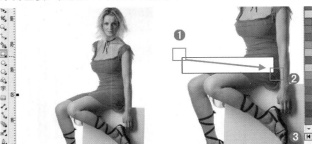

图4-77　　　　　　　图4-78

技巧提示

　　默认情况下创建的形状均为白色填充，黑色描边。如果想要对填充、描边颜色进行设置，可以使用多种方法，本案例中使用调色板是最为便捷的方法之一。关于"填充"、"描边"部分的内容请参考"第8章　填充与轮廓"。

03 在展开的调色板中，单击 ▣ 按钮，设置矩形的填充颜色为草绿色，并使用鼠标右键单击 ☒ 按钮，去除矩形轮廓，如图4-79所示。

右键单击

左键单击

图4-79

04 下面需要在草绿色矩形中添加装饰文字，这时我们需要使用到文字工具，单击工具箱中的"文本工具"按钮 ✎，在属性栏中设置合适的字体及大小，然后在矩形上单击，如图4-80所示。再依次输入所需文字，如图4-81所示。

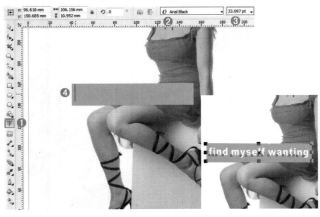

图4-80　　　　　　　图4-81

技巧提示

　　文字颜色的设置同样可以使用调色板。

05 单击工具箱中的"选择工具"按钮 ▢，在矩形与文字周围绘制选区，如图4-82所示。松开鼠标后选中矩形和文字，如图4-83所示。

图4-82　　　　　　　图4-83

06 选择文字和矩形之后，单击右键执行"群组"命令，如图4-84所示。然后使用选择工具双击群组矩形，此时群组四周出现可以旋转的控制点，将指针移动到四角处的控制点按住鼠标左键并拖动进行适当的旋转，如图4-85所示。

图4-84　　　　　　　图4-85

07 用同样的方法制作另外几组带有文字的矩形标题，如图4-86所示。并导入动物剪影素材文件"2.png"，如图4-87所示。

图4-86　　　　　　　图4-87

08 再次单击"文本工具"按钮，在人像右下角按住鼠标左键并拖曳出一个矩形文本框，如图4-88所示。设置合适的字体字号，并在文本框内单击并输入文字，最终效果如图4-89所示。

图4-88　　　　　　　　　图4-89

技巧提示

与步骤 **04** 中创建的点文字不同，这里输入的文字为段落文字。关于文字工具的使用以及文本属性的编辑请参看"第9章 文本的创建与编辑"。

读书笔记

4.4 绘制椭圆形

在CorelDRAW中包含两种可以用于绘制圆形的工具，分别为椭圆形和3点椭圆形，如图4-90所示。椭圆形工具不仅可以绘制椭圆，还可以绘制正圆形，除此之外，也可以完成饼形和弧形的制作。如图4-91和图4-92所示为使用圆形工具绘制的作品。

图4-90

图4-91　　　　　　图4-92

4.4.1 动手学：使用椭圆形工具

技术速查：椭圆形工具用于绘制椭圆或正圆，绘制圆形后在属性栏中单击相应的按钮可以得到不同的效果。

01 单击工具箱中的"椭圆形工具"按钮 ○，在绘制区单击左键并向右下角进行拖曳，随着指针的移动能够看到圆形的大小，移动到合适大小后释放鼠标即可，如图4-93所示。

02 如果想要绘制出以中心点为基准的圆形，可以在使用椭圆形工具时，按住"Shift"键再按左键并拖曳鼠标，如图4-94所示。

03 如果想要绘制正圆形，可以在使用椭圆形工具绘制圆形时，按住"Ctrl"键并拖曳鼠标，如图4-95所示。

图4-93　　　　　　图4-94　　　　　　图4-95

★ 案例实战——使用椭圆形工具制作卡通树

案例文件	案例文件\第4章\使用椭圆形工具制作卡通树.cdr
视频教学	视频教学\第4章\使用椭圆形工具制作卡通树.flv
难度级别	★★★★★
技术要点	椭圆形工具

案例效果

本例主要是通过使用椭圆形工具制作卡通树，效果如图4-96所示。

操作步骤

01 执行"文件>新建"命令，新建文档，如图4-97所示。

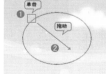

图4-96　　　　　　　　　图4-97

02 单击工具箱中的"椭圆形工具"按钮 ◯，按住键盘上的"Ctrl"键，然后按住鼠标左键并拖曳，如图4-98所示。释放鼠标完成正圆的绘制，单击调色板上的淡蓝色（R：99，G：131，B：207），并设置"轮廓笔"为无，效果如图4-99所示。

图4-98　　　　　图4-99

03 用同样的方法在正圆右侧绘制一个同样大小的正圆，填充深一点的蓝色（R：0，G：59，B：99），如图4-100所示。单击工具箱中的"透明度工具"按钮，在属性栏中设置"透明度类型"为标准，"开始透明度"为30，效果如图4-101所示。

图4-100　　　　　图4-101

04 继续使用椭圆形工具和透明度工具绘制其他不同颜色和透明度的正圆，将其进行叠加摆放，如图4-102所示。单击工具箱中的"钢笔工具"按钮绘制一个树干形状，填充颜色为（R：243，G：191，B：144），调整堆叠顺序，完成树干的制作，如图4-103所示。

图4-102　　　　　图4-103

05 复制正圆部分，向下移动并适当压扁，如图4-104所示。单击"透明度工具"按钮自上而下进行拖曳，制作阴影效果，如图4-105所示。

图4-104　　　　　图4-105

06 单击工具箱中的"文本工具"按钮，设置合适的字体及大小，在树下方单击输入黑色文字，最终效果如图4-106所示。

Eray Mark
ERAY MEDIA COMPANY

图4-106

读书笔记

4.4.2 动手学：绘制饼形和弧形

01 想要绘制饼形或弧形，可以在绘制圆形之后选中它，并单击属性栏中的"饼图工具"按钮，此时圆形变为饼形，如图4-107和图4-108所示。

02 在属性栏的"起始和结束大小"数值框中输入相应数值即可更改饼图开口的大小。使用形状工具单击饼形的节点并沿圆形边缘拖曳，也可以随意调整饼形开口的大小，如图4-109~图4-111所示。

图4-109

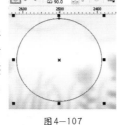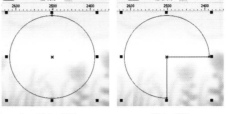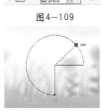

图4-107　　　　　图4-108　　　　　图4-110　　　　　图4-111

03 单击属性栏中的"更改方向"按钮 🔄，即可在顺时针和逆时针之间切换弧形或饼形图的方向，如图4-112和图4-113所示。

04 单击属性栏中的"弧工具"按钮 🔾，可以形成一定的弧形，使用形状工具单击弧形的节点并沿圆形边缘拖曳，可以随意调整弧形的大小，如图4-114和图4-115所示。

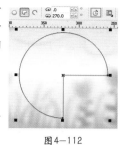 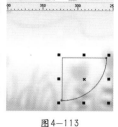  

图4-112　　　　图4-113　　　　图4-114　　　　图4-115

4.4.3 使用3点椭圆形工具

技术速查：使用3点椭圆形工具可以通过创建3个点绘制出不同角度的椭圆形。

3点椭圆形工具与3点矩形工具相似，都是通过三次鼠标单击创建可以倾斜的形状。单击工具箱中的"3点椭圆形工具"按钮 🔾，在绘制区单击并按一定角度进行拖曳，释放鼠标确定椭圆的一个直径，如图4-116所示。然后向另一个直径的方向拖曳鼠标以确定圆形的大小，如图4-117所示。

图4-116　　　　图4-117

★ 案例实战——使用椭圆形工具制作创意招贴

案例文件	案例文件\第4章\使用椭圆形工具制作创意招贴.cdr
视频教学	视频文件\第4章\使用椭圆形工具制作创意招贴.flv
难度级别	★★★★★
技术要点	椭圆形工具、"造形"命令、阴影工具、文本工具

案例效果

本例主要是通过使用椭圆形工具、"造形"命令、阴影工具、文本工具等制作创意招贴，效果如图4-118所示。

图4-118

操作步骤

01 执行"文件>新建"命令，创建空白文件。单击工具箱中的"矩形工具"按钮 🔲，在画面中绘制合适大小的矩形，在调色板中设置"填充色"为蓝色（R：198，G：225，B：223），"轮廓"为无，如图4-119所示。

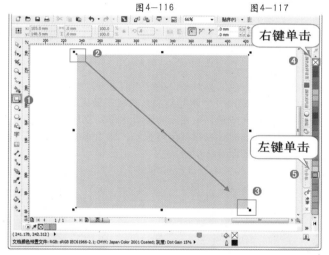

图4-119

02 单击工具箱中的"椭圆形工具"按钮 🔾，在左下角按住左键并拖曳，绘制一个合适大小的椭圆，如图4-120所示。用同样的方法连续绘制几个不同大小的椭圆，需要绘制正圆时按住"Ctrl"键并拖曳鼠标，如图4-121所示。

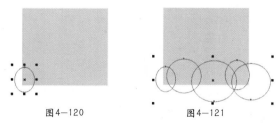

图4-120　　　　　　图4-121

03 单击工具箱中的"选择工具"按钮，按住"Shift"键以此加选几个椭圆，执行"排列>造形>合并"命令，此时多个圆形合为云朵的形状，设置"填充色"为白色，轮廓为无，如图4-122所示。单击工具箱中的"阴影工具"按钮 ▣，在白色云朵的形状上按住鼠标左键并向左上拖曳，得到阴影效果，如图4-123所示。

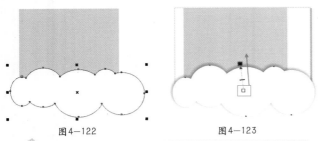

图4-122　　　　　　　　图4-123

技巧提示

关于阴影工具的具体使用方法请参考"第11章 矢量图形效果"。

04 再次使用椭圆形工具，依次绘制出4个不同大小的椭圆，如图4-124所示。同样选择4个椭圆，执行"排列>造形>合并"命令，设置"填充颜色"为白色，继续使用阴影工具在白色云朵上拖曳，设置"轮廓笔"为无，效果如图4-125所示。

05 选择白色云朵对象，执行"编辑>复制"和"编辑>粘贴"命令复制出一个新的云朵。执行"效果>清除阴影"命令，调整填充颜色为蓝色。将指针定位到蓝色云朵四角处的控制点上按住鼠标左键并向内拖动，适当缩放，然后调整其位置，效果如图4-126所示。

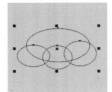　　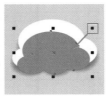

图4-124　　　　　图4-125　　　　　图4-126

06 再次复制蓝色云朵图形，将指针定位到右上角的控制点上，按住"Shift"键适当缩放，然后单击工具箱中的"轮廓笔"按钮，如图4-127所示。在弹出的"轮廓笔"对话框中设置"颜色"为白色，"宽度"为5px，"样式"为虚线，如图4-128所示。此时效果如图4-129所示。

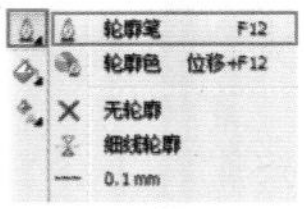

图4-127　　　　　图4-128　　　　　图4-129

07 使用选择工具框选全部云朵部分，执行"编辑>复

制"命令或按"Ctrl+C"快捷键，然后使用两次"粘贴"命令或按"Ctrl+V"快捷键，粘贴出另外两组，并移动到其他位置，如图4-130和图4-131所示。

08 单击工具箱中的"文本工具"按钮 字，在属性栏中设置合适的字体及大小，在蓝色云朵上输入白色文字，如图4-132所示。用同样的方法在另外几组云朵上输入文字，并调整不同大小，如图4-133所示。

图4-130

图4-131　　　　图4-132　　　　图4-133

09 选择3个小云朵和下方的大云朵，执行"效果>图框精确剪裁>置于图文框内部"命令，当光标变为黑色箭头时，单击蓝色矩形背景，如图4-134和图4-135所示。此时蓝色矩形以外的区域被隐藏了，如图4-136所示。

10 继续单击"椭圆形工具"按钮，按住"Ctrl"键绘制一个大一点的正圆，填充颜色为绿色，轮廓为无，如图4-137所示。

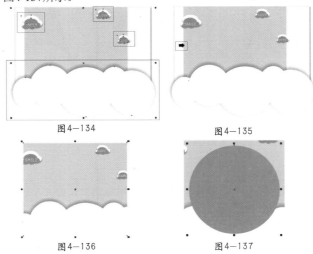

图4-134　　　　　　　　图4-135

图4-136　　　　　　　　图4-137

11 执行"文件>导入"命令，导入素材文件"1.png"，调整大小及位置，摆放在绿色圆形周围，如图4-138所示。继续使用椭圆形工具绘制一个小一点的正圆，填充灰蓝色，如图4-139所示。

 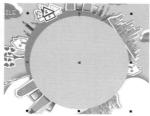

图4-138　　　　　　　图4-139

12 复制浅蓝色正圆，并设置填充色为深一些的灰蓝色，然后在属性栏中单击"饼图"按钮，设置"起始角度"为270°，"结束角度"为90°，此时得到了半圆形，如图4-140所示。

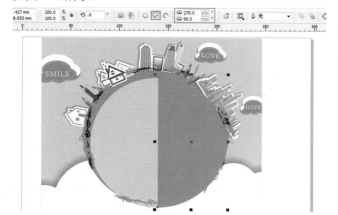

图4-140

13 用同样的方法继续使用椭圆形工具绘制多个正圆，并填充不同的颜色，移动到不同位置上，如图4-141和图4-142所示。

 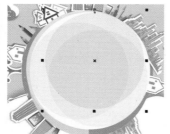

图4-141　　　　　　　图4-142

 **技巧提示**

多个圆形的透明叠加效果可以通过工具箱中的透明度工具 □ 制作，在属性栏中设置合适的"透明度类型"、"透明度操作"即可，关于该工具的具体使用方法请参考"第11章 矢量图形效果"。

14 单击工具箱中的"文本工具"按钮，在圆形中间位置单击并输入文字，如图4-143所示。单击工具箱中的"渐变填充工具"按钮，在"渐变填充"对话框中选中"自定义"单选按钮，设置一种彩色系渐变，如图4-144和图4-145所示。

图4-143

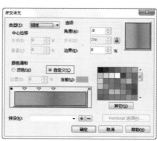 

图4-144　　　　　　　图4-145

15 单击"阴影工具"按钮在文字上拖曳，制作投影效果，如图4-146所示。最后导入前景素材"2.png"，调整大小及位置，最终效果如图4-147所示。

 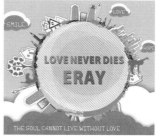

图4-146　　　　　　　图4-147

思维点拨

天蓝色是日常生活中常见的色彩，清凉感较强，被很多人喜欢。天蓝色搭配中间色相，制造出韵律感，加深了清凉的感觉，如图4-148和图4-149所示。

图4-148　　　　　　　图4-149

4.5 操作的撤销与重做

在以CorelDRAW、Photoshop为代表的数字化绘图中，出现错误操作时可以通过简单的操作撤销错误的步骤，然后重新编辑图形，这是数字化图形编辑的优势。而且撤销与重做还有非常便捷的快捷键，在实际操作中牢记快捷键能够大大地提高工作效率。

4.5.1 动手学：撤销错误操作

技术速查："撤销"命令可以撤销最近的一次操作，将其还原到上一步操作状态。

01 执行"编辑>撤销"命令或按"Ctrl+Z"快捷键即可撤销错误操作。在菜单中，撤销命令的名称会显示可以撤销的操作，例如上一步进行的是"延展"操作，所以在这里的菜单命令显示的是"撤销延展"，如图4-150所示。如果上一步操作为创建图形，那么这里的菜单命令会显示为"撤销创建"。

02 还有一种比较快捷而直观的撤销方法，在属性工具栏中有一个"撤销"按钮 ，单击该按钮也可以快捷地进行撤销。单击"撤销"按钮的下拉列表按钮 ，即可在弹出的窗口中选择需要撤销到的步骤，如图4-151所示。

图4-150　　　　图4-151

 答疑解惑：最多可以撤销多少步错误操作呢？

默认情况下CorelDRAW可以撤销的步骤为150步，如果想要增多可撤销的步骤，可以执行"工具>选项"命令，在"工作区"类别列表中选择"常规"选项。展开的"常规"界面中可以对"撤销级别"进行设置，调整普通选项参数可以指定在针对矢量对象使用撤销命令时可以撤销的操作数，最多可以设置到99999。调整位图效果参数可以指定在使用位图效果时可以撤销的操作数，如图4-152所示。

图4-152

4.5.2 重做撤销的操作

如果错误地撤销了某一个操作，可以执行"编辑>重做"命令或按"Ctrl+Shift+Z"组合键，撤销的步骤将会被恢复，如图4-153所示。

图4-153

 技巧提示

由于撤销的操作为"延展"操作，所以在这里的菜单命令显示的是"重做延展"，如果上一步撤销的操作为创建图形，那么这里的菜单命令会显示为"重做创建"。

4.5.3 重复进行之前的操作

技术速查：使用"重复"命令可以将所选对象以上一次操作的规律进行进一步的操作。

如果将一个图形进行延展操作，那么执行"编辑>重复延展"命令后，即可使图形再次以其延展比例进行延展，如图4-154所示。

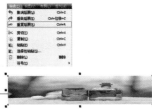

图4-154

4.6 绘制多边形

技术速查：使用多边形工具可绘制边数最少为3，最多为500的多边形。

多边形泛指所有以直线构成的图形，比如常见的三角形、菱形、星形、五边形和六边形等。在CorelDRAW中使用多边形工具可以轻松制作以上不同边数的多边形。如图4-155和图4-156所示为使用多边形工具绘制的作品。

图4-155

图4-156

技巧提示

当多边形的边数为3时为等边三角形，当边数达到一定程度时多边形将变为圆形。

01 单击工具箱中的"多边形工具"按钮 ⬠ ，在绘制区中按住鼠标左键并拖曳，即可绘制出五边形，如图4-157所示。

02 由于默认的边数设置为5，所以才会绘制出五边形，如果想要对边数进行更改，可以选中该形状，在属性栏的"点数或边数"数值框 ⬠ 5 ⬚ 中输入所需的边数6，按"Enter"键结束操作后则变为多边形，如图4-158所示。

03 在使用多边形工具绘制多边形时，按住"Ctrl"键并拖曳鼠标可以绘制出正多边形，如图4-159所示。

图4-157

图4-158

图4-159

技巧提示

绘制多边形前可以在属性栏中设置多边形的参数，以便绘制特定效果的多边形。当然也可在绘制完成多边形后更改属性栏中的参数，以调整多边形效果。

★ 案例实战——使用多边形制作标志

案例文件	案例文件\第4章\使用多边形制作标志.cdr
视频教学	视频文件\第4章\使用多边形制作标志.flv
难度级别	★★★★★
技术要点	多边形工具、标题形状工具、自由变换工具、形状工具

案例效果

本例主要通过使用多边形工具、标题形状工具、自由变换工具、形状工具制作标志的形状，并配合智能填充、渐变填充、图案填充以及透明工具制作标志绚丽的色彩，效果如图4-160所示。

图4-160

操作步骤

01 创建新文件，单击工具箱中的"矩形工具"按钮 ⬚ ，在画面中绘制合适大小的矩形，并设置"填充颜色"为深灰色，作为背景，如图4-161所示。

图4-161

02 单击工具箱中的"多边形工具"按钮 ⬡，在属性栏中设置"点数或边数"为6，"轮廓宽度"为无，如图4-162所示。在灰色背景上按住左键并拖曳，绘制六边形，填充灰蓝色，如图4-163所示。

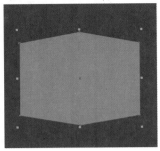

图4-162　　　　　　　图4-163

03 单击工具箱中的"阴影工具"按钮 ⬡，在六边形上拖曳，制作投影效果，如图4-164所示。选中之前绘制的六边形，执行"编辑>复制"和"编辑>粘贴"命令复制出一个新的六边形。执行"效果>清除阴影"命令，调整填充颜色为浅蓝色。将指针定位到四角处的控制点上按住鼠标左键并向内拖动，适当缩放，然后调整其位置，如图4-165所示。

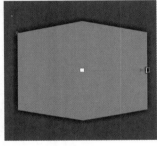

图4-164　　　　　　　图4-165

04 复制顶层的六边形，缩放并设置填充颜色为纯度较高的蓝色，如图4-166所示。继续复制并填充颜色为黄色，如图4-167所示。再次复制并填充颜色为棕黄色，如图4-168所示。

图4-166

图4-167　　　　　　　图4-168

05 复制出六边形，适当收缩，单击工具箱中的"渐变填充工具"按钮，在"渐变填充"对话框中设置"类型"为辐射，颜色为从深黄到浅黄色的渐变，"中点"为46，如图4-169所示。此时顶层的六边形呈现出渐变效果，效果如图4-170所示。

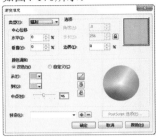

图4-169　　　　　　　图4-170

06 再次复制顶层六边形，单击工具箱中的"底纹填充工具"按钮，在弹出的对话框中设置"底纹库"为样品，在"底纹列表"中选择一种合适的底纹，如图4-171和图4-172所示。

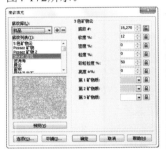

图4-171　　　　　　　图4-172

07 单击工具箱中的"透明度工具"按钮，在属性栏中设置"透明度类型"为标准，"透明度操作"为乘，效果如图4-173所示。

图4-173

08 选择工具箱的"基本形状工具组"中的"标题形状"选项，如图4-174所示，再在属性栏中单击"完美形状"按钮，在弹出的菜单中选择第二种类型，然后在画面中绘制一个较大的形状，如图4-175所示。

09 选中该形状，选择工具箱的"形状工具组"中的"自由变换"选项，如图4-176所示。在属性栏中单击"自由倾斜"按钮，然后在对象右侧按住鼠标右键拖动，调整对象倾斜效果，如图4-177所示。

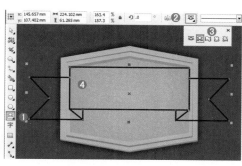

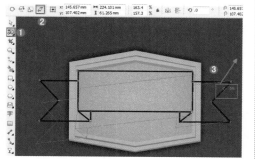

图4-174　　　　　　　图4-175

图4-176　　　　　　　图4-177

10 下面可以对该图形执行右键"转换为曲线"命令，如图4-178所示。并使用形状工具 ⬚对其进行适当调整，如图4-179所示。

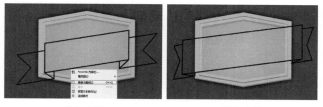

图4-178　　　　　　　图4-179

11 将该形状移动到空白区域，单击工具箱中的"智能填充"按钮，在选项栏中设置颜色为橙色，在图形的中央区域单击，这部分自动形成独立图形并且被填充为橙色，如图4-180所示。用同样的方法填充其他区域，如图4-181所示。

单击此处

图4-180

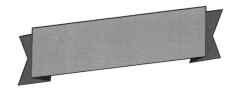

图4-181

12 将使用智能填充得到的新图形的各个部分选中并移动到标志上，选择中间的区域，为其填充黄色系渐变，如图4-182所示。复制该图形，单击"图样填充"按钮，选中"双色"单选按钮，选择一种合适的图案，设置"前部"为黄色，"后部"为白色，"宽度"和"高度"为10mm，如图4-183和图4-184所示。

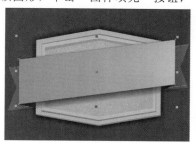

图4-182

　　　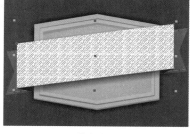

图4-183　　　　　　　图4-184

13 单击"透明度工具"按钮，在属性栏中设置"透明度类型"为标准，"透明度操作"为减少，"开始透明度"为80，如图4-185和图4-186所示。

图4-185

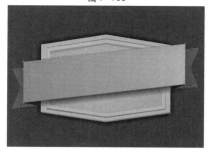

图4-186

14 复制顶部图形并适当缩放，填充黑色到黄色的渐变，如图4-187所示。单击"透明度工具"按钮，在属性栏中设置"透明度类型"为标准，使这部分融入画面中，如图4-188所示。

15 最后使用钢笔工具和文本工具制作标志上的文字和装饰线条，最终效果如图4-189所示。

图4-187

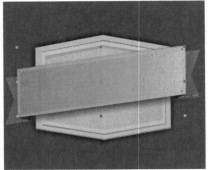
图4-188

图4-189

 技巧提示

钢笔工具的使用方法将在"第5章 绘制复杂对象"中进行讲解。

4.7 绘制星形

星形是非常漂亮的形状,在CorelDRAW中提供了两种用于绘制星形的工具,分别是"多边形工具组"中的星形工具 和复杂星形工具 ,如图4-190所示。这两种工具可以绘制出最少为3个角,最多为500个角的星形,而且可以通过点数和锐度的改变,将星形和复杂形象改变为更理想的形状。如图4-191和图4-192所示为使用星形工具绘制的作品。

图4-190

图4-191

图4-192

4.7.1 动手学:绘制星形

技术速查:星形工具可以绘制不同边数、不同锐度的星形。

01 星形的绘制方法与绘制其他图形基本相同,单击工具箱中的"星形工具"按钮 ,在绘制区按住左键并拖曳,确定星形的大小后释放鼠标,如图4-193所示。

图4-193

02 如果想要更改星形的角数量或者角的锐度,可以选中星形,然后在属性栏的"点数或边数"和"锐度"中修改数值,即可改变星形形状,如图4-194和图4-195所示。

图4-194

 技巧提示

与绘制其他形状相同,按住"Shift"键进行绘制可以以中心点为基准;按住"Ctrl"键可以绘制标准的正星形。

读书笔记

图4-195

★ 案例实战——使用星形制作趣味勋章

案例文件	案例文件\第4章\使用星形制作趣味勋章.cdr
视频教学	视频文件\第4章\使用星形制作趣味勋章.flv
难度级别	★★★★★
技术要点	星形工具、椭圆形工具、标题形状工具、文本工具、阴影工具

案例效果

本例主要使用星形工具、椭圆形工具、标题形状工具、文本工具和阴影工具制作趣味勋章，效果如图4-196所示。

图4-196

操作步骤

01 创建空白文件，导入木质素材文件"1.jpg"，如图4-197所示。单击工具箱中的"星形工具"按钮，在属性栏中设置"点数或边数"为28，"锐度"为14，"轮廓宽度"为无。在调色板中设置填充为灰色，轮廓为无。然后在画面中按住鼠标左键并拖曳绘制出一个多角星形，如图4-198所示。

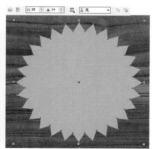

图4-197　　　　　　　图4-198

02 单击工具箱中的"阴影工具"按钮，在星形上拖曳，为其添加投影效果，如图4-199所示。

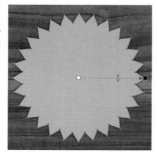

图4-199

03 单击工具箱中的"椭圆形工具"按钮，按"Ctrl"键绘制一个正圆，填充颜色为黑色，使用阴影工具在正圆上拖曳，添加阴影效果，如图4-200所示。再次绘制一个小一点的正圆，填充灰色，如图4-201所示。

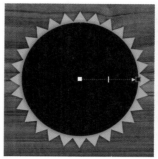

图4-200　　　　　　　图4-201

04 复制灰色正圆，填充黑色。将光标定位到右上角，按住"Shift"键以圆心为中心进行等比例缩放，如图4-202所示。再次复制黑色正圆，以圆心为中心点进行等比例缩放。单击工具箱中的"轮廓笔"按钮，设置轮廓颜色为粉色，"宽度"为13px，"样式"为虚线，效果如图4-203所示。

图4-202　　　　　　　图4-203

05 至此，勋章的背景制作完成。下面需要为勋章表面添加文字，单击工具箱中的"文本工具"按钮，在属性栏中设置合适的字体及大小，在画面中输入白色文字，将其旋转一定角度，如图4-204所示。

06 单击工具箱中的"标题形状工具"按钮，在属性栏中设置合适的形状，在勋章中央的区域绘制标题形状，然后将其旋转一定角度，如图4-205所示。

图4-204　　　　　　　图4-205

07 单击工具箱中的"渐变填充工具"按钮，在"渐变填充"对话框中选中"自定义"单选按钮，设置一种粉色系渐变，如图4-206所示。设置"轮廓笔"为无，单击右键多次执行"顺序>向后一层"命令，将其放置在正圆背景的后面，星形的前面，如图4-207所示。

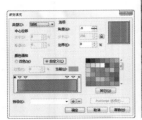

图4-206

图4-207

图4-208

图4-209

08 下面使用矩形工具绘制一个与标题正面一样大小的矩形，同样为其设置粉色渐变填充，如图4-208所示。

09 最后使用文本工具在矩形上输入白色文字，并旋转一定角度，如图4-209所示。使用阴影工具在文字上按住鼠标左键并拖曳，为其添加投影效果，最终效果如图4-210所示。

技巧提示

在使用星形工具和复杂星形工具绘制星形时，按住"Ctrl"键并拖曳鼠标可以绘制出正星形。

图4-210

4.7.2 动手学：绘制复杂星形

技术速查：星形工具与复杂星形工具的用法相似，都是通过设置星形的点数和锐度来调整星形的形状。

01 单击工具箱中的"复杂星形工具"按钮，在属性栏中设置"点数或边数"和"锐度"数值。然后在绘制区按住鼠标左键并拖曳，确定星形的大小后释放鼠标，如图4-211所示。

图4-211

02 在属性栏中通过对"点数或边数"和"锐度"数值的调整，即可改变复杂星形的点数及锐度，如图4-212和图4-213所示。

图4-212

图4-213

★ **案例实战——使用星形制作星光贺年卡**

案例文件	案例文件\第4章\使用星形制作星光贺年卡.cdr
视频教学	视频文件\第4章\使用星形制作星光贺年卡.flv
难度级别	★★★★★
技术要点	星形、复杂星形

案例效果

本例主要通过使用星形与复杂星形制作星光贺年卡，效果如图4-214所示。

图4-214

操作步骤

01 打开背景素材"1.cdr",单击工具箱中的"星形工具"按钮 🟊,在背景区域按住左键并拖曳,确定星形的大小后释放鼠标,如图4-215所示。再设置较大的轮廓宽度,如图4-216所示。

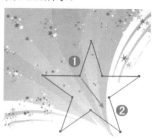 

图4-215　　　　　　　　图4-216

02 再次使用星形工具,在属性栏中设置"点数或边数"为7,"锐度"为65,在左上方绘制出不同效果的星形,如图4-217所示。

图4-217

03 单击工具箱中的"复杂星形工具"按钮 🟊,在绘制区按住左键并拖曳,确定星形的大小后释放鼠标,如图4-218所示。在属性栏中修改"点数或边数"为17,"锐度"为5,改变复杂星形的效果,如图4-219所示。

 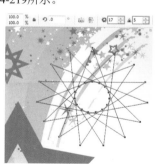

图4-218　　　　　　　　图4-219

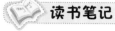 **读书笔记**

04 用同样的方法绘制其他星形,并将前景元素移至合适位置,如图4-220所示。

Happy New Year

图4-220

★ 案例实战——绘制卡通海星招贴

案例文件	案例文件\第4章\绘制卡通海星招贴.cdr
视频教学	视频文件\第4章\绘制卡通海星招贴.flv
难度级别	★★★★
技术要点	矩形工具、钢笔工具、填充工具、文本工具

案例效果

本例主要是通过使用矩形工具、钢笔工具、填充工具和文本工具制作卡通海星招贴,效果如图4-221所示。

图4-221

操作步骤

01 执行"文件>新建"命令,在弹出的"创建新文档"对话框中设置"大小"为A4,"原色模式"为CMYK,"渲染分辨率"为300,创建出空白文档,如图4-222所示。

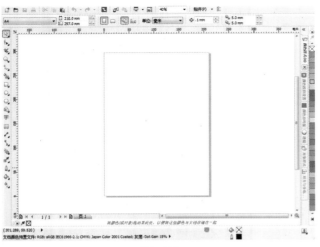

图4-226

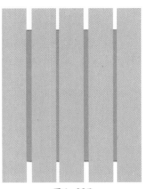

图4-227

04 按"Shift"键加选所有的浅蓝色矩形，单击右键执行"群组"命令，或按"Ctrl+G"快捷键，然后双击选中图形，将鼠标指针移至四边的控制点上，按住左键并拖曳进行旋转，如图4-228所示。

图4-228

技巧提示

选中图形，在属性栏上的"角度"中输入数值，可以将图形进行精确旋转，如图4-229所示。

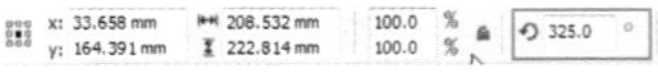

图4-229

05 下面需要把超出页面的图形清除，选择矩形工具，在右侧绘制一个合适大小的矩形，如图4-230所示。

06 选择浅蓝色矩形组和黑色矩形，单击属性栏上的"修剪"按钮，可以看到浅蓝色矩形组的多余部分被去除，下面单击选择黑色矩形将其删除，如图4-231和图4-232所示。

图4-231

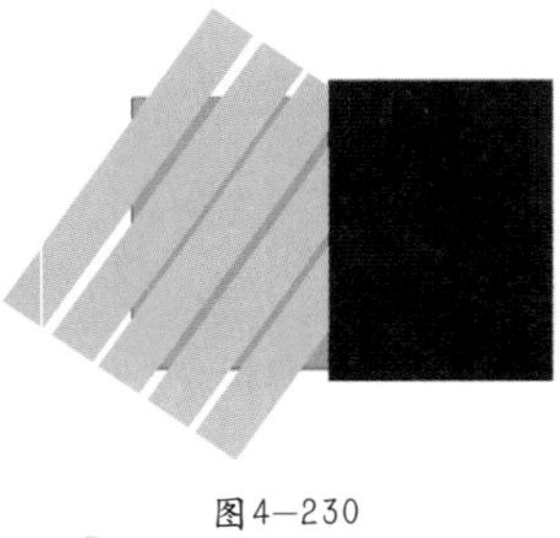

图4-222

02 单击工具箱中的"矩形工具"按钮□，绘制与页面大小相同的矩形，在属性栏中设置"轮廓笔"的"宽度"为无，单击工具箱中的"均匀填充"按钮，设置"填充颜色"为粉蓝色（C：57，M：5，Y：18，K：0），如图4-223~图4-225所示。

图4-223

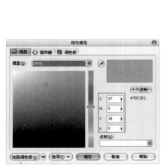

图4-224

图4-225

03 再次使用矩形工具创建较细的矩形，并填充为浅蓝色（C：39，M：1，Y：13，K：0），选中所绘制的浅蓝色矩形，使用复制快捷键"Ctrl+C"、粘贴快捷键"Ctrl+V"复制出多个，依次在页面上均匀排开，如图4-226和图4-227所示。

技巧提示

为了使复制出的矩形在同一水平线上并且间距相等，可以使用"排列>对齐和分布"命令，设置其沿底边对齐，并且水平均匀分布。

图4-230

图4-232

 读书笔记

执行"窗口>泊坞窗>造形"命令，在"造形"面板中设置类型为"修剪"，也可以进行多余部分的去除，如图4-233所示。

图4-233

07 用同样的方法依次把页面其他边上多余的部分修剪去除，如图4-234所示。

08 单击工具箱中的"钢笔工具"按钮✎，在页面右侧绘制出圆润的五角星轮廓图，再单击工具箱中的"形状工具"按钮✎，通过对节点的调整使图形更加完美，如图4-235所示。

 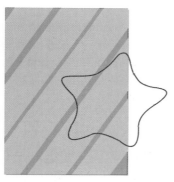

图4-234   图4-235

09 在调色板中设置其填充颜色为橙黄色（C：1，M：50，Y：84，K：0），"轮廓笔"的"宽度"为无，如图4-236所示。

10 单击工具箱中的"刻刀工具"按钮，在星形上进行绘制，使星形变为两部分，如图4-237所示。

 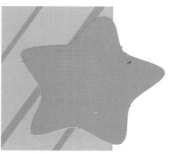

图4-236   图4-237

11 选择其中一部分，单击工具箱中的"渐变填充"按钮，选中"双色"单选按钮，设置颜色为从橙色到黄色，"中点"为88，如图4-238和图4-239所示。

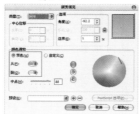

图4-238

12 继续使用刻刀工具将星形分割为更多部分，同样填充黄橙色系渐变，如图4-240所示。

图4-239   图4-240

13 单击工具箱中的"椭圆形工具"按钮○，在黄色海星上绘制多个重叠的圆形，设置"轮廓笔"为无，并填充颜色作为眼睛以及身上的斑点，如图4-241和图4-242所示。

图4-241   图4-242

14 选中眼睛部分，按"Ctrl+C"和"Ctrl+V"快捷键，复制出另外一只眼睛，摆放在右侧。用同样的方法复制斑点，摆放在另外四个角上填充不同的颜色，表示出海星的立体感，如图4-243所示。

15 单击"钢笔工具"按钮，在海星图形上绘制海星的嘴部，并填充为白色。继续绘制其他嘴里的细节，依次填充适当颜色。框选绘制的海星所有部分，单击右键执行"群组"命令，如图4-244和图4-245所示。

16 选择群组的海星，按"Ctrl+C"快捷键进行复制，多次按"Ctrl+V"快捷键粘贴出多个海星，等比例调整大小后旋转到不同角度并放置在页面不同的位置，如图4-246所示。

图4-243   图4-244

图4-245

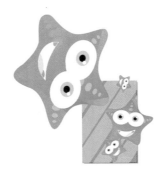
图4-246

17 为了制作出丰富的画面效果，需要将另外几个海星的颜色进行更改。选择单个的海星群组，单击右键执行"取消群组"命令，使用选择工具选取海星的每一部分并依次更改填充颜色，如图4-247所示。

图4-247

18 此时画面以外的区域还有图形，单击"矩形工具"按钮，绘制一个同背景一样大小的矩形。选中绘制的所有海星，执行"效果>图框精确剪裁>放置在容器中"命令，当光标变为黑色箭头时，单击矩形框，如图4-248所示。将海星置入矩形框内，设置"轮廓笔"为无，此时可以看到多余的部分被隐藏了，如图4-249所示。

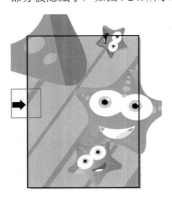
图4-248　　　　　图4-249

19 继续使用钢笔工具在左下角绘制珊瑚形状，如图4-250所示。在调色板中设置其"填充颜色"为白色，"轮廓笔"为无，如图4-251所示。按"Ctrl+C"、"Ctrl+V"快捷键进行复制粘贴，设置"填充色"为淡黄色，单击右键执行"顺序>向后一层"命令，并向右移动，如图4-252所示。

图4-250　　　　图4-251　　　　图4-252

20 使用工具箱中的椭圆形工具在底部绘制多个白色和淡黄色的圆形，设置"轮廓笔"为无，如图4-253所示。

21 复制、粘贴前一步所制作的珊瑚和气泡，放在页面右侧，单击右键执行"顺序>向后一层"命令，或按"Ctrl+PageDown"快捷键，将其放置在海星图层后，如图4-254和图4-255所示。

图4-253

图4-254

图4-255

22 单击工具箱中的"文本工具"按钮，在页面左侧单击并输入文字，分别设置合适字体及大小，最终效果如图4-256所示。

技巧提示

关于文字的输入与修改将会在"第9章 文本的创建与编辑"中进行详细的讲解。

图4-256

思维点拨：版式的布局

版式的布局决定了版式设计的核心，是整体设计思路的体现。其中主要包括骨骼型、满版型、分割型、中轴型、曲线型、倾斜型、中间型等。

🔘 骨骼型：规范的、理性的分割方法。常见的骨格有竖向通栏、双栏、三栏和四栏等。一般以竖向分栏为多，如图4-257所示。

🔘 满版型：版面以图像充满整版，主要以图像为主，视觉传达直观而强烈。文字配置压置在上下、左右或中部（边部和中心）的图像上，如图4-258所示。

🔘 分割型：整个版面分成上下或左右两部分，在一半或另一半配置图片，另一部分则配置文字，如图4-259所示。

图4-257	图4-258	图4-259

🔘 中轴型：将图形作水平方向或垂直方向排列，文字配置在上下或左右，如图4-260所示。

🔘 曲线型：图片和文字，排列成曲线，产生韵律与节奏的感觉，如图4-261所示。

🔘 倾斜型：版面主体形象或多幅图像作倾斜编排，造成版面强烈的动感和不稳定因素，引人注目，如图4-262所示。

🔘 中间型：具有多种概念及形式，分别是直接以独立而轮廓分明的形象占据版面焦点；以颜色和搭配的手法，使主题突出明确；向外扩散的运动，从而产生视觉焦点；视觉元素向版面中心做聚拢的运动，如图4-263所示。

图4-260	图4-261	图4-262	图4-263

4.8 使用图纸工具

技术速查：图纸工具可以快捷地创建网格图形。

网格元素在设计作品中很常见，经常被应用在表格或者背景中。在CorelDRAW中使用图纸工具即可绘制出网格对象，并且可以在属性栏中通过调整网格的行数和列数更改网格效果。如图4-264和图4-265所示为使用图纸工具绘制的作品。

图4-264

图4-265

① 单击工具箱中的"图纸工具"按钮，在属性栏的"行数和列数"数值框中输入数值，设置图纸的行数和列数，如图4-266所示。然后在绘制区中按住左键并进行拖曳绘制图形，如图4-267所示。

图4-266

技巧提示

按"Shift+Ctrl"快捷键可以绘制出从中心扩散的外轮廓为正方形的网格图。

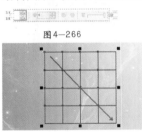

图4-267

② 由于图纸对象是由多个矩形组成的群组对象，所以可以在图纸对象上单击右键执行"取消群组"命令，此时可以使用选择工具选取其中某一个矩形并进行移动或调整，如图4-268~图4-270所示。

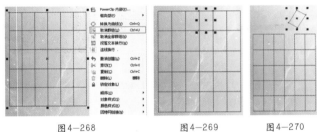

图4-268　　　　　图4-269　　　　　图4-270

4.9 绘制常见的基本形状

基本形状工具组的运用可以快捷地绘制作品中的对象，也可以使用绘制的形状作为基础并进行进一步的编辑。该工具组包含了基本形状、箭头形状、流程图形状、标题形状和标注形状的多种形状预设工具，单击某项工具按钮后，在选项栏中可以选择具体的形状样式，如图4-271所示。如图4-272和图4-273所示为使用基本形状工具组绘制的作品。

图4-271

图4-272

图4-273

4.9.1 动手学：基本形状工具

单击工具箱中的"基本图形工具"按钮 ，在属性栏中单击"完美形状工具"按钮 ，在列表中可以看到多种形状，如图4-274所示。如图4-275和图4-276所示为使用这些图形制作的作品。

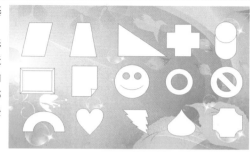
图4-274

图4-275

图4-276

① 在属性栏中单击"完美形状工具"按钮，在列表从中选择适当图形，如图4-277所示。在绘制区内按住左键并进行拖曳，释放鼠标后可以看到绘制的平行四边形，如图4-278所示。

② 使用基本形状工具绘制的图形上大多都有一个红色的控制点，使用当前图形绘制工具按住并移动控制点即可调整图形样式。例如，选择平行四边形上的红点并按住左键在绘制区内进行拖曳，可以调整平行四边形的斜度，如图4-279和图4-280所示。

③ 移动"笑脸"图形上红色控制点的位置即可调整"嘴部"的表情，如图4-281和图4-282所示。

④ 在属性栏中还可以更改线条样式以及轮廓宽度，这与"轮廓笔"对话框中的轮廓样式与宽度相同，如图4-283和图4-284所示。

图4-277

图4-278

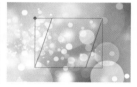
图4-279

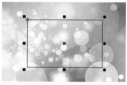
图4-280

图4-281

图4-282

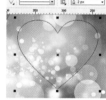
图4-283

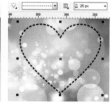
图4-284

技巧提示

使用基本图形工具组的工具绘制图形时，按住"Shift"键可以绘制以中心点为基准的图形；按住"Ctrl"键可以绘制标准的正图形。

4.9.2 动手学：箭头形状工具

使用箭头形状工具可以快捷地使用预设的箭头类型绘制各种不同的箭头。单击工具箱中的"箭头形状工具"按钮 ，再单击属性栏中的"完美形状工具"按钮，在列表中可以看到包含多种箭头类型，如图4-285所示。如图4-286和图4-287所示为使用这些图形制作的作品。

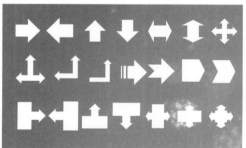
图4-285

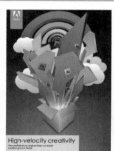
图4-286

图4-287

① 在属性栏中单击"完美形状工具"按钮，在列表中选择适当箭头形状，如图4-288所示。然后在绘制区内按住左键并进行拖曳，之后释放鼠标，如图4-289所示。

02 按住左键并选择红色控制点，在绘制区内进行拖曳可以调整箭头的大小及形状，如图4-290和图4-291所示。

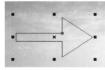

图4-288　　　图4-289　　　图4-290　　　图4-291

★ **案例实战——使用箭头形状制作名片**

案例文件	案例文件\第4章\使用箭头形状制作名片.cdr
视频教学	视频文件\第4章\使用箭头形状制作名片.flv
难度级别	★★★★☆
技术要点	箭头形状工具

案例效果

本例主要是通过使用箭头形状工具制作名片，效果如图4-292所示。

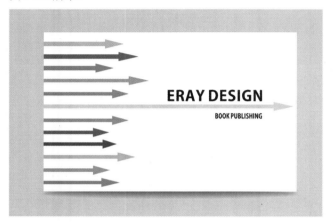

图4-292

操作步骤

01 打开文件素材"1.cdr"，如图4-293所示。单击工具箱中的"箭头形状"工具，再单击属性栏中的"完美形状"按钮，在下拉列表中选择一种合适的箭头形状，如图4-294所示。

图4-293

图4-294

02 在白色名片左上角按住左键并拖曳绘制一个合适大小的箭头形状，如图4-295所示。将鼠标移至箭头上的红色控制点，按住左键并向右拖曳，调整完成后释放鼠标，如图4-296所示。

03 单击调色板绿色，设置填充为绿色。右击调色板的⊠按钮，去除轮廓色，如图4-297所示。用同样的方法制作其他箭头形状，为其填充不同颜色，最终效果如图4-298所示。

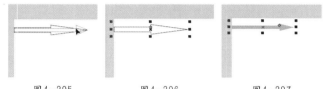

图4-295　　　图4-296　　　图4-297

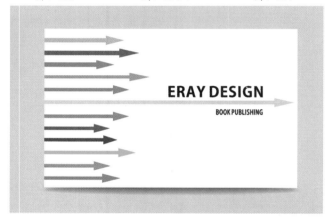

图4-298

读书笔记

4.9.3 流程图形状工具

单击工具箱中的"流程图形状工具"按钮，再单击属性栏中的"完美形状工具"按钮，在下拉列表中可以看到多种图形类型，如图4-299所示。如图4-300和图4-301所示为使用这些图形制作的作品。

在属性栏中单击"完美形状工具"按钮，在下拉列表中选择适当图形，如图4-302所示。然后在绘制区内按住左键并进行拖曳，之后释放鼠标，如图4-303所示。

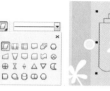

图4-299　　　　　　　　　图4-300　　　　　　　图4-301　　　　　　图4-302　　　　　　图4-303

4.9.4 动手学：标题形状工具

单击工具箱中的"标题形状工具"按钮，再单击属性栏中的"完美形状工具"按钮，在下拉列表中可以看到5种标题类型，如图4-304所示。如图4-305和图4-306所示为使用这些图形制作的作品。

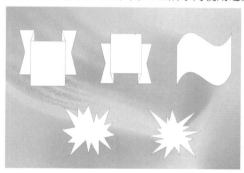

图4-304　　　　　　　　　　　　　　图4-305　　　　　　　　　　图4-306

01 在属性栏中单击"完美形状工具"按钮，在下拉列表中选择适当图形，如图4-307所示。然后在绘制区内按住左键并进行拖曳，之后释放鼠标，如图4-308所示。

02 按住左键并选择红点，在绘制区内进行拖曳，设置为合适大小及形状，如图4-309和图4-310所示。

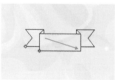
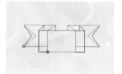
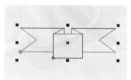

图4-307　　　　　　图4-308　　　　　　　图4-309　　　　　　　图4-310

4.9.5 动手学：标注形状工具

使用标注形状工具可以快速地绘制用于放置解释说明文字的文本框。单击工具箱中的"标注形状工具"按钮，再单击属性栏中的"完美形状工具"按钮，在下拉列表中可以看到6种标注类型，如图4-311所示。如图4-312和图4-313所示为使用这些图形制作的作品。

图4-311　　　　　　　　　　　图4-312　　　　　　　图4-313

01 在属性栏中单击"完美形状工具"按钮，在下拉列表中选择适当图形，如图4-314所示。然后在绘制区内按住左键并进行拖曳，释放鼠标即可得到形状，如图4-315所示。

02 按住左键并选择红色控制点，在绘制区内进行拖曳，设置为合适大小及形状，如图4-316和图4-317所示。

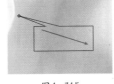
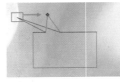
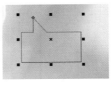

图4-314　　　　图4-315　　　　　　图4-316　　　　　　图4-317

4.10 智能绘图

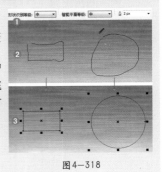

技术速查：智能绘图工具是一种能够自动识别用户绘制的直线、曲线、圆、矩形、箭头、菱形、梯形等图形的工具。还能自动平滑和修饰曲线，快速规整和完美图像。

单击工具箱中的"智能绘图工具"按钮 △，在属性栏中可以设置形状识别的等级以及智能平滑的等级。设置完毕后在画面中可以进行绘制，绘制过程与使用铅笔画图相似，绘制完毕后释放鼠标，计算机会自动将其转换为基本形状或平滑曲线，如图4-318所示。要在绘制时进行线条的擦除，请按住"Shift"键，并按住左键进行反方向的拖曳，即可擦除。

图4-318

技巧提示

执行"工具>选项"命令，在工作区类别列表中选择"工具箱"，然后单击"智能绘图工具"按钮，移动绘图协助延迟滑块即可调整形状识别的延迟时间。最短延迟为10毫秒，最长延迟为2秒。

4.11 创建条形码

技术速查：条形码是将宽度不等的多个黑条和空白，按照一定的编码规则排列，用以表达一组信息的图形标识符。

在进行产品包装设计时不可避免地需要使用到条形码，使用CorelDRAW可以非常轻松、快捷地制作出标准的条形码，如图4-319和图4-320所示。

图4-319　　　　　　　　图4-320

01 想要为一幅作品添加条形码，需执行"编辑>插入条码"命令，在"条码向导"面板的数字框内输入数字，单击"下一步"按钮，如图4-321和图4-322所示。

02 在"条码向导"面板中设置条形码的大小，单击"下一步"按钮，再在面板上设置合适字体，单击"完成"按钮结束操作，如图4-323~图4-325所示。

图4-321

图4-322

图4-323

图4-324

图4-325

读书笔记

_____

_____

_____

_____

_____

_____

课后练习

【课后练习——多彩的LOGO设计】

思路解析：

　　本案例主要是多次使用矩形工具绘制带有圆角效果的矩形，组成LOGO的各个部分，并为其填充不同的颜色。

本章小结

　　本章主要讲解了各种内置的图形绘制工具，这些工具在使用方法上都非常相似，参数的调整也都可以在属性栏中进行。相对于线性绘图工具而言，矢量图形绘制工具的使用可以说是非常简单，也非常好控制。虽然图形绘制工具种类较多，但是图形绘制工具可以绘制的对象类型却是非常有限的，大多为简单而规则的几何形体。所以为了绘制复杂的形状就需要使用下一章将要讲解的钢笔工具、贝塞尔工具等，这些工具虽然不是那么容易掌控，但是一旦熟练掌控，想要绘制多么复杂的对象也都不再是问题啦！

第5章

绘制复杂对象

本章内容简介：

本章内容主要分为两大部分，5.1~5.5节介绍了多种线形绘图工具的使用，这些工具不仅可以绘制直线、曲线、螺旋线等线条，还可以绘制各种复杂的图形。尤其是贝塞尔工具以及钢笔工具，想要绘制复杂的对象时这两个工具的使用频率相当高。5.6~5.10节讲解的是对已经绘制完毕的图形进行形状的编辑调整以及擦除的工具。其中形状工具是最为常用的图形形状调整的工具，需要熟练掌握。

本章学习要点：

- 熟练掌握使用贝塞尔工具、钢笔工具绘图的方法
- 熟练掌握使用形状工具调整图形的方法
- 掌握图形分割与擦除的方法

5.1 使用贝塞尔工具绘图

技术速查：使用贝塞尔工具可以绘制平滑、精确的曲线，在绘图中应用度非常高。

贝塞尔工具 位于工具箱中的线形绘图工具组中，单击"手绘工具"按钮 ，在隐藏工具列表中即可看到贝塞尔工具，如图5-1所示。使用贝塞尔工具可以绘制灵活性较强的曲线，在绘制过程中只需指定曲线的节点，系统自动用直线或曲线连接节点。曲线的形态会受到构成曲线的节点影响，所以绘制关键也就在于确定曲线的关键节点。如图5-2和图5-3所示为使用贝塞尔工具制作的作品。

图5-1　　　图5-2　　　　　图5-3

5.1.1 动手学：使用贝塞尔工具绘制直线与折线

01 单击工具箱中的"贝塞尔工具"按钮 ，在工作区中单击作为起点。移动光标到合适位置再次单击定位另一个点。如果想要结束绘制，则可以按"Enter"键完成当前线段的绘制，如图5-4所示。

02 将光标移动到下一个点的位置，再次单击即可形成折线，如图5-5所示。继续移动光标并创建新的节点，最后回到起始点处单击可以绘制出闭合的多边形路径，如图5-6所示。

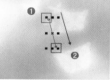 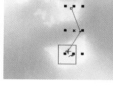 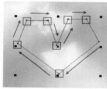

图5-4　　　　　　图5-5　　　　　　图5-6

5.1.2 动手学：使用贝塞尔工具绘制曲线

01 贝塞尔工具不仅可以绘制直线，还可以绘制曲线。单击工具箱中的"贝塞尔工具"按钮 ，在工作区中单击确定起点，再次单击创建第二个点并且不要释放鼠标，顺势拖曳到理想角度，这样就会产生不同的曲线变化，如图5-7和图5-8所示。

02 继续绘制，最后将光标定位到起点处单击，即可得到闭合路径。绘制完毕后使用工具箱中的形状工具调整点的角度及位置，以达到理想的形状，如图5-9所示。

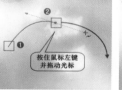 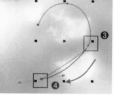 

图5-7　　　　　　图5-8 　　　　　　图5-9

★ 案例实战——炫彩质感标志设计

案例文件	案例文件\第5章\炫彩质感标志设计.cdr
视频教学	视频文件\第5章\炫彩质感标志设计.flv
难度级别	★★★★★
技术要点	贝塞尔工具、渐变填充工具

案例效果

本例主要是通过使用贝塞尔工具绘制标志的形态，并使用渐变填充制作炫彩的质感，效果如图5-10所示。

图5-10

操作步骤

01 执行"文件>新建"命令，在弹出的"创建新文档"对话框中设置"预设目标"为默认RGB，"大小"为A4，如图5-11所示。单击工具箱中的"矩形工具"按钮 ，在画面中绘制合适大小的矩形，如图5-12所示。

图5-11 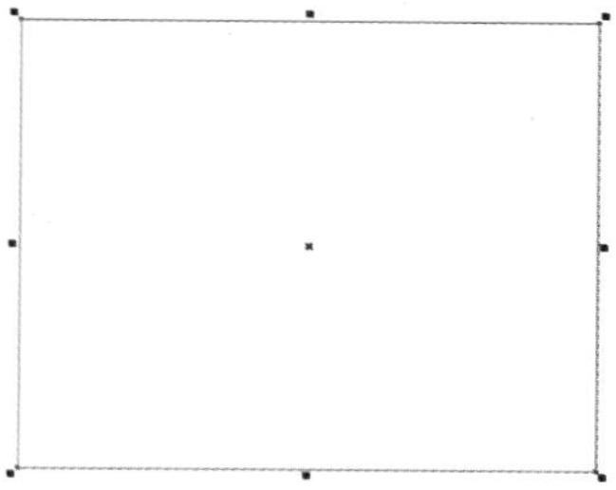　　　　　　　　图5-12

02 单击工具箱中的"渐变填充工具"按钮，在"渐变填充"对话框中设置"类型"为辐射，调整颜色为从黑色到紫色的渐变，"中点"为67，如图5-13所示。设置"轮廓笔"为无，效果如图5-14所示。

图5-13　　　　　　图5-14

03 单击工具箱中的"贝塞尔工具"按钮，在属性栏中选择"手绘"选项，再在画面中单击确定起点，然后移动光标位置到第二个点处单击并拖动得到第二个平滑的点，继续绘制其他控制点，最后回到起点并单击得到一个图形，如图5-15所示。

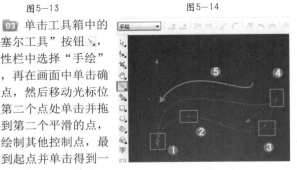

图5-15

04 再次单击"渐变工具"按钮，在"渐变填充"对话框中设置"类型"为线性，选中"自定义"单选按钮，设置一种紫色系渐变，如图5-16所示。设置"轮廓笔"为无，效果如图5-17所示。

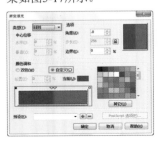

图5-16　　　　　　图5-17

05 继续使用贝塞尔工具绘制另外一个闭合路径图形，如图5-18所示。单击"渐变工具"按钮，在"渐变填充"对话框中选中"自定义"单选按钮，设置一种蓝色系渐变，"角度"为-52.6，如图5-19所示。设置"轮廓笔"为无，效果如图5-20所示。

图5-18

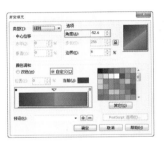

图5-19　　　　　　图5-20

06 用同样的方法使用贝塞尔工具绘制标志的另外两个部分，然后设置渐变填充效果，如图5-21和图5-22所示。

图5-21　　　　　　图5-22

07 单击工具箱中的"文本工具"按钮，在属性栏中设置合适的字体及大小，再在图形下输入两排蓝色的文字，最终效果如图5-23所示。

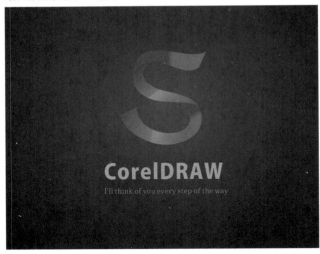

图5-23

 读书笔记

☆ 视频课堂——绘制卡通兔子

案例文件\第5章\视频课堂——绘制卡通兔子.cdr
视频文件\第5章\视频课堂——绘制卡通兔子.flv
思路解析:
01 使用贝塞尔工具绘制兔子的外形。
02 对图形及节点的调整制作出卡通兔子的不同部分。
03 使用填充工具为不同的部分填充合适颜色。

5.2 钢笔工具

技术速查:钢笔工具可以绘制闭合图形,也可以绘制曲线,用户通过使用钢笔工具,可以绘制出相对比较细致、自由的图形或曲线。

钢笔工具位于工具箱中的线形绘图工具组中,单击"手绘工具"按钮,在隐藏工具列表中即可看到钢笔工具,如图5-24所示。使用钢笔工具在绘制图形时,用户可像使用贝塞尔工具一样,通过调整点的角度及位置,达到理想的形状。按空格键即可在未形成闭合图形时完成绘制,如图5-25和图5-26所示。

图5-24

图5-25

图5-26

 技巧提示

钢笔工具是一个非常适合绘制精确图形的工具,在很多制图软件(如Adobe Photoshop、Adobe Illustrator等)中都有钢笔工具,所以建议大家一定要学会并熟练使用钢笔工具,这样更加方便与其他制图软件进行交互操作。

使用钢笔工具进行绘图的使用方法与贝塞尔工具非常相似。在钢笔工具属性栏中还可以对曲线的样式、宽度进行设置。如果选择绘制完成的曲线,也可以在钢笔工具属性栏中修改线条样式以及轮廓宽度,如图5-27所示。

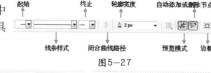
图5-27

01 在"起始"、"线条样式"、"终止"列表中进行选择可以改变线条的样式,如图5-28和图5-29所示。

02 "轮廓宽度"可以在下拉列表中进行选择,也可以自行输入适合的数值,如图5-30和图5-31所示。

图5-28

图5-29

图5-30

图5-31

03 单击属性栏上的"预览模式" 🖉 按钮，在绘图页面中单击创建一个节点，移动鼠标后可以预览到即将形成的路径。如图5-32和图5-33所示为未启用预览模式和启用预览模式的对比效果。

04 单击"自动添加/删除" 🖋 按钮，将光标移动到路径上光标会自动切换为添加节点或删除节点的形式；如果取消该选项，将光标移动到路径上则可以创建新路径，如图5-34和图5-35所示。

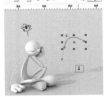
图5-32

图5-33

图5-34

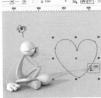
图5-35

★ 案例实战——使用钢笔工具完成卡通少女的制作

案例文件	案例文件\第5章\使用钢笔工具完成卡通少女的制作.cdr
视频教学	视频文件\第5章\使用钢笔工具完成卡通少女的制作.flv
难度级别	★★★★★
技术要点	钢笔工具

案例效果

本例主要通过使用钢笔工具完成卡通少女的制作，效果如图5-36所示。

图5-36

操作步骤

01 执行"文件>新建"命令，在弹出的"创建新文档"对话框中设置"预设目标"为默认RGB，"大小"为A4，如图5-37所示。

02 单击工具箱中的"钢笔工具"按钮 🖉，绘制出少女的外轮廓，对节点进行细致的调整，如图5-38所示。设置"轮廓笔"颜色为棕红色，效果如图5-39所示。

图5-37

图5-38

图5-39

03 接下来把少女分为上半身和下半身两部分制作。首先我们制作卡通少女的上半身。选择钢笔工具绘制少女的上半身皮肤部分，使用调色板为其填充皮肤的颜色。继续绘制出皮肤及手部细节部分形状，并填充不同明暗程度的肉色，使细节更加完整，如图5-40和图5-41所示。

04 继续使用钢笔工具绘制卡通少女的头发及其阴影部分，为其填充不同明暗程度的蓝色和黑色。至此，少女上半身的大体结构已经绘制出来了，下面需要对细节进行刻画，如图5-42所示。

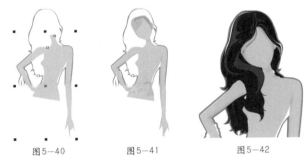
图5-40　　　　图5-41　　　　图5-42

05 少女的五官虽然看起来复杂，但是如果将每个部分都"拆开"分析就会发现其实每个元素都是由多个简单的图形堆叠出来的。基本的绘制思路都是从最底层的大面积区域入手，逐渐绘制到中间层的区域，最后绘制上方以及细节部分，如图5-43～图5-48所示为五官的绘制流程。

图5-43　　　　图5-44　　　　图5-45

图5-46　　　　图5-47　　　　图5-48

06 接下来绘制卡通少女的上身衣着部分，使用钢笔工具绘制衣服的轮廓。衣服的颜色填充为粉色，边缘填充为深蓝色。再次绘制衣服细节部分，为其填充不同明暗程度的粉色，增强服装部分细节，如图5-49和图5-50所示。

图5-49   图5-50

07 按照上述方法从下半身的大面积颜色区域入手，逐步绘制出卡通少女的下半身，如图5-51和图5-52所示。

08 为少女添加一些装饰元素，这样卡通少女的绘制就完成了，如图5-53所示。使用选择工具选择绘制出的所有卡通少女部分，单击右键执行"群组"命令，如图5-54所示。

图5-51   图5-52   图5-53

答疑解惑：什么是"群组"？

执行"群组"命令可以将所选部分组成为一个临时的整体，当我们想要对这些元素进行统一移动时就可以只选择整个组即可。如果想要编辑组中的某个元素，则可以将群组进行解散。

图5-54

09 执行"文件>导入"命令，导入背景素材文件"1.jpg"作为背景，如图5-55所示。单击右键执行"顺序>到页面后面"命令，使背景素材不遮挡卡通少女，最终效果

如图5-56所示。

图5-55   图5-56

思维点拨

紫色给人以优雅高贵的感觉，不经意地流露出让人心平气和的印象。紫色与同色系搭配，可以显现出变化感，制造出精神上的满足感和净化的感觉，如图5-57和图5-58所示。

图5-57   图5-58

☆ 视频课堂——使用钢笔工具制作简约名片

案例文件\第5章\视频课堂——使用钢笔工具制作简约名片.cdr

视频文件\第5章\视频课堂——使用钢笔工具制作简约名片.flv

思路解析：

01 使用矩形工具绘制名片的背景。

02 使用钢笔工具绘制名片上的花纹。

03 为名片花纹填充合适的颜色。

04 输入相应的文字。

5.3 动手学：使用手绘工具轻松绘图

图5-59　　　　　　图5-60

技术速查：手绘工具可以在工作区内自由地地绘制不规则的形状或线条。

　　手绘工具 是一种最直接的绘图工具，就像它的名称一样，使用该工具可以像拿着画笔在纸上随意地绘制一样。手绘工具常用于制作绘画感强烈的设计作品，如图5-59和图5-60所示。

　　① 单击工具箱中的"手绘工具"按钮 ，按左键并任意拖动鼠标画面中就会即时出现线条，在绘制出理想的形状后释放鼠标即可，如图5-61和图5-62所示。

　　② 单击起点后再次单击终点可以绘制直线，如图5-63所示。单击起点，指针变为 形状，按住"Ctrl"键并拖动鼠标，可以绘制出15°增减的直线，如图5-64所示。

　　③ 单击起点，指针变为 形状，在折点处双击，然后拖动直线即可绘制出折线或者多边形，如果曲线的起点和终点重合，即完成封闭曲线的绘制，如图5-66~图5-69所示。

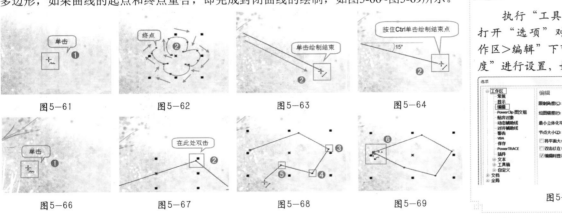

图5-61　　　　　图5-62　　　　　图5-63　　　　　图5-64

图5-66　　　　　图5-67　　　　　图5-68　　　　　图5-69

技巧提示

　　执行"工具>选项"命令，打开"选项"对话框，在"工作区>编辑"下可以对"限制角度"进行设置，如图5-65所示。

图5-65

5.4 应用艺术笔制作有趣的线条

技术速查：艺术笔工具绘制出的对象不是以单独的线条来表示，而是根据用户所选择的笔触样式来创建由预设图形围绕的路径效果。所以使用艺术笔工具绘制路径可产生较为独特的艺术效果。

　　艺术笔位于工具箱中的线形绘图工具组中，单击"手绘工具"按钮 ，在隐藏工具列表中即可看到艺术笔，如图5-70所示。在属性栏中可以选择"预设"、"笔刷"、"喷涂"、"书法"和"压力"5种笔触的样式进行图形的绘制，如图5-71所示。如图5-72和图5-73所示为使用该工具制作的作品。

图5-70

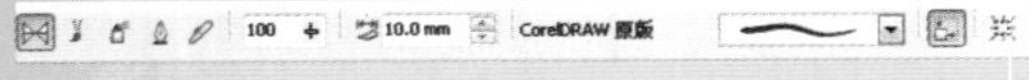

图5-72

图5-73

图5-71

选择合适的模式后，并在属性栏中对该模式的相关参数进行设置，我们能够发现艺术笔可以选择的笔触并不一定是传统的毛笔、钢笔等笔触，甚至可以是几何图形以及卡通图案，如图5-74所示。绘制时所选笔触会沿绘制路径排列。而且"艺术笔"绘制出的对象是可以分别进行填充和轮廓色设置的，如图5-75所示。

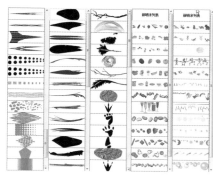

图5-74

图5-75

技术拓展：拆分艺术笔群组

使用艺术笔绘制出的图案其实是一个包含"隐藏的路径"和"图案描边"的群组，执行"排列>拆分艺术笔群组"命令，拆分后路径被显示出来，并且路径和图案可以分开移动，如图5-76和图5-77所示。

选中图案描边的群组，单击右键执行"取消群组"命令，图案中的各个部分可以分别进行移动和编辑，如图5-78所示。

图5-76

图5-77

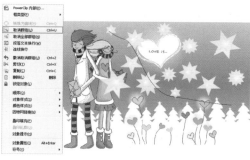

图5-78

5.4.1 动手学：使用预设模式艺术笔

技术速查：对于笔触在开始和末端粗细变化的模拟，预设模式提供了多种线条类型供用户选择，用户可以通过选择的线条样式轻松地绘制出与毛笔笔触一样的效果。

01 单击工具箱中的"艺术笔工具"按钮，在属性栏中单击"预设模式"按钮，在属性栏中的"手绘平滑"处移动滑块或输入数值，可以改变绘制线条的平滑程度，如图5-79和图5-80所示分别为平滑为20以及100的对比效果。

02 单击属性栏中的"笔触宽度"上下调整按钮或输入数值，可以改变笔触的宽度，如图5-81和图5-82所示。

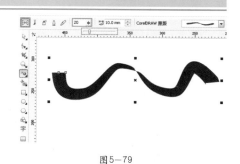

图5-79

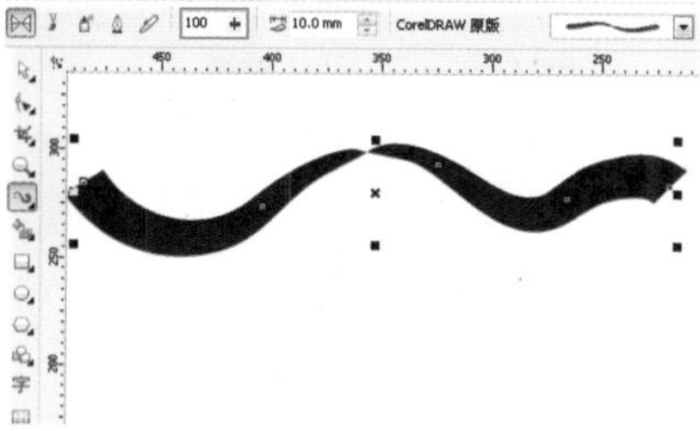

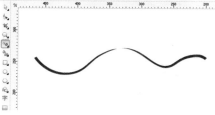

图5-80

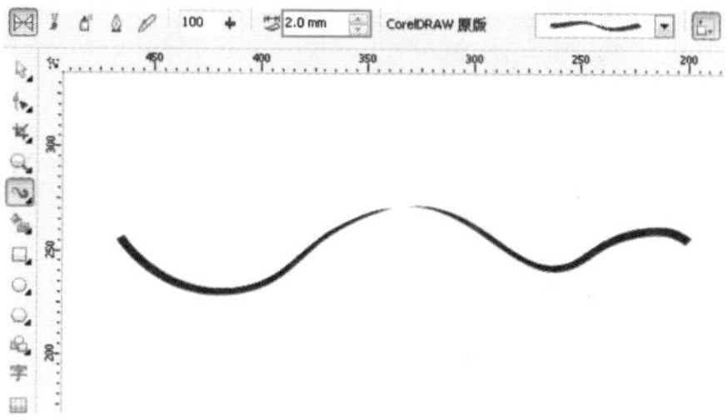

图5-81

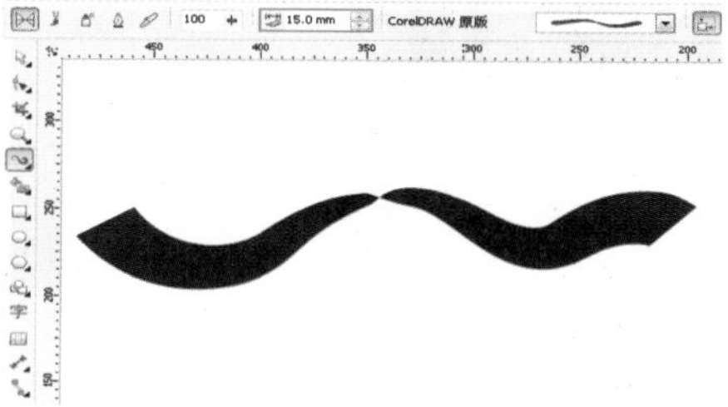

图5-82

⑨③ 在艺术画笔工具的属性栏中，单击"预设笔触"下拉列表框，打开下拉列表，单击设置所需笔触的线条模式，在画面中绘制，如图5-83和图5-84所示。

⑨④ 如果想要对艺术笔绘制出的线条进行调整，可以使用形状工具单击线条，其路径会显现出来，如图5-85所示。使用形状工具对路径上的节点进行调整即可。效果如图5-86所示。

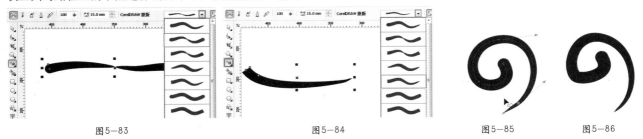

图5-83 　　　　　　　　　图5-84 　　　　　　　　　图5-85　　图5-86

5.4.2 笔刷模式艺术笔

技术速查：笔刷模式的艺术笔触主要用于模拟笔刷绘制的效果。

单击"笔刷"按钮 ，同样可以对其"手绘平滑"、"笔触宽度"和"笔刷笔触"进行一定的设置，达到理想的效果，如图5-87和图5-88所示。

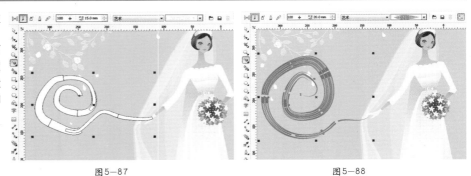

图5-87　　　　　　　　　　　图5-88

5.4.3 动手学：使用喷涂模式艺术笔

技术速查：喷涂模式艺术笔会以当前设置为绘制的路径描边。

喷涂模式提供了丰富的图形，用户可以充分发挥想象力勾画出喷涂的路径，并且可以在属性栏中对图形组中的单个对象进行细致的编辑工作，如图5-89所示。

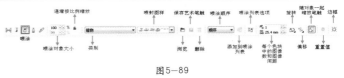

图5-89

⑨① 单击属性栏中的"喷涂"按钮，在属性栏中设置合适的喷涂对象大小，并从"类别"中选择需要的纹样类别，在"喷射图样"下拉列表框中选择笔触的形状，然后在绘图页面中单击并拖动鼠标，即可以所设置参数进行绘制，在画面中按下鼠标后拖动的距离越长，绘制出的图案越多，如图5-90和图5-91所示。也可以对"每个色块中的图像数和图像间距"、"旋转"、"偏移"等数值进行调整，以满足不同用户的需求。

⑨② 喷涂艺术笔的笔触是按照一定的顺序排列起来的图案组，用户可以根据个人需要改变图案的顺序。单击属性栏中的"喷涂列表选项"按钮 ，在弹出的"创建播放列表"对话框中可以对图案顺序以及类型进行调整，如图5-92所示。

图5-90　　　　　　　　　　图5-91　　　　　　　　　　图5-92

★ 案例实战——使用艺术笔工具为卡通画增色

案例文件	案例文件\第5章\使用艺术笔工具为卡通画增色.cdr
视频教学	视频教学\第5章\使用艺术笔工具为卡通画增色.flv
难度级别	★★★★★
技术要点	艺术笔工具、拆分艺术笔群组

案例效果

本例主要是通过使用艺术笔工具、拆分艺术笔群组为卡通画增色，效果如图5-93所示。

图5-93

操作步骤

01 执行"文件>新建"命令，在弹出的"创建新文档"对话框中设置"大小"为A4，"渲染分辨率"为300，如图5-94所示。

图5-94

02 导入背景素材文件"1.jpg"，调整合适大小及位置，单击工具箱中的"艺术笔工具"按钮，在属性栏中单击"喷涂"按钮，设置"喷涂对象大小"为60%，并从"类别"中选择"植物"选项，在"喷射图样"下拉列表框中选择如图5-95所示的蘑菇形状笔触，设置"每个色块中的图像数和图像间距"为15mm，然后在绘图页面中单击并拖动鼠标。

图5-95

03 松开鼠标后该区域出现多个形状各异的蘑菇，如图5-96所示。

04 继续在右侧地面涂抹，绘制出更多的蘑菇，如图5-97所示。

图5-96

05 在未选择任何绘制对象时，在属性栏中设置"喷涂对象大小"为100%，并从"类别"中选择"其他"选项，在"喷射图样"下拉列表框中选择如图5-98所示的焰火形状笔触，然后在天空部分单击并拖动鼠标，绘制出一连串焰火。

图5-97

图5-98

06 由于绘制的焰火有些密集并且位置不太合适，所以需要选择焰火并执行"排列>拆分艺术笔群组"命令，如图5-99所示。拆分后路径被显示出来，如图5-100所示。

读书笔记

第5章 绘制复杂对象

93

图5-99

图5-100

07 选中路径并按下"Delete"键删除。下面需要对每个焰火进行分开调整，但是此时焰火处于群组状态，无法单独选中，所以需要选中焰火组，单击右键执行"取消群组"命令，此时图案中的各个部分可以分别进行移动和编辑，如图5-101所示。

图5-101

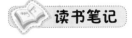

08 选中顶部的两簇焰火，按"Delete"键进行删除，如图5-102和图5-103所示。

图5-102

图5-103

09 最后分别选择单个的焰火，移动到合适位置，最终效果如图5-104所示。

图5-104

5.4.4 使用书法模式艺术笔

技术速查：书法模式可以绘制根据曲线的方向和笔头的角度改变粗细的曲线，模拟出类似于使用书法笔的效果。

在属性栏中可以分别调整"手绘平滑"、"笔触宽度"和"书法角度"的数值，以达到理想效果，如图5-105所示。在艺术笔工具属性栏中单击"书法工具"按钮 ✎ ，将鼠标移至绘图区中，按住鼠标左键并拖动，即可绘制，如图5-106和图5-107所示。

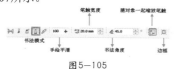

图5-105

图5-106

图5-107

5.4.5 使用压力模式艺术笔

技术速查：压力模式是通过压力感应笔绘制线条，适合表现细致且变化丰富的线条。

在艺术笔工具属性栏中单击"压力工具"按钮 ✎ ，将鼠标移至绘图区中，按住鼠标左键并拖动，绘制完成，如图5-108所示。在属性栏中可以调整"手绘平滑"和"笔触宽度"的数值来调整所选图形，如图5-109所示。

图5-108

图5-109

★ 案例实战——使用多种绘图工具制作创意文字

案例文件	案例文件\第5章\使用多种绘图工具制作创意文字.cdr
视频教学	视频文件\第5章\使用多种绘图工具制作创意文字.flv
难度级别	★★★★★
技术要点	手绘工具、钢笔工具、艺术笔工具

案例效果

本例主要通过使用手绘工具、钢笔工具、艺术笔工具制作创意文字，效果如图5-110所示。

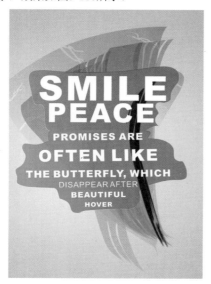

图5-110

操作步骤

01 执行"文件>新建"命令，在弹出的"创建新文档"对话框中设置"预设目标"为默认RGB，"大小"为A4，如图5-111所示。再单击工具箱中的"矩形工具"按钮 ☐，在画面中绘制合适大小的矩形，如图5-112所示。

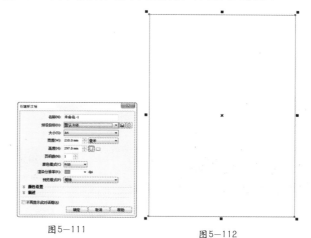

图5-111   图5-112

02 单击工具箱中的"渐变填充工具"按钮，在"渐变填充"对话框中设置"类型"为辐射，颜色为从深灰色到浅灰色的渐变，在对话框中右上角的预览图上按住左键调整中心点，如图5-113所示。设置"轮廓笔"为无，效果如图5-114所示。

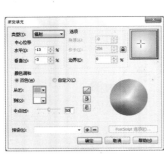

图5-113　　　　　　图5-114

03 单击工具箱中的"钢笔工具"按钮，按住左键绘制一个形状的闭合路径，如图5-115所示。为图形填充青灰色，设置"轮廓笔"为无，效果如图5-116所示。

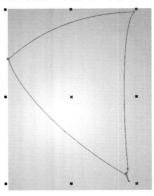
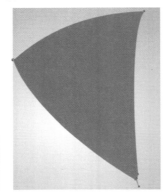

图5-115　　　　　　图5-116

 思维点拨

　　青色搭配少量醒目的色彩，给人耳目一新的感觉，具有很强的宣传力。青色的背景更能突显出主体，充分展现产品的重要性，如图5-117和图5-118所示。

图5-117　　　　　　图5-118

04 单击工具箱中的"艺术笔工具"按钮，在属性栏中单击"笔刷"按钮，再在笔触类型下拉列表中选择合适类型，如图5-119所示。然后在青灰色图形上进行绘制，如图5-120所示。下面使用选择工具，按住"Shift"键加选全部笔触，单击右键执行"群组"命令，并执行"效果>图框精确剪裁>置于图文框内部"命令，当光标变为黑色箭头

时，单击青灰色图形，此时图形以外的部分被隐藏了，如图5-121所示。

图5-119

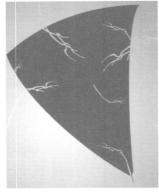
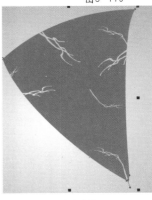

图5-120　　　　　　图5-121

05 选择青灰色图形，单击工具箱中的"透明度工具"按钮，在图形上按住鼠标左键拖曳，如图5-122所示。继续选择该图形，执行"图框精确剪裁"命令，单击作为背景的灰色渐变矩形内，使多余部分隐藏，如图5-123所示。

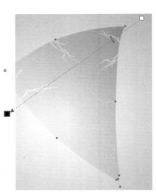

图5-122　　　　　　图5-123

06 下面单击"手绘工具"按钮，在画面中按住鼠标左键并拖动绘制一个形态随意的图形轮廓，如图5-124所示。单击工具箱中的"渐变填充工具"按钮，在"渐变填充"对话框中设置从深绿色到明度较低绿色的渐变，"角度"为-75.4，如图5-125所示。设置"轮廓笔"为无，效果如图5-126所示。

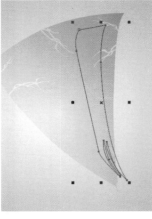

图5-124

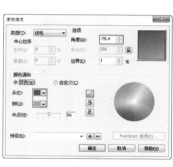

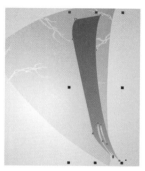

图5-125　　　　　　　　　　图5-126

07 单击"透明度工具"按钮，在属性栏中设置"透明度类型"为标准，"开始透明度"为62，如图5-127所示。此时效果如图5-128所示。用同样的方法使用手绘工具和透明度工具制作另外几个图形，如图5-129所示。

图5-127

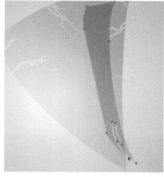

图5-128　　　　　　　　　　图5-129

08 单击工具箱中的"文本工具"按钮，在属性栏中设置合适的字体，然后在画面中输入不同大小的白色文字，如图5-130所示。

图5-130

09 再次单击工具箱中的"艺术笔工具"按钮，在属性栏中单击"笔刷"按钮，然后在笔触类型下拉列表中选择合适类型，并在文字上绘制出书法感的笔触，如图5-131所示。单击右键执行"顺序>向后一层"命令，将其放置在文字图像后，如图5-132所示。复制该图形，设置颜色为深一点的蓝色，将其放置在文字图像后，进行适当移动，制作层

次感，如图5-133和图5-134所示。

图5-131

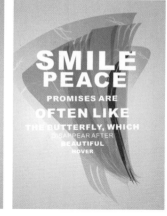

图5-132　　　　　　　　　　图5-133

读书笔记

图5-134

10 单击"手绘工具"按钮，绘制出上部分文字的外轮廓，从左到右填充浅红到深红色渐变，设置"轮廓笔"为无，效果如图5-135所示。单击"透明度工具"按钮，在属性栏中设置"透明度类型"为标准，"开始透明度"为10，效果如图5-136所示。

图5-135　　　　　　　　　　图5-136

11 单击右键执行"顺序>向后一层"命令，调整红色渐变图形的顺序，如图5-137所示。用同样的方法制作另外一个图形，最终效果如图5-138所示。

图5-137

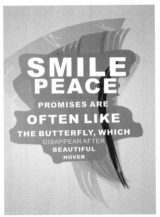

图5-138

5.5 使用其他的线形绘图工具

在前几节讲解的工具都是线形绘图工具组中的工具，本节将要讲解线形绘图工具组中剩余的工具以及多边形工具组中的螺纹工具，如图5-139和图5-140所示。

图5-139　　图5-140

5.5.1 使用2点线工具

技术速查：使用2点线工具可以便捷地绘制出直线段。

2点线工具是在绘图中很常用的绘图工具之一，如图5-141和图5-142所示为使用本工具制作的作品。

①　单击工具箱中的"2点线工具"按钮，在工作区中按住左键并拖曳到合适角度及位置后，释放鼠标即可在画面中绘制出一条线，线段的终点和起点会显示在状态栏中，如图5-143所示。

图5-141

图5-142

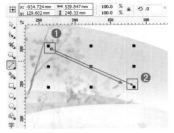

图5-143

技巧提示

在绘制时按住"Ctrl"键同时拖动，可将线条限制在最接近的角度。在绘制时按住"Shift"键同时拖动，可将线条限制在原始角度。

②　单击工具箱中的"2点线工具"按钮，在属性栏上单击"垂直2点线"按钮，继续绘制另外一条线，将光标移动到之前绘制的直线上，单击对象的边缘，然后将光标向外拖动，此时可以看到绘制出的线段与之前的直线相垂直，拖动到要结束线条的地方，如图5-144所示。

③　如果想要使用2点线工具绘制切线，首先使用椭圆形工具在画面中绘制一个椭圆形，如图5-145所示。

④　单击工具箱中的"2点线工具"按钮，在属性栏上单击"相切的2点线"按钮，单击对象中曲线线段的边缘，如图5-146所示，然后拖动到要结束切线的位置，如图5-147所示。

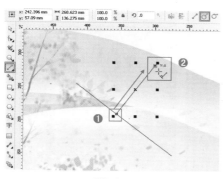
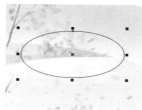
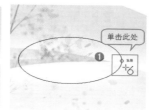

图5-144　　　　　　　　　图5-145　　　　　　　图5-146　　　　　　　图5-147

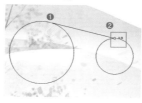
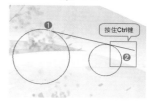

⑤ 想要绘制与两个对象相切的线条时，从第一个对象上拖动光标到第二个对象的边缘，当切线贴齐点出现时释放鼠标。当象限贴齐点与切线贴齐点一致时，象限贴齐点就会出现，如图5-148所示。要将线条扩展出第二个对象以外，当切线贴齐点出现时按住"Ctrl"键，拖动到要结束线条的地方，绘制出一条线，如图5-149所示。

图5-148　　　　　　　　　　图5-149

5.5.2 使用B样条工具

技术速查：B样条工具可以通过定位控制点的方式绘制曲线路径，定位点的位置可以是一个控制点，也可以是曲线的转折处。

B样条工具可以通过设置控制点来绘制曲线，而不需要分成若干线段绘制。B样条工具多用于较为圆润的图形中使用，如图5-150和图5-151所示。

单击工具箱中的"B样条工具"按钮 ，将鼠标移至绘图区中，单击创建第一个控制点，然后拖动光标到第二个控制点处单击，再到其他控制点处单击，如图5-152所示。控制点形成区域中会出现平滑的线条，如图5-153所示。

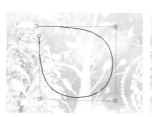

图5-150　　　　　　　图5-151　　　　　　　图5-152　　　　　　图5-153

5.5.3 动手学：使用折线工具

技术速查：折线工具用于绘制连接线，也可用作手绘曲线的工具。

折线工具可用于快速绘制包含交替曲线段和直线段的复杂线条。折线工具使绘制自由路径的操作更加随意，并能够在预览模式中进行绘制，如图5-154和图5-155所示。

① 单击工具箱中的"折线工具"按钮 ，在绘图区中单击确定起点，移动光标到其他位置单击即可绘制出直线，如图5-156所示。再次移动光标到其他位置单击即可得到折线，如图5-157所示。与手绘工具绘制出的路径不同的是，释放鼠标路径不会成为单独的对象。使用该工具在绘图区不同的位置单击就可创建连续的折线。

② 单击工具箱中的"折线工具"按钮 ，按住鼠标左键并拖动鼠标在绘图页面上绘制自由曲线，按"Enter"键完成绘制，如图5-158和图5-159所示。

图5-154　　　　　　　　图5-155

图5-156

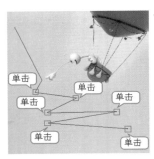

图5-157

图5-158

图5-159

 技术拓展：折线工具的平滑设置

在使用折线工具绘制曲线时，同样受"手绘平滑"参数的影响，如图5-160所示。

图5-160

如果需要使绘制出的曲线与手绘路径更好地吻合，可以设置"手绘平滑"参数为"0"，使绘制的曲线不产生平滑效果。如果想要绘制平滑的曲线，则需要设置较大的数值，如图5-161~图5-163所示分别为数值为0、50、100的对比效果。

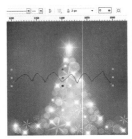

图5-161

图5-162

图5-163

5.5.4 使用3点曲线工具

技术速查：3点曲线工具可以通过使用三次鼠标单击来创建弧形，而无需控制节点。

3点曲线工具是通过3个点来构筑图形，能够通过指定曲线的宽度和高度来绘制简单曲线。单击工具箱中的"3点曲线工具"按钮 ，在绘制区单击两次确定所需长度，然后移动鼠标确定曲线的弧度，完成后单击或按空格键即可创建曲线路径，如图5-164~图5-166所示。

图5-164

图5-165

图5-166

 技巧提示

使用3点曲线工具绘制曲线时，创建起始点后按住"Shift"键拖动光标可以以5°角为倍数调整两点区间的角度。

5.5.5 绘制螺纹线

技术速查：螺纹工具可绘制螺旋线。

螺纹工具可以绘制出"对称式"和"对数式"螺纹，在螺纹工具的属性栏中可以进行参数的调整，可以改变螺纹形态以及圈数。如图5-167和图5-168所示为使用螺纹工具绘制的作品。

01 在螺纹属性栏的"螺纹回圈工具"栏中输入数值，可以设置螺纹的圈数，如图5-169所示。对称式螺纹是由许多曲线间距相同的曲线环绕而成，单击工具箱中的"螺纹形工具"按钮 ，在属性栏中单击"对称式螺纹工具"按钮 ，然后在绘制区按住左键并进行拖曳，即可绘制螺纹图形，如图5-170所示。

02 对数式螺纹的螺纹圈间距是由中心向外逐渐递增的。对数式螺纹与对称式螺纹相同，不同的是，对数式螺纹的间距可以等量增加。单击工具箱中的"螺纹形工具"按钮 ᵔ，在属性栏中单击"对数螺纹工具"按钮 ◎，然后在绘制区按住左键并进行拖曳，即可绘制螺纹图形，如图5-171所示。

图5-167

图5-168

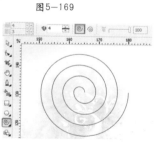
图5-169

图5-170

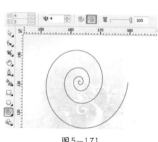
图5-171

5.6 使用形状工具编辑对象

技术速查：形状工具是通过调整节点位置、尖突或平滑、断开或连接以及对称与否等属性从细节处调整曲线的形状。

我们都知道CorelDRAW中的矢量对象都是由路径和其填充颜色构成的，而节点（也称为控制点）则是构成路径的元素，所以节点也可以说是改变对象造型的关键。使用形状工具能够对节点进行调整从而实现改变对象造型、绘制出多种多样图形的目的。如图5-172和图5-173所示为包含丰富的造型元素构成的作品。

图5-172

图5-173

使用钢笔工具或贝塞尔工具绘制出的图形如果不能一次达到要求，那么就可以使用形状工具对路径进行调整，如图5-174和图5-175所示。

单击工具箱中的"形状工具"按钮 ᵔ，在属性栏中包含多个设置按钮，通过这些按钮可以对节点进行添加、删除、转换等操作，如图5-176所示。

图5-174

图5-175

技巧提示

使用手绘工具、2点线工具、贝塞尔工具等绘图工具绘制的曲线对象都可以直接使用形状工具进行编辑。但是使用矩形工具、椭圆工具等形状工具绘制出的形状是不可以直接进行编辑的，需要将形状转换为曲线之后才可以进行正常的编辑，否则在使用形状工具改变其中一个节点时，另外一个节点也会发生相应的变化。

图5-176

5.6.1 动手学：使用形状工具选择节点

① 使用贝塞尔工具在画面中创建一条曲线，如图5-177所示。单击工具箱中的"形状工具"按钮 ᵔ，在曲线上单击，此时可以看到曲线上出现节点，如图5-178所示。

② 在其中某个节点上单击即可选中该节点，如图5-179所示被选中的节点时会同显示节点两侧的控制手柄。如果想要选择多个不连续节点，可以按住"Shift"键并单击路径中的节点进行选择，如图5-180所示。

| 图5—177 | 图5—178 | 图5—179 | 图5—180 |

技术拓展：快速选择第一个或最后一个节点

按住键盘上的"Home"键单击路径可以快速选择路径上的第一个节点，按"End"键单击路径可以快速选择路径的最后一个节点。

03 单击"形状工具"按钮 ，在路径附近单击并拖动光标绘制一个区域后可以选择该区域内的所有节点，如图5-181和图5-182所示。

04 如果想快速选中所有节点，可以单击工具箱中的"选中所有节点"按钮 ，如图5-183所示。

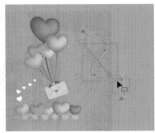

| 图5—181 | 图5—182 | 图5—183 |

技术拓展："选取范围模式"详解

在属性栏中单击"选取范围模式"下拉箭头，其中包含"矩形"和"手绘"两种选择方式，如图5-184所示。

- 矩形：在属性栏上，从"选取范围模式"列表框中选择矩形，然后围绕要选择的节点进行拖动可出现矩形选区，选区以内的节点将被选中，如图5-185和图5-186所示。

- 手绘：在属性栏上，从"选取范围模式"列表框中选择手绘，然后围绕要选择的节点进行拖动可出现不规则的手绘选区，选区以内的节点将被选中，如图5-187和图5-188所示。

图5—184

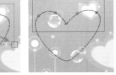

| 图5—185 | 图5—186 | 图5—187 | 图5—188 |

5.6.2 动手学：改变节点位置

01 使用工具箱中的形状工具 单击路径显示出路径的节点，如图5-189所示。按住鼠标左键并拖动即可将节点移至其他位置，如图5-190所示。释放鼠标，可以看到图形的形状会随着节点位置的变化而变化，如图5-191所示。

| 图5—189 | 图5—190 | 图5—191 |

02 在属性栏中如果单击"弹性模式"按钮，在调整其中一个节点时，附近节点的控制柄也会发生变化。如图5-192和图5-193所示分别为未使用弹性模式和使用弹性模式的对比效果。

读书笔记

_____

_____

_____

图5-192　　　　　　　　　　图5-193

5.6.3 动手学：在曲线上添加或删除节点

技术速查：在调整对象形状时使用形状工具在曲线上添加节点，可以解决因节点太少而难以塑造复杂形态的问题，而在绘制时如果出现多余节点，则可以使用形状工具在曲线上删除多余节点。

01 在需要添加节点的位置单击，路径上会出现黑色实心圆点，然后单击属性栏上的"添加节点"按钮，添加完成，或者直接在需要添加节点的位置双击，也可以添加节点，如图5-194和图5-195所示。

02 如果需要删除节点，可以选定该节点，然后单击属性栏上的"删除节点"按钮进行删除。也可以选中多余节点按"Delete"键进行删除，如图5-196和图5-197所示。

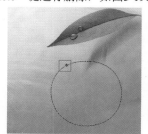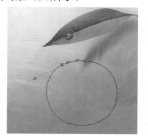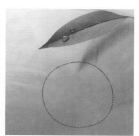

图5-194　　　　　　　　图5-195　　　　　　　　图5-196　　　　　　　　图5-197

5.6.4 动手学：转换节点

01 在曲线段上单击，出现一个黑色实心圆点，单击属性栏中的"转换为线条"按钮，即可将曲线点转换为直线点，如图5-198和图5-199所示。

02 在直线段上单击，出现了一个黑色实心圆点，单击属性栏中的"转换为曲线"按钮，即可将直线转换为曲线，如图5-200和图5-201所示。

03 在曲线上选定节点，单击属性栏中的"尖突节点"按钮，单击并在画面中拖动形成尖角，如图5-202和图5-203所示。

04 在尖角上选定节点，单击属性栏中的"平滑节点"按钮，即可自动形成平滑节点，然后可以根据需求调节节点方向等，如图5-204和图5-205所示。

05 选定其中一个节点，单击属性栏中的"对称节点"按钮，使节点两边的线条具有相同的弧度，产生对称的感觉，如图5-206和图5-207所示。

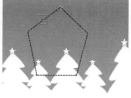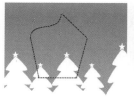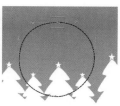

图5-198　　　　　　图5-199　　　　　　图5-200　　　　　　图5-201　　　　　　图5-202

图5-203　　　　　　　图5-204　　　　　　　图5-205　　　　　　　图5-206　　　　　　　图5-207

5.6.5 动手学：连接节点和断开节点

技术速查：使用连接两个节点可以快速将不封闭的曲线上的断开节点进行连接，使用断开节点则可以将曲线上的一个节点断开为两个不相连的节点。

01 选中两个未封闭的节点，单击属性栏中的"连接两个节点"按钮，两个节点自动向两点中间的位置移动并进行闭合，如图5-208和图5-209所示。

02 选择路径上的一个闭合的点，单击属性栏中的"断开节点"按钮，路径断开，该节点变为两个重合的节点，将两个节点分别向外移动，如图5-210~图5-212所示。

  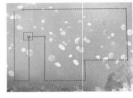  

图5-208　　　　　　　图5-209　　　　　　　图5-210　　　　　　　图5-211　　　　　　　图5-212

5.6.6 动手学：闭合曲线

01 当绘制了未闭合的曲线图形时，可以选中曲线上未闭合的两个节点，单击属性栏中的"延长曲线使之闭合"按钮，即可使曲线闭合，如图5-213和图5-214所示。

02 选择未闭合的曲线，单击属性栏中的"闭合曲线"按钮能够快速在未闭合曲线上的起点和终点之间生成一段路径，使曲线闭合，如图5-215和图5-216所示。

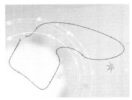  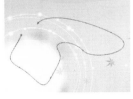 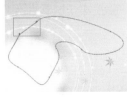

图5-213　　　　　　　图5-214　　　　　　　图5-215　　　　　　　图5-216

5.6.7 动手学：延展与缩放节点

01 在曲线上使用形状工具选中3个节点，单击属性栏中的"延展与缩放节点"按钮，此时在节点周围出现控制点，如图5-217和图5-218所示。

02 单击顶部的控制点并向上拖动，可以观察到节点按比例进行了缩放，如图5-219和图5-220所示。

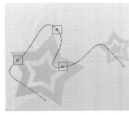 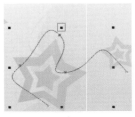 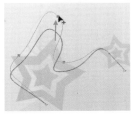 

图5-217　　　　　　　图5-218　　　　　　　图5-219　　　　　　　图5-220

5.6.8 动手学：旋转和倾斜节点

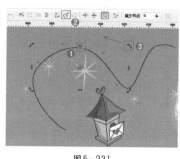

图5-221

01 除了可以对节点进行延展与缩放外，还可以对节点进行旋转与倾斜。选中其中一个节点，单击属性栏中的"旋转与倾斜节点"按钮，此时节点四周出现用于旋转和倾斜的控制点，如图5-221所示。

02 单击右上角的旋转控制点向左侧移动，可以看到该点进行了旋转，如图5-222和图5-223所示。

03 如果将鼠标移动到上方的倾斜控制点上，单击并拖动光标可以产生倾斜的效果，如图5-224和图5-225所示。

图5-222

图5-223

图5-224

图5-225

5.6.9 动手学：对齐节点

技术速查：使用对齐节点工具可以将两个或两个以上节点在水平、垂直方向上对齐，也可以对两个节点进行重叠处理。

01 首先在画面中绘制一段路径，使用框选或者按住"Shift"键进行加选的方式选择多个节点，如图5-226所示。

02 单击属性栏中的"对齐节点"按钮，在弹出的对话框中可以看到多个对齐选项，如图5-227所示。

03 只选中"水平对齐"复选框，三个锚点将对齐在一条水平线上，如图5-228和图5-229所示。

04 只选中"垂直对齐"复选框，三个锚点将对齐在一条垂直线上，如图5-230和图5-231所示。

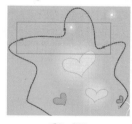
图5-226

图5-227

图5-228

图5-229

图5-230

图5-231

05 选中"水平对齐"和"垂直对齐"复选框，三个节点将在水平和垂直两个方向进行对齐，也就是重合，如图5-232和图5-233所示。

06 当曲线上有两个节点处于被选中的状态，"对齐控制点"选项处于可选状态，选择该项后两个节点可以重叠对齐，如图5-234~图5-236所示。

图5-232

图5-233

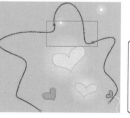
图5-234

图5-235

图5-236

 读书笔记

思维点拨：平面设计中的点、线、面

点的感觉是相对的，它是由形状、方向、大小、位置等形式构成的。这种聚散的排列与组合带给人们不同的心理感应。点具有点缀和活跃画面的作用，还可以组合起来成为一种肌理或其他要素来衬托画面主体，如图5-237所示。

线游离于点与形之间，具有位置、长度、宽度、方向、形状和性格。直线和曲线是决定版面形象的基本要素。每种线都有自己独特的个性与情感存在着。将各种不同的线运用到版面设计中，将会获得各种不同的效果，如图5-238所示。

面在空间上占有的面积最多，因而在视觉上要比点、线来得强烈、实在，具有鲜明的个性特征。因此，在排版设计时要把握相互间整体的和谐，才能产生具有美感的视觉形式。在整个基本视觉要素中，面的视觉影响力最大，如图5-239所示。

图5-237

图5-238

图5-239

5.7 简单好用的形状编辑工具

在形状工具组中除了包括强大的形状工具外，还包括另外7种使用方便、效果明显的形状编辑工具："涂抹笔刷"、"粗糙笔刷"、"自由变换"、"涂抹"、"转动"、"吸引"和"排斥"，如图5-240所示。如图5-241所示为原始图形以及使用各个工具对原始图形进行调整的效果。

图5-240　　　　　　　　　　图5-241

5.7.1 使用涂抹笔刷

技术速查：使用涂抹笔刷可以在原图形的基础上添加或删减区域。

在属性栏中可以对涂抹笔刷的大小、笔压、水分、倾斜和方位参数进行设置，如图5-242所示。如果笔刷的中心点在图形的内部，则添加图形区域；如果笔刷的中心点在图形的外部，则删减图形区域，如图5-243和图5-244所示。

图5-242

图5-243

图5-244

① 涂抹笔刷的大小数值越大，笔刷越长；数值越小，笔刷越短。单击涂抹笔刷属性栏中的"笔尖大小工具"上下调节按钮，或输入笔尖大小数值，如图5-245和图5-246所示。

② 浓度数值越大，笔刷的绘制越尖锐；浓度数值越小，笔刷的绘制越圆润。单击涂抹笔刷属性栏中的"水粉浓度工具"上下调节按钮，或输入笔尖大小数值，在矩形上进行涂抹观察不同的效果，如图5-247和图5-248所示。

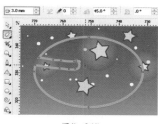
图5-245

图5-246

图5-247

图5-248

③ 单击涂抹笔刷属性栏中的"斜移工具"上下调节按钮，或输入笔尖大小数值，在矩形上进行涂抹观察效果的不同，相反，输入数值越大，笔刷的宽度也就越大，如图5-249和图5-250所示。

④ 单击涂抹笔刷属性栏中的"方位工具"上下调节按钮，或输入笔尖大小数值来调节笔刷的倾斜度，在矩形上进行涂抹观察不同的效果，如图5-251和图5-252所示。

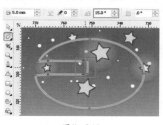
图5-249

图5-250

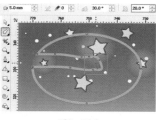
图5-251

图5-252

★ 案例实战——使用涂抹笔刷制作趣味标志

案例文件	案例文件\第5章\使用涂抹笔刷制作趣味标志.cdr
视频教学	视频文件\第5章\使用涂抹笔刷制作趣味标志.flv
难度级别	★★★★★
技术要点	涂抹笔刷、形状工具

案例效果

本例主要是通过使用涂抹笔刷将椭圆和矩形的形状进行调整，并配合形状工具使标志轮廓更生动，效果如图5-253所示。

图5-253

操作步骤

① 打开素材文件"1.cdr"，单击"涂抹笔刷"按钮，

将笔刷的中心点放置在图形的内部，向外涂抹，如图5-254所示。然后将笔刷的中心点放在椭圆图形的下方，向上涂抹，如图5-255所示。

图5-254

图5-255

② 在涂抹笔刷的属性栏中设置合适的笔尖大小以及水粉浓度，并在内部继续向外涂抹，如图5-256和图5-257所示。

③ 绘制一个矩形。再次单击"涂抹笔刷"按钮，并在属性栏中设置一定的斜移数值，用同样的方法调整矩形的形态，如图5-258所示。也可以配合形状工具一起使用，更细致地调整厨师帽的形状，如图5-259所示。

图5-256

图5-257

图5-258

图5-259

5.7.2 使用粗糙笔刷

技术速查：利用粗糙笔刷工具可以使平滑的线条变得粗糙。

单击工具箱中的"粗糙笔刷工具"按钮 ，按住左键并在图形上进行拖动即可更改曲线形状。需要注意的是，粗糙笔刷工具只适用转换为曲线后的对象，而不可对未转换为曲线的对象进行操作调整。如图5-260所示为"粗糙笔刷工具"属性栏。例如图5-261和图5-262中的花瓣边缘以及花环、山坡边缘都可以使用涂抹笔刷进行制作。

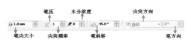
图5-260

图5-261

图5-262

① 单击粗糙笔刷属性栏中的"笔尖大小"上下调节按钮，或输入笔尖大小数值即可调整画笔大小。数值越大，笔刷越大；数值越小，笔刷越小。在图形上进行涂抹观察效果，如图5-263和图5-264所示。

② 频率数值越大，产生的粗糙越多；数值越小，产生的粗糙越少。单击粗糙笔刷属性栏中的"尖突频率"上下调节按钮，或输入频率大小数值，在图形上进行涂抹观察效果，如图5-265和图5-266所示。

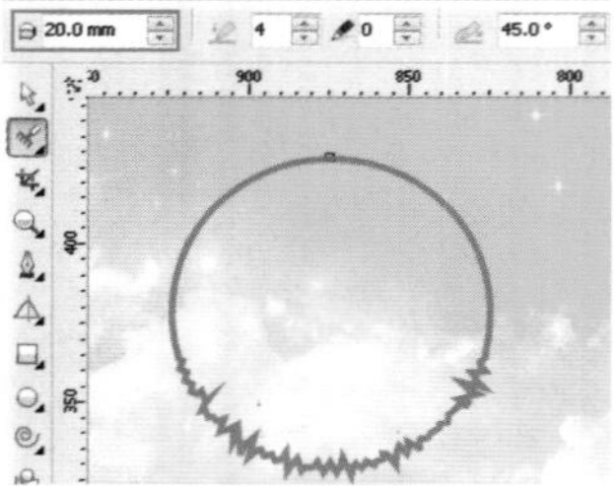

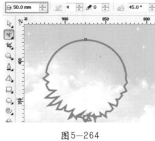
图5-263

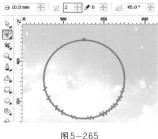
图5-264

图5-265

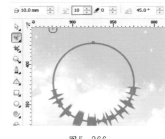
图5-266

③ 浓度数值越大，粗糙幅度越小；数值越小，粗糙幅度越大。单击粗糙笔刷属性栏中的"水分浓度"上下调节按钮，或输入笔尖大小数值，在图形上进行涂抹观察不同的效果，如图5-267和图5-268所示。

④ 单击粗糙笔刷属性栏中"笔斜移"上下调节按钮，或输入笔尖大小数值来调节粗糙的斜移度，在图形上进行涂抹观察不同的效果，如图5-269和图5-270所示。

图5-267

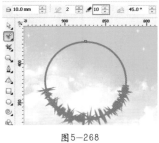
图5-268

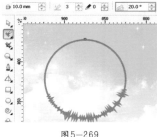
图5-269

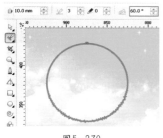
图5-270

5.7.3 使用自由变换工具

单击"自由变换"按钮 🔧，在属性栏中可以选择变换方法："自由旋转"、"自由角度反射"、"自由缩放"和"自由倾斜"。利用不同种类的操作，可以对窗口中的图像进行一定程度的变形。另外也可以对旋转中心、倾斜角度、应用到再制以及相对于对象进行设置，如图5-271所示。

01 在属性栏中"对象位置"、"对象大小"、"旋转角度"和"旋转中心"的数值，是随着手动旋转的变化而改变的，也可以根据需要改变其数值，做到精准的旋转，如图5-272所示。

图5-271　　　　　　　　　　　　　　　　　　　　　图5-272

02 单击属性栏中的"水平镜像"按钮 🔲 和"垂直镜像"按钮 🔲，可以分别快速地将图像进行水平翻转和垂直翻转，如图5-273~图5-275所示。

03 单击属性栏中的"应用到再制"按钮 🔲，再次将图像进行旋转时，可以在原图像上复制出旋转图像，如图5-276所示。

图5-273　　　　　　　图5-274　　　　　　　图5-275　　　　　　　图5-276

04 单击自由变换属性栏中的"自由旋转工具"按钮 🔲，在绘制区任取一点，按住左键并拖动鼠标，释放鼠标得到旋转结果，如图5-277和图5-278所示。

05 单击自由变换属性栏中的"自由角度反射工具"按钮 🔲，与自由旋转工具用法相同，不同的是自由角度反射工具是通过一条反射线对物体进行旋转，如图5-279和图5-280所示。

图5-277　　　　　　　图5-278　　　　　　　图5-279　　　　　　　图5-280

 技巧提示

自由角度镜像工具允许缩放选定对象，或者沿水平方向或垂直方向镜像该对象。

06 单击自由变换属性栏中的"自由缩放工具"按钮 🔲，然后在选定的点上按下左键并拖动鼠标，释放鼠标结束操作，自由缩放工具可以对图像进行任意的缩放操作，使对象呈现不同的放大和缩小效果，如图5-281和图5-282所示。

07 单击自由变换属性栏中的"自由倾斜工具"按钮 🔲，然后在选定的点上按左键并拖动鼠标，释放鼠标结束操作，使用自由倾斜工具可以自由倾斜图像，如图5-283和图5-284所示。

图5-281　　　　　　　图5-282　　　　　　　图5-283　　　　　　　图5-284

自由缩放工具允许同时沿着水平轴和垂直轴相对于其描点缩放对象来调整选定对象的大小。

5.7.4 使用涂抹工具

技术速查：使用涂抹工具可以沿对象轮廓拖动工具来更改其边缘。

涂抹工具与涂抹笔刷工具的使用方法相似，可以通过笔刷中心点的位置来控制涂抹区域的增加或删减。在属性栏中可以对涂抹工具的半径、压力、笔压、平滑涂抹和尖状涂抹进行设置，如图5-285所示。

图5-285

技巧提示

涂抹工具只能对曲线对象变形，不能对矢量图形、段落文本及位图等其他对象进行变形。

01 笔尖半径数值越大，笔刷宽度越长；数值越小，笔刷宽度越短。单击涂抹工具属性栏中的"笔尖半径"上下调节按钮，或输入笔尖大小数值，如图5-286和图5-287所示。

02 压力数值越大，笔刷涂抹效果的强度也就越大；压力数值越小，笔刷涂抹的强度也就越小。单击涂抹笔刷属性栏中的"压力"上下调节按钮，或输入笔尖大小数值，在心形上进行涂抹观察不同的效果，如图5-288和图5-289所示。

图5-286   图5-287   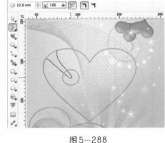 图5-288    图5-289

03 单击"笔压"按钮可以在绘图时，运用数字笔或写字板的压力控制效果，如图5-290所示；单击"平滑涂抹"按钮可以绘制平滑效果的曲线，如图5-291所示；单击"尖状涂抹"按钮可以绘制尖状效果的曲线，如图5-292所示。

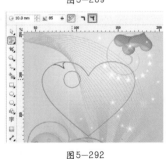

图5-290   图5-291   图5-292

5.7.5 转动工具的应用

技术速查：转动工具的应用可以通过对象轮廓拖动工具来添加转动效果。

单击工具箱中的"转动工具"按钮，在属性栏中可以对旋转工具的笔尖半径、速度、笔压、逆时针旋转和顺时针旋转进行设置，如图5-293所示。

01 笔尖半径数值越小，笔刷越小；数值越大，笔刷越大。单击粗糙笔刷属性栏中的"笔尖半径"上下调节按钮，或输入笔尖大小数值，在图形上进行涂抹观察效果，如图5-294和图5-295所示。

图5-293

02 速度数值越大，应用旋转效果的速度也就越快；数值越小，应用旋转效果的速度也就越慢，如图5-296和图5-297所示。

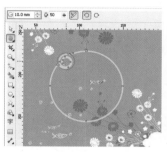 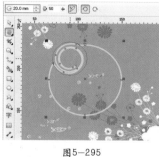 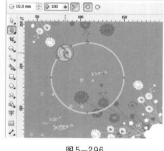 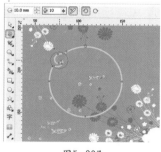

图5-294　　　　　　　　图5-295　　　　　　　　图5-296　　　　　　　　图5-297

03 单击"笔压"按钮可以
在绘图时，运用数字笔或写字
板的压力控制效果，如图5-298
所示；单击"逆时针旋转"按
钮，可以将曲线沿着逆时针方
向进行转动，如图5-299所示；
单击"顺时针旋转"按钮，可
以将曲线沿着顺时针方向进行
转动，如图5-300所示。

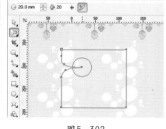 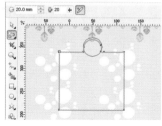

图5-298　　　　　　　　图5-299　　　　　　　　图5-300

5.7.6 吸引工具的应用

技术速查：吸引工具的应用可以通过将节点吸引到光标处调整对象的形状。

单击工具箱中的"吸引工具"按钮，可以在属性栏中对排斥工具的笔尖半径、速度和笔压进行设置，如图5-301所示。其调整方法与转动方法相似，如图5-302所示。

图5-301

5.7.7 排斥工具的应用

技术速查：排斥工具的应用可以通过将节点推离光标处调整对象的形状。

排斥工具的应用方法基本与吸引工具相同，单击工具箱中的"排斥工具"按钮，可以在属性栏中对排斥工具的笔尖半径、速度和笔压进行设置，在图形上按住左键并拖动即可，如图5-303所示。

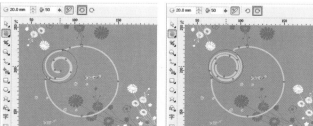

图5-302　　　　　　　　图5-303

5.8 裁剪工具与刻刀工具

裁剪工具和刻刀工具位于工具箱的第三个工具组中，如图5-304所示。裁剪工具的使用频率很高，可以应用于位图或者矢量图形，也常用于调整画面构图比例，如图5-305所示。

图5-304　　　　　　　　图5-305

5.8.1 动手学：使用裁剪工具

技术速查：裁剪工具主要是通过将图形中需要的部分保留，将不需要的部分删除的方法对图形进行修改。

01 单击工具箱中的"裁剪工具"按钮，在图像中按住左键并拖曳，调整为合适大小后释放鼠标，如图5-306和图5-307所示。

02 将鼠标放在裁剪框边缘，可以改变裁剪框的大小，单击裁剪框内，可以自由调节裁剪角度，再次单击返回大小的调节，如图5-308所示。

图5-306

图5-307

图5-308

03 若想重新拖曳选区，或放弃裁剪，单击属性栏中的"清除裁剪选取框"按钮，确定选区后双击该裁剪框或按"Enter"键，进行裁剪去掉多余部分，如图5-309和图5-310所示。

图5-309

图5-310

技巧提示

裁剪工具的属性栏中数值是由选区的变化而变化的，同时在数值框内输入一定数字，可以精确、快速地改变裁剪选区的大小及角度，如图5-311所示。

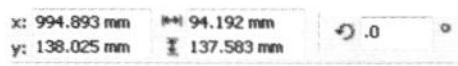

图5-311

5.8.2 动手学：使用刻刀工具

技术速查：刻刀工具可以将一个对象分割为两个以上独立的对象。

01 单击工具箱中的"刻刀工具"按钮，默认的刀子工具是斜着的，移到路径上，当刀子变为垂直时表示可用，单击即可开始切分，如图5-312所示。

02 在刻刀工具属性栏中可以进行切割后保留对象的设置。单击刻刀工具属性栏中的"保留为一个对象工具"按钮，如图5-313所示。在进行切割时会保留一半的图像，如图5-314所示。单击刻刀工具属性栏中的"剪切时自动闭合"按钮，在进行切割时可以自动将路径转换为闭合状态，如图5-315所示。

图5-312

图5-313

图5-314

图5-315

技巧提示

使用刻刀工具分割矩形、椭圆形、多边形等图形后，将自动变为曲线对象。在使用刻刀工具时，如果是已经使用渐变、群组及特殊效果处理的图形不可以使用刻刀工具来裁切。

★ 案例实战——使用刻刀工具制作炫彩标志

案例文件	案例文件\第5章\使用刻刀工具制作炫彩标志.cdr
视频教学	视频文件\第5章\使用刻刀工具制作炫彩标志.flv
难度级别	★★★★★
技术要点	刻刀工具

案例效果

本案例主要通过使用刻刀工具来完成炫彩标志的制作，如图5-316所示为效果图。

图5-316

操作步骤

01 打开素材文件"1.cdr"，如图5-317所示。选择绿色标志，单击工具箱中的"刻刀工具"按钮，再单击属性栏上的"剪切时自动闭合"按钮，移到标志左侧上，当刀子变为垂直时表示可用，如图5-318所示。

02 将鼠标移动到标志右侧合适位置，单击完成剪切，如图5-319所示。选择切割下来的形状，单击调色板，为其填充浅绿色，如图5-320所示。

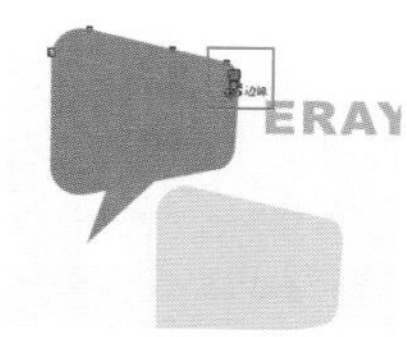

图5-319

图5-320

03 多次使用刻刀工具，并填充合适颜色，如图5-321所示。选择粉色半透明标志，将其放置在彩色标志上，使用刻刀工具在粉色图形进行剪切，按"Delete"键删除多余部分，如图5-322所示。

图5-321

图5-322

04 多次使用刻刀工具，并填充合适颜色，如图5-323所示。将半透明的图形放置在左侧彩色图形上，最终效果如图5-324所示。

图5-317

图5-318

图5-323

图5-324

5.9 橡皮擦工具

技术速查：橡皮擦工具可擦除线条、形体和位图的对象。

橡皮擦工具是制图类软件中常见的工具，从名称上可能联想到它的功能。橡皮擦工具在擦除部分对象后可自动闭合所受到影响的路径，并使该对象自动转换为曲线对象，如图5-325和图5-326所示。

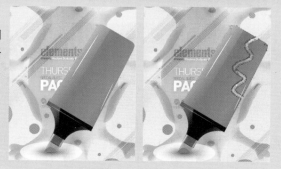

图5-325

图5-326

5.9.1 擦除线条

单击工具箱中的"橡皮擦工具"按钮 ✐，将鼠标光标移至曲线的一侧，按住左键拖曳至另一侧，释放鼠标，曲线被分成两个线段，如图5-327和图5-328所示。

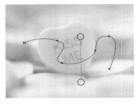

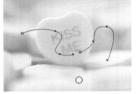

图5-327　　　　　　　　图5-328

技巧提示

选择橡皮擦工具，将鼠标放置在绘图页面中，按下"Shift"键的同时单击并上下拖动鼠标，就可以改变橡皮擦工具擦除的宽度。

5.9.2 动手学：擦除图形

01 单击工具箱中的"橡皮擦工具"按钮 ✐，将鼠标移至所要擦除图像上，单击选中图像，使其显示节点，表示可擦除状态。将鼠标移至图像的一侧，按住左键拖曳至另一侧，释放鼠标，拖曳处被擦除，同时图像会自动变为闭合路径，如图5-329和图5-330所示。

02 想在图像中擦除一个空白圆形闭合路径，可以在橡皮擦工具的属性栏中调整橡皮擦厚度数值 ，然后将鼠标移至所要擦除图像上，双击选定对象，即可得到空白圆形闭合路径，如图5-331和图5-332所示。

03 单击属性栏中的"橡皮擦形状"按钮 ○，可以将圆形的橡皮擦转换为方形橡皮擦，以得到不同的创作需求，如图5-333和图5-334所示。

图5-329　　　　图5-330　　　　图5-331　　　　图5-332　　　　图5-333　　　　图5-334

5.9.3 擦除位图

橡皮擦工具也可以对位图进行擦除，打开一张位图，如图5-335所示。单击工具箱中的"橡皮擦工具"按钮 ✐，将鼠标移至位图上，按左键拖曳即可擦除多余区域，如图5-336所示。

读书笔记

图5-335　　　　　　　　图5-336

5.10 动手学：使用虚拟段删除工具

技术速查：使用虚拟段删除工具可以快速删除虚拟的线段，减少了在删除相交线段时，所需添加节点、分割以及删除节点等复杂的操作。

01 单击工具栏中的"虚拟段删除"按钮 ✐，将鼠标移至所要删除的虚拟段上，默认的刀子工具是斜着的，当刀子变为垂直时表示可用，单击进行删除，如图5-337和图5-338所示。

02 使用虚拟段删除工具时，单击并拖动鼠标绘制矩形选框，释放鼠标，矩形选框所经过的虚拟线段将被删除，如图5-339和图5-340所示。

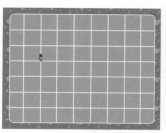

图5-337

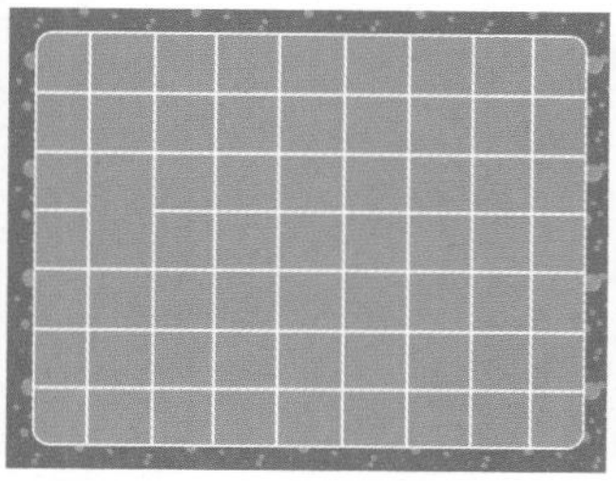

图5-338

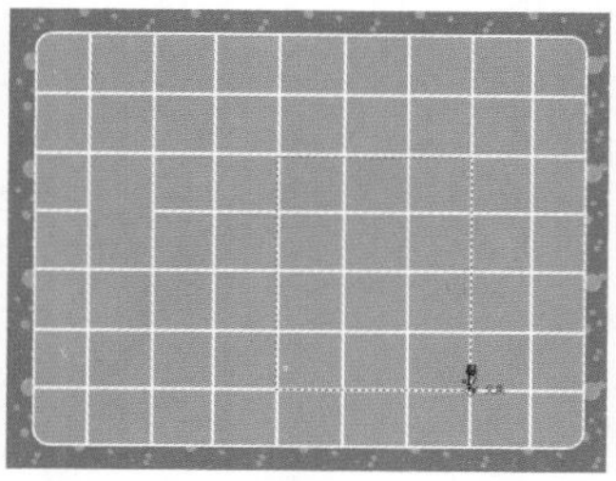

图5-339

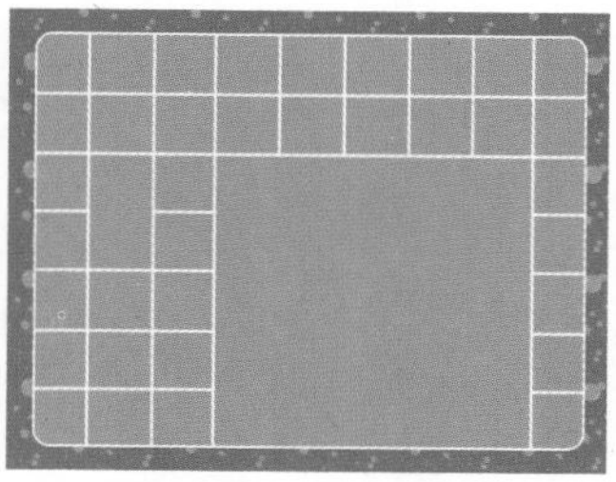

图5-340

 答疑解惑：什么是虚拟线段？

　　虚拟线段就是两个交叉点之间的部分对象，如图5-341所示。

图5-341

技巧提示

　　如果对图形应用了虚拟段删除工具后，封闭图形将变为开放图形。在默认状态下，将不能对图形应用色彩填充等操作。

课后练习

【课后练习——卡通风格传单】

思路解析：

　　本案例通过钢笔工具、手绘工具、形状工具等绘图常用工具的使用，制作出构成传单的各个色块形状，并配合调色板的使用进行颜色的填充，使画面颜色更加丰富。

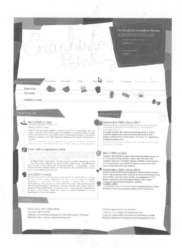

本章小结

　　本章虽然介绍了很多种绘图工具，但是通过学习我们也能够发现几乎每种绘图工具都有它"擅长"的领域。例如，折线工具常用于绘制折线；3点曲线则用于绘制曲线。钢笔工具和贝塞尔工具的应用范围则更加广泛，常见图形几乎都可以使用这两种工具进行绘制，所以熟练掌握它们的使用方法是非常有必要的。另外，本章也介绍了多种可以对矢量路径进行编辑的工具，其中形状工具是最重要的工具，因为它经常是与钢笔工具/贝塞尔工具绘图时共同使用的。涂抹工具、粗糙笔刷等工具也可以方便地更改图形的形态，并且这些工具的使用方法也非常直观。

第6章

对象的编辑与变换

本章内容简介：

本章所要学习的功能主要针对于对象形态的编辑，如最基本的旋转、缩放、镜像、倾斜、透视等操作。除此之外，多个对象还可以进行加加减减的运算，也就是"造形"，这也是本章的重点之一。度量工具主要用于流程图的绘制。这两种工具虽然并不常素尺寸的测量，连接器工具则常用于流程图的绘制。这两种工具虽然并不常用，但是在特定情况下也是非常方便的功能。

本章学习要点：

- 熟练掌握对象基本变换的方法
- 掌握对象的造形功能的使用方法
- 掌握图框精确剪裁的使用方法

6.1 对象的变换

在前面的章节中讲解过使用选择工具选定对象并进行移动的方法，同样也可以在选定对象的状态下进行对象的旋转、缩放、镜像、斜切、透视等操作。这些操作可以说是对象的最基本的变换方式，在制图中也是经常使用的技术，如图6-1和图6-2所示为使用以上操作制作的作品。

图6-1

图6-2

6.1.1 动手学：旋转对象角度

① 使用选择工具选定对象后，对象周围出现8个控制点，再次单击使控制点变为弧形双箭头形状 ↘，按住某一弧形双箭头并进行移动即可旋转对象，如图6-3和图6-4所示。

② 如果想要旋转精确的角度，可以在使用选择工具选中对象后，在属性栏中输入旋转的角度数值，按"Enter"键即可进行旋转，如图6-5所示。

③ 单击工具箱中的"自由变换工具"按钮 ⁂，在属性栏中单击"自由转换工具"按钮 ○，然后在图像上任意位置单击定位旋转中心点，再移动鼠标，对象周围随即显示出蓝色线框效果，旋转到合适位置后释放鼠标，如图6-6所示。

④ 执行"窗口>泊坞窗>变换>旋转"命令，或按"Alt+F8"快捷键，在弹出的"变换"窗口中单击"旋转"按钮，并在面板中输入"旋转"和"中心"的数值，确定相对中心位置，单击"应用"按钮结束操作，如图6-7所示。

图6-3　　　　　　图6-4

图6-5

图6-6

图6-7

★ 案例实战——制作矢量风格网页

案例文件	案例文件\第6章\制作矢量风格网页.cdr
视频教学	视频文件\第6章\制作矢量风格网页.flv
难度级别	★★★★★
技术要点	变换、图框精确剪裁、钢笔工具、文本工具

案例效果

本例主要是通过使用变换、图框精确剪裁、钢笔工具、文本工具等制作矢量风格网页，效果如图6-8所示。

图6-8

操作步骤

① 执行"文件>新建"命令，在弹出的"创建新文档"对话框中设置"预设目标"为默认RGB，"大小"为A4，如图6-9所示。再单击工具箱中的"矩形工具"按钮 □，在画面中绘制合适大小的矩形，如图6-10所示。

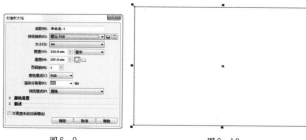

图6-9　　　　　　　　　　图6-10

02 单击工具箱中的"渐变填充工具"按钮，在"渐变填充"对话框中设置"类型"为辐射，选中"自定义"单选按钮，设置从蓝色到白色的渐变，如图6-11所示。设置"轮廓笔"为无，效果如图6-12所示。

图6-11　　　　　　　图6-12

03 单击工具箱中的"钢笔工具"按钮，绘制一个三角形，填充白色，如图6-13所示。下面需要复制多个白色三角形。双击三角形，将中心控制点移至下方，执行"窗口>泊坞窗>变换>旋转"命令，在弹出的窗口中设置"角度"为-10，"副本"为35，单击"应用"按钮，如图6-14所示。复制多个三角形，直至组成一个圆形，如图6-15所示。

图6-13　　　　图6-14　　　　图6-15

04 选中所有三角形，单击右键执行"群组"命令。单击工具箱中的"透明度工具"按钮，在属性栏中设置"透明度类型"为辐射，此时三角形组呈现出半透明效果的放射状三角形，如图6-16所示。

图6-16

05 继续使用矩形工具在画面的下半部分绘制一个矩形。设置"轮廓笔"为无，单击"渐变填充工具"按钮，在对话框中设置"类型"为辐射，颜色为从深蓝色到浅蓝色的渐变，"中点"为70，在右上角的预览图中调整中心点位置，如图6-17所示。此时蓝色渐变矩形遮挡住了放射状的三角形组，如图6-18所示。

图6-17　　　　　　　图6-18

06 单击工具箱中的"椭圆形工具"按钮，在下半部分绘制一个合适大小的椭圆，单击"渐变填充工具"按钮，在"渐变填充"对话框中设置从深蓝色到浅蓝色的渐变，如图6-19所示。设置"轮廓笔"为无，效果如图6-20所示。

图6-19　　　　　　　图6-20

07 继续使用钢笔工具，在画面下半部分绘制一个蓝色形状，如图6-21所示。按"Shift"键加选，选择曲线形状和椭圆形，执行"效果>图框精确剪裁>置于图文框内部"命令，当光标变为黑色箭头时，单击画面下半部分的矩形，如图6-22所示。

图6-21　　　　　　　图6-22

08 导入房屋素材文件"1.png"，调整大小及位置，如图6-23所示。使用钢笔工具在画面右侧绘制曲线形状，如图6-24所示。

 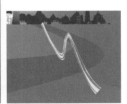

图6-23　　　　　　　图6-24

09 下面开始制作立方体，继续使用钢笔工具绘制出盒子的上侧，填充白色，设置"轮廓笔"为无，如图6-25所示。继续绘制出左侧的面，设置填充为从深灰色到浅灰色的渐变，"角度"为150，如图6-26所示。用同样的方法制作右侧的灰色渐变的面，如图6-27所示。

图6-25　　　　图6-26　　　　图6-27

10 单击工具箱中的"星形工具"按钮 ⬠ ，在立方体顶层上绘制一个红色的五角星，调整合适角度。单击"渐变填充工具"按钮，在弹出的对话框中设置"类型"为辐射，颜色为从深红色到浅红色，"中点"为32，如图6-28所示。单击工具箱中的"阴影工具"按钮 ◻ ，在五角星上进行拖曳，如图6-29所示。

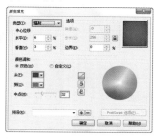
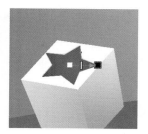

图6-28　　　　　　　　图6-29

11 选择立方体及上面的五角星，单击右键执行"群组"命令，然后使用"复制"、"粘贴"的快捷键"Ctrl+C"与"Ctrl+V"，粘贴出另外一个立方体，并将立方体进行等比例缩放，将其向上移动，如图6-30所示。执行"窗口>泊坞窗>变换>旋转"命令，在"变换"窗口中设置角度为-60，单击"应用"按钮，如图6-31和图6-32所示。

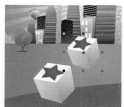

图6-30　　　　　图6-31　　　　　图6-32

12 多次复制并使用"变换"窗口调整其他立方体的角度，选中位于底层的立方体，如图6-33所示。单击"透明度工具"按钮，在立方体上按住鼠标左键并进行拖曳得到反光效果，如图6-34所示。

图6-33

13 用同样的方法制作其他立方体及投影效果，如图6-35所示。

图6-34　　　　　　　　　图6-35

14 单击工具箱中的"矩形工具"按钮绘制一个合适大小的矩形，在属性栏中单击"圆角"按钮，设置"圆角"为3mm，填充颜色为蓝色，"轮廓笔"为无，效果如图6-36所示。复制圆角矩形，填充白色，并为其应用透明度效果，调整大小及位置，如图6-37所示。

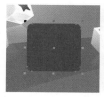

图6-36　　　　　　　　图6-37

15 选中半透明白色圆角矩形，执行"效果>图框精确剪裁>置于图文框内部"命令，然后单击蓝色圆角矩形，将其放置在蓝色圆角矩形内，如图6-38所示。导入素材文件"2.jpg"，同样使用"图框精确剪裁"命令将云朵图像素材放置在小一点的圆角矩形内，如图6-39所示。

图6-38　　　　　　　　图6-39

16 单击工具箱中的"阴影工具"按钮 ◻ ，在小圆角矩形上按住鼠标左键并拖曳制作投影效果，如图6-40所示。选中这一组对象并进行"群组"操作，然后将其移动并旋转到合适角度，如图6-41所示。

图6-40　　　　　　　　图6-41

17 单击工具箱中的"钢笔工具"按钮，在画面下半部分绘制出一个类似梯形的图形，填充蓝色系渐变，如图6-42所示。在蓝色渐变矩形上绘制一个合适大小的浅蓝色矩形，如图6-43所示。

18 选中浅蓝色矩形，执行"图框精确剪裁"命令，然后单击底部蓝色系渐变的梯形，将其置于渐变梯形中，如图6-44所示。单击工具箱中的"文本工具"按钮 字，在属性栏中设置合适的字体及大小，再在矩形上输入白色文字，这样一个按钮就制作完成了，如图6-45所示。

图6-42　　　图6-43　　　图6-44　　　图6-45

19 用同样的方法制作其他按钮，如图6-46所示。再使用文字工具输入文字，最终如图6-47所示。

图6-46　　　　　　　　图6-47

6.1.2 动手学：缩放对象大小

01 在使用选择工具选中对象时，对象四周就会出现控制点。将光标定位到4个角点的控制点处按住鼠标左键并进行拖曳，可以进行等比例缩放，如图6-48所示。如果按住四边中间位置的控制点并进行拖曳，可以调整宽度及长度，如图6-49所示。

02 在使用选择工具选中对象后，属性栏中的"对象大小"数值框中输入数值，可以对对象精确尺寸。在"缩放因子"中输入数值可以使对象按一定比例缩放，如图6-50所示。

03 执行"窗口>泊坞窗>变换>缩放和镜像"命令，或按"Alt+F9"快捷键，在弹出的"变换"窗口中单击"缩放和镜像"按钮，在窗口中可以对缩放数值进行设置，再单击"应用"按钮结束操作，如图6-51所示。

图6-48　　　　　图6-49

对象大小　缩放因子　锁定比率

图6-50　　　　图6-51

★ 案例实战——改变对象大小打造缤纷文字海报

案例文件	案例文件\第6章\改变对象大小打造缤纷文字海报.cdr
视频教学	视频文件\第6章\改变对象大小打造缤纷文字海报.flv
难度级别	★★★★★
技术要点	"变换"泊坞窗

案例效果

本例主要是通过使用"变换"泊坞窗对画面中的图形进行缩放、移动以及旋转的操作，效果如图6-52所示。

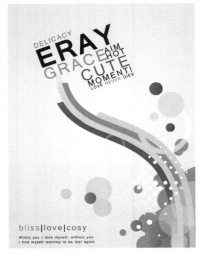

图6-52

操作步骤

01 执行"文件>新建"命令，在弹出的"创建新文档"对话框中设置"预设目标"为默认RGB，"大小"为A4，如图6-53所示。单击工具箱中的"矩形工具"按钮，在画面中绘制合适大小的矩形。再单击工具箱中的"渐变填充工具"按钮，在"渐变填充"对话框中设置"类型"为辐射，颜色为从灰色到白色的渐变，"轮廓笔"为无，效果如图6-54所示。

图6-53　　　　　图6-54

02 单击工具箱中的"椭圆形工具"按钮，按"Ctrl"键在画面右下角绘制一个合适大小的正圆，设置填充色为黄绿色，"轮廓笔"为无，效果如图6-55所示。复制这个正圆，执行"窗口>泊坞窗>变换>位置"命令，单击"大小"按钮，在"变换"窗口中设置"X"为20mm，单击"应用"按钮，如图6-56所示。

图6-55　　　图6-56

03 单击"位置"按钮，在"变换"窗口中设置"x"为-60mm，单击"应用"按钮，如图6-57所示。复制出的正圆如图6-58所示。用同样的方法制作不同位置及大小的正圆，并适当调整颜色，如图6-59所示。

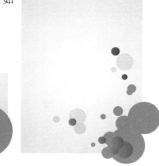

图6-57　　　　　图6-58　　　　　　图6-59

04 下面单击工具箱中的"钢笔工具"按钮，在画面中绘制出曲线图形，为其设置黄色系渐变，如图6-60所示。设置"轮廓笔"为无，效果如图6-61所示。用同样的方法制作另外几个曲线渐变图形，如图6-62所示。

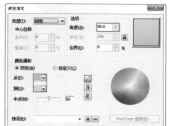

图6-60

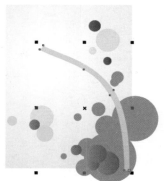
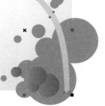

图6-61　　　　　　　图6-62

05 单击"椭圆形工具"按钮，在画面右下角绘制一个黄色正圆，如图6-63所示。单击工具箱中的"透明度工具"按钮，在属性栏中设置"透明度类型"为标准，"开始透明度"为50，效果如图6-64所示。用同样的方法制作其他的正圆，如图6-65所示。

06 单击工具箱中的"文本工具"按钮，在属性栏中设置合适的字体及颜色，依次在画面中输入几组不同颜色的文字，如图6-66所示。

图6-63　　　　　　　图6-64

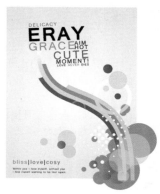

图6-65　　　　　　　　　图6-66

07 选择画面上半部分的文字，在"变换"窗口中单击"旋转"按钮，设置旋转数值为25°，单击"应用"按钮，如图6-67所示。此时文字被旋转了合适的角度，如图6-68所示。

图6-67　　　　　　　　图6-68

08 下面需要将背景以外的区域隐藏。选择除背景以外的所有图形，单击右键执行"群组"命令。选择群组的图形，执行"效果>图框精确剪裁>置于图文框内部"命令，当光标变为黑色箭头时，单击背景的灰色矩形，如图6-69所示。此时灰色矩形以外的区域被隐藏，最终效果如图6-70所示。

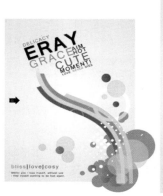

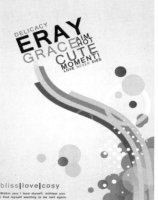

图6-69　　　　　　　　图6-70

6.1.3 动手学：镜像对象

技术速查："镜像"命令可以将对象进行水平或垂直的对称性操作。

01 使用工具箱中的选择工具选定要镜像的图像，在四边处的控制点上按住左键并向其反方向拖曳，释放鼠标后对象即可被不等比例地镜像，如图6-71所示。如果在拖动光标的过程中按住"Ctrl"键，可以将图像按比例进行镜像，如图6-72所示。

02 也可以在选择工具属性栏中单击"水平镜像工具"按钮 或"垂直镜像工具"按钮，也可以将对象进行水平或垂直镜像，如图6-73~图6-75所示。

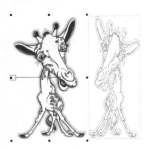

图6-71　　　　图6-72　　　　图6-73　　　　图6-74　　　　图6-75

03 执行"窗口>泊坞窗>变换>缩放和镜像"命令，或按"Alt+F9"快捷键，在弹出的"变换"窗口中单击"缩放和镜像"按钮，再单击"水平镜像"按钮 和"垂直镜像"按钮 即可对所选对象进行相应的操作，如图6-76和图6-77所示。

 读书笔记

图6-76　　　　　　　图6-77

6.1.4 动手学：倾斜对象

01 想要倾斜对象时也可以借助选择工具，使用选择工具单击两次对象时，对象处于旋转状态。四角处的控制点为旋转控制点，而四边处的则为倾斜控制点，如图6-78所示。

02 按住左键并进行拖曳，如图6-79所示。倾斜一定角度并释放鼠标，对象将产生一定的倾斜效果，如图6-80所示。

图6-78　　　　　　图6-79　　　　　　图6-80

★ 案例实战——使用"倾斜"命令制作杂志版式

案例文件	案例文件\第6章\使用"倾斜"命令制作杂志版式.cdr
视频教学	视频文件\第6章\使用"倾斜"命令制作杂志版式.flv
难度级别	★★★★★
技术要点	倾斜、旋转、图框精确剪裁

案例效果

本例主要是通过使用"倾斜"、"旋转"、"图框精确剪裁"等命令制作倾斜构图的杂志版式，效果如图6-81所示。

图6-81

操作步骤

01 执行"文件>新建"命令，在弹出的"创建新文档"对话框中设置"预设目标"为默认RGB，"大小"为A4，如图6-82所示。单击工具箱中的"矩形工具"按钮 □，在画面中绘制合适大小的矩形，填充蓝色，作为画面背景，如图6-83所示。

图6-82　　　　　　　　　　图6-83

02 单击工具箱中的"椭圆形工具"按钮，按"Ctrl"键绘制一个蓝灰色正圆，设置"轮廓笔"为无，如图6-84所示。使用"变换"窗口复制出大量均匀排列的圆点图案，如图6-85所示。

图6-84　　　　　　　　　图6-85

 技巧提示

圆点图案的制作方法：大面积均匀分布的图案制作方法非常简单，首先制作第一排圆点。选择第一个圆形，在"变换"窗口中单击"位置"按钮，设置x值（也就是横向间距），然后设置一定的副本数并单击"应用"按钮得到第一排圆形，如图6-86和图6-87所示。

图6-86　　　　　　　　　图6-87

选中第一排圆形，同样在"变换"泊坞窗中设置一定的y值（也就是纵向距离）和副本数，并单击"应用"按钮，即可得到圆点图案，如图6-88和图6-89所示。

 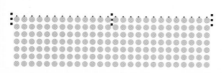

图6-88　　　　　　　　　图6-89

03 选择所有正圆，单击右键执行"群组"命令。执行"窗口>泊坞窗>变换>斜切"命令，在弹出的窗口中设置"x"为30，"y"为20，单击"应用"按钮，如图6-90所示。效果如图6-91所示。

图6-90　　　　　　　　　图6-91

04 用同样的方法制作另外两组蓝色的圆组。按"Shift"键加选3个圆组，执行"效果>图框精确剪裁>置于图文框内部"命令，当光标变为黑色箭头时，单击蓝色矩形背景，如图6-92和图6-93所示。

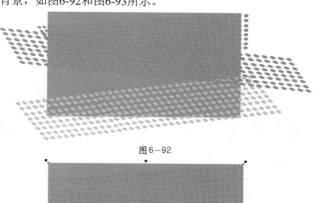

图6-92

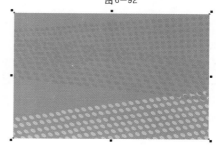

图6-93

05 使用矩形工具绘制一个白色矩形，如图6-94所示。单击工具箱中的"透明度工具"按钮 ▣，在白色矩形上拖曳制作半透明效果，如图6-95所示。

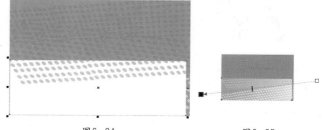

图6-94　　　　　　　　　图6-95

06 单击工具箱中的"文本工具"按钮，在属性栏中设置合适的字体及大小，再输入合适文字，设置"文字颜色"

为黄色，"轮廓笔"的"颜色"为绿色，"宽度"为25px，效果如图6-96所示。执行"效果>添加透视"命令，调整四角控制点，制作文字透视感，如图6-97所示。

图6-96   图6-97

07 单击工具箱中的"钢笔工具"按钮 ，绘制出白色的文字外轮廓图形，单击右键执行"顺序>向后一层"命令，将其放置在文字图像后一层，单击工具箱中的"阴影工具"按钮 ，在图形上按住鼠标左键并拖曳，制作投影效果，如图6-98所示。

图6-98

08 用同样的方法在文字下方制作出另外两层底色，如图6-99和图6-100所示。

图6-99   图6-100

09 再次使用椭圆形工具绘制黄色的圆组，使用文本工具在文字上输入合适文字，如图6-101所示。然后使用"图框精确剪裁"命令将圆组放置在文字中，设置文字填充为无，此时文字表面呈现出圆形斑点的效果，如图6-102所示。

10 将文字适当旋转，如图6-103所示。使用矩形工具绘制一个小一点的黑色矩形，单击右键执行"顺序>向后一层"命令，将其放置在标题文字后，如图6-104所示。

图6-101   图6-102

图6-103   图6-104

11 继续使用文本工具在画面右下角按住左键并拖曳绘制一个文本框，如图6-105所示。设置合适的字体及大小，在文本框内输入文字，最终效果如图6-106所示。

图6-105   图6-106

6.1.5 透视对象

技术速查：透视效果可以通过调整对象四角处的节点位置使对象产生透视效果。

在进行透视操作之前需要选择对象，然后执行"效果>添加透视"命令，此时对象四周将会出现控制点，如图6-107所示。在对象的矩形控制框4个节点上单击并进行拖曳，可以调整其透视效果，如图6-108所示。

图6-107   图6-108

技巧提示

在为对象添加透视调整效果时，可按住"Shift"或"Ctrl"键拖动透视锚点，可以对所选锚点水平方向或垂直方向上的锚点同时拖动，以梯形状态进行调整。

 读书笔记

★ 案例实战——透视效果制作电子产品海报

案例文件	案例文件\第6章\透视效果制作电子产品海报.cdr
视频教学	视频文件\第6章\透视效果制作电子产品海报.flv
难度级别	★★★★★
技术要点	添加透视效果、垂直镜像、交互式透明

案例效果

本例主要是通过使用添加透视效果、垂直镜像、交互式透明制作带有透视感的电子产品海报，效果如图6-109所示。

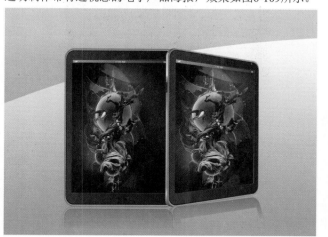

图6-109

操作步骤

01 打开背景素材"1.jpg"，如图6-110所示。依次导入素材文件"2.png"，调整大小及位置，如图6-111所示。

图6-110　　　　　　图6-111

02 执行"文件>导入"命令，导入素材文件"4.jpg"，调整其大小，并将其放置在屏幕位置，如图6-112所示。

图6-112

03 单击工具箱中的"钢笔工具"按钮，在产品左上角绘制高光区域，填充颜色为白色，设置"轮廓笔"为无，效果如图6-113所示。选中高光部分，单击工具箱中的"透明度工具"按钮，在属性栏中设置"透明度类型"为标准，"开始透明度"为95，效果如图6-114所示。

图6-113　　　　　　　　　　　图6-114

04 导入带有透视感的产品素材文件"3.png"，调整到合适大小及位置，如图6-115所示。然后复制左侧屏幕的素材，将其放置在右侧屏幕上，如图6-116所示。

图6-115　　　　　　　　　图6-116

05 执行"效果>添加透视"命令，素材四周出现控制点，如图6-117所示。将光标移至左上角控制点上，按住左键并拖曳调整控制点位置，如图6-118所示。

06 按住另外3个控制点，使其与屏幕倾斜度相贴合，如图6-119所示。并再次使用钢笔工具和透明度工具制作其高光效果，如图6-120所示。

07 下面需要制作产品地面的反光效果。复制左侧产品素材，单击属性栏中的"垂直镜像"按钮，将其放置在原素材下方，如图6-121所示。单击"透明度工具"按钮，在素材上从上到下进行拖曳，如图6-122所示。

图6-117　　　　　图6-118　　　　　图6-119

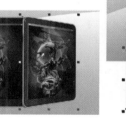

图6-120　　　　　图6-121　　　　　图6-122

08 用同样的方法制作右侧倒影效果如图6-123所示，最终效果如图6-124所示。

图6-123

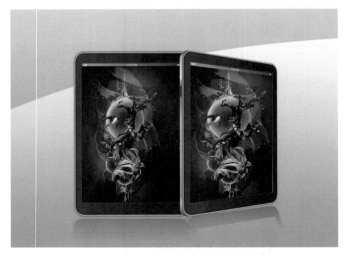

图6-124

☆ 视频课堂——使用透视制作可爱宣传页

案例文件\第6章\视频课堂——使用透视制作可爱宣传页.cdr
视频文件\第6章\视频课堂——使用透视制作可爱宣传页.flv

思路解析：

01 使用矩形工具绘制圆角矩形并填充粉红色作为底色。

02 绘制心形，并借助调和工具制作出一排多个心形。

03 对一排心形进行透视操作，得到透视效果的一排心形。

04 多次复制带有透视感的心形摆放在背景上作为背景花纹。

05 绘制左侧图案，导入右侧照片并输入文字。

6.1.6 清除变换

对于进行过变换操作的对象执行"排列>清除变换"命令，可以去除对图形进行的操作，快速将对象还原到变换之前的效果，如图6-125~图6-127所示。

图6-125

图6-126

图6-127

6.2 对象的造形

本节中所说的"造形"是指多个对象之间通过相加、相减、交集等操作而获得新的对象。在CorelDRAW中可以对多个对象进行"合并"、"修剪"、"相交"、"简化"、"移除后面/前面对象"、"边界"的造形操作。通过这些操作能够快速地制作出多种多样的形状，如图6-128和图6-129所示为使用造形功能制作的作品。

图6-128

图6-129

最常见的造形工具就存在于选择工具的属性栏中。在使用选择工具选择两个或两个以上对象时，在属性栏中即可出现造形命令的按钮，如图6-130所示。执行"排列>造形"命令，在子菜单中也可以看到"合并"、"修剪"、"相交"、"简化"、"移除后面对象"、"移除前面对象"和"边界"7个造形命令。单击某一项命令即可进行相应操作。

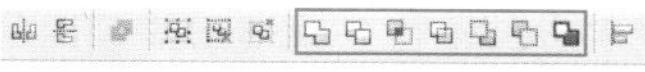

图6-130

执行"窗口>泊坞窗>造形"命令，可以打开"造形"泊坞窗。在"造形"泊坞窗中单击类型下拉箭头，可以对造形类型进行选择，如图6-131和图6-132所示。

图6-131　　　　图6-132

6.2.1 焊接

技术速查："焊接"命令主要用于将两个或两个以上对象结合在一起成为一个独立对象。

选中需要焊接的几个对象，如图6-133所示。执行"窗口>泊坞窗>造形"命令，打开"造形"泊坞窗。在"造形"泊坞窗中单击类型下拉箭头选择"焊接"选项，单击"焊接到"按钮并在画面中单击拾取目标对象，如图6-134所示。可以将需要结合的各个对象焊接在一起，效果如图6-135所示。

图6-133　　　　图6-134　　　　图6-135

 技巧提示

"焊接"命令不可用于段落文本、仿制的原对象，但是可以用于焊接再制对象。

★ 案例实战——使用焊接制作创意字体海报

案例文件	案例文件\第6章\使用焊接制作创意字体海报.cdr
视频教学	视频文件\第6章\使用焊接制作创意字体海报.flv
难度级别	★★★★
技术要点	移除前面对象、焊接

案例效果

本例主要通过使用"移除前面对象"、"焊接"等命令制作创意字体海报，效果如图6-136所示。

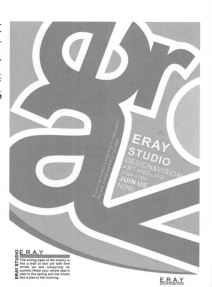

图6-136

操作步骤

01　执行"文件>新建"命令，在弹出的"创建新文档"对话框中设置"大小"为A4，如图6-137所示。

图6-137

02　单击工具箱中的"矩形工具"按钮□，在绘制区内按住左键并向右下角拖也曳，释放鼠标完成矩形的绘制，如图6-138所示。单击调色板中的黄色，设置其填充色为黄色，如图6-139所示。

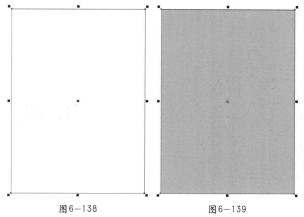

图6-138　　　　图6-139

03 单击CorelDRAW界面右下角的"轮廓笔"按钮 🖋 ■，在弹出的"轮廓笔"对话框中设置"宽度"为无，如图6-140所示。单击"确定"按钮结束操作，效果如图6-141所示。

图6-140　　　　　　图6-141

04 再次在画面下半部分绘制一个大小合适的矩形，为其填充红色，设置"轮廓笔"为无，效果如图6-142所示。单击工具箱中的"椭圆形工具"按钮○，在矩形上方按住左键并拖曳，绘制合适大小的椭圆，如图6-143所示。

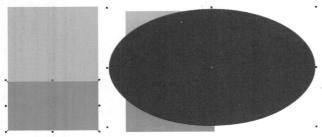

图6-142　　　　　　　　　图6-143

05 单击工具箱中的"选择工具"按钮 ，按"Shift"键进行加选，单击选择红色矩形和蓝色椭圆形，再单击属性栏上的"移除前面对象"按钮，如图6-144和图6-145所示。

06 用同样的方法修剪出白色矩形，如图6-146所示。单击工具箱中的"文本工具"按钮字，在矩形上单击并输入单词"eray"，设置合适的字体及大小，如图6-147所示。

图6-144

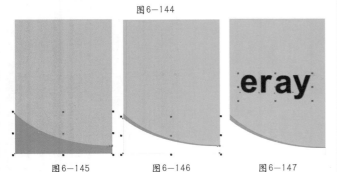

图6-145　　　　图6-146　　　　图6-147

07 选择文字，执行"排列>拆分美术字"命令，如图6-148所示，或按"Ctrl+K"快捷键，将文字进行拆分，

拆分过的文字可以单独进行编辑，如图6-149所示。

图6-148

08 使用选择工具单击选择字母"e"，将鼠标移至四角的控制点，按住左键并拖曳将其等比例扩大。双击字母，将鼠标移至四角的控制点，按住左键将其旋转合适角度，并将其放置在合适位置，如图6-150所示。用同样的方法旋转并移动其他字母，如图6-151所示。

图6-149　　　　图6-150　　　　图6-151

09 执行"窗口>泊坞窗>造形"命令，打开"造形"泊坞窗。在"造形"泊坞窗中单击类型下拉箭头选择"焊接"选项，单击"焊接到"按钮并在画面中单击拾取其中一个字母，使4个字母成为一个整体，如图6-152所示。

图6-152

10 单击"调色板"为其填充为红色。单击CorelDRAW界面右下角"轮廓笔"按钮 🖋 ■，在弹出的"轮廓笔"对话框中设置"颜色"为白色，"宽度"为16mm，单击"确定"按钮结束操作，如图6-153和图6-154所示。

图6-153　　　　　　图6-154

11 单击"矩形工具"按钮绘制与画面大小合适的矩形，如图6-155所示。选择文字部分，执行"效果>图框精确剪裁>置于图文框内部"命令，当鼠标变为黑色箭头时，单击绘制的矩形框，设置"轮廓笔"为无，如图6-156所示。

12 选择文字按"Ctrl+C"快捷键进行复制，按"Ctrl+V"快捷键进行粘贴，设置"轮廓笔"为无，效果如图6-157所示。

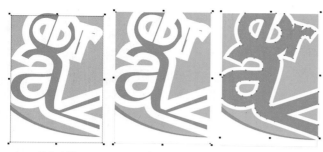

图6-155　　　　　　图6-156　　　　　　图6-157

13 单击"椭圆形工具"按钮，按住"Ctrl"键绘制一个正圆，再单击"调色板"为其填充为黄色，在"轮廓笔"对话框中设置"颜色"为白色，"宽度"为30mm，如图6-158所示。单击"确定"按钮结束操作，如图6-159所示。

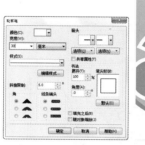

图6-158　　　　　　　　图6-159

14 单击"矩形工具"按钮在绘制区内绘制一个合适大小的矩形，选择矩形和圆形，单击属性栏上的"简化工具"按钮，选择矩形框，按"Delete"键将其删除，留下半个圆形，如图6-160~图6-162所示。

图6-160

15 选择半圆，单击属性栏上的"水平镜像"按钮，将镜像过的半圆移至右侧，如图6-163所示。

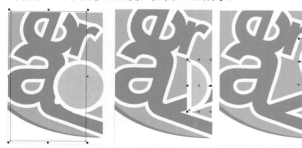

图6-161　　　　图6-162　　　　图6-163

16 单击"文本工具"按钮，在中间位置单击并输入文字，调整为合适字体及大小，设置文字颜色为白色，如图6-164所示。选择白色文字，在属性栏上设置"旋转角度"为73°，并将其移至合适位置，效果如图6-165所示。

17 再次输入文字，调整为不同大小，如图6-166所示。选择中间的一段文字，单击属性栏上的"下划线"按钮，设置文字颜色为白色，在属性栏上设置"旋转角度"为

73°，并将其移至合适位置，效果如图6-167所示。

图6-164　　　　　　　　图6-165

图6-166　　　　　　　　图6-167

18 单击"矩形工具"按钮，在左下角绘制一个合适大小的矩形，单击"调色板"为其填充红色，设置"轮廓笔"为无，如图6-168所示。单击"文本工具"按钮，在红色矩形框中输入白色文字，如图6-169所示。

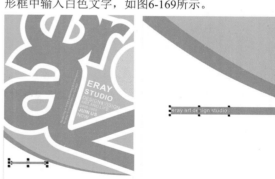

图6-168　　　　　　　　图6-169

19 使用文本工具在矩形下方按住左键并向右下角拖曳绘制文本框，如图6-170所示。在文本框内单击并输入文字，调整为合适字体及大小，设置文字颜色为黑色，如图6-171所示。

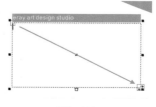

图6-170　　　　　　　　图6-171

20 单击"文本工具"按钮,在红色矩形上方单击输入文字,调整为合适字体及大小,再单击属性栏上的"粗体"按钮**B**,如图6-172所示。设置文字颜色为黑色,如图6-173所示。再次使用文字工具在段落文字左侧输入文字,在属性栏上设置"旋转角度"为90°,效果如图6-174所示。

21 最后使用文本工具制作右下角文字,最终效果如图6-175所示。

图6-172

图6-175

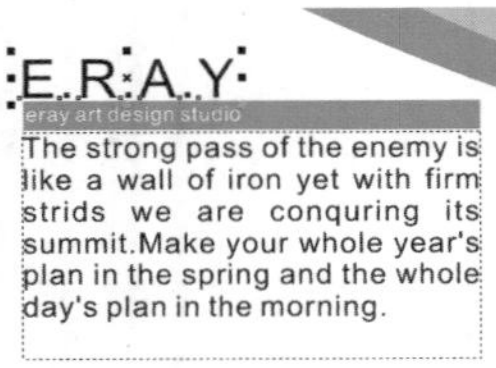

图6-173　　　　　图6-174

6.2.2 动手学：修剪

技术速查：修剪是通过移除重叠的对象区域来创建形状不规则的对象。修剪完成后,目标对象保留其填充和轮廓属性。

01 使用选择工具选择需要操作的两个对象,执行"排列>造形>修剪"命令,如图6-176所示。两个图像重叠的部分会按照前一个图像对后一层进行修剪。移动图像后可看见修剪后的效果,如图6-177所示。

02 执行"窗口>泊坞窗>造形"命令,在下拉列表中选择"修剪"选项。单击"修建"按钮,此时光标变为 形,单击拾取目标对象即可完成修剪。在"保留原件"中可以选择在修剪后仍然保留的对象,如图6-178所示。

图6-176　　　　　图6-177 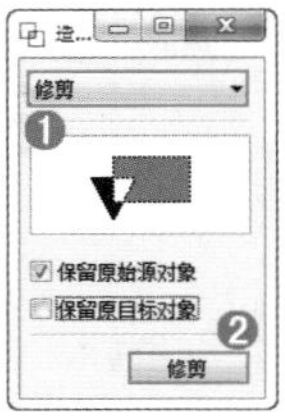　　　　　图6-178

 技巧提示

"修剪"命令几乎可以修剪任何对象,包括克隆、不同图层上的对象以及带有交叉线的单个对象。但是不能修剪段落文本、尺度线或克隆的主对象。要修剪的对象是目标对象,用来执行修剪的对象是来源对象。

 技巧提示

虽然使用属性栏中的工具、菜单命令以及泊坞窗都可以进行对象的造形,但是需要注意的是,属性栏中的工具和菜单命令虽然操作快捷,但是相对于泊坞窗中缺少了可操作的空间。例如无法指定目标对象和源对象、无法保留来源对象等。

6.2.3 动手学：相交

技术速查：使用"相交对象"命令可以将两个或两个以上对象的重叠区域创建为一个新对象。

01 使用选择工具选择重叠的两个图形对象,执行"排列>造形>相交"命令,或单击属性栏中的"相交"按钮,如图6-179~图6-181所示。

02 使用"相交对象"命令会将两个图形相交的区域进行保留,移动图像后可看见相交后的效果,如图6-182所示。

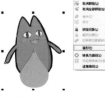

图6-179　　　　　图6-180　　　　　图6-181　　　　　图6-182

6.2.4 简化

技术速查：简化与修剪的效果类似，但是在简化对象中后绘制的图形会修剪掉先绘制的图形。

　　使用选择工具选择多个图形，如图6-183所示。执行"排列>造形>简化"命令，或单击属性栏中的"简化"按钮 ，移动图像后可看见相交后的效果，如图6-184所示。

图6-183　　　　　图6-184

6.2.5 动手学：移除后面对象/移除前面对象

技术速查："移除后面对象/移除前面对象"与"简化"对象功能相似，不同的是在执行移除后面/前面对象操作后，会按一定顺序进行修剪及保留。

　　01 执行移除后面对象操作后，最上层的对象将被下面的对象修剪。选择两个重叠对象，如图6-185所示。执行"排列>造形>移除后面对象"命令，或单击属性栏中的"移除后面对象"按钮 ，修剪后只保留修剪生成的对象，如图6-186和图6-187所示。

　　02 执行移除前面对象操作后，最下层的对象将被上面的对象修剪，选择两个重叠对象，如图6-188所示。执行"排列>造形>移除前面对象"命令，或单击属性栏中的"移除前面对象"按钮 ，修剪后只保留修剪生成的对象，如图6-189和图6-190所示。

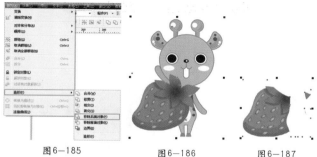

图6-185　　　　　图6-186　　　　　图6-187

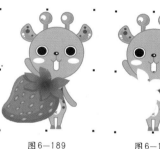

图6-188　　　　　图6-189　　　　　图6-190

★ 案例实战——使用"移除前面对象"命令制作卡通城堡

案例文件	案例文件\第6章\使用"移除前面对象"命令制作卡通城堡.cdr
视频教学	视频文件\第6章\使用"移除前面对象"命令制作卡通城堡.flv
难度级别	★★★★★
技术要点	移除前面对象、钢笔工具

案例效果

　　本例主要是通过使用钢笔工具绘制图形，并通过使用"移除前面对象"命令制作出镂空的城堡造型，效果如图6-191所示。

图6-191

操作步骤

　　01 执行"文件>新建"命令，在弹出的"创建新文档"对话框中设置"预设目标"为默认RGB，"大小"为A4，如图6-192所示。再单击工具箱中的"矩形工具"按钮 ，在画面中绘制合适大小的矩形，为矩形填充灰色（R：250，G：250，B：250），设置"轮廓笔"为无，效果如图6-193所示。

图6-192 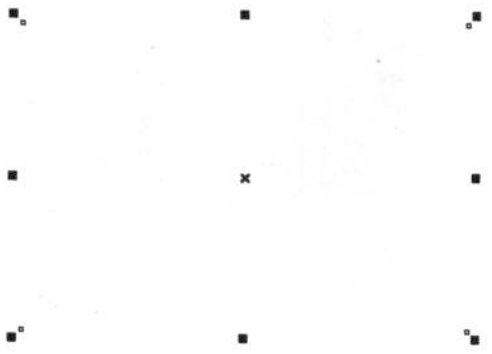　　　　　图6-193

　　02 单击工具箱中的"钢笔工具"按钮 ，在画面中绘制一个合适大小的三角形，设置填充色为黄色（R：255，G：197，B：5），"轮廓笔"为无，如图6-194所示。

图6-194

　　03 继续使用钢笔工具在黄色矩形上分别绘制一个矩形和一个拱形，填充任意颜色，如图6-195所示。选择这3个图形，执行"排列>造形>移除前面对象"命令，此时三角形上出现了镂空效果，如图6-196所示。

04 继续使用钢笔工具绘制另一个橙色三角形，设置"轮廓笔"为无，在三角形上绘制一个小一点的矩形，如图6-197所示。选择这两个对象，执行"排列>造形>移除前面对象"命令，同样制作出镂空效果，如图6-198所示。

05 继续使用钢笔工具绘制出城堡顶层效果，如图6-199所示。使用钢笔工具在城堡左侧绘制一个不规则矩形，填充蓝色（R：7，G：182，B：225），设置"轮廓笔"为无，然后使用椭圆形工具在矩形上绘制一个小一点的圆形，填充任意颜色，如图6-200所示。

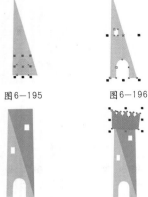

图6-195　　　　　　图6-196 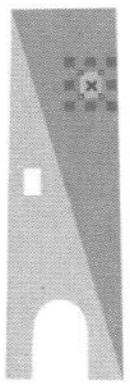　　　　　　图6-197

图6-198　　　　　　图6-199 　　　　　　图6-200

06 选择椭圆和矩形，执行"排列>造形>移除前面对象"命令，圆形部分被移除，如图6-201所示。继续使用钢笔工具分别绘制出左侧的城堡部分，填充相应颜色，如图6-202所示。再次使用钢笔工具和"移除前面对象"命令制作出右侧城堡的镂空效果，如图6-203所示。

图6-201　　　　　　图6-202　　　　　　图6-203

07 使用钢笔工具在粉色城堡和黄色城堡中间绘制一个三角形，填充粉色（R：245，G：175，B：199），如图6-204所示。

08 单击工具箱中的"透明度工具"按钮，在属性栏中设置"透明度类型"为标准，"透明度操作"为减少，"开始透明度"为0，如图6-205所示。三角形与底部图形产生了混合的效果，如图6-206所示。

图6-204

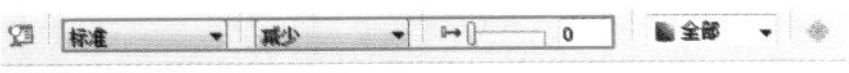

图6-205

09 单击工具箱中的"文本工具"按钮，在属性栏中设置合适字体及大小，再在城堡下面单击并输入文字，最终效果如图6-207所示。

图6-206

sunshine house

图6-207

思维点拨

类似本例中使用的艳丽的纯色通常运用在儿童主体的书籍、广告、包装中。明亮柔和的色彩形成了温暖舒适的氛围，可爱的造型唤起人们儿时纯真的记忆，给人留下深刻印象，如图6-208和图6-209所示。

图6-208　　　　　图6-209

读书笔记

6.2.6 创建对象边界

技术速查：执行"边界"命令后可以自动在选定对象的周围创建路径，从而得到对象的边界。

　　"边界"命令可以对单个对象、多个对象或群组对象进行操作。选择对象，执行"排列>造形>边界"命令，可以看到图像周围出现一个与对象外轮廓形状相同的图形，如图6-210~图6-212所示。

图6-210　　　　　　　　　　图6-211　　　　　　　　　　图6-212

★ 案例实战——使用"合并"命令制作商场促销广告

案例文件	案例文件\第6章\使用"合并"命令制作商场促销广告.cdr
视频教学	视频文件\第6章\使用"合并"命令制作商场促销广告.flv
难度级别	★★★★★
技术要点	"合并"命令、透明度工具、阴影工具

案例效果

　　本例主要是通过使用"合并"命令、透明度工具、阴影工具等制作商场促销广告，效果如图6-213所示。

图6-213

操作步骤

01 执行"文件>新建"命令，在弹出的"创建新文档"对话框中设置"预设目标"为默认RGB，"大小"为A4，如图6-214所示。再单击工具箱中的"矩形工具"按钮 □，在画面中绘制合适大小的矩形，如图6-215所示。

图6-214　　　　　图6-215

02 单击工具箱中的"渐变填充工具"按钮 ，在"渐变填充"对话框中设置颜色为从浅蓝色到深蓝色的渐变，"角度"为90，如图6-216所示。设置"轮廓笔"为无，效果如图6-217所示。

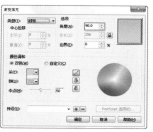

图6-216　　　　　　　　图6-217

03 单击工具箱中的"钢笔工具"按钮 ，在矩形下半部分绘制一个波浪形的图形，并设置"填充颜色"为蓝色，如图6-218所示。单击工具箱中的"透明度工具"按钮，在蓝色曲线图形上拖曳，如图6-219所示。

图6-218　　　　　　　　图6-219

04 导入前景素材文件"1.jpg"，调整为合适大小及位置，如图6-220所示。使用矩形工具在画面中绘制一个矩形，在属性栏中设置圆角数值为5，填充颜色为白色，适当调整圆角矩形角度，如图6-221所示。

图6-220　　　　　　图6-221

思维点拨

　　蓝色与绿色搭配出的凉爽色，增加了明度对比，展现出了整洁和纯净感，能够使人们平复心情，远离烦热，给人冷静感，如图6-222和图6-223所示。

图6-222　　　　　　　　　　图6-223

　　05 复制白色圆角矩形，调整位置及大小，如图6-224所示。按"Shift"键加选所有的圆角矩形，执行"排列>造形>合并"命令，如图6-225所示。

图6-224　　　　　　　　　　图6-225

　　06 设置"轮廓笔"为无，单击"透明度工具"按钮，在属性栏上设置"透明度类型"为标准，"开始透明度"为30，效果如图6-226所示。

　　07 单击工具箱中的"文本工具"按钮，在属性栏中设置合适的字体及大小，输入绿色文字，适当调整文字角度，如图6-227所示。单击工具箱中的"阴影工具"按钮，在文字上按住左键并拖曳，制作暗影效果，然后在属性栏中设置阴影颜色为深蓝色，如图6-228所示。

图6-226　　　　　图6-227　　　　　图6-228

　　08 复制这个文字，去除它的投影效果，并更改颜色为

　　浅绿色，适当移动位置，使文字产生立体感，如图6-229所示。用同样的方法制作其他文字，如图6-230所示。

图6-229　　　　　　　　　　图6-230

　　09 使用矩形工具在画面右下角绘制一个合适大小的圆角矩形，填充浅蓝色，设置"轮廓笔"为无，效果如图6-231所示。单击"阴影工具"按钮在蓝色矩形上拖曳，在属性栏中设置阴影颜色为蓝色，如图6-232所示。复制圆角矩形，去除阴影，并设置颜色为深灰色，如图6-233所示。

图6-231　　　　　图6-232　　　　　图6-233

　　10 使用文本工具和阴影工具制作灰色圆角矩形上的文字效果，如图6-234所示。导入人像素材文件"2.png"，调整大小及图像顺序，如图6-235所示。

图6-234　　　　　　　　　　图6-235

　　11 导入海鸥素材文件"3.png"，调整大小并放置在文字上，如图6-236所示。使用钢笔工具在画面右侧分别绘制出不同颜色梯形，依次进行摆放，如图6-237所示。

图6-236　　　　　　　　　　图6-237

　　12 使用文本工具在梯形上单击并输入彩色文字，设

置"轮廓笔"的"颜色"为白色，"宽度"为4px，如图6-238所示。最终效果如图6-239所示。

 读书笔记

图6-238

图6-239

思维点拨：位图图像

在制作案例时经常提到使用"位图"素材，那么究竟什么是位图呢？

位图图像在技术上被称为栅格图像，也就是通常所说的"点阵图像"或"绘制图像"。位图图像由像素组成，每个像素都会被分配一个特定位置和颜色值。相对于矢量图像，在处理位图图像时所编辑的对象是像素而不是对象或形状。将一张图像放大到原图的多倍时，图像会发虚以至于可以观察到组成图像的像素点，这也是位图最显著的特征。位图图像与分辨率有关，也就是说，位图包含了固定数量的像素。缩小位图尺寸会使原图变形，因为这是通过减少像素来使整个图像变小或变大的。因此，如果在屏幕上以高缩放比率对位图进行缩放或以低于创建时的分辨率来打印位图，则会丢失其中的细节，并且会出现锯齿现象，如图6-240~图6-242所示。

图6-240

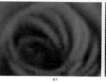

图6-241

图6-242

6.3 对象的合并与拆分

6.3.1 动手学：合并图形对象

技术速查："合并"命令可以将多个对象合成为一个整体，从而得到一个全新造型的对象，并且不再具有原始的属性。

① 选择需要合并的多个对象，如图6-243所示。然后执行"排列>合并"命令，或按"Ctrl+L"快捷键，如图6-244所示。即可将多个图像进行结合，合并后的对象具有相同的轮廓和填充属性，如图6-245所示。

② 在使用选择工具选择多个对象后，单击选择工具属性栏中的"合并"按钮，也可以将图形进行合并，如图6-246所示。

图6-243

图6-244

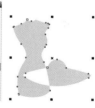

图6-245

图6-246

技巧提示

在合并中过程，按住"Shift"键分别选取对象，组合后的对象沿用最后被选取的对象图案；若将图像进行拖曳，则组合后的对象沿用最下方图像的图案。

6.3.2 动手学：拆分图形对象

技术速查："拆分"命令可以将结合过的图形或应用了特殊效果的图像拆分为多个独立的对象。

选中需要分离的对象，单击工具栏中的"排列"按钮，执行"排列>拆分"命令，或按"Ctrl+K"快捷键可以将选中对象进行拆分，如图6-247和图6-248所示。

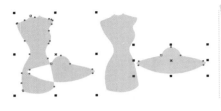

图6-247　　　　　　　　图6-248

 6.4 图框精确剪裁

技术速查：图框精确剪裁是指将"对象1"放置到另一个"对象2"内部，从而使"对象1"中超出"对象2"的部分被隐藏。

　　图框精确剪裁常用于隐藏图形、位图或画面的某些部分。使用"图框精确剪裁"命令时，"对象1"通常称为"内容"；用于盛放"内容"的"对象2"则被称为"容器"。"图框精确剪裁"命令可以将任何对象作为"内容"，而"容器"必须为矢量对象。如图6-250和图6-251所示为使用该命令制作的作品。

图6-250　　　　　　　　　　　　　　　图6-251

6.4.1 动手学：将对象放置在容器中

技术速查：使用"置于图文框内部"命令可以将图片或矢量图形等作为内容，置入另一个图形或文本中。

　　① 容器可以是各种矢量图形或者曲线对象，例如在这里我们使用艺术笔工具随意绘制一个不规则的图形，如图6-252所示。然后将需要放在容器中的内容放在容器上方，如图6-253所示。

　　② 使用选择工具选中内容，执行"效果>图框精确剪裁>置于图文框内部"命令，如图6-254所示。当鼠标指针变成一个黑色箭头时，单击绘制的不规则图形，图像就会被放置在不规则图形中，如图6-255所示。

图6-252　　　　　　图6-253　　　　　　图6-254　　　　　　图6-255

 答疑解惑：为什么要把内容对象放在容器对象上呢？

　　当内容和容器有重合区域时，才能显示出效果。如果没有重叠区域执行该命令，则会使内容被完全隐藏。所以需要将内容对象放在容器对象上使之产生重叠。

 读书笔记

★ 案例实战——精确裁剪制作古典纸扇

案例文件	案例文件\第6章\精确裁剪制作古典纸扇.psd
视频教学	视频文件\第6章\精确裁剪制作古典纸扇.flv
难度级别	★★★★★
技术要点	图框精确剪裁、钢笔工具

案例效果

本例主要是通过使用"图框精确剪裁"命令和钢笔工具制作古典纸扇，效果如图6-256所示。

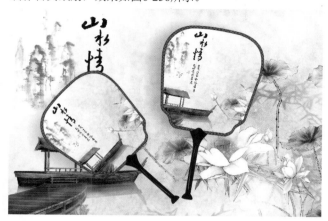

图6-256

操作步骤

01 执行"文件>新建"命令，在弹出的"创建新文档"对话框中设置"大小"为A4，"原色模式"为CMYK，"渲染分辨率"为300，导入水墨效果文件素材，效果如图6-257所示。

图6-257

02 单击工具箱中的"钢笔工具"按钮 ，在绘制区内绘制出扇子上半部分的轮廓。再单击工具箱中的"形状工具"按钮 ，将轮廓图调整得更加细致圆润。将扇面移动到山水画上，如图6-258和图6-259所示。

03 单击工具箱中的"选择工具"按钮，选择位图，执行"效果>图框精确剪裁>置于图文框内部"命令，当鼠标指针变为箭头形状 时，单击绘制好的扇面轮廓，将其放置在轮廓中，如图6-260和图6-261所示。

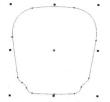

图6-258

图6-259

图6-260

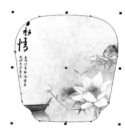

图6-261

04 执行"效果>图框精确剪裁>编辑PowerClip"命令，使用选择工具进一步调整位图的位置及大小，如图6-262和图6-263所示。

图6-262

图6-263

05 调整完成后执行"效果>图框精确剪裁>结束编辑"命令结束编辑操作，如图6-264所示。

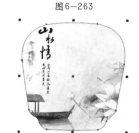

图6-264

06 复制一个扇面轮廓，单击工具箱中的"填充工具"按钮 ，在其下拉列表中选择"图样填充"选项，在弹出的对话框内选中"双色"单选按钮，在图样下拉列表中选择十字形状的图样，设置"前部"为黑色，"后部"为深绿色，"宽度"和"高度"为15mm，单击"确定"按钮结束操作，如图6-265和图6-266所示。

07 单击右键执行"顺序>到页面后方"命令，将填充的扇面放置在带有水墨扇面后一层，并按比例进行放大，产生扇面边框效果，如图6-267所示。

08 使用钢笔工具绘制出扇柄及高光形状，扇柄填充为棕色，高光部分填充为白色。选择高光部分，单击工具箱中的"透明度工具"按钮，在高光上拖曳进行一定的透明度调整，模拟出光泽效果，如图6-268所示。

图6-265

图6-266

图6-267

图6-268

09 单击"阴影工具"按钮，在扇子上单击并拖曳出扇子阴影，将扇子的多个部分选中并执行"群组"操作。复制扇子并将其旋转，摆放合适位置。再次导入水墨效果的文件素材作为背景，最终效果如图6-269所示。

图6-269

读书笔记

6.4.2 动手学：提取内容

技术速查：使用"提取内容"命令可以将原始内容与容器分离为两个独立的对象。

01 进行过图框精确剪裁后的对象和容器将会作为一个对象存在，选中这个对象，执行"效果>图框精确剪裁>提取内容"命令，如图6-270和图6-271所示。

02 此时内置的对象和容器又分为两个对象，这两个对象可以分别进行编辑，如图6-272所示。

图6-270

图6-271

图6-272

6.4.3 动手学：编辑内容

01 进行图框精确剪裁后是不能直接对放置在"容器"内的图像进行编辑的，如果想要编辑内容对象，就需要执行"效果>图框精确剪裁>编辑PowerClip"命令，如图6-273和图6-274所示。

02 此时可以看到容器的图形变为蓝色的框架，进入编辑内容状态下，如图6-275所示。此时可以对内容中的对象进行调整或者替换，编辑完成后单击右键执行"结束编辑"命令，即可回到完整画面中，如图6-276所示。

图6-273

图6-274

图6-275

图6-276

技巧提示

执行"效果>图框精确剪裁>结束编辑"命令，也可以结束当前操作，完成图像的调整。

6.4.4 动手学：锁定图框精确剪裁的内容

技术速查："锁定PowerClip的内容"命令可以在创建图框精确剪裁对象后将内容进行锁定。

① 在图框精确剪裁对象上单击右键，执行"锁定PowerClip的内容"命令，如图6-277所示。

② 锁定后的对象只能对作为"容器"的框架进行移动、旋转及拉伸等编辑，而内容不会发生变化，如图6-278所示。

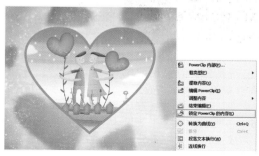

图6-277　　　　　　　　　图6-278

★ 案例实战——使用图框精确剪裁制作浪漫文字

案例文件	案例文件\第6章\使用图框精确剪裁制作浪漫文字.cdr
视频教学	视频文件\第6章\使用图框精确剪裁制作浪漫文字.flv
难度级别	★★★★★
技术要点	"图框精确剪裁"命令、钢笔工具、透明度工具

案例效果

本例主要是通过使用"图框精确剪裁"命令、钢笔工具、透明度工具等制作浪漫文字，效果如图6-279所示。

图6-279

操作步骤

① 执行"文件>新建"命令，在弹出的"创建新文档"对话框中设置"预设目标"为默认RGB，"大小"为A4，如图6-280所示。再单击工具箱中的"矩形工具"按钮，在画面中绘制合适大小的矩形，如图6-281所示。

图6-280　　　　　　　　图6-281

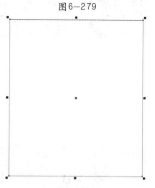

② 单击工具箱中的"渐变填充工具"按钮，在"渐变填充"对话框中设置"类型"为辐射，选中"自定义"单选按钮，调整颜色为从紫红色到黄色的渐变，如图6-282所

示。设置"轮廓笔"为无，效果如图6-283所示。

图6-282　　　　　　　图6-283

③ 单击工具箱中的"文本工具"按钮，在属性栏中设置合适的字体及大小，再在画面中输入合适文字，如图6-284所示。单击工具箱中的"基本形状工具"按钮，在属性栏中选择心形图案，再在画面中绘制一个合适大小的心形，如图6-285所示。

图6-284　　　　　　图6-285

④ 选择文字和图形，单击右键执行"群组"命令，导入位图图案素材文件"1.jpg"，调整合适大小，如图6-286所示。执行"效果>图框精确剪裁>置于图文框内部"命令，当指针变为黑色箭头时，单击文字组，如图6-287所示。

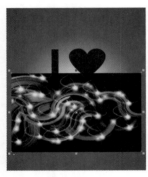

图6-286　　　　　　　　图6-287

05 此时可以看到文字呈现出花纹素材的效果，如图6-288所示。下面选中图框精确剪裁组，执行"效果>图框精确剪裁>编辑PowerClip"命令，进入编辑状态后调整素材图的大小及位置，如图6-289所示。执行"效果>图框精确剪裁>结束编辑"命令完成操作，设置"轮廓笔"为无，效果如图6-290所示。

06 单击工具箱中的"钢笔工具"按钮，在文字"I"上绘制一个闭合路径，如图6-291所示。使用渐变填充工具，在弹出的对话框中设置从深绿色到浅绿色的渐变，"角度"为12.7，如图6-292所示。设置"轮廓笔"为无，效果如图6-293所示。

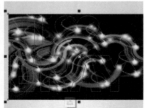

图6-288　　　　　　　　图6-289

图6-290　　　　　　　　图6-291

读书笔记

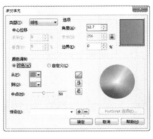

图6-292　　　　　　　　图6-293

07 复制该图形并设置填充色为白色，单击工具箱中的"透明度工具"按钮，在白色图形上拖曳，为白色图形添加透明感，如图6-294所示。继续使用钢笔工具在图形左侧绘制一个高光部分，填充白色，如图6-295所示。

08 使用透明度工具为其添加透明度，在属性栏中设置"透明度类型"为标准，"开始透明度"为65，效果如图6-296所示。用同样的方法制作右侧高光效果，如图6-297所示。

09 选择绘制的绿色形状上的各个部分，单击右键执行"群组"命令，再次单击右键执行"顺序>向后一层"命令，或按"Ctrl+PageDown"快捷键，调整图形顺序，如图6-298所示。用同样的方法制作另外几个文字附近的图形，调整不同的图像顺序，如图6-299所示。

图6-294　　　　　图6-295　　　　　图6-296

图6-297　　　　　图6-298　　　　　图6-299

10 单击"矩形工具"按钮，在文字左侧绘制一个合适大小的矩形，填充白色，如图6-300所示。使用透明度工具，在白色矩形的右侧边缘向左拖曳得到光线的效果，如图6-301所示。用同样的方法制作其他文字边缘的光效，如图6-302所示。

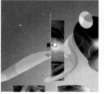

图6-300　　　　　图6-301　　　　　图6-302

11 使用矩形工具在文字下方绘制一个合适大小的白色矩形，如图6-303所示。使用透明度工具在白色矩形上拖曳，设置"透明度操作"为亮度，如图6-304所示。

图6-303

图6-304

读书笔记

12 继续使用椭圆形工具在画面下方绘制一个白色半圆效果，如图6-305所示。使用透明度工具在半圆上拖曳得到半透明效果，最终效果如图6-306所示。

图6-305

图6-306

6.5 使用度量工具

技术速查：度量工具可以用来确定图形的度量线长度，便于图形的制作。

尺寸标注是工程绘图中必不可少的一部分，它不仅可以显示对象的长度、宽度，还可以显示对象之间的距离。在工具箱的度量工具组中包含了5种度量工具，如图6-307所示。使用它们可以精确地度量工程图中的尺寸，如图6-308所示。

图6-307

图6-308

6.5.1 平行度量工具

单击工具箱中的"平行度量工具"按钮，在要测量的区域按住鼠标左键定位度量起点，然后拖曳到度量终点，如图6-309所示。释放鼠标，向侧面拖曳，再次释放鼠标，如图6-310所示。

技巧提示

平行度量工具可以度量图像的斜向尺寸，以任何斜度来进行测量。

图6-309

图6-310

6.5.2 水平或垂直度量工具

"水平或垂直度量工具"按钮的使用方法与平行度量工具相似，单击工具箱中的"水平或垂直度量工具"按钮，按住左键选择度量起点并拖曳到度量终点，如图6-311所示。释放鼠标并向侧面拖曳，单击定位另一个节点后再次释放鼠标，此时出现度量结果，如图6-312所示。

技巧提示

水平或垂直度量工具不论度量时所确定的度量点的位置如何，总是度量对象的水平或纵向尺寸。

图6-311　　　图6-312

6.5.3 角度量工具

角度量工具用于度量对象的角度，单击工具箱中的"角度量工具"按钮，按住左键选择度量起点并进行拖曳一定长度，如图6-313所示。释放鼠标并选择度量角度的另一侧，单击定位节点，如图6-314所示。再次移动光标定位度量角度产生的饼形直径，如图6-315所示。

图6-313 　　　　　图6-314 　　　　　图6-315

6.5.4 线段度量工具

单击工具箱中的"线段度量工具"按钮，按住左键选择度量对象的宽度与长度。释放鼠标并向侧面拖曳，再次释放鼠标，单击左键得到度量结果，如图6-316~图6-318所示。

图6-316 　　　　　图6-317 　　　　　图6-318

6.5.5 3点标注工具

单击工具箱中的"3点标注工具"按钮，在绘制区单击确定放置箭头的位置，按住左键并将线段拖至结束第一条线段的位置，如图6-319所示。释放鼠标，再次拖曳鼠标，选择第二条线段的结束点，如图6-320所示。释放鼠标，在光标处输入标注文字，如图6-321所示。

图6-319 　　　　　图6-320 　　　　　图6-321

6.6　使用连接器工具连接对象

技术速查：使用连接器工具可以将两个图形（包括图形、曲线、美术文本等）通过连接对象锚点的方式用线连接起来。

连接器工具组包括4个工具："直线连接器工具"、"直角连接器工具"、"直角圆形连接器工具"和"编辑锚点工具"，如图6-322所示。主要用于流程图的连线，如图6-323所示。

图6-322 　　　　　　　图6-323

6.6.1 直线连接器

技术速查：使用直线连接器将两个对象连接在一起后，如果移动其中一个对象，连线的长度和角度将做出相应的调整，但连线关系将保持不变。

单击工具箱中的"直线连接器工具"按钮，在绘制区选择线段的起点，按住左键并拖动到终点位置，释放鼠标，如

图6-324所示。单击工具箱中的"形状工
具"按钮 ，选中线段节点，按住左键然
后将节点拖曳至合适位置后释放鼠标，如
图6-325和图6-326所示。如果想要删除连
接线，可以使用选择工具选择要删除的边
线，然后按"Delete"键即可。

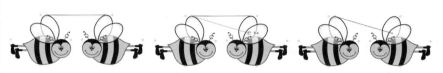

图6-324   图6-325   图6-326

技巧提示

如果连线只有一端连接在对象上而另一端固定在绘图页面上，当移动该对象时，另一端固定不动。如果连线没有连接到任何对象上，那么它将成为一条普通的线段。

6.6.2 直角连接器

技术速查：使用直角连接器连接对象时，连线将自动形成折线。连线上有许多节点，拖动这些节点可以移动连线的位置和形状。如果拖着连接在对象上的连线的节点移动，可以改变该节点的连接位置。

单击工具箱中的"直角连接器工具"按钮 🖫，选择第一个节点，按住左键并拖曳至另一个节点上，释放鼠标，两个对象
以直角连接线进行连接，如图6-327所示。
单击工具箱中的"形状工具"按钮 🖫，选
中线段节点，按住左键，然后将节点拖曳
至另一节点上，释放鼠标可以调整节点位
置，如图6-328和图6-329所示。

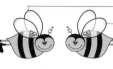

图6-327   图6-328   图6-329

6.6.3 直角圆形连接器

技术速查：直角圆形连接器与直角连接器的使用方法相似，但是直角圆形连接器绘制的连线是圆形角。

单击工具箱中的"直角圆形连接器工具"按钮 🖫，选择第一个节点，按住左键并拖曳至另一个节点上，释放鼠标，后两
个对象以圆角连接线进行连接，如图6-330
所示。单击工具箱中的"形状工具"按钮
🖫，选中线段节点，按住左键然后将节点
拖曳至另一节点上，释放鼠标可以调整节
点位置，如图6-331和图6-332所示。

图6-330   图6-331   图6-332

6.6.4 编辑锚点

技术速查：编辑锚点工具可以对对象的锚点进行调整，从而改变锚点与对象的距离或连接线与对象间的距离。

选中所要删除的节点，单击属性栏中的"删除节点工具"按钮 🖫，再单击工具箱中的"编辑锚点工具"按钮 🖫，在所
选位置上双击即可增加锚点；选中所要删除的锚点，单击属性栏中的"删除锚点工具"按钮 🖫 即可删除锚点；选中图像上所
要移动的锚点，按住左键并将锚点进行移
动，将图像上的锚点从一个位置上拖动到
另一个位置，如图6-333~图6-335所示。

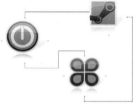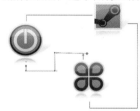

图6-333   图6-334   图6-335

课后练习

【课后练习——制作多彩星形海报】

思路解析：

本案例首先使用图形工具分别绘制出矩形和星形，再通过简化命令的使用制作出中间彩色星形部分，最后通过文字工具输入文字。

本章小结

通过本章的学习，我们了解到想要得到某个形状不一定要一次性绘制出来，也可以通过对原有图形进行变换，或者通过对多个图形进行造形得到，以及通过对象的合并或拆分制作图形。这些功能都是为绘图服务，所以我们需要熟练掌握这些功能的使用方法，并灵活地应用在实际工作中。

读书笔记

第7章

对象管理

本章内容简介：

在我们使用CorelDRAW进行平面设计时，文档中不可避免地要包含大量的对象元素。很可能遇到无法准确选中某一对象，或者无法同时对多个对象进行共同调整，以及多个对象摆放不均匀等情况。通过本章的学习，以上问题都会迎刃而解。

本章学习要点：

- 掌握对象顺序的调整方法
- 掌握对象的锁定与解锁方法
- 掌握对象群组的建立与取消的方法
- 掌握对象的对齐与分布的方法

7.1 动手学：调整对象堆叠顺序

在CorelDRAW中，一个完整的设计作品免不了要由非常多的对象构成。而大量的对象呈现在画面中经常容易产生重叠，就像桌布覆盖在桌面上，而杯子又放置在桌布上一样。CorelDRAW中的对象也存在着这样的堆叠顺序，上层的对象会遮挡住下层的对象，调整对象的堆叠顺序，作品效果也会发生变化，如图7-1和图7-2所示。

图7-1

图7-2

01 调整对象堆叠顺序很简单，选择要调整顺序的对象，如图7-3所示。执行"排列>顺序"命令，在弹出的子菜单中选择相应命令，如图7-4所示。或在对象上单击右键执行"顺序"命令，如图7-5所示。

02 从命令的名称上就能了解到这个命令的用途，例如执行"排列>顺序>到页面前面"命令，或按"Ctrl+主页"快捷键，即可使当前对象移动到画面的最上方。如果执行"到页面后面"命令，或按"Ctrl+End"快捷键，则会使对象移动到画面底部，如图7-6和图7-7所示。

图7-3

图7-4

图7-5

03 在下拉菜单中执行"置于此对象前"命令，指针变为黑色箭头，然后选择前一层，如图7-8所示。此时对象会移动到单击对象的上方，如图7-9所示。

图7-6

图7-7

图7-8

图7-9

04 选择对象，执行"排列>顺序>逆序"命令，可以将画面中所有对象的堆叠次序逆反，如图7-10和图7-11所示。

 读书笔记

图7-10

图7-11

7.2 锁定对象与解除锁定

技术速查："锁定"命令可以在制图过程中将暂时不需要编辑的对象固定在一个特定的位置，使其不能进行编辑。

"锁定"命令在日常工作中经常使用，当画面中包含很多重叠的对象时，想要对其中某些对象进行编辑而不影响到其他对象是一件很难的事情，而"锁定"命令就非常适合于这种情况。将暂时不需要使用的对象锁定，对其他的对象进行编辑。其他对象编辑完成后还可以将锁定的对象解锁，恢复可编辑的状态。如图7-12和图7-13所示为使用"锁定"命令设计的作品。

图7-12　　　　　　　　图7-13

7.2.1 锁定

技术速查："锁定"命令可以将对象固定在一个特定的位置，使其不能进行移动和变换等编辑。

选择需要锁定的对象，执行"排列>锁定对象"命令，或在选定的图像上单击右键执行"锁定对象"命令，如图7-14和图7-15所示。当图像四周出现8个锁型图标时，表示当前图像处于锁定的、不可编辑状态，如图7-16所示。

图7-14　　　　　　　　图7-15　　　　　　　　图7-16

7.2.2 解锁对象

技术速查："解锁对象"命令可以将对象的锁定状态解除，使其能够被编辑。

想要对锁定的对象进行编辑，就必须先将对象进行解除。选中锁定的对象，执行"排列>解锁对象"命令，如图7-17所示。或在选定的图像上单击右键，执行"解锁对象"命令，也可以将对象解锁，如图7-18所示。

7.2.3 对所有对象解锁

执行"排列>对所有对象解锁"命令，可以快速解锁文件中被锁定的多个对象，如图7-19~图7-21所示。

图7-17　　　　　　图7-18　　　　　　图7-19　　　　　　图7-20　　　　　　图7-21

 读书笔记

7.3 群组与取消群组

如果需要对多个对象同时进行相同的操作，可以将这些对象组合成一个整体。在CorelDRAW中，将多个对象组合成一个整体的过程叫做"群组"。组合后的对象仍然保持其原始属性，并且可以随时解散组合。例如，图中的三个包装设计，想要对三个包装盒的位置进行分别调整就可以将每个包装盒的内容进行分别的群组，非常方便。如图7-22和图7-23所示为使用到"群组"操作的设计作品。

图7-22

图7-23

7.3.1 动手学：群组

技术速查："群组"命令可以将两个或两个以上的对象"组合"为一个群组，可以像处理一个对象一样处理群组对象。但是群组中的每个对象仍然保持其原始属性。

01 选中需要群组的对象，执行"排列>群组"命令（快捷键为"Ctrl+G"），可以将多个对象群组，如图7-24所示。将多个对象群组后，使用选择工具在群组中的任意对象上单击，即可选中整个群组对象。对群组对象进行移动、缩放、旋转等操作，可以发现所群组的对象已经成为了整体，如图7-25所示。

02 选中需要群组的对象，单击属性栏中的"群组工具"按钮※也可以将所选对象进行群组，如图7-26所示。

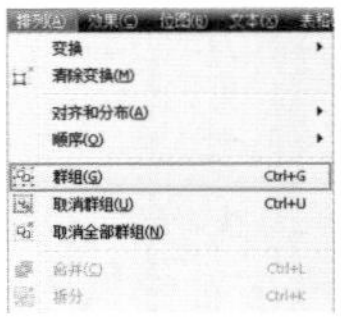

图7-24

图7-25

图7-26

7.3.2 动手学：取消群组

技术速查：取消群组之后，对象之间的位置关系、前后顺序等不会发生改变。

01 选中需要取消群组的对象，执行"排列>取消群组"命令，或按"Ctrl+U"快捷键可以取消群组，如图7-27所示。

02 单击选择工具属性栏中的"取消群组工具"按钮图可以快速取消群组，将对象取消群组后，使用选择工具可以依次对各个对象单独进行编辑，如图7-28和图7-29所示。

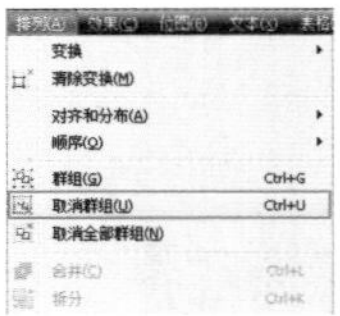

图7-27

图7-28

图7-29

7.3.3 取消全部群组

技术速查：如果文件中包含多个群组，想要快速将全部群组进行取消时可以使用取消全部群组。

选中需要取消全部群组的对象，单击选择工具属性栏中的"取消全部群组"按钮图，或者执行"排列>取消全部群组"命令可以取消全部群组，如图7-30和图7-31所示。

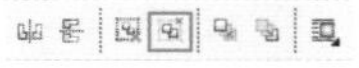

图7-30

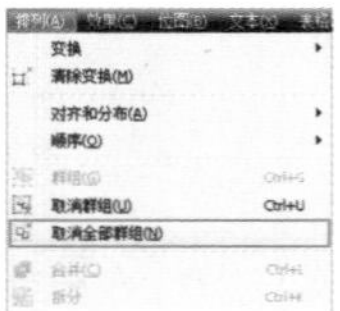

图7-31

 读书笔记

★ 案例实战——制作美丽的蝴蝶

案例文件	案例文件\第7章\制作美丽的蝴蝶.cdr
视频教学	视频文件\第7章\制作美丽的蝴蝶.flv
难度级别	★★★★★
技术要点	调整对象顺序、群组、形状工具、渐变填充工具

案例效果

本例主要是通过使用调整对象顺序和"群组"命令、形状工具、渐变填充工具制作美丽的蝴蝶，效果如图7-32所示。

图7-32

操作步骤

01 执行"文件>新建"命令，在弹出的"创建新文档"对话框中设置"大小"为A4，"原色模式"为CMYK，"渲染分辨率"为300，如图7-33所示。

图7-33

02 打开背景文件素材，调整到合适大小及位置，如图7-34所示。

图7-34

03 单击工具箱中的"钢笔工具"按钮，在绘制区内绘制出翅膀轮廓，如图7-35所示。单击工具箱中的"形状工具"按钮，对翅膀轮廓做进一步调整，如图7-36所示。

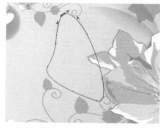

図7-35　　　　　图7-36

04 单击工具箱中的"渐变填充工具"按钮，在"渐变填充"对话框中设置"类型"为线性，"颜色"为紫色系渐变，如图7-37所示。单击"确定"按钮结束操作，效果如图7-38所示。

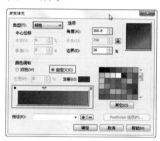

图7-37　　　　　图7-38

05 单击CorelDRAW界面右下角的"轮廓笔"按钮，在"轮廓笔"对话框中设置"宽度"为无，如图7-39所示。按"Ctrl+C"快捷键复制，按"Ctrl+V"快捷键粘贴，双击翅膀，单击移动旋转中心到翅膀底部，进行旋转，如图7-40所示。

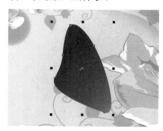 

图7-39　　　　　图7-40

06 单击工具箱中的"选择工具"按钮，框选除第一个翅膀以外的所有对象，执行"排列>群组"命令，如图7-41所示。执行"效果>图框精确剪裁>置于图文框内部"命令，当指针变成黑色箭头时，单击第一个翅膀进行置入，如图7-42所示。

图7-41　　　　　图7-42

第7章

对象管理

149

07 继续使用钢笔工具绘制翅膀底部轮廓，如图7-43所示。单击"渐变填充工具"按钮，在"渐变填充"对话框中设置"类型"为线性，并设置一种深紫色渐变，单击"确定"按钮结束操作，再设置"轮廓笔"为无，如图7-44所示。

图7-43　　　　　　　　　图7-44

08 用同样的方法绘制下半部分翅膀轮廓，使用填充工具，在"渐变填充"对话框中设置"类型"为线性，颜色为从深紫色到浅紫色的渐变，如图7-45所示。单击"确定"按钮结束操作，设置"轮廓笔"为无，如图7-46所示。

09 再次复制多个并调整角度，如图7-47所示。

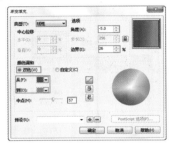

图7-45

 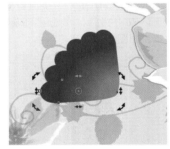

图7-46　　　　　　　　　图7-47

10 用同样的方法绘制稍大一些的底色，单击右键执行"顺序>向后一层"命令，或按"Ctrl+PageDown"快捷键，将其放置在浅紫色翅膀后，然后将所有绘制的翅膀拼合在一起，如图7-48和图7-49所示。

图7-48　　　　　　　　　图7-49

11 单击工具箱中的"椭圆形工具"按钮，绘制一个粉色椭圆，设置"轮廓笔"为无，如图7-50所示。单击工具箱中的"阴影工具"按钮，在椭圆形上进行拖曳，在属性栏上设置"阴影的透明度"为100，"阴影羽化"为22，"透明度操作"为常规，颜色为粉色，按"Enter"键结束编辑，效果如图7-51所示。

 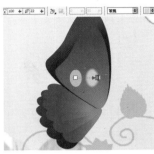

图7-50　　　　　　　　　图7-51

12 执行"排列>拆分阴影群组"命令，或按"Ctrl+K"快捷键，如图7-52所示。单击选择原图形，按"Delete"键进行删除，再单击选择阴影部分并多次进行复制，将其放置在翅膀轮廓边缘处，如图7-53所示。

图7-52　　　　　　　　　图7-53

13 单击"选择工具"按钮选择绘制的翅膀，复制并粘贴，单击属性栏中的"水平镜像"按钮，如图7-54所示。并移动复制过的翅膀，如图7-55所示。

14 下面使用椭圆形工具及形状工具绘制出蝴蝶身体部分，使蝴蝶看起来更加真实，如图7-56所示。

图7-54

图7-55　　　　　　　　　图7-56

15 用同样的方法制作出其他蝴蝶，并放置在合适位置，最终效果如图7-57所示。

图7-57

读书笔记

7.4 多个对象的对齐与分布

在平面设计中"秩序"与"韵律"是经常被提到的关键词，画面中的元素整齐地排列会产生秩序感，而均匀的分布则能够体现韵律。在CorelDRAW中使用"对齐"与"分布"功能可以轻松实现这一目的。如图7-58和图7-59所示为使用对齐与分布制作的作品。

图7-58

图7-59

7.4.1 动手学：对齐对象

⓵ 首先需要使用选择工具 ▷ 选择需要对齐的多个对象，如图7-60所示。执行"排列>对齐和分布>对齐与分布"命令，打开"对齐与分布"窗口，如图7-61和图7-62所示。

图7-60　　　　图7-61　　　　图7-62

⓶ 在"对齐与分布"窗口中，分为"对齐"和"分布"左右两组按钮，在"对齐"组位于上方的3个按钮 ⯑ ⯑ ⯑ 是用于设置对象在垂直方向上的对齐方式，效果如图7-63~图7-65所示。

⓷ 位于"对齐"组第二行的按钮是控制水平方向的对齐方式，分别单击水平对齐的各个按钮 ⯑ ⯑ ⯑ 执行相应的对齐命令，效果如图7-66~图7-68所示。

图7-63　　　　　　图7-64　　　　　　图7-65　　　　　　图7-66　　　　　　图7-67　　　　　　图7-68

☆ 视频课堂——制作输入法皮肤

案例文件\第7章\视频课堂——制作输入法皮肤.cdr
视频文件\第7章\视频课堂——制作输入法皮肤.flv

思路解析：

01 使用矩形工具绘制输入法皮肤的主体轮廓。
02 绘制圆形并多次复制。
03 将多个圆形进行对齐与分布，使之均匀排列作为底纹。
04 借助钢笔工具和透明度工具绘制输入法上的装饰。

7.4.2 动手学：分布对象

"对齐与分布"窗口右侧为"分布"组，与"对齐"组非常相似，也包含对于垂直方向和水平方向的分布设置。如图7-69所示。

01 在"分布"选项面板中，位于上排的4个选项用于设置对象在垂直方向上的对齐方式，效果如图7-70~图7-73所示。

02 位于下面的4个选项用于设置对象在水平方向上的分布方式，效果如图7-74~图7-77所示。

图7-69

图7-70　　　　图7-71　　　　图7-72　　　　图7-73　　　　图7-74　　　　图7-75　　　　图7-76　　　　图7-77

★ 案例实战——使用"对齐与分布"命令制作音乐会海报

案例文件	案例文件\第7章\使用"对齐与分布"命令制作音乐会海报.cdr
视频教学	视频文件\第7章\使用"对齐与分布"命令制作音乐会海报.flv
难度级别	★★★★★
技术要点	"对齐与分布"命令、"变换"窗口、透明度工具

案例效果

本例主要是通过使用"对齐与分布"命令、"变换"窗口、透明度工具制作音乐会海报，效果如图7-78所示。

图7-78

操作步骤

01 执行"文件>新建"命令，在弹出的"创建新文档"对话框中设置"预设目标"为默认RGB，"大小"为A4，如图7-79所示。再单击工具箱中的"矩形工具"按钮，在画面中绘制合适大小的矩形，填

充黑色，如图7-80所示。

图7-79

图7-80

02 单击工具箱中的"椭圆形工具"按钮 ，在画面中上部分绘制一个椭圆形，填充任意颜色，如图7-81所示。再单击工具箱中的"阴影工具"按钮 ，在椭圆形上按住鼠标左键并拖曳，在属性栏中设置阴影颜色为红色，效果如图7-82所示。

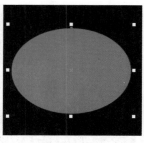

图7-81　　　　　　　　图7-82

03 选中带有投影的椭圆形，执行"排列>拆分阴影群组"命令，如图7-83所示。然后选择椭圆形并按"Delete"键删除椭圆形，只保留阴影，如图7-84所示。

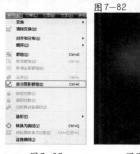

图7-83　　　　　　　　图7-84

04 单击"矩形工具"按钮，在黑色矩形下方绘制几个不同长度，相同宽度的红色矩形，如图7-85所示。按"Shift"键加选红色矩形，单击属性栏中的"对齐与分布"按钮，打开"对齐与分布"窗口。在"对齐与分布"窗口中单击"底端对齐"按钮，再单击"左分散排列"按钮，如图7-86所示。红色矩形会均匀的分布，如图7-87所示。

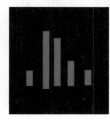

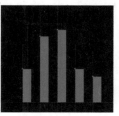

图7-85　　　　图7-86　　　　图7-87

05 用同样的方法制作其他红色矩形，使用"对齐与分布"命令依次进行排列，将其放置在画面下方，如图7-88所示。导入音符素材文件"1.jpg"，调整合适大小及位置，如图7-89所示。

图7-88　　　　　　　　图7-89

06 单击"透明度工具"按钮，在属性栏中设置"透明度类型"为标准，"透明度操作"为除，"开始透明度"为45，如图7-90所示。此时音符素材被混合到画面中

了，如图7-91所示。

图7-90　　　　　　　　图7-91

07 单击工具箱中的"钢笔工具"按钮，绘制一个三角形，填充黑色，如图7-92所示。执行"窗口>泊坞窗>变换>旋转"命令，打开"变换"窗口，设置"角度"为10°，中心点位置到最底部，"副本"为35，设置完毕后单击"应用"按钮，如图7-93所示。得到环绕一周的放射状图形，如图7-94所示。

图7-92　　　　图7-93　　　　图7-94

08 选择所有三角形，单击右键执行"群组"命令。将其移至红色矩形上的红色中心位置，如图7-95所示。单击"透明度工具"按钮，在属性栏中设置"透明度类型"为标准，"透明度操作"为Add，如图7-96所示。

图7-95　　　　　　　　图7-96

思维点拨

　　红色是招贴海报中常用的颜色。红色的视认性强，它与纯度高的类似色搭配，展现出更华丽、更有动感的效果。与补色搭配则可以制造出鲜明的印象，在设计中常用来给人以强烈的视觉刺激，如图7-97和图7-98所示。

图7-97　　　　　　　　图7-98

09 为了增强放射效果，可以复制放射状的三角形组，如图7-99所示。下面开始输入文字，单击工具箱中的"文本工具"按钮，在属性栏中设置合适的字体及大小，在画面中输入红色文字，使用阴影工具在文字上进行拖曳，如图7-100所示。

图7-99　　　　图7-100

10 复制文字，将其进行适当缩放，单击工具箱中的"渐变填充工具"按钮，在弹出的对话框中选中"自定义"单选按钮，设置"角度"为-87，如图7-101所示。设置"轮廓笔"的"颜色"为灰色，"宽度"为4px，效果如图7-102 所示。

图7-101　　　　图7-102

11 用同样的方法制作另外几个文字，如图7-103所示。然后使用钢笔工具在文字左侧绘制出抽象的数字"1"的效果，并使用阴影工具为其添加阴影，如图7-104所示。

图7-103　　　　　　　　图7-104

12 单击"文本工具"按钮，在属性栏中设置合适的字体及大小，在画面中输入黄色和白色的文字，如图7-105所示。最终效果如图7-106所示。

图7-105　　　　　　　　图7-106

7.5 对象的智能化复制

在前面的章节中讲解过"复制"与"粘贴"命令，这两个命令使用方法非常简单，可以快速地将所选对象"原原本本"地粘贴到当前位置上。然而CorelDRAW中提供了另外几个"智能"的复制对象的方法：例如按照一定的距离进行复制，只复制对象的部分属性，甚至是一次性复制出大量相同对象，如图7-107和图7-108所示。下面我们就来一起学习这几个功能。

图7-107　　　　　　　　图7-108

7.5.1 动手学：使用"再制"命令复制对象

技术速查："再制"命令的作用其实与"复制"命令相同，都是用于复制出新的对象。

之所以说"再制"命令是一个智能化的复制方法，是因为再制的速度比使用"复制"命令和"粘贴"命令快，因为使用"再制"命令可以在绘图窗口中直接放置一个副本，而不使用剪贴板，并且再制对象时还可以设置复制出的副本和原始对象之间的偏移距离。

⓵ 选择一个对象，单击工具栏中的"编辑工具"按钮，执行"编辑>再制"命令，或按"Ctrl+D"快捷键，如图7-109和图7-110所示。

⓶ 在弹出的对话框中设置"再制偏移"的参数，"水平偏移"与"垂直偏移"是指复制出的对象与原始对象之间的X/Y两个轴向的距离，可以看到再制出的图像在原图像右上方，如图7-111和图7-112所示。

图7-109　　　　图7-110　　　　图7-111　　　　图7-112

⓷ 也可以在再制操作后适当移动该对象，如图7-113所示。

⓸ 继续使用"再制"命令（快捷键"Ctrl+D"），可以再制出与上次移动间距相同的连续对象，如图7-114所示。

图7-113　　　　　　　　　　　　　　　　　　图7-114

7.5.2 克隆对象

技术速查：使用"克隆"命令，复制出的对象链接到原始对象，如图7-115所示。对原始对象所做的任何更改都会自动反映在克隆对象中，如图7-116所示。但是对克隆对象所做的更改不会自动反映在原始对象中，如图7-117所示。

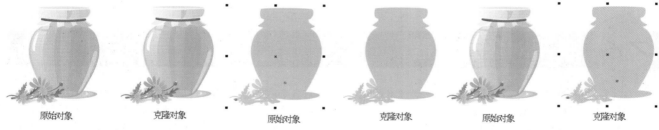

原始对象　　　　克隆对象　　　　原始对象　　　　克隆对象　　　　原始对象　　　　克隆对象

图7-115　　　　　　　　图7-116　　　　　　　　图7-117

选择一个需要克隆的对象，执行"编辑>克隆"命令，克隆出的图像在原图像上方，如图7-118所示。如果需要选择克隆对象的主对象，可以右键单击克隆对象执行"选择主对象"命令，如图7-119所示。

通过还原为原始对象，可以移除对克隆对象所做的更改。如果想要还原到克隆的主对象，可以在克隆对象上单击右键执行"还原为主对象"命令，在弹出的对话框中可以进行相应的设置，如图7-120和图7-121所示。

下面对"还原为主对象"对话框中各选项的含义进行介绍。

◯ 克隆填充：恢复主对象的填充属性。

◯ 克隆轮廓：恢复主对象的轮廓属性。

◯ 克隆路径形状：恢复主对象的形状属性。

◯ 克隆变换：恢复主对象的形状和大小属性。

◯ 克隆位图颜色遮罩：恢复主对象的颜色设置。

 读书笔记

图7-118　　　　　图7-119　　　　　图7-120　　　图7-121

技巧提示

通过克隆可以在更改主对象的同时修改对象的多个副本。如果希望克隆对象和主对象在填充和轮廓颜色等特定属性上不同，而希望主对象控制形状等其他属性，则这种类型的修改特别有用。如果只是希望在多次绘制时使用相同对象，使用符号工具也能达到同样的目的，并且占用更少的系统内存。

7.5.3 步长和重复

技术速查："步长和重复"命令可以通过设置偏移距离以及副本份数快速地精确复制出多个对象。

选择需要复制的对象，执行"编辑>步长和重复"命令，如图7-122所示。在面板中分别对"水平"、"偏移"和"份数"进行设置，单击"应用"按钮结束操作，如图7-123所示。即可按设置的参数复制出相应数目的对象，如图7-124所示。

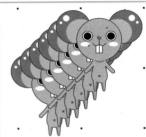

图7-122　　　　图7-123　　　　图7-124

思维点拨：印刷中的"套印"、"压印"、"叠印"、"陷印"

- 套印：指多色印刷时要求各色版图案印刷时重叠套准。
- 压印：压印和叠印是一个意思，即一个色块叠印在另一个色块上。不过印刷时特别要注意黑色文字在彩色图像上的叠印，不要将黑色文字底下的图案镂空，不然印刷套印不准时黑色文字会露出白边。
- 陷印：也叫补漏白，又称为扩缩，主要是为了弥补因印刷套印不准而造成两个相邻的不同颜色之间的漏白。

7.6 使用对象管理器

在CorelDRAW中引入了图层这一概念，通过将对象分别放置在各个图层上的方式进行管理，非常适合画面中存在大量对象的文档。图层为组织和编辑复杂绘图中的对象提供了更大的灵活性，通过图层的新建与删除，可以使前景及背景更加独立地做编辑，还可以显示选定的对象，隐藏某个图层之后，可以编辑和辨别其他图层上的对象。图层承载图形的全部信息，要对图层以及图层上的内容进行管理就需要使用对象管理器。

7.6.1 主页面

技术速查：主页面中包含了应用于文档中所有页面信息的虚拟页面。

主页面上的默认图层不能被删除或复制，其中的内容将会出现在每一个页面中。可以将一个或多个图层添加到主页面中，例如页眉、页脚、背景等。还可以将任意图层设置为主图层。默认情况下主页面包含3个图层：辅助线、桌面和文档网格，如图7-125所示。

下面对3个图层进行介绍。

- 辅助线：辅助线图层包含用于文档中所有页面的辅助线。
- 桌面：桌面图层包含绘图页面边框外部的对象。该图层可以存储要包含在绘图中的对象。
- 文档网格：文档网格图层包含用于文档中所有页面的网格。网格始终为底部图层。

图7-125

技巧提示

除非在"对象管理器"泊坞窗的图层管理器视图中更改了堆栈顺序，否则添加到主页面上的图层将显示在堆栈顺序的顶部。

7.6.2 动手学：显示或隐藏图层

执行"工具>对象管理器"命令，在弹出的"对象管理器"泊坞窗中可以看到文件中包含的图层。

① 每个图层前都有一个"显示或隐藏"按钮状态，当按钮显示为 时表示该图层上的对象处于隐藏状态，如图7-126和图7-127所示。

② 显示时 为表示图层中的对象被显示出来，如图7-128和图7-129所示。

| 图7-126 | 图7-127 | 图7-128 | 图7-129 |

7.6.3 新建图层

执行"工具>对象管理器"命令，打开"对象管理器"泊坞窗，单击其中的"对象管理器选项"按钮，在展开的下拉菜单中执行"新建图层"命令，即可创建新的图层，如图7-130所示。也可以在"对象管理器"泊坞窗中，单击"新建图层"按钮 ，新建图层，如图7-131所示。

| 图7-130 | 图7-131 |

7.6.4 动手学：新建主图层

① 在"对象管理器"泊坞窗中，单击"对象管理器选项"按钮，在展开的下拉菜单中执行"新建主图层（所有页）"命令，即可创建主图层，如图7-132所示。

② 在弹出的"对象管理器"泊坞窗中，单击"新建主图层（所有页）"按钮 ，执行"新建主图层"命令，如图7-133所示。

③ 在"对象管理器选项"菜单中执行"新建主图层（奇数页）"命令，即可为文档中所有奇数页创建主图层。也就是说，这个主图层中的内容只显示在奇数页中，而不显示在偶数页中，如图7-134所示。也可以单击"新建主图层（奇数页）"按钮 ，如图7-135所示。

④ 在"对象管理器选项"菜单中执行"新建主图层（偶数页）"命令，或单击"新建主图层（偶数页）"按钮 ，即可创建出偶数页的主图层，如图7-136和图7-137所示。

| 图7-132 | 图7-133 | 图7-134 | 图7-135 | 图7-136 | 图7-137 |

7.6.5 向图层中添加对象

当文档中包含多个图层，并且想要向其中一个图层中添加对象时，可以使用以下两种方法。

① 单击选中想要添加对象的图层，使用绘图工具在绘制区绘制理想的图案，即可在所选图层中添加对象，如图7-138所示。

② 还可以通过移动图形的方法向某一图层中添加对象。在画面中选中对象，单击并直接拖动到对象管理器中的某一图层上，即可将所选对象添加到该图层中，如图7-139和图7-140所示。

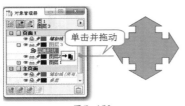

技巧提示

虽然对象所处的图层发生了变化，但是画面效果不会发生改变。

图7-138　　　　图7-139　　　　　　图7-140

7.6.6 复制图层

复制图层很简单，只要选中将要复制的图层，在弹出的"对象管理器"泊坞窗中单击"对象管理器选项"按钮▶，在展开的下拉菜单中执行"复制到图层"命令，然后将光标指向想要移动或复制对象的图层，单击该图层即可，如图7-141所示。

7.6.7 移动图层

如果把一个对象移动或复制到位于其当前图层下面的某个图层上，该对象将成为新图层上的层顶对象。选中将要移动的图层，在弹出的"对象管理器"泊坞窗中单击"对象管理器选项"按钮▶，在展开的下拉菜单中执行"移到图层"命令，然后单击目标图层即可，如图7-142所示。

技巧提示

当移动图层中的对象到另一个图层或从一个图层移动对象时，必须将其图层处于解锁状态。

7.6.8 删除图层

在弹出的"对象管理器"泊坞窗中选中要删除的图层，单击"对象管理器选项"按钮▶，在展开的下拉菜单中执行"删除图层"命令，即可将多余图层进行删除命令，如图7-143所示。

图7-141　　　　　　　　　图7-142　　　　　　　　　图7-143

 读书笔记

课后练习

【课后练习——制作宾馆会员卡】

思路解析:

　　本案例主要使用"对齐和分布"命令以及钢笔工具制作出卡片的底纹,然后使用文字和钢笔工具制作出卡片上的内容。

本章小结

　　本章主要讲解了对象及图层的管理,在CorelDRAW X6中,要对图层和图形对象进行管理,除了需要掌握"排列"菜单下的命令外,还应对"对象管理器"泊坞窗有所认识。另外,本章介绍的3种智能复制对象的方法也非常实用,常用于画面中存在大量相同内容的对象。希望大家熟练掌握以上内容的使用方法,在实际绘图中会大大地节省制作时间。

读书笔记

第8章

填充与轮廓

本章内容简介：

本章重点讲解的是颜色填充和轮廓线的编辑。了解各颜色模式的概念及其相应的功能属性，且能调整图形的颜色编辑，有助于我们更快捷地绘制图形。同时对轮廓线进行不同的编辑，可以制作出形态各异的矢量造型。

本章学习要点：

- 掌握填充工具的使用方法
- 掌握滴管工具的使用方法
- 掌握网格填充、智能填充的方法
- 掌握轮廓线的调整方法

8.1 认识填充与轮廓线

在CorelDRAW的矢量图形世界中，每个对象都有两部分可以展现颜色：填充以及轮廓线。填充，顾名思义就是图形边缘以内的部分，在CorelDRAW中图形的填充可以是纯色、渐变、图案等。而轮廓线就是图形边缘线，也常被称作描边，如图8-1和图8-2所示。

图8-1

图8-2

并不是每一个图形都必须同时包括填充和轮廓线，可以包含其中之一，如图8-3所示。如果一个图形既没有填充也没有轮廓线，那么它在打印输出中将是不可见的。

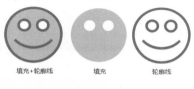

填充+轮廓线　　　填充　　　轮廓线

图8-3

如果想要为图形进行填充和轮廓线的设置，可以通过调色板、"颜色"泊坞窗进行纯色的设置，也可以通过单击工

具箱中的"填充工具"按钮完成，其中包括7种可供设置填充的工具，如图8-4所示。如果想要对轮廓线进行设置，则可以通过单击工具箱中的"轮廓笔"按钮，在打开的"轮廓笔"对话框中可以进行轮廓线的粗细、类型颜色等属性的设置，如图8-5和图8-6所示。

图8-4　　　　　图8-5 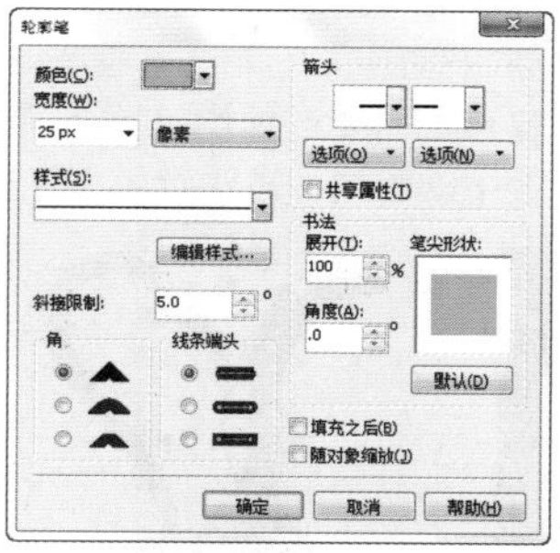　　　　　图8-6

8.2 使用调色板设置填充色与轮廓色

调色板位于CorelDRAW界面的右侧，在 CorelDRAW中，默认调色板取决于文档的颜色模式。如果当前文档颜色模型为 RGB，则默认的调色板也是RGB。调色板是多个色样的集合，从中可以选择纯色设置对象的填充色或轮廓色。如图8-7和图8-8所示分别为RGB模式与CMYK模式的调色板。

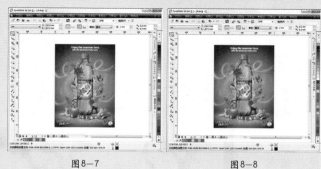

图8-7　　　　　　　　　　　图8-8

技术拓展：常用的颜色模式

图像的颜色模式是指将某种颜色表现为数字形式的模型，或者说是一种记录图像颜色的方式。下面介绍一些常用的

颜色模式。

- RGB模式：是进行图像处理时最常使用到的一种模式，RGB模式是一种发光模式（也叫"加光"模式）。RGB分别代表Red（红色）、Green（绿色）、Blue（蓝）。RGB颜色模式下的图像只有在发光体上才能显示出来，例如显示器、电视等，该模式所包括的颜色信息（色域）有1670多万种，是一种真色彩颜色模式。
- CMYK模式：CMYK颜色模式是一种印刷模式，CMY是3种印刷油墨名称的首字母，C代表Cyan（青色），M代表Magenta（洋红）、Y代表Yellow（黄色），而K代表Black（黑色）。CMYK模式也叫"减光"模式，该模式下的图像只有在印刷体上才可以观察到，例如纸张。CMYK颜色模式包含的颜色总数比RGB模式少很多，所以在显示器上观察到的图像要比印刷出来的图像亮丽一些。
- HSB模式：在HSB模式中，H（hues）表示色相，S（saturation）表示饱和度，B（brightness）表示亮度。HSB模式对应的媒介是人眼。HSB模式中S和B呈现的数值越大，饱和度明度越高，页面色彩强烈艳丽。H显示的度是代表在色轮表里某个角度所呈现的色相状态。
- Lab模式：Lab是由照度（L）和有关色彩的a、b 3个要素组成，L表示Luminosity（照度），相当于亮度；a表示从红色到绿色的范围；b表示从黄色到蓝色的范围。
- 灰度模式：是用单一色调来表现图像，在图像中可以使用不同的灰度级，在8位图像中，最多有256级灰度，灰度图像中的每个像素都有一个0（黑色）～255（白色）之间的亮度值；在16位和32位图像中，图像的级数比8位图像要大得多。

8.2.1 使用调色板设置对象填充色

01 最直接的均匀填充方法就是使用调色板进行填充。如图8-9所示，单击工具箱中的"选择工具"按钮，选中窗口中需要进行均匀填充的图形对象，单击工作区右侧调色板中的色块即可进行填充，如图8-10和图8-11所示。

图8-9　　图8-10　　　　　　　图8-11

技巧提示

在选中对象时，右键单击调色板中的某一颜色即可为轮廓线设置颜色。

02 单击工作区右侧调色板中的颜色色块，如图8-12所示，按住左键并将其直接拖曳到图形对象上，当色块显示为实心时，释放鼠标后也可以进行填充，如图8-13和图8-14所示。

图8-12　图8-13　　　图8-14

03 单击×按钮，即可去除当前对象的填充颜色；右击×按钮，即可去除当前对象的轮廓线，如图8-15所示。

图8-15

技巧提示

在未选择任何对象时单击调色板中的某一颜色，将会更改下次创建的对象的属性，并且可以在窗口中选择可以被更改的工具，如图8-16所示。

图8-16

8.2.2 使用调色板设置对象轮廓色

默认情况下，在CorelDRAW中绘制的几何图形通常没有填充的黑色轮廓线。单击工具栏中的"螺纹工具"按钮 ，在绘制区绘制螺纹图形，在软件界面右侧可以看到调色板。如图8-17所示，使用鼠标右键单击橙色，或在调色板中的颜色上按住鼠标左键并向螺纹上进行拖曳，可以看到当前图形的轮廓色发生变化，如图8-18所示。

图8-17

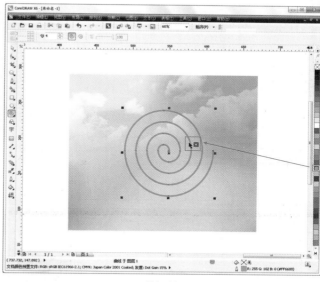

图8-18

8.2.3 设置调色板

01 默认状态下调色板位于操作界面的右侧，单击"底部展开"按钮 即可展开调色板，如图8-19和图8-20所示。

图8-19

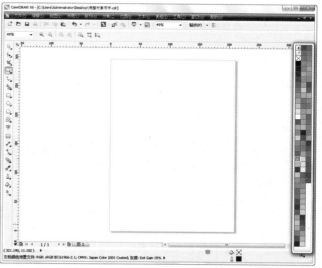

图8-20

02 将光标移动到右侧调色板的顶端，当其变为 形状时单击并拖动调色板到画布中，可以将调色板以窗口的形式显示出来，如图8-21和图8-22所示。

03 执行"窗口>调色板"命令，在子菜单中包含多种调色板，如图8-23和图8-24所示，选择某一项即可将当前调色板切换为该模式，如图8-25和图8-26所示。

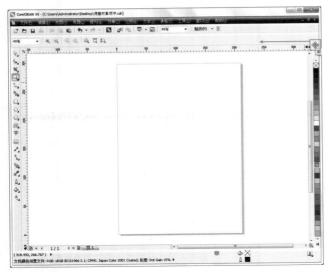

图8-21

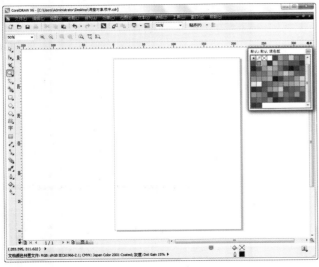

图8-22

图8-23

图8-24

图8-25

图8-26

思维点拨："色"与"光"

　　由于光的存在并通过其他媒介的传播反映到人们的视觉之中，人们才能看到色彩。光是一种电磁波，有着极其宽广的波长范围。根据电磁波的不同波长，可以分为γ射线、X射线、紫外线、可见光、红外线及无线电波等。人的眼睛可以感知的电磁波波长一般在400~700纳米之间，但还有一些人能够感知到波长在380~780纳米之间的电磁波，所以称为可见光，如图8-27所示。光可分出红、橙、黄、绿、青、蓝、紫的色光，各种色光的波长又不相同，如图8-28所示。

图8-27

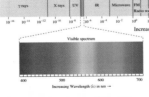

图8-28

8.3 使用填充工具

　　CorelDRAW X6为用户提供了多种可用于颜色填充的工具，可以快捷地为对象填充"纯色"、"渐变"、"图案"或者其他丰富多彩的效果。在工具箱中单击"填充工具"按钮，在子菜单中可以看到"均匀填充"、"渐变填充"、"图样填充"、"底纹填充"、"PostScript填充"等填充方式，单击其中某一项即可切换为该填充方式，如图8-29所示。使用这些工具可以为图形填充出丰富多彩的效果，如图8-30所示。

图8-29

图8-30

8.3.1 均匀填充

技术速查：均匀填充就是在封闭图形对象内填充单一的颜色。

均匀填充是最常用的一种填充方式，除了可以使用前文讲解的调色板进行填充外，还可以通过均匀填充和"颜色泊坞窗"设置对象的填充。例如，一些扁平化设计风格作品中就会大量应用均匀填充功能。如图8-31和图8-32所示为使用到均匀填充的作品。

图8-31　　　　　　　　图8-32

①　选择需要填充的图形，单击工具箱中的"填充工具"按钮◆，在填充工具的下拉菜单中选择"均匀填充"选项，或按"Shift+F11"快捷键，如图8-33和图8-34所示。

图8-33　　　　　　　　图8-34

②　打开"均匀填充"对话框，在对话框的"模型"下拉菜单中可以设置不同的颜色模式种类，从而设置其颜色，如图8-35所示。

③　在颜色框中单击或拖动选择需要的颜色，如图8-36所示。为了更加精确地设置，可以通过设置颜色的数值来指定颜色，单击"确定"按钮，执行"均匀填充"命令，如图8-37所示。

图8-35

④　选择"均匀填充"对话框中的"混合器"选项卡，在"混合器"面板中可显示出该选项的参数，如图8-38所示。将光标放置在光圈上进行旋转及移动调整，如图8-39所示。

图8-36　　　　　　　　图8-37

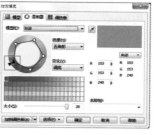 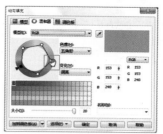

图8-38　　　　　　　　图8-39

⑤　在面板中的"色度"下拉菜单中选择"五角形"，如图8-40所示。在面板中的"变化"下拉菜单中选择"调亮"，如图8-41所示。

 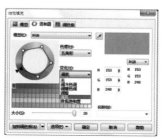

图8-40　　　　　　　　图8-41

⑥　在左下方移动"大小"的滑块，调整色块的数量，如图8-42所示。在右侧颜色数值处可以输入具体数值以设置精确颜色，如图8-43所示。

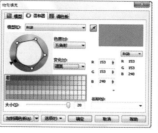 

图8-42　　　　　　　　图8-43

⑦　选择"均匀填充"对话框中的"调色板"选项卡，

打开"调色板"面板。单击"调色板"下拉列表框可以对调色板类型进行选择，如图8-44所示。在"名称"下拉列表中选择一个颜色名称，此时颜色窗口中可显示出该名称的颜色，如图8-45所示。也可以在中间的颜色条中选择颜色，如图8-46所示。

图8-44

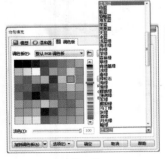

图8-45

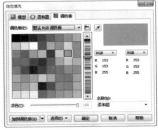

图8-46

★ 案例实战——使用均匀填充制作卡通猫咪

案例文件	案例文件＼第8章＼使用均匀填充制作卡通猫咪.cdr
视频教学	视频文件＼第8章＼使用均匀填充制作卡通猫咪.flv
难度级别	★★★★★
技术要点	均匀填充工具、钢笔工具

案例效果

本例主要是通过使用均匀填充工具、钢笔工具等制作卡通猫咪，效果如图8-47所示。

图8-47

操作步骤

01 执行"文件>新建"命令，在弹出的"创建新文档"对话框中设置"预设目标"为默认RGB，"大小"为A4，如图8-48所示。

02 单击工具箱中的"矩形工具"按钮，在画面中绘制合适大小的矩形，如图8-49所示。单击工具箱中的"均匀填充工具"按钮，在"均匀填充"对话框中选择"模型"选项卡，在面板中单击选择一种合适的颜色（R：249，G：234，B：191），如图8-50所示。

图8-48

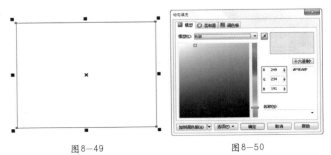

图8-49　　　　　图8-50

03 设置"轮廓笔"为无，效果如图8-51所示。单击工具箱中的"椭圆形工具"按钮 ，在矩形下方绘制一个合适的椭圆，如图8-52所示。

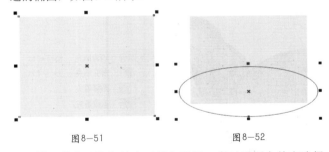

图8-51　　　　　图8-52

04 单击"均匀填充工具"按钮，在对话框中单击选择一种黄绿色（R：208，G：210，B：49），如图8-53所示。设置"轮廓笔"为无，效果如图8-54所示。

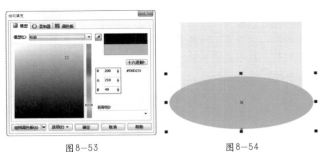

图8-53　　　　　图8-54

05 执行"效果>图框精确剪裁>置于图文框内部"命令，当光标变为黑色箭头时，单击矩形，如图8-55所示。效果如图8-56所示。

06 单击工具箱中的"钢笔工具"按钮 ，在草地上绘制一个藤蔓。然后单击工具箱中的"轮廓笔"按钮，设置颜色为黄绿色，"宽度"为16px，如图8-57所示。单击"椭圆形工具"按钮，按"Ctrl"键在藤蔓顶端绘制一个合适大小的正圆，图8-58所示。

图8-55　　　　　　　图8-56

07 单击"均匀填充工具"按钮，在对话框中设置颜色为绿色（R：228，G：226，B：93），效果如图8-59所示。设置"轮廓线"颜色为深一点的绿色，"宽度"为16px，效果如图8-60所示。

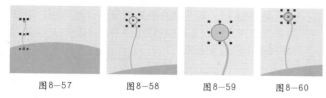

图8-57　　　图8-58　　　图8-59　　　图8-60

08 用同样的方法多次绘制藤蔓花纹，如图8-61所示。使用钢笔工具绘制出猫咪身体轮廓，如图8-62所示。

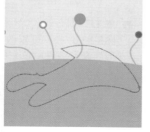

图8-61　　　　　　　　图8-62

09 单击"均匀填充工具"按钮，设置"填充颜色"为橘黄色（R：244，G：158，B：12），"轮廓笔"为无，效果如图8-63所示。使用钢笔工具绘制出猫咪头部的轮廓，如图8-64所示。

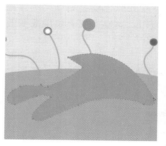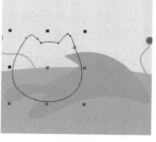

图8-63　　　　　　　　图8-64

10 单击"均匀填充工具"按钮，设置"填充颜色"为黄色（R：246 G：174 B：69），"轮廓笔"为无，效果如图8-65所示。用同样的方法制作出猫咪尾巴部分，如图8-66所示。

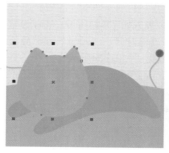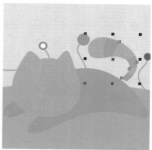

图8-65　　　　　　　　图8-66

11 继续使用钢笔工具和均匀填充工具调整猫咪脸部和耳朵的细节部分，填充深黄色（R：239，G：131，B：26），如图8-67所示。用同样的方法制作眼睛与胡须的部分，填充黑色，最终效果如图8-68所示。

图8-67　　　　　　　　图8-68

8.3.2 认识渐变填充工具

技术速查：使用渐变填充工具可以为图形设置线性、辐射、圆锥和正方形四类色彩渐变效果。

　　渐变是设计中常用的一种颜色表现方式，渐变的使用既增强了对象的可视效果，又丰富了信息的传达。如图8-69和图8-70所示是使用到渐变填充的作品。

　　选中需要设置渐变的对象，单击工具箱中的"填充工具"按钮🖋，在弹出的菜单中选择"渐变填充"选项，如图8-71所示。或按"F11"键，即可打开"渐变填充"对话

图8-69　　　　　　　　图8-70

框，在这里可以设置填充类型、填充颜色以及角度比例等属性，设置完毕后单击"确定"按钮，对象上就会出现渐变效果，如图8-72所示。

图8-71

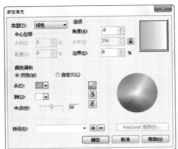

图8-72

下面对"渐变填充"对话框中部分选项进行介绍。

● 类型：单击"类型"下拉列表，如图8-73所示。可以设置渐变的类型为"线性"、"辐射"、"圆锥"和"正方形"四种不同的渐变填充效果，如图8-74所示。

图8-73

 线性　 辐射　 圆锥　正方形

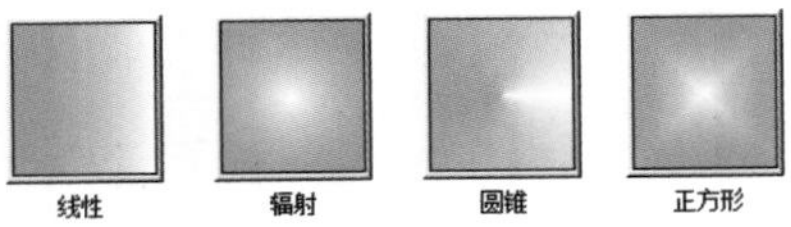

图8-74

● 角度：多用于选择分界线，其取值范围为-360~360之间。以线性填充方式为例，如图8-75和图8-76所示分别是数值为0和90的不同设置效果。将鼠标放在右上角的视图框中，按住左键并进行拖曳也可以随意改变其角度。

图8-75 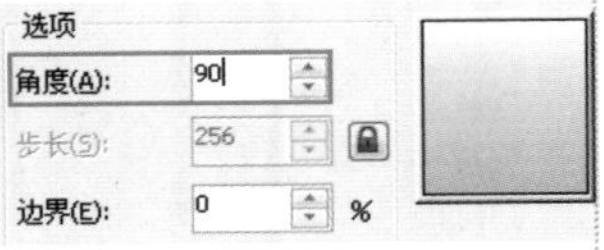　　　　　　　　图8-76

● 步长：多用于设置渐变的阶段数，其默认设置为256，数值越大，渐变的层次越多，表现得也就越细腻。以线性填充方式为例，如图8-77和图8-78所示分别是数值为256和5的不同设置效果。

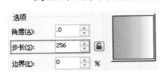 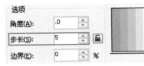

图8-77　　　　　　　　图8-78

● 边界：多用于设置边缘的宽度，其取值范围在0~49之间，数值越大，颜色间的相邻边缘也就越清晰。以线性填充方式为例，如图8-79和图8-80所示分别是数值为0和35的不同设置效果。

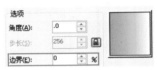 

图8-79 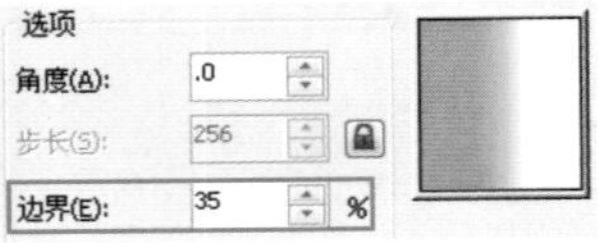　　　　　　　　图8-80

● 中心位移：包含"水平"和"垂直"两个选项，如图8-81所示，可以改变"辐射"、"圆锥"和"正方形"渐变填充的色彩中心点位置，如图8-82所示。

图8-81　　　　　　　　图8-82

8.3.3 动手学：填充双色渐变

"颜色调和"选项组下有两种渐变类型可以使用，分别是"双色"和"自定义"。选择"双色"选项即可设置两种颜色的渐变填充；选择"自定义"选项则可以设置多种颜色的渐变效果，如图8-83所示。

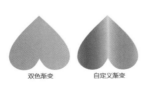

双色渐变　　　自定义渐变

图8-83

① 选中需要设置渐变的对象，按"F11"键打开"渐变填充"对话框。选中"颜色调和"选项组中的"双色"单选按钮，分别在"从（F）"和"到（O）"下拉菜单中选择渐变的两种基本颜色，单击移动"中心"滑块进行两种颜色的中心点位置的设置，如图8-84和图8-85所示分别是数值为20和75的不同设置效果。

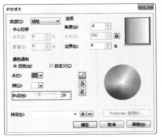 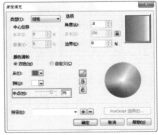

图8-84　　　　　　　　图8-85

② 在"颜色调和"选项组中分别单击"直线"按钮 （见图8-86）、"顺时针"按钮 （见图8-87）和"逆时针"按钮 （见图8-88）改变颜色在色轮上的路径设置。

图8-86

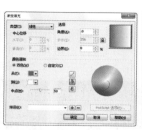
图8-87

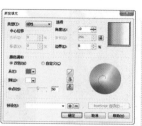
图8-88

技巧提示

单击 按钮时，在双色渐变中两种颜色在色轮上以直线方向渐变。

单击 按钮时，在双色渐变中两种颜色在色轮上以逆时针方向渐变。

单击 按钮时，在双色渐变中两种颜色在色轮上以顺时针方向渐变。

8.3.4 动手学：填充自定义渐变

01 选中需要设置渐变的对象，按"F11"键打开"渐变填充"对话框。在"颜色调和"选项组下选择类型为"自定义"时，可以设置两种或两种以上的渐变效果。在渐变色带上任何位置双击即可添加一种新的颜色，如图8-89所示。

图8-89

02 还可以将创建自定义渐变填充保存为预设，可以在"预设"文本框中输入名称，单击 按钮进行存储即可，如图8-90所示。

图8-90

03 选择不需要的预设名称，单击 按钮，在弹出的面板中单击"确定"按钮，如图8-91所示，可以删除不需要的渐变颜色，如图8-92所示。

图8-91

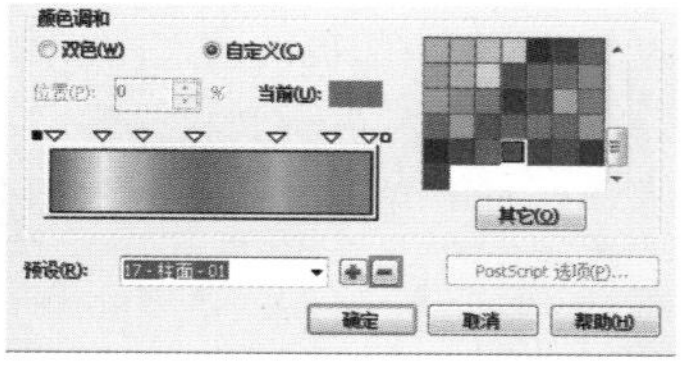

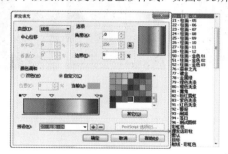
图8-92

04 单击"渐变填充"对话框中的"预设"下拉列表框，可以选择其中预设的渐变填充色彩样式，如图8-93所示。

图8-93

★ **案例实战——使用渐变填充制作质感手机**

案例文件	案例文件\第8章\使用渐变填充制作质感手机.cdr
视频教学	视频文件\第8章\使用渐变填充制作质感手机.flv
难度级别	★★★★★
技术要点	渐变填充工具、透明度工具、阴影工具

案例效果

本例主要是通过使用渐变填充工具、透明度工具、阴影工具等制作质感手机，效果如图8-94所示。

操作步骤

01 创建空白文件，执行"文件>导入"命令，导入素材文件"1.jpg"，如图8-95所示。首先绘制手机的整体轮廓，单击工具箱中的"矩形工具"按钮，在画面中心位置绘制一个矩形，如图8-96所示。

图8-94

图8-95

图8-96

02 在属性栏中单击"圆角"按钮，设置"圆角半径"为15mm，此时矩形变为圆角矩形，如图8-97所示。在调色板中单击"黑色"按钮■，右击☒按钮，去除轮廓线，如图8-98所示。

图8-97　　　　　　　　　　图8-98

03 复制圆角矩形，按"Shift"键以中心点为中心进行缩放，单击工具箱中的"渐变填充工具"按钮◈，在"渐变填充"对话框中设置"类型"为线性，在渐变色带上多次双击添加色块，并设置为不同明度的灰色，设置完成后单击"确定"按钮，如图8-99所示。此时圆角矩形呈现出一种灰色系金属渐变，效果如图8-100所示。

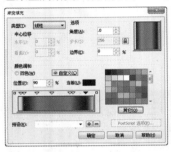

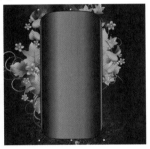

图8-99　　　　　　　　　　图8-100

04 再次复制黑色圆角矩形和灰色系渐变圆角矩形，一起放置在上层，进行适当缩放作为手机的边界，如图8-101所示。

05 再次复制黑色圆角矩形，放置在上层，进行适当缩放。单击"渐变填充工具"按钮，在"渐变填充"对话框中调整从黑色到灰色的渐变，设置"中心"为80，"角度"为-73，如图8-102所示。矩形效果如图8-103所示。

图8-101

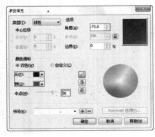

图8-102　　　　　　　　　　图8-103

06 单击工具箱中的"矩形工具"按钮绘制矩形，填充灰色作为屏幕，如图8-104所示。继续在电话听筒位置绘制一个小一点的矩形，在属性栏中单击"圆角"按钮，设置"圆角半径"为10mm，效果如图8-105所示。

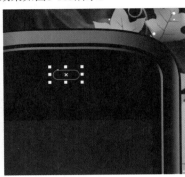

图8-104　　　　　　　　　　图8-105

07 单击"渐变填充工具"按钮，设置从灰色到白色的渐变，"角度"为90，如图8-106所示。圆角矩形效果如图8-107所示。复制灰色圆角矩形进行适当缩放，填充深一点的灰色，如图8-108所示。

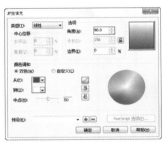

图8-106　　　　　图8-107　　　　　图8-108

08 再次使用矩形工具和渐变填充工具制作出听筒右侧的图形及下方按键的效果，如图8-109所示。

09 导入花藤素材文件"2.png"，调整大小，将其放置在屏幕的位置，如图8-110所示。单击工具箱中的"透明度工具"按钮☑，在花藤素材上从下向上拖曳填充，如图8-111所示。

图8-109　　　　　图8-110　　　　　图8-111

10 使用矩形工具绘制一个同屏幕一样大小的矩形，填充颜色为绿色，如图8-112所示。使用透明度工具在绿色矩形上拖曳，在属性栏中设置"透明度类型"为辐射，效果如图8-113所示。

图8-112　　　　　　图8-113

11　单击工具箱中的"钢笔工具"按钮，绘制出左侧高光图形，设置"填充颜色"为白色，"轮廓笔"为无，效果如图8-114所示。使用透明度工具为其添加透明效果，如图8-115所示。

图8-114　　　　　　图8-115

12　选择手机的各个部分，单击右键执行"群组"命令。再单击工具箱中的"阴影工具"按钮，在手机上按住鼠标左键并向下拖曳制作阴影效果，如图8-116所示。再次导入花藤素材"2.png"，调整大小将其放置在电话右侧，如图8-117所示。

图8-116　　　　　　图8-117

13　最后导入前景柠檬素材文件"3.png"，调整大小，将其放置在电话左下角。使用阴影工具添加阴影效果，最终效果如图8-118所示。

图8-118

☆　视频课堂——使用渐变填充制作徽章

案例文件\第8章\视频课堂——使用渐变填充制作徽章.cdr
视频文件\第8章\视频课堂——使用渐变填充制作徽章.flv

思路解析：

01　使用星形工具、椭圆形工具和钢笔工具绘制徽章各部分的形状。

02　对徽章的各部分填充纯色以及渐变。

03　借助透明度工具制作徽章的光泽感。

8.3.5 认识图样填充工具

技术速查：使用图样填充工具可以将大量重复的图案以拼贴的方式填入对象中。

　　CorelDRAW X6提供了多种预设图样填充可直接应用于对象，也可以自行创建图样填充。图样填充可以使对象呈现更丰富的视觉效果，也常用于材质以及质感的表现。如图8-119~图8-122所示为可以使用图样填充进行制作的作品。

图8-119

图8-120

图8-121

图8-122

　　单击填充工具组中的"图样填充"按钮，在弹出的"图样填充"对话框中可以从"双色"、"全色"和"位图"3种类型中进行选择，如图8-123和图8-124所示。

图8-123　　　　图8-124

下面对3种图样填充类型进行介绍。

- 双色：双色图样填充仅包括选定的两种颜色。
- 全色：全色图样填充则是比较复杂的矢量图形，可以由线条和填充组成。
- 位图：位图图样填充是一种位图图像，其复杂性取决于其大小、图像分辨率和位深度。

8.3.6 动手学：使用图样填充工具填充双色图样

　　01 选择需要填充的对象，如图8-125所示。单击填充工具组中的"图样填充"按钮，在弹出的"图样填充"对话框中选中"双色"单选按钮，单击图案预览框的下拉列表按钮，在下拉列表中选择需要填充的样式，如图8-126所示。

图8-125

图8-126

技巧提示

　　拖动列表右侧的滑块，可以预设列表中所有填充图案。

　　双色图案的填充只包括设置的"前部"和"后部"两种颜色。

　　02 选择好适合的图后可以在右侧的"前部"、"后部"进行颜色的设置，如图8-127所示。也可以进行尺寸旋转等参数的设置，设置完成后单击"确定"按钮结束操作，如图8-128所示。

　　03 如果要改变样式间的距离及倾斜度，首先要在"原始"面板中设置x轴与y轴的数值，并依次对"大小"、"变换"和"行或列位移"进行设置，如图8-129所示。再根据填充需求改变样式的间距及倾斜度，效果如图8-130所示。

　　04 如果没有想要的图案，可以单击"创建"按钮

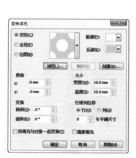

图8-127　　　　　　　图8-128

图8-129　　　　　　　图8-130

，在弹出的"双色图案编辑器"对话框中可以自行

绘制图案，按住左键在面板方格中进行绘制，单击右键可取消绘制的方格。绘制完成后在"双色图案编辑器"对话框的"位图尺寸"中设置方格的数量，在"笔尺寸"选项中可以设置绘制时单击一次填满方格的数量。单击"确定"按钮完成绘制，如图8-131所示。自定义的图样将会出现在图案预览框的下拉列表中，如图8-132所示。

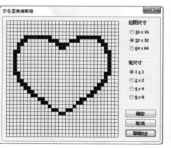

图8-131　　　　　　　图8-132

05 如果想要删除多余的图案，可以首先选中预览器中的图案，再单击"删除"按钮，如图8-133所示。在弹出的对话框中单击"确定"按钮执行图案删除命令，可以将不需要的预设图案进行删除，如图8-134所示。

图8-133　　　　　　　图8-134

8.3.7 动手学：使用图样填充工具填充全色图样

01 选择需要填充的对象，如图8-135所示。单击填充工具组中的"图样填充"按钮，在弹出的"图样填充"对话框中选中"全色"单选按钮，单击图案预览框右侧的按钮打开图样列表，在列表中选择需要填充的图样，如图8-136所示。单击"确定"按钮结束操作，所选对象被填充上了图样，效果如图8-137所示。

图8-135　　　　图8-136　　　　图8-137

02 如果当前列表中没有合适的图案，可以单击面板中的"浏览"按钮 浏览(L)... ，在弹出的"导入"对话框中选择一幅需要导入的图像，单击"导入"按钮执行"导入"命令，如图8-138所示。回到"图样填充"对话框中可以看到新载入的图案，如图8-139所示。

技巧提示

全色填充与双色填充有所不同，所设置的预设全色图案不能被删除，导入的全色图案不能被保存在下拉列表中。

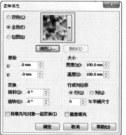

图8-138　　　　　　　图8-139

第8章　填充与轮廓

173

8.3.8 动手学：使用图样填充工具填充位图图样

01 选择需要填充的对象，如图8-140所示。单击填充工具组中的"图样填充"按钮，在弹出的"图样填充"对话框中选中"位图"单选按钮，单击图案预览框的下拉列表按钮，在下拉列表中选择需要填充的样式，位图填充可使用预设的或导入的位图图像来填充对象，如图8-141所示。位图填充不能使用矢量图进行填充，只能使用位图填充，并且其图样可以被保存及删除。

 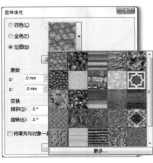

图8-140　　　　　　　　　　图8-141

02 如果列表中没有适合的图案，可以单击"浏览"按钮 浏览(...)，在弹出的"导入"对话框中选择一幅需要导入的图像，如图8-142所示。单击"导入"按钮执行"导入"命令，如图8-143所示。

图8-142　　　　　　　　　　图8-143

★ 案例实战——使用图样填充制作层次感招贴

案例文件	案例文件\第8章\使用图样填充制作层次感招贴.cdr
视频教学	视频教学\第8章\使用图样填充制作层次感招贴.flv
难度级别	★★★★★
技术要点	图样填充工具、透明度工具、文本工具

案例效果

本例主要是通过使用图样填充工具、透明度工具、文本工具等制作层次感招贴，效果如图8-144所示。

操作步骤

01 创建空白文件，执行"文件>导入"命令，导入素材文件"1.jpg"，如图8-145所示。再单击工具箱中的"文本工具"按钮 ，在属性栏中设置合适的字体及大小，输入文字，将其旋转至合适角度，如图8-146所示。

02 复制文字，单击工具箱中的"渐变填充工具"按钮，在"渐变填充"对话框中设置双色渐变的两种颜色分别为粉色和粉紫色，"角度"为-30，如图8-147所示。适当调整文字角度，效果如图8-148所示。

图8-144

图8-145　　　　　　　　　　图8-146

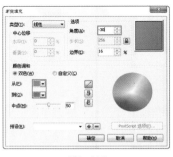

图8-147　　　　　　　　　　图8-148

03 再次复制渐变文字，单击工具箱中的"图样填充工具"按钮，在"图样填充"对话框中选中"双色"单选按钮，选择一个合适的图形，设置"前部"为白色，"后部"为黑色，"宽度"和"高度"均为40mm，如图8-149和图8-150所示。

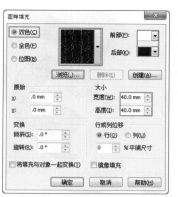

图8-149 图8-150

04 单击工具箱中的"透明度工具"按钮 ，在属性栏中设置"透明度类型"为标准，"透明度操作"为Add，"开始透明度"为0，如图8-151所示。当前文字效果如图8-152所示。

图8-151

05 单击工具箱中的"钢笔工具"按钮 ，在数字附近绘制图形，填充黑色，如图8-153所示。继续绘制图形，填充紫色到红色的渐变，如图8-154所示。

图8-152 图8-153 图8-154

06 复制底部图形，填充红色，如图8-155所示。再次复制该图形，使用图样填充工具，在"图样填充"对话框中选中"双色"单选按钮，选择一个合适的图形，设置"前部"为白色，"后部"为黑色，"宽度"和"高度"均为13mm，如图8-156和图8-157所示。

图8-155 图8-156 图8-157

07 单击"透明度工具"按钮，在图形上拖曳，在属性栏中设置"透明度类型"为线性，"透明度操作"为Add，"开始透明度"为100，如图8-158所示。此时这个图形上呈现出图案与颜色叠加的效果，如图8-159所示。

08 单击工具箱中的"椭圆形工具"按钮 ，按"Ctrl"键绘制一个正圆。使用图样填充工具，在"图样填充"对话框中选中"双色"单选按钮，选择一个合适的图形，设置"前部"为白色，"后部"为黑色，"宽度"和"高度"均为13mm，如图8-160和图8-161所示。

图8-158

图8-159 图8-160 图8-161

09 单击"透明度工具"按钮，在属性栏中设置"透明度类型"为辐射，"透明度操作"为Add，"开始透明度"为40，如图8-162和图8-163所示。

10 再次使用文本工具输入数字，填充红色到紫色的渐变色，如图8-164所示。使用钢笔工具在数字右侧绘制高光部分，填充白色，设置"轮廓笔"为无，效果如图8-165所示。使用透明度工具为高光部分填充透明度，效果如图8-166所示。

图8-162

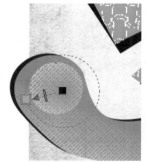 

图8-163 图8-164

图8-165 图8-166

第8章 填充与轮廓

175

11 复制文字适当缩放以及旋转。使用图样填充工具，在"图样填充"对话框中选中"双色"单选按钮，选择一个合适的图形，设置"前部"为白色，"后部"为黑色，"宽度"和"高度"均为15mm，如图8-167和图8-168所示。

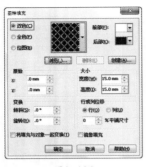

图8-167

图8-168

12 单击"透明度工具"按钮，在属性栏中设置"透明度类型"为线性，"透明度操作"为Add，"开始透明度"为100，如图8-169和图8-170所示。

13 用同样的方法制作文字右侧的半透明图案效果，如图8-171所示。选择渐变文字，单击右键执行"顺序>向后一层"命令，或按"Ctrl+PageDown"快捷键，调整图层顺序，如图8-172所示。

图8-169

图8-170　　图8-171　　　　图8-172

14 复制文字，调整大小及角度。使用图样填充工具，在"图样填充"对话框中选中"双色"单选按钮，选择一个合适的图形，设置"前部"为白色，"后部"为黑色，"宽度"和"高度"均为15mm，如图8-173和图8-174所示。

15 单击"透明度工具"按钮，在属性栏中设置"透明度类型"为标准，"透明度操作"为Add，"开始透明度"为80，如图8-175和图8-176所示。

16 使用文本工具输入文字，使用图样填充工具，在"图样填充"对话框中选中"双色"单选按钮，选择一个合适的图形，设置"前部"为黑色，"后部"为白色，"宽度"和"高度"均为12mm，如图8-177和图8-178所示。

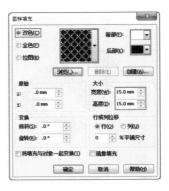

图8-173　　　　　　　图8-174

图8-175

图8-176　　　　图8-177　　　　图8-178

17 单击"透明度工具"按钮，在属性栏中设置"透明度类型"为标准，"透明度操作"为减少，"开始透明度"为90，如图8-179和图8-180所示。

18 使用椭圆形工具在画面中心位置绘制一个正圆，使用图样填充工具，在"图样填充"对话框中选中"双色"单选按钮，选择一个合适的图形，设置"前部"为白色，"后部"为黑色，"宽度"和"高度"均为15mm，如图8-181和图8-182所示。

图8-179

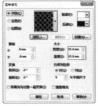

图8-180　　　　图8-181　　　　图8-182

19 使用透明度工具在选项栏中设置"透明度操作"为Add的半透明效果，如图8-183所示。再次使用文字工具输入数字，设置颜色为黑色，如图8-184所示。

20 使用钢笔工具绘制高光图形，填充白色，使用透明度工具在文字上按住鼠标左键并拖动光标为其添加透明效果，如图8-185所示。用同样的方法制作文字上的其他高光部分，如图8-186所示。

图8-183

图8-184

图8-185

图8-186

21 使用钢笔工具在黑色文字左上角绘制流淌效果，填充黄色，如图8-187所示。用同样的方法制作下面的流淌效果，调整图像顺序，如图8-188所示。

图8-187

图8-188

22 选择除背景以外的所有图像，单击右键执行"群组"命令，如图8-189所示。单击"矩形工具"按钮绘制一个同背景一样大小的矩形，如图8-190所示。

图8-189

图8-190

23 选择群组的图形，执行"效果>图框精确剪裁>置于图文框内部"命令，当指针变为黑色箭头时，单击矩形框，如图8-191所示。设置矩形图框的"轮廓笔"为无，最终效果如图8-192所示。

图8-191

图8-192

8.3.9 动手学：底纹填充

技术速查：底纹填充是为对象填充天然材料的外观效果。

底纹填充的原理与矢量图一样，底纹填充也被称为纹理填充，这些预设的纹理效果是使用数学公式运算而成的。如图8-193和图8-194所示为使用到底纹填充的作品。

01 单击工具箱中的"填充工具"按钮 ，在下拉菜单中选择"底纹填充"选项，如图8-195所示。在弹出的"底纹填充"对话框的"底纹库"下拉列表框和"底纹列表"列表框中选择需要填充的样式，如图8-196所示。

图8-193

图8-194

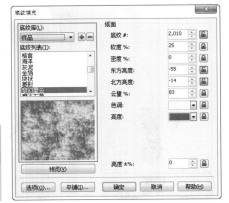

图8-196

图8-195

图8-199

图8-200

话框中设置"位图分辨率"的数值，分辨率越高，其纹理显示也就越清晰，但因此文件的尺寸也就会增大，所占的系统内存也就越多，如图8-201所示。

⑤ 想要设置底纹的平铺参数，可以单击窗口左下角的"平铺"按钮。在弹出的"平铺"对话框中可以设置纹理的"原始"、"大小"、"变换"和"行或列位移"等属性，如图8-202所示。

⑥ 单击窗口中需要填充的图形，在对话框中选择填充图案，如图8-197所示。单击"确定"按钮结束操作，效果如图8-198所示。

图8-197

图8-198

图8-201

图8-202

③ 在"底纹填充"对话框右侧可以对"旋涡"栏进行一系列设置，如图8-199所示。调整参数后从而生成一种新的图案，单击左侧"预览"按钮可以对生成的图案进行预览观察，如图8-200所示。

④ 如果想要对底纹的分辨率以及尺寸进行设置，可以单击面板左下角的"选项"按钮，在弹出的"底纹选项"对

技巧提示

底纹填充实际上也就是位图的填充，所占的系统内存较多，在一个文件中不便过多地使用材质填充。

8.3.10 PostScript填充

技术速查：PostScript填充是由PostScript语言计算出来的一种极为复杂的底纹。

PostScript填充是一种特殊的花纹填色工具，这种填色不仅纹路细腻，而且占用的空间也不大，适合用于较大面积的花纹设计，如图8-203和图8-204所示。

图8-203   图8-204

单击工具箱中填充工具组中的"PostScript填充"按钮，如图8-205所示。在弹出的"PostScript底纹"对话框中单击左侧的下拉列表，选择其中的预设PostScript纹理，选中"预览填充"复选框，可以在对话框中预览选择的图形，在"参数"面板中设置相关数值，不同的选项参数设置会有不同的效果，单击窗口中需要填充的图形，最后单击"确定"按钮结束操作，如图8-206和图8-207所示。

图8-205

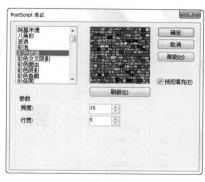

图8-206　　　　　　　　　　图8-207

技巧提示

由于PostScript底纹填充是使用PostScript语言创建的，包含PostScript底纹填充的对象的打印或屏幕更新的时间可能较长。

读书笔记

8.3.11 去除对象填充

技术速查：填充工具组中的"无填充"命令主要用于清除已经被填充的图案。

选中填充的样式，单击工具箱中的"填充工具"按钮，在下拉菜单中选择"无填充"选项，如图8-208所示，即可清除填充图案，如图8-209所示。

"填充"下拉菜单进行相应设置，如图8-211所示。

图8-208　　　　　　　　图8-209

除此之外，还可以运用泊坞窗为图形应用填充，执行"窗口>泊坞窗>对象属性"命令，或按"Alt+Enter"快捷键，如图8-210所示，在弹出的"对象属性"窗口中单击

图8-210　　　　　　　　图8-211

8.4 编辑轮廓线

轮廓线是矢量图形重要的组成部分之一，在CorelDRAW中既可以设置轮廓线的颜色，也可以对轮廓线的粗细以及样式进行设置。通过对轮廓线属性的调整能够制作出丰富多彩的画面效果，如图8-212~图8-215所示。

图8-212　　　　　　图8-213　　　　　　图8-214　　　　　　图8-215

将一个包含轮廓线的对象进行缩放时，其轮廓宽度不产生任何变化。

可以通过以下方式更改轮廓线属性：

01 在工具箱中单击"轮廓笔"按钮，打开"轮廓笔"对话框，如图8-216和图8-217所示。或者通过单击"轮廓色"按钮设置轮廓线的颜色，或在菜单中通过单击"1px"、"2px"、"3px"、"4px"等设置轮廓线的宽度。

02 双击操作界面右下角的"轮廓笔"按钮，打开"轮廓笔"对话框，如图8-218所示。

03 在使用选择工具选中图形后，可以在属性栏"轮廓宽度"输入数值，更改轮廓宽度，如图8-219所示。

图8-216

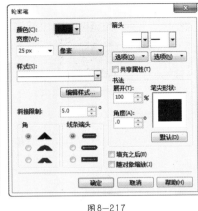
图8-217

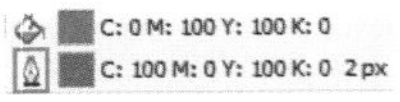

图8-218

图8-219

8.4.1 设置"轮廓笔"属性

01 选择需要更改轮廓属性的对象，如图8-220所示。单击工具箱中的"轮廓笔"按钮，在子菜单中单击"轮廓笔"按钮，如图8-221所示，在弹出的"轮廓笔"对话框中单击"颜色"下拉菜单，选择填充颜色，然后单击"确定"按钮结束操作，如图8-222所示。可以看到对象的轮廓线颜色发生了变化，如图8-223所示。

图8-220

图8-221

在"轮廓颜色"对话框中分别选择"模型"、"混合器"和"调色板"选项卡，可以通过不同面板来设置所要修改的颜色，如图8-224~图8-226所示。

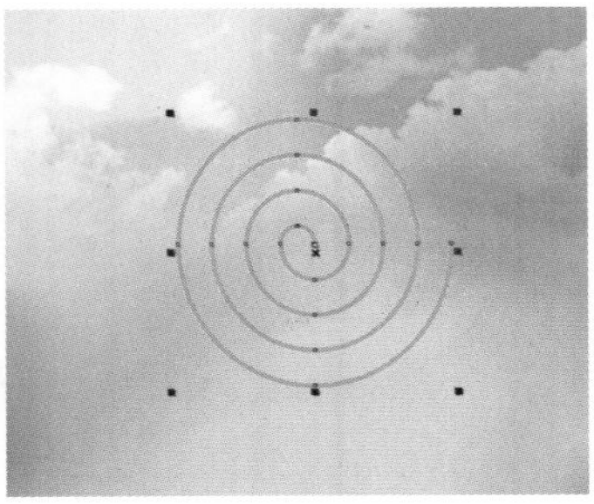

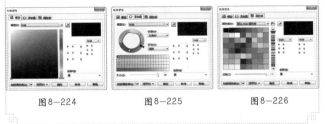
图8-224   图8-225   图8-226

02 按"F12"键也可以打开"轮廓笔"对话框，在弹出的"轮廓笔"对话框中单击"宽度"下拉菜单进行轮廓的粗细设置，然后单击"确定"按钮结束操作，如图8-227所示。粗细不同的轮廓线对比效果如图8-228和图8-229所示。

图8-227   图8-228   图8-229

03 在"轮廓笔"对话框中单击"样式"下拉列表，在这里可以设置轮廓线是连续的线或是带有不同大小空隙的虚线，如图8-230所示。对比效果如图8-231和图8-232所示。

图8-222

图8-223

图8-230

图8-231

图8-232

技术拓展：设置虚线样式

单击"轮廓笔"对话框中的"编辑样式"按钮，在弹出的"编辑线条样式"对话框中移动滑块，自定义设置一种虚线样式，单击"添加"按钮进行添加，然后单击"轮廓线"对话框中的"确定"按钮结束操作，如图8-233所示。

图8-233

04 在"轮廓笔"对话框中对轮廓线箭头进行设置，在此项中可以设置线条起始点与结束点的箭头样式，如图8-234所示。选中对象后，在选择工具属性栏中也可以针对线条起始点与结束点的箭头样式进行设置，如图8-235所示。

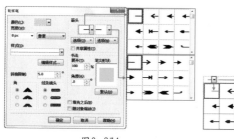

图8-234

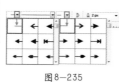

图8-235

05 通过对角样式的设置可以控制线条中的角形状，设置线条端头样式可以更改线条终点的外观，如图8-236和图8-237所示。

06 在"书法"组中可以通过"展开"、"角度"的设置以及"笔尖"形状的选择模拟曲线的书法效果，如图8-238所示。

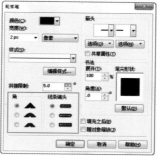

图8-236

图8-237

图8-238

★ 案例实战——编辑轮廓线制作有趣的数字海报

案例文件	案例文件\第8章\编辑轮廓线制作有趣的数字海报.cdr
视频教学	视频文件\第8章\编辑轮廓线制作有趣的数字海报.flv
难度级别	★★★★★
技术要点	轮廓笔设置、图框精确剪裁

案例效果

本例主要是通过对文字的轮廓线样式、颜色、粗细进行设置制作有趣的数字海报，效果如图8-239所示。

图8-239

操作步骤

01 执行"文件>新建"命令，在弹出的"创建新文档"对话框中设置"预设目标"为默认RGB，"大小"为A4，如图8-240所示。再单击工具箱中的"矩形工具"按钮，在画面中绘制合适大小的矩形，如图8-241所示。

图8-240

图8-241

02 单击工具箱中的"渐变工具"按钮，在"渐变填充"对话框中设置"类型"为辐射，颜色为从淡黄色到白色的渐变，如图8-242所示。再设置"轮廓笔"为无，效果如图8-243所示。

图8-242

图8-243

03 单击工具箱中的"文本工具"按钮，在属性栏中设置合适的字体及大小，再在画面中输入数字，如图8-244所示。导入花纹素材文件"1.png"，调整合适大小，将其放置在数字上，如图8-245所示。

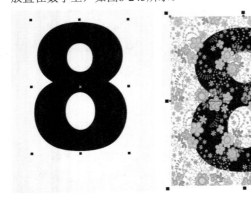

图8-244

图8-245

04 选择花纹素材，执行"效果>图框精确剪裁>置于图文框内部"命令，当指针变为黑色箭头时，单击文字，如图8-246所示。设置文字图框的填充为无，效果如图8-247所示。

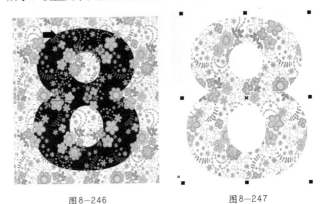

图8-246

图8-247

05 下面需要制作文字的虚线边框。选中文字，双击软件面板中右下角的"轮廓笔"按钮。在"轮廓笔"对话框中设置"颜色"为黄色，"宽度"为50px，"样式"为虚线，再设置一种硬角，如图8-248所示。效果如图8-249所示。

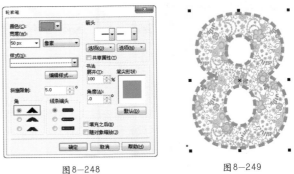

图8-248

图8-249

06 使用文本工具在属性栏中设置合适的字体及大小，在画面下方输入文字，最终效果如图8-250所示。

图8-250

8.4.2 清除轮廓线

去除轮廓线的方法很多，可以单击工具箱中的"轮廓笔"按钮 ✐，在下拉菜单中单击"无轮廓"按钮 ✕，将图案的轮廓进行移除，如图8-251所示。也可以将轮廓线宽度设置为0，或者在调色板中右击 ⊠ 按钮，同样可以清除轮廓线，如图8-252和图8-253所示。

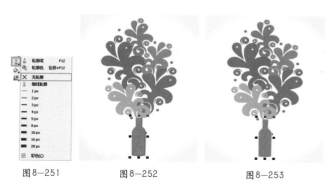

图8-251　　　图8-252　　　图8-253

8.4.3 将轮廓转换为对象

轮廓线是图形的一部分，对图形进行编辑时轮廓线也会发生变化，如图8-254所示。想要单独编辑轮廓线的形状却不可以直接对图形进行操作，这时可以通过执行"排列>将轮廓转换为对象"命令，或按"Ctrl+Shift+Q"组合键，将轮廓转换为对象，如图8-255所示。此时轮廓线成为独立的图形，可以进行形态编辑以及填充渐变图案等操作，如图8-256所示。

图8-254

图8-255　　　　　图8-256

★ 案例实战——添加轮廓线制作可爱卡通相框

案例文件	案例文件\第8章\添加轮廓线制作可爱卡通相框.cdr
视频教学	视频文件\第8章\添加轮廓线制作可爱卡通相框.flv
难度级别	★★★★★
技术要点	轮廓笔、钢笔工具

案例效果

本例主要通过使用轮廓笔、钢笔工具等制作可爱卡通相框，效果如图8-257所示。

操作步骤

01 执行"文件>新建"命令，在弹出的"创建新文档"对话框中设置"预设目标"为默认RGB，"大小"为A4，如图8-258所示。再单击工具箱中的"矩形工具"按钮 ▢，在画面中绘制合适大小的矩形，如图8-259所示。

02 单击工具箱中的"图样填充工具"按钮 ◈，在"图样填充"对话框中选中"双色"单选按钮，设置一种合适的图形，调整"前部"为白色，"后部"为粉色，"宽度"和"高度"为10mm，如图8-260所示。设置"轮廓笔"为无，此时背景为粉色格子效果，如图8-261所示。

图8-257

图8-258

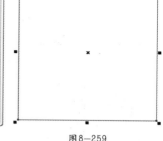

图8-259

03 单击工具箱中的"椭圆形工具"按钮 ◯，按"Ctrl"键在画面下方绘制一个正圆，填充粉色，设置"轮廓笔"为无，如图8-262所示。复制正圆，按"Shift"键以中心为点进行等比例缩放，如图8-263所示。

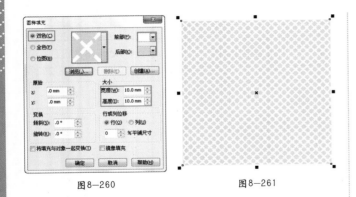

图8-260

图8-261

同样的方法制作另一条白色虚线，如图8-271所示。

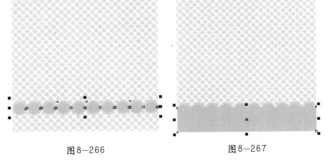

图8-266

图8-267

图8-262

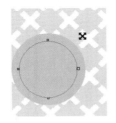

图8-263

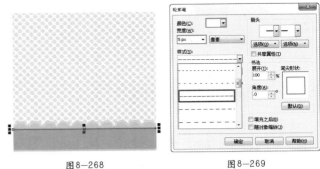

图8-268

图8-269

04 单击CorelDRAW界面右下角的"轮廓笔"按钮，在"轮廓笔"对话框中设置"颜色"为白色，"宽度"为8px，单击样式，在下拉列表中选择一种合适的虚线，如图8-264所示。效果如图8-265所示。

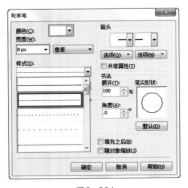

图8-264

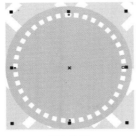

图8-265

图8-270

图8-271

05 用同样的方法制作其他正圆，依次进行排列，如图8-266所示。使用矩形工具在画面下方绘制一个合适大小的矩形，填充颜色为粉色，如图8-267所示。

06 绘制一个小一点的矩形，填充深粉色，单击工具箱中的"钢笔工具"按钮，在深粉色的矩形上绘制一条线段，如图8-268所示。按下"F12"键打开"轮廓笔"对话框，设置"颜色"为淡黄色，"宽度"为5px，单击样式，在下拉列表中选择一种合适的虚线，如图8-269和图8-270所示。用

技巧提示

使用钢笔工具时按住"Shift"键可绘制直线。

07 使用钢笔工具在深粉色矩形左侧绘制出花朵的图形，设置填充为黄色，按"F12"键打开"轮廓笔"对话框，设置"颜色"为白色，"宽度"为10px，"样式"为直线，如图8-272和图8-273所示。

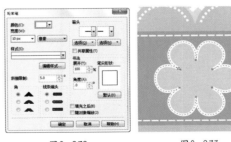

图8-272

图8-273

08 单击工具箱中的"阴影工具"按钮 □，在黄色花朵上按住鼠标左键并拖曳制作阴影效果，如图8-274所示。继续使用椭圆形工具在花朵上绘制一个合适大小的正圆，填充浅一点的红色，如图8-275所示。

09 复制该花朵，并依次更改填充颜色，如图8-276所示。使用钢笔工具在画面上绘制一个不规则椭圆，填充颜色为浅橘色（R：241，G：215，B：198），添加"轮廓笔"，设置"颜色"为淡红色，"宽度"为70px，"样式"为直线，如图8-277所示。

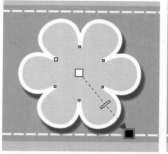

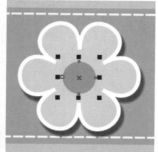

图8-274　　　　　　　　　图8-275

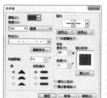

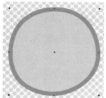

图8-276　　　　　　　　　图8-277

10 复制不规则椭圆，按"Shift"键以中心为点进行适当缩放，设置填充为无，添加"轮廓笔"，设置"颜色"为棕色，"宽度"为3px，选择一种虚线的样式，如图8-278和图8-279所示。复制虚线，按"Shift"键以中心为点进行等比例缩放，如图8-280所示。

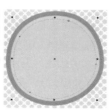

图8-278　　　　图8-279　　　　图8-280

思维点拨

　　浅珊瑚红色是女性用品广告中常用的颜色，可以展现女性温柔的感觉。透彻明晰的色彩，流露出含蓄的美感，华丽而不失典雅，如图8-281和图8-282所示。

图8-281　　　　　　　　　图8-282

11 复制不规则圆形，并适当缩小，设置"填充色"为白色，"轮廓色"为浅黄色，"宽度"为80px，如图8-283所示。导入人像素材文件"1.jpg"，如图8-284所示。

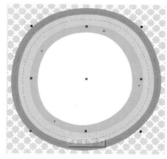

图8-283　　　　　　　　　图8-284

12 执行"效果>图框精确剪裁>置于图文框内部"命令，当指针变为黑色箭头时，单击白色圆形，将其放置在椭圆形内，如图8-285所示。复制画面底部的花朵，摆放在人像附近，并去除轮廓线，如图8-286所示。

图8-285　　　　　　　　　图8-286

13 继续使用椭圆形工具和钢笔工具绘制出甲虫效果，将其放置在椭圆形右下角，如图8-287所示。使用钢笔工具绘制出椭圆、花朵和甲虫的轮廓图，并设置填充颜色为白色，如图8-288所示。

图8-287　　　　　　　图8-288

14 使用阴影工具为其添加阴影效果，然后多次单击右键，执行"顺序>向后一层"命令，调整图像顺序，最终效果如图8-289所示。

图8-289

8.5 使用智能填充工具

　　顾名思义，智能填充是一种填充工具，但是冠以了"智能"一词就说明这个功能必然有它的特别之处。普通的填充工具需要应用于一个对象。而智能填充工具则可以对任何一个闭合区域进行填充，例如两个对象重叠而成的区域。如图8-290和图8-291所示为使用该工具制作的作品。

图8-290　　　　　　　图8-291

8.5.1 认识智能填充工具

　　单击工具箱中的"智能填充工具"按钮 🐾，在选项栏中可以对填充与轮廓线进行设置，如图8-292所示。

图8-292

下面对图8-292中选项的含义进行介绍。

- 填充选项：用于设置使用默认值、指定或无填充。
- 填充色：用于设置填充的颜色，可以从预设中选择合适的颜色，也可以自行定义。
- 轮廓选项：用于设置轮廓属性。
- 轮廓宽度：用于设置轮廓的宽度数值。
- 轮廓色：用于设置对象的轮廓颜色。

8.5.2 动手学：使用智能填充工具填充重叠区域

　　01 智能填充工具的使用方法非常简单，如图8-293所示为几个重叠的图形。单击工具箱中的"智能填充工具"按钮 🐾，对属性栏中的"填充选项"和"轮廓选项"进行适当的设置。然后将光标移动到要填充的区域，单击即可进行填充，如图8-294所示。

　　02 被填充的区域实际上是创建出了一个新的对象，使用选择工具单击即可选中新增的对象，将其移动到其他区域，如图8-295所示。使用文字工具在其上输入文字，一个简约的标志就制作出来了，如图8-296所示。

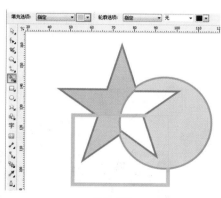

图8-293　　　　　　　　　　图8-294　　　　　　　　图8-295　　　　　　　　图8-296

8.6 交互式填充

交互式填充工具与填充工具不同，交互式填充工具可以直接在对象上拖动鼠标以填充该对象，然后通过控制柄和控制杆调整填充的边界和角度，这样就能够快速调整填充效果。如图8-297和图8-298所示为使用该工具制作的作品。

图8-297　　　　　　　　　　图8-298

8.6.1 认识交互式填充工具

单击工具箱中的"交互式填充工具"按钮 ，可在属性栏看到该工具相应的设置参数，如图8-299所示。

填充类型　填充颜色　填充中心点　填充角度/边界

图8-299

下面对属性栏中的选项进行介绍。

● 填充类型：设置填充的类型，其中包含均匀填充、线

性、辐射、圆锥、正方形、双色图样等。

● 填充颜色：在此处可以设置渐变的起始色和终点色。

● 填充中心点：设置渐变中两种颜色所占比例，数值越大，中心点越接近终止颜色，起始颜色范围也就越大。

● 填充角度/边界：用于调整渐变填充的方向角度以及边界颜色宽度。

8.6.2 动手学：使用交互式填充工具

01 单击属性栏中的"填充类型"下拉菜单，如图8-300所示，选择一种填充类型，单击"填充色"下拉菜单，如图8-301所示，选择其中一个样式进行编辑，如图8-302和图8-303所示。

图8-300

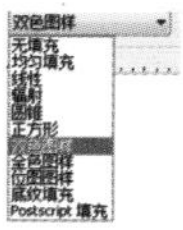

图8-301 　　　图8-302

图8-303

02 单击"前景色"按钮，打开颜色列表，选择其中一个颜色，用同样的方法设置其背景色，如图8-304和图8-305所示。

图8-304　　　　图8-305

03 分别单击"小型拼接"按钮、"中型拼接"按钮和"大型拼接"按钮，可以依次设置图样填充的拼贴大小，如图8-306~图8-308所示。

图8-306　　　　图8-307　　　　图8-308

04 "编辑平铺"的设置可以更为精确地控制图样填充的大小，在"编辑平铺"的高度及宽度的数值框中输入数值进行改变，如图8-309所示。

05 单击工具箱中的"交互式填充工具"按钮，在含有图案填充的图形上单击，就会显示出图案编辑控制框，使用鼠标拖曳矩形控制框正中心的图标，可以改变图案在图形中的相对位置，如图8-310和图8-311所示。

图8-309

图8-310　　　　图8-311

06 按住左键任意拖动箭头的矩形，可以改变图案的宽度及长度，向斜度拖动，还可以改变图案的倾斜度，如图8-312~图8-315所示。

图8-312　　　　图8-313

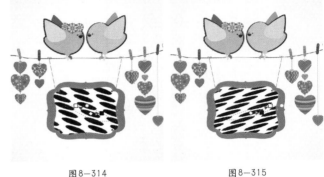

图8-314　　　　图8-315

07 按住左键任意拖动矩形框右上角的圆形图标，可以成比例将图案进行缩放或旋转，如图8-316~图8-318所示。

图8-316　　　　图8-317　　　　图8-318

读书笔记

8.7 动手学：使用网状填充工具

技术速查：网状填充工具是一种多点填色工具，使用它可以创造出非常复杂多变的网状填充效果。

使用网状填充工具可以将每一个网点填充上不同的颜色并定义颜色的扭曲方向，而这些色彩相互之间还会产生晕染效果。在使用时，通过将色彩拖到网状区域即可创造出丰富的艺术效果，如图8-319和图8-320所示为使用网状填充工具制作出的作品。

图8-319

图8-320

8.7.1 认识网状填充工具

单击工具箱中的"交互式填充工具"按钮 ，在下拉菜单中单击"网状填充"按钮 ，如图8-321所示。网状填充工具的属性栏与形状工具有些相似。在这里除了可以指定网格的列数与行数外，还可以通过添加和移除节点或焦点来编辑网状填充网络，单击"平滑网状颜色"按钮 ，可以将颜色进行平滑处理，如图8-322所示。

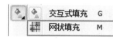

图8-321

图8-322

8.7.2 动手学：使用网状填充工具

① 选择需要使用网状填充工具的对象，如图8-323所示。单击工具箱中的"网状填充"按钮 ，在属性栏中设置网格数量为3×3，此时可以看到图形上出现带有节点的网状结构，如图8-324所示。

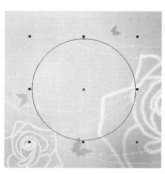

图8-323

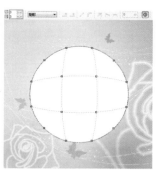

图8-324

② 可以使用光标单击选中网格中的区域或节点，然后在调色板中单击颜色，这个区域即可出现颜色，如图8-325所示。也可以使用拖曳的方法将调色板中的颜色拖到网状范围内，如图8-326所示。

③ 用同样的方法可以将颜色拖到节点上，如图8-327所示。将光标定位到节点上，按住鼠标左键并拖曳即可调节节点的位置，从而影响图形的颜色，如图8-328所示。

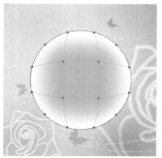

图8-325

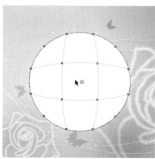

图8-326

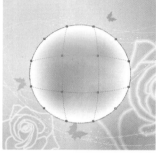

图8-327

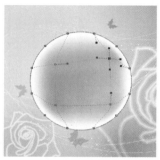

图8-328

★ 案例实战——使用网状填充工具制作卡通女孩

案例文件	案例文件＼第8章＼使用网状填充工具制作卡通女孩.cdr
视频教学	视频文件＼第8章＼使用网状填充工具制作卡通女孩.flv
难度级别	★★★★★
技术要点	网状填充工具、钢笔工具、图样填充工具

案例效果

本例主要通过使用网状填充工具制作多彩的背景以及女孩脸颊的红晕效果，并使用钢笔工具绘制女孩的其他部分，效果如图8-329所示。

图8-329

操作步骤

01 执行"文件>新建"命令，创建空白文件。再单击工具箱中的"矩形工具"按钮□，在画面中绘制合适大小的矩形，如图8-330所示。

02 单击工具箱中的"网状填充工具"按钮，可以在矩形框上看见调整点，单击上面的中间点，在属性栏中设置"颜色"为粉色，如图8-331所示。此时所选的点也显示粉色，如图8-332所示。继续单击左上角控制点，在属性栏中设置颜色为蓝色，效果如图8-333所示。

图8-330

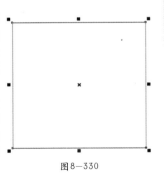

图8-331

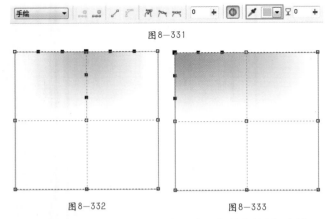

图8-332　　　　　　　图8-333

03 单击左侧中间的控制点，在调色板中设置"颜色"为黄色，如图8-334所示。多次选择网格点，在属性栏或调色板中设置控制点的颜色，如图8-335所示。

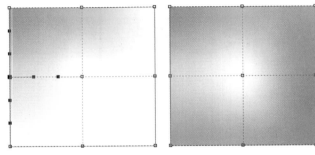

图8-334　　　　　　图8-335

04 选中背景矩形，在调色板中设置"轮廓笔"为无，效果如图8-336所示。单击工具箱中的"椭圆形工具"按钮○，按住"Ctrl"键在矩形上绘制一个合适大小的正圆，如图8-337所示。

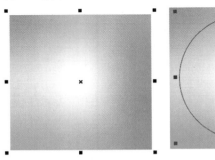

图8-336　　　　　　　图8-337

05 单击工具箱中的"图样填充工具"按钮，在"图样填充"对话框中选中"全色"单选按钮，选择一种合适的图形，设置"宽度"和"高度"均为100mm，如图8-338所示。设置"轮廓笔"的"颜色"为白色，"宽度"为2mm，效果如图8-339所示。

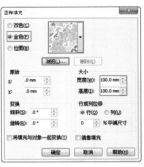

图8-338　　　　　　　图8-339

06 下面开始绘制卡通女孩。单击工具箱中的"钢笔工具"按钮，绘制出人像脸部，填充颜色为浅肉色，如图8-340所示。继续使用钢笔工具绘制女孩头发和轮廓部分，填充黑色，如图8-341所示。

07 使用钢笔工具分别绘制出人像衣服和手臂位置，填充相应颜色，如图8-342所示。再次使用钢笔工具绘制出耳麦部分，填充红色和紫色，如图8-343所示。

图8-340

图8-341

图8-342

图8-343

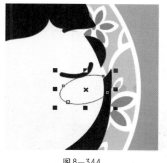
图8-344

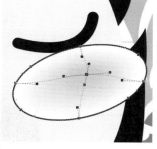
图8-345

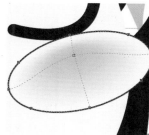
图8-346

图8-347

08 下面需要绘制女孩脸颊处的腮红。使用椭圆形工具在右侧脸部绘制一个合适大小的椭圆，调整合适角度，如图8-344所示。单击工具箱中的"网状填充工具"按钮，单击中间的控制点，在属性栏中设置颜色为粉红色，如图8-345所示。

09 单击周边控制点，在属性栏中设置颜色为人物肤色颜色，单击选择中间的控制点，按住左键并拖曳，调整控制点位置，如图8-346所示。设置"轮廓笔"为无，单击右键执行"顺序>向后一层"命令，或按"Ctrl+PageDown"快捷键，调整图像顺序，如图8-347所示。

10 用同样的方法制作左侧腮部效果，如图8-348所示。使用钢笔工具绘制眼镜框，填充红色，最终效果如图8-349所示。

图8-348

图8-349

8.8 使用"颜色泊坞窗"设置填充色、轮廓色

通过"颜色泊坞窗"也可以进行填充色、轮廓色的设置，而且在这里颜色的选取非常自由。选择对象，执行"窗口>泊坞窗>彩色"命令，打开"颜色泊坞窗"窗口，选定一个颜色单击"轮廓"按钮即可设置为轮廓色，如图8-350所示。单击"填充"按钮即可设置为填充色，如图8-351和图8-352所示。

图8-350

图8-351

图8-352

在"颜色泊坞窗"窗口中分别单击"显示颜色滑块"、"显示颜色查看器"和"显示调色板"按钮，通过不同面板来设置颜色，如图8-353~图8-355所示。

图8-353

图8-354

图8-355

思维点拨：色域

色域是另一种形式上的色彩模型，它具有特定的色彩范围。例如，RGB色彩模型就有好几个色域，即Adobe

RGB、sRGB和ProPhoto RGB等。在现实世界中，自然界中可见光谱的颜色组成了最大的色域空间，该色域空间中包含了人眼所能见到的所有颜色。为了能够直观地表示色域这一概念，CIE国际照明协会制定了一个用于描述色域的方法，即CIE-xy色度图，如图8-356所示。在这个坐标系中，各种显示设备能表现的色域范围用RGB三点连线组成的三角形区域来表示，三角形的面积越大，表示这种显示设备的色域范围越大。

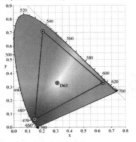

图8-356

8.9 使用滴管工具

技术速查： 滴管工具不仅可以复制对象的属性，还可以对对象的变换效果和交互式调整等效果进行复制，并应用到制定的对象中。

单击工具箱中的"滴管工具"按钮，可以看到这一组中包含两个工具："颜色滴管"和"属性滴管"，如图8-357所示。这两种滴管都用于复制和粘贴对象的某种特性，所以每种滴管工具都有两种形态："滴管" 📍 和"颜料桶" 🪣。滴管工具用于吸取指定对象的颜色，而颜料桶工具用于将吸取的颜色填充到指定的对象中，这样就可以将一个对象中的颜色复制到另一个对象中。

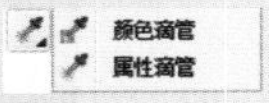

📍 颜色滴管
　 属性滴管

图8-357

8.9.1 颜色滴管

技术速查： 颜色滴管的使用可以快速将画面中指定对象的颜色填充到另一个指定对象中。

单击工具箱中的"颜色滴管工具"按钮 📍，当光标变为滴管形状 📍 后，在指定对象上单击进行吸取颜色，如图8-358所示。在属性栏中单击取样范围按钮，调整像素区域中的平均颜色取样值，单击右侧的"加到调色板"按钮，将取样颜色添加到调色板上，如图8-359所示。当光标变为颜料桶状 🪣 后，在指定对象上单击进行填充颜色，如图8-360所示。

图8-358

图8-359

图8-360

8.9.2 属性滴管

技术速查： 属性滴管可以复制对象的填充、轮廓、渐变、效果、封套、混合等属性。

属性滴管与颜色滴管的使用方法相同，单击工具箱中的"属性滴管工具"按钮 📍，如图8-361所示。

当光标变为滴管形状 📍 后，在指定对象上单击进行吸取颜色，当光标变为颜料桶状 🪣 后，在指定对象上单击进行填充颜色，如图8-362所示。在使用滴管工具或颜料桶工具时，按"Shift"键，可以快速在两个工具间相互切换，如图8-363所示。

图8-361

图8-362

图8-363

答疑解惑：如何设置属性滴管复制的属性类型？

可以分别单击属性栏中的"属性"、"变换"和"效果"按钮，在下拉菜单中分别进行设置，并单击"确定"按钮结束操作，还可以根据用户绘制需要，更改填充对象效果，如图8-364所示。

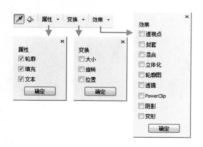

图8-364

★ 案例实战——使用滴管工具制作华丽播放器

案例文件	案例文件\第8章\使用滴管工具制作华丽播放器.cdr
视频教学	视频文件\第8章\使用滴管工具制作华丽播放器.flv
难易指数	★★★★★
技术要点	滴管工具、渐变工具、矩形工具、椭圆形工具

案例效果

本例主要通过使用滴管工具、渐变工具、矩形工具和椭圆形工具制作华丽播放器，效果如图8-365所示。

操作步骤

01 执行"文件>新建"命令，在弹出的"创建新文档"对话框中设置"大小"为A4，"原色模式"为CMYK，"渲染分辨率"为300，如图8-366所示。

图8-365

02 单击工具箱中的"矩形工具"按钮▢，在属性栏上设置圆角数值为52mm，如图8-367所示。绘制一个合适大小的圆角矩形，如图8-368所示。

图8-366

图8-367

03 单击工具箱中的"渐变填充工具"按钮◈，在"渐变填充"对话框中设置"类型"为线性，选中"自定义"单选按钮，再设置一种黄色系渐变，如图8-369所示。单击"确定"按钮结束操作，设置"轮廓笔"为无，如图8-370所示。

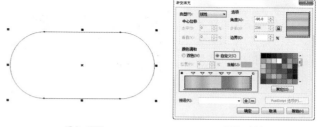

图8-368

图8-369

图8-370

04 单击工具箱中的"阴影工具"按钮▢，在渐变圆角矩形上按住左键并向右下角进行拖曳，为其添加阴影部分，如图8-371所示。

05 用同样的方法在渐变圆角矩形上绘制一个小一点的圆角矩形，为其填充深一点的黄色系渐变，如图8-372所示。

图8-371　　　　　　　　　　图8-372

06 单击工具箱中的"椭圆形工具"按钮○，按"Ctrl"键在圆角矩形左侧绘制一个正圆。单击工具箱中的"属性滴管"按钮，当光标变为滴管形状后，在上层的暗金色圆角矩形上单击吸取渐变，如图8-373所示。然后将光标移动到新绘制的圆形上，当其变为颜料桶状后，在指定对象上单击进行填充渐变色。再次绘制一个小一点圆形，同样使用属性滴管为其赋予底部圆角矩形上较亮的金色系渐变，如图8-374所示。

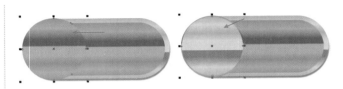

图8-373　　　　　　　　　　图8-374

07 单击工具箱中的"钢笔工具"按钮，在右侧绘制图形，单击"渐变填充工具"按钮，在"渐变填充"对话框中设置"类型"为辐射，选中"自定义"单选按钮，颜色为从黑色到玫红色的渐变，如图8-375所示。单击"确定"按钮结束操作，设置"轮廓笔"为无，如图8-376所示。

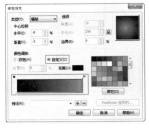

图8-375　　　　　　　　　　图8-376

技巧提示

也可以先绘制一个合适大小的圆角矩形，设置渐变填充，然后在左侧绘制一个正圆形，如图8-377所示。
按"Shift"键进行加选，选择圆形及圆角矩形，单击属性栏中的"移除前面对象"按钮，如图8-378和图8-379所示。

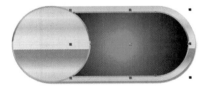

图8-377　　　　　　　図8-378　　　　　　　图8-379

08 继续在左侧绘制小一点的正圆，设置"轮廓笔"为无，使用滴管工具吸取右侧的枚红色渐变并为其填充，如图8-380所示。

09 选中左侧圆形部分，多次复制并等比缩小，依次摆放在圆形四周，如图8-381所示。

图8-380

图8-381

10 使用钢笔工具绘制播放器上的按钮图标。选择"渐变填充工具"，在"渐变填充"对话框中设置"类型"为线性，选中"自定义"单选按钮，设置由浅黄色到深棕色的渐变，如图8-382所示。单击"确定"按钮结束操作，设置"轮廓笔"为无，如图8-383所示。

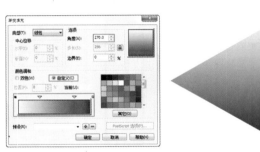

图8-382　　　　　　　　　　图8-383

11 复制之前绘制出来的按钮图标，填充颜色为黑色，单击右键执行"顺序>向后一层"命令，如图8-384所示。制作按钮阴影效果，调整大小及位置，如图8-385和图8-386所示。

图8-384

图8-389

14 分别使用钢笔工具和矩形工具在左侧绘制出喇叭音量的图标，设置颜色为粉色，如图8-390所示。

15 单击"矩形工具"按钮，在左侧及右侧分别绘制一个圆角矩形，设置圆角矩形数值为1.5，左侧圆角矩形填充为无，轮廓线为粉色，再设置右侧轮廓线为无，填充为浅粉色，效果如图8-391所示。

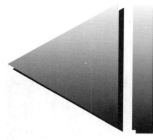 

图8-385　　　　　图8-386

12 用同样的方法制作出其他按钮上的渐变图标，如图8-387所示。

图8-387

13 使用钢笔工具绘制出播放器上的图标，单击"调色板"为它们填充粉色。用同样的方法制作播放器右下方的图标，为其填充浅一点的粉色，选中右下方的所有图标，单击右键执行"群组"命令，如图8-388所示。单击"阴影工具"按钮，在群组过的图标上拖曳，制作阴影效果，如图8-389所示。

图8-388

图8-390

图8-391

16 绘制音频抖动的符号，选择矩形工具绘制合适大小的矩形，选择渐变填充工具，在"渐变填充"对话框中设置"类型"为线性，选中"双色"单选按钮，颜色为从粉色到紫色，如图8-392所示。单击"确定"按钮结束操作，设置"轮廓笔"为无，如图8-393所示。

图8-392　　　　　图8-393

17 多次复制并将其摆放为音频柱的形状，单击右键执行"群组"命令，如图8-394所示。将原图形填充的浅灰色作为投影，如图8-395所示。将制作好的音频柱状图放在播放器上适当的位置，如图8-396所示。

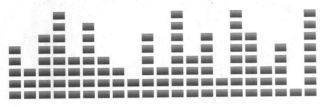

图8-394

图8-395

图8-396

技巧提示

选择绘制的所有矩形，执行"排列>对齐和分布>对齐与分布"命令，在"对齐与分布"面板中可以设置对齐方式，单击"应用"按钮结束操作，可以使绘制出的矩形排列更整齐。

18 使用文本工具，选择合适的字体及字号，在播放器上输入文字，如图8-397所示。

图8-397

19 制作播放器上的播放进程条。使用矩形工具绘制一个合适大小的矩形，在属性栏上设置"圆角"为2.5mm。再使用属性滴管 🖊 为其赋予底部圆角矩形上较亮的金色系渐

变，如图8-398所示。

图8-398

20 单击"阴影工具"按钮，在圆角矩形上按住左键并拖曳，制作阴影效果，如图8-399所示。复制按钮部分，调整为合适大小及位置，摆放在播放进程条上，如图8-400所示。

图8-399

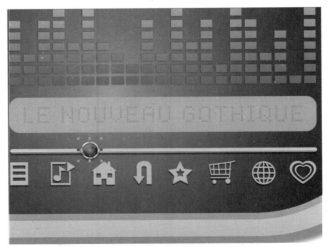

图8-400

21 选择"钢笔工具"绘制播放器左上角的高光部分形状，将其填充为白色，如图8-401所示。单击工具箱中的"透明度工具"按钮 🖊，在高光上由左上角向右下角进行拖曳，完成高光部分的制作，如图8-402所示。

图8—401

图8—402

22 再次使用钢笔工具和透明度工具制作播放器其他位置的高光效果,如图8-403所示。

图8—403

23 导入背景素材文件,调整为合适大小,执行"顺序>到图层后面"命令,最终效果如图8-404所示。

图8—404

★ 案例实战——使用属性滴管制作网页

案例文件	案例文件\第8章\使用属性滴管制作网页.cdr
视频教学	视频文件\第8章\使用属性滴管制作网页.flv
难度级别	★★★★★
技术要点	属性滴管工具、渐变工具、文本工具

案例效果

本例主要通过使用属性滴管工具、渐变工具、文本工具等制作网页,效果如图8-405所示。

图8—405

操作步骤

01 执行"文件>新建"命令,在弹出的"创建新文档"对话框中设置"预设目标"为默认RGB,"大小"为A4,如图8-406所示。

02 单击工具箱中的"矩形工具"按钮,在画面中绘制合适大小的矩形,如图8-407所示。再单击工具箱中的"图样填充工具"按钮,选中"双色"单选按钮,设置一种合适的图形,"前部"为灰色,"后部"为白色,"宽度"和"高度"均为2.54mm,如图8-408所示。设置"轮廓笔"为无,效果如图8-409所示。

图8—406   图8—407

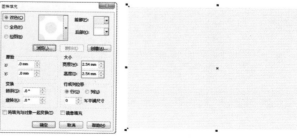

图8—408   图8—409

03 单击工具箱中的"钢笔工具"按钮,在矩形右侧绘制一个粉色图形,设置"轮廓笔"为无,如图8-410所示。

04 在曲线位置绘制一条曲线，设置"轮廓笔"的"颜色"为白色，"宽度"为10px，"样式"为虚线，效果如图8-411所示。单击工具箱中的"阴影工具"按钮 ，在粉色图形上按住鼠标左键并拖曳，制作阴影效果，如图8-412所示。

图8-410

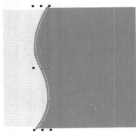

图8-411

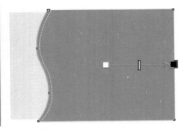

图8-412

05 选择粉色图形，执行"效果>图框精确剪裁>置于图文框内部"命令，当光标变为黑色箭头时，单击图样填充矩形，如图8-413所示。效果如图8-414所示。

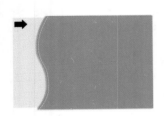

图8-413

图8-414

06 使用钢笔工具在右侧绘制一个类似矩形的图形，填充紫色，设置"轮廓笔"为无，效果如图8-415所示。单击"阴影工具"按钮，在紫色图形上按住鼠标左键向右拖曳制作阴影效果，如图8-416所示。

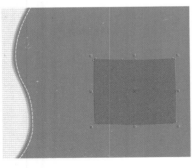

图8-415

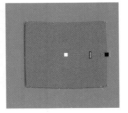

图8-416

07 绘制一个小一点的矩形，设置"轮廓笔"颜色为粉色，"宽度"为5px，"样式"为虚线，效果如图8-417所示。使用钢笔工具在矩形左侧绘制一个合适的图形，如图8-418所示。

图8-417

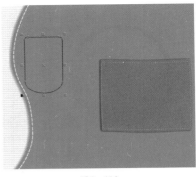

图8-418

08 单击工具箱中的"渐变填充工具"按钮 ，在"渐变填充"对话框中选中"自定义"单选按钮，设置一种橙黄色系渐变，"角度"为90，如图8-419所示。设置"轮廓笔"为无，效果如图8-420所示。

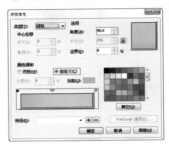

图8-419

图8-420

09 复制该图形，按"Shift"键以中心为点进行等比例缩放，如图8-421所示。单击工具箱中的"属性滴管工具"按钮 ，将光标移至右侧虚线上并单击，如图8-422所示。

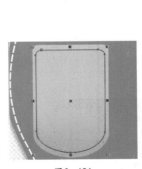

图8-421

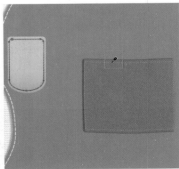

图8-422

10 当光标变为油漆桶时将其移至复制的渐变图形上，如图8-423所示。在该图形上单击，此时这个图形变为黄色的虚线效果，如图8-424所示。

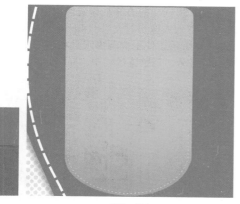

图8-423　　　　　　　　　图8-424

11 用同样的方法制作出画面中其他具有虚线效果的图形，如图8-425所示。单击工具箱中的"椭圆形工具"按钮○，在紫色矩形右上角按"Ctrl"键绘制一个正圆，如图8-426所示。

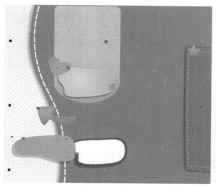

图8-425　　　　　　　　　图8-426

12 单击"图案填充工具"按钮，在"图案填充"对话框中选择一种合适的图形，设置"前部"为粉色，"后部"为白色，"宽度"和"高度"均为2.54mm，如图8-427所示。设置"轮廓笔"为无，同样使用阴影工具在圆上按住左键并拖曳，添加阴影效果，如图8-428所示。

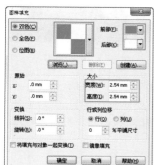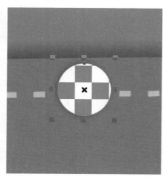

图8-427　　　　　　　　　图8-428

13 继续使用椭圆形工具、矩形工具和阴影工具绘制出紫色图形下方的按钮，如图8-429所示。

14 导入素材文件"1.jpg"，调整大小，将其放置在白色矩形上，如图8-430所示。单击"阴影工具"按钮在白色矩形上拖曳，填充阴影效果，如图8-431所示。

15 使用钢笔工具在黄色渐变图形上绘制一个不规则的形状，设置填充为灰色系渐变，再使用阴影工具为其添加阴影效果，按"Ctrl+PageDown"快捷键，调整图形顺序，如图8-432所示。单击工具箱中的"文本工具"按钮，在属性栏中选择合适的字体及大小，然后在白色矩形上输入灰色文字，如图8-433所示。

图8-429

图8-430　　　　　　　　　图8-431

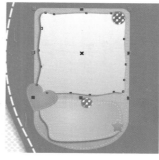

图8-432　　　　　　　　　图8-433

16 使用文本工具在下面继续输入文字，如图8-434所示。单击"属性滴管工具"按钮，将光标移至上侧文字上，单击该文字，如图8-435所示。将光标移至下面的文字上，当其变为油漆桶时单击，如图8-436所示。此时文字如图8-437所示。

图8-434　　　　　　　　　图8-435

图8-436　　　　　　　图8-437

17 依次导入素材文件"2.png"和"3.png"，用同样的方法使用文本工具和滴管工具制作出其他的文字，如图8-438所示。

18 单击"椭圆形工具"按钮，在黄色渐变图形上绘制一个白色正圆，如图8-439所示。再次绘制一个黄色正圆，使用阴影工具在黄色正圆上拖曳，制作阴影效果，如图8-440所示。

图8-438　　　　　图8-439　　　图8-440

19 在黄色正圆上输入数字，如图8-441所示。复制这一个带有数字的图形，移动到下方并更改文字，如图8-442所示。

图8-441　　　　　图8-442

20 用同样的方法制作其他按钮，执行"文件>导入"命令，导入人像素材文件"4.png"，调整大小及位置，如图8-443所示。使用椭圆形工具和透明度工具绘制人像脚下的阴影效果，调整图像顺序，如图8-444所示。

图8-443　　　　　　　图8-444

21 选择文档中的所有对象，单击右键执行"群组"命令，单击"矩形工具"按钮绘制一个同背景一样大小的矩形，如图8-445所示。

22 选择群组的图形，执行"效果>图框精确剪裁>置于图文框内部"命令，当光标变为黑色箭头时，单击矩形框，如图8-446所示。设置"轮廓笔"为无，最终效果如图8-447所示。

图8-445

图8-446　　　　　　　图8-447

8.10 复制属性

技术速查："复制属性"命令可以复制调整大小、旋转和定位等对象变换的信息以及效果。

想要使一个对象拥有其他对象所具有的属性可以使用"复制属性"命令。单击"选择工具"按钮，选择要复制另一个对象的属性目标对象，执行"编辑>复制属性"命令，在弹出的"复制属性"对话框中选择需要复制的属性，然后单击"确定"按钮，如图8-448所示。接着光标变为黑色箭头，单击需要复制属性的对象，如图8-449所示。释放鼠标，该对象上就具有了相应的属性，如图8-450所示。

图8-448　　　　　图8-449　　　图8-450

8.11 对象样式

对象样式适用于描述图形对象的填充和轮廓特征，使用对象样式能够快速赋予其他的对象以相同的填充和轮廓设置，非常适合存在大量相同样式对象的文档制作，如图8-451和图8-452所示。

图8-451　　　　　　　　　　图8-452

8.11.1 从对象新建样式集

如果想要将已有对象的填充和轮廓属性定义为样式，可以右键单击该对象，执行"对象样式>从以下项新建样式集"命令，如图8-453所示。在弹出的"从以下项新建样式集"对话框中选中所要保存的属性，在"名称"一栏中输入保存名称"圆圈"，单击"确定"按钮结束操作，如图8-454所示。

也可以在对象上单击右键，执行"对象样式>从以下项新建样式"命令，在子菜单中可以看到"填充"与"轮廓"两个命令，选择某个命令即可将这个属性定义为样式，如图8-455所示。

图8-455

　读书笔记

图8-453　　　　　　　　　　图8-454

8.11.2 为对象应用样式

选中要应用样式的对象，如图8-456所示。执行"窗口>泊坞窗>对象样式"命令，或按"Ctrl+F5"快捷键，选择改变对象，在弹出的"对象样式"泊坞窗中单击"应用于选定对象"按钮 应用于选定对象 ，如图8-457所示。

也可以在要应用样式的对象上单击右键执行"对象样式>应用样式>圆圈"命令，如图8-458所示，即可将刚刚存储过的"圆圈"样式的属性应用在新绘制的图形上，如图8-459所示。

图8-456　　　　　　　　　　图8-457

图8-458　　　　　　　　　　图8-459

8.11.3 编辑已有样式

执行"窗口>泊坞窗>对象样式"命令,打开"对象样式"泊坞窗,对于已经存储的图形样式可以进行再次编辑,在"对象样式"泊坞窗中选择所需编辑的对象,单击"轮廓"按钮,对轮廓进行调整,如图8-460所示。单击"填充"按钮,对填充颜色进行调整,如图8-461所示。

图8-460

图8-461

技巧提示

在"对象样式"泊坞窗中单击选择需要删除的样式,单击泊坞窗右侧的"删除样式集"按钮,或在需要删除的样式上单击右键,执行"删除"命令,可以将多余的样式执行删除命令,如图8-462所示。

图8-462

8.12 颜色样式

技术速查:"颜色样式"功能可以方便地在制图过程中快速应用颜色。

执行"工具>颜色样式"命令,如图8-463所示,可以打开"颜色样式"泊坞窗,在这里可以进行颜色样式的创建以及编辑操作,图8-464和图8-465所示。

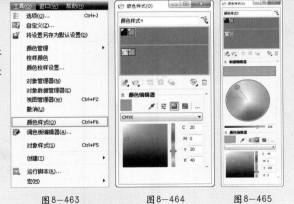
图8-463 图8-464 图8-465

8.12.1 动手学:创建颜色样式

01 执行"工具>颜色样式"命令,在弹出的"颜色样式"泊坞窗中单击"创建颜色样式"按钮,如图8-466所示,在下方的"颜色编辑器"面板中选择一种颜色,如图8-467所示。

图8-466 图8-467

02 在"颜色样式"泊坞窗中单击"新建颜色和谐"按钮,执行"新建渐变"命令,在泊坞窗的"颜色数"数值框中输入需要的颜色数值,分别选中"较浅的阴影"、"较深的阴影"和"二者"单选按钮,如图8-468所示,可以分别创建比颜色样式面板中颜色深的颜色、比颜色样式面板中颜色浅的颜色和等量的浅色和深色;拖动"阴影相似性"滑块设置子颜色的色阶变化相近程度,如图8-469所示。

图8-468

图8-469

技巧提示

　　单击工具栏中的"窗口"按钮，执行"窗口>泊坞窗>颜色样式"命令，也可以调出"颜色样式"泊坞窗，如图8-470和图8-471所示。

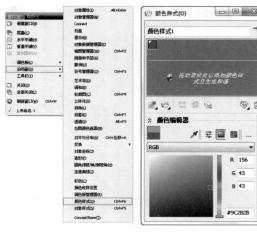

图8-470　　　　　　　　图8-471

8.12.2 编辑颜色样式

　　在CorelDRAW中可以对已创建的颜色样式进行色相、重命名、排序等编辑，在"颜色样式"泊坞窗中单击需要编辑颜色的样式，单击"颜色编辑器"下拉按钮，调整需要的颜色，如图8-472所示。在"颜色样式"泊坞窗中单击选择将要删除的颜色样式，单击面板中的"删除"按钮，即可将不需要的颜色进行删除，如图8-473所示。

图8-472　　　　　图8-473

课后练习

【课后练习——时装杂志版式】

思路解析：

　　本案例的背景部分使用到了渐变填充工具和均匀填充工具，制作出立体的背景效果，并配合文字工具的使用在画面中输入黑色和彩色的文字。

本章小结

　　填充色与轮廓色是构成图形的重要元素，五颜六色的图形也是构成设计作品的必要组成部分。通过本章的学习，我们了解了多种填充和轮廓的设置方法，让绘制的图形表现出更加丰富的效果。同时，样式的编辑与使用可以快速地将同样的样式赋予多个图形中，这样就可以在制作相同样式的图形上节省大量的时间。

第9章

文本的创建与编辑

本章内容简介：

在设计作品时，文字一直是不可或缺的重要组成部分，文字不仅肩负着传达信息的职能，更能够起到装饰画面的作用。本章主要讲解文字的创建方式、文字属性的编辑，以及文本样式的使用。通过本章的学习，希望大家能够熟练掌握各类文本的创建、编辑以及使用的方法，能够为设计作品添加合理的文字元素。

本章学习要点：

- 熟练掌握文字工具的使用方法
- 掌握多种文字的创建与编辑方法
- 掌握文字属性的编辑设置方法
- 掌握文字格式的设置方法

9.1 创建多种类型的文本

CorelDRAW中虽然只有一种创建文字的工具，但是它却能够创建多种类型的文字。例如，常用于作为标题的"美术字"、常用于大段文字排版的"段落文字"、能够沿路径排列的"路径文字"以及可以在图形中输入的区域文字等。这些类型的文字在平面设计中都是经常使用到的，而且CorelDRAW中的文本是具有特殊属性的图形对象，不仅可以进行格式化的编辑，更能够转换为曲线对象进行形状的变换。如图9-1和图9-2所示为使用到文字元素的作品。

图9-1 　　　　　　　图9-2

与其他工具相同，单击工具箱中的"文本工具"按钮 字，在属性栏中就可以对文字的字体、字号、样式、对齐方式等选项进行设置，如图9-3所示。

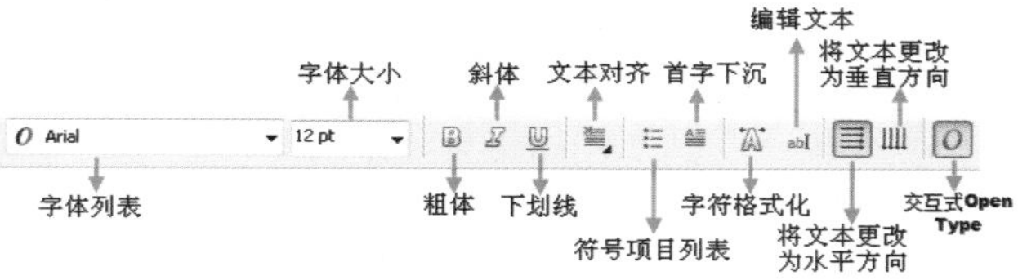

图9-3

下面对图9-3中的各选项进行介绍。

- 字体列表：在"字体列表"下拉菜单中选择一种字体，即可为新文本或所选文本设置字样。
- 字体大小：在下拉菜单中选择一种字号或输入数值，即可为新文本或所选文本设置一种字体大小。
- 粗体/斜体/下划线：单击"粗体"按钮可以将文本设为粗体；单击"斜体"按钮可以将文本设为斜体；单击"下划线"按钮可以为文字添加下划线。
- 文本对齐：单击"文本对齐"按钮，可以在弹出的菜单（"无"、"左"、"居中"、"右"、"全部调整"以及"强制调整"）中选择一种对齐方式，对文本做相应的对齐设置。
- 符号项目列表：添加或移除项目符号列表格式。
- 首字下沉：是指段落文字的第一个字母尺寸变大并且位置下移至段落中。单击该按钮即可为段落文字添加或去除首字下沉。
- 字符格式化：单击即可打开"文本属性"面板，在其中可以对文字的各个属性进行调整。
- 编辑文本：选择需要设置的文字，单击文字工具属性栏中的"编辑文字"按钮，可以在打开的"文本编辑器"中修改文本以及其字体、字号和颜色。
- 文本方向：选择文字对象，单击文字属性栏中的"将文本更改为水平方向"按钮 或"将文本更改为垂直方向"按钮，可以将文字转换为水平或垂直方向。
- 交互式OpenType：当OpenType功能可用于选定文本时，在屏幕上显示指示。

9.1.1 创建美术字

美术字适用于编辑少量文本，也称为美术文本。如图9-4和图9-5所示为使用到美术字的设计作品。

图9-4　　　　　　　图9-5

单击工具箱中的"文本工具"按钮 字，在文档中单击确定文字的起点，如图9-6所示。接着输入文本，这就是美术字如图9-7所示。若要对已有的美术文本进行修改，需要单击"文本工具"按钮，在需要更改的文本上双击即可进入文本的编辑状态。或通过单击属性栏上的"编辑文本"按钮，打开"编辑文本"对话框。

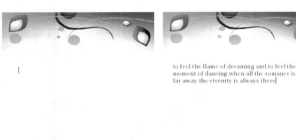

图9—6　　　　　　　　　图9—7

案例文件	案例文件\第9章\创建美术字制作宣传页.cdr
视频教学	视频文件\第9章\创建美术字制作宣传页.flv
难度级别	★★★★★
技术要点	文本工具、形状工具、"图框精确剪裁"命令

案例效果

本例主要通过使用形状工具配合"图框精确剪裁"命令制作页面的图形，然后使用文本工具创建美术字制作宣传页，效果如图9-8所示。

操作步骤

01 执行"文件>新建"命令，在弹出的"创建新文档"对话框中设置"预设目标"为默认RGB，"大小"为A4，如图9-9所示。再单击工具箱中的"矩形工具"按钮□，在画面中绘制合适大小的矩形作为背景，如图9-10所示。

图9—8

图9—9　　　　　　　　　图9—10

02 单击工具箱中的"渐变填充工具"按钮，在对话框中设置"类型"为辐射，调整为合适颜色，如图9-11所示。

设置"轮廓笔"为无，效果如图9-12所示。

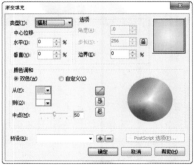

图9—11　　　　　　　　　图9—12

03 再次绘制一个小一点的矩形，在属性栏中单击"圆角"按钮⌐，设置"圆角半径"为8.1mm，如图9-13所示。设置"填充颜色"为白色，"轮廓笔"为无，效果如图9-14所示。

图9—13

04 单击工具箱中的"椭圆形工具"按钮，在圆角矩形右下角绘制一个白色的椭圆，如图9-15所示。导入风景素材文件"1.jpg"，调整大小及位置，如图9-16所示。

图9—14

图9—15　　　　　　　　　图9—16

05 单击工具箱中的"基本形状工具"按钮，在属性栏中单击"完美形状"按钮，在下拉列表中选择合适的图形，在素材上绘制几个图形，如图9-17所示。选择所有绘制的图形，单击右键执行"群组"命令，选择素材文件执行"效果>图框精确剪裁>置于图文框内部"命令，当光标变为黑色箭头时，单击绘制的图形，如图9-18所示。效果如图9-19所示。

06 单击工具箱中的"文本工具"按钮，在属性栏中设置合适的字体及大小，然后在素材下面单击并输入文字，如图9-20所示。用同样的方法输入另一排小一点的文字，如图9-21所示。

图9-17　　　　　　　图9-18　　　　　　　图9-19

图9-20　　　　　　　　　　图9-21

07 再次使用文本工具在画面中单击并输入文字，如图9-22所示。选择文字对象，执行"文本>文本属性"命令，打开"文本属性"泊坞窗，设置"字距调整范围"为

260，如图9-23所示。文字效果如图9-24所示。

图9-22　　　　　　　图9-23　　　　　　　图9-24

08 用同样的方法输入其他美术字，调整为不同字间距，如图9-25所示。使用矩形工具在数字左侧绘制彩色矩形框，最终效果如图9-26所示。

图9-25　　　　　　　　　　图9-26

9.1.2 创建段落文本

段落文本的特点在于保留在被称之为文本框的框架中，在该框中输入的段落文本会根据框架的大小、长宽自动换行，调整文本框架的长宽时，文字的排版也会发生变化。段落文本适用于大量文本的编排中。如图9-27和图9-28所示为使用到段落文本的设计作品。

图9-27　　　　　　　　　　图9-28

创建段落文本的方法很简单，单击工具箱中的"文本工具"按钮，在页面中按住左键并从左上角向右下角进行拖曳，创建出文本框，如图9-29所示。在该文本框中输入相应的文字即可添加段落文本，如图9-30所示。

图9-29　　　　　　　　　　图9-30

技术拓展：美术字与段落文本的转换

选定美术文字，执行"文本>转换为段落文本"命令，或按"Ctrl+F8"快捷键，即可将美术字转换为段落文字，如图9-31和图9-32所示。

图9-31　　　　　　　　　　图9-32

★ **案例实战——添加段落文本制作清新杂志页面**

案例文件	案例文件\第9章\添加段落文本制作清新杂志页面.cdr
视频教学	视频文件\第9章\添加段落文本制作清新杂志页面.flv
难度级别	★★★★★
技术要点	文本工具

案例效果

本例主要是通过使用文本工具创建点文字以及段落文

字制作清新杂志页面，效果如图9-33所示。

图9-33

操作步骤

01 创建空白文件，导入背景素材"1.jpg"，如图9-34所示。单击工具箱中的"矩形工具"按钮 ⬚，在素材上方绘制一个矩形，如图9-35所示。设置矩形填充颜色为黄色，"轮廓笔"为无，如图9-36所示。

图9-39　　　　图9-40

图9-34　　　　图9-35　　　　图9-36

02 导入素材文件"2.png"，调整大小及位置，如图9-37所示。单击工具箱中的"透明度工具"按钮 ⬚，在属性栏中设置"透明度类型"为标准，"透明度操作"为Add，"开始透明度"为70，如图9-38所示。

图9-41　　　　图9-42

05 继续使用文本工具，按住鼠标左键从左上角向右下角拖曳，绘制文本框，如图9-43所示。并在文本框内输入段落文字，如图9-44所示。

图9-37　　　　图9-38

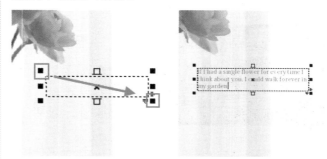

图9-43　　　　图9-44

03 选择椰子树，执行"效果>图框精确剪裁>置于图文框内部"命令，当光标变为黑色箭头时，单击黄色矩形框，如图9-39所示。再次使用矩形工具在黄色矩形上绘制两个小一点的白色矩形，设置"轮廓笔"为无，效果如图9-40所示。

04 单击工具箱中的"文本工具"按钮 字，在属性栏中设置合适的字体及大小，然后在画面中输入黄色文字，如图9-41所示。复制文字，设置颜色为黑色，适当进行移动，如图9-42所示。

06 用同样的方法制作另外一组段落文字，可以通过调整文本框的位置调整文本所占的区域，如图9-45所示。再次使用矩形工具在画面中绘制两个黄色矩形，如图9-46所示。

图9-45　　　　图9-46

07 单击工具箱中的"椭圆形工具"按钮 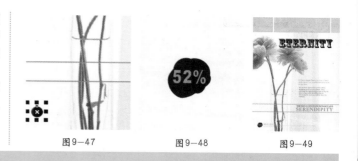，在画面中绘制一个合适大小的椭圆，设置颜色为黑色，如图9-47所示。多次绘制，组成椭圆组并在上面输入黄色数字，如图9-48所示。

08 继续使用文本工具在两条横线之间输入黑色以及黄色的文字，最终效果如图9-49所示。

图9-47　　　图9-48　　　图9-49

9.1.3 创建路径文本

路径文本，顾名思义就是沿路径排列的文本，普通的点文字和段落文字都是水平或垂直排列的，而路径文字则是依附于路径的，改变路径形态文本的排列方式也会发生变化。如图9-50和图9-51所示为使用到路径文本的设计作品。

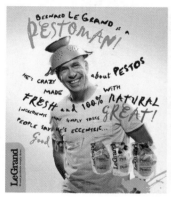　

图9-50　　　　　　　图9-51

01 如果想要创建全新的路径文字，可以首先绘制好路径，如图9-52所示。然后使用文本工具在页面中输入一段文字，可以看到文字沿路径排列，如图9-53所示。当处于路径文字的输入状态时，文本工具的属性栏会发生变化，如图9-54所示。

图9-52　　　　　　　图9-53

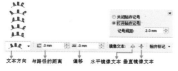

图9-54

> **技术拓展：详解"路径文字"选项**
>
> ● **文本方向**：用于指定文字的总体朝向，包含5种效果。
> ● **与路径的距离**：用于设置文本与路径的距离。
> ● **偏移**：设置文字在路径上的位置，当数值为正值时，文字越靠近路径的起始点；当数值为负值时，文字越靠近路径的终点。
> ● **水平镜像文本**：从左向右翻转文本字符。
> ● **垂直镜像文本**：从上向下翻转文本字符。
> ● **贴齐标记**：指定贴齐文本到路径的间距增量。

02 当前的路径与文字可以一起移动，如果想要将文字与路径分开编辑，可以执行"排列>拆分在一路径上的文本"命令，或按"Ctrl+K"快捷键，如图9-55所示。分离后可以选中路径并按"Delete"键删除路径，如图9-56所示。

图9-55　　　　　　　图9-56

03 如果想要将已有点文字变为路径文字，可以使用工具箱中的选择工具选中文本，执行"文本>使文本适合路径"命令。当光标变为图标时，将其放置于路径上，然后就可以看到文字变为虚线沿着路径走向排列，如图9-57所示。调整到合适位置后单击鼠标即可完成，效果如图9-58所示。

04 也可以按住鼠标右键拖动文本到路径上，当光标变为十字形的圆环时释放鼠标，执行"使文本适合路径"命

图9-57　　　　　　　　　　图9-58

令，如图9-59和图9-60所示。

图9-59　　　　　　　　　　图9-60

★ **案例实战——使用路径文字制作清爽化妆品宣传页**

案例文件	案例文件\第9章\使用路径文字制作清爽化妆品宣传页.cdr
视频教学	视频文件\第9章\使用路径文字制作清爽化妆品宣传页.flv
难度级别	★★★★★
技术要点	文本工具、钢笔工具、拆分路径

案例效果

　　本例主要通过使用文本工具和钢笔工具制作沿水花排列的路径文字，并配合拆分路径命令删除多余路径，效果如图9-61所示。

操作步骤

　　01 创建空白文件，导入人像素材"1.jpg"，如图9-62所示。单击工具箱中的"钢笔工具"按钮 ✎，在人像右侧的水花处绘制一个曲线形状，如图9-63所示。

图9-61

　　02 单击工具箱中的"文本工具"按钮 字，将光标移至曲线的左上侧，如图9-64所示。当光标变为曲线时单击并输入文字，此时输入的文字会沿路径排列，如图9-65所示。

图9-62　　　　　　　　图9-63

图9-64　　　　　　　　图9-65

　　03 执行"排列>拆分路径文字"命令，或按"Ctrl+K"快捷键，选择路径，按"Delete"键删除，如图9-66所示。

　　04 再次使用钢笔工具在下侧水花上绘制曲线，如图9-67所示。使用文本工具在路径上输入文字，如图9-68所示。同样拆分路径文字，并删除多余路径，最终效果如图9-69所示。

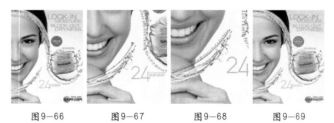

图9-66　　　　图9-67　　　　图9-68　　　　图9-69

　**读书笔记**

9.1.4 创建区域文字

段落文字可以在一个矩形区域中输入文字，而区域文字则可以在任何封闭的图形内创建文本，使文本的外轮廓呈现出形态各异的效果。如图9-70和图9-71所示为使用区域文字制作的作品。

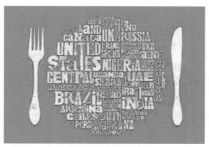

图9-70   图9-71

想要创建区域文字，首先需要有一个封闭的图形，如图9-72所示。然后单击工具箱中的"文本工具"按钮 字，将光标移至封闭路径里侧的边缘，单击鼠标并输入文字，此时可以看到文字处于封闭路径内，如图9-73所示。

图9-72   图9-73

 技巧提示

执行"排列>拆分路径内的段落文本"命令，或按"Ctrl+K"快捷键，可以将路径内的文本和路径进行分离，如图9-74所示。

图9-74

 读书笔记

9.2 快速导入外部文本

如果需要进行一本文案较多的画册的排版，通常需要在Word文档或写字板中整理好需要使用的文字内容，然后再使用CorelDRAW进行版面的制作。在版面的制作过程中，可以通过"导入"功能将已有的文档快速呈现在画面中，如图9-75和图9-76所示。

图9-75   图9-76

① 执行"文件>导入"命令（快捷键为"Ctrl+I"），如图9-77所示，在弹出的"导入"对话框中选择需要使用的文档，如图9-78所示。

图9-77　　　　　　　　图9-78

整文本框控制点来调整其大小，如图9-82和图9-83所示。

图9-79　　　　　图9-80　　　　　图9-81

图9-82　　　　　　　　图9-83

② 单击面板上的"导入"按钮，在弹出的"导入/粘贴文本"对话框中设置文本的格式，单击"确定"按钮进行导入，如图9-79所示。在页面上按住鼠标左键并进行拖曳，画面出现一个红色的文本框，如图9-80所示。释放鼠标即可导入文本，如图9-81所示。

③ 导入的文本会作为段落文本存在，所以可以通过调

9.3 编辑文本的基本属性

使用文本工具创建文本时，在属性栏中就可以看到关于文字基本属性的设置，例如文字的字体、字号、行距和文本框等。在进行平面设计时，为了明确作品的主旨并且美化画面效果，对文字属性的调整是必不可少的。在CorelDRAW中，不仅可以在文本工具属性栏中调整文字属性，还可以通过"文本属性"泊坞窗来完成。如图9-84和图9-85所示为文字效果丰富的作品。

图9-84　　　　　　　　图9-85

9.3.1 选择文本对象

想要对文本对象进行编辑，首先需要选中该对象。在CorelDRAW中可以选择整个文本对象，也可以选中其中某几个字母。

① 选择全部文本的方法与选择其他对象的方法相同，单击工具箱中的"选择工具"按钮 ，在文本上单击即可选中文本对象，如图9-86所示。

② 如果想要选择连续的部分文字，可以使用文本工具，在要选择的文本起点处按住鼠标左键并拖动，被选择的文本呈现灰色状态，如图9-87所示。

图9-86

图9-87

03 若想选择部分文本，可以单击工具箱中的"形状工具"按钮 ，单击文本，此时在每个字符左下方会出现一个空心的点，单击空心点将会变成黑色，表示该字符被选中。按住"Shift"键可以进行加选，如图9-88所示。

图9-88

9.3.2 动手学：选择合适的字体

01 如果要对已有的文本更改字体，首先选择需要更改字体的文字，如图9-89所示，然后单击文本工具属性栏中的"字体列表"选项，在下拉菜单中选择一种字体即可，如图9-90所示，效果如图9-91所示。

图9-89

图9-90

图9-91

02 也可以选择需要设置的文字，单击文本工具属性栏中的"编辑文本"按钮 ，或按"Ctrl+Shift+T"组合键，如图9-92所示。使用文本编辑器修改文本，在弹出的"编辑文本"对话框中单击"字体列表"选项并设置一种字体，单击"确定"按钮结束操作，如图9-93所示。

图9-92

图9-93

03 选中文本，执行"窗口>泊坞窗>对象属性"命令，如图9-94所示，在弹出的"对象属性"泊坞窗中单击"文本"按钮 ，也可以对字体进行调整，如图9-95所示。

图9-94

图9-95

读书笔记

9.3.3 动手学：设置文本字号

① 文本对象与图形对象有很多相似点，例如选中文字对象，然后将光标移至周边的任意一个控制点上，按住鼠标左键并进行拖曳，可以改变字体的大小，如图9-96和图9-97所示。

图9—96   图9—97

② 如果想要精确地修改文本字号，可以选择需要设置的文字，如图9-98所示。单击文本工具属性栏中的"字体大小"数值框，或按"Ctrl+Shift+P"组合键，在下拉菜单中选择一种字号或输入数值，如图9-99所示，这样就可以为所选文本设置一种字体大小，如图9-100所示。

图9—98

③ 单击文本工具属性栏中的"编辑文本"按钮，如图9-101所示。在"文本编辑器"中也可进行文字大小的修改，如图9-102所示。

图9—99   图9—100

图9—101

④ 在"对象属性"泊坞窗中单击"文本"按钮，在"粗细"下拉列表中可以选择字号，或者直接输入特定数值为新文本或所选文本设置一种字体大小，如图9-103所示。

图9—102   图9—103

9.3.4 动手学：更改文本颜色

① 选择需要设置的文本，如图9-104所示。单击"默认调色板"中的任意色块，如图9-105所示，即可更改所选的文本颜色，如图9-106所示。

图9—104   图9—105   图9—106

② 当然，也可以在文本工具属性栏或"对象属性"泊坞窗中进行颜色的改变，如图9-107所示。

图9—107

 思维点拨

字体是文字的表现形式，不同的字体带给人不同的视觉感受和心理感受，从而说明字体具有强烈的感情性格，因此设计者要充分利用字体的这一特性，选择准确的字体有助于主题内容的表达；美的字体可以使读者感到愉悦，帮助阅读和理解。

● 文字类型：比较多，如印刷字体、装饰字体、书法字体、英文字体等。

 技巧提示

右击某一颜色即可设置为文字的轮廓色。

- 文字大小：在版式设计中起到非常重要的作用，比如大的文字或大的首字母文字会有非常大的吸引力，常用在广告、杂志、包装等设计中。
- 文字位置：文字在画面中摆放位置的不同会产生不同的视觉效果。

★ 案例实战——更改字符属性制作简约海报

案例文件	案例文件\第9章\更改字符属性制作简约海报.cdr
视频教学	视频文件\第9章\更改字符属性制作简约海报.flv
难度级别	★★★★★
技术要点	文本工具

案例效果

本例主要是通过使用文本工具制作简约海报，效果如图9-108所示。

操作步骤

01 执行"文件>新建"命令，在弹出的"创建新文档"对话框中设置"预设目标"为默认RGB，"大小"为A4，如图9-109所示。

图9-108　　　　　　图9-109

02 单击工具箱中的"文本工具"按钮 字，在属性栏中设置合适的字体及字号，然后在画面中单击输入文字，如图9-110所示。

03 如果想要更改字体可以执行"文本>编辑文本"命令，在弹出的"编辑文本"对话框中设置合适的字体及大小，如图9-111所示。再次使用文本工具在画面中单击并输入字母"M"，然后在调色板中使用鼠标左键单击灰色色块更改文字颜色为灰色，如图9-112所示。

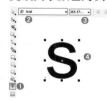 

图9-110　　　　图9-111　　　　图9-112

04 想要更改字体属性也可以使用文本工具选中文本，并在属性栏中设置合适的字体及大小，然后适当调整文字位

置，使其与之前输入的字符重叠，如图9-113所示。用同样的方法输入另外几个文字，适当调整字体及大小，如图9-114所示。

图9-113　　　　　　图9-114

05 单击工具箱中的"文本工具"按钮。在选项栏中减小字体大小，然后在较大的文字下单击并输入一行文字，如图9-115所示。继续减小文字大小，输入另外一组文字，如图9-116所示。

图9-115　　　　　　图9-116

06 下面需要添加一组段落文字。使用文本工具在画面下边空白处按住鼠标左键拖曳绘制一个文本框，如图9-117所示。然后在文本框内输入文字，最终效果如图9-118所示。

图9-117　　　　　　图9-118

9.3.5 动手学：精确移动和旋转字符

01 文本对象不仅可以像普通对象一样进行旋转和移动，还可以对其中的部分字符进行精确的移动和旋转，如图9-119所示。首先需要使用形状工具选择需要设置的字符，执行"文本>文本属性"命令，如图9-120所示。

图9-119　　　　　　　图9-120

图9-121　　　　　　　图9-122

02 在弹出的"文本属性"泊坞窗中单击"字符"下拉面板，在"X"、"Y"和"ab"数值框内输入数值即可对字符进行精确的移动和旋转，如图9-121和图9-122所示。

03 如果需要将文字恢复为原始状态，可以选择需要矫正的字符，执行"文本>矫正文本"命令即可，如图9-123和图9-124所示。

图9-123　　　　　　　图9-124

9.3.6 动手学：设置文本的对齐方式

01 本对齐方式的设置主要针对多行的文本。首先选中文本，单击文本工具属性栏中的"水平对齐"按钮，在下拉面板中选择一种对齐方式，就可以对文本做相应的对齐设置，如图9-125所示。如图9-126所示为各种对齐方式的效果。

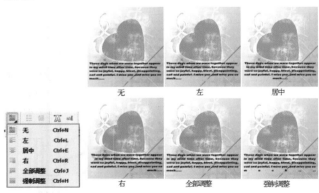

图9-127　　　　　　　图9-128

图9-125　　　　　　　图9-126

02 执行"文本>文本属性"命令，在泊坞窗中单击"段落"，在"段落"选项组中也可以进行对齐方式的设置，如图9-127所示。如果单击"调整间距设置"按钮，在"间距设置"对话框中单击"水平对齐"下拉按钮，在弹出的下拉列表中选择不同的对齐方式，也可对文本做相应的对齐设置，如图9-128所示。

★ **案例实战——调整文本对齐方式制作杂志封面**

案例文件	案例文件\第9章\调整文本对齐方式制作杂志封面.cdr
视频教学	视频文件\第9章\调整文本对齐方式制作杂志封面.flv
难度级别	★★★★★
技术要点	文本工具、对齐方式、椭圆形工具

案例效果

本例主要是通过使用文本工具、对齐方式、椭圆形工具等制作时尚杂志封面，效果如图9-129所示。

操作步骤

01 创建空白文件，导入照片素材"1.jpg"，如图9-130所示。单击工具箱中的"文本工具"按钮 字，在属性栏中设置合适的字体及大小，然后在人物上方单击输入白色标题文字，但是此时文字遮挡住了人像，如图9-131所示。

图9-129　　　　　图9-130　　　　　图9-131

 思维点拨

　　钻蓝色的色彩纯度很高，充分表现出蓝色的镇静效果。搭配明亮色调的色彩会非常夺目。钻蓝色有着深沉的冷静特质，可以在设计中表现出统一和出众的气质。

　　02 单击工具箱中的"钢笔工具"按钮，沿着人像轮廓绘制图形，如图9-132所示。选择文字，执行"效果>图框精确剪裁>置于图文框内部"命令，当光标变为黑色箭头时单击绘制的图形，如图9-133所示。

图9-132　　　　　　　　图9-133

　　03 此时遮挡住人像的文字被隐藏了，设置图形的"轮廓笔"为无，效果如图9-134所示。使用文本工具在属性栏中设置合适的字体及大小，然后在人像左侧输入文字，如图9-135所示。

图9-134　　　　　　　　图9-135

　　04 选中文字部分，在属性栏上单击"文本对齐"按钮，在下拉列表中单击选择左对齐，或按"Ctrl+L"快捷键，如图9-136所示。此时文字沿左侧边缘对齐排列，如图9-137所示。

图9-136　　　　　图9-137

　　05 再次使用文本工具设置不同字体及大小，并在属性栏中单击"左对齐"按钮，然后输入其他不同颜色的居左对齐的文字，如图9-138所示。

　　06 单击工具箱中的"椭圆形工具"按钮，按"Ctrl"键，在人像左下角绘制一个合适大小的正圆，填充深蓝色，设置"轮廓笔"为无，效果如图9-139所示。复制这个圆形，更改填充颜色为粉色，向上适当移动，如图9-140所示。

图9-138　　　　　图9-139　　　　　图9-140

　　07 继续使用文本工具在正圆上制作段落文字，在属性栏上单击"文本对齐"按钮，在下拉列表中单击选择居中对齐，如图9-141所示。适当旋转段落文字，效果如图9-142所示。

图9-141　　　　　图9-142

　　08 继续使用椭圆形工具在人像右上角绘制一个合适大小的粉色正圆，如图9-143所示。在粉色正圆上绘制一个小一点的白色正圆，如图9-144所示。再单击工具箱中的"透明度工具"按钮，在白色正圆上拖，制作半透明效果，如图9-145所示。

图9-143　　　　　图9-144　　　　　图9-145

　　09 使用钢笔工具在正圆上绘制高光部分，填充颜色为白色，如图9-146所示。使用透明度工具，在高光上进行拖曳，如图9-147所示。使用文本工具在绘制的正圆上输入居中对齐的文字，将文字进行一定角度的旋转，如图9-148所示。

钮，在下拉列表中选择"右对齐"命令，适当旋转角度，如图9-150所示。

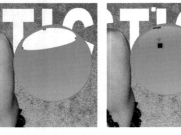

图9-146　　　　图9-147　　　　图9-148

10 单击工具箱中的"矩形工具"按钮，在人像右侧绘制两个粉色矩形，适当调整旋转角度，如图9-149所示。在粉色矩形上输入文字，在属性栏上单击"文本对齐"按

11 用同样的方法使用文本工具设置不同字体、大小以及对齐方式，并在封面上输入文字，最终效果如图9-151所示。

图9-149　　　　图9-150　　　　图9-151

9.3.7 转换文字方向

　　CorelDRAW中的文字可以是水平方向或垂直方向的。如果想要更改文字的方向可以选择文字对象，单击文字属性栏中的"将文本更改为水平方向"按钮≡或"将文本更改为垂直方向"按钮Ⅲ，如图9-152所示，可以将文字转换为水平或垂直方向，如图9-153和图9-154所示。

图9-152

图9-153　　　　　　　图9-154

9.3.8 设置字符间距

　　字符间距主要指字符横向以及纵向的距离，也就是字间距与行间距。执行"文本>文本属性"命令，如图9-155所示。在泊坞窗中单击"段落"，展开"段落"参数面板，在其中可以设置段落文本的间距的数值，通过更改数值可以进行更为细致的调整，如图9-156所示。

　　字间距是指字符横向之间的距离。选中文字，单击工具箱中的"形状工具"按钮，文字的右侧会出现交互式水平间距箭头符号，选择文字右侧的符号，按住左键向左或右进行拖曳，即可增加或减少字符的间距，如图9-157和图9-158所示。

图9-155　　　　　　图9-156

图9-157　　　　　　图9-158

行间距是指两个相邻文本行与行基线之间的距离。使用形状工具单击选择文字的左侧交互式水平间距垂直箭头符号 ➡，按住左键向上或下进行拖曳，即可增加或减少行间距，如图9-159和图9-160所示。

图9-159

图9-160

9.3.9 设置字符效果

执行"文本>文本属性"命令，或按"Ctrl+T"快捷键，在弹出的"文本属性"泊坞窗中可以看到多个字符效果设置的按钮。单击相应按钮，在下拉菜单中选择合适选项即可进行字符效果的设置，如图9-161所示。如图9-162~图9-164所示分别为各组字符效果。

图9-161

图9-162

图9-163

图9-164

9.4 编辑文本的段落格式

在对书籍、杂志、画册等包含有大量文本的作品进行版面设计时，一定会需要对大段的文字进行格式调整，如图9-165和图9-166所示。执行"文本>文本属性"命令，在弹出的泊坞窗中选择"段落"选项，在这里可以对大段的文字进行相应参数的调整，如图9-167所示。

图9-165

图9-166

图9-167

9.4.1 设置段落缩进

技术速查："缩进"指的是文本对象与其边界之间的间距量。

选中要缩进的段落，如图9-168所示，执行"文本>文本属性"命令，打开"文本属性"泊坞窗。在弹出的面板中单击

"段落"选项，在这里可以看到"首行缩进"、"左行缩进"和"右行缩进"，在数值框内输入数值即可进行相应的缩进调整，如图9-169所示。缩进只影响选中的段落，因此可以很容易地为多个段落设置不同的缩进，如图9-170所示。

如果想要随意调整缩进数值，可以使用文本工具选中要缩进的段落，执行"视图>标尺"命令，如图9-171所示，在CorelDRAW面板上方单击左键并左右拖动标尺调节器，同样可以设置段落的缩进，如图9-172和图9-173所示。

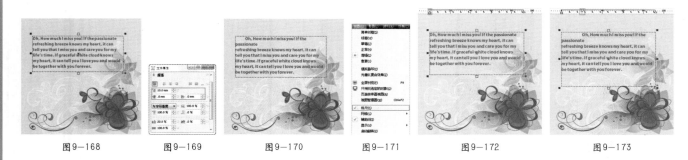

图9-168　　　图9-169　　　图9-170　　　图9-171　　　图9-172　　　图9-173

9.4.2 动手学：使用文本断字功能

技术速查：　"断字"功能主要应用于英文单词，可以将不能排入一行的某个单词自动进行拆分并添加字符功能。

① 在使用自动断字命令前，首先需要对断字属性进行设置。选择段落文本对象，如图9-174所示。执行"文本>断字设置"命令，在弹出的"断字"对话框中选中"自动连接段落文本"复选框，如图9-175所示。

或全大写的单词中断字的设置，分别在"断字标准"选项中的"之前最少字符"、"之后最少字符"和"到右页边距的距离"数值框内输入数值，进行相应的设置，如图9-176所示。单击"确定"按钮可以看到单词在文本框中的变化，如图9-177所示。

③ 设置完毕后，选择其他段落文本对象，执行"文本>使用断字"命令，就可以将设置过的断字格式赋予文本对象，如图9-178所示。

图9-174　　　　　　　　图9-175

② 在"断字"对话框中可以选中"大写单词分隔符"或"使用全部大写分隔单词"复选框，进行大写单词中断字

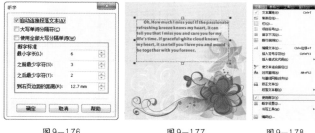

图9-176　　　　　图9-177　　　　　图9-178

9.4.3 添加制表位

技术速查：添加制表位可以用来设置对齐段落内文字的间隔距离。

使用文本工具创建段落文本框，窗口面板的上方标尺中会显示出制表位，执行"文本>制表位"命令，在弹出的"制表位设置"对话框的"制表位位置"数字框中输入数值，进行列表位距离的设置，单击"对齐列表"下拉按钮，在下拉列表中可以设置字符出现在制表位的位置，如图9-179所示。单击"前导符选项"按钮，在弹出的"前导符设置"对话框中可以设置前导符的间距，单击"确定"按钮结束设置，如图9-180所示。

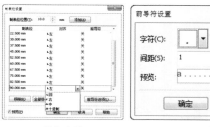

图9-179　　　　　　　　　图9-180

在标尺上单击右键，在弹出的快捷菜单中可以选择制表位的对齐方式，如图9-181所示。

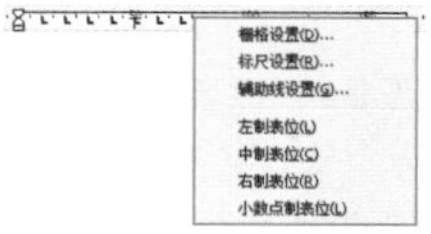

图9—181

★ 案例实战——使用制表位制作年历

案例文件	案例文件\第9章\使用制表位制作年历.cdr
视频教学	视频文件\第9章\使用制表位制作年历.flv
难度级别	★★★★★
技术要点	文本制表位、添加透视、立体化工具

案例效果

本例主要通过使用文本制表位、添加透视、立体化工具等制作新年年历，效果如图9-182所示。

图9—182

操作步骤

01 执行“文件>新建”命令，在弹出的“创建新文档”对话框中设置“预设目标”为默认RGB，“大小”为A4，如图9-183所示。

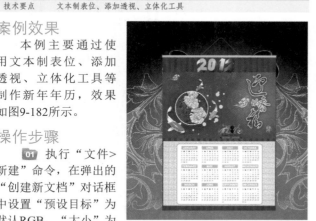

图9—183

02 单击工具箱中的“矩形工具”按钮□，在工作区中绘制矩形，并为其填充深红颜色（C：50，M：100，Y：100，K：31），作为底色，如图9-184所示。再次绘制细长的矩形，填充粉红颜色（C：48，M：100，Y：100，K：23），选择粉色矩形，按“Ctrl+D”快捷键将其向右移动，多次按“Ctrl+D”快捷键进行同等距离的复制，设置所有矩形“轮廓笔”为无，此时背景呈现出底纹效果，如图9-185所示。

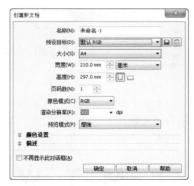

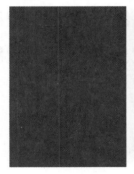

图9—184

图9—185

技巧提示

复制对象的方法很多，在这里也可以通过选择对象后，直接按键盘中的“+”键复制对象。

03 继续使用矩形工具在画面下半部分绘制一个新的矩形，填充颜色为白色，设置“轮廓笔”为无，如图9-186所示。

图9—186

04 单击工具箱中的“钢笔工具”按钮，绘制传统吉祥花纹，在属性栏上设置线条的粗细数值为0.5mm，颜色为黄色，如图9-187~图9-189所示。

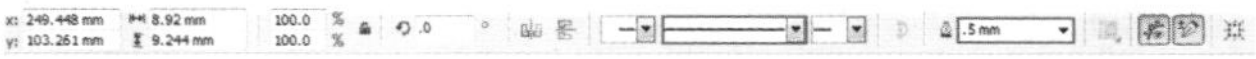

图9—187

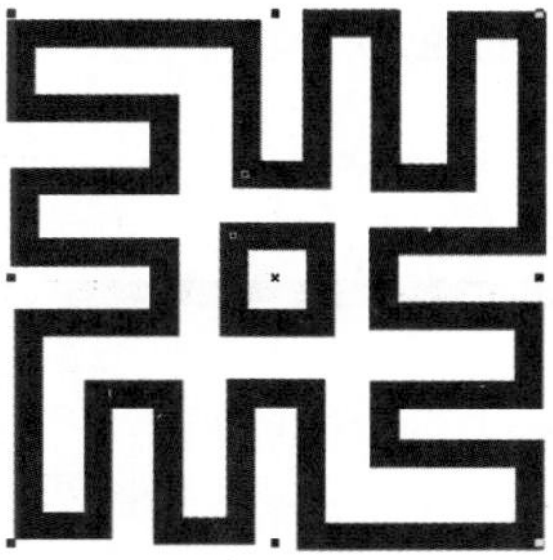

图9—188

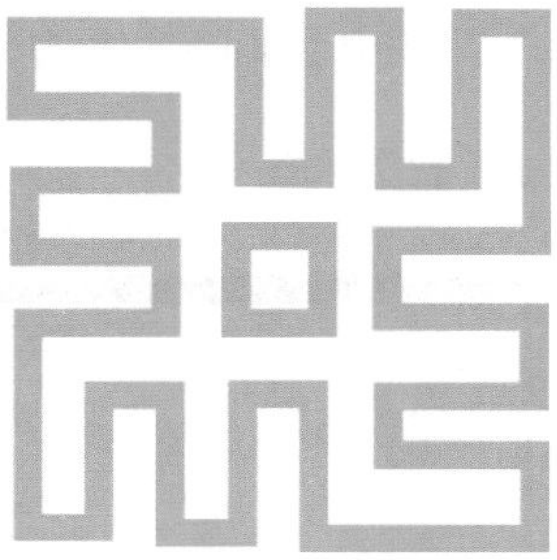

图9—189

05 按“Ctrl+C”快捷键复制，按“Ctrl+V”快捷键粘贴，得到另一个同样的花纹样式，平移到右侧，如图9-190所示。单击工具箱中的“调和工具”按钮，在属性栏上单击“直线调和”按钮，设置调和参数为18，如图9-191所示。效果如图9-192所示。

图9—190

图9—191

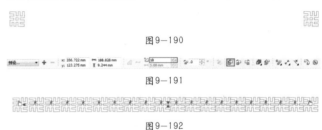

图9—192

06 选择第一行图案，按“Ctrl+C”快捷键复制，按“Ctrl+V”快捷键粘贴。复制出多组花样纹饰并且进行排列，放置画面中央作为底纹，如图9-193和图9-194所示。

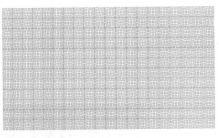

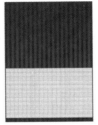

图9—193

图9—194

技巧提示

如果当前的花纹排列不整齐，可以选择绘制的所有花纹，执行“排列>对齐和分布>对齐与分布”命令，在“对齐与分布”面板中的“对齐”复选面板中选中“中间对齐”复选框，单击“分布”复选面板，选中“中间间距”复选框，再单击“应用”按钮结束操作，可以快速地将花纹进行对齐。

07 单击工具箱中的“矩形工具”按钮，在画面中绘制一个矩形，并在属性栏上单击“圆角”按钮，设置圆角数值为5mm的，“轮廓笔”为0.75mm，如图9-195所示。并在调色板中设置填充色为白色，轮廓色为金黄色，如图9-196所示。

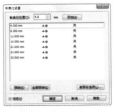

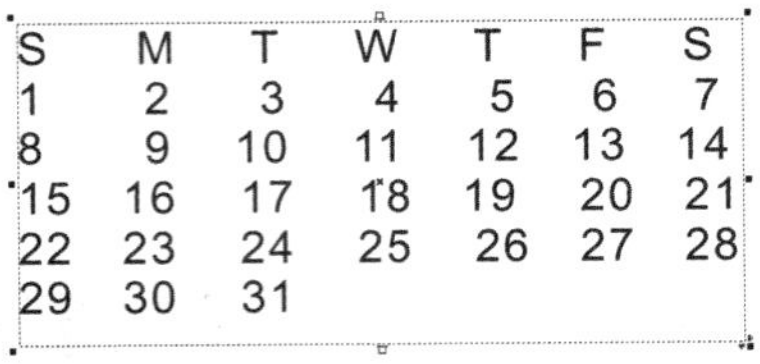

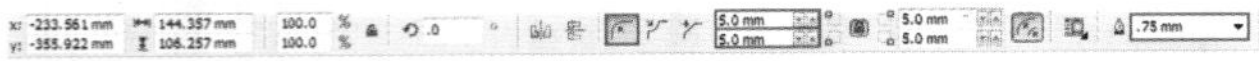

图9—195

图9—196

08 下面借助制表符制作日历上的日期。单击工具箱中的“文本工具”按钮字，在工作区绘制文本框，如图9-197所示。并在文本框中输入日历所需文字，如图9-198所示。

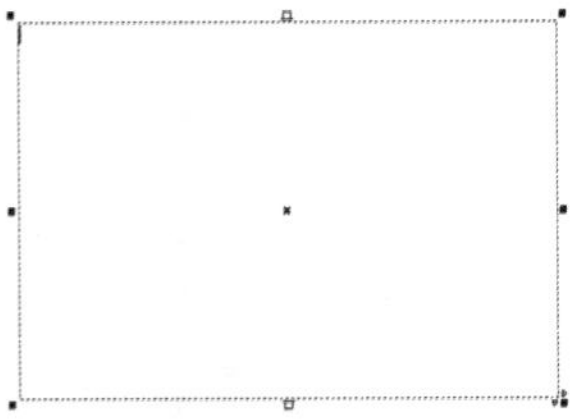

图9—197

SMTWTFS
12345678910111213141516171819202122232425262728293031

图9—198

09 选中段落文本，执行“文本>制表位”命令，在打开的“制表位设置”对话框中设置相应参数，如图9-199所示。然后在工作区中将文字光标置于段落文本框中，在每个日期和星期字符后按一次“Tab”键，效果如图9-200所示。

图9—199

S M T W T F S
1 2 3 4 5 6 7
8 9 10 11 12 13 14
15 16 17 18 19 20 21
22 23 24 25 26 27 28
29 30 31

图9—200

10 全选文字，选择“文本>文本属性”命令，在打开的“文本属性”泊坞窗中单击段落下拉按钮，设置“段落前”为150%，“行”为200%，效果如图9-201所示。按“Enter”键确认参数设置，效果如图9-202所示。

图9—201

S M T W T F S
1 2 3 4 5 6 7
8 9 10 11 12 13 14
15 16 17 18 19 20 21
22 23 24 25 26 27 28
29 30 31

图9—202

11 下面可以将日历的文字字体进行更改，并将星期日的日期与星期颜色设置为红色，将数字与字母设置为不同字体及大小，如图9-203所示。

S M T W T F S
1 2 3 4 5 6 7
8 9 10 11 12 13 14
15 16 17 18 19 20 21
22 23 24 25 26 27 28
29 30 31

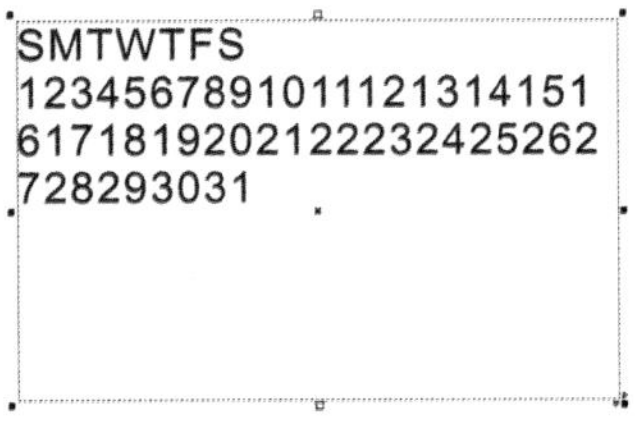

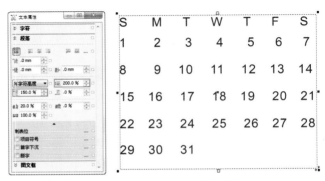

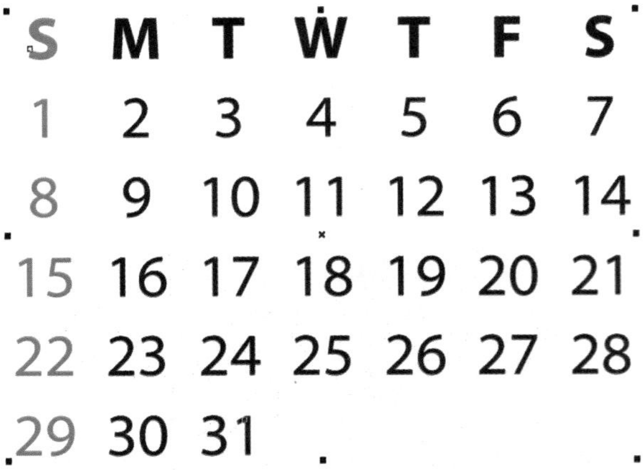

图9—203

12 使用矩形工具绘制一个灰色的圆角矩形，如图9-204所示。设置“轮廓笔”为无，选择“文本工具”在矩形的上面输入白色英文，设置合适字体及大小，到这里其中一个月份就制作完毕了，效果如图9-205所示。

图9-204

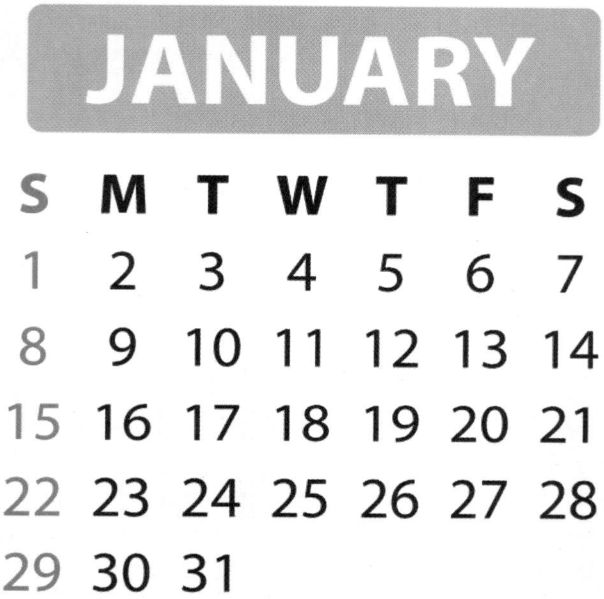

JANUARY

S	M	T	W	T	F	S
1	2	3	4	5	6	7
8	9	10	11	12	13	14
15	16	17	18	19	20	21
22	23	24	25	26	27	28
29	30	31				

图9-205

13 下面可以复制制作好的月份并进行粘贴，依次摆放在合适的位置上，然后更改每个月份相应的数字，如图9-206所示。将全年的日历日期放置在挂历相应的位置，如图9-207所示。

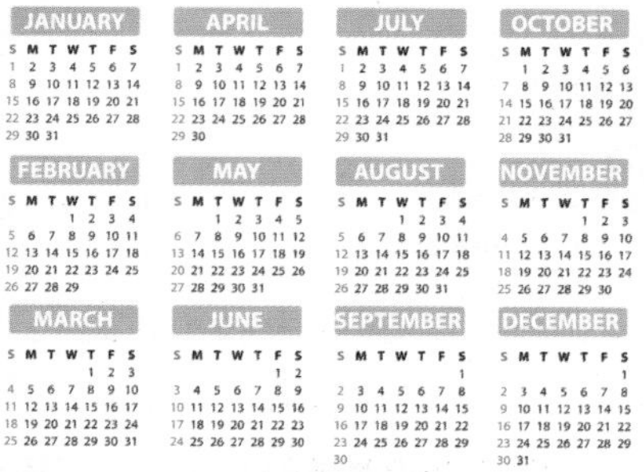

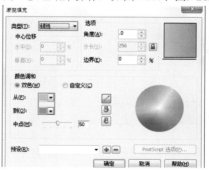

图9-206

图9-207

14 导入素材"2.png"，放在年历的上半部分，如图9-208所示。

15 单击工具箱中的"矩形工具"按钮，在年历的顶部绘制矩形，再单击工具箱中的"渐变填充工具"按钮，在"渐变填充"对话框中设置"类型"为线性，选中"自定义"单选按钮，设置颜色为灰白色渐变，单击"确定"按钮

结束操作，然后使用钢笔工具绘制挂历的吊绳，如图9-209和图9-210所示。

图9-208   图9-209

图9-210

16 下面制作年历顶部的立体字。单击"文本工具"按钮，在工作区中输入数字2，单击"渐变填充工具"按钮，在"渐变填充"对话框中设置"类型"为线性，选中"双色"单选按钮，设置颜色为从浅黄色到深黄色，单击"确定"按钮结束操作，如图9-211和图9-212所示。

图9-211    图9-212

17 单击工具箱中的"立体化工具"按钮，在数字上按住左键并向左下拖曳，为图形添加立体效果，如图9-213所示。用同样的方法依次制作其他数值，如图9-214所示。

18 将数字摆放在年历的顶部。最后导入背景素材图片"1.jpg"，单击右键，执行"顺序>到图层后面"命令，最终效果如图9-215所示。

图9-213　　　　　　　　图9-214

图9-215

9.4.4 设置项目符号

技术速查：为段落文本中添加项的项目符号大小、位置等进行自定义设置。

选择需要添加项目符号的段落文本，执行"文本>项目符号"命令，如图9-216所示，在弹出的"项目符号"对话框中选中"使用项目符号"复选框，在"外观"和"间距"栏中分别进行相关的设置，如图9-217所示，单击"确定"按钮结束操作，完成自定义项目符号样式，如图9-218和图9-219所示。

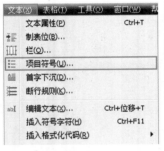

图9-216

图9-217

图9-218

图9-219

9.4.5 动手学：设置首字下沉

技术速查：首字下沉是指对段落文字的段首文字加以放大并强化，使文本更加醒目，如图9-220所示。

图9-220

01 选中一个段落文本，执行"文本>首字下沉"命令，如图9-221所示，在弹出的"首字下沉"对话框中选中"使用首字下沉"复选框，在"外观"栏中可以对"下沉行数"和"首字下沉后的空格"数值进行设置，如图9-222所示，还可以通过选中"首字下沉使用悬挂式缩进"复选框设置悬挂效果，单击"确定"按钮结束操作，效果如图9-223和图9-224所示。

图9-221　　　　　　　图9-222

图9-223　　　　　　　图9-224

02 选中一个段落文本，单击文本工具属性栏中的"首字下沉"按钮 ，或按"Ctrl+Shift+D"组合键，也可以为选中的段落文本添加或删除默认的首字下沉效果，如图9-225所示。

图9-225

☆ 视频课堂——使用首字下沉制作家居杂志版式

案例文件\第9章\视频课堂——使用首字下沉制作家居杂志版式.cdr
视频文件\第9章\视频课堂——使用首字下沉制作家居杂志版式.flv

思路解析：
01 使用矩形工具绘制页面背景中的元素。
02 导入位图素材摆放在画面中，装饰页面。
03 使用文本工具制作各个部分的段落文字。
04 对正文的第一段文字设置首字下沉。

9.4.6 设置分栏

书籍、报刊、杂志、画册等包含大量文字的版面中，经常会出现大面积的文本被分割为几个部分摆放的现象，这就是文字的"分栏"。分栏的排版会使文本更加清晰明了，有助于提高文章的可读性，如图9-226和图9-227所示。

分栏操作非常简单。选中需要进行分栏的段落文本，如图9-228所示。执行"文本>栏"命令，在弹出的"栏设置"对话框的"栏数"数值框中输入数字设定栏数，如图9-229所示。

图9-228　　　　　图9-229

在"栏设置"对话框中，未选中"栏宽相等"复选框，可以分别在栏的"宽度"和"栏间宽度"数值框内输入数值，使每个栏的宽度都不同，单击"确定"按钮结束操作，如图9-230所示。设置完毕后单击"确定"按钮，可以看到被选中的段落文本被分割为几个宽度相同的文本区域，如图9-231所示。

图9-226

图9-227

图9-230

图9-231

★ 案例实战——使用分栏与首字下沉制作杂志版式

案例文件	案例文件\第9章\使用分栏与首字下沉制作杂志版式.cdr
视频教学	视频文件\第9章\使用分栏与首字下沉制作杂志版式.flv
难度级别	★★★★★
知识掌握	文本工具、分栏、首字下沉

案例效果

本例主要通过使用文本工具、分栏、首字下沉制作杂志版式，效果如图9-232所示。

图9-232

操作步骤

01 执行"文件>新建"命令，在弹出的"创建新文档"对话框中设置"大小"为A4，"原色模式"为CMYK，"渲染分辨率"为300，如图9-233所示。

02 单击工具箱中的"矩形工具"按钮□，在绘制区内按住左键并拖曳，绘制一个合适大小的矩形，再单击CorelDRAW界面右下角的"轮廓笔"按钮，在弹出的"轮廓笔"对话框中设置"颜色"为深一点的灰色，"宽度"为0.567pt，如图9-234所示。单击"确定"按钮结束操作，再单击"调色板"为其填充为白色，如图9-235所示。

图9-233

图9-234　　　　图9-235

03 导入风景文件素材，调整到合适大小及位置，如图9-236所示。

04 单击"矩形工具"按钮，在图片左侧绘制一个大小合适的矩形，单击属性栏中的"圆角"按钮，取消圆角锁

定，设置矩形底部两个角的"圆角半径"为14.883mm，如图9-237和图9-238所示。

图9-236　　　　图9-237　　　　图9-238

05 按住"Ctrl"键绘制一个合适大小的正方形，如图9-239所示。单击工具箱中的"选择工具"按钮，双击矩形，将光标移至四角的控制点，按住左键并将其旋转到合适角度，如图9-240所示。

图9-239　　　　图9-240

06 单击工具箱中的"扭曲"按钮，再单击属性栏上的"推拉变形"按钮，如图9-241所示。将光标移至正矩形中间，按住左键并向外侧拖曳，调整到合适程度释放鼠标，如图9-242所示。

图9-241

图9-242

07 按"Shift"键进行加选，同时选择绘制的两个矩形框，单击属性栏上的"合并"按钮，如图9-243所示。单击"调色板"为其填充为蓝色，设置"轮廓笔"为无，如图9-244和图9-245所示。

08 单击工具箱中的"文本工具"按钮，在蓝色图形上单击并输入"150"，设置为合

适字体及大小，文字颜色为白色，如图9-246所示。

图9-243

图9-244　　　　　图9-245　　　　　图9-246

09 在白色文字下方单击输入文字，调整为合适字体及大小，并设置字体颜色为黑色，在属性栏上单击"文本对齐"按钮，在下拉列表中选择"居中"选项，如图9-247所示，或按"Ctrl+E"快捷键，效果如图9-248所示。

图9-247　　　　　　　　　图9-248

10 在蓝色图形下方单击并输入文字，调整为合适字体及大小，并设置文字颜色为黄色，如图9-249所示。单击工具箱中的"阴影工具"按钮🔲，在文字上按住左键并向右下角拖曳为文字设置阴影，如图9-250所示。

图9-249　　　　　图9-250

11 双击文字，将光标移至四角的控制点，按住左键并将其旋转合适角度，如图9-251所示。用同样的方法制作出下面的文字，如图9-252所示。

图9-251　　　　　图9-252

12 继续使用文本工具在下方按住左键并向右下角拖曳绘制文本框，如图9-253所示。在文本框内输入文字，调整为合适字体及大小，并设置字体颜色为黑色，如图9-254所示。

图9-253　　　　　图9-254

13 选择文字，执行"文字>栏"命令，在"栏设置"对话框中设置"栏数"为3，如图9-255所示。单击"确定"按钮结束操作，效果如图9-256所示。

图9-255　　　　　图9-256

14 选中全部文字，单击属性栏上的"首字下沉"按钮，每段的首字母都出现了首字下沉的效果，如图9-257和图9-258所示。选中每段的第一个字母，单击"调色板"为其填充不同的颜色，如图9-259所示。

图9-257

图9-258

图9-259

15 单击"文本工具"在右上角单击并键入文字，调整合适字体及大小，并设置颜色为蓝色，如图9-260所示。分别在蓝色文字右侧输入黑色文字，上方输入黄色文字，如图9-261所示。

图9-260

图9-261

16 单击"矩形工具"按钮，在文字下方绘制一个合适大小的矩形，单击"调色板"为其填充为黄色，设置"轮廓线"为无，效果如图9-262所示。单击"文本工具"按钮，在矩形下方单击并输入文字，调整为合适字体及大小，设置文字颜色为灰色，选中文字，单击属性栏中的"字符格式化"按钮，在"字符格式化"面板中设置"字距调整范围"为75%，如图9-263所示。效果如图9-264所示。

图9-262   图9-263   图9-264

17 继续在右下角输入文字，并将右侧文字旋转90°，最终效果如图9-265所示。

图9-265

9.4.7 链接段落文本框

"链接"命令主要用于文本"溢出"现象。那么什么是文本"溢出"呢？文本"溢出"是指段落文本中的内容超出段落文本框所能容纳的范围时，文本无法完全显示，而出现的文本溢出现象。这时链接段落文本框就变得极为重要，通过链接段落文本框可以将溢出的文本放置到另一个文本框或对象中，以保证文本内容的完整性，如图9-266

和图9-267所示。

在CorelDRAW中可以链接的文本不仅可以在同一页面中，也可以在不同页面中。链接后的文本，其中一个文本框溢出的文本将会显示在另外的文本框中，从而避免文本的流溢。

图9-266　　　　　　　　图9-267

动手学：链接同一页面的文本

如图9-268所示为一个含有溢出文本的段落文本和一个空白段落文本框。单击文本框底端显示文字流失箭头，移动光标到新建的空白段落文本，当光标变为箭头形状时单击。溢出的文本将会显示在空白的文本框中，如图9-269所示。链接完的文本框通过拖动或缩放文本框可以调整文本的显示状态。

图9-268　　　　　　　　图9-269

如果要在同一页面中链接段落文本框，可以同时选择两个不同的文本框，如图9-270所示。执行"文本>段落文本框>链接"命令，如图9-271所示，即可将两个文本框内的文本进行链接，溢出的文本将会显示在空文本框中，如图9-272所示。

图9-270

图9-271　　　　　　　　图9-272

动手学：链接不同页面的文本

01 要链接两个不同页面的段落文本，也可以使用"链接"命令。在页面1中包含溢出的段落文本，在页面2中包含一个空白的文本框，如图9-273所示。

图9-273

02 在页面1中单击段落文本框顶端的控制柄□，在页面下方切换至页面2，当光标变为箭头形状➡时，在页面2的文本框中单击，如图9-274所示。

图9-274

03 默认链接顺序使页面2中的文本文字链接至页面1中的文本文字后面，而且在链接后，两个文本框的左侧或右侧将出现链接的页面标示，以表示文本链接顺序，如图9-275所示。

图9-275

读书笔记

9.4.8 动手学：使用文本换行

版面中不仅包含文字，还需要添加图片或者图形等元素来进行美化。而文字与图形的排列如果不进行一定的设置则容易出现相互叠加、相互遮挡的情况。在CorelDRAW中可以通过文本换行工具创建环绕在图形周围的文字，这样就避免了文字或图形显示不完全的问题。如图9-276和图9-277所示为使用文本换行制作的作品。

图9-276　　　　　　　　图9-277

01 如图9-278所示的文档中包含粉色花纹的背景和卡通图形。首先选中卡通图形对象，单击右键执行"段落文本换行"命令，或者在属性栏中单击"文本换行"按钮。

图9-278

02 使用文本工具创建段落文本框，如图9-279所示。在其中输入文字即可看到围绕图形的文本效果，如图9-280所示。

图9-279　　　　　　　　图9-280

03 如果想要调整文本环绕的形式，可以在选择对象后，单击属性栏上的"文本换行"按钮，在弹出的下拉面

板中可以选择文本绕图的方式，如图9-281所示。如图9-282所示为各种样式对应的效果。

图9-281　　　　　　　　图9-282

★ 案例实战——使用文本换行进行书籍内页排版

案例文件	案例文件\第9章\使用文本换行进行书籍内页排版.cdr
视频教学	视频文件\第9章\使用文本换行进行书籍内页排版.flv
难度级别	★★★★★
技术要点	文本换行、文本工具、文本、栏、首字下沉

案例效果

本例主要是通过使用文本换行、文本工具、文本、栏、首字下沉等进行书籍内页排版，效果如图9-283所示。

操作步骤

01 创建空白文件，执行"文件>导入"命令，导入素材文件"1.jpg"，如图9-284所示。属性栏中的"文本换行"按钮，在下拉列表中选择"跨式文本"选项，如图9-285所示。

图9-283

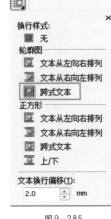

图9-284　　　　　　　　图9-285

02 单击工具箱中的"文本工具"按钮 字，在画布左上角按住左键向右下角拖曳，绘制出文本框，如图9-286所示。然后在文本框内输入段落文字，效果如图9-287所示。

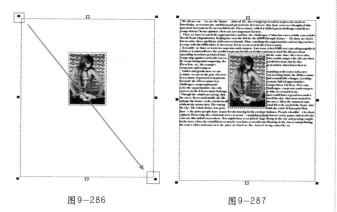

图9-286　　　　　　图9-287

03 执行"文本>栏"命令，在"栏设置"对话框中设置"栏数"为2，如图9-288所示。效果如图9-289所示。

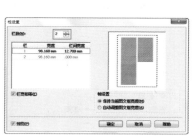

图9-288　　　　　　图9-289

04 执行"文本>首字下沉"命令，在打开的"首字下沉"对话框中选中"使用首字下沉"复选框，设置"下沉行数"为3，如图9-290所示。完成后可以看到第一个字母变大，最终效果如图9-291所示。

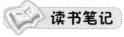

图9-290　　　　　　图9-291

读书笔记

9.5 使用文本样式

文本样式主要用在需要对大量文字对象应用相同效果的任务里。在CorelDRAW中可以借助"文字样式"功能将选定文字的颜色、大小等多种属性定义为样式效果，在对其他文字进行编辑时可以直接应用该文本样式，使其快速出现相同的效果。这样一来大大地减少了用户在对象处理过程中的重复操作，让工作变得更方便、快捷。如图9-292和图9-293所示为使用到"文本样式"功能的作品。

图9-292　　　　　　图9-293

9.5.1 创建文本样式

创建文本样式非常简单，可以通过在文档中对一段文本进行编辑。之后选择调整好的文字，执行"对象样式>从以下项新建样式集"命令，如图9-294所示。在弹出的"从以下项新建样式集"对话框中选择所要保存的属性，然后在"新样式集名称"一栏中输入保存名称，单击"确定"按钮结束操作，此时这个文字所具有的属性就被定义为文本样式了，如图9-295所示。

图9-294　　　　　　　　图9-295

也可以执行"窗口>泊坞窗>对象样式"命令，在弹出的"对象样式"泊坞窗中单击"新建样式"按钮，接着在菜单中选择新建字符样式或是段落样式，如图9-296所示。新建完成后会在样式列表中看到新建的样式，如图9-297所示。

图9-296　　　　　　　　图9-297

9.5.2 应用文本样式

当文档中已经有了定义好的文本样式时，可以直接将存储过的样式属性应用在新对象上，以便制作出大量相似的对象。选中需要应用样式的文本，单击右键执行"对象样式>应用样式>文本1"命令，在弹出的"应用样式"窗口中选择存储过的样式，单击"确定"按钮结束操作，此时可以看到之前储存的样式被应用到所选文字上，如图9-298和图9-299所示。

所示，在弹出的"对象样式"泊坞窗中选中需要应用的样式。单击"应用于选定对象"按钮，也可以应用所选样式，如图9-301所示。

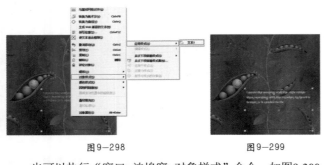

图9-298　　　　　　　　图9-299

也可以执行"窗口>泊坞窗>对象样式"命令，如图9-300所示。

图9-300　　　　　　　　图9-301

9.5.3 编辑文本样式

当创建了文本样式后，可以在"对象样式"泊坞窗中对文本样式进行编辑，执行"窗口>泊坞窗>对象样式"命令，在"对象样式"泊坞窗中选择所需编辑的字符样式或段落样式，然后在泊坞窗下半部分进行参数的调整，如图9-302和图9-303所示。

图9-302　　　　　　　　图9-303

如果想要删除多余的图形样式，可以在"图形和文本"面板中选择需要删除的样式，单击面板右侧的"删除样式集"按钮，或在需要删除的样式上单击右键，"删除"命令，将多余的样式执行删除，如图9-304所示。

图9-304

★ 案例实战——利用文本样式制作企业画册

案例文件	案例文件\第9章\利用文本样式制作企业画册.cdr
视频教学	视频文件\第9章\利用文本样式制作企业画册.flv
难度级别	★★★★★
技术要点	文本工具、文本样式、矩形工具、图框精确剪裁

案例效果

本例主要是通过使用文本工具、文本样式、矩形工具和图框精确剪裁等制作企业画册，效果如图9-305所示。

图9-305

操作步骤

01 执行"文件>新建"命令，创建新文档，单击工具箱中的"矩形工具"按钮，绘制一个矩形。然后复制这个矩形，移动到右侧，形成画册的两个页面，如图9-306所示。

图9-306

02 选中左侧页面，设置其填充色为蓝色，如图9-307所示。执行"文件>导入"命令，导入5张位图素材，并摆放在左侧页面中，调整位置及大小，如图9-308所示。

图9-307　　　　　　　图9-308

03 选择"矩形工具"，在页面顶部绘制一个合适大小的矩形，为其填充为深蓝色，设置"轮廓笔"为无，

效果如图9-309所示。

图9-309

04 再次导入一张较宽的素材图片，调整到合适大小，移至蓝色的长条矩形的右侧，如图9-310所示。选择图片，执行"效果>图框精确剪裁>置于图文框内部"命令，然后单击顶部的深蓝色矩形，将其放置在蓝色矩形内，如图9-311所示。

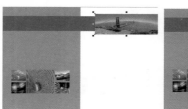

图9-310　　　　　　　图9-311

05 下面开始制作柱状形图表。单击工具箱中的"矩形工具"按钮，先绘制一个较小的矩形，设置填充色为蓝色。继续使用矩形工具绘制大一点的矩形，设置填充色为灰色，如图9-312所示。用同样的方法多次绘制矩形并放置在合适位置上，如图9-313所示。

图9-312　　　　　　　图9-313

06 单击工具箱中的"文本工具"按钮，在属性栏中设置合适的字体及大小，调整文字颜色为浅蓝色。然后在画面中单击并输入文字，移动到左侧页面的上方，如图9-314所示。继续使用文字工具在深蓝色矩形下输入合适字体及大小的白色文字，如图9-315所示。

图9-314　　　　　　　图9-315

07 下面开始创建文字样式。执行"窗口>泊坞窗>对象样式"命令，或按"Ctrl+F5"快捷键，在"对象样式"泊坞窗中单击"新建样式"按钮，接着在菜单中选择新建字符样式，如图9-316所示。在对象样式列表中选中新建的字符样式，并在底部的字符面板中修改字体、字号以及填充轮廓等信息，如图9-317所示。

图9-316　　　　　　　　　　图9-317

08 继续使用文本工具在右侧页面输入文字，如图9-318所示。选择文字，单击"对象样式"泊坞窗中新建的字符样式，并单击"应用于选定对象"按钮，如图9-319所示。此时文字具有了设定的样式，如图9-320所示。

图9-318

图9-319　　　　　　　　　　图9-320

09 单击"文本工具"按钮在左侧输入合适字体及大小的白色文字，单击右键执行"顺序>从以下项新建样式>字符"命令，如图9-321所示。在弹出的对话框中设置样式名称为"中标题"，如图9-322所示。

10 继续在右侧大标题下输入文字，然后选中文字，在"对象样式"泊坞窗中选中新建的"中标题"样式，单击"应用于选定对象"按钮，将其属性复制在右侧文字上。然后设置文字颜色为黑色，如图9-323所示。

11 继续单击"文本工具"按钮在左侧标题下方绘制文本框，如图9-324所示，并在文本框内输入合适字体及大小的文字，再设置文字颜色为白色，如图9-325所示。同样对

这部分文字执行"顺序>从以下项新建样式>段落"命令。

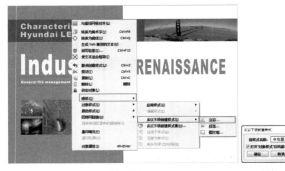

图9-321　　　　　　　　　　图9-322

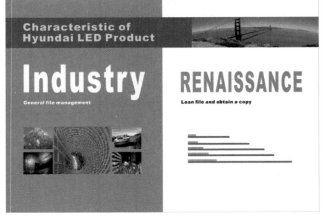

图9-323

图9-324　　　　　　　　　　图9-325

12 继续在右侧页面的中标题下输入段落文字，如图9-326所示。配合"对象样式"泊坞窗，为其赋予新定义的段落样式，并设置文字颜色为黑色，如图9-327所示。

图9-326　　　　　　　　　　图9-327

13 用同样的方法制作出右页下方的文字，设置文字颜色为黑色。再次使用矩形工具和文本工具，在右页的中间部分输入文字及合适大小的矩形，如图9-328和图9-329所示。

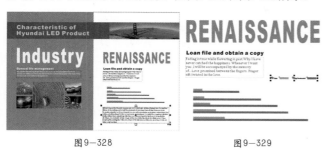

图9-328　　　　　　　　图9-329

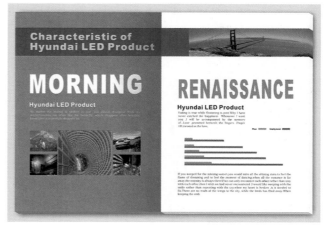

图9-330

14 到这里画册内页制作完成，最终效果如图9-330所示。

9.6 处理文本内容

9.6.1 使用"编辑文本"命令

执行"文本>编辑文本"命令，或按"Ctrl+Shift+T"组合键，如图9-331所示。在弹出的"编辑文本"对话框中可以对文本进行编辑，通过"选项"按钮还可以对文本的大小写进行更改，以及进行查找、替换文本、拼写检查等的操作，如图9-332所示。

9.6.2 查找文本

常见的文字处理软件都包含对文字的查找、替换、拼写检查等功能。在CorelDRAW中也能够进行相应的操作。选中文本对象，执行"编辑>查找并替换>查找文本"命令，弹出"查找文本"对话框。输入要查找的文本字，还可以进行是否区分大小写，以及是否仅查找整个单词的设置，如图9-333所示。单击"查找下一个"按钮进行查找，被查找的单词呈现灰色状态，如图9-334所示。

图9-331　　　　　　　图9-332　　　　　　　图9-333　　　　　　　图9-334

9.6.3 替换文本

选中文本对象，执行"编辑>查找并替换>替换文本"命令，在弹出的"替换文本"对话框中输入要查找及要替换的文本，单击"查找下一个"按钮可以快速定位需要替换的文本，单击"替换"按钮即可完成替换，如图9-335所示。

绘制区内需要替换的单词呈现灰色状态，继续单击"替换"按钮，可以将文本中需要替换的文本字进行逐一的替换，单击"全部替换"按钮可以快速替换文本框中的需要替

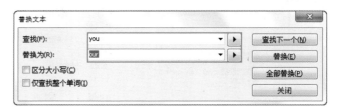

图9-335

换的全部文本，替换完毕单击"关闭"按钮结束操作，如图9-336和图9-337所示。

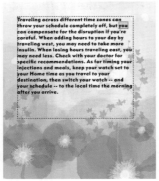
图9-336

图9-337

9.6.4 拼写检查

"拼写检查"命令主要应用于英文单词，它可以检查整个文档或特定文本的拼写和语法错误。选中需要检查的文本，执行"文本>书写工具>拼写检查"命令，如图9-338所示，弹出"书写工具"对话框，如图9-339所示。

在这里可以自动进行替换检查，需要替换的单词呈现灰色状态，如图9-340所示。在"替换为"下拉列表框中选择需要替换的单词，单击"替换"按钮，执行替换，在弹出的"拼写检查器"对话框中单击"是"按钮，结束替换，如图9-341和图9-342所示。

图9-338

图9-339
图9-340 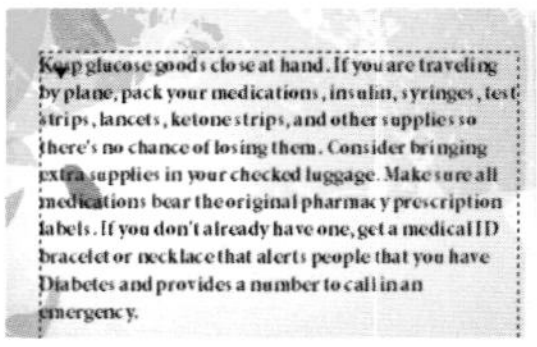
图9-341 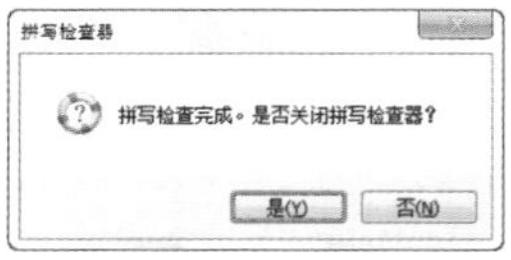
图9-342 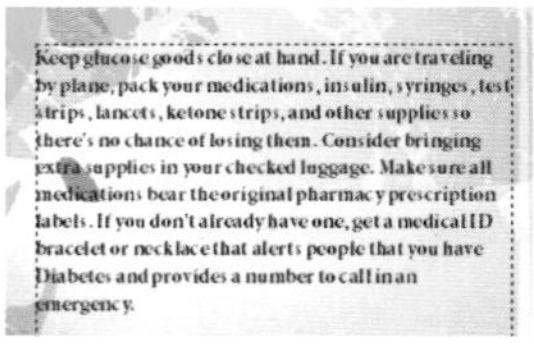

9.6.5 语法检查

语法检查与拼写检查使用方法相同，选择需要检查的文字，执行"文本>书写工具>语法"命令，在弹出的"书写工具"对话框中自动进行语法检查，如图9-343所示。

在"新句子"列表框中选择需要替换的新句子，单击"替换"按钮，执行替换，当所有错误语法替换完毕后，单击"关闭"按钮结束操作，如图9-344所示。

图9-343

图9-344

9.6.6 同义词

技术速查：使用"同义词"命令可以替换某个单词以改进书写样式。

"同义词"命令主要用于查寻同义词、反义词及相关词汇。使用该命令会自动将单词替换为建议的单词，也可以用同义词来插入单词。执行"文本>书写工具>同义词"命令，打开"书写工具"对话框，查找单词时，同义词提供简明定义和所选查找选项的列表，如图9-345所示。

9.6.7 快速更正

技术速查："快速更正"命令可以用来自动更正拼错的单词和大写错误。

选择需要更正的文字，执行"文本>书写工具>快速更正"命令，如图9-346所示，在弹出的"选项"对话框中进行相应设置的选择，在"被替换文本"属性栏中分别输入替换与被替换的字符，单击"确定"按钮结束替换操作，如图9-347所示。

图9-345　　　　　图9-346　　　　　图9-347

9.6.8 插入特殊字符

技术速查：使用"插入符号字符"命令可以插入各个类型的特殊字符，有些字符可以作为文字进行调整，有的可以作为图形对象来调整。

在文档中执行"文本>插入符号字符"命令，或按"Ctrl+F11"快捷键，打开"插入字符"窗口，如图9-348和图9-349所示。

在"插入字符"窗口中单击选择需要添加的字符，单击"插入"按钮，或按住特殊符号不放，将其拖到页面上，即可将特殊符号插到页面上，如图9-350和图9-351所示。

单击"字体"按钮，在下拉列表中可以进行字体的选择，不同的字体包含的字符样式也不相同，如图9-352所示。

图9-348　　　　　图9-349　　　　　图9-350　　　　　图9-351　　　　　图9-352

9.6.9 文本转换为曲线

制作海报或者标志时，经常需要对文字进行变形使文字产生艺术化的效果。在CorelDRAW中，文字对象虽然可以旋转缩放，但是不能直接进行"细节"的调整。如果想要将某个笔画卷曲，或者让字符的某个部分变大则需要将文字对象转换为曲线对象。将文本转换为曲线后就可以利用形状工具对文字进行各种变形操作。如图9-353~图9-356所示为对文字进行了"艺术加工"的作品。

首先选择文字，然后执行"排列>转换为曲线"命令，如图9-357所示，或按"Ctrl+Q"快捷键，或单击右键执行

图9-353 图9-354

图9-355 图9-356

"转换为曲线"命令，即可将文字转换成曲线，这时文字会出现节点。单击工具箱中的"形状工具"按钮，通过对节点的调整可以改变文字的效果，如图9-358和图9-359所示。

图9-357 图9-358 图9-359

★ 案例实战——将文本转换为曲线制作变形文字

案例文件	案例文件\第9章\将文本转换为曲线制作变形文字.cdr
视频教学	视频文件\第9章\将文本转换为曲线制作变形文字.flv
难度级别	★★★★★
技术要点	文本工具、形状工具、钢笔工具

案例效果

本例主要是通过使用文本工具、形状工具、钢笔工具等制作变形文字。效果如图9-360所示。

图9-360

操作步骤

01 执行"文件>新建"命令，在弹出的"创建新文档"对话框中设置"预设目标"为默认RGB，"大小"为A4，如图9-361所示。

02 单击工具箱中的"矩形工具"按钮，在画面绘制一个合适大小的矩形，如图9-362所示。再单击工具箱中的"渐变填充工具"按钮，在弹出的对话框中设置"类型"为辐射，颜色为从深绿色到浅绿色，"中点"为35，如图9-363所示。设置"轮廓笔"为无，效果如图9-364所示。

图9-361

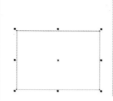

图9-362 图9-363 图9-364

03 单击工具箱中的"文本工具"按钮，在属性栏中设置合适的字体及大小，在画面中输入字母，如图9-365所示。复制这部分文字，并设置颜色为灰色，如图9-366所示。然后将其移动到其他位置。

04 选中字符，执行"排列>转换为曲线"命令，或按"Ctrl+Q"快捷键，此时文字上出现了控制点，如图9-367所示。单击工具箱中的"形状工具"按钮，将光标移至控制点上，按住左键拖曳，如图9-368所示。

图9-365 图9-366

图9-367 图9-368

05 依次调整控制点，调整文字形状，如图9-369所示。将灰色的文字移动回原始文字上，如图9-370所示。

图9-369 图9-370

06 单击工具箱中的"透明度工具"按钮，在灰色文字上按住鼠标左键从上到下进行拖曳，如图9-371所示。再单击工具箱中的"钢笔工具"按钮，在文字上面绘制高光形状，填充白色，设置"轮廓笔"为无，如图9-372所示。

图9-371 图9-372

07 继续使用透明度工具，在属性栏中设置渐变类型为标准，得到半透明的高光，完成高光的制作，如图9-373所示。用同样的方法制作另一个高光效果，如图9-374所示。

图9-373 图9-374

08 下面使用钢笔工具在文字下绘制流淌形状，设置"填充颜色"为黑色，"轮廓笔"为无，效果如图9-375所示。复制该图层，填充灰色，使用透明度工具在灰色图形上拖曳得到半透明效果，如图9-376所示。

图9-375 图9-376

09 继续使用钢笔工具和透明度工具制作液体上的高光效果，如图9-377所示。

图9-377

10 继续使用钢笔工具绘制花纹形状，使用渐变填充工具设置从灰色到白色的渐变，"角度"为90，"中点"为35，如图9-378所示。设置"轮廓笔"为无，效果如图9-379所示。用同样的方法制作另外几组灰色渐变图形，如图9-380所示。

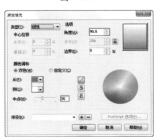

图9-378

11 使用钢笔工具在变形字母尾部绘制笑脸，填充颜色为蓝色，如图9-381所示。再用使用钢笔工具和透明度工具在文字变形上绘制高光效果，如图9-382所示。

图9-379

图9-380

图9-381

图9-382

12 导入手素材文件"1.png"，用同样的方法制作另外一组变形文字，最终效果如图9-383所示。

图9-383

读书笔记

课后练习

【课后练习——制作卡通风格饮品标志】

思路解析：

本案例的文字部分主要使用多次复制，并调整不同颜色制作层次感。使用钢笔工具和填充工具制作背景部分。

本章小结

通过对本章的学习，对文本工具的使用和编辑有了更详细的了解。熟练掌握本章介绍的文字创建工具以及编辑命令，不仅可以自如地控制文本形态，更重要的是通过文本形态的调整更好地配合版面的设计理念。在平面设计中，文字信息传达的功能固然重要，但是作为艺术设计的一个门类，文字的艺术性也是需要深入探究的。

第10章

表格的创建与编辑

本章内容简介：

表格是指按所需的内容项目画成格子，并在其中填写文字或数字等内容，便于统计查看。表格是平面设计中经常出现的元素，在CorelDRAW中表格既是一种特殊对象，同时也具有与图形相似的可编辑性。表格的创建与编辑离不开工具箱中的表格工具以及菜单栏中的"表格"菜单。

本章学习要点：

- 学习创建表格的方法
- 熟练掌握表格的常用编辑操作
- 掌握表格样式的设置方法

10.1 创建表格

创建表格主要有两种方法，在"表格"菜单中则可以精确地创建表格，如图10-1所示。而通过使用工具箱中的表格工具可以以绘图的形式创建出表格。单击工具箱中的"表格工具"按钮，在属性栏中可以看到相应的设置参数，如图10-2所示。

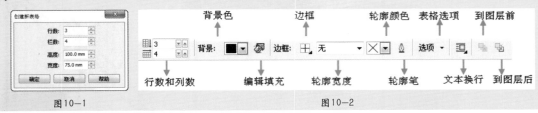

图10—1　　　　　　　　　　　图10—2

10.1.1 动手学：使用表格工具绘制表格

使用表格工具可以像绘制矩形一样绘制表格，但是绘制之前需要在属性栏中设置表格的属性，或者绘制完毕后在属性栏中修改数值。

01 单击工具箱中的"表格工具"按钮，在属性栏的"行数和列数"数值框中输入数值，设置表格的行数和列数，如图10-3所示。在绘制区中按住左键并进行拖曳，绘制方格图形，如图10-4所示。

02 表格绘制完成后也可以通过属性栏对表格的行数和列数进行更改。选择一个表格，在属性栏中可以更改表格的尺寸、背景色、边框的宽度及颜色等，如图10-5所示。如图10-6和图10-7所示分别为增加了行数和列数及更改了边框颜色的效果。

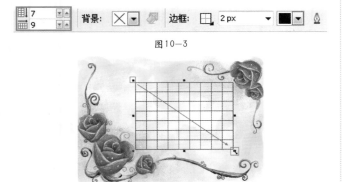

图10—3

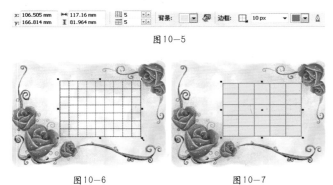

图10—5

图10—4　　　　　　　　　　图10—6　　　　　　　　图10—7

10.1.2 使用命令创建新表格

执行"表格>创建新表格"命令，打开"创建新表格"对话框，在这里可以设置表格的"行数"、"栏数"、"高度"和"宽度"数值，完成后单击"确定"按钮，如图10-8所示，画面中即可出现一个相应参数的表格，如图10-9所示。

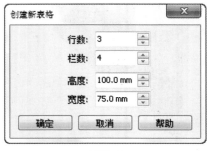

图10—8

图10—9

10.2 选择表格中的对象

在CorelDRAW中编辑图形时，首先需要选中图形。那么表格对象也是如此，要编辑整个表格可以选择表格对象；要编辑单个单元格则需要单独选取单元格，这样能够制作出样式丰富的表格效果，如图10-10和图10-11所示。

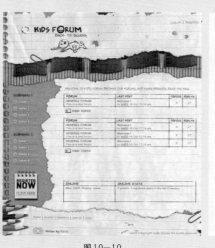

图10—10

图10—11

10.2.1 选择表格

表格对象是一个独立的对象，使用工具箱中的选择工具在表格上单击即可选择一个表格，如图10-12所示。

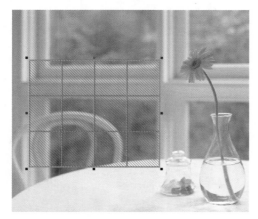

图10—12

PROMPT 技巧提示

单击工具箱中的"形状工具"按钮，将鼠标移至表格中的任一单元格中，当鼠标指针变为十字形时，单击将其选中。执行"表格>选择>表格"命令，会自动选择该表格的所有单元格。

读书笔记

10.2.2 动手学：选择单元格

01 使用工具箱中的"表格工具"按钮，单击表格中的任意单元格，如图10-13所示。执行"表格>选择>单元格"命令，会自动选中该单元格，如图10-14所示。也可以通过使用工具箱中的"形状工具"按钮，在单元格上单击即可选中单元格，如图10-15所示。

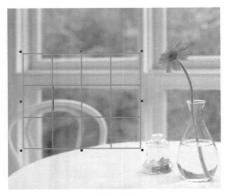

图10—13

图10—14

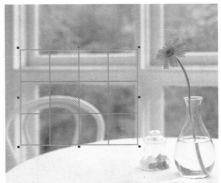

图10—15

02 也可以单击该单元格并向右拖动选中该单元格，还可以在插入点光标后使用 "Ctrl + A" 快捷键来选择单元格，如图10-16所示。

03 将鼠标移至表格的任一单元格中，当鼠标光标变为十字形 ✛ 时，按左键并向右拖曳，即可选中多个单元格，如图10-17所示。

图10—16

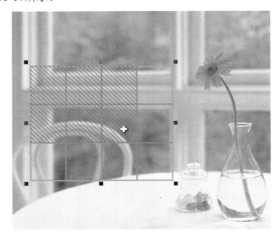

图10—17

10.2.3 选择行

使用形状工具 ，将鼠标移至表格中的任一单元格中，当鼠标光标变为十字形 ✛ 时，单击将其选中，如图10-18所示。执行 "表格>选择>行" 命令，会自动选择该单元格所在的行，如图10-19所示。也可以在该行的第一个或最后一个单元格上单击，并拖动直至选中整行，如图10-20所示。

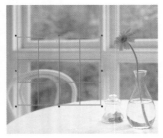

图10—18

图10—20

图10—19

使用形状工具，将鼠标移至表格的左侧，当鼠标指针变为箭头形 ➡ 时，单击则该单元格所在的行呈被选中状态。

10.2.4 选择列

使用形状工具选择单元格，如图10-21所示。执行"表格>选择>列"命令，会自动选择该单元格所在的列，如图10-22所示。也可以在该列的第一个或最后一个单元格上单击，并拖动直至选中整列，如图10-23所示。

使用形状工具将鼠标移至表格的上方，当鼠标指针变为箭头形 ⬇ 时，单击则该单元格所在的列呈被选中状态，如图10-24所示。

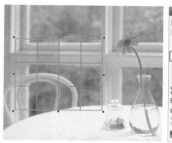
图10-21

图10-22

图10-23

图10-24

10.3 编辑表格中的内容

在CorelDRAW中不仅可以向表格中添加文字对象，还可以添加图形、曲线、位图等多种对象，如图10-25和图10-26所示。

图10-25

图10-26

10.3.1 动手学：向表格中添加文字

01 文字是表格中最常见的内容，想要向表格中添加文字，首先需要使用表格工具 ▦ 在要输入文字的单元格中单击。此时，该单元格中会显示出插入点光标，如图10-27所示，然后输入文字即可，如图10-28所示。

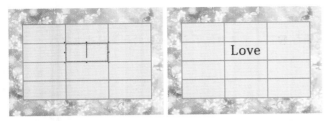

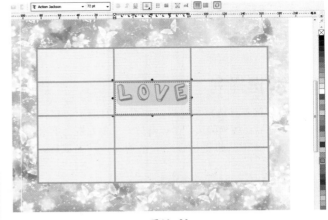

图10-27　　　　　　　　图10-28

　　02 如果要选中文字，可以直接用鼠标拖动选择。如果想要修改文字属性，可以在选中文字之后在属性栏中修改字体、字号、对齐方式等属性，也可以直接在调色板中设置文字颜色，如图10-29所示。表格内的文字属性更改的方法与普通文字的更改方法相同，具体内容请参考"第9章 文本的创建与编辑"。

图10-29

10.3.2 动手学：向表格中添加图形、图像

　　除了可以在表格中添加文字外，还可以在其中添加图形、图像。想要添加图形、图像不能单纯地在单元格上绘制，需要采用复制、粘贴的方法进行操作。

　　01 如果要在表格中添加图像，首先需要将其导入文档中，并将其进行复制，如图10-30所示。然后使用表格工具选择需要插入的单元格，并进行粘贴即可，如图10-31所示。

　　02 如果要在表格中添加图形，则可以在空白区域绘制图形，进行复制后选择需要插入的单元格，并进行粘贴，如图10-32所示。

　　03 另一种是通过在图形、图像上按住鼠标右键，将图像拖动到单元格中，松开鼠标右键并在弹出的快捷菜单中执行"置于单元格内部"命令，如图10-33所示，即可插入图形或图像，如图10-34所示。

图10-30　　　　　　　　图10-31

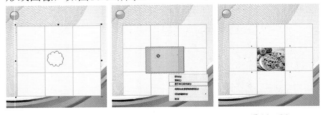

图10-32　　　　　　图10-33　　　　　　图10-34

思维点拨：将画面中元素旋转活跃画面气氛

　　在版式设计中，为了活跃画面气氛可以将画面中的元素进行适当的旋转。在该案例中，修改之前的作品过于死板、单调，如图10-35所示。经过修改后，将某一模块和照片进行旋转，版面的气氛变得活跃、灵动了，如图10-36所示。

图10-35　　　　　　　　图10-36

10.3.3 删除内容

当想要删除表格中的内容时，需要选中要删除的内容，如图10-37所示，然后按"Delete"或者"Backspace"键即可，如图10-38所示。如果不选中单元格中的内容而直接按"Delete"键，则将删除整个表格。

图10—37

图10—38

☆ 视频课堂——制作页面中的表格

案例文件\第10章\视频课堂——制作页面中的表格.cdr
视频文件\第10章\视频课堂——制作页面中的表格.flv

思路解析：

01 使用表格工具绘制表格。

02 在属性栏中更改表格属性。

03 向表格中添加文字信息以及位图元素。

10.4 表格的编辑操作

创建了表格之后就需要对表格进行进一步的调整，使其满足作品的需要。例如，对表格的大小进行调整，调整单元格的宽度、高度，添加单元格或删除单元格，添加行或列等操作，如图10-39和图10-40所示为带有表格的作品。

图10—39　　　　　　　图10—40

10.4.1 调整表格的行数和列数

对创建完成的表格可以通过选中表格，在属性栏中的"行/列"中输入相应数值即可更改表格的行数或列数，如图10-41所示。

图10-41

10.4.2 动手学：调整表格的行高和列宽

默认情况下，表格的单元格都是等大的。但是实际设计中往往都需要使用到尺寸并不一致的单元格，这时就需要对单元格的行高和列宽进行调整。

01 如果想要精确地调整行高或列宽，可以首先选中一个单元格，然后在属性栏中的"表格单元格的宽度和高度"中输入数值即可，如图10-42所示。如果设置了宽度 ⟷，那么调整了单元格所在列的列宽；如果设置了高度 ⬍，那么调整了单元格所在行的行高，如图10-43所示。

02 也可以直接将光标移动到要调整的位置，当箭头变为双箭头时，直接拖曳即可调整尺寸，如图10-44和图10-45所示。

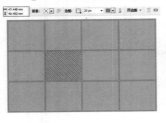

图10-42

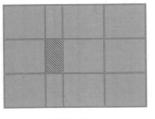

图10-43

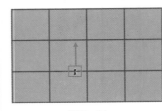

图10-44

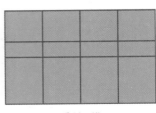

图10-45

10.4.3 合并多个单元格

技术速查："合并单元格"命令可以将多个单元格合并为一个单元格，合并后单元格中的内容不会丢失。

使用形状工具选中多个单元格，如图10-46所示。执行"表格>合并单元格"命令，或按"Ctrl+M"快捷键，选中的单元格将被合并为一个较长的单元格，如图10-47所示。

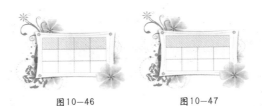

图10-46　　　　　　图10-47

10.4.4 动手学：拆分单元格

技术速查："拆分为行"命令可以将一个单元格拆分为成行的两个或多个单元格；"拆分为列"命令可以将一个单元格拆分为成列的两个或多个单元格；"拆分单元格"命令能够将合并过的单元格进行拆分。

01 选择单元格，执行"表格>拆分为行"命令，如图10-48所示。在弹出的"拆分单元格"对话框中设置"行数"的数值，如图10-49所示。单击"确定"按钮将选中的单元格拆分为指定行数，如图10-50所示。

图10-48

图10-49

图10-50

② 选择单元格，如图10-51所示。执行"表格>拆分为列"命令，在弹出的"拆分单元格"对话框中设置"栏数"的数值，如图10-52所示。单击"确定"按钮将选中的单元格拆分为指定列数，如图10-53所示。

图10-51　　　　图10-52　　　　图10-53

③ 如果表格中存在合并过的单元格，那么选中该单元格，如图10-54所示，执行"表格>拆分单元格"命令，如图10-55所示，合并过的单元格将进行拆分，如图10-56所示。

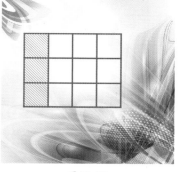

图10-54　　　　图10-55　　　　图10-56

技巧提示

如果选中的单元格并未经过合并，那么"拆分单元格"命令将不可用。

10.4.5 动手学：快速插入单行/单列

在表格创建之后，如果想要在某个特定位置插入行或列，可以选中单元格，如图10-57所示。然后执行"表格>插入"命令，在子菜单中选择相应命令来增加表格的行数或列数，如图10-58所示。

图10-57　　　　图10-58

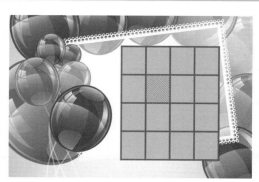

图10-59

① 执行"表格>插入>行上方"命令，会自动在选择的单元格上方建立一行单元格，如图10-59所示。

② 执行"表格>插入>行下方"命令，会自动在选择的单元格下方建立一行单元格，如图10-60所示。

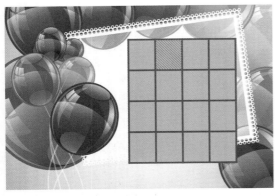

图10—60

03 执行"表格>插入>列左侧"命令，会自动在选择的单元格左侧建立一列单元格，如图10-61所示。

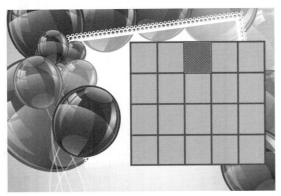

图10—61

04 执行"表格>插入>列右侧"命令，会自动在选择的单元格右侧建立一列单元格，如图10-62所示。

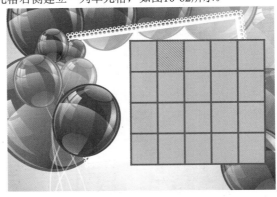

图10—62

读书笔记

10.4.6 动手学：插入多行/多列

01 选中表格中的单元格后，执行"表格>插入>插入行"命令，在弹出的"插入行"对话框中分别设置"行数"和"位置"，如图10-63所示，可以插入指定数目的行，再单击"确定"按钮结束操作，如图10-64所示。

图10—63

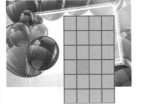

图10—64

02 执行"表格>插入>插入列"命令，在弹出的"插入行"对话框中分别设置"栏数"和"位置"，如图10-65所示，可以插入指定数目的列，再单击"确定"按钮结束操作，如图10-66所示。

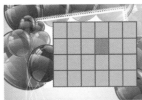

图10—65

图10—66

读书笔记

10.4.7 动手学：平均分布行/列

技术速查：执行"表格>分布"命令，在子菜单中可以将表格中分布不均匀的行或列进行规则的排布。

01 在表格中选择某一列，如图10-67所示，执行"表格>分布>行均分"命令，如图10-68所示，被选中的行将会在垂直方向均匀分布，如图10-69所示。

图10-67　　　　　　图10-68　　　　　　图10-69

02 任意选择表格的某一行，如图10-70所示，执行"表格>分布>列均分"命令，如图10-71所示，被选中的列将会在水平方向均匀分布，如图10-72所示。

图10-70　　　　　　图10-71　　　　　　图10-72

10.4.8 删除行/列

技术速查：使用"表格>删除"命令可以删除表格中多余的单元格。

选择需要删除的单元格，如图10-73所示，执行"表格>删除>行"命令，如图10-74所示，可以删除选中的单元格所在的行，如图10-75所示。

图10-73　　　图10-74　　　图10-75

执行"表格>删除>列"命令，如图10-76所示，可以删除选中的单元格所在的列，如图10-77所示。

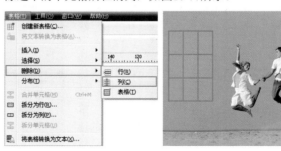

图10-76　　　　　　　图10-77

10.4.9 删除表格

选中表格中的单元格，执行"表格>删除>表格"命令，可以将单元格所在的表格删除，如图10-78所示。使用选择工具选择需要删除的表格，按"Delete"键也可以将所选表格删除。

图10—78

10.5 设置表格颜色及样式

在CorelDRAW中表格对象与图形对象一样，都可以进行颜色设置。表格对象可以对背景色、单元格颜色进行设置，还可以对表格边框颜色以及粗细进行设置，如图10-79和图10-80所示。

图10—79　　　　　　　　图10—80

10.5.1 设置表格背景色

选中表格，在属性栏的"背景颜色"下拉列表中可以看到一些可选的颜色，单击即可为当前表格设置颜色，如图10-81所示。如果想要使用其他颜色，也可以单击右侧的"编辑填充"按钮，在弹出的调色板中选择合适的颜色即可，如图10-82所示。

也可以选择部分单元格或者行、列，然后在属性栏中更改颜色，如图10-83所示。效果如图10-84所示。

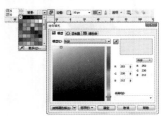

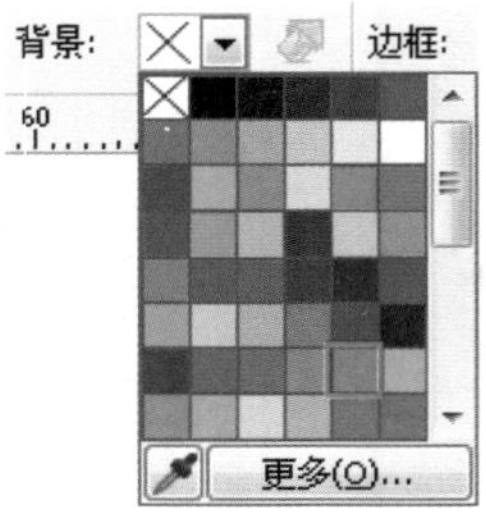

图10—81　　　　　　图10—82

图10—83 　　　　　　　　图10—84

10.5.2 设置表格或单元格的边框

01 选择需要处理的单元格、单元格组、行、列或整个表格，单击属性栏上的"边框"按钮，在弹出的下拉菜单中可以选择要修改的边框的类型，例如全部、内部、外部等，如图10-85所示。

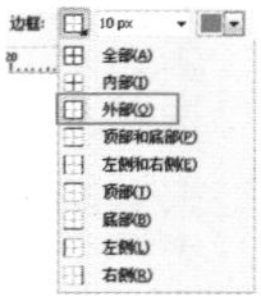

图10—85

02 从属性栏的"轮廓宽度"列表框中选择边框宽度，或者自行输入数值也可以设置边框宽度，如图10-86所示。

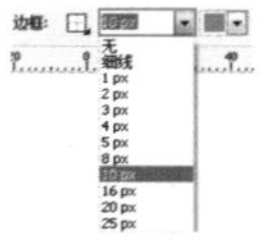

图10—86

03 接着可以在属性栏的"轮廓颜色"下拉列表中选择适合的颜色。如果想有更多的选择，可以单击"更多"按钮，在弹出的拾色器中可以进行更多的选择，如图10-87和图10-88所示。

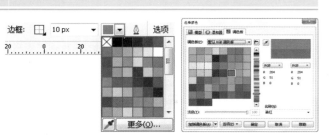

图10—87　　　　　　　图10—88

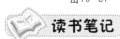

读书笔记

10.6 文本与表格相互转换

在CorelDRAW中，表格对象与文本对象是可以相互转换的，如图10-89和图10-90所示。

图10-89

图10-90

10.6.1 将文本转换为表格

选择将要转换的文本，需要注意的是，将文本转换为表格之前，需要在文本中插入制表符、逗号、段落回车符或其他字符，如图10-91所示。执行"表格>将文本转换为表格"命令，在弹出的"将文本转换为表格"对话框中选择创建列的根据，如图10-92所示。单击"确定"按钮结束操作，即可将文字转换为表格，如图10-93所示。

图10-91　　图10-92　　图10-93

10.6.2 将表格转换为文本

选择将要转换的文本，执行"表格>将表格转换为文本"命令，如图10-94所示。在弹出的"将表格转换为文本"对话框中选择单元格文本分隔的根据，如图10-95所示。将表格转换为文本时，将根据插入的符号来分隔表格的行或列。单击"确定"按钮结束操作，即可将表格转换为段落文本。

图10-94　　　图10-95

★ 案例实战——使用表格完成宣传册版式的制作

案例文件	案例文件\第10章\使用表格完成宣传册版式的制作.cdr
视频教学	视频文件\第10章\使用表格完成宣传册版式的制作.flv
难度级别	
技术要点	创建表格、文字转换为表格

案例效果

本例主要是通过使用表格菜单下的命令创建以及编辑表格完成宣传册版式的制作，效果如图10-96所示。

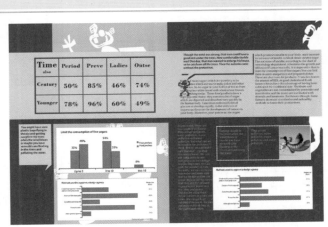

图10-96

操作步骤

01 打开素材文件"1.cdr"，如图10-97所示。执行"表格>创建新表格"命令，在弹出的对话框中设置"行数"为3，"栏数"为5，如图10-98所示。

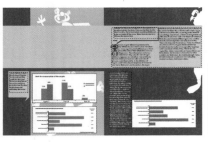

图10-97　　　　　　　　图10-98

思维点拨

　　纯净的蓝色表现出一种美丽、冷静、理智、安详与广阔，由于蓝色沉稳的特性，具有理智、准确的意象，在商业设计中，强调科技、效率的商品或企业形象，大多选用蓝色当标准色、企业色，如电脑、汽车、影印机、摄影器材等，如图10-99和图10-100所示。

图10-99　　　　　　　　图10-100

　　02　单击"确定"按钮后画面中出现一个表格，如图10-101所示，然后将光标定位到表格四角的控制点上调整表格的大小，如图10-102所示。

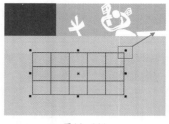
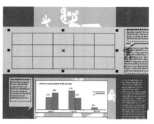

图10-101　　　　　　　　图10-102

　　03　单击工具箱中的"表格工具"按钮 ，在属性栏中设置"边框"为外部，"大小"为10px，"颜色"为深蓝色，如图10-103所示。

图10-103

　　04　接着在属性栏中设置"边框"为内部，"大小"为5px，"颜色"为深蓝色，如图10-104所示。效果如图10-105所示。

　　05　接着按住"Ctrl"键选择横向和纵向的表格，如图10-106所示。在属性栏中设置"背景色"为浅蓝色，如图10-107所示。

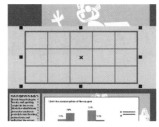

图10-104　　　　　　　　图10-105

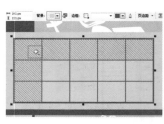
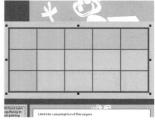

图10-106　　　　　　　　图10-107

　　06　下面可以在表格中添加文字。单击工具箱中的"表格工具"按钮，在表格上的一个单元格中单击，并输入文字，如图10-108所示。用同样的方法输入其他的文字，并在属性栏中设置合适的字体、字号，如图10-109所示。

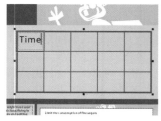

图10-108　　　　　　　　图10-109

　　07　单击工具箱中的"文本工具"按钮，在右侧页面绘制一个段落文本框，然后在属性栏中设置合适的字体及大小，并在文本框中输入文字，如图10-110所示。

图10-110

技巧提示

　　为了能够方便地转换为表格，段落文本中需要包含逗号，这样既可以逗号作为分隔符创建表格。

　　08　执行"表格>将文本转换为表格"命令，在弹出的对话框中选中"逗号"单选按钮，如图10-111所示，段落文本转换为表格。下面适当调整表格内的文字，如图10-112所示。在属性栏中设置"外轮廓颜色"为白色，"大小"为

5px，"内轮廓"为白色，"大小"为3px，效果如图10-113所示。

09 导入位图素材文件"2.jpg"，选中位图素材，按住左键向右侧表格里拖曳，单击右键执行"置于单元格内部"命令，如图10-114所示。调整图片位置，最终效果如图10-115所示。

图10-111

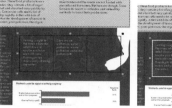
图10-112

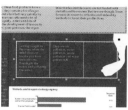
图10-113

图10-114

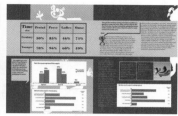
图10-115

课后练习

【课后练习——使用表格工具制作商务画册】

思路解析：

本案例应用表格工具制作出底色为灰色的文字表格，使用文本工具和矩形工具制作商务画册的其他部分。

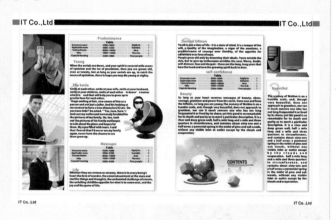

本章小结

通过对本章的学习，相信大家都能够轻松地创建出表格了。虽然表格是一个很简单的元素，但是我们也要认真对待，尤其不要忽略表格颜色、边框颜色、单元格尺寸、单元格分布等对于表格样式的编辑。虽然这些操作并不影响表格内容的呈现，但是却能影响表格的美观度。

第11章

矢量图形效果

本章内容简介：

本章主要讲解工具箱中的调和工具、轮廓图工具、透明度工具、变形工具、封套工具、立体化工具、阴影工具以及"效果"菜单中的"斜角"效果和"透镜"效果的使用方法。这些工具可以称为交互式的图形效果工具，从名称中就可以看出这些工具可以制作出丰富的图形特效。

本章学习要点：

- 掌握为图形创建立体效果的方式
- 掌握为对象添加和编辑阴影的方法
- 熟练掌握透明效果的使用方法
- 掌握使用变形与封套处理对象的方法

11.1 调和

技术速查："调和"效果是将一个图形经过形状和颜色的渐变过渡到另一个图形上，并在这两个图形中形成一系列中间图形，从而形成两个对象渐进变化的叠影。

"调和"可以将两个或多个矢量图形通过一定的方式连接起来。如图11-1~图11-3所示为使用调和工具制作的作品。单击工具箱中的"调和工具"按钮，在属性栏中可以看到该工具的参数选项，如图11-4所示。

图11-1　　　　图11-2　　　　图11-3

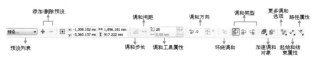

图11-4

下面对图11-4中各选项的含义进行介绍。

- 预设列表：在预设列表中可以选择内置的调和样式。
- 添加/删除预设：可以将当前的调和存储为预设，或对已存储的预设进行删除。
- 调和步长：调整调和中的步长数，使其适应路径。
- 调和间距：调整调和中对象的间距，使其适应路径。
- 调和工具属性：更改调和中的步长数或步长间距。
- 调和方向：设置已调和的对象的旋转角度。
- 环绕调和：将环绕效果应用的调和。
- 调和类型：包含3种调和类型，分别是直接调和、顺时针调和和逆时针调和。
- 加速调和对象：调整调和中对象显示和颜色更改的速率。
- 更多调和选项：单击该按钮，可以在子菜单中使用映射节点、拆分、融合始端、融合末端、沿全路径调和和旋转全部对象工具。
- 起始和结束属性：选择调和开始和结束对象。
- 路径属性：将调和移动到新路径、显示路径或将调和从路径中脱离处理出来。

11.1.1 创建调和

想要创建调和至少需要有两个矢量对象，如图11-5所示。单击工具箱中的"调和工具"按钮，在其中一个对象上按住左键并向另一个对象上拖曳，如图11-6所示。释放鼠标即可创建调和效果，使用调和工具可以在两个对象之间产生形状与颜色的渐变调和效果，如图11-7所示。

也可以选中两个对象，执行"效果>调和"命令，打开"调和"泊坞窗，设置合适参数后单击"应用"按钮创建调和，如图11-8所示。

创建调和对象时，将根据原始对象所在的图层顺序而应用调和的效果。

图11-8

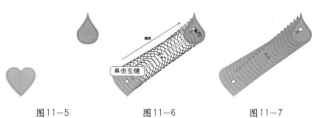

单击左键

图11-5　　　　图11-6　　　　图11-7

11.1.2 动手学：编辑调和参数

创建了调和后可以通过调和工具属性栏或执行"效果>调和"命令，打开"调和"泊坞窗进行参数调整，如图11-9和图11-10所示。

图11-9

图11-10

01 使用调和工具选中调和对象，在属性栏的"调和对象"数值框中设置调和步伐数值，也就是设置两个对象调和之后中间生成对象的数目，如图11-11和图11-12所示分别为步伐数值为20与60的效果。

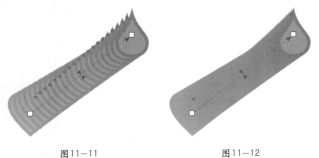

图11-11　　　　　　　　图11-12

02 在"调和方向"数值框中可以设定中间生成对象在调和过程中的旋转角度，使起始对象和终点对象的中间位置形成一种弧形旋转调和效果，如图11-13和图11-14所示分别为角度数值为0与90的效果。

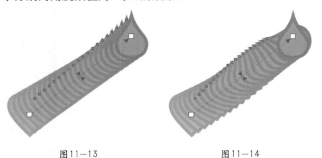

图11-13　　　　　　　　图11-14

03 在调和工具的属性栏中分别单击"直接调和"按钮、"顺时针调和"按钮及"逆时针调和"按钮，可以改变调和对象的光谱色彩，如图11-15~图11-17所示。

图11-15　　　　　图11-16　　　　　图11-17

04 单击属性栏中的"对象和颜色加速"按钮，在弹出的面板中单击并移动滑块，单击"解锁"按钮，可分别调节对象及颜色的分布，如图11-18~图11-20所示。

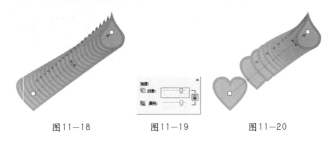

图11-18　　　　　图11-19　　　　　图11-20

11.1.3 使用与保存调和效果

在属性栏的"预设"下拉列表框中有多个预设的调和效果可以使用，如图11-21所示。当然也可以将当前的调和效果存储为预设以便之后使用。选中创建的调和效果，再单击属性栏中的"添加预设"按钮，在打开的"另存为"对话框中选择保存路径以及为调和效果命名即可。对于创建的调和效果，用户可以根据需要将其进行保存，如图11-22所示。

图11-21　　　　　　　　图11-22

11.1.4 沿路径调和

默认的调和是沿对象之间的连接直线进行调和，CorelDRAW中还可以沿路径进行调和，沿路径调和是指沿着任意路径调和对象，这些路径可以是图形、线条或是文本。

01 想要沿路径进行调和，首先需要创建好路径和调和完成的对象，如图11-23所示。

02 使用调和工具选择调和对象，单击属性栏中的"路径属性"按钮，在弹出的菜单中选择"新路径"选项，如图11-24所示。

图11-23

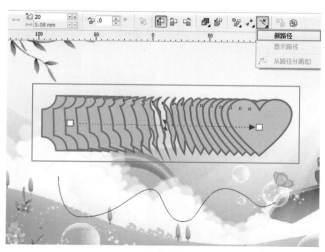

图11-24

03 然后将光标移动到画布中，当光标变为曲柄箭头时在路径上单击，如图11-25所示。此时调和对象沿路径排布，如图11-26所示。

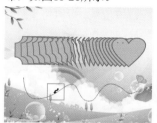

图11-25

图11-26

★ 案例实战——使用调和效果制作宣传页

案例文件	案例文件\第11章\使用调和效果制作宣传页.cdr
视频教学	视频文件\第11章\使用调和效果制作宣传页.flv
难度级别	★★★★★
技术要点	调和工具、文本工具、文本换行

案例效果

本例主要通过使用调和工具、文本工具、文本换行等制作宣传页效果，效果如图11-27所示。

操作步骤

01 执行"文件>新建"命令，在弹出的"创建新文档"对话框中设置"预设目标"为默认RGB，"大小"为A4，如图11-28所示。

图11-27

图11-28

02 单击工具箱中的"矩形工具"按钮，在画面中绘制一个合适大小的矩形，设置"填充颜色"为黄色，"轮廓笔"为无，效果如图11-29所示。再在黄色矩形上绘制合适大小的矩形，设置"填充颜色"为蓝色，"轮廓笔"为无，效果如图11-30所示。

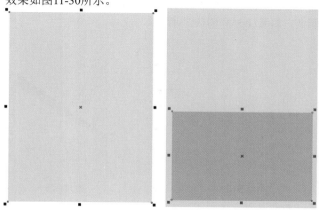

图11-29   图11-30

03 单击工具箱中的"钢笔工具"按钮，在黄色矩形上绘制一条曲线形状，如图11-31所示。单击工具箱中的"椭圆形工具"按钮，按"Ctrl"键在曲线左端绘制一个小一点的正圆，设置"填充颜色"为白色，"轮廓笔"为无，效果如图11-32所示。

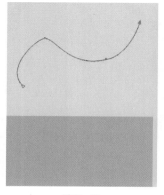

图11-31

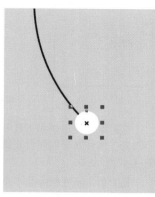

图11-32

259

04 使用椭圆形工具在曲线中心位置绘制一个大一点的蓝色正圆，如图11-33所示。再次使用椭圆形工具在曲线右侧绘制一个大一点的绿色正圆，如图11-34所示。

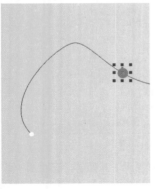 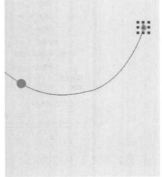

图11-33　　　　　　图11-34

05 单击工具箱中的"调和工具"按钮 ，将鼠标移至白色正圆上按住鼠标左键，并向蓝色正圆上进行拖曳，形成调和，如图11-35和图11-36所示。

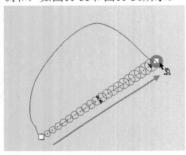 

图11-35　　　　　　图11-36

06 单击属性栏中的"路径属性"按钮，在下拉面板中选择"新路径"选项，如图11-37所示。将光标移至曲线上，变为曲线箭头形状，如图11-38所示。在曲线上单击，使其与曲线贴合，如图11-39所示。

 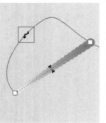 

图11-37　　　　　图11-38　　　　　图11-39

07 继续使用调和工具创建另一组圆形调和效果，按住左键向绿色正圆上进行拖曳，如图11-40所示。

08 单击属性栏中的"路径属性"按钮，在下拉面板中选择"新路径"选项，当光标

图11-40

变为曲线箭头形状时，单击曲线，如图11-41所示。选择该图形，按"Ctrl+K"快捷键，选择曲线，按"Delete"键删除路径，如图11-42所示。

 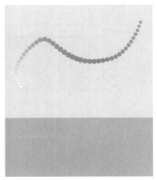

图11-41　　　　　　图11-42

09 用同样的方法制作其他不同颜色及路径形状的调和效果，如图11-43所示。

10 导入手掌素材文件"1.png"，调整大小放置在右上角，单击右键执行"顺序>向后一层"命令，将素材放置在调和圆组后层，效果如图11-44所示。并在手上绘制一些圆形，效果如图11-45所示。

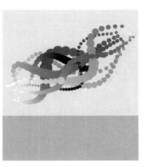

图11-43

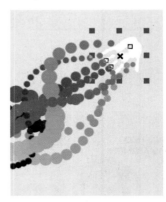 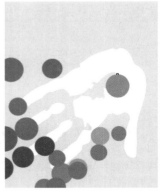

图11-44　　　　　　图11-45

11 使用矩形工具在蓝色正圆上绘制两个合适大小的矩形，如图11-46所示。选中蓝色圆和矩形，如图11-47所示。

12 单击属性栏中的"简化"按钮 ，选择矩形框，按"Delete"键删除矩形，如图11-48所示。用同样的方法制作出不同色彩及大小的正圆图形，如图11-49所示。

13 再次导入黑色手掌素材文件"2.png"，调整大小，将其放置在左下角，如图11-50所示。复制调和图形部

分，将其放置在右下角，并进行群组，效果如图11-51所示。

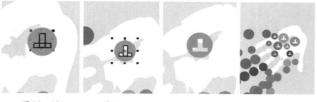

图11-46　　　图11-47　　　图11-48　　　图11-49

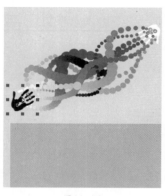

图11-50　　　　　　　图11-51

14 选中右下角的花纹部分，单击属性栏中的"文本换行"按钮，在下拉面板中选择"跨式文本"选项，如图11-52所示。然后单击工具箱中的"文本工具"按钮 ，在蓝色矩形上绘制文本框，如图11-53所示。在属性栏中设置合适字体及大小，在文本框内输入文字，如图11-54所示。

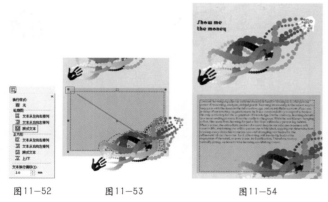

图11-52　　　图11-53　　　　　图11-54

15 选中文本部分，执行"文本>栏"命令，在对话框中设置"栏数"为3，如图11-55所示。此时文本被分割为三栏并环绕图形排列，效果如图11-56所示。

图11-55　　　　　　　图11-56

16 继续使用文本工具在画面左上角输入不同字体及大小的文字，如图11-57所示。下面选择所有绘制的图形，单击右键执行"群组"命令，然后使用矩形工具绘制一个同黄色矩形同样大的矩形框，如图11-58所示。

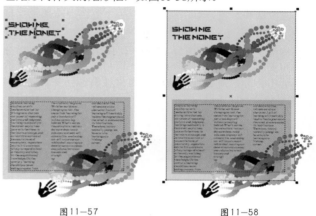

图11-57　　　　　　　图11-58

17 选择群组图形，执行"效果>图框精确剪裁>置于图文框内部"命令，当光标变为黑色箭头时，单击矩形框，如图11-59所示。设置矩形框的"轮廓笔"为无，最终效果如图11-60所示。

图11-59　　　　　　　图11-60

11.1.5 复制调和属性

调和的属性也可以从一组调和对象上复制到另外一组调和对象上。选择其中一个调和对象，在调和工具属性栏中单击"复制调和属性"按钮 ，当光标变为箭头形状 时，单击另一个调和对象，如图11-61所示，将选中的调和属性应用到另一个所选调和中，如图11-62所示。

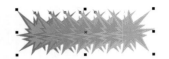
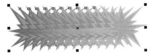

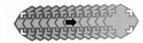
图11-61

图11-62

技巧提示

　　复制调和后，两个新对象的填充及轮廓线属性保持不变。

11.1.6 拆分调和对象

技术速查：使用"拆分"命令可以使调和中的对象成为相互独立的图形。

　　选中调和对象，单击属性栏中的"更多调和选项"按钮，在弹出的下拉菜单中选择"拆分"选项，当光标变为曲柄箭头时，如图11-63所示，使用鼠标单击要拆分的调和中间对象，如图11-64所示，即可对调和对象完成拆分。选中拆分的对象进行移动，调和对象也会发生变化，如图11-65所示。

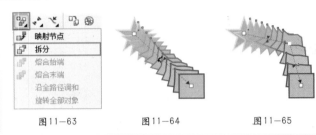

图11-63　　　　图11-64　　　　图11-65

11.1.7 清除调和效果

　　可以选中轮廓图对象，执行"效果>清除轮廓"命令，或单击调和工具属性栏中的"清除调和"按钮，如图11-66所示，就可以清除对象的调和效果，获得位于调和终点位置的独立对象，如图11-67和图11-68所示。

图11-66

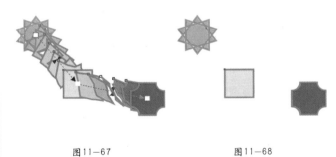

图11-67　　　　　　　　图11-68

☆ 视频课堂——使用调和制作珍珠项链

案例文件\第11章\视频课堂——使用调和制作珍珠项链.cdr
视频文件\第11章\视频课堂——使用调和制作珍珠项链.flv

思路解析：
01 使用圆形工具绘制正圆。
02 为正圆填充珍珠色感的渐变。
03 复制正圆移动到另外位置并进行调和。
04 绘制项链形状的路径。
05 选择调和对象并拾取刚刚绘制的路径。

11.2 轮廓图

技术速查：轮廓图工具可以为对象创建轮廓向内或向外放射的层次效果。

轮廓图工具可以给对象添加轮廓效果，这个对象可以是封闭的，也可以是开放的，还可以是美术文本对象。该工具可以创建一系列对称的同心轮廓线圈组合在一起所形成的具有深度感的效果。由于轮廓效果有些类似于地图中的地势等高线，故有时又称之为等高线效果，如图11-69~图11-71所示。

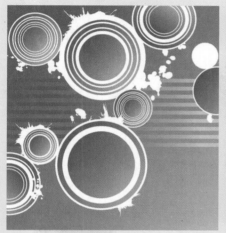
图11-69

图11-70

图11-71

单击工具箱中的"轮廓图工具"按钮，如图11-72所示。其属性栏中包含的参数选项如图11-73所示。

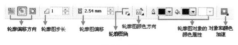
图11-73

下面对图11-73中各选项的含义进行介绍。

- 轮廓偏移方向：包含3个方式，分别是到中心、内部轮廓和外部轮廓。
- 轮廓图步长：用于调整对象中轮廓图数量的多少。

- 轮廓图偏移：调整对象中轮廓图的间距。
- 轮廓图角：设置轮廓图的角类型。
- 轮廓图颜色方向：包含3个方式，分别是线性轮廓色、顺时针轮廓色和逆时针轮廓色。
- 轮廓图对象的颜色属性：用于设置轮廓图对象的轮廓色以及填充色。
- 对象和颜色加速：单击在弹出的窗口中可以通过滑块的调整控制轮廓图的偏移距离和颜色，如图11-74所示。

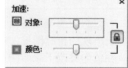
图11-74

11.2.1 动手学：创建轮廓图

01 使用轮廓图工具只需要在一个图形对象上就可以将其完成，首先绘制一个形状，如图11-75所示。再单击工具箱中的"轮廓图工具"按钮，在图形上按下左键并向对象中心进行拖曳，释放鼠标即可创建由图形边缘向中心放射的轮廓效果图，如图11-76所示。

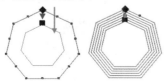
图11-75 图11-76

技巧提示

拖曳的方向不同形成的效果也不相同。如果选中对象按住左键向外进行拖曳，释放鼠标即可创建由图形边缘向外放射的轮廓效果图，如图11-77所示。

图11-77

⑫ 在轮廓图工具的属性栏中可以进行轮廓参数的调整。选择图形对象，分别单击"到中心"按钮、"内部轮廓"按钮和"外部轮廓"按钮，可以使图形显示出不同的轮廓效果，如图11-78所示。

到中心　　　内部轮廓　　　外部轮廓

图11-78

⑬ 在属性栏上通过对"轮廓图步长"和"轮廓图偏移"数值的更改，可以分别对轮廓线的数目和轮廓线之间的距离进行设置，如图11-79所示。效果如图11-80所示。

图11-79

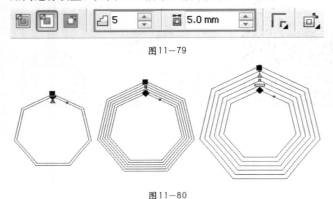

图11-80

⑭ 单击属性栏中的"轮廓图角"按钮，在下拉面板中单击相应的命令可以进行设置，如图11-81所示。效果如图11-82所示。

图11-81

图11-82

⑮ 除了使用手动和属性栏创建轮廓图外，还可以通过泊坞窗的使用来创建轮廓图。选中图形对象，执行"窗口>泊坞窗>轮廓图"命令，如图11-83所示。或按"Ctrl+F9"快捷键，在弹出的"轮廓图"窗口上进行相应的设置，如图11-84所示。

图11-83　　　　　　图11-84

11.2.2 动手学：编辑轮廓图颜色

轮廓图的颜色是由两部分颜色的过渡构成的：原始图形与新出现的轮廓图形。选中轮廓图对象后直接在调色板中更改颜色为更改了原始图形的颜色。通过轮廓图的属性栏可以设置轮廓图形的颜色，如图11-85~图11-87所示。

图11-85　　　图11-86　　　图11-87

⑴ 选择一个轮廓图对象，单击属性栏中的"轮廓色"按钮，在下拉列表中单击选择适合的颜色，设置其轮廓线的颜色，如图11-88和图11-89所示。

⑵ 轮廓图对象与原对象的填充轮廓属性是一一对应的，如果原对象没有填充，那么轮廓图对象也无法设置填

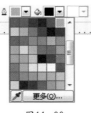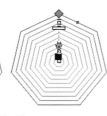

图11-88　　　　　　图11-89

充。例如，在属性栏中单击"填充色"按钮，在下拉列表中选择合适颜色，如图11-90所示。执行完上述操作后，可以看到轮廓图的填充颜色没有任何显示，但是可以看到轮廓图中箭头所指的方块变成了当前填充的颜色，如图11-91所示。

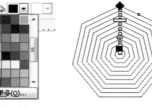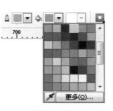

图11-90　　　　　图11-91

03 如果选择轮廓图对象，在调色板中选择一种色块并单击，使原始对象具有了填充色，如图11-92所示。轮廓图对象的填充色也会显示出来，如图11-93所示。

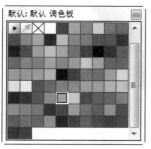

图11-92　　　　　　　　　图11-93

图11-95

04 单击工具栏中"窗口"按钮，执行"窗口>泊坞窗>轮廓图"命令，如图11-96所示。在弹出的"轮廓图"窗口中单击"轮廓线颜色"按钮，打开该面板，可以进行轮廓图的颜色设置，如图11-97所示。

技巧提示

选择一个填充底色的轮廓图对象，在属性栏中单击"线性轮廓色"、"顺时针轮廓色"和"逆时针轮廓色"按钮，如图11-94所示。也可选择轮廓图的颜色方式，如图11-95所示。

图11-94

图11-96　　　　　　　　図11-97

11.2.3 拆分轮廓图

技术速查：使用"拆分轮廓图群组"命令可以将轮廓图对象中的放射图形分离成相互独立的对象。

选中已创建的轮廓图对象，如图11-98所示，执行"排列>拆分轮廓图群组"命令，如图11-99所示，或按"Ctrl+K"快捷键，此时原对象可以与创建出的轮廓图对象分离，而且该对象不再具有轮廓图的属性，如图11-100所示。

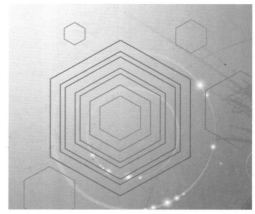

图11-98　　　　图11-99　　　　图11-100

执行"排列>取消全部群组"命令，取消轮廓图的群组状态，取消群组的轮廓图可以对其单独编辑及修改，如图11-101所示。

图11-101

11.2.4 清除轮廓图

选中轮廓图对象，执行"效果>清除轮廓"命令，或单击属性栏中的"清除轮廓"按钮，如图11-102所示。当对象的轮廓图效果被清除后，对象即可还原到原图形，如图11-103和图11-104所示。

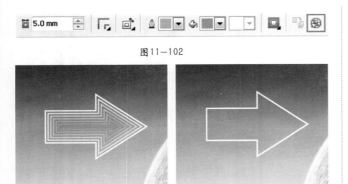

图11-102

图11-103　　　　　　　图11-104

★ 案例实战——使用轮廓图制作创意树藤

案例文件	案例文件\第11章\使用轮廓图制作创意树藤.cdr
视频教学	视频文件\第11章\使用轮廓图制作创意树藤.flv
难度级别	★★★★★
技术要点	轮廓图工具、基本形状工具、星形工具

案例效果

本例主要通过使用轮廓图工具、基本形状工具、星形工具等制作创意树藤，效果如图11-105所示。

操作步骤

01 执行"文件>新建"命令，在弹出的"创建新文档"对话框中设置"预设目标"为默认RGB，"大小"为A4，如图11-106所示。

02 执行"文件>导入"命令，导入素材文件"1.jpg"，将其放置在画面中心位置，如图11-107所示。

图11-105

图11-106

03 单击工具箱中的"星形工具"按钮，在属性栏中设置"点数或边数"为5，"锐度"为53，"轮廓宽度"为0.1mm，如图11-108所示。在树的左上角绘制一个紫色星形，设置轮廓笔的颜色为白色，效果如图11-109所示。

图11-107

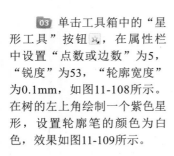

图11-108

図11-109

04 选中绘制的星形，单击工具箱中的"轮廓图工具"按钮，在属性栏中单击"外轮廓"按钮，设置"轮廓图步长"为2，"轮廓图偏移"为2.234mm，并设置一种圆角，"轮廓色"为白色，"填充色"为紫色，如图11-110所示。此时星形表面出现了轮廓图效果，如图11-111所示。

图11-110

05 单击工具箱中的"基本形状工具"按钮，在属性栏中单击"完美形状"按钮，选择心形，如图11-112所示。再在素材上绘制一个黄色心形，设置"描边颜色"为白色，"宽度"为0.75mm，将其进行适当旋转，效果如图11-113所示。

图11-111

图11-112　　　　　　图11-113

06 选中心形，使用轮廓图工具在属性栏中单击"外轮廓"按钮，设置"轮廓图步长"为2，"轮廓图偏移"为2.246mm，并设置一种圆角，"轮廓色"为白色，"填充色"为绿色，如图11-114所示。心形上也出现了多彩的轮廓图效果，如图11-115所示。

图11-114

07 单击工具箱中的"复杂星形"按钮，在属性栏中设置"点数或边数"为9，"锐度"为2，"轮廓宽度"为

0.2mm，如图11-116所示。再在合适位置绘制一个黄色的复杂星形，设置"轮廓色"为白色，效果如图11-117所示。

图11-115

图11-116

图11-117

08 使用轮廓工具在属性栏中单击"外轮廓"按钮，设置"轮廓图步长"为2，"轮廓图偏移"为0.998mm，并设置一种圆角，"轮廓色"为白色，"填充色"为紫色，如图11-118所示。复杂星形上出现了多彩的轮廓图效果，如图11-119所示。

09 将绘制的图形摆放在合适位置上，如图11-120所示。

图11-118

图11-119

图11-120

10 用同样的方法多次绘制不同大小及颜色的图形，为其添加不同颜色及大小的轮廓，如图11-121所示。导入草素材文件"2.png"，调整大小，将其放置在画面下方，并调整图层顺序，如图11-122所示。

11 单击工具箱中的"文本工具"按钮，设置为合适字体及大小，在画面中左侧单击并输入文字。选择所有图像，单击右键执行"群组"命令，如图11-123所示。然后单击工具箱中的"矩形工具"按钮，绘制一个同背景一样大小的矩形，如图11-124所示。

图11-121　　　　　　　图11-122

图11-123　　　　　　　图11-124

12 选择群组的图形，执行"效果>图框精确剪裁>置于图文框内部"命令，当光标变为黑色箭头时，单击矩形框，如图11-125所示。设置矩形框的"轮廓笔"为无，最终效果如图11-126所示。

图11-125　　　　　　　图11-126

思维点拨

　　颜色丰富虽然会看起来吸引人，但是过多的色彩很难把握。如果你是平面设计"新手"，那么在颜色的选择上就要把握住"少而精"的原则，即颜色搭配尽量要少，这样画面会显得较为整体、不杂乱，如图11-127和图11-128所示。

图11-127　　　　　　　图11-128

11.3 变形

技术速查：变形工具可以在保持原对象的属性不会丢失的情况下进行扭曲变形的处理。

　　变形工具包含3种变形效果：推拉、拉链以及扭曲。如图11-129~图11-131所示为使用扭曲工具可以制作的效果。用户可以对单个对象多次使用变形工具，并且每次的变形都建立在上一次效果的基础上。

图11-129

图11-130

图11-131

11.3.1 认识变形工具

　　单击工具箱中的"变形工具"按钮，如图11-132所示。在属性栏中可以对扭曲的类型进行设置，如图11-133所示。

图11-132　　　　　　图11-133

　　下面对3个扭曲类型进行介绍。

- 推拉：允许推进对象的边缘，或拉出对象的边缘。
- 拉链：允许将锯齿效果应用于对象的边缘，可以调整效果的振幅和频率。
- 扭曲：允许旋转对象创建旋涡效果，可以选定旋涡的方向以及旋转原点、旋转度及旋转量。

　　使用不同类型的扭曲，属性栏中的参数设置也各不相同，如图11-134~图11-136所示为推拉、拉链以及扭曲的属性栏。

图11-134

图11-135

图11-136

　　变形工具的使用方法非常简单，为了让对象造型变换更加丰富，可以应用预设的变形效果，如图11-137所示。如图11-138所示为原图形与5种预设的对比效果。

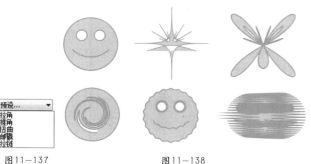

图11-137　　　　　　图11-138

或者可以在属性栏中设置好参数，并直接拖曳对象上的调整点，得到更多变形效果，如图11-139和图11-140所示。

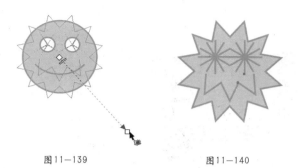

图11-139　　　　　　　图11-140

11.3.2 动手学：使用推拉变形

在属性栏中单击"推拉"按钮，设置"变形类型"为推拉，如图11-141所示，在属性栏中显示了该类型的参数设置。

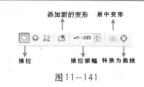

图11-141

下面对图11-141中各选项的含义进行介绍。

- 添加新的变形：单击该按钮即可在当前变形的基础上继续进行扭曲操作。
- 推拉振幅：调整对象的扩充和收缩。
- 居中变形：居中对象的变形效果。
- 转换为曲线：将扭曲对象转换为曲线对象，转换后即可使用形状工具对其进行修改。

选择变形对象，单击工具箱中的"变形工具"按钮，在属性栏中选择"推拉变形"选项，通过推入和外拉边缘使对象变形，如图11-142和图11-143所示。

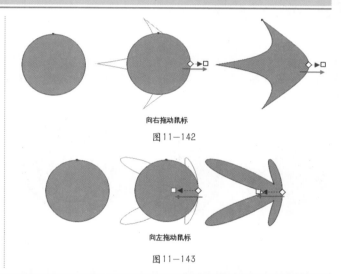

向右拖动鼠标

图11-142

向左拖动鼠标

图11-143

11.3.3 动手学：使用拉链变形

在属性栏中单击"拉链"按钮，设置"变形类型"为拉链，如图11-144所示，在属性栏中显示了该类型的参数设置。

图11-144

下面对图11-144中各选项的含义进行介绍。

- 添加新的变形：单击该按钮即可在当前变形的基础上继续进行扭曲操作。
- 拉链失真振幅：设置数值越大，振幅越大。
- 拉链失真频率：振幅频率表示对象拉链变形的波动量，数值越大，波动越频繁。
- 变形调整类型：其中包含随机变形、平滑变形和局部变形3种类型，单击某一项即可切换。
- 居中变形：居中对象的变形效果。

- 转换为曲线：将扭曲对象转换为曲线对象，转换后即可使用形状工具对其进行修改。

选择变形对象，单击属性栏中的"拉链变形"按钮，然后在对象上单击并拖动鼠标，即可显示其效果，如图11-145所示。

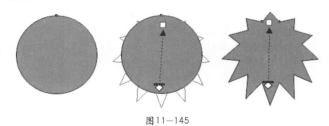

图11-145

11.3.4 动手学：使用扭曲变形

在属性栏中单击"扭曲"按钮，设置"变形类型"为扭曲，如图11-146所示，在属性栏中显示了该类型的参数设置。

图11-146

下面对图11-146中各选项的含义进行介绍。

- 添加新的变形：单击该按钮即可在当前变形的基础上继续进行扭曲操作。
- 顺/逆时针旋转：用于设置旋转的方向。
- 完全旋转：调整对象旋转扭曲的程度。
- 附加角度：在扭曲变形的基础上作为附加的内部旋转对扭曲后的对象内部做进一步的扭曲处理。
- 居中变形：居中对象的变形效果。
- 转换为曲线：将扭曲对象转换为曲线对象，转换后即可使用形状工具对其进行修改。

选择变形对象，单击属性栏中的"扭曲变形"按钮，然后在对象上按住鼠标左键并拖动，对象将会发生旋转，效果如图11-147所示。

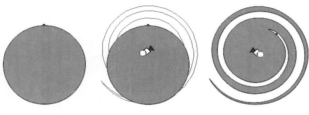

图11-147

★ 案例实战——使用变形制作旋转的背景

案例文件	案例文件\第11章\使用变形制作旋转的背景.cdr
视频教学	视频文件\第11章\使用变形制作旋转的背景.flv
难度级别	★★★★★
技术要点	钢笔工具、变形工具

案例效果

本例主要是通过钢笔工具、变形工具制作旋转的背景，效果如图11-148所示。

操作步骤

01 执行"文件>新建"命令，在弹出的"创建新文档"对话框中设置"大小"为A4，"原色模式"为CMYK，"渲染分辨率"为300，如图11-149所示。

02 单击工具箱中的"钢笔工具"按钮，绘制一个直角三角形，再单击工具箱中的"渐变填充工具"按钮，在"渐变填充"对话框中设置"类型"为线性，在"颜色调和"选项内选中"自定义"单选按钮，调整颜色为红色到黄色到白色的渐变，单击"确定"按钮结束操作，如图11-150

所示。设置"轮廓笔"的"宽度为0.25mm，"颜色"为白色，效果如图11-151所示。

图11-148

图11-149

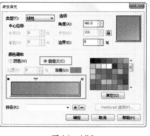

图11-150

图11-151

03 用同样的方法制作其他渐变图形，并将其拼贴为正方形，如图11-152所示。

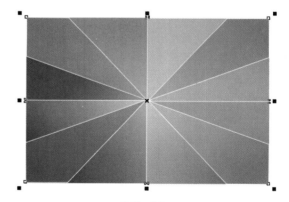

图11-152

技巧提示

为了使所绘制的三角形能够构成一个完整的矩形，也可以首先绘制一个矩形，放在底部作为参考。

04 继续使用钢笔工具在图形上绘制白色线条，如图11-153所示。选中所有绘制的图形，单击右键执行"群组"命令，如图11-154所示。

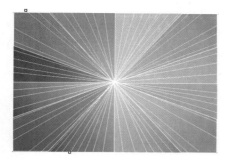

图11-153　　　　　　　　图11-154

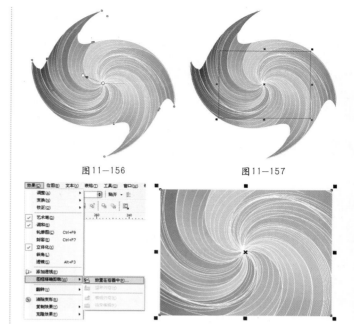

图11-156　　　　　　　　图11-157

 技巧提示

　　使用手绘工具在视图中单击后按下"Shift"键后也可绘制直线。

　　05 单击工具箱中的"变形工具"按钮 ，在属性栏上单击"扭曲"按钮，再单击"逆时针旋转工具"按钮，设置"完全角度"为0，"附加角度"为157，如图11-155所示。在图形上单击拖曳将其进行旋转，效果如图11-156所示。

图11-155

　　06 单击工具箱中的"矩形工具"按钮 ，在绘制区内绘制合适大小的矩形，为了便于观察，可以设置填充为无，边框为黑色，效果如图11-157所示。

　　07 选择彩色背景，执行"效果>图框精确剪裁>放置在容器中"命令，如图11-158所示。当光标变为箭头时，单击矩形线框，设置"轮廓笔"为无，此时彩色背景的外轮廓变为规整的矩形，如图11-159所示。

图11-158　　　　　　　　图11-159

　　08 单击工具箱中的"椭圆形工具"按钮 ，在背景图形上绘制圆形并将其填充为白色，设置"轮廓笔"为无，多次复制并粘贴，改变其大小，使白色的圆点均匀的散布在背景上，如图11-160所示。

　　09 导入手机花纹素材文件，调整大小及位置，最终效果如图11-161所示。

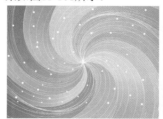

图11-160　　　　　　　　图11-161

11.3.5 清除变形效果

技术速查：使用"清除变形"命令后，对象的变形效果被清除，对象即可还原到原图形。

　　选中对象，执行"效果>清除变形"命令，如图11-162所示，或单击属性栏中的"清除变形"按钮 ，如图11-163所示。

　　如果对象之前进行过多次变形操作，那么就需要多次执行该操作才能够恢复最初状态。由于以上效果是经过三次变形得到，所以每单击一次"清除变形"按钮 都会撤销一次变形操作，单击3次即可回到最初效果，如图11-164所示。

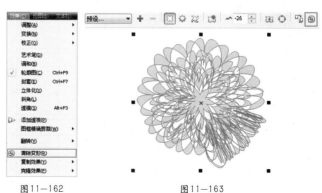

图11-162　　　　　　　　图11-163

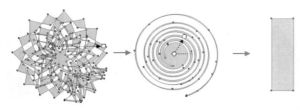

图11-164

★ 案例实战——使用扭曲效果制作多彩花朵

案例文件	案例文件\第11章\使用扭曲效果制作多彩花朵.cdr
视频教学	视频文件\第11章\使用扭曲效果制作多彩花朵.flv
难度级别	★★★★
技术要点	变形工具、矩形工具、阴影工具

案例效果

本例主要通过使用变形工具、矩形工具、阴影工具等制作多彩花朵效果，效果如图11-165所示。

操作步骤

01 执行"文件>新建"命令，在弹出的"创建新文档"对话框中设置"预设目标"为默认RGB，"大小"为A4，如图11-166所示。

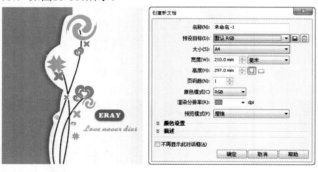

图11-165　　　　　　　图11-166

02 单击工具箱中的"矩形工具"按钮 □，在画面中绘制合适大小的矩形，填充颜色为蓝色，设置"轮廓笔"为无，如图11-167所示。再次使用矩形工具在蓝色矩形右侧绘制一个一样大小的矩形，如图11-168所示。

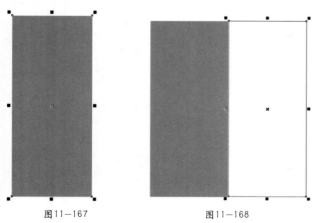

图11-167　　　　　　　图11-168

03 单击工具箱中的"渐变填充工具"按钮 ◇，在对话框中设置"类型"为线性，颜色为从白色到灰色的渐变，"中点"为75，如图11-169所示。设置"轮廓笔"为无，效果如图11-170所示。

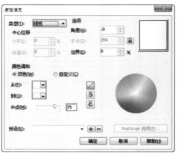

图11-169　　　　　　　图11-170

04 单击工具箱中的"钢笔工具"按钮 ◊，在画面中绘制一条曲线，设置"轮廓笔"的"颜色"为黑色，"宽度"为1.5mm，效果如图11-171所示。用同样的方法制作另外几条曲线，效果如图11-172所示。

图11-171　　　　　　　图11-172

05 下面开始制作抽象的花朵。使用矩形工具在画面中绘制一个合适大小的矩形，设置"填充颜色"为青绿色，"轮廓笔"的"颜色"为白色，"宽度"为1mm，效果如图11-173所示。

图11-173

06 单击工具箱中的"变形工具"按钮 ◻，在属性栏中单击"扭曲"按钮，如图11-174所示。将光标移至矩形上，按住左键并顺时针拖曳，如图11-175所示。旋转到一定程度后释放鼠标，效果如图11-176所示。

图11-174

图11-175　　　图11-176

07 用同样的方法制作另外一个变形矩形，旋转不同角度，将制作的花朵放置在合适位置，如图11-177所示。

08 继续使用矩形工具绘制一个肉粉色的矩形，设置"轮廓笔"的"颜色"为白色，"宽度"为1mm，效果如图11-178所示。

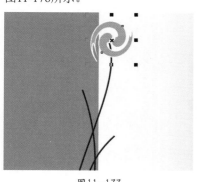
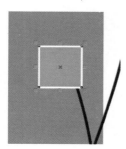

图11-177　　　　　　　图11-178

09 单击"变形工具"按钮，在属性栏中单击"拉链"按钮，如图11-179所示。将鼠标移至矩形上，按住左键并拖曳得到另外一个变形花朵效果，如图11-180所示。

10 单击工具箱中的"椭圆形工具"按钮，绘制一个合适大小的椭圆，设置"轮廓笔"的"颜色"为白色，"宽度"为1mm，效果如图11-181所示。

图11-179

图11-180　　　　　　　图11-181

11 单击"变形工具"按钮，在属性栏上单击"推拉"按钮，如图11-182所示。在椭圆上按住左键并拖曳，如图11-183所示。用同样的方法制作另外几组花朵效果，调整到合适位置，效果如图11-184所示。

图11-182

12 单击工具箱中的"钢笔工具"按钮，绘制一个不规则形状。设置"填充颜色"为白色，"轮廓笔"为无，效果如图11-185所示。

图11-183　　　　　　　图11-184

13 单击右键执行"顺序>向后一层"命令，或多次使用"Ctrl+PageDown"快捷键，将白色图形放置在花朵后，效果如图11-186所示。然后单击工具箱中的"阴影工具"按钮，在白色图形上按住左键并向左拖曳制作投影效果，如图11-187所示。

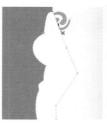

图11-185　　　　图11-186　　　　图11-187

14 使用矩形工具在画面右侧绘制一个合适大小的矩形，在属性栏中单击"圆角"按钮，设置圆角数值为8.09mm，如图11-188所示。设置圆角矩形填充为蓝色，"轮廓笔"为无，效果如图11-189所示。

15 使用阴影工具为其添加投影效果，如图11-190所示。单击工具箱中的"文本工具"按钮，在属性栏中设置合适的字体及大小，再在画面中输入文字，如图11-191所示。

图11-188

图11-189　　　　　　　图11-190

16 选择所有绘制的图形，单击右键执行"群组"命令。使用矩形工具绘制一个同背景矩形一样大小的矩形，如图11-192所示。

17 选择群组对象，执行"效果>图框精确剪裁>置于图文框内部"命令，当光标变为黑色箭头时，单击矩形框，如图11-193所示。设置矩形框的"轮廓笔"为无，最终效果如图11-194所示。

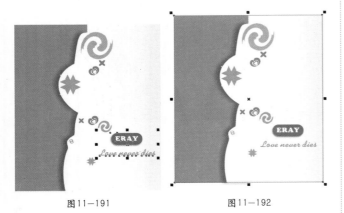

图11-191　　　　　图11-192

图11-193

图11-194

11.4 阴影

技术速查：阴影工具可以通过为对象增加阴影，增加对象的逼真程度，增强对象的纵深感。

阴影是画面中常见的效果，使用阴影效果能够明确对象的前后关系，使对象产生立体感，并增强画面的空间感。如图11-195~图11-197所示为使用阴影效果制作的作品。

图11-195

图11-196

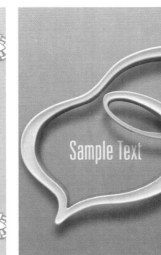

图11-197

单击工具箱中的"阴影工具"按钮，如图11-198所示。为对象添加阴影效果后属性栏中该工具的参数选项如图11-199所示。

图11-198 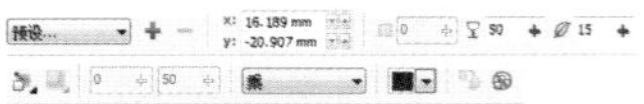　　　　　图11-199

11.4.1 动手学：为对象添加阴影

技术速查：阴影工具不仅可以对绘制的图形添加阴影，也可以文本、位图和群组对象等创建阴影效果。

01 选择需要添加阴影的对象，单击工具箱中的"阴影工具"按钮 ，将鼠标指针移至图形对象上，按住左键并向其他位置拖动，如图11-200所示，释放鼠标即可看到添加的效果，如图11-201所示。

02 将鼠标指针移至引用控制点上，按住左键并进行拖曳，如图11-202所示，可以随意更改阴影角度及大小，如图11-203所示。

图11-200

图11-201

图11-202

图11-203

11.4.2 使用预设阴影效果

在属性栏的"预设"下拉列表框中包含多种内置的阴影效果。选中对象，单击"预设列表"，如图11-204所示。在预设列表下拉菜单中单击某个样式，即可为对象应用相应的阴影效果。如图11-205所示为各种预设的效果。

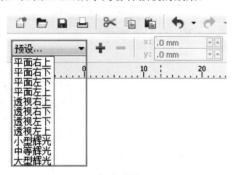
图11-204

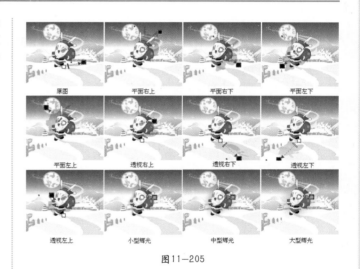
图11-205

11.4.3 动手学：调整阴影的形态

01 在属性栏的"阴影角度"数值框 中输入数值，可以设置阴影的方向，如图11-206和图11-207所示分别为角度数值为20和150的对比图。

02 在属性栏的"阴影的不透明度"数值框 中输入数值，可以调整阴影的不透明度，如图11-208和图11-209所示分别为不透明度数值为30和100的对比图。

图11-206

图11-207

图11-208

图11-209

03 在属性栏的"阴影羽化"数值框 ∅ 50 ⊕ 中输入数值，可以调整阴影边缘的锐化和柔化，如图11-210和图11-211所示分别为阴影羽化值为10和60的对比图。

图11-210　　　　　　　　图11-211

图11-212　　　　　　　　图11-213

04 在属性栏的"阴影淡出"和"阴影延展"数值框 0 ⊕ 50 ⊕ 中输入数值，可以调整阴影边缘的淡出程度和阴影的调整长度，如图11-212和图11-213所示分别为淡出数值为0和50的对比图。如图11-214和图11-215所示分别为延展数值为0和80的对比图。

图11-214　　　　　　　　图11-215

11.4.4 动手学：设置阴影的颜色与透明

为对象添加阴影后可以分别在属性栏的"透明度操作"和"阴影颜色"选项中设置阴影部分的颜色及其与背景的混合颜色效果。

01 单击属性栏中的"透明度操作"下拉列表按钮，在下拉列表中选择合适的选项来调整颜色混合效果，如图11-216所示，以产生不同的色调样式，如图11-217所示。

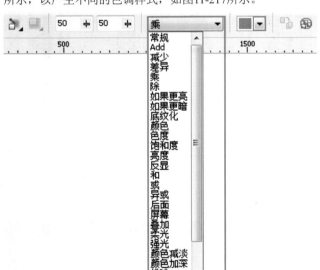

图11-216

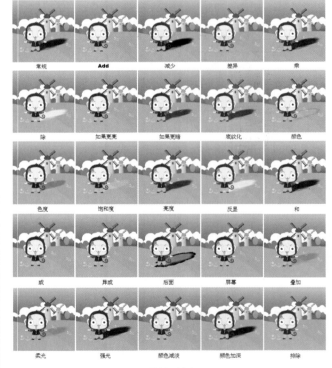

图11-217

02 单击属性栏中的"阴影颜色"下拉列表按钮，在下拉列表中选择一种颜色，如图11-218所示，可以直接改变阴影的颜色，如图11-219和图11-220是阴影颜色分别为黑色和红色的对比效果。

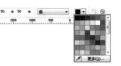

图11-218

图11-219

图11-220

11.4.5 拆分阴影群组

技术速查："拆分阴影群组"命令可以将阴影与主体进行拆分，使其成为可以分别编辑的两个独立对象。

　　选择将要分离的对象，执行"排列>拆分阴影群组"命令，或按"Ctrl+K"快捷键，如图11-221所示。拆分之后的阴影将不再具有阴影对象的属性，但是可以将分离的阴影单独进行旋转、移动、大小等一系列调整，如图11-222和图11-223所示。

图11-221

图11-222

图11-223

11.4.6 清除阴影

技术速查："清除阴影"命令可以将不需要的阴影进行删除。

图11-224

　　选择需要清除的阴影对象，在阴影工具属性栏中单击"清除阴影"按钮，如图11-224所示，或执行"效果>清除阴影"命令，如图11-225所示，阴影效果将被清除，对比效果如图11-226和图11-227所示。

图11-225　　　　　　　图11-226

图11-227

★ 案例实战——使用阴影工具打造剪纸感卡通画

案例文件	案例文件\第11章\使用阴影工具打造剪纸感卡通画.cdr
视频教学	视频文件\第11章\使用阴影工具打造剪纸感卡通画.flv
难度级别	★★★★★
技术要点	阴影工具、钢笔工具、文本工具

案例效果

本例主要通过使用阴影工具、钢笔工具、文本工具等制作剪纸效果，效果如图11-228所示。

操作步骤

01 执行"文件>新建"命令，在弹出的"创建新文档"对话框中设置"预设目标"为默认RGB，"大小"为A4，如图11-229所示。

图11-228　　　　　　　图11-229

02 单击工具箱中的"钢笔工具"按钮，在画面中绘制出草地形状的轮廓，如图11-230所示。设置"填充颜色"为绿色（R：165，G：207，B：81），"轮廓笔"为无，效果如图11-231所示。

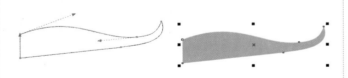

图11-230　　　　　　　图11-231

03 单击工具箱中的"阴影工具"按钮，在绿色草地上由中心向上拖曳，在属性栏中设置"阴影的不透明度"为50，"阴影羽化"为15，"透明度操作"为乘，"颜色"为黑色，如图11-232所示。效果如图11-233所示。

图11-232

04 继续使用钢笔工具和阴影工具制作另外几个草地效果，填充不同明度的绿色，制作具有层次感的效果，如图11-234所示。使用钢笔工具绘制出树干部分，设置"填充

颜色"为棕色，"轮廓笔"为无，效果如图11-235所示。

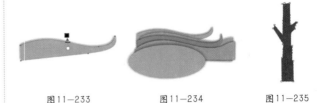

图11-233　　　　图11-234　　　　图11-235

05 单击"阴影工具"按钮，在树干上按住左键并向右侧拖曳制作阴影效果，如图11-236所示。然后单击工具箱中的"椭圆形工具"按钮，在树干上方绘制一个大一点的椭圆，填充绿色，设置"轮廓笔"为无，效果如图11-237所示。

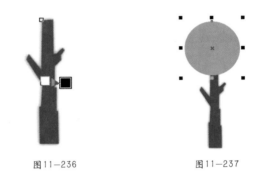

图11-236　　　　　　　图11-237

06 使用阴影工具在绿色草地上拖曳，在属性栏中单击"预设"按钮，在下拉列表中选择"小型辉光"选项，如图11-238所示。设置"阴影不透明度"为50，"颜色"为黑色，效果如图11-239所示。

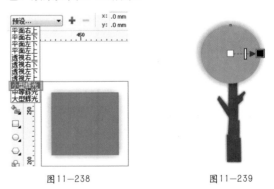

图11-238　　　　　　　图11-239

07 用同样的方法制作另外两个小的椭圆，选择绘制完成的树图形，单击右键执行"群组"命令，如图11-240所示。将树放置在草地右侧，单击右键执行"顺序>向后一层"命令，或按"Ctrl+PageDown"快捷键，适当调整图形的顺序，效果如图11-241所示。

08 复制树图形，调整大小及顺序，将其放置在草地左侧，效果如图11-242所示。再使用钢笔工具绘制出花朵叶子

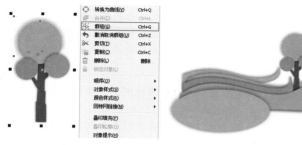

图11-240　　　　　　　　图11-241

部分，填充绿色，单击"阴影工具"按钮，在叶子底部按住左键向上拖曳添加阴影效果，如图11-243所示。

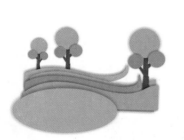

图11-242　　　　　　　　图11-243

09 单击工具箱中的"矩形工具"按钮 □ ，在叶子上绘制一个合适大小的矩形，填充黄色，设置"轮廓笔"为无，将其进行适当的旋转，如图11-244所示。然后单击工具箱中的"变形工具"按钮 ◎ ，在属性栏上单击"推拉"按钮 ◎ ，在黄色矩形中心处按住左键并向左拖曳制作出花朵效果，效果如图11-245所示。

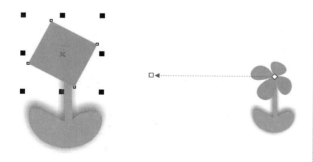

图11-244　　　　　　　　图11-245

10 在花瓣中心处制作一个白色矩形，设置"轮廓笔"为无，如图11-246所示。再使用变形工具在白色矩形中心处按住左键并向右拖曳制作花蕊，如图11-247所示。

11 将制作的花朵群组，多次复制花朵，调整大小及顺序，将其放置在相应的位置，如图11-248所示。复制草地形状，单击属性栏中的"水平镜像"按钮 ◻ ，再单击"垂直镜像"按钮 ◻ ，将复制的草地向上移动，如图11-249所示。

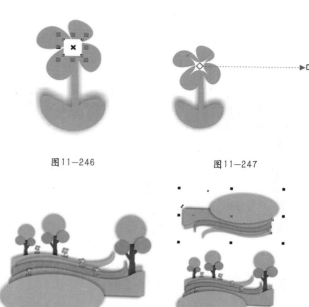

图11-246　　　　　　　　图11-247

图11-248　　　　　　　　图11-249

12 将顶部对象解组，并将填充颜色更改为蓝色系，模拟天空效果，如图11-250所示。再使用钢笔工具和阴影工具制作带有阴影的白色云朵，效果如图11-251所示。

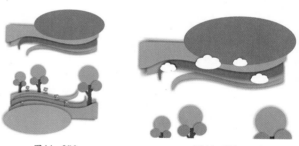

图11-250　　　　　　　　图11-251

13 单击工具箱中的"文本工具"按钮 字 ，在属性栏中设置合适的字体及大小，在空白处输入黑色文字，效果如图11-252所示。将绘制的所有图形群组，使用矩形工具绘制一个合适大小的矩形，如图11-253所示。

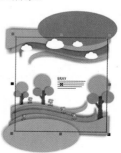

图11-252　　　　　　　　图11-253

279

14 选择群组图形,执行"效果>图框精确剪裁>置于图文框内部"命令,当光标变为黑色箭头时,单击矩形框,如图11-254所示。设置"轮廓笔"为无,最终效果如图11-255所示。

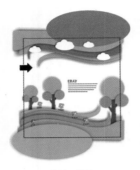
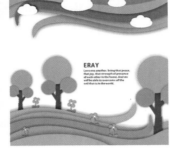

图11-254　　　　　　　　　图11-255

思维点拨:版面的视觉流程

视觉流程是指视线的空间运动。当人的视线接触到

版面时,视线会随着各种视觉元素在版面中沿一定轨迹进行运动。在版面中要使用不同的元素,在遵循特有的运动规律的前提下,引导读者随着设计元素进行组织有序、主次分明的阅读和观看。

- 单向视觉流程:按照常规的视觉流程规律,引导读者的一种视觉走向。
- 曲线视觉流程:随着画面中的弧线或回旋线进行的视觉运动。
- 重心视觉流程:将版面中的某一点作为视觉中心,以达到吸引视线的目的。
- 导向性视觉流程:是设计师采用的一种手法,引导读者视线流动。
- 反复视觉流程:以相同的或者相似的元素反复进行排列在画面中,给人视觉上一种重复感。

11.5　封套

技术速查:封套工具是将需要变形的对象置入外框中,通过编辑封套外框的形状来调整其影响对象的效果,使其依照封套外框的形状产生变形。

封套工具用于控制对象的封套形状以达到改变对象外形轮廓的目的。单击工具箱中的"封套工具"按钮,如图11-256所示,在属性栏中可以看到相应的参数设置,如图11-257所示。通过对封套的节点进行调整来改变对象的形状,既不会破坏到对象的原始形态,又能够制作出丰富多变的变形效果,使对象变形效果更加规范化。

图11-256　　　　　　　　　图11-257

下面对图11-257中各选项的含义进行介绍。

- 选取范围模式:用于设置选取节点的方式,包括"矩形"和"手绘"两种模式。

- 添加/删除节点:用于在调整控制框上添加或删除节点。
- 调整曲线:用于调整控制框上的曲线和节点。
- 转换为曲线:将封套变形对象转换为普通的曲线对象。
- 封套模式:包含4种封套模式:"直线"、"单弧"、"双弧"、"非强制"。
- 添加新封套:在原有的封套变形基础上添加新的封套。
- 映射模式:包含"水平"、"原始"、"垂直"和"自由变形"4种模式。
- 保留线条:单击该按钮可以以较为强制的封套变形方式对对象进行变形处理。
- 复制封套属性:对没有进行封套变形的对象使用,可以将已经设置好的封套属性应用到该对象上。
- 创建封套自:根据其他对象的形状创建封套。
- 清除封套:清除封套效果。

11.5.1 为对象添加封套

技术速查:封套工具是以封套的形式对对象作变形处理,通过调节节点,使对象变形效果更加规范化。

单击工具箱中的"封套工具"按钮,然后单击选择需要添加封套效果的图形对象。此时将会为所选的对象添加一个由节点控制的矩形封套。使用封套工具可以在对象轮廓外添加封套,如图11-258所示。

在矩形封套轮廓的节点或框架线上按住左键并进行拖曳,即可相应的对图像的轮廓做进一步的变形处理,如图11-259所示。

图11-258　　　　　图11-259

11.5.2 选择预设的封套变形效果

在封套工具中可以通过预设列表的设置来选择指定的封套预设效果，选择应用图形对象，单击封套工具属性栏中的"预设"按钮，如图11-260所示，在其下拉菜单中选择一种合适的预设选项，即可将该选项的封套效果应用到对象中，如图11-261所示为各种预设的对比效果。

图11-260

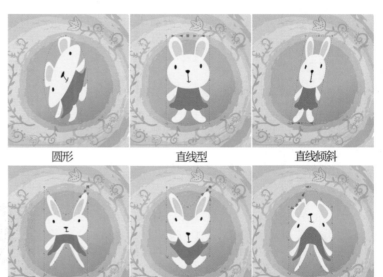

圆形　　　　　直线型　　　　　直线倾斜

挤远　　　　　下推　　　　　上推

图11-261

11.5.3 编辑封套

01 单击选中封套轮廓，在封套工具属性栏中可以使用"增加节点" 和"删除节点" 等节点编辑按钮在封套轮廓上添加或删除节点。编辑封套轮廓上的节点，可以帮助用户更好地调节轮廓，以达到理想的设计效果，如图11-262所示。

图11-262

02 默认下的封套模式是非强制性的模式，其变化相对比较自由，并且可以对封套的多个节点同时加以调整。选择图形对象，分别单击属性栏中的"直线模式"按钮 、"单

弧模式"按钮 和"双弧模式"按钮 ，强制地为对象做封套变形处理，且只能单独对各节点进行调整，如图11-263所示。

图11-263

下面对这4个按钮进行介绍。

- 直线模式 ：基于直线创建封套，为对象添加透视点，如图11-264所示。
- 单弧模式 ：创建一边带弧形的封套，使对象为凹面结构或凸面结构外观，如图11-265所示。

● 双弧模式 ▢：创建一边或多边带 S 形的封套，如图11-266所示。

● 非强制模式 ✏：创建任意形式的封套，允许改变节点的属性以及添加和删除节点，如图11-267所示。

图11-264

图11-265

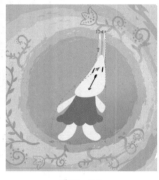
图11-266

图11-267

◎3 选择应用封套变形的图形对象，属性栏中的"映射模式"下拉菜单中包括"水平"、"原始"、"自由变形"和"垂直"模式，可为对象应用不同的封套变形效果，如图11-268所示。"原始"和"自由变形"模式是比较随意的变形模式，如图11-269和图11-270所示。"水平"和"垂直"模式分别对图形做节点水平和垂直变形处理，如图11-271和图11-272所示。

图11-268

图11-269

图11-270

图11-271

图11-272

★ 案例实战——使用封套变形制作创意文字海报

案例文件	案例文件\第11章\使用封套变形制作创意文字海报.cdr
视频教学	视频教学\第11章\使用封套变形制作创意文字海报.flv
难度级别	★★★★★
技术要点	封套工具、文本工具、渐变工具

案例效果

本例主要通过使用封套工具、文本工具、渐变工具等制作创意文字海报，效果如图11-273所示。

操作步骤

◎1 执行"文件>新建"命令，在弹出的"创建新文档"对话框中设置"预设目标"为默认RGB，"大小"为A4，如图11-274所示。

图11-273

图11-274

◎2 单击工具箱中的"矩形工具"按钮 ▢，在画面中绘制合适大小的矩形，填充黑色，设置"轮廓笔"为无，如图11-275所示。再单击工具箱中的"文本工具"按钮 字，在属性栏中设置合适的字体及大小，在画面中输入文字，如图11-276所示。

图11-275

图11-276

03 单击工具箱中的"渐变填充工具"按钮 ，在"渐变填充"对话框中选中"自定义"单选按钮，设置一种金色系渐变，如图11-277和图11-278所示。

图11-277

图11-278

04 单击工具箱中的"封套工具"按钮 ，在文字上单击，此时文字上会出现控制点，如图11-279所示。然后在文字的控制点上按住左键并移动调整文字形状，如图11-280所示。

图11-279

图11-280

05 继续输入第二组文字，并使用封套工具制作橄榄形，如图11-281和图11-282所示。

图11-281

图11-282

06 使用文本工具和封套工具制作其他不同颜色的文字，使文字拼接成杯子轮廓，如图11-283和图11-284所示。

图11-283

图11-284

07 单击工具箱中的"钢笔工具"按钮，在杯子两侧绘制合适的图形，填充红色系渐变，使杯子形状更加完整，如图11-285和图11-286所示。

图11-285

图11-286

08 用同样的方法完成勺子形状的制作，最终效果如图11-287所示。

图11-287

11.6 立体化

技术速查：立体化工具可对平面化的矢量对象做立体化的处理。

　　"立体化"命令可以为对象添加立体化效果，并可调整三维旋转透视角度，添加光源照射效果。立体化工具可以应用于矢量图形、文字等，但不能应用于位图对象。如图11-288~图11-290所示为使用该工具制作的作品。

图11-288   图11-289   图11-290

11.6.1 认识立体化工具

单击工具箱中的"立体化工具"按钮 ⬚，如图11-291所示，在属性栏中可以看到相应的参数设置，如图11-292所示。

图11-291   图11-292

下面对图11-292中各选项的含义进行介绍。

- 立体化类型：用于设置对象立体化角度，单击下拉箭头可以在预设中选择不同类型并应用到对象中。
- 深度：设置立体化对象的透视深度。
- 灭点坐标：用于设置立体对象透视消失点的位置。
- 灭点属性：可锁定灭点至指定对象，也可复制或共享多个立体化对象的灭点。

- 页面或对象灭点：将灭点的位置锁定到对象或页面中。
- 立体方向：单击该按钮，在弹出的面板中拖动立体数字即可调整对象立体的方向。
- 立体化颜色：用于设置对象立体化后的填充类型。
- 立体化倾斜：使对象具有三维外观的另一种方法是在立体模型中应用斜角修饰边。
- 立体化照明：为立体化对象添加光照效果。
- 复制立体化属性：复制设置好的立体对象属性到指定对象上。
- 清除立体化：单击即可清除对象立体化效果。

制作立体化效果还可以使用"立体化"泊坞窗。执行"效果>立体化"命令即可显示"立体化"泊坞窗。在其中有立体化相机、立体化旋转、立体化光源、立体化颜色和立体化斜角5个按钮，单击相应的按钮即可显示相应的面板，在这些面板中可以对图像对象设置不同的立体化效果，如图11-293~图11-297所示。

图11-293   图11-294   图11-295   图11-296   图11-297

11.6.2 使用预设创建立体效果

选择对象，在立体化工具属性栏中单击"预设列表"下拉列表框，如图11-298所示，在弹出的下拉列表中选择一种预设的立体化样式，应用于所选的图形对象上，预设效果如图11-299所示。

图11-298

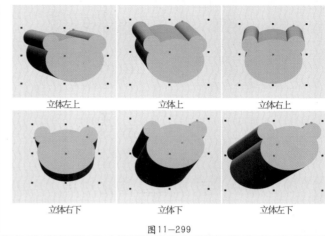

图11-299

立体左上　　　　立体上　　　　立体右上

立体右下　　　　立体下　　　　立体左下

11.6.3 动手学：手动创建立体化对象

① 选择对象后，在工具箱中单击"立体化工具"按钮，将鼠标指针移至对象上按住鼠标左键并拖曳，即可产生立体化效果，如图11-300和图11-301所示。

② 将鼠标移至画面箭头 ✕ 前面位置，按住鼠标左键并进行拖曳，如图11-302所示，可以修改立体化的厚度，如图11-303所示。

图11-300

图11-301

图11-302

图11-303

11.6.4 编辑立体化效果

① 选择对象，在立体化工具属性栏中单击"立体化类型"下拉列表按钮，如图11-304所示，在弹出的下拉列表中可选择一种预设的立体化类型，各种类型效果如图11-305所示。

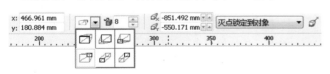

图11-304

② 在属性栏的"深度"数值框内输入数值，可设置立体化对象的深度，如图11-306和图11-307所示分别为深度数值为10和30的立体化对象。

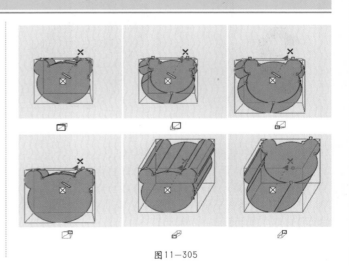

图11-305

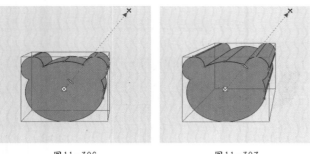

图11-306　　　　　　　　图11-307

03 在属性栏的"灭点坐标"数值框内输入数值，可以对

灭点的位置进行一定的设置，单击属性栏中的"灭点属性"下拉列表框，选择立体化对象的属性，如图11-308所示。

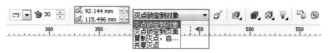

图11-308

📖 技巧提示

　　灭点是一个设想的点，它在对象后面的无限远处，当对象向消失点变化时，就产生了透视感。

11.6.5 动手学：旋转立体化对象

01 选择立体化对象，在立体化工具属性栏中单击"立体的方向"按钮，如图11-309和图11-310所示。

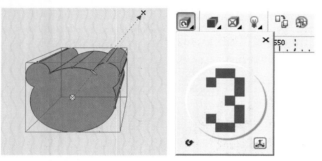

图11-309　　　　　　　　图11-310

02 将鼠标指针移至弹出的下拉面板中，按住左键进行旋转，如图11-311所示。通过该命令的运用可以旋转立体化对象，效果如图11-312所示。

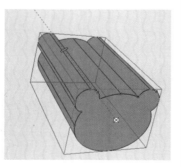

图11-311　　　　　　　　图11-312

03 单击处于选择状态的立体化对象，立体化对象会出现一个圆形的旋转调节器，将鼠标指针移至旋转调节器的四个控制点的任意一个，当鼠标指针显示为⟲形状时，如图11-313所示，按住左键并进行拖曳，即可将立体化对象进行逆时针或顺时针的旋转，如图11-314所示。

04 单击处于选择状态的立体化对象，立体化对象会出

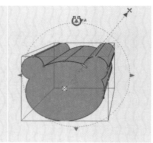
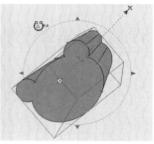

图11-313　　　　　　　　图11-314

现一个圆形的旋转调节器，将鼠标移动到旋转调节器上，当鼠标指针显示为✛形状时，如图11-315所示，按住左键并进行拖曳，即可将立体化对象进行随意旋转，如图11-316所示。

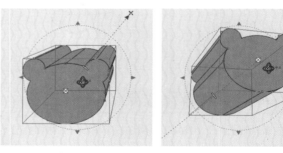

图11-315　　　　　　　　图11-316

📖 技巧提示

　　单击"立体的方向"下拉面板中右下角的☒图标，将面板更改为数值面板，分别通过对"x、y、z"数值的更改可以更加精确地改变对象的旋转角度，如图11-317所示。

图11-317

11.6.6 设置立体化对象颜色

创建立体化效果后，若对象应用了填充色，则呈现的其他立面效果将与该颜色呈对应色调。如果要调整立体化对象的颜色，可单击属性栏中的"立体化颜色"按钮 ，可在弹出的设置面板中分别设置"使用对象填充"、"使用纯色"和"使用递减的颜色"，如图11-318~图11-320所示。

图11-318　　　　图11-319　　　　图11-320

单击不同的颜色设置按钮，切换至该颜色设置的面板，设置不同的颜色后可更改其立体化对象的颜色效果，效果如图11-321~图11-323所示。

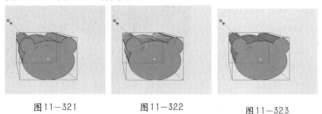

图11-321　　　　图11-322　　　　图11-323

★ 案例实战——制作多彩3D文字海报

案例文件	案例文件\第11章\制作多彩3D文字海报.cdr
视频教学	视频文件\第11章\制作多彩3D文字海报.flv
难度级别	★★★★★
技术要点	文字工具、立体化工具、拆分斜角立体化群组、阴影工具

案例效果

本例主要通过使用文本工具、立体化工具、拆分斜角立体化群组和阴影工具等制作多彩3D文字海报，效果如图11-324所示。

图11-324

操作步骤

01 执行"文件>新建"命令，在弹出的"创建新文档"对话框中设置"大小"为A4，"原色模式"为CMYK，"渲染分辨率"为300，如图11-325所示。

图11-325

02 导入背景文件素材，调整到合适大小及位置，如图11-326所示。

图11-326

03 单击工具箱中的"文本工具"按钮 字，在图像上输入字母"S"，设置一种较为圆润的字体，为其填充白色，将其轮廓颜色设置为黑色，如图11-327所示。

图11-327

04 单击工具箱中的"选择工具"按钮 ，双击字母，使其显示为可旋转状态，将鼠标放在倾斜图标上，按住左键并拖曳，如图11-328所示，使字母产生一定的旋转效果，如图11-329所示。

中单击并拖曳设置立体字母的方向，如图11-334所示。或单击"立体化工具"按钮，双击字母模型四周会出现绿色旋转框，按住左键并拖动可以将其进行旋转，并设置"深度"为6，如图11-335所示。

图11-328　　　　　　　　图11-329

05 单击工具箱中的"立体化工具"按钮 ，在字母上单击并拖曳，再在属性栏上单击"立体化类型"按钮，在下拉列表中选择合适的类型，如图11-330和图11-331所示。

图11-334　　　　　　　　图11-335

08 选择字母，执行"排列>拆分斜角立体化群组"命令，或按"Ctrl+K"快捷键，如图11-336所示。拆分过的字母可以单独对面进行编辑，如图11-337所示。

图11-330

06 单击属性栏上的"立体化倾斜"按钮 ，在下拉面板中选中"使用斜角修饰边"复选框，设置"斜角修饰边深度"为1mm，如图11-332所示。此时画面效果如图11-333所示。

图11-336　　　　　　　　图11-337

09 选择所有图形，单击CorelDRAW界面右下角"轮廓笔"按钮 ，在"轮廓笔"对话框中单击颜色，在下拉列表中选择一种绿色，如图11-338所示。单击"确定"按钮结束操作，如图11-339所示。

图11-332　　　　　　　　图11-333

07 单击属性栏中的"立体方向"按钮 ，在下拉面板

图11-338　　　　　　　　图11-339

10 选中后半部分，单击工具箱中的"渐变填充工具"按钮🖰，在"渐变填充"对话框中设置"类型"为线性，在"颜色调和"栏中选中"自定义"单选按钮，设置一种由绿到黄再到绿的渐变颜色，如图11-340所示。单击"确定"按钮结束操作，画面效果如图11-341所示。

图11-340

图11-341

11 选中前半部分，单击右键执行"取消群组"命令，或按"Ctrl+U"快捷键，单击字母表面，单击"填充工具"按钮🖰，在下拉列表中选择"图样填充"选项，在"图样填充"对话框中选中"全色"单选按钮，选择一种预设图案，设置"宽度"和"高度"均为7mm，如图11-342所示。单击"确定"按钮结束操作，画面效果如图11-343所示。

12 选择字母，单击工具箱中的"阴影工具"按

图11-342

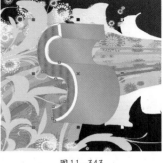
图11-343

钮🖰，在字母上单击并拖曳制作字母阴影，绘制出立体感，如图11-344所示。

13 用同样的方法制作出其他角度的3D字母，调整到合适大小及位置，最终效果如图11-345所示。

图11-344

图11-345

11.6.7 动手学：立体化对象的照明设置

在我们生活的"三维"世界中，光是不能缺少的。CorelDRAW中的立体化工具不仅能模拟对象的立体效果，还能通过对三维光照原理的模拟，为立体化对象添加更为真实的光源照射效果来丰富其立体的层次感。

01 单击属性栏中的"立体化照明"按钮💡，在弹出的照明选项面板左侧可以看到3个"灯泡"按钮，表示有3盏可以使用的灯光。💡按下表示启用，💡未按下表示未启用，如图11-346所示。

02 单击某个光源的按钮后，相应数字的光源会出现在物体对象的右上角，如图11-347所示。按住数字并移动到网格的其他位置即可改变光源角度，如图11-348所示。在面板的右上角可手动调整光照角度，将鼠标放在表示光照的数字上按住左键并进行拖动改变其光照角度，如图11-349所示。此时光照效果也会发生变化，如图11-350所示。

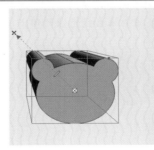
图11-349

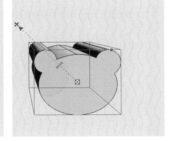
图11-350

03 在照明面板中单击并拖动"强度"滑块，可以调整光照的强度，如图11-351所示。如图11-352和图11-353所示分别为强度为20和100的对比效果。

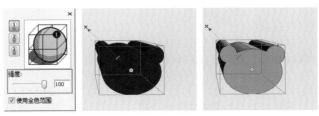
图11-351　　　图11-352　　　图11-353

04 在照明面板中可以通过选中或未选中"使用全色范围"复选框来调整立体化对象的颜色，如图11-354所示。如

图11-346　　　图11-347　　　图11-348

图11-355和图11-356所示分别为选中与未选中的对比图。

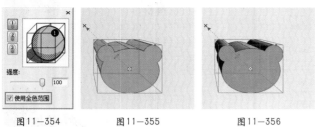

图11-354　　　　图11-355　　　　图11-356

11.6.8 使用斜角修饰边

为立体化对象添加了光源照射效果后，可单击属性栏中的"立体化倾斜"按钮 ，在弹出的选项面板中选中"使用斜角修饰边"和"只显示斜角修饰边"复选框，如图11-357所示，为立体化对象添加斜角边效果的同时，改变对象的光照立体效果，如图11-358和图11-359所示。

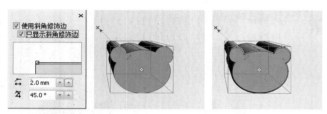

图11-357　　　　图11-358　　　　图11-359

图11-361　　　　图11-362　　　　图11-363

技巧提示

没有光源时，斜角修饰边的效果无法从图形上观看到，如图11-360所示为启用光源与未启用光源的对比效果。

图11-360

02 单击工具箱中的"立体化工具"按钮 ，在文字上按住左键并向左下方拖曳，在属性栏中选择一种合适的立体化类型，设置"深度"为5，如图11-364所示。单击"立体化旋转"按钮，在面板中调整立体角度，如图11-365所示。单击"立体化颜色"按钮，在下拉面板中单击"使用递减的颜色"按钮，调整颜色为棕红色，如图11-366所示。

图11-364　　　　　　　　图11-365　　　　图11-366

03 单击属性栏中的"立体化照明"按钮，在下拉面板中开启3盏灯光，并设置灯光位置，如图11-367所示。此时文字上出现的立体效果如图11-368所示。

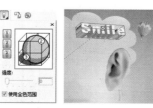

图11-367　　　　图11-368

★ 案例实战——使用立体化创建立体文字效果

案例文件	案例文件\第11章\使用立体化创建立体文字效果.cdr
视频教学	视频文件\第11章\使用立体化创建立体文字效果.flv
难度级别	★★★★★
技术要点	立体化工具、文本工具、透明度工具

案例效果

本例主要是通过使用立体化工具、文本工具、透明度工具等制作立体文字效果，效果如图11-361所示。

操作步骤

01 打开背景素材文件"1.jpg"，如图11-362所示。单击工具箱中的"文本工具"按钮 ，在属性栏中设置合适的字体及大小，在合适位置输入浅粉色文字，如图11-363所示。

04 用同样的方法制作另一组立体文字，如图11-369所示。单击工具箱中的"矩形工具"按钮 🔲，在画面中左上角绘制一个合适大小的矩形，设置"填充颜色"为白色，"轮廓笔"为无，如图11-370所示。

 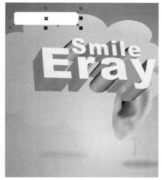

图11-369　　　　　　　　图11-370

05 使用文本工具，设置合适的字体及大小，在矩形上输入文字，如图11-371所示。再次使用矩形工具绘制一个小一点的矩形，双击矩形，调整四边的控制点，将其旋转至合适位置，如图11-372所示。

06 单击工具箱中的"阴影工具"按钮 🔲，在小矩形上按住左键并拖曳添加投影效果，如图11-373所示。使用文本工具输入文字，将文字旋转至合适角度，如图11-374所示。

图11-371　　图11-372　　图11-373　　图11-374

07 导入花纹素材文件"2.png"，调整到合适大小及位置，如图11-375所示。单击工具箱中的"钢笔工具"按钮 🖊️，在字母"E"左下角绘制流淌形状，填充深粉色，设置"轮廓笔"为无，如图11-376所示。

图11-375　　　　　　　　图11-376

08 复制流淌形状，设置填充颜色为白色，如图11-377所示。单击工具箱中的"透明度工具"按钮 ，为白色流淌添加透明度效果，在属性栏中设置"透明度类型"为辐射，效果如图11-378所示。

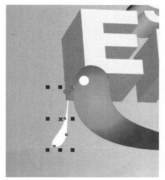 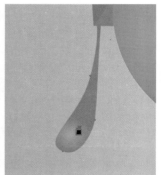

图11-377　　　　　　　　图11-378

09 导入光效素材文件"3.jpg"，将其调整为与背景同样大小，如图11-379所示。单击"透明度工具"按钮，设置"透明度类型"为标准，"透明度操作"为Add，"开始透明度"为69，如图11-380所示。最终效果如图11-381所示。

图11-379

图11-380

图11-381

11.7 透明度

技术速查：透明度工具可以为封闭图形、文本、位图等对象应用创建透明效果。

使用透明度工具可以对一个或多个矢量图或者位图图像添加透明效果。在工具箱中单击"透明度工具"按钮 ，如图11-382所示。在属性栏中可以设置对象的透明度类型、颜色、目标和方向角度等属性，调整出丰富的透明效果。通过参数的设置能够模拟出多种多样的透明效果。如图11-382~图11-385所示为包含透明效果的作品。

图11-382　　　图11-383　　　图11-384　　　图11-385

11.7.1 动手学：创建均匀透明对象

01 选择一个对象，在工具箱中单击"透明度工具"按钮 ，如图11-386所示。在属性栏上，从透明度类型列表框中选择"标准"，"开始透明度"框中输入一个值，然后按"Enter"键。此时可以看到对象呈现半透明效果，如图11-387所示。

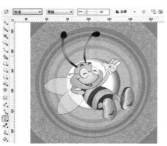

图11-386　　　　　　　图11-387

02 更改"开始透明度"框的数值，可以看到对象不透明度发生了改变，数值越大，对象越透明，如图11-388所示。

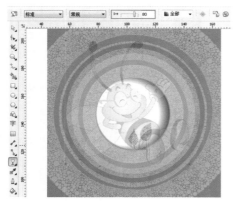

图11-388

03 更改"透明度操作"能够更改对象与背景颜色的混合模式，如图11-389和图11-390所示。

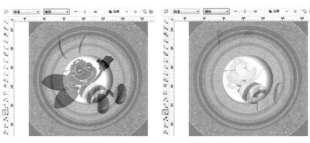

图11-389　　　　　　　图11-390

★ 案例实战——使用均匀透明效果制作混合文字

案例文件	案例文件\第11章\使用均匀透明效果制作混合文字.cdr
视频教学	视频文件\第11章\使用均匀透明效果制作混合文字.flv
难度级别	★★★★★
技术要点	均匀透明度工具、椭圆形工具、文本工具

案例效果

本例主要通过使用均匀透明度工具、椭圆形工具、文本工具等制作混合文字效果，效果如图11-391所示。

图11-391

操作步骤

01 执行"文件>新建"命令，在弹出的"创建新文档"对话框中设置"预设目标"为默认RGB，"大小"为A4，如图11-392所示。

图11-392

02 单击工具箱中的"矩形工具"按钮 □，在画面中绘制合适大小的矩形，如图11-393所示。设置"填充颜色"为浅灰色，"轮廓笔"为无，效果如图11-394所示。

图11-393　　　　　图11-394

03 单击工具箱中的"椭圆形工具"按钮 ○，在灰色矩形左侧绘制一个合适大小的椭圆，如图11-395所示。再单击工具箱中的"渐变填充工具"按钮 ◆，设置从橘色到黄色的渐变，"中点"为67，"角度"为273，如图11-396所示。

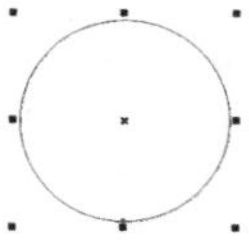

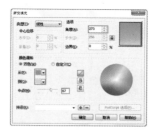

图11-395　　　　　图11-396

04 设置"轮廓笔"为无，效果如图11-397所示。用同样的方法制作大一点的渐变椭圆，调整颜色为从黄色到橘色，效果如图11-398所示。

05 单击工具箱中的"透明度工具"按钮 ☒，在属性栏中设置"透明度类型"为标准，"透明度操作"为乘，"开

始透明度"为 0，如图11-399所示。圆形产生叠加效果，如图11-400所示。

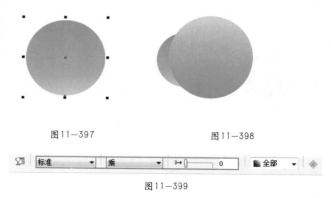

图11-397　　　　　图11-398

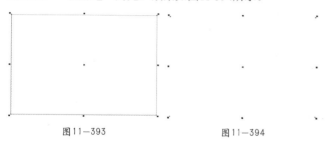

图11-399

06 再次绘制一个黄色系渐变椭圆，如图11-401所示。单击"透明度工具"按钮，在属性栏中设置"透明度类型"为标准，"透明度操作"为减少，"开始透明度"为0，效果如图11-402所示。

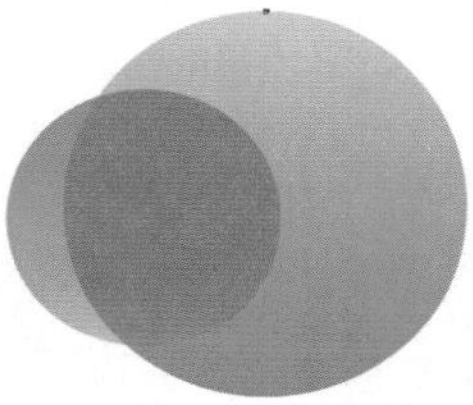

图11-400

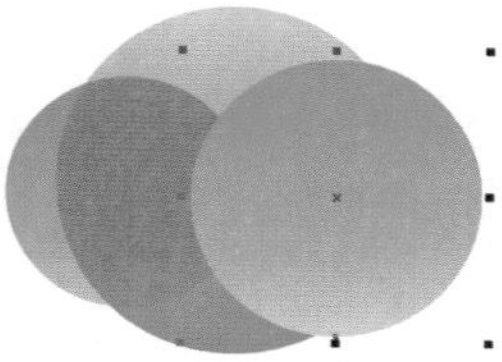

图11-401 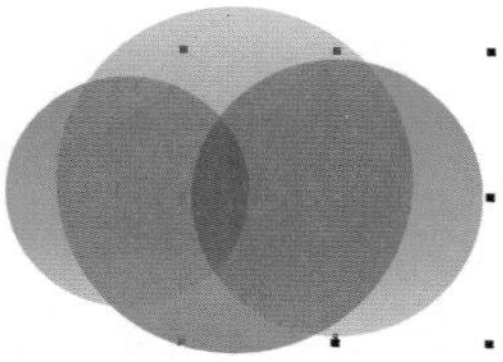　　　　　图11-402

07 继续绘制黄色系渐变椭圆，如图11-403所示。单击"透明度工具"按钮，在属性栏中设置"透明度类型"为标准，"透明度操作"为常规，"开始透明度"为53，效果如图11-404所示。

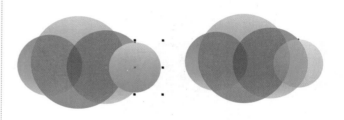

图11-403　　　　　图11-404

08 在画面右侧绘制一个黄色系渐变椭圆，如图11-405所示。单击"透明度工具"按钮，在属性栏中设置"透明度类型"为标准，"透明度操作"为减少，"开始透明度"为0，效果如图11-406所示。

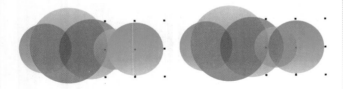

图11-405   图11-406

09 单击工具箱中的"文本工具"按钮字，在属性栏中设置合适的字体及大小，然后在画面中间位置输入白色文字，如图11-407所示。复制文字图层，填充黄色，并放置在顶层，如图11-408所示。

图11-407   图11-408

10 单击工具箱中的"橡皮擦工具"按钮，在黄色文字上进行适当的涂抹，擦除多余的部分，最终效果如图11-409所示。

图11-409

思维点拨：用色的原则

色彩是视觉最敏感的东西。色彩的直接心理效应来自色彩的物理光刺激对人的生理产生的直接影响。一幅优秀作品最吸引观众的地方就是来自于色差对人们的感官刺激。当然，摄影作品通常是由很多种颜色组成，优秀的作品离不开合理的色彩搭配。颜色丰富虽然看起来吸引人，但是一定要把握住"少而精"的原则，即颜色搭配尽量要少，这样画面会显得较为整体、不杂乱，当然特殊情况除外，比如要体现绚丽、缤纷、丰富等色彩时，色彩需要多一些。一般来说，一张图像中色彩不宜太多，不宜超过5种。若颜色过多，虽然显得很丰富，但是会出现画面杂乱、跳跃、无重心的感觉。

11.7.2 动手学：创建渐变透明对象

对象的透明效果可以是均匀的，也可以是不均匀的，在CorelDRAW中可以轻松地制作渐变感的线性、辐射、方形和锥形的透明效果。

01 选择一个对象，在工具箱中单击"透明度工具"按钮，效果如图11-410所示。

图11-410

02 在对象上按住鼠标左键并进行拖曳，如图11-411所示。释放鼠标后可以看到对象的透明度产生渐变效果，左上方透明度低，右下方透明度高，如图11-412所示。

图11-411   图11-412

03 在属性栏的"透明中心点"数字框中输入值，然后按"Enter"键，如图11-413和图11-414所示分别为数值为100和50的对比效果。

图11-413 　　　　　　　图11-414

04 如果想要更改透明度的类型，可以在属性栏的"透明度类型"列表框中选择"线性"、"辐射"、"圆锥"或"正方形"，如图11-415所示。选择任意一种可以创建相应的渐变透明效果，如图11-416~图11-419所示。

图11-415

图11-416 　　　　　　　图11-417

图11-418 　　　　　　　图11-419

11.7.3 设置对象的颜色调和方式

在标准属性栏中单击"透明操作"下拉列表框，选择透明的颜色与下层对象的颜色的调和方式，可以将对象进行不同的透明设置，如图11-421所示。效果如图11-422所示。

技术拓展：渐变效果的透明度参数

单击工具箱中的"透明度工具"按钮，设置类型为"线性"、"辐射"、"圆锥"、"正方形"时，属性参数非常相似，如图11-420所示。下面进行详细讲解。

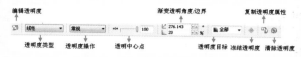

图11-420

- ● 编辑透明度：单击该按钮即可打开"渐变透明度"窗口，在该窗口中可以更改透明度属性。
- ● 透明度类型：用于设置透明度类型，其中包括"标准"、"线性"、"辐射"、"圆锥"、"正方形"、"双色图样"、"位图图样"以及"底纹"。
- ● 透明度操作：用于调整透明度对象与背景颜色的混合模式。
- ● 透明中心点：用于调整对象的透明度范围和渐变平滑度。
- ● 渐变透明角度/边界：用于设置对象透明的方向角度以及透明边界渐变的平滑度。
- ● 透明度目标：用于选择针对对象的"填充"、"轮廓"或全部属性进行透明度处理。
- ● 冻结透明度：冻结对象的当前视图的透明度，这样即使对象发生移动，视图也不会发生变化。
- ● 复制透明度属性：复制设置好的透明度对象属性到指定对象上。
- ● 清除透明度：单击即可清除对象透明度效果。

读书笔记

案例效果

本例主要通过使用透明度工具、阴影工具、椭圆形工具等制作卡通风格产品宣传页，效果如图11-423所示。

操作步骤

01 执行"文件>新建"命令，在弹出的"创建新文档"对话框中设置"预设目标"为默认RGB，"大小"为A4，如图11-424所示。再单击工具箱中的"矩形工具"按钮，在画面中绘制合适大小的矩形，如图11-425所示。

★ 案例实战——制作卡通风格产品宣传页

案例文件	案例文件\第11章\制作卡通风格产品宣传页.cdr
视频教学	视频文件\第11章\制作卡通风格产品宣传页.flv
难度级别	★★★★★
技术要点	透明度工具、阴影工具、椭圆形工具

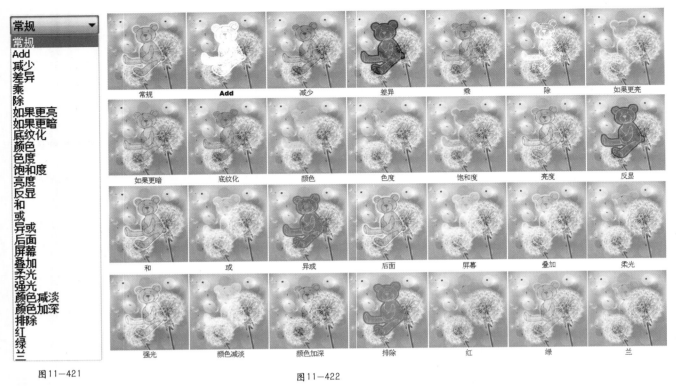

常规
常规
Add
减少
差异
乘
除
如果更亮
如果更暗
底纹化
颜色
色度
饱和度
亮度
反显
和
或
异或
后面
屏幕
叠加
柔光
强光
颜色减淡
颜色加深
排除
红
绿
兰

图11-421

常规　Add　减少　差异　乘　除　如果更亮
如果更暗　底纹化　颜色　色度　饱和度　亮度　反显
和　或　异或　后面　屏幕　叠加　柔光
强光　颜色减淡　颜色加深　排除　红　绿　兰

图11-422

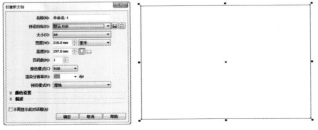

图11-423

图11-424　　　　图11-425

02 执行"文件>导入"命令，导入天空素材文件"1.jpg"，调整大小及位置，如图11-426所示。单击工具箱中的"钢笔工具"按钮，在天空素材上绘制一个闭合路径，填充颜色为白色，如图11-427所示。

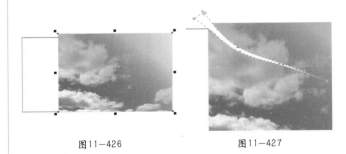

图11-426　　　　图11-427

03 单击工具箱中的"透明度工具"按钮，在图形上按住鼠标左键并拖曳，制作半透明效果，如图11-428所示。用同样的方法制作另一个半透明的形状，如图11-429所示。

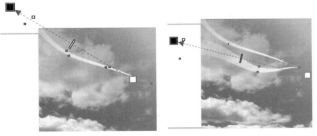

图11-428　　　　图11-429

04 单击工具箱中的"椭圆形工具"按钮，按"Ctrl"键绘制一个小一点的正圆，填充颜色为白色，如图11-430所示。再单击"透明度工具"按钮，在属性栏中设置"透明度类型"为辐射，效果如图11-431所示。

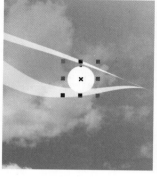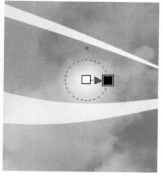

图11-430　　　　　　图11-431

05 执行"编辑>复制"命令，继续执行"编辑>粘贴"命令，将粘贴的半透明正圆移动并进行适当缩放，如图11-432所示。多次执行"复制"和"粘贴"命令，制作多个光点，如图11-433所示。

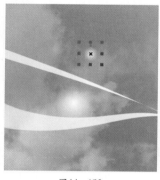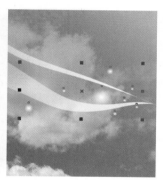

图11-432　　　　　　图11-433

06 使用椭圆形工具在天空素材右侧绘制一个大一点的正圆，填充蓝色，如图11-434所示。单击"透明度工具"按钮，在属性栏中设置"透明度类型"为辐射，效果如图11-435所示。

图11-434　　　　　　　图11-435

07 执行"复制"和"粘贴"命令，复制正圆，将其进行缩放，更改填充颜色为白色，使用透明度工具在属性栏中设置"透明度类型"为标准，"开始透明度"为50，

效果如图11-436所示。绘制一个大一点的正圆，设置"填充"为无，"轮廓笔"的"颜色"为蓝色，"宽度"为25px，效果如图11-437所示。

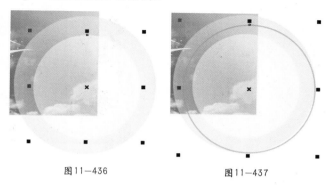

图11-436　　　　　　　图11-437

08 选择天空素材与绘制的图像，单击右键执行"群组"命令。使用椭圆形工具绘制一个合适大小的正圆，如图11-438所示，执行"效果>图框精确剪裁>置于图文框内部"命令，当指针变为黑色箭头时单击正圆，如图11-439所示。

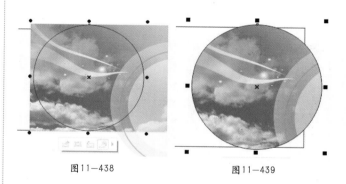

图11-438　　　　　　　图11-439

09 选中正圆，设置"轮廓笔"为无，绘制一个同样大小的正圆，单击工具箱中的"渐变填充工具"按钮，设置一种蓝色到白色的渐变，如图11-440所示。使用透明度工具为其添加不透明度，设置"轮廓笔"为无，效果如图11-441所示。

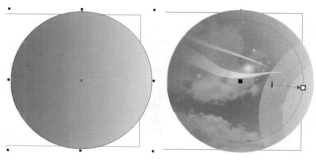

图11-440　　　　　　　图11-441

10 导入手表素材文件"2.png"，调整大小及角度，如图11-442所示。导入卡通素材"3.png"，调整大小及位

置，单击工具箱中的"阴影工具"按钮 ，在卡通形象上进行拖曳，制作阴影效果，如图11-443所示。

图11-442　　　　　　　图11-443

11 在人像与手表素材中间绘制一个合适大小的椭圆，填充黑色，使用阴影工具在椭圆上进行拖曳，如图11-444所示。执行"复制"和"粘贴"命令，单击属性栏中的"清除阴影"按钮 ，将复制的椭圆进行适当上移，设置"填充"为蓝色，效果如图11-445所示。

图11-444　　　　　　　图11-445

12 再次执行"复制"和"粘贴"命令，设置复制的椭圆填充为白色，使用透明度工具为其添加透明效果，如图11-446所示，单击工具箱中的"文本工具"按钮，在属性栏中设置一种合适的字体及大小，在椭圆形上输入白色文字，如图11-447所示。

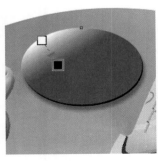

图11-446　　　　　　　图11-447

13 使用椭圆形工具在右下角绘制一个合适大小的正圆，填充为橙色。单击工具箱中的"透明度工具"按钮，在

属性栏中设置"开始透明度"为60，效果如图11-448所示。再次使用椭圆形工具在半透明的正圆上绘制一个橙色正圆，如图11-449所示。

图11-448　　　　　　　图11-449

14 按"Shift"键进行加选，选择两个黄色正圆，多次执行"复制"和"粘贴"命令，并将粘贴出的正圆进行大小和位置的调整，设置不同的填充颜色，如图11-450所示。使用文本工具，设置合适的字体，在画面中输入不同颜色及大小的文字，如图11-451所示。

图11-450　　　　　　　图11-451

15 选择左侧的大文字，单击工具箱中的"渐变填充工具"按钮，在对话框中选中"自定义"单选按钮，设置一种红色系渐变，"角度"为90，如图11-452所示。选择除背景矩形以外的所有对象，单击右键执行"群组"命令，效果如图11-453所示。

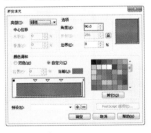

图11-452　　　　　　　图11-453

16 选择群组的图形，执行"效果>图框精确剪裁>置于图文框内部"命令，当光标变为黑色箭头时，单击背景的矩形框，如图11-454所示。设置"轮廓笔"为无，最终效果如图11-455所示。

图11-454

图11-455

11.7.4 动手学：创建图样透明对象

除了创建均匀透明、渐变透明外，还可以按照图样的黑白关系创建透明效果。

 选择一个对象，在工具箱中单击"透明度工具"按钮 ，效果如图11-456所示。在属性栏中单击"透明度类型"下拉列表框，其中双色图样、全色图样、位图图样均可以制作图样透明效果，如图11-457所示。

图11-456

图11-457

技术拓展：不同类型的图样透明

- 双色图样：由黑白两色组成的图案，应用于图像后，黑色部分为透明，白色部分为不透明。
- 全色图样：由线条和填充组成的图片。这些矢量图形比位图图像更平滑、复杂，但较易操作。
- 位图图样：由浅色和深色图案或矩形数组中不同的彩色像素所组成的彩色图片。

 选择"全色图样"类型后，在属性栏中包含了图样透明特有的参数。在"第一种透明度挑选器"中选择一个图案，如图11-458所示。画面效果如图11-459所示。

 在对象上可以看到控制图样的控制框，如图11-460所示。对控制框进行移动、缩放、旋转、斜切等操作后，对象上的图样透明效果也会跟着发生变化，如图11-461所示。

 控制框上有三类控制点，单击控制点1并拖动可以进行图样的移；沿垂直方向移动控制点2能够将图样进行缩放；沿水平方向移动控制点2则是对图样进行斜切；移动控制点3可以旋转纹样，如图11-462所示。

图11-458

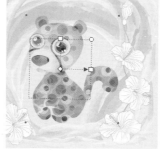

图11-459

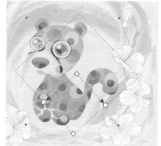

图11-460

图11-461

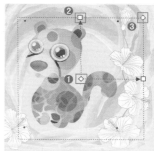

图11-462

299

05 单击属性栏中的"创建图案"按钮 ▓，在弹出的"创建图案"对话框中分别设置"类型"和"分辨率"，单击"确定"按钮结束设置。当鼠标指针变为十字形时，在绘制区内按住左键并进行拖曳，在弹出的对话框中单击"确定"按钮结束填充，如图11-463所示。

图11-463

11.7.5 动手学：创建底纹透明对象

在"透明度类型"下拉列表底部还有一项"底纹"，底纹透明与图样透明相似，为对象创建底纹透明效果，并且可以选择底纹样式，就跟纹理填充时选择的样式一样。

01 选择一个对象，在工具箱中单击"透明度工具"按钮 ，效果如图11-464所示。从属性栏的"透明度类型"列表框中选择"底纹"，再从底纹库列表框中选择一种样本，然后打开属性栏上的第一种透明度挑选器，选择一种底纹，如图11-465所示。

图11-464　　　　　　　　图11-465

02 在属性栏的"开始透明度"中输入数值可以更改开始颜色的不透明度，如图11-466所示。在"结束透明度"中输入数值可以改变结束颜色的不透明度，如图11-467所示。

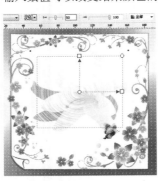

图11-466　　　　　　　　图11-467

★ 案例实战——创建透明效果制作个性海报

案例文件	案例文件\第11章\创建透明效果制作个性海报.cdr
视频教学	视频文件\第11章\创建透明效果制作个性海报.flv
难易级别	★★★★★
技术要点	透明度工具、简化、图框精确剪裁

案例效果

本例主要通过使用透明度工具、简化、图框精确剪裁等制作个性海报，效果如图11-468所示。

操作步骤

01 打开纸张素材文件"1.jpg"，如图11-469所示。单击工具箱中的"矩形工具"按钮 ，在画面中绘制同纸张一样大小的矩形，填充黑色，设置"轮廓笔"为无，如图11-470所示。

图11-468　　　　　图11-469　　　　　图11-470

02 单击工具箱中的"透明度工具"按钮 ，在黑色矩形上拖曳制作纸张下边的暗影效果，如图11-471所示。再单击工具箱中的"椭圆形工具"按钮 ，在画面中心位置绘制一个合适大小的红色椭圆，如图11-472所示。

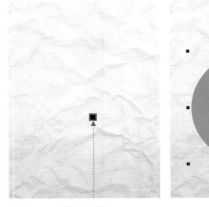
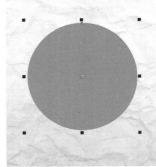

图11-471　　　　　　　　图11-472

03 使用透明度工具，在属性栏中设置"透明度类型"为标准，"透明度操作"为乘，"开始透明度"为15，如图11-473所示。椭圆效果如图11-474所示。

图11-473

04 导入素材文件"2.jpg"，调整大小将其放置在正圆上，如图11-475所示。使用透明度工具，在属性栏中设置"透明度类型"为标准，"透明度操作"为除，"开始透明度"为90，效果如图11-476所示。

图11-474

图11-475

图11-476

05 导入素材文件"3.png"，放置在椭圆上，如图11-477所示。导入车子素材"4.png"，调整位置及大小，如图11-478所示。

图11-477

图11-478

06 导入木质素材文件"5.jpg"，调整大小及位置，如图11-479所示。单击"透明度工具"按钮，在属性栏中设置"透明度类型"为标准，"透明度操作"为乘，"开始透明度"为0，此时木纹融合到画面中，如图11-480所示。

图11-479

图11-480

07 单击工具箱中的"星形工具"按钮，在属性栏中设置"点数或边数"为3，"锐度"为1，如图11-481所示。在木质素材上绘制一个较大的三角形，如图11-482所示。在大三角形内绘制一个小一点的三角形，选择两个三角形，单击属性栏中的"简化"按钮，三角形边框如图11-483所示。

图11-481

图11-482

图11-483

08 选中木纹对象，执行"效果>图框精确剪裁>置于图文框内部"命令，当光标变为黑色箭头时，单击三角形框，如图11-484所示。此时木纹只显示在三角形边框内的区域。设置三角形的"轮廓笔"为无，效果如图11-485所示。

图11-484

图11-485

09 单击工具箱中的"文本工具"按钮，在属性栏中设置合适的字体及大小，再在画面中的合适位置处输入白色文字，如图11-486所示。

10 单击"透明度工具"按钮，在属性栏中设置"透明度类型"为标准，"透明度操作"为亮度，"开始透明度"为0，效果如图11-487所示。复制文字，

图11-486

设置"透明度类型"为标准，"透明度操作"为常规，"开始透明度"为25，最终效果如图11-488所示。

图11-487

图11-488

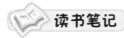
读书笔记

11.8 斜角

技术速查："斜角"效果通过使对象的边缘倾斜，使图形具有"柔和边缘"或"浮雕"的立体效果。

　　选择一个闭合的并且具有填充颜色的对象，如图11-489所示，执行"效果>斜角"命令，打开"斜角"泊坞窗，在这里可以进行斜角样式、偏移、阴影、光源等参数的设置，如图11-490所示。设置完毕后单击"应用"按钮，效果如图11-491所示。

图11-489

图11-490

图11-491

　　下面对"斜角"泊坞窗中各选项进行介绍。

- 样式：在"斜角"样式列表中可以进行选择，选择"柔和边缘"则可以创建某些区域显示为阴影的斜面，如图11-492所示；选择"浮雕"则可以使对象有浮雕效果，如图11-493所示。

图11-492

图11-493

- 斜角偏移：选择"到中心"单选按钮可在对象中部创建斜面，如图11-494所示；选择"距离"单选按钮则可以指定斜面的宽度，并在距离框中输入一个值，如图11-495所示。

图11-494

图11-495

- 阴影颜色：想要更改阴影斜面的颜色可以从阴影颜色挑选器中选择一种颜色，如图11-496和图11-497所示分别为阴影是红色和绿色的效果。

图11-496

图11-497

- 光源颜色：想要选择聚光灯颜色可以从光源颜色挑选器中选择一种颜色，如图11-498和图11-499所示分别为光源是黄色和粉色的效果。
- 强度：移动强度滑块可以更改聚光灯的强度，如图11-500和图11-501所示分别为强度是10和90的对比效果。
- 方向：移动方向滑块可以指定聚光灯的方向，方向的值范围为0~360，如图11-502和图11-503所示分别为方向是60和270的对比效果。

图11-498

图11-499

图11-500

图11-501

图11-502

图11-503

● 高度：移动高度滑块可以指定聚光灯的高度位置，高度
值范围为 0 ~ 90，如图11-504和图11-505所示分别为高
度是20和80的对比效果。

图11-504

图11-505

技巧提示

"斜角"效果可以对矢量图形操作，而不能应用于
位图对象。

读书笔记

_____

_____

_____

_____

11.9 透镜

技术速查："透镜"效果是将一个对象作为可以产生透明、放大、鱼眼、反转等效果的"透镜"，透过它可以观察到底层
对象，即可产生相应的效果。

"透镜"效果就像它的名字一样，只改变观察方式，而
不能改变对象本身的属性。"透镜"效果可以用在创建的任
何封闭图形上，例如使用图形工具创建的图形或者使用钢笔
工具绘制的复杂形状，甚至可以运用它来改变位图的观察效
果。但是透镜不能应用在已作了立体化、轮廓图、交互式调
和效果的对象上，如图11-506和图11-507所示。

技巧提示

如果群组的对象需要作透镜效果，必须解散群组才
行；若要对位图进行透镜处理，则必须在位图上绘制一
个封闭的图形，将图形移至需要改变的位置上。

图11-506

图11-507

01 选择需要透视的图形对象，如图11-508所示，执行"效果>透镜"命令，或按"Alt+F3"快捷键，如图11-509所示。

02 在弹出的"透镜"泊坞窗中单击透镜效果，在下拉菜单中选择选项为对象设置相应的透镜效果，如图11-510所示。各种透镜效果如图11-511所示。

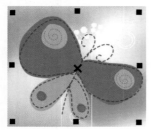
图11-508　　　　图11-509　　　　图11-510

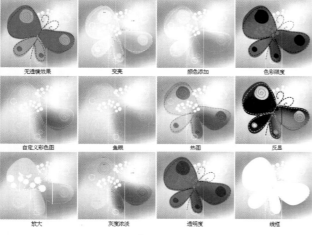

无透镜效果　　　变亮　　　颜色添加　　　色彩限度

自定义彩色图　　鱼眼　　　热图　　　反显

放大　　　灰度浓淡　　　透明度　　　线框

图11-511

技巧提示

执行"窗口>泊坞窗>透镜"命令，同样可以打开"透镜"泊坞窗，如图11-512所示。

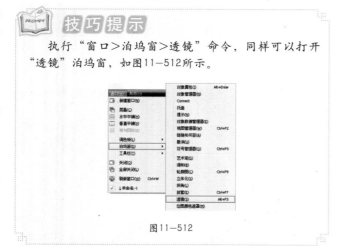

图11-512

03 在"透镜"泊坞窗中选中"冻结"复选框，如图11-513所示，可以冻结对象与背景间的相交区域，如图11-514所示。冻结对象后移动对象到其他位置，可看见冻结后的对象效果，

如图11-515所示。

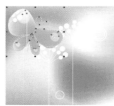
图11-513　　　　图11-514　　　　图11-515

04 在"透镜"泊坞窗中选中"视点"复选框，单击"编辑"按钮，如图11-516所示。将在冻结对象的基础上对相交区域单独进行透镜编辑，再次单击"结束"按钮结束编辑，如图11-517所示。

05 在"透镜"泊坞窗中选中"移除表面"复选框，可以查看对象的重叠区域，被覆盖的区域是不可见的，如图11-518所示。

图11-516　　　　图11-517　　　　图11-518

技巧提示

在"透镜"泊坞窗中单击"解锁"按钮🔒，在未解锁的状态下泊坞窗中的命令将直接应用到对象中，如图11-519所示。而单击"解锁"按钮后需要单击"应用"按钮才能将命令应用到对象上，如图11-520所示。

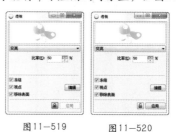
图11-519　　　　图11-520

★ 案例实战——使用透镜制作炫彩效果

案例文件	案例文件\第11章\使用透镜制作炫彩效果.cdr
视频教学	视频文件\第11章\使用透镜制作炫彩效果.flv
难度级别	★★★★★
技术要点	透镜工具、刻刀工具

案例效果

本例主要通过使用透镜工具、刻刀工具等制作炫彩效果，效果如图11-521所示。

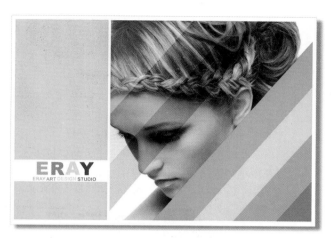

图11-521

操作步骤

01 执行"文件>新建"命令，在弹出的"创建新文档"对话框中设置"大小"为A4，"原色模式"为CMYK，"渲染分辨率"为300，如图11-522所示。

图11-522

02 单击工具箱中的"矩形工具"按钮□，在绘制区内绘制大小合适的矩形，单击"调色板"为其填充为白色，再单击CorelDRAW界面右下角的"轮廓笔"按钮🖊 ■，在弹出的"轮廓笔"对话框中设置"颜色"为灰色，"宽度"为0.567pt，如图11-523所示。单击"确定"按钮结束操作，效果如图11-524所示。

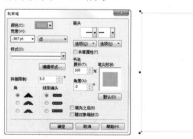

图11-523   图11-524

03 单击工具箱中的"阴影工具"按钮□，在绘制的矩形上按住左键并向右下角进行拖曳绘制矩形的阴影部分，在属性栏上设置"阴影不透明度"为50，"阴影羽化"为2，如图11-525和图11-526所示。

图11-525

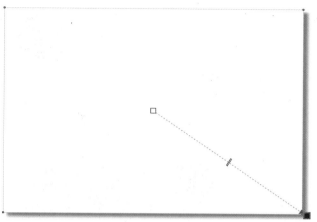

图11-526

04 导入人物素材文件，调整到合适大小及位置，如图11-527所示。单击"矩形工具"按钮，在人像素材上绘制合适大小的矩形，如图11-528所示。

图11-527   图11-528

05 单击选择人像素材，执行"效果>图框精确剪裁>放置在容器中"命令，如图11-529所示。当鼠标指针变为黑色箭头时，单击绘制的矩形框，如图11-530所示。

图11-529   图11-530

06 单击CorelDRAW界面右下角"轮廓笔"按钮🖊 ■，在弹出的"轮廓笔"对话框中设置"宽度"为无，如图11-531所示。单击"确定"按钮结束操作，效果如图11-532所示。

07 单击"矩形工具"按钮，在人像素材左侧绘制合适大小的矩形，单击"调色板"为其填充为黄色，设置"轮廓笔"的"宽度"为无，效果如图11-533所示。

图11-531　　　　　　　图11-532

图11-533

单击工具箱中的"多边形工具"按钮○，在属性栏上设置"点数或边数"为3，如图11-534所示。然后在人像素材右下角绘制三角形，效果如图11-535所示。

图11-534

图11-535

09 单击工具箱中的"刻刀工具"按钮✎，将鼠标移至三角形边缘，当光标的刻刀变为立起来的形状时单击，将鼠标移至另一面再次单击，完成分割。再次使用刻刀工具将三角形分为四部分，如图11-536所示。单击选择每块区域，为其填充不同颜色，设置"轮廓笔"的"宽度"为无，如图11-537所示。

图11-536　　　　　　　图11-537

10 用同样的方法制作出人像素材左上方的彩条部分，如图11-538所示。执行"窗口>泊坞窗>透镜"命令，或按"Alt+F3"快捷键，调出"透镜"面板，如图11-539所示。

图11-538　　　　　　　图11-539

11 单击选择左上角的蓝色三角形，在"透镜"面板的下拉列表中选择"颜色添加"选项，设置"比率"为30，如图11-540和图11-541所示。

图11-540　　　　　　　图11-541

12 用同样的方法制作红色彩条和黄色彩条，在"透镜"面板的下拉列表中选择"色彩限度"选项，设置"比率"为30，如图11-542和图11-543所示。

图11-542　　　　　　　图11-543

13 单击选择灰色彩条，在"透镜"面板的下拉列表中选择"色彩限度"选项，设置"比率"为20，如图11-544和图11-545所示。

图11-544　　　　　　图11-545

14 单击"矩形工具"按钮，在黄色矩形下侧绘制一个大小合适的白色矩形，设置"轮廓笔"的"宽度"为无，效果如图11-546所示。再单击工具箱中的"文本工具"按钮**字**，在白色矩形上单击并输入文字，设置为合适字体及大小，如图11-547所示。

图11-546　　　　　　图11-547

15 选择字母"E"，单击"调色板"为其填充绿色，如图11-548所示。依次选中后面的字母，为其填充不同颜色，如图11-549所示。

图11-548　　　　　　图11-549

16 再次使用文本工具在字母下方单击输入文字。用同样的方法为文字设置不同颜色，最终效果如图11-550所示。

图11-550

课后练习

【课后练习——制作唯美卡片】

思路解析：

　　本案例应用了渐变填充工具和透明度工具制作不同大小的椭圆作为背景，辅助使用粗糙笔刷工具制作前面的主体椭圆。

本章小结

　　本章讲解的图形特效都非常有趣，而且在实际设计中都很常用。例如，阴影效果可以增强画面空间感，立体化效果能够增强对象立体感，透明度有助于制作出通透的画面效果，透镜可以模拟多种奇妙的画面效果，而变形和封套则是对象形状调整时很常用的工具。通过本章的学习，不仅要掌握各种工具命令的使用方法，更重要的是了解各个效果的特点和适合使用的场合，以便在设计制图中制作出丰富多彩的画面。

第12章

位图的编辑处理

本章内容简介：

位图是与矢量图相对的概念。位图也被称为点阵图像或绘制图像，是由一个个像素点组成的画面。例如，计算机中JPG/BMP格式的图像都属于位图。当然，相机拍摄的照片、网页上看到的图像、位图也是进行平面设计必不可少的一种元素，本章将要讲解的就是CoreIDRAW中对于位图的导入与编辑功能。

本章学习要点：

· 掌握向文档中添加位图的方法
· 掌握位图与矢量图相互转换的方法
· 掌握位图调色的相关操作方法
· 掌握位图模式的更改方式

12.1 位图的基本操作

位图相信大家都不会感到陌生，在前面章节的案例制作过程中曾经多次使用到了位图元素。但是在之前的案例中我们并没有对CorelDRAW中的位图进行过多的编辑操作，事实上，CorelDRAW中的位图处理功能也很强大，不仅能够进行常规的应用，还能够进行调色、添加特殊效果等操作，首先我们来学习一下位图的基本操作。如图12-1和图12-2所示为使用到位图的作品。

图12-1

图12-2

思维点拨：矢量图像与位图图像

图像类型	组成	优点	缺点	常用制作工具
矢量图像	路径、填色	文件较小，对矢量图形进行放大、缩小或旋转等操作时不会出现马赛克或模糊等失真情况	不易制作色彩变化太多的图像	CorelDRAW、Illustrator
位图图像	像素	色彩丰富，效果逼真，用途广泛	进行变形时容易出现马赛克或模糊等失真情况，文件较大	Photoshop、Painter

12.1.1 动手学：导入位图

想要在CorelDRAW文档中添加位图元素，可以直接使用"导入"命令，而且"导入"命令还可以对位图进行裁剪。

01 标准工具栏中包含了"导入"命令，单击"导入"按钮，在弹出的"导入"对话框中选择图片对象的位置，单击"导入"按钮结束操作，如图12-3所示。

图12-3

02 执行"文件>导入"命令，或按"Ctrl+I"快捷键，在弹出的"导入"对话框中选择需要的位图文件，如图12-4所示。单击"导入"按钮结束操作，如图12-5所示。

图12-4　　　　　图12-5

03 如果在导入位图时只需要位图中的某一区域，可以在导入时对位图进行裁剪或重新取样。在"导入"对话框的"导入"下拉菜单中选择"裁剪并装入"选项，如图12-6所示。

技巧提示

当我们使用"导入"命令将位图导入到文档中时，其实是可以选择位图是以"链接"或是以"嵌入"的方式存在于文档中的。链接位图与嵌入位图在本质上有很大的区别，嵌入的位图可以在CorelDRAW中进行修改，而如果要修改链接的位图需要在原图像上进行修改。

04 在弹出的"裁剪图像"对话框中有一个裁切包围的图像缩览图，将鼠标移动到裁切框上按住左键并进行拖曳，如图12-7所示。或在"选择要裁剪的区域"选项板中调整相应数值进行精确的裁剪，单击"确定"

图12-6

按钮结束操作，即可以实现图像的裁剪，如图12-8所示。

05 还有一种比较快捷的导入位图的方式。直接将需要导入的图片拖曳到打开的CorelDRAW文档中，释放鼠标即可导入。如果拖曳到画布以外的区域，则会以创建新的文件的方式打开位图素材，如图12-9所示。

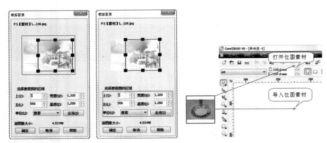

图12-7　　　图12-8　　　　　　图12-9

★ 案例实战——导入图像制作留声机海报

案例文件	案例文件\第12章\导入图像制作留声机海报.cdr
视频教学	视频文件\第12章\导入图像制作留声机海报.flv
难度级别	★★★★★
技术要点	"导入"、"旋转"、"移动"命令

案例效果

本例主要是通过使用"导入"、"旋转"、"移动"等命令完成留声机海报的制作，效果如图12-10所示。

图12-10

操作步骤

01 执行"文件>新建"命令，在弹出的"创建新文档"对话框中设置"预设目标"为默认RGB，"大小"为A4，如图12-11所示。再单击工具箱中的"矩形工具"按钮，在画面中绘制一个合适大小的矩形，如图12-12所示。

图12-11　　　　　　图12-12

02 单击工具箱中的"渐变填充工具"按钮，在对话框中设置"类型"为辐射，颜色为从蓝色到白色，如图12-13所示。设置"轮廓笔"为无，效果如图12-14所示。

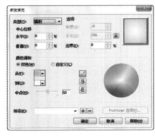

图12-13　　　　　　图12-14

03 执行"文件>导入"命令，或按"Ctrl+I"快捷键，在"导入"对话框中选择格式为所有文件格式，单击选择素材文件"1.png"，如图12-15所示。单击"导入"按钮，当光标变为角尺形状时，在矩形左下角按住左键并拖曳，如图12-16所示。

图12-15　　　　　　图12-16

04 单击并释放鼠标完成素材的导入，如图12-17所示。

05 选中导入的位图对象，单击属性栏中的"水平镜像"按钮进行水平翻转，并适当放大，如图12-18所示。再单击工具箱中的"阴影工具"按钮，在位图上按住鼠标左键并拖曳，制作出阴影效果，如图12-19所示。

图12-17　　　图12-18　　　图12-19

06 执行"文件>导入"命令，在"导入"对话框中选择格式为所有文件格式，单击选择素材文件"2.png"，将素材"2.png"导入到文档中，调整到合适位置及角度，摆放在留声机喇叭处，如图12-20所示。继续执行"文件>导入"命令，导入素材"3.png"，摆放在合适位置，最终效果如图12-21所示。

图12-20　　　　　　图12-21

思维点拨：画面的重心

　　画面的重心，就是视觉的中心点，画面图像的轮廓的变化、图形的聚散、色彩明暗的分布都可对视觉中心产生影响。在设计时注意视觉重心的规律，画面中部容易成为视觉中心，较大的图形以及对比较强的地方也容易成为视觉中心，如图12-22和图12-23所示。

图12-22　　　　　　图12-23

 技巧提示

　　"链接"的对象与其源文件之间始终都保持链接，而"嵌入"的对象与其源文件是没有链接关系的，它是集成到活动文档中的。

 读书笔记

12.1.2 链接位图

　　01 执行"文件>导入"命令，在"导入"对话框中选择一个位图对象，单击"导入"按钮，执行"导入为外部链接的图像"命令，如图12-24所示。位图链接可以将链接后的位图进行中断及更新，便于用户对位图链接的编辑及应用。位图链接命令包括中断链接和自链接更新，针对于"链接"的位图使用，而非"嵌入"的位图。

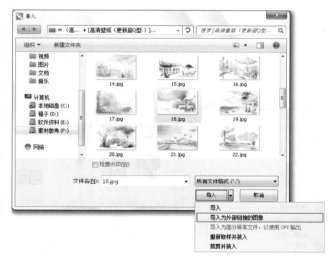

图12-24

 技巧提示

　　需要注意的是，使用链接位图的模式后，如果改变位图素材的路径或者名称，在CorelDRAW中相应的素材可能会发生错误，但是相对于"嵌入"模式，"链接"模式不会为文件增加过多的负担。

　　02 也可以通过"插入新对象"命令链接位图。执行"编辑>插入新对象"命令，在弹出的"插入新对象"对话框中选中"由文件创建"单选按钮，此时在对话框中选中"链接"复选框，单击"浏览"按钮，在弹出的"浏览"对话框中嵌入图像文件，返回"插入新对象"对话框中单击"确定"按钮结束，如图12-25和图12-26所示。

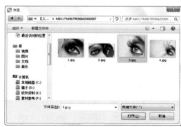

图12-25　　　　　　图12-26

03 在"导入"链接操作结束后，即可将位图以链接的方式导入CorelDRAW中。执行"位图>中断链接"命令可以使位图断开链接，使对象以嵌入的方式呈现在文件中，如图12-27所示。

04 执行"位图>自链接更新"命令，更新链接的对象以反映在源文件中所作的更改，如图12-28所示。

图12-27　　图12-28

★ 案例实战——导入并裁剪图像制作杂志内页

案例文件	案例文件\第12章\导入并裁剪图像制作杂志内页.cdr
视频教学	视频文件\第12章\导入并裁剪图像制作杂志内页.flv
难度级别	★★★★★
技术要点	"导入"命令、文本工具

案例效果

本案例主要通过"导入"命令导入多个位图素材，并对位图素材进行裁剪，再配合文本工具的使用制作出杂志内页，效果如图12-29所示。

图12-29

操作步骤

01 执行"文件>新建"命令，在弹出的"创建新文档"对话框中设置"大小"为A4，"原色模式"为CMYK，"渲染分辨率"为300，如图12-30所示。

图12-30

02 单击工具箱中的"矩形工具"按钮，在绘制区内绘制大小合适的矩形，单击"调色板"为其填充为白色，再单击CorelDRAW界面右下角的"轮廓笔"按钮，在弹出的"轮廓笔"对话框中设置"颜色"为灰色，"宽度"为1.5，如图12-31所示。单击"确定"按钮结束操作，效果如图12-32所示。

图12-31　　　　　　　　图12-32

03 单击工具箱中的"阴影工具"按钮，在绘制的白色矩形上按住左键并向下拖曳，在属性栏上设置"阴影不透明度"为50，"阴影羽化"为2，为矩形添加阴影效果，如图12-33所示。

04 单击"矩形工具"按钮，在阴影矩形上绘制一个小一点的矩形，设置"轮廓笔"的"颜色"为灰色，"宽度"为1.5pt，效果如图12-34所示。

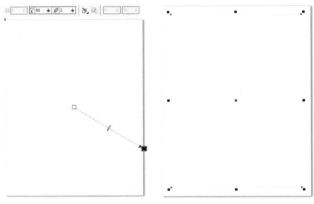

图12-33　　　　　　　　图12-34

05 执行"文件>导入"命令，或按"Ctrl+I"快捷键，如图12-35所示，在弹出的"导入"对话框中选择需要的素材所在位置，单击右下角的下拉列表框，在下拉列表中选择"裁剪"选项，单击"导入"按钮进行下一步，选择所需要的导入图片，如图12-36所示。

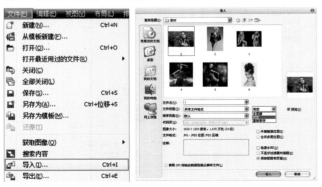

图12-35　　　　　　　　图12-36

06 将鼠标移至"裁剪图像"对话框中预览图的四边控制点，当鼠标指针变为双箭头时按住左键并拖曳，调整控制矩形边的位置，从而调整所需要导入素材的大小，或在"宽度"和"高度"数值框内输入数值进行精确裁剪，单击"确定"按钮结束操作，如图12-37所示。

07 当鼠标指针变为三角尺时，在绘制的矩形左上角按住左键并拖曳，如图12-38所示，定义裁剪过素材的位置，释放鼠标完成操作，如图12-39所示。

图12-37

图12-41　　　　　　　　　图12-42

图12-38　　　　　图12-39

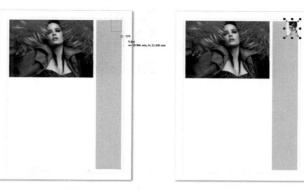

图12-43　　　　　　　　　图12-44

08 单击"矩形工具"按钮，在右侧绘制大小合适的矩形，单击"调色板"为其填充为灰色，设置"轮廓笔"的"宽度"为无，效果如图12-40所示。

09 执行"文件>导入"命令，在"导入"对话框中选择所要导入的素材位置，在右下角的下拉列表中单击选择"裁剪"选项，"导入"按钮，如图12-41所示。将鼠标指针移至"裁剪图像"对话

图12-40

框中预览图的四边控制点，当其变为双箭头时按住左键并拖曳调整控制矩形边的位置，或在"宽度"和"高度"数值框内输入数值进行精确裁剪，单击"确定"按钮结束操作，如图12-42所示。

10 当鼠标指针变为三角尺时，在灰色矩形右上角按住左键并拖曳，如图12-43所示，定义裁剪过素材的位置，释放鼠标完成操作，如图12-44所示。

11 选择右上角导入的位图，执行"位图>模式>灰度"命令，如图12-45所示，将其转换为灰度图片，如图12-46所示。

图12-45　　　　　　　　　图12-46

12 单击工具箱中的"文本工具"按钮字，在灰度素材左侧按住左键并向右下角进行拖曳，绘制文本框，如图12-47所示。在文本框内输入文字，设置为合适字体及大小，选中文字，在属性栏上单击"文本对齐"按钮，在下拉菜单中选择"右"选项，或按"Ctrl+R"快捷键，如图12-48所示。画面效果如图12-49所示。

图12-47　　　　　　　　　图12-48

13 选中一段文字，在属性栏上设置"字体大小"为10pt，单击"粗体"按钮 **B**，为选中的字体加粗，如图12-50所示。画面中字体的效果如图12-51所示。

图12-49

图12-50

14 单击"文本工具"按钮，在段落文字下方单击输入文字，设置为合适字体及大小，创建点文字，如图12-52所示。再次在下方按住左键并拖曳绘制文本框，在文本框内输入文字，设置为合适字体及大小，创建段落文字，如图12-53所示。

15 再次执行"文件>导入"命令，在"导入"对话框中选择所要导入的素材位置，选择"裁剪"选项，单击"导入"按钮，如图12-54所示。在"裁剪图像"对话框的预览图中单击四边控制点，调整控制矩形边的位置，单击"确定"按钮结束操作，如图12-55所示。

图12-51

图12-52　　　　　　　　　图12-53

图12-54　　　　　　　　　图12-55

16 当鼠标指针变为三角尺时，在段落文字下方按住左键并拖曳，定义裁剪过素材的位置，释放鼠标完成操作。用同样的方法导入其他图片，将其放置在不同位置，如图12-56和图12-57所示。

图12-56　　　　　　　　　图12-57

17 单击"矩形工具"按钮，在中间位置绘制大小合适的矩形，单击"调色板"为其填充为红色，如图12-58所示。设置"轮廓笔"的"宽度"为无，单击"文本工具"按钮，在红色矩形上单击并输入文字，如图12-59所示。在属性栏上单击"文本对齐"按钮，在下拉菜单中选择"右"选项，如图12-60所示。

图12-58　　　　　图12-59　　　　　图12-60

18 在红色矩形左侧绘制白色矩形，设置"轮廓笔"的"宽度"为无，效果如图12-61所示。单击工具箱中的

"透明度工具"按钮 🔳，在属性栏上设置"透明类型"为标准，"透明度"为20，如图12-62所示。画面效果如图12-63所示。

图12-62

图12-61

19 单击"文本工具"按钮，在透明矩形上创建点文字与段落文字，如图12-64所示。用同样的方法制作出其他矩形及文字，最终效果如图12-65所示。

图12-63

图12-64

图12-65

思维点拨：满版型的构图

满版型构图是指将图像内容填满整个页面，满版可以为画面营造一种舒展、延伸的感觉。以下面的作品为例，在该作品修改之前左侧的版面显得过于狭窄，给人一种拘束、拥挤的感觉，如图12-66所示。修改之后满版型的图片更加吸引人的注意，给人一种直接的视觉冲击感受，如图12-67所示。

图12-66

图12-67

读书笔记

12.1.3 动手学：矫正图像

技术速查：使用"矫正图像"命令可以快速矫正构图上具有一定偏差的位图图像。

01 选择一个位图图像，如图12-68所示，执行"位图>矫正图像"命令，如图12-69所示。

02 在弹出的"矫正图像"窗口中的右侧栏进行旋转图像设置，预览框中灰色显示区域表示裁剪的部分，如图12-70所示。调整后单击"确定"按钮即可裁剪并调整图像，将位图图像矫正为正图像构图效果，如图12-71所示。

03 在矫正图像的顶端工具栏中，提供了快捷的顺/逆时针旋转图像的工具，以及多种调整画面显示的工具，如图12-72所示。

图12-68

图12-69

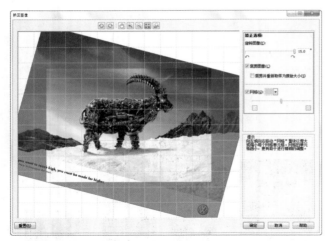

图12-70

图12-71　　　　　　　图12-72

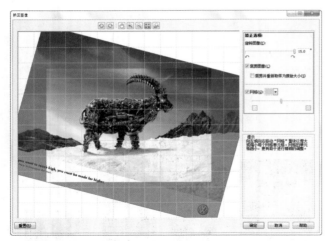

技巧提示

如果在调整过程中不满意其效果，可单击面板左下角的"重置"按钮 重置(R)，将图像返回为原来的矫正状态。

12.1.4 动手学：调整位图外轮廓

01 选择一个位图图像，如图12-73所示。单击工具箱中的"形状工具"按钮 ，位图四周出现控制点。按住控制点进行移动即可调整位图的外轮廓，将其调整为需要保留的形状，如图12-74所示。

02 还可以使用形状工具在对象边缘上添加锚点，并调整锚点形态，如图12-75和图12-76所示。

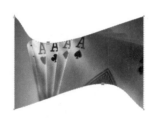

图12-73　　　　　　　　图12-74　　　　　　　　　　图12-75　　　　　　　　图12-76

12.1.5 使用"重新取样"命令改变位图大小与分辨率

技术速查：　"重新取样"命令可以改变位图的大小和分辨率。

选中需要重新取样的位图，如图12-77所示，执行"位图>重新取样"命令，在弹出的"重新取样"对话框的"宽度"和"高度"数值框输入数值即可改变所选位图的宽度和高度，再分别设置"水平"和"垂直"数值进行分辨率的设置，如图12-78所示。单击"确定"按钮结束操作，此时图像的大小发生了变化，如图12-79所示。

图12-77　　　　　　　　　图12-78　　　　　　　　图12-79

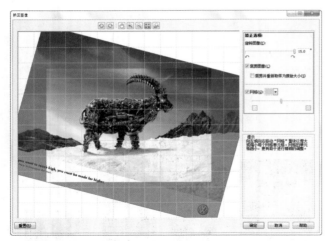

CorelDRAW X6自学视频教程

316

技术拓展：详解"重新取样"选项

- 光滑处理：在"重新取样"对话框中选中"光滑处理"复选框，可以在相邻像素间取平均值，根据这些平均值创建新的像素使图像更光滑清晰。
- 保持纵横比：选中"保持纵横比"复选框，可以在改变位图的尺寸和分辨率时，保持图像的纵横比，以避免图像变形。
- 保持原始大小：选中"保持原始大小"复选框，可以保持位图原有的大小不变，但是当位图的尺寸减小时，它的分辨率将增大，而当尺寸增大时，分辨率将减小。

12.1.6 动手学：使用"位图颜色遮罩"命令

技术速查："位图颜色遮罩"命令可以隐藏或显示位图指定的颜色。

⓵ 选择一个位图图像，执行"位图>位图颜色遮罩"命令，如图12-80所示。该命令的使用可以用于改变位图的外观，从而产生不同的效果，如图12-81所示。

图12-80　　　　　　　　图12-81

⓶ 在弹出的"位图颜色遮罩"面板中通过选择"隐藏颜色"或"显示颜色"单选按钮来设置颜色遮罩是隐藏还是显示。完成后单击"颜色选择"按钮，在图像中需要应用遮罩的地方单击吸取颜色，单击并拖动"容限"滑块进行容限数值的设置，如图12-82所示。单击"应用"按钮即可应用颜色遮罩，如图12-83所示。

　　　　　　隐藏颜色　　　　　　　　显示颜色

图12-82　　　　　　　　图12-83

⓷ 用户可以同时对一张位图图像使用多个颜色遮罩，在颜色显示中选中多个色条，选择颜色条后单击"颜色选择"按钮 在图像中选择吸取多种需要应用遮罩的颜色，设置容限后单击"应用"按钮即可应用多个颜色遮罩，如图12-84和图12-85所示。即可对多个颜色区域进行遮罩处理，如图12-86所示。

图12-84

图12-85　　　　　　　图12-86

⓸ 当位图图像应用了颜色遮罩后，若想查看原图效果可以单击"移除遮罩"按钮 ，此时图像恢复到应用颜色遮罩前的效果，再次单击"应用"按钮可切换到应用颜色遮罩后的图像效果。

 **读书笔记**

12.1.7 使用Corel PHOTO-PAINT编辑位图

CorelDRAW虽然可以对位图进行处理，但是它的位图处理功能算不上完善，如果想要对位图进行高级的编辑则可以使用Corel PHOTO-PAINT。Corel PHOTO-PAINT X6是专业图像编辑与创作软件，是一套全面的彩绘和照片编修程序，具有多个图像增强的滤镜，改善了扫描图像的质素，再加上特殊效果滤镜，大大改变了图像的外观。如果想要对位图进行更复杂的编辑，可以执行"位图>编辑位图"命令，如图12-87所示。当前所选的位图素材即可在Corel PHOTO-PAINT X6中打开，如图12-88所示。

图12-87　　　　　　　　图12-88

☆ 视频课堂——欧美风格混合插画

案例文件\第12章\视频课堂——欧美风格混合插画.cdr
视频文件\第12章\视频课堂——欧美风格混合插画.flv

思路解析：
01 使用矩形工具绘制画面背景，并填充为渐变效果。
02 使用钢笔工具配合多种填充方式制作出花纹。
03 导入人像素材和其他装饰素材。
04 制作地面的反光效果。

12.2 将矢量图形转换为位图

在CorelDRAW X6中有很多命令是只能对位图进行使用的，无法对矢量图形进行操作。这时就需要将矢量图形转换为位图。打开一个矢量图，如图12-89所示，执行"位图>转换为位图"命令，在弹出的"转换为位图"对话框的"分辨率"下拉列表中选择分辨率，如图12-90所示。单击"颜色"属性栏，在"颜色模式"下拉菜单中选择转换的色彩模式，如图12-91所示。

选中"光滑处理"复选框，可以防止在转换成位图后出现锯齿；选中"透明背景"复选框，可以在转换成位图后保留原对象的通透性，如图12-92所示。单击"确定"按钮结束矢量图形转换为位图操作，效果如图12-93所示。

图12-89　　　　　图12-90　　　　　图12-91　　　　　图12-92　　　　　图12-93

12.3 将位图描摹为矢量图

CorelDRAW中的"描摹"是一项非常神奇的功能，它能够将位图转换为可编辑矢量图。转换过的图像不仅具有矢量图特有的色块感的外观，还可以进行路径和节点的单独编辑。在"位图"菜单下有3种描摹方式，不同的描摹方式还包含多种不同的效果，如图12-94所示。如图12-95和图12-96所示为使用到该功能的作品。

图12-94　　　　　图12-95　　　　　图12-96

12.3.1 动手学：使用"快速描摹"命令

技术速查："快速描摹"命令的使用可以快速地将当前位图转换为矢量图。

01 选中位图，执行"位图>快速描摹"命令，如图12-97所示，可以将位图转换为系统默认参数的矢量图像，如图12-98和图12-99所示。

图12-97 　　　　图12-98 　　　　图12-99

02 将位图图像转换为矢量图后，可以单击属性栏中的"取消群组"按钮 ，或"取消全部群组"按钮 对转换完的矢量图像进行拆分，单击工具箱中的"形状工具"按钮 可以对图像中的节点与路径进行更加细致的编辑，如图12-100所示。

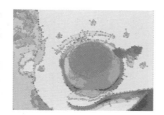

图12-100

案例效果

本例主要是通过使用"快速描摹"、"图框精确剪裁"等命令打造绘画效果，效果如图12-101所示。

图12-101

操作步骤

01 执行"文件>新建"命令，创建新文件，并导入素材文件"1.jpg"，如图12-102所示。导入素材文件"2.jpg"，调整为合适大小，如图12-103所示。

图12-102 　　　　图12-103

02 执行"位图>快速描摹"命令，在对话框中单击"缩小位图"按钮，如图12-104所示。此时素材"2.jpg"的效果如图12-105所示。

图12-104 　　　　图12-105

03 单击工具箱中的"钢笔工具"按钮 ，在第一个照片框上绘制出相片轮廓，如图12-106所示。然后选择照片，双击将其旋转至合适位置，如图12-107所示。

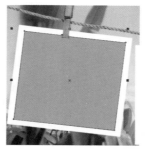

图12-106 　　　　图12-107

04 选择照片，执行"效果>图框精确剪裁>置于图文框内部"命令，当光标变为黑色箭头时，单击矩形框，如图12-108所示。设置"轮廓笔"为无，此时绘画感的照片被放置在相框中了，效果如图12-109所示。

05 依次导入素材文件"3.jpg"、"4.jpg"和"5.jpg"，同样使用"快速描摹"和"图框精确剪裁"命令制作相框效果，最终效果如图12-110所示。

图12—108　　　　　　　　　图12—109　　　　　　　　　图12—110

12.3.2 中心线描摹位图

技术速查：使用"中心线描摹"命令处理位图可以从"技术图解"和"线条画"两种类型中选择，在"中心线描摹"命令中，可以更加精确地调整转换参数，以满足用户不同的创作需求。

⓪① 执行"位图>中心线描摹>技术图解"命令，如图12-111所示，在弹出的PowerTRACE窗口中分别对"描摹类型"、"图像类型"和"设置"进行选择及设置，完成调整后单击"确定"按钮结束操作，如图12-112所示。如果效果不满意，可以单击"重置"按钮 重置 ，将恢复对象的原始值，以便重新设置其数值。

图12—111　　　　　　　图12—112

技术拓展：描摹参数详解

◎ 描摹类型：想要更改描摹方式可以从描摹类型列表框中选择一种方式。

◎ 图像类型：想要更改预设样式可以从图像类型列表框中选择一种预设样式。

◎ 细节：可以控制描摹结果中保留的原始细节量。值越大，保留的细节就越多，对象和颜色的数量也就越多；值越小，某些细节就被抛弃，对象数也就越少。

◎ 平滑：可以平滑描摹结果中的曲线及控制节点数。值越大，节点就越少，所产生的曲线与源位图中的线条就越不接近。值越小，节点就越多，产生的描摹结果就越精确。

◎ 拐角平滑度：该滑块与平滑滑块一起使用可以控制拐角的外观。值越小，则保留拐角外观；值越大，则平滑拐角。

◎ 删除原始图像：想要在描摹后保留源位图，需要在选项区域中，禁用"删除原始图像"复选框。

◎ 移除背景：在描摹结果中放弃或保留背景可以启用或禁用"移除背景"复选框。想要指定要移除的背景颜色，可以选中"指定颜色"单选按钮，单击滴管工具，然后单击预览窗口中的一种颜色；想要指定要移除的其他背景颜色，请按住"Shift"键，然后单击预览窗口中的一种颜色，指定的颜色将显示在滴管工具的旁边。

◎ 移除整个图像的颜色：想要从整个图像中移除背景颜色（轮廓描摹），需要启用"移除整个图像的颜色"复选框。

◎ 移除对象重叠：想要保留通过重叠对象隐藏的对象区域（轮廓描摹），需要禁用"移除对象重叠"复选框。

◎ 根据颜色分组对象：想要根据颜色分组对象（轮廓描摹）需要启用"根据颜色分组对象"复选框。仅当禁用"移除对象重叠"复选框后才可使用该复选框。

⓪② "线条画"类型与"技术图解"用法相同，执行"位图>中心线描摹>线条画"命令，如图12-113所示。也可以打开PowerTRACE窗口，在弹出的窗口中进行相应设置，单击"确定"按钮结束操作，如图12-114所示。

图12—113

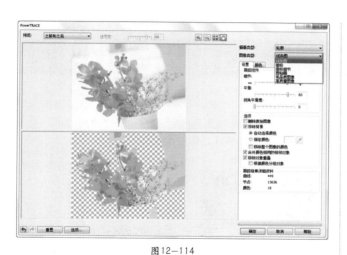

图12-114

12.3.3 轮廓描摹

技术速查：轮廓描摹包括"线条图"、"徽标"、"详细徽标"、"剪贴画"、"低品质图像"和"高质量图像"6个类型。

选择位图，如图12-115所示，执行"位图>轮廓描摹"命令，在"轮廓描摹"子菜单中可以看到6个命令，如图12-116所示。

执行某一项命令即可在弹出的对话框中对相应的参数进行设置，也可以在"图像类型"下拉列表中选择某一种类型，设置完毕后单击"确定"按钮结束操作，如图12-117所示。如图12-118所示为不同选项的效果图。

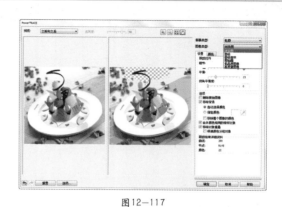

图12-117

图12-115

图12-116

线条图	徽标	详细徽标
剪贴画	低品质图像	高质量图像

图12-118

12.4 位图的颜色模式

图像有多种颜色模式，对于位图的颜色调整也是以颜色模式为基础的，用户可以根据个人需要进行设置。同一图像的不同颜色模式，画面效果会有所不同，这是因为在图像的转换过程中可能会扔掉部分颜色信息。如图12-119所示为同一图像的不同颜色模式效果。执行"位图>模式"命令，在子菜单中可以看到多种颜色模式，如图12-120所示。

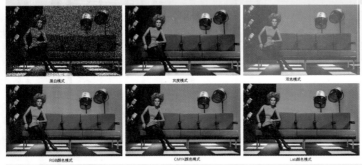

图12-119　　　　　　　　　　　　　　　　　图12-120

12.4.1 动手学：转换为黑白模式

技术速查：黑白模式是一种只有黑白两个颜色组成的模式，这种一位的模式没有层次上的变化。

01 选择一个位图图像，执行"位图>模式>黑白"命令，如图12-121所示。在弹出的"转换为1位"对话框中单击"转换方法"下拉列表框，在下拉列表中选择一种转换方法，如图12-122所示。

 技术拓展：详解"转换方法"

- 线条图：产生高对比度的黑白图像。灰度值低于所设阈值的颜色将变成黑色，而灰度值高于所设阈值的颜色将变成白色。
- 顺序：将灰度级组织到重复的黑白像素的几何图案中。纯色得到强调，图像边缘变硬。此选项最适合标准色。
- Jarvis：将 Jarvis 算法应用到屏幕。这种形式的误差扩散适合于摄影图像。
- Stucki：将 Stucki 算法应用到屏幕。这种形式的误差扩散适合于摄影图像。
- Floyd—Steinberg：将 Floyd—Steinberg 算法应用到屏幕。这种形式的误差扩散适合于摄影图像。

- 半色调：通过改变图像中黑白像素的图案来创建不同的灰度。可以选择屏幕类型、半色调的角度、每单位线条数以及测量单位。
- 基数分布：应用计算并将结果分布到屏幕上，从而创建带底纹的外观。

02 在"转换为1位"对话框中单击并拖动"选项"中的滑块，或在数值框内输入数值，可以改变转换的强度，如图12-123所示。

03 完成设置后单击"确定"按钮结束操作，如图12-124所示为原图与不同转换方法的对比图。

图12-123

图12-121

图12-122

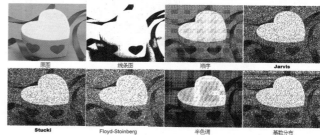
图12-124

12.4.2 动手学：转换为灰度模式

技术速查：灰度模式是由255个级别的灰度应用形成的图像效果的色彩模式。

选择一个位图图像，如图12-125所示，执行"位图>模式>灰度"命令，如图12-126所示。转换为灰度模式的位图将丢失彩色并不可恢复，如图12-127所示。

图12-125

图12-126

图12-127

12.4.3 动手学：转换为双色模式

技术速查：双色模式是两种及两种以上的混合色彩模式。

01 选择一个位图图像，执行"位图>模式>双色"命令，如图12-128所示，将位图颜色模式转换为双色模式。在弹出的"双色调"对话框中单击"类型"下拉列表按钮，在下拉列表中选择一种转换类型，如图12-129所示。

02 在"双色调"对话框右侧会显示表示整个转换过程中使用的动态色调曲线，单击曲线并进行拖曳，调整曲线形状，可以自由地控制添加到图像的色调颜色和强度，如图12-130所示。

图12-128

图12-129

03 完成设置后单击"确定"按钮结束操作，如图12-131所示为原图、单色调、双色调、三色调和四色调的对比效果图。

图12-130

单色调　　双色调

三色调　　四色调

图12-131

★ 案例实战——使用双色模式制作欧美风格人像海报

案例文件	案例文件\第12章\使用双色模式制作欧美风格人像海报.cdr
视频教学	视频文件\第12章\使用双色模式制作欧美风格人像海报.flv
难度级别	★★★★★
技术要点	双色模式、透明度工具

案例效果

本例主要通过使用双色模式以及透明度工具等制作欧美风格人像海报，效果如图12-132所示。

操作步骤

01 执行"文件>新建"命令，创建新文件。再执行"文件>导入"命令，导入素材文件"1.jpg"，如图12-133所示。

02 单击工具箱中的"矩形工具"按钮□，在人像右侧绘制一个大小合适的矩形，如图12-134所示。设置"填充颜色"为黄色，"轮廓笔"为无，如图12-135所示。

图12-132

图12-133　　图12-134　　图12-135

03 单击工具箱中的"透明度工具"按钮，在画面中从右向左拖曳，在属性栏中设置"透明度操作"为乘，如图12-136所示。效果如图12-137所示。

图12-136

04 再次导入人像素材，执行"位图>模式>双色"命令，设置"类型"为单色调，调整右侧曲线形状，如图12-138所示。单击"确定"按钮，画面效果如图12-139所示。

图12-137

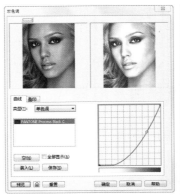

图12-138　　图12-139

05 为了透出底部带有颜色的人像，需要使用透明度工具，在灰色人像上按住鼠标左键自左向右进行拖曳，只留下左侧灰色效果，如图12-140所示。

06 再次使用矩形工具在人像右侧绘制一个粉色矩形，如图12-141所示。使用透明度工具在粉色矩形上拖曳，设置"透明度操作"为强光，效果如图12-142所示。

图12-140

07 使用矩形工具和透明度工具绘制一个小一点的粉色矩形，设置"透明度操作"为乘，如图12-143和图12-144所示。

08 双击矩形，将鼠标移至四角控制点上按住并旋转，如图12-145所示。用同样的方法制作其他矩形，如图12-146所示。

图12-141　　　　　　图12-142

图12-143　　　　　　图12-144

图12-145　　　　　　图12-146

09 选择所有的小矩形，单击右键执行"群组"命令，如图12-147所示。绘制一个与照片大小相当的矩形，选择群组对象，执行"效果>图框精确剪裁>置于图文框内部"命令，当光标变为黑色箭头时单击矩形框，如图12-148所示。

图12-147　　　　　　图12-148

10 设置矩形图框的"轮廓笔"为无，效果如图12-149所示。单击工具箱中的"文本工具"按钮，在属性栏中设置合适的字体及大小，在画面下方单击并输入相应的黑色和白色的文字，最终效果如图12-150所示。

图12-149　　　　　　图12-150

思维点拨：借助想象合理夸张

　　在设计海报时，可以通过夸张手法的运用，对广告作品中宣传的形象的品质或特性的某个方面进行相当明显的过分夸张，以加深或扩大这些特性的认识。如图12-151和图12-152所示就是利用人物的面部表情增加画面的吸引力。

图12-151　　　　　　图12-152

 读书笔记

12.4.4 动手学：转换为调色板模式

技术速查：将位图转换为"调色板"颜色模式时，会给每个像素分配一个固定的颜色值。

01 选择位图图像，执行"位图>模式>调色板色"命令，在弹出的"转换至调色板色"对话框中单击"调色板"下拉列表按钮，如图12-153所示。在弹出的下拉列表中选择一种调色板样式，如图12-154所示。

 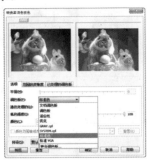

图12-153　　　　　　　　图12-154

02 单击并拖曳"平滑"滑块，可以调整图像的平滑度，使图像看起来更加腻真实；在"递色处理"下拉列表中选择一种处理方法，单击并拖曳"抵色强度"滑块，然后单击"预览"按钮进行图像的预览，如图12-155所示。

03 单击"预设"下拉列表按钮，可以在下拉列表中选择预设的颜色位数，单击"确定"按钮结束调色板的设置，如图12-156所示。

图12-155　　　　　　　　图12-156

技术拓展：添加预设

在"转换至调色板色"对话框中可以进行预设的添加或移除，单击对话框下方的"添加"按钮➕，在弹出的"保存预设"对话框中输入预设名称，单击"确定"按钮结束添加操作，如图12-157所示。

图12-157

在"预设"下拉列表框中选择需要删除的选项，单击对话框下方的"删除"按钮➖，在弹出的对话框中单击"是"按钮进行预设的移除，若取消移除请单击"否"按钮，如图12-158所示。

图12-158

读书笔记

12.4.5 动手学：转换为RGB颜色模式

技术速查：RGB模式俗称三基色，采用的是光学原理，其混合得越多，就越接近白色，属于自然色彩模式。这种模式是以红、绿、蓝3种基本色为基础进行不同程度的叠加。

如果当前位图模式为CMYK或其他模式，执行"位图>模式>RGB颜色"命令，如图12-159所示，该命令没有参数设置窗口，对比效果如图12-160所示。

CMYK　　　　　　RGB

图12-159　　　　　　　　图12-160

12.4.6 动手学：转换为Lab色模式

技术速查：Lab模式由3个通道组成：一个通道是透明度，即L；其他两个是色彩通道，分别用a 和b 表示色相和饱和度。Lab模式分开了图像的亮度与色彩，是一种国际色彩标准模式。

执行"位图>模式>Lab色"命令，如图12-161所示，该命令没有参数设置窗口。在把Lab模式转换成CMYK模式的过程中，所有的色彩不会丢失或被替换，对比效果如图12-162所示。

图12-161

RGB　　Lab

图12-162

12.4.7 动手学：转换为CMYK色模式

技术速查：CMYK模式是一种减色色彩模式，所以这种颜色模式多用于印刷。CMYK代表印刷上用的4种颜色，C代表青色，M代表洋红色，Y代表黄色，K代表黑色。

选择并打开一张RGB位图图像，执行"位图>模式>CMYK色"命令，该命令没有参数设置窗口，如图12-163所示。在CMYK模式中强化了暗调，加深暗部的色彩，对比效果如图12-164所示。

图12-163

RGB　　CMYK

图12-164

12.5 位图的调色技术

与矢量图形相同，色彩也是位图最突出的属性之一。想要更改矢量图的颜色，可以选中并进行填充或轮廓色的设置即可。但是对于位图图像想要进行调整，则需要借助调色命令进行实现。在CorelDRAW中提供了多种处理位图颜色的功能，例如"效果>调整"菜单下的命令，如图12-165所示。"效果>变换"菜单下的命令，如图12-166所示。或通过"位图"菜单下的"自动调整"、"图像调整实验室"命令都可以对位图进行颜色调整，如图12-167所示。需要注意的是，并不是每种颜色模式的位图都能够进行颜色调整。

图12-165　　图12-166　　图12-167

调色技术不仅可以矫正图像颜色上的问题，还能够打造富有艺术感的色调效果，如图12-168~图12-171所示。

图12-168

图12-169

图12-170

图12-171

12.5.1 自动调整

技术速查："自动调整"命令的使用可快速地调整位图的颜色和对比度,从而使位图的色彩更加真实、自然。

选择一个位图,如图12-172所示,执行"位图>自动调整"命令,如图12-173所示。该命令无需参数设置即可自动调整位图颜色和对比度,效果如图12-174所示。

图12-172

图12-173

图12-174

12.5.2 图像调整实验室

技术速查:"图像调整实验室"命令同时包含了多种调整应用功能,集合了"效果"菜单中"调整"命令中的多种应用,便于对图像做一次性操作处理。

选择位图,执行"位图>图像调整实验室"命令,如图12-175所示。在弹出的"图像调整实验室"窗口的右侧包含多种选项,分别拖动相应的滑块即可调整参数。调整完成后单击"确定"按钮结束操作,如图12-176所示。

下面对"图像调整实验室"窗口中的选项进行介绍。

图12-175

图12-176

- 温度:通过增强图像中颜色的"暖色"或"冷色"来矫正色偏,从而补偿拍摄相片时的照明条件。如图12-177和图12-178所示分别为冷色调和暖色调的效果图。
- 淡色:通过调整图像中的绿色或品红色来矫正色偏。可通过将滑块向右侧移动来添加绿色;可通过将滑块向左侧移动来添加品红色。使用温度滑块后,可以移动淡色滑块对图像进行微调。 如图12-179和图12-180所示分别为增加红色和增加绿色的对比效果。

图12-177

图12-178

图12-179

图12-180

饱和度：用于调整颜色的鲜明程度。将该滑块向右侧移动可以提高图像中颜色鲜明程度；将该滑块向左侧移动可以降低颜色的鲜明程度；将该滑块不断向左侧移动可以创建黑白相片效果，从而移除图像中的所有颜色。如图12-181和图12-182所示分别为降低饱和度和升高饱和度的对比效果。

图12-181　　　　　　　　图12-182

亮度：用于使整个图像变亮或变暗，可以矫正曝光过度或曝光不足导致的画面亮度问题。如图12-183和图12-184所示分别为降低明度和升高明度的对比效果。

图12-183　　　　　　　　图12-184

对比度：用于增加或减少图像中暗色区域和明亮区域之间的色调差异。向右移动滑块可以使明亮区域更亮，暗色区域更暗。如果图像呈现暗灰色调，则可以通过提高对比度使细节鲜明化。如图12-185和图12-186所示分别为低对比度与高对比度的效果。

图12-185　　　　　　　　图12-186

高光：用于调整图像中最亮区域的亮度。如图12-187和图12-188所示分别为增强高光和降低高光的对比效果。

图12-187　　　　　　　　图12-188

阴影：用于调整图像中最暗区域的亮度。如图12-189和图12-190所示分别为降低阴影和升高阴影的对比效果。

图12-189　　　　　　　　图12-190

中间色调：用于调整图像内中间范围色调的亮度。调整高光和阴影后，可以使用中间色调滑块对图像进行微调。如图12-191和图12-192所示分别为降低中间色调和升高中间色调的对比效果。

图12-191　　　　　　　　图12-192

技巧提示
　　如果在调整过程中不满意其效果，可单击面板左下角的"重置为原始值"按钮 重置为原始值(R)，将图像返回为原来的颜色状态，以便重新调整。

12.5.3 高反差

技术速查："高反差"命令可以通过调整暗部与亮部的细节使图像的颜色达到平衡的效果。

　　选择位图图像，执行"效果>调整>高反差"命令，如图12-193所示，弹出"高反差"对话框，如图12-194所示。

　　在"高反差"对话框右侧的直方图中显示图像每个亮度值像素点的多少，最暗的像素点在左边，最亮的像素点在右边，"高反差"命令可以通过从最暗区域到最亮区域重新分布颜色的浓淡进行阴影区域、中间区域和高光区域的调整，

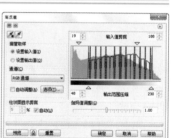

图12-193　　　　　　　　图12-194

单击并拖曳滑块可以调整画面的效果，对比效果如图12-195和图12-196所示。

图12-195

图12-196

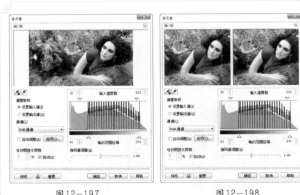

图12-197 图12-198

读书笔记

12.5.4 局部平衡

技术速查："局部平衡"命令可以在区域周围设置宽度和高度来强化对比，用来提高边缘附近的对比度，以显示浅色和深色区域的细节部分。

执行"效果>调整>局部平衡"命令，如图12-199所示，打开"局部平衡"对话框，分别按住"高度"和"宽度"滑块并进行拖曳，或在右侧的数值框内输入精确数值，如图12-200所示。

图12-199

图12-200

单击左下角的"预览"按钮，可以对调整效果进行预览，对比效果如图12-201和图12-202所示。

图12-201

图12-202

12.5.5 取样/目标平衡

技术速查：使用"取样/目标平衡"命令可以从图像中选取色样，从而调整对象中的颜色值。

选择位图图像，如图12-203所示，执行"效果>调整>取样/目标平衡"命令，在弹出的"样本/目标平衡"对话框中单击"通道"下拉列表框，选择合适的调整通道，如图12-204所示。

单击"取色"按钮，并在图像上单击取色，设置目标颜色，单击"预览"按钮 预览 可以对将目标应用于每个色

图12-203

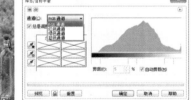
图12-204

样的效果进行预览，如图12-205和图12-206所示。

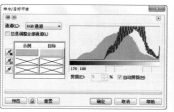
图12-205

图12-206

12.5.6 调合曲线

技术速查："调合曲线"命令是通过对图像各个通道的明暗数值曲线进行调整，从而快速对图像的明暗关系进行设置。

选择位图图像，执行"效果>调整>调合曲线"命令，如图12-207和图12-208所示。

图12-207

图12-208

打开"调合曲线"对话框，如图12-209所示。可以单击左上角的"自动平衡色调"按钮进行自动调整，单击"预览"按钮对调整效果进行预览，如图12-210所示。

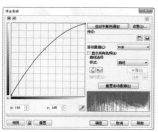
图12-209

图12-210

或在弹出的"调合曲线"对话框中按住曲线并进行拖曳改变曲线的形状，从而调整图像的明暗关系，还可以单击"活动通道"下拉列表框，选择RGB、红、绿、蓝其中的任意通道，对其进行单独调整，如图12-211所示。画面效果如图12-212所示。

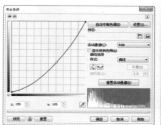
图12-211

图12-212

思维点拨：图像的"影调"

"影调"是图像的重要视觉特征之一，是指画面的明暗层次、虚实对比和色彩的色相明暗等之间的关系。通过这些关系，使欣赏者感到光的流动与变化，而图像影调的调整主要是针对于图像的明暗、曝光度、对比度等属性的调整。例如，"调合曲线"命令就是典型的可以对影调进行调整的命令。

12.5.7 亮度/对比度/强度

技术速查："亮度/对比度/强度"命令是通过改变HSB的值来设置图像的亮度、对比度以及强度。

选择位图图像，执行"效果>调整>亮度/对比度/强度"命令，或按"Ctrl+B"快捷键，如图12-213和图12-214所示。

在打开的"亮度/对比度/强度"对话框中，分别单击并拖动"亮度"、"对比度"、"强度"的滑块，或在后面的数值框内输入数值，如图12-215所示。单击"预览"按钮即可对调整效果进行预览，单击"确定"按钮结束操作，效果如图12-216所示。

图12-213

图12-214

图12-215　　　　　　　图12-216

思维点拨：对比度

　　对比度指的是一幅图像中明暗区域最亮的白和最暗的黑之间不同亮度层级的测量，差异范围越大代表对比越大，差异范围越小代表对比越小，也可以说，对比度是最黑与最白亮度单位的相除值。因此白色越亮、黑色越暗，对比度就越高。

12.5.8 颜色平衡

技术速查：“颜色平衡”功能通过对颜色的添加或减少来改变图像的效果。

　　选择位图图像，如图12-217所示，执行“效果>调整>颜色平衡”命令，或按“Ctrl+Shift+B”组合键，如图12-218所示。

图12-217　　　　　　　图12-218

　　打开“颜色平衡”对话框，首先可在“范围”栏中选择影响的范围，然后分别拖动“青-红”、“品红-绿”、“黄-蓝”的滑块，或在后面的数值框内输入数值，将滑块移到某一侧即可使所选范围倾向于某种颜色，如图12-219所示。单击“预览”按钮对调整效果进行预览，如图12-220所示。

技巧提示

　　在“颜色平衡”对话框左侧选中“阴影”复选框，表示同时调整对象阴影区域的颜色；选中“中间色调”复选框，表示同时调整对象中间色调的颜色；选中“高光”复选框，表示同时调整对象上高光区域的颜色；选中“保持亮度”复选框，表示调整对象颜色的同时保持对象的亮度，如图12-221所示。

图12-221

读书笔记

图12-219　　　　　　　图12-220

12.5.9 伽玛值

技术速查：“伽玛值”是影响对象中所有颜色范围的一种校色方法，主要调整对象的中间色调，但对于深色和浅色影响较小。

　　选择位图图像，如图12-222所示，执行“效果>调整>伽玛值”命令，如图12-223所示。
　　单击并拖动“伽玛值”滑块，或在数值框中输入数值，单击“预览”按钮即可查看设置的效果，如图12-224所示。单击“确定”按钮结束操作，画面效果如图12-225所示。

CorelDRAW X6自学视频教程

图12-222

图12-223

图12-224

图12-225

12.5.10 色度/饱和度/亮度

技术速查：使用"色度/饱和度/亮度"命令可以改变颜色及其浓度，以及图像中白色所占的百分比更改画面颜色效果。

①1 "色度/饱和度/亮度"命令非常常用，可以用来快速更改画面的色相、饱和度以及亮度。使用方法也很简单，选择位图图像，如图12-226所示，执行"效果>调整>色度/饱和度/亮度"命令，或按"Ctrl+Shift+U"组合键，如图12-227所示。

图12-226

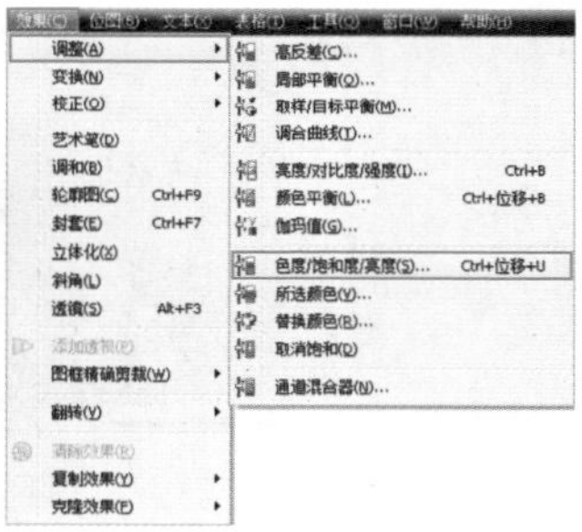

图12-227

②2 在"色度/饱和度/亮度"对话框上方的"通道"栏中，选择不同的通道选项，可以设置改变对象颜色的对应颜色，如图12-228所示。

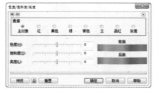
图12-228

③3 在打开的"色度/饱和度/亮度"对话框中分别单击并拖动"色度"、"饱和度"、"亮度"的滑块，或在后面的数值框内输入数值，单击"预览"按钮即可对调整效果进行预览，如图12-229所示。通过对对话框中数值的调整可以使图像呈现出多种富有质感的效果，如图12-230所示。

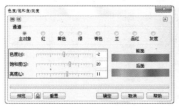
图12-229

图12-230

技巧提示

在"色度/饱和度/亮度"对话框右下侧的"前面"和"后面"两个颜色框中，可以看到调整前和调整后颜色的相对变化，如图12-231所示。

图12-231

★ 案例实战——打造清新人像

案例文件	案例文件\第12章\打造清新人像.cdr
视频教学	视频文件\第12章\打造清新人像.flv
难度级别	★★★★★
技术要点	色度/饱和度/亮度、图框精确剪裁

案例效果

本例主要通过使用"色度/饱和度/亮度"、"图框精确剪裁"等命令打造清新人像，效果如图12-232所示。

图12-232

操作步骤

①1 执行"文件>新建"命令，创建新文件。再执行

"文件>导入"命令，导入背景素材"1.jpg"，如图12-233所示。继续导入人像素材文件"2.jpg"，适当调整大小，此时可以看到人像照片颜色感不强，整体偏灰，如图12-234所示。

图12-233　　　　　　　　图12-234

02 选中人像照片，执行"效果>调整>色度/饱和度/亮度"命令，选中"主对象"单选按钮，设置"色度"为5，"饱和度"为20，"亮度"为3，如图12-235所示。再选中"青色"单选按钮，设置"饱和度"为20，"亮度"为10，如图12-236所示。

图12-235　　　　　　　　图12-236

03 单击"确定"按钮结束操作，此时照片颜色变得非常鲜艳，如图12-237所示。单击属性栏中的"水平镜像"命令，将照片进行翻转，双击人像，将其旋转至合适角度，如图12-238所示。

图12-237　　　　　　　　图12-238

04 单击工具箱中的"钢笔工具"按钮，绘制与背景图层上照片形状大小的形状，如图12-239所示。选择照片素材文件，执行"效果>图框精确剪裁>置于图文框内部"命令，光标会变为黑色箭头，然后单击绘制的图形，如图12-240所示。

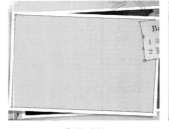

图12-239　　　　　　　　图12-240

05 设置图框的填充和轮廓笔为无，最终效果如图12-241所示。

图12-241

 读书笔记

12.5.11 所选颜色

技术速查："所选颜色"命令用来调整位图中的颜色及其浓度。

选择位图图像，如图12-242所示，执行"效果>调整>所选颜色"命令，如图12-243所示。

在"所选颜色"对话框左下角"色谱"栏中可以选定图像中的各颜色，对其颜色进行单独调整，而不影响其他颜色，如图12-244所示。

然后拖动"青"、"品红"、"黄"和"黑"滑块，或在后面的数值框内输入数值即可更改每种颜色的百分比，单击"预览"按钮对调整效果进行预览，如图12-245所示。单击"确定"按钮结束操作，效果如图12-246所示。

图12-242　　　　　　　　图12-243

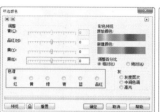
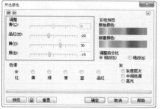

图12-244　　　　　　　　　图12-245

图12-246

★ 案例实战——使用"所选颜色"命令打造秋季景色

案例文件	案例文件\第12章\使用"所选颜色"命令打造秋季景色.cdr
视频教学	视频文件\第12章\使用"所选颜色"命令打造秋季景色.flv
难度级别	★★★★★
技术要点	所选颜色

案例效果

本例主要通过对人像照片使用"所选颜色"命令进行调色操作，打造秋季景色，效果如图12-247所示。

图12-247

操作步骤

01 执行"文件>新建"命令，创建新文件。再执行"文件>导入"命令，导入背景素材文件"1.jpg"，如图12-248所示。继续导入人像素材文件"2.jpg"，调整人像大小，将其放置在右侧书页中央，如图12-249所示。

图12-248　　　　　　　　　图12-249

02 选中照片，执行"效果>调整>所选颜色"命令，选中"黄"单选按钮，设置"青"为-100，"品红"为100，"黄"为100，如图12-250所示。再选中"绿"单选按钮，设置"青"为-100，"黄"为100，如图12-251所示。

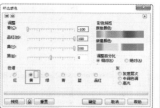
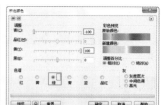

图12-250　　　　　　　　　图12-251

03 选中"青"单选按钮，设置"青"为-100，"黄"为100，如图12-252所示。选中"蓝"单选按钮，设置"青"为-100，如图12-253所示。

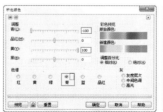
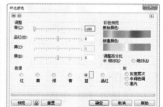

图12-252　　　　　　　　　图12-253

04 单击"确定"按钮结束操作，效果如图12-254所示。再单击工具箱中的"矩形工具"按钮，绘制一个同人像一样大小的矩形，填充白色，如图12-255所示。

图12-254　　　　　　　　　图12-255

05 设置"轮廓笔"为无,效果如图12-256所示。单击工具箱中的"透明度工具"按钮🔲,在白色矩形上按住鼠标左键自右下到左上拖曳,制作出半透明效果,最终效果如图12-257所示。

读书笔记

图12-256   图12-257

12.5.12 替换颜色

技术速查:"替换颜色"命令是针对图像中某个颜色区域进行调整,将所选择的颜色替换为其他颜色。

选择位图图像,如图12-258所示,执行"效果>调整>替换颜色"命令,如图12-259所示。

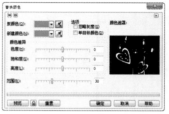

图12-260   图12-261

整效果进行预览,此时可以看到画面中蓝色的区域变为了绿色,单击"确定"按钮结束操作,如图12-263所示。

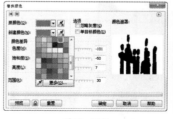

图12-258   图12-259

单击弹出的"替换颜色"对话框中"原颜色"的"吸管"按钮🖌,如图12-260所示,在图像中吸取将要替换的颜色,如图12-261所示。

然后在"新建颜色"下拉列表框中选择需要替换的颜色,如图12-262所示。或单击"新建颜色"的"吸管"按钮,在图像中单击吸取新建颜色,再单击"预览"按钮对调

图12-262   图12-263

12.5.13 取消饱和

技术速查:使用"取消饱和"命令可以使位图对象中的颜色饱和度降到零,在不改变颜色模式的同时创建灰度图像。

很多时候有的操作不能够针对于灰度模式的图像,这时就可以执行"效果>调整>取消饱和"命令,将位图对象的颜色转换为与其相对的灰度,如图12-264~图12-266所示。

图12-264   图12-265   图12-266

12.5.14 通道混合器

技术速查："通道混合器"命令可以将图像中某个通道的颜色与其他通道中的颜色进行混合，使其产生叠加的合成效果。

选中位图图像，执行"效果>调整>通道混合器"命令，如图12-267和图12-268所示。

在弹出的"通道混合器"对话框中设置色彩模型以及输出通道，然后移动"输入通道"的颜色滑块，或在后面的数值框内输入数值，使图像效果产生多样化，完成后单击"确定"按钮结束操作，快速地赋予图像不同的画面效果与风格，如图12-269和图12-270所示。

图12-267　　　　　图12-268

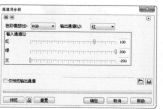

图12-269　　　　　图12-270

12.5.15 去交错

技术速查："去交错"命令主要用于处理使用扫描设备输入位图，使用该命令可以消除位图上的网点。

执行"效果>变换>去交错"命令，如图12-271所示，在弹出的"去交错"对话框中设置"扫描线"和"替换方法"，完成后单击"确定"按钮结束操作，如图12-272所示。

12.5.16 反显

技术速查："反显"命令可以使图像中所有颜色自动替换为相应的补色，如黑色变为白色，红色变为绿色。

对位图执行"效果>变换>反显"命令，如图12-273所示，将位图对象制作为类似负片的视觉效果，如图12-274和图12-275所示。

图12-271　　　　　图12-272　　　　　图12-273　　　　　图12-274　　　　　图12-275

12.5.17 极色化

技术速查："极色化"命令可以把图像颜色简单化处理得到色块化的效果。

选择位图图像，执行"效果>变换>极色化"命令，如图12-276所示，在弹出的"极色化"对话框中拖动层次滑块，或在后面的数值框内输入数值，如图12-277所示。层次数值越小，画面中颜色数量越少，色块化越明显；层次数值越大，画面中颜色数量越多，与原图效果越接近，完成设置后单击"确定"按钮结束操作，如图12-278所示。

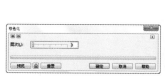
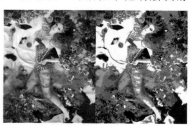

图12-276　　　　　图12-277　　　　　图12-278

课后练习

【课后练习——使用描摹位图制作拼贴海报】

思路解析:

　　本案例的人像部分主要使用到了描摹位图命令模拟出矢量感效果,并配合贴画感的文字制作拼贴海报。

本章小结

　　通过本章的学习,大家一定能够熟练地在CorelDRAW中操作位图对象。位图对象在平面设计中很常用,当需要使用位图素材时就涉及了本章开始处讲到的位图的导入、链接、裁剪等基本操作。如果对导入的位图色彩不满意,则可以使用本章讲到的"效果>调整"菜单下的位图调色命令进行处理;如果想要对位图进行类似Photoshop的滤镜操作,则需要使用下一章将要学习到的位图效果的使用。

 读书笔记

第13章

神奇的位图效果

本章内容简介：

在"位图"菜单的下半部分中可以看到"三维效果"、"艺术笔触"、"模糊"、"相机"、"颜色转换"、"轮廓图"、"创造性"、"扭曲"、"杂点"和"鲜明化"命令，这些命令都是用于对位图制作特殊效果。使用起来简单方便，效果也非常直观，而且还可以对同一个位图图像应用多个效果以便制作出丰富的画面效果。

本章学习要点：

· 掌握三维效果滤镜的使用方法
· 熟练掌握模糊效果的制作方法
· 掌握杂点的添加与去除的方法
· 了解各种特殊效果的特点

13.1 三维效果

执行"位图>三维效果"命令，在子菜单中有7种三维效果，包括"三维旋转"、"柱面"、"浮雕"、"卷页"、"透视"、"挤远/挤近"和"球面"，如图13-1所示。使用"三维效果"命令可以使位图像呈现出三维变换效果，三维的变化可以使图像具有空间上的深度感。如图13-2和图13-3所示为使用这一组效果制作的作品。

图13-1

图13-2

图13-3

13.1.1 动手学：使用"三维旋转"命令

技术速查："三维旋转"命令可以使平面图像在三维空间内进行旋转，使其产生一定的立体效果。

01 选择位图，如图13-4所示，执行"位图>三维效果>三维旋转"命令，在打开的"三维旋转"对话框的"垂直"和"水平"数值框内输入数值，即可将平面图像进行旋转，如图13-5所示。

图13-4

图13-5

图13-6

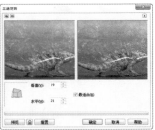
图13-7

02 旋转值为-75～75之间，单击左下角的"预览"按钮，可以对调整效果进行预览。单击左上角的◙按钮，可显示出预览区域，如图13-6所示。当按钮变为◙时，再次单击，可显示出对象设置前后的对比图像，单击左边的◙按钮，可收起预览图，如图13-7所示。

03 在预览后，如果对效果不满意，可以单击"重置"按钮恢复对象的原数值，以便重新设置其数值，设置完成后

单击"确定"按钮结束操作，对比效果如图13-8所示。

图13-8

13.1.2 柱面

技术速查：使用"柱面"命令可以沿着圆柱体的表面贴上图像，创建出贴图的三维效果。

选择位图对象，如图13-9所示。执行"位图>三维效果>柱面"命令，在打开的"柱面"对话框的"柱面模式"栏中选中"水平"或"垂直"单选按钮进行相应方向的延伸或挤压，再按住并拖曳"百分比"滑块，如图13-10所示。

或在数值框内输入数值，单击"预览"按钮可以对图像进行预览，完成设置后单击"确定"按钮结束操作，如图13-11和图13-12所示。

| 图13—9 | 图13—10 | 图13—11 | 图13—12 |

13.1.3 动手学：使用"浮雕"命令

技术速查："浮雕"命令可以通过勾画图像的轮廓和降低周围色值来产生视觉上的凹陷或负面突出效果。

01 选择位图对象，如图13-13所示，执行"位图>三维效果>浮雕"命令，在打开的"浮雕"对话框中按住并拖动"深度"滑块，或在数值框内输入数值，可以控制浮雕效果的深度，如图13-14所示。

02 依次更改"层次"和"方向"的数值，浮雕层次的数值越大，浮雕的效果也就越明显，效果如图13-15所示。

04 在"浮雕色"栏中单击颜色下拉列表框，选择任意颜色，如图13-17所示，可以使浮雕产生不同的效果，如图13-18所示。

| 图13—13 | 图13—14 | 图13—15 |

03 在"浮雕色"栏中分别选中"原始颜色"、"灰色"、"黑"或"其他"单选按钮，对图像进行不同的设置，单击"预览"按钮进行图像的预览，设置完成后单击"确定"按钮结束操作，如图13-16所示。

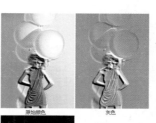
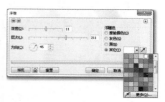

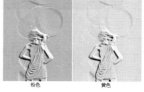

图13—17

原始颜色　　　灰色

黑　　　其它

图13—16

粉色　　　黄色

图13—18

13.1.4 卷页

技术速查："卷页"命令可以使图像的4个边角形成向内卷曲的效果。

选择位图对象，如图13-19所示，执行"位图>三维效果>卷页"命令，在打开的"卷页"对话框中单击相应的方向按钮，可以设置位图卷起页角的位置，如图13-20所示。

同时还能对"纸张"和"颜色"进行相应设置，按住并拖动滑块可以调整高度和宽度的数值，或在数值框内输入数值，单击"预览"按钮进行图像的预览，完成设置后单击"确定"按钮结束操作，如图13-21和图13-22所示。

| 图13—19 | 图13—20 | 图13—21 | 图13—22 |

13.1.5 透视

技术速查：使用"透视"命令可以调整图像四角的控制点，给位图添加三维透视效果。

选择位图对象，如图13-23所示，执行"位图>三维效果>透视"命令，在打开的"透视"对话框中选中"类型"中的"透视"单选按钮，在左侧单击按住四角的白色节点并进行拖动，再单击"预览"按钮进行图像的预览，如图13-24所示。此时可以看到位图产生了透视效果，如图13-25所示。

　　如果选中"类型"中的"切变"单选按钮，如图13-26所示，在左侧单击按住四角的白色节点并进行拖动，再单击"预览"按钮进行图像的预览，此时可以看到位图对象产生了倾斜效果，设置完成后单击"确定"按钮结束操作，如图13-27所示。

图13-23

图13-24

图13-25

图13-26

图13-27

☆ 视频课堂——制作三维空间

案例文件\第13章\视频课堂——制作三维空间.cdr
视频文件\第13章\视频课堂——制作三维空间.flv

思路解析：
01　导入背景素材。
02　使用矩形工具绘制用于顶棚和地面的图案。
03　对图案使用"透视"效果，使其产生透视感，从而组成完整的空间。
04　使用"图框精确剪裁"命令隐藏画面多余部分。
05　导入前景素材。

13.1.6 挤远/挤近

技术速查：使用"挤远/挤近"命令可以覆盖图像的中心位置，使图像产生或远或近的距离感。

　　选择位图对象，如图13-28所示，执行"位图>三维效果>挤远/挤近"命令，在打开的"挤远/挤近"对话框中单击并拖动"挤远/挤近"滑块，或在后面的数值框内输入数字，再单击左下角的"预览"按钮对调整效果进行预览，此时可以看到图像产生了变形效果，设置完成后单击"确定"按钮结束操作，如图13-29和图13-30所示。

图13-28

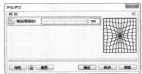
图13-29

图13-30

13.1.7 球面

技术速查：使用"球面"命令可以将图像接近中心的像素向各个方向的边缘扩展，且接近边缘的像素可以更加紧凑。

　　选择位图对象，如图13-31所示，执行"位图>三维效果>球面"命令，在打开的"球面"对话框中单击并拖动"百分比"滑块，或在后面的数值框内输入数字，如图13-32所示。

图13-31　　　　　　　图13-32

　　向右拖动是凸出球面，向左移动是凹陷球面，单击左下角的"预览"按钮可以对调整效果进行预览，此时图像产生了变形效果，设置完成后单击"确定"按钮结束操作，如图13-33所示。

图13-33

★ 案例实战——使用三维效果制作包装袋

案件文件	案例文件\第13章\使用三维效果制作包装袋.cdr
视频教学	视频教学\第13章\使用三维效果制作包装袋.flv
难度级别	★★★★★
技术要点	三维效果、钢笔工具

案例效果

本例主要通过使用三维效果、钢笔工具制作包装袋，效果如图13-34所示。

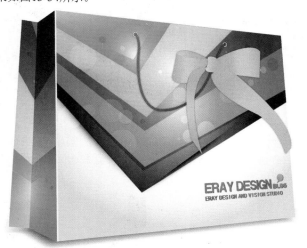

图13-34

操作步骤

01 执行"文件>新建"命令，在弹出的"创建新文档"对话框中设置"大小"为A4，"原色模式"为CMYK，"渲染分辨率"为300，如图13-35所示。

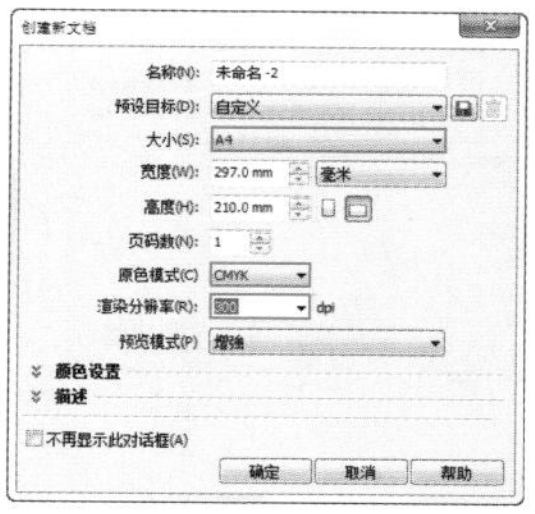

图13-35

02 分别导入包装的平面素材，将鼠标移至四角的控制点上，按住左键并拖曳，将其等比例进行缩放，如图13-36所示。选择包装袋正面部分，执行"位图>转换为位图"命令，如图13-37所示。

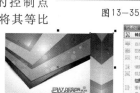

图13-36 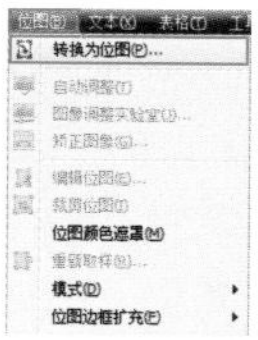　　　　图13-37

03 在弹出的对话框中设置"分辨率"为300dpi，"颜色模式"为CMYK色（32位），单击"确定"按钮将素材图转换为位图，如图13-38所示。用同样的方法将侧面转换为位图，效果如图13-39所示。

图13-38 　　　　图13-39

04 单击正面平面效果图，执行"位图>三维效果>三维旋转"命令，如图13-40所示，在弹出的"三维旋转"对话框中设置"垂直"为5，"水平"为22，单击"确定"按钮结束操作，如图13-41所示。效果如图13-42所示。

05 单击侧面素材，执行"位图>三维效果>三维旋转"命令，在弹出的"三维旋转"对话框中设置"垂直"为5，"水平"为-22，单击"确定"按钮结束操作，如图13-43和图13-44所示。

图13-40　　　　图13-41

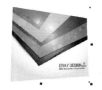

图13-42　　　　图13-43

06 双击左侧图像，将鼠标移至四角的控制点上，按住左键并拖曳将其旋转至合适角度，将左侧图像贴合在正面包装一侧，如图13-45和图13-46所示。

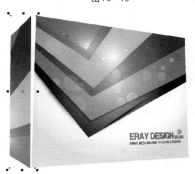

图13-44

图13-45　　　　图13-46

07 用同样的方法制作侧面的另一部分，导入素材，调整位置，如图13-47和图13-48所示。

图13—47　　　　　　　　　　　图13—48

08 单击工具箱中的"钢笔工具"按钮，在包装袋左侧绘制合适大小的矩形，将其填充为黑色，如图13-49所示。再单击工具箱中的"透明度工具"按钮，在黑色矩形上按住左键并拖曳，制作侧面暗部效果，如图13-50所示。

图13—49　　　　　　　　　　　图13—50

09 单击"钢笔工具"按钮，绘制包装袋下方阴影部分，如图13-51所示。再单击工具箱中的"阴影工具"按钮，在多边形上按住左键并拖曳，设置阴影效果，如图13-52所示。

图13—51　　　　　　　　　　　图13—52

10 执行"排列>拆分阴影群组"命令，或按"Ctrl+K"快捷键，如图13-53所示，选择黑色多边形，按"Delete"键将其删除，如图13-54所示。

图13—53　　　　　　　　　　　图13—54

11 选择阴影部分，单击右键执行"顺序>到页面后面"命令，如图13-55所示，将其移动到合适位置，最终效果如图13-56所示。

图13—55　　　　　　　　　　　图13—56

 读书笔记

13.2 艺术笔触效果

执行"位图>艺术笔触"命令，在子菜单中包含14种艺术笔触效果，如图13-57所示。"艺术笔触"就是通过对位图进行类似绘画风格的艺术加工，把图形转换为不同类型的自然绘制的图像，使其显示出艺术画的风格。如图13-58和图13-59所示为使用这一组效果制作的作品。

图13—57　　　　　　　　　图13—58　　　　　　　　　图13—59

13.2.1 动手学：使用"炭笔画"命令

技术速查：使用"炭笔画"命令可以制作出类似使用炭笔绘制图像的效果。

①① 选择位图对象，如图13-60所示，执行"位图>艺术笔触>炭笔画"命令，打开"炭笔画"对话框，如图13-61所示。

图13-60

图13-61

②② 拖动"大小"滑块或在后面的数值框内输入数字，可以设置画笔的粗细效果，如图13-62和图13-63所示。

图13-62

图13-63

③③ 拖动"边缘"滑块或在后面的数值框内输入数字，可以设置画笔的边缘强度的效果，如图13-64和图13-65所示。

图13-64

图13-65

④④ 单击左下角的"预览"按钮可以对调整效果进行预览，设置完成后单击"确定"按钮结束操作，如图13-66所示。

图13-66

读书笔记

13.2.2 动手学：使用"单色蜡笔画"命令

技术速查："单色蜡笔画"命令创建的是一种只有单色的蜡笔效果图，类似硬铅笔的绘制效果。

①① 选择位图对象，如图13-67所示，执行"位图>艺术笔触>单色蜡笔画"命令，在打开的"单色蜡笔画"对话框中可以设置蜡笔在位图上绘制颜色的轻重及位图底纹的粗细程度，如图13-68所示。

图13-67

图13-68

②② 在"单色"栏中，选择一种或多种蜡笔颜色，如图13-69和图13-70所示。

③③ 启用单色时，单击"纸张颜色"下拉列表框，在颜色列表中可以选择纸张的颜色，如图13-71和图13-72所示。

图13-69

图13-70

图13-71

图13-72

⓴ 移动滑块或在后面的数值框内输入数值，即可设置画笔的压力大小，如图13-73和图13-74所示。

⓵ 移动滑块或在后面的数值框内输入数值，可以设置纹理尺寸，如图13-75和图13-76所示。

图13-73

图13-74

图13-75

图13-76

13.2.3 蜡笔画

技术速查：使用"蜡笔画"命令同样可以将图像绘制为蜡笔效果，但是图像的基本颜色不变，且颜色会分散到图像中去。

选择位图对象，执行"位图>艺术笔触>蜡笔画"命令，在打开的"蜡笔画"对话框中单击并拖动"大小"和"轮廓"滑块，或在后面的数值框内输入数值，设置画笔的粗细及边缘强度的效果，如图13-77和图13-78所示。

13.2.4 立体派

技术速查："立体派"命令可以将相同颜色的像素组成小颜色区域，使图像产生立体派油画风格。

选择位图对象，执行"位图>艺术笔触>立体派"命令，在打开的"立体派"对话框中分别单击并拖动"大小"和"亮度"滑块，或在后面的数值框内输入数值，设置画笔的粗细及图像明暗程度的效果，单击"纸张颜色"下拉列表框，在颜色下拉列表中选择纸张的颜色，如图13-79和图13-80所示。

图13-77

图13-78

图13-79

图13-80

13.2.5 印象派

技术速查："印象派"命令可以模拟油性颜料生成的效果，使用该命令可以将图像转换为小块的纯色，从而制作出类似印象派作品的效果。

选择位图对象，执行"位图>艺术笔触>印象派"命令，在打开的"印象派"对话框的"样式"栏中选中"笔触"单选按钮，在右侧的"技术"栏中分别单击并拖动"笔触"、"着色"和"亮度"滑块，或在后面的数值框内输入数值来设置相应的效果，如图13-81所示，单击"预览"按钮进行图像的预览，如图13-82所示。

或在"印象派"对话框的"样式"栏中选中"色块"单选按钮，在右侧的"技术"栏中分别单击并拖动"色块大小"、"着色"和"亮度"滑块，或在后面的数值框内输入数值来设置相应的效果，如图13-83所示，设置完成后单击"确定"按钮结束操作，如图13-84所示。

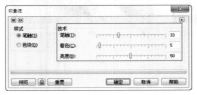
图13-81

图13-82

图13-83

图13-84

13.2.6 调色刀

技术速查："调色刀"命令可以使图像产生类似使用调色板绘制而成的效果。调色刀是模拟使用刻刀替换画笔使图像中相近的颜色相互融合，减少了细节，从而产生了写意效果。

选择位图对象，执行"位图>艺术笔触>调色刀"命令，在打开的"调色刀"对话框中分别单击并拖动"刀片尺寸"和"柔软边缘"滑块，或在后面的数值框内输入数值来设置笔画的长度及边缘强度的效果，在"角度"数值框内输入数值可以定义创建笔触的角度，如图13-85和图13-86所示。

图13-85　　　　　　　　　　图13-86

13.2.7 彩色蜡笔画

技术速查："彩色蜡笔画"命令可以用来创建彩色蜡笔图像。

选择位图对象，执行"位图>艺术笔触>彩色蜡笔画"命令，在打开的"彩色蜡笔画"对话框的"彩色蜡笔类型"栏中选中"柔性"单选按钮，在右侧单击并拖动"笔触大小"和"色度变化"滑块，或在后面的数值框内输入数值，设置笔刷的长度及为图像增添的颜色变化，如图13-87所示，单击"预览"按钮进行图像的预览，如图13-88所示。

图13-87　　　　　　　　　　图13-88

或在"彩色蜡笔画"对话框的"彩色蜡笔类型"栏中选中"油性"单选按钮，在右侧单击并拖动"笔触大小"和"色度变化"滑块，或在后面的数值框内输入数值，设置笔刷的长度及为图像增添的颜色变化，设置完成后单击"确定"按钮结束操作，如图13-89和图13-90所示。

图13-89　　　　　　　　　　图13-90

★ 案例实战——制作彩色蜡笔画背景

案例文件	案例文件\第13章\制作彩色蜡笔画背景.cdr
视频教学	视频文件\第13章\制作彩色蜡笔画背景.flv
难度级别	★★★★★
技术要点	彩色蜡笔画

案例效果

本例主要通过使用彩色蜡笔画效果将照片背景处理为蜡笔画的效果，效果如图13-91所示。

图13-91

操作步骤

01 执行"文件>新建"命令，创建新文档，然后导入背景素材文件"1.jpg"，如图13-92所示。继续导入人像素材文件"2.jpg"，调整到合适大小，如图13-93所示。

图13-92　　　　　　　　　　图13-93

02 对人像照片执行"位图>艺术笔触>彩色蜡笔画"命令，在"彩色蜡笔画"对话框中选中"柔性"单选按钮，设置"笔触大小"为12，"色度变化"为70，如图13-94所示。单击"确定"按钮，此时画面整体产生了绘画感效果，如图13-95所示。

03 下面需要将人像部分恢复正常，再次导入人像素材文件，将其调整为与原始人像同样大小。单击工具箱中的"形状工具"按钮，调整人像照片边缘处的控制点，

图13-94

图13-95

04 导入前景素材文件"3.png"，最终效果如图13-98所示。

如图13-96所示。通过添加点和调整点的操作使照片边缘围绕在人像周围，并显示出底层照片的蜡笔画感的背景部分，如图13-97所示。

图13-96

图13-97

图13-98

13.2.8 钢笔画

技术速查：使用"钢笔画"命令可以为图像创建钢笔素描绘图的效果，使图像看起来像是使用灰色钢笔和墨水绘制而成的。

选择位图对象，执行"位图>艺术笔触>钢笔画"命令，在打开的"钢笔画"对话框的"样式"栏中选中"交叉阴影"单选按钮，在右侧单击并拖动"密度"和"墨水"滑块，或在后面的数值框内输入数值，设置墨水点或笔画的强度及沿着边缘的墨水数值大小，其数值越大，画面也就越接近黑色，单击"预览"按钮进行图像的预览，如图13-99和图13-100所示。

或在"钢笔画"对话框的"样式"栏中选中"点画"单选按钮，在右侧单击并拖动"密度"和"墨水"滑块，或在后面的数值框内输入数值，分别设置墨水点或笔画的强度及沿着边缘的墨水数值大小，如图13-101所示。完成设置后单击"确定"按钮结束操作，如图13-102所示。

图13-99

图13-100

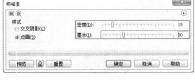

图13-101

图13-102

13.2.9 点彩派

技术速查："点彩派"命令就是使用墨水点来创建图的效果。原理是将位图图像中相邻的颜色融为一个一个的点状色素点，并将这些色素点组合形状，使图像看起来像是由大量的色素点组成的。

选择位图对象，执行"位图>艺术笔触>点彩派"命令，在打开的"点彩派"对话框中单击并拖动"大小"和"亮度"滑块，或在后面的数值框内输入数值来设置色素点的大小及画面的明暗程度，如图13-103所示。单击"预览"按钮进行图像的预览，设置完成后单击"确定"按钮结束操作，如图13-104所示。

图13-103

图13-104

13.2.10 木版画

技术速查：使用"木版画"命令可以将图像产生类似粗糙彩纸的效果。

选择位图对象，执行"位图>艺术笔触>木版画"命令，在打开的"木版画"对话框的"刮痕至"栏中选中"颜色"单选按钮，在右侧单击并拖动"密度"和"大小"滑块，或在后面的数值框内输入数值，设置笔画的浓密程度及画笔的大小，如图13-105所示，单击"预览"按钮进行图像的预览，如图13-106所示。

或在"木版画"对话框的"刮痕至"栏中选中"白色"单选按钮，在右侧单击并拖动"密度"和"大小"滑块，或在后面的数值框内输入数值，设置笔画的浓密程度及画笔的大小，设置完成后单击"确定"按钮结束操作，如图13-107和图13-108所示。

图13-105

图13-106

图13-107

图13-108

13.2.11 素描

技术速查："素描"命令可以模拟石墨或彩色铅笔的素描，使图像产生扫描草稿的效果。

选择位图图像，执行"位图>艺术笔触>素描"命令，在打开的"素描"对话框的"铅笔类型"栏中选中"碳色"单选按钮，在右侧单击并拖动"样式"、"笔芯"和"轮廓"滑块，或在后面的数值框内输入数值，设置石墨的粗糙程度、铅笔颜色的深浅及图像边缘的厚度，其数值越大，图像的轮廓也就越明显，单击"预览"按钮进行图像的预览，如图13-109和图13-110所示。

在打开的"素描"对话框的"铅笔类型"栏中选中"颜色"单选按钮，在右侧单击并拖动"样式"、"笔芯"和"轮廓"滑块，或在后面的数值框内输入数值，设置石墨的粗糙程度、铅笔颜色的深浅及图像边缘的厚度，设置完成后单击"确定"按钮结束操作，如图13-111和图13-112所示。

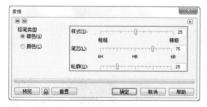

图13-109

图13-110

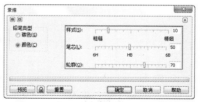

图13-111

图13-112

13.2.12 动手学：使用"水彩画"命令

技术速查：使用"水彩画"命令可以描绘出图像中景物的形状，同时对图像进行简化、混合、渗透的调整，使其产生水彩画的效果。

① 选择位图图像，执行"位图>艺术笔触>水彩画"命令，在弹出的对话框中进行参数的设置，如图13-113所示。单击"预览"按钮进行图像效果的预览，设置完成后单击"确定"按钮结束操作，如图13-114所示。

② 拖动"画刷大小"滑块设置水彩的斑点大小，如图13-115和图13-116所示。

图13-113

图13-114

图13-115

图13-116

③ 拖动"粒状"滑块设置纸张的纹理和颜色的强度，如图13-117和图13-118所示。

图13-117　　　　　　　图13-118

④ 拖动"水量"滑块设置应用到画面中水的效果，如图13-119和图13-120所示。

图13-119　　　　　　　图13-120

⑤ 拖动"出血"滑块设置颜色之间的扩散程度，如图13-121和图13-122所示。

图13-121　　　　　　　图13-122

⑥ 拖动"亮度"滑块设置图像中的亮度，如图13-123和图13-124所示。

图13-123　　　　　　　图13-124

13.2.13 水印画

技术速查：使用"水印画"命令可以为图像创建水彩斑点绘画的效果，使图像具有水溶性的标记。

选择位图图像，执行"位图>艺术笔触>水印画"命令，在打开的"水印画"对话框的"变化"栏中选中"默认"单选按钮，在右侧单击并拖动"大小"和"颜色变化"滑块，或在后面的数值框内输入数值，设置画笔的整体大小及颜色的对比度和尖锐度，如图13-125所示。单击"预览"按钮进行图像的预览，如图13-126所示。

图13-125　　　　　　　图13-126

在"水印画"对话框的"变化"栏中选中"顺序"单选按钮，在右侧单击并拖动"大小"和"颜色变化"滑块，或在后面的数值框内输入数值，设置画笔的整体大小及颜色的对比度和尖锐度，如图13-127所示，单击"预览"按钮进行图像的预览，如图13-128所示。

图13-127　　　　　　　图13-128

在"水印画"对话框的"变化"栏中选中"随机"单选按钮，在右侧单击并拖动"大小"和"颜色变化"滑块，或在后面的数值框内输入数值，设置画笔的整体大小及颜色的对比度和尖锐度，如图13-129所示。设置完成后单击"确定"按钮结束操作，如图13-130所示。

图13-129　　　　　　　图13-130

 读书笔记

13.2.14 波纹纸画

技术速查："波纹纸画"命令可以使图像看起来像是创建在粗糙或有纹理的纸张上绘制图像的效果。

　　选择位图图像，执行"位图>艺术笔触>波纹纸画"命令，在打开的"波纹纸画"对话框的"笔刷颜色模式"栏中选中"颜色"单选按钮，在右侧单击并拖动"笔刷压力"滑块，或在后面的数值框内输入数值，设置颜色点的强度，如图13-131所示。单击"预览"按钮进行图像的预览，如图13-132所示。

　　在"波纹纸画"对话框的"笔刷颜色模式"栏中选中"黑白"单选按钮，在右侧单击并拖动"笔刷压力"滑块，设置颜色点的强度，如图13-133所示。设置完成后单击"确定"按钮结束操作，如图13-134所示。

图13-131　　　　　　　图13-132　　　　　　　图13-133　　　　　　　图13-134

 思维点拨：纸张的基础知识

01 纸张的构成

印刷用纸张由纤维、填料、胶料、色料4种主要原料混合制浆、抄造而成。印刷使用的纸张按形式可分为平板纸和卷筒纸两大类。平板纸适用于一般印刷机，卷筒纸一般用于高速轮转印刷机。

02 印刷常用纸张

纸张根据用处的不同，可以分为工业用纸、包装用纸、生活用纸、文化用纸等几类，在印刷用纸中，根据纸张的性能和特点分为新闻纸、凸版印刷纸、胶版印刷涂料纸、字典纸、地图及海图纸、凹版印刷纸、画报纸、周报纸、白板纸和书面纸等。

03 纸张的规格

纸张的大小一般都要按照国家制定的标准生产。印刷、书写及绘图类用纸原纸尺寸是：卷筒纸宽度分1575mm、1092mm、880mm、787mm四种；平板纸的原纸尺寸按大小分为880mm×1230mm、850mm×1168mm、880mm×1092mm、787mm×1092mm、787mm×960mm、690mm×960mm六种。

04 纸张的重量、令数换算

纸张的重量是以定量和令重表示的。一般是以定量来表示，即日常俗称的"克重"。定量是指纸张单位面积的质量关系，用g/m^2表示。如150g的纸是指该种纸每平方米的单张重量为150g。凡纸张的重量在200g/m^2以下（含200g/m^2）的纸张称为"纸"，超过200g/m^2重量的纸则称为"纸板"。

13.3 模糊效果

　　执行"位图>模糊"命令，在子菜单中包含9种模糊效果，如图13-135所示。模糊效果是设计中常用的一种特效，模糊的工作原理主要是平滑颜色上的尖锐突出，主要用于编辑导入位图和创建特殊效果。如图13-136和图13-137所示为使用这一组效果制作的作品。

图13-135　　　　　　　图13-136　　　　　　　图13-137

13.3.1 定向平滑

技术速查："定向平滑"命令可以在图像中添加微小的模糊效果，使图像中的渐变区域平滑且保留边缘细节和纹理。

选择位图图像，如图13-138所示。执行"位图>模糊>定向平滑"命令，在打开的"定向平滑"对话框中单击并拖动"百分比"滑块，或在数值框内输入数值，设置平滑效果的强度。单击"预览"按钮观看画面效果，如图13-139所示。

 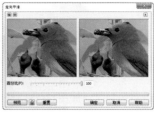

图13-138　　　　　图13-139

13.3.2 高斯式模糊

技术速查："高斯式模糊"命令可以根据数值使图像按照高斯分布快速地模糊图像，产生朦胧的效果。

选择位图图像，执行"位图>模糊>高斯式模糊"命令，在打开的"高斯式模糊"对话框中单击并拖动"半径"滑块，或在数值框内输入数值，设置图像的模糊程度，单击"预览"按钮观看画面效果，设置完成后单击"确定"按钮结束操作，如图13-140和图13-141所示。

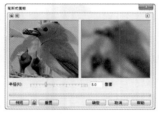

图13-140　　　　　图13-141

★ 案例实战——使用模糊效果制作饮品宣传

案例文件	案例文件\第13章\使用模糊效果制作饮品宣传.cdr
视频教学	视频文件\第13章\使用模糊效果制作饮品宣传.flv
难度级别	★★★★★
技术要点	高斯式模糊、钢笔工具、填充工具

案例效果

本例主要通过使用高斯式模糊、钢笔工具、填充工具等制作饮品宣传，效果如图13-142所示。

操作步骤

01 执行"文件>新建"命令，在弹出的"创建新文档"对话框中设置"预设目标"为默认RGB，"大小"为A4，如图13-143所示。单击工具箱中的

图13-142

"矩形工具"按钮，在画面中按住左键并拖曳，绘制合适大小的矩形，如图13-144所示。

图13-143　　　　　图13-144

02 单击工具箱中的"渐变填充工具"按钮，设置"类型"为辐射，颜色为从橘色到黄色的渐变，"中点"为50，如图13-145所示。设置"轮廓笔"为无，效果如图13-146所示。

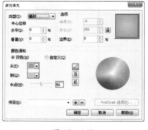 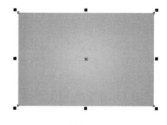

图13-145　　　　　图13-146

03 单击工具箱中的"钢笔工具"按钮，在画面中单击绘制一个三角形，如图13-147所示。设置"填充颜色"为黄色，"轮廓笔"为无，如图13-148所示。

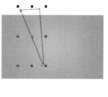 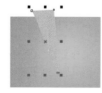

图13-147　　　　　图13-148

04 单击工具箱中的"透明度工具"按钮，在属性栏中设置"透明度类型"为标准，"开始透明度"为65，如图13-149所示。用同样的方法制作出其他半透明的形状，效果如图13-150所示。

CorelDRAW X6自学视频教程

图13-149 图13-150

05 单击工具箱中的"椭圆形工具"按钮，在下方合适的位置绘制一个较大的椭圆形，如图13-151所示。

06 使用渐变填充工具，设置"类型"为辐射，颜色为从橘色到黄色的渐变，"中点"为70，如图13-152所示。设置"轮廓笔"为无，效果如图13-153所示。

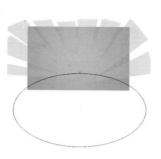

图13-151

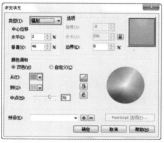

图13-152 图13-153

07 单击工具箱中的"阴影工具"按钮，在属性栏中设置"不透明度"为54，"羽化"为3，"颜色"为深橙色，如图13-154所示。在椭圆上拖曳，效果如图13-155所示。

08 使用钢笔工具在矩形左上侧绘制一个合适图形，如图13-156所示。将图形填充为橘色，设置"轮廓笔"为无，如图13-157所示。

图13-154

图13-155 图13-156 图13-157

09 再次制作一个小一点的图形，设置"轮廓笔"的"颜色"为白色，"宽度"为8px，"样式"为虚线，如

图13-158所示。设置图形填充为黄色，效果如图13-159所示。

10 将两个图形群组，并添加阴影效果，如图13-160所示。单击工具箱中的"文本工具"按钮，设置为不同字体及大小，在黄色图形上单击并输入深绿色文字，如图13-161所示。

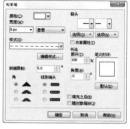

图13-158

图13-159 图13-160 图13-161

11 使用文本工具在图形下单击并输入文字，如图13-162所示。

12 使用渐变填充工具，选中"自定义"单选按钮，设置一种灰白色系渐变，"角度"为-90，如图13-163所示。在文本工具属性栏中设置小一点的字号，在渐变文字下新建白色文字，如图13-164所示。

图13-162

图13-163 图13-164

13 导入饮品盒子素材文件"1.png"，调整大小及位置，如图13-165所示。执行"位图>模糊>高斯式模糊"命令，设置"半径"为4.0像素，如图13-166和图13-167所示。

图13-165 图13-166 图13-167

 思维点拨：橙色

橙色是介于红色和黄色之间的混合色，又称橘黄或橘色。在自然界中，橙柚、玉米、鲜花果实、霞光、灯

第13章 神奇的位图效果

353

彩都有丰富的橙色。橙色具有明亮、华丽、健康、兴奋、温暖、欢乐、辉煌以及动人的色感，如图13-168和图13-169所示。

 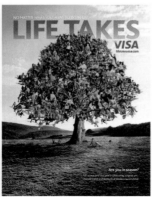

图13-168　　　　　　　图13-169

14 导入前景素材文件"2.png"，调整大小及位置，如图13-170所示。导入叶子素材"3.png"，调整为合适大小，将其放置在左上角，如图13-171所示。

图13-170　　　　　　　图13-171

15 复制叶子素材，执行"位图>模糊>高斯式模糊"命令，设置"半径"为2.5像素，如图13-172所示。调整叶子的大小及位置，效果如图13-173所示。

图13-172　　　　　　　图13-173

16 用同样的方法制作其他叶子效果，为增强画面的空间感可以为部分叶子添加阴影效果，如图13-174所示。

17 选中所有内容，执行"排列>群组"命令，如图13-175所示。单击工具箱中的"矩形工具"按钮，在画面中绘制一个大小合适的矩形，如图13-176所示。

图13-174　　　　图13-175　　　　图13-176

18 选中画面内容群组，执行"效果>图框精确剪裁>置于图文框内部"命令，当鼠标变为黑色箭头时单击矩形框，如图13-177所示。设置矩形图框的"轮廓笔"为无，最终效果如图13-178所示。

图13-177　　　　　　　图13-178

思维点拨：基本配色理论

在进行平面设计时，色彩的选择尤为重要，下面列举10种基本的配色设计方案。

● 无色设计：不用彩色，只用黑白灰，如 105 101 98。

● 类比设计：在色相环上任选3种连续的色彩或任一明色和暗色，如 92 88 73。

● 冲突设计：把一种颜色和它的补色左边或右边的色彩配合起来，如 4 68。

● 互补设计：使用色相环上全然相反的颜色，如 92 44。

● 单色设计：把一种颜色和它所有的明色、暗色配合起来，如 81 85 88。

● 中性设计：加入一种颜色的补色或黑色，使色彩消失或中性化，如 17 32 26。

● 分裂补色设计：把一种颜色和它补色任一边的颜色组合起来，如 20 57 73。

● 原色设计：把纯原色红、黄、蓝结合起来，如 4 36 68。

● 二次色设计：把两次色绿、紫、橙结合起来，如 53 86 20。

● 三次色三色设计：是下面两个组合中的一个：红橙、黄绿、蓝紫或是蓝绿、黄橙、红紫，并且在色相环上每个颜色彼此都有相等的距离，如 57 28 95。

13.3.3 锯齿状模糊

技术速查："锯齿状模糊"命令可以用来轻正图像，去掉图像区域中的小斑点和杂点。

选择位图图像，执行"位图>模糊>锯齿状模糊"命令，在打开的"锯齿状模糊"对话框中单击并拖动"宽度"和"高度"滑块，或在数值框内输入数值，设置模糊锯齿的高度与宽度，如图13-179和图13-180所示。

在"锯齿状模糊"对话框中选中"均衡"复选框，移动"宽度"或"高度"任一滑块时，另一个也随之移动，如图13-181所示。

图13-181

读书笔记

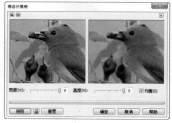

图13-179

图13-180

13.3.4 低通滤波器

技术速查：低通滤波器只针对图像中的某些元素，该命令可以调整图像中尖锐的边角和细节，使图像的模糊效果更加柔和。

选择位图图像，执行"位图>模糊>低通滤波器"命令，在打开的"低通滤波器"对话框中单击并拖动"百分比"和"半径"滑块，或在数值框内输入数值，设置像素半径区域内像素使用的模糊效果强度及模糊半径的大小，如图13-182所示。单击"预览"按钮观看画面效果，设置完成后单击"确定"按钮结束操作，如图13-183所示。

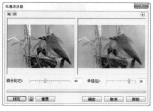

图13-182

图13-183

13.3.5 动手学：使用"动态模糊"命令

技术速查："动态模糊"命令通过使像素进行某一方向上的线性位移来产生运动模糊效果，使平面图像具有动态感。

01 选择位图图像，执行"位图>模糊>动态模糊"命令，在打开的"动态模糊"对话框的"图像外围取样"栏中选中"忽略图像外的像素"单选按钮，单击并拖动"间距"滑块，或在数值框内输入数值，设置模糊效果的强度，在"方向"数值框内输入数值可以设置模糊的角度，单击"预览"按钮进行图像的预览，如图13-184和图13-185所示。使用"动态模糊"命令可以模仿拍摄运动物体的手法。

图13-186

图13-187

03 在"图像外围取样"栏中选中"提取最近边缘的像素"单选按钮，单击并拖动"间距"滑块，或在数值框内输入数值，设置模糊效果的强度，在"方向"数值框内输入数值可以设置模糊的角度，设置完成后单击"确定"按钮结束操作，如图13-188和图13-189所示。

图13-184

图13-185

02 在"图像外围取样"栏中选中"使用纸的颜色"单选按钮，单击并拖动"间距"滑块，或在数值框内输入数值，设置模糊效果的强度，在"方向"数值框内输入数值可以设置模糊的角度，单击"预览"按钮进行图像的预览，如图13-186和图13-187所示。

图13-188

图13-189

13.3.6 放射式模糊

技术速查："放射式模糊"命令可以使图像产生从中心点放射模糊的效果。

　　选择位图图像，执行"位图>模糊>放射式模糊"命令，在打开的"放射状模糊"对话框中单击并拖动"数量"滑块，或在数值框内输入数值，设置放射式模糊效果的强度，如图13-190所示。单击"预览"按钮观看画面效果，设置完成后单击"确定"按钮结束操作，如图13-191所示。

13.3.7 平滑

技术速查："平滑"命令使用了一种极为细微的模糊效果，可以减小相邻像素之间的色调差别，使图像产生细微的模糊变化。

　　选择位图图像，执行"位图>模糊>平滑"命令，在打开的"平滑"对话框中单击并拖动"百分比"滑块，或在数值框内输入数值，设置平滑效果的强度，如图13-192所示。单击"预览"按钮观看画面效果，设置完成后单击"确定"按钮结束操作，如图13-193所示。

图13-190　　　　　　　　　　图13-191　　　　　　　　　　图13-192　　　　　　　　　　图13-193

13.3.8 柔和

技术速查："柔和"命令可以使图像产生轻微的模糊变化，而不影响图像中的细节。

　　柔和效果与平滑效果非常相似，选择位图图像，执行"位图>模糊>柔和"命令，在打开的"柔和"对话框中单击并拖动"百分比"滑块，或在数值框内输入数值，设置柔和效果的强度，如图13-194所示，单击"预览"按钮观看画面效果，设置完成后单击"确定"按钮结束操作，如图13-195所示。

13.3.9 缩放

技术速查："缩放"命令创建了从中心点逐渐缩放出来的边缘效果，使图像中的像素从中心点向外模糊，离中心点越近，模糊效果就越弱。

　　选择位图图像，执行"位图>模糊>缩放"命令，在打开的"缩放"对话框中单击并拖动"数量"滑块，或在数值框内输入数值，设置缩放效果的强度，如图13-196所示，单击"预览"按钮观看画面效果，设置完成后单击"确定"按钮结束操作，如图13-197所示。

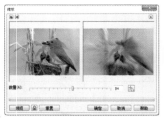

图13-194　　　　　　　　　　图13-195　　　　　　　　　　图13-196　　　　　　　　　　图13-197

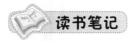

读书笔记　　　　　　　　　　　　　　　　　读书笔记

13.4 相机效果

技术速查：相机效果是通过模仿照相机的原理使图像产生光的效果，该组仅有扩散效果，使用扩散可以使图像形成一种平滑视觉过渡效果。

　　选择位图图像，如图13-198所示。执行"位图>相机>扩散"命令，在打开的"扩散"对话框中单击并拖动"层次"滑块，或在数值框内输入数值，设置产生扩散的强度，在数值框内输入的数值越大，过渡效果也就越明显。单击"预览"按钮观看画面效果，设置完成后单击"确定"按钮结束操作，如图13-199所示。

图13-198　　　　　　图13-199

13.5 颜色转换效果

　　使用"颜色转换"效果组可以将位图图像模拟成一种胶片印染效果。执行"位图>颜色转换"命令，在子菜单中包含了"位平面"、"半色调"、"梦幻色调"和"曝光"4种效果，如图13-200所示。使用"颜色转换"命令可以将图像转换为多种特殊效果。选择文档中的位图对象，下面我们就来学习"颜色转换"命令的使用，如图13-201所示。

图13-200　　　　　　图13-201

13.5.1 位平面

技术速查："位平面"命令可以将图像中的颜色减少到基本RGB色彩，使用纯色来表现色调。

　　执行"位图>颜色转换>位平面"命令，在打开的"位平面"对话框中单击并拖动"红"、"绿"和"蓝"滑块，或在数值框内输入数值，调整其颜色通道。选中或取消选中"应用于所有位面"复选框，可以调整一个颜色通道，或者同时调整全部通道，如图13-202所示。单击"预览"按钮观看画面效果，设置完成后单击"确定"按钮结束操作，如图13-203所示。

　　在"位平面"对话框中选中"应用于所有位面"复选框，当改变对话框中的任意数值时，其他选项数值也随之改变，如图13-204所示。

图13-204

读书笔记

图13-202　　　　　　　图13-203

13.5.2 半色调

技术速查："半色调"命令可以将图像创建成彩色的半色调效果，图像将由用于表现不同色调的一种不同大小的圆点组成。

选择位图图像，执行"位图>颜色转换>半色调"命令，在打开的"半色调"对话框中单击并拖动"青"、"品红"、"黄"、"黑"和"最大点半径"滑块，或在后面的数值框内输入数值，设置相应颜色的颜色通道及图像中点的半径大小，如图13-205所示。单击"预览"按钮观看画面效果，设置完成后单击"确定"按钮结束操作，如图13-206所示。

13.5.3 梦幻色调

技术速查："梦幻色调"命令可以将图像中的颜色转换为明亮的电子色，使用该命令可以为图像的原始颜色创建丰富的颜色变化。

选择位图图像，执行"位图>颜色转换>梦幻色调"命令，在打开的"梦幻色调"对话框中单击并拖动"层次"滑块，或在后面的数值框内输入数值，该值越大，颜色变化的效果也就越强，如图13-207所示。单击"预览"按钮观看画面效果，设置完成后单击"确定"按钮结束操作，如图13-208所示。

图13-205

图13-206

图13-207

图13-208

13.5.4 曝光

技术速查："曝光"命令可以将图像转换为底片的效果。

选择位图图像，执行"位图>颜色转换>曝光"命令，在打开的"曝光"对话框中单击并拖动"层次"滑块，或在后面的数值框内输入数值，如图13-209所示。层次数值的变动可以改变曝光效果的强度，数值越大，对图像使用的光线也就越强。单击"预览"按钮观看画面效果，设置完成后单击"确定"按钮结束操作，如图13-210所示。

图13-209

图13-210

13.6 轮廓图效果

使用"轮廓图"命令可以跟踪位图图像边缘及确定其边缘和轮廓，并将图像中剩余的其他部分转换为中间颜色。执行"位图>轮廓图"命令，在子菜单中包含3种轮廓图效果："边缘检测"、"查找边缘"和"描摹轮廓"，如图13-211所示。如图13-212和图13-213所示为使用这一组效果制作的作品。

图13-211

图13-212

图13-213

13.6.1 动手学：使用"边缘检测"命令

技术速查：使用"边缘检测"命令可以检测并将检测到的图像中各个对象的边缘转换为曲线，这种效果通常会产生一个比其他轮廓更细微的效果。

01 选择位图图像，如图13-214所示，执行"位图>轮廓图>边缘检测"命令，在打开的"边缘检测"对话框的"背景色"栏中选中"白色"单选按钮，拖动"灵敏度"滑块，或在数值框内输入数值，设置在检测边缘时的灵敏程度，单击左下角的"预览"按钮进行图像的预览，如图13-215所示。

图13-214

图13-215

02 使用了"边缘检测"命令后即可得到图像中的边缘，并使用线条和曲线替代边缘，如图13-216所示。

03 在"边缘检测"对话框的"背景色"栏中选中"黑"单选按钮，如

图13-216

图13-217所示，可以使背景变为黑色，效果如图13-218所示。

图13-217

图13-218

04 如果想要设置背景为其他颜色，可以在"边缘检测"对话框的"背景色"栏中选中"其他"单选按钮，单击颜色面板，在颜色下拉面板中选择一种背景颜色即可，如图13-219所示。效果如图13-220所示。

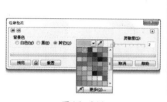

图13-219

图13-220

13.6.2 查找边缘

技术速查："查找边缘"命令适用于高对比度的图像，将查找到的对象边缘转换为柔和的或尖锐的曲线。

"查找边缘"同"边缘检测"非常相似，选择位图图像，执行"位图>轮廓图>查找边缘"命令，打开"查找边缘"对话框，如图13-221所示。设置"边缘类型"为软时可以产生较为平滑的边缘，如图13-222所示。

在"查找边缘"对话框的"边缘类型"栏中选中"纯色"单选按钮，可以产生较为尖锐的纯色边缘，如图13-223和图13-224所示。

图13-221

图13-222

图13-223

图13-224

13.6.3 描摹轮廓

技术速查："描摹轮廓"命令可以描绘图像的颜色，在图像内部创建轮廓，多用于需要显示高对比度的位图图像。

选择位图图像，执行"位图>轮廓图>描摹轮廓"命令，在打开的"描摹轮廓"对话框中单击并拖动"层次"滑块，或在数值框内输入数值，即可设置边缘效果的强度。在"边缘类型"栏中选中"下降"单选按钮，可以设置影响的范围，如图13-225所示，单击左下角的"预览"按钮进行图像的预览，如图13-226所示。

或在打开的"描摹轮廓"对话框中拖动"层次"滑块，可以设置边缘效果的强度。在"边缘类型"栏中选中"上面"单选按钮，设置完成后单击"确定"按钮结束操作，如图13-227和图13-228所示。

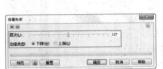
图13-225

图13-226

图13-227

图13-228

13.7 创造性效果

执行"位图>创造性"命令,在子菜单中包含14种创造性效果,如图13-229所示。"创造性"可以将位图转换为各种不同的形状和纹理,不同命令的转换效果也有所不同。如图13-230和图13-231所示为使用这一组效果制作的作品。

图13-229

图13-230

图13-231

13.7.1 动手学:使用"工艺"命令

技术速查:"工艺"命令实际上就是把拼图板、齿轮、弹珠、糖果、瓷砖和筹码6个独立效果结合在一个界面上,从而改变图像的效果。

01 选择位图图像,如图13-232所示。执行"位图>创造性>工艺"命令,打开"工艺"对话框,如图13-233所示。

图13-232

图13-233

拼图板　　　　　齿轮　　　　　弹珠

糖果　　　　　瓷砖　　　　　筹码

图13-235

02 单击"工艺"对话框中的"样式"下拉列表框,在下拉列表中选择一种样式,不同的样式所创建的效果有所不同,设置完成后单击"确定"按钮结束操作,如图13-234所示,其效果对比图如图13-235所示。

图13-234

03 调整"大小"数值可以设置工艺元素的大小,如图13-236和图13-237所示。

图13-236

图13-237

04 调整"完成"数值可以控制工艺图块覆盖画面的百分比，如图13-238和图13-239所示。

图13-238　　　　　　　图13-239

05 调整"亮度"数值可以调节画面中光线的强弱，如图13-240和图13-241所示。

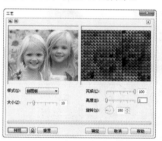

图13-240　　　　　　　图13-241

06 在"旋转"数值框内输入数值可以设置光线旋转的角度，如图13-242和图13-243所示。

07 在"工艺"对话框中，单击左上角的回按钮，可显示出预览区域，如图13-244所示，当按钮变为回时，再次单

图13-242　　　　　　　图13-243

击，可显示出对象设置前后的对比图像，单击左边的回按钮，可收起预览图，如图13-245所示。

图13-244　　　　　　　图13-245

08 设置完毕后单击左下角的"预览"按钮进行图像的预览，单击"确定"按钮提交操作。在预览后，如果效果不满意，可以单击"重置"按钮，将恢复对象的原数值，以便重新设置其数值，如图13-246所示。

图13-246

13.7.2 晶体化

技术速查："晶体化"命令可以将图像制作成水晶碎片的效果。

选择位图图像，执行"位图>创造性>晶体化"命令，在打开的"晶体化"对话框中拖动"大小"滑块，或在后面的数值框内输入数值，设置水晶碎片的大小，如图13-247所示。单击"预览"按钮观看画面效果，设置完成后单击"确定"按钮结束操作，如图13-248所示。

图13-247　　　　　　　图13-248

★ **案例实战——使用"晶体化"命令制作抽象画效果**

案例文件	案例文件\第13章\使用"晶体化"命令制作抽象画效果.cdr
视频教学	视频文件\第13章\使用"晶体化"命令制作抽象画效果.flv
难度级别	★★★★★
技术要点	晶体化、形状工具、图框精确剪裁

案例效果

本例主要是通过使用"晶体化"、"形状工具"、"图框精确剪裁"等命令制作抽象画效果，效果如图13-249所示。

图13-249

操作步骤

01 执行"文件>新建"命令，创建新文档，然后导入背景素材"1.jpg"，如图13-250所示。继续导入照片素材文件"2.jpg"，放在画面中央的照片框中，如图13-251所示。

图13-250　　　　　　图13-251

02 选中照片对象，执行"位图>创造性>晶体化"命令，在弹出的对话框中设置"大小"为5，如图13-252所示。效果如图13-253所示。

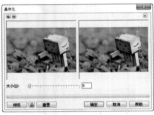 

图13-252　　　　　　图13-253

03 再次导入照片素材"2.jpg"，将其放置在使用过晶体化效果的照片上，调整为同样大小，如图13-254所示。使用工具箱中的形状工具调整顶部照片的边缘轮廓的控制点，使其只保留卡通形象部分，如图13-255所示。

图13-254　　　　　　图13-255

04 再次导入照片素材"2.jpg"，调整为同样大小，使用形状工具调整边缘控制点使其只留下花朵部分，如图13-256所示。下面选中3个照片对象，单击右键执行"群组"命令，如图13-257所示。

图13-256　　　　　　图13-257

05 单击工具箱中的"矩形工具"按钮，在画面中绘制一个合适大小的矩形，如图13-258所示。选择群组的照片对象，执行"效果>图框精确剪裁>置于图文框内部"命令，当鼠标变为黑色箭头时单击矩形框，如图13-259所示。

图13-258　　　　　　图13-259

06 设置矩形图框的"轮廓笔"为无，最终效果如图13-260所示。

图13-260

思维点拨

本案例选择了天蓝色的背景，天蓝色是日常生活中常见的色彩，清凉感较强，被很多人喜欢。深蓝色中潜藏着丰富的知性和感情，搭配浅色调可以表现出更理智的感觉。搭配高明度色系可以表现得较为清爽，如图13-261和图13-262所示。

图13-261　　　　　　图13-262

13.7.3 织物

技术速查：使用"织物"命令可以将图像制作成织物底纹效果。

选择位图图像，执行"位图>创造性>织物"命令，在打开的"织物"对话框中拖动"大小"、"完成"和"亮度"滑块可以设置工艺元素的大小、图像转换为工艺元素的程度及决定工艺元素的亮度，在"旋转"数值框内输入数值可以设置光线旋转的角度，如图13-263所示。单击左下角"预览"按钮进行图像的预览，如图13-264所示。

种样式，如图13-265所示。不同的样式所创建的效果有所不同，设置完成单击"确定"按钮结束操作，其效果对比图如图13-266所示。

图13-265

图13-263　　　　　　　图13-264

织物由"刺绣"、"地毯勾织"、"彩格被子"、"珠帘"、"丝带"和"拼纸"6种独立效果组成。单击"织物"对话框中的"样式"下拉列表框，在下拉列表中选择一

刺绣　　　　　　　地毯勾织　　　　　　彩格被子

珠帘　　　　　　　　丝带　　　　　　　拼纸

图13-266

13.7.4 框架

技术速查：使用"框架"命令可以在位图周围添加框架，使其形成一种类似画框的效果。

选择位图图像，如图13-267所示，执行"位图>创造性>框架"命令，在打开的"框架"对话框中单击"眼睛"图标，可以显示或隐藏相应的框架效果，如图13-268所示。

图13-267　　　　　　　图13-268

单击"修改"选项卡可以对框架进行相对应的设置，单击"预览"按钮对设置过的图像进行预览，如图13-269所示。设置完成后单击"确定"按钮结束操作，如图13-270所示。

图13-269　　　　　　　图13-270

技术拓展：预设的添加与删除

在"框架"对话框中选择"修改"选项卡进行相应的设置，再次选择"选择"选项卡，单击"添加"按钮 ，在弹出的"保存预设"对话框中输入新名称，单击"确定"按钮结束操作，完成添加，如图13-271所示。

图13-271

单击"预设"下拉列表框，在下拉列表中选择需要删除的选项，单击"删除"按钮 ，在弹出的对话框中单击"是"按钮，完成删除命令，若不想删除，单击"否"按钮进行取消，如图13-272所示。

图13-272

13.7.5 玻璃砖

技术速查："玻璃砖"命令可以使图像产生透过玻璃看图像的效果。

选择位图图像，执行"位图>创造性>玻璃砖"命令，在打开的"玻璃砖"对话框中拖动"块宽度"和"块高度"滑块，或在后面的数值框内输入数值，设置玻璃块状的高度，如图13-273所示。单击"预览"按钮对设置过的图像进行预览，设置完成后单击"确定"按钮结束操作，如图13-274所示。

技巧提示

在"玻璃砖"对话框中单击"锁定"按钮，在改变"块宽度"或"块高度"其中一个数值的同时，另一个也随之改变，如图13-275所示。

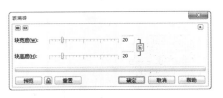

图13-275

图13-273

图13-274

13.7.6 儿童游戏

技术速查："儿童游戏"命令可以将图像转换为有趣的形状。

选择位图图像，执行"位图>创造性>儿童游戏"命令，在打开的"儿童游戏"对话框中拖动"大小"、"完成"和"亮度"滑块，或在后面的数值框内输入数值，设置工艺元素的大小、图像转换为工艺元素的程度及决定工艺元素的亮度，在"旋转"数值框内输入数值，设置光线旋转的角度，如图13-276所示。单击左下角的"预览"按钮进行图像的预览，如图13-277所示。

儿童游戏包括了"圆点图案"、"积木图案"、"手指绘画"和"数字绘画"4种效果。单击"儿童游戏"对话框中的"游戏"下拉列表框，在下拉列表中选择一种样式，如图13-278所示。不同的样式所创建的效果有所不同，设置完成后单击"确定"按钮结束操作，其效果对比图如图13-279所示。

圆点图案　　　　积木图案

手指绘画　　　　数字绘画

图13-276

图13-277

图13-278

图13-279

13.7.7 马赛克

技术速查：使用"马赛克"命令可以将图像分割为若干颜色块，类似为图像平铺了一层马赛克图案。

选择位图图像，执行"位图>创造性>马赛克"命令，在打开的"马赛克"对话框中拖动"大小"滑块或在后面的数值框内输入数值，设置马赛克颗粒的大小。单击"背景色"下拉列表框，在下拉列表中选择马赛克方格之间的背景颜色，如图13-280所示。单击"预览"按钮对设置过的图像进行预览，如图13-281所示。

在打开的"马赛克"对话框中选中"虚光"复选框，可以在马赛克效果上添加一个虚光的框架，设置完成后单击

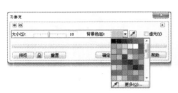

图13-280

图13-281

"确定"按钮结束操作，如图13-282所示。效果如图13-283所示。

图13-282　　　　　图13-283

13.7.8 粒子

技术速查：　"粒子"命令可以为图像添加星形或气泡两种样式的粒子效果。

　　选择位图图像，执行"位图>创造性>粒子"命令，在打开的"粒子"对话框的"样式"栏中选中"星星"单选按钮，分别拖动"粗细"、"密度"、"着色"和"透明度"滑块，或在后面的数值框内输入数值，对微粒的大小、粒子的数量、粒子的颜色以及粒子的透明度进行设置，在"角度"数值框内输入数值设置射到粒子的光线和角度，如图13-284所示。单击"预览"按钮对设置过的图像进行预览，画面中出现了星形粒子，效果如图13-285所示。

　　如果设置"样式"为气泡，如图13-286所示。分别设置"粗细"、"密度"、"着色"和"透明度"的数值，在"角度"数值框内输入数值，设置完成后单击"确定"按钮结束操作，画面中出现了气泡样子的粒子，效果如图13-287所示。

图13-284　　　　　图13-285　　　　　图13-286　　　　　图13-287

13.7.9 散开

技术速查：　"散开"命令可以将图像中的像素进行扩散重新排列，从而产生特殊的效果。

　　选择位图图像，执行"位图>创造性>散开"命令，在打开的"散开"对话框中分别拖动"水平"和"垂直"滑块，或在后面的数值框内输入数值，设置散开的方向大小，如图13-288所示。单击"预览"按钮对设置过的图像进行预览，设置完成后单击"确定"按钮结束操作，如图13-289所示。

图13-288　　　　　图13-289

技巧提示

　　在"散开"对话框中单击"锁定"按钮 ，在改变"水平"或"垂直"其中一个数值的同时，另一个也随之改变。

13.7.10 茶色玻璃

技术速查：　"茶色玻璃"命令可以在图像上添加一层色彩，产生透过茶色玻璃查看图像的效果。

　　选择位图图像，执行"位图>创造性>茶色玻璃"命令，在打开的"茶色玻璃"对话框中拖动"淡色"和"模糊"滑块设置玻璃的透明度以及画面的模糊程度。单击"颜色"下拉列表框，在下拉列表中选择一种颜色即可设置蒙在画面上的玻璃的颜色，如图13-290所示。单击"预览"按钮对设置过的图像进行预览，设置完成后单击"确定"按钮结束操作，如图13-291所示。

图13-290

图13-291

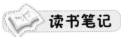

13.7.11 动手学：使用"彩色玻璃"命令

技术速查：使用"彩色玻璃"命令可以得到类似晶体化的效果，同时也可以调整玻璃片间焊接处的颜色和宽度。

01 选择位图图像，执行"位图>创造性>彩色玻璃"命令，打开"彩色玻璃"对话框，如图13-292所示。单击"预览"按钮对设置过的图像进行预览，如图13-293所示。

图13-292

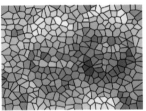
图13-293

02 拖动"大小"滑块或在数值框内输入数值，设置玻璃块的大小，如图13-294和图13-295所示。

图13-294

图13-295

03 拖动"光源强度"滑块或在数值框内输入数值，设置光线的强度，如图13-296和图13-297所示。

图13-296

图13-297

04 在"焊接宽度"数值框内输入数值，设置玻璃块边界的宽度，如图13-298和图13-299所示。

图13-298

图13-299

05 单击"焊接颜色"下拉列表框，在下拉列表中选择颜色可以改变接缝的颜色，如图13-300和图13-301所示。

图13-300

图13-301

06 选中"三维照明"复选框，可以在使用该命令的同时创建三维灯光的效果，如图13-302所示。设置完成后单击"确定"按钮结束操作，如图13-303所示。

图13-302

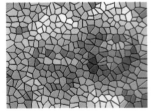
图13-303

13.7.12 动手学：使用"虚光"命令

技术速查："虚光"命令可以在图像中添加一个边框，使图像产生朦胧的效果。

① 选择位图图像，执行"位图>创造性>虚光"命令，打开"虚光"对话框，如图13-304所示。在"颜色"栏中选中"黑"单选按钮，在"形状"栏中选中"椭圆形"单选按钮，然后分别拖动"偏移"和"褪色"滑块，或在数值框内输入数值，单击"预览"按钮对设置过的图像进行预览，如图13-305所示。

图13-304　　　　　　　图13-305

② 在"颜色"栏中选中"白色"单选按钮，设置虚光的颜色为白色，如图13-306所示。单击"预览"按钮对设置过的图像进行预览，如图13-307所示。

图13-306　　　　　　　图13-307

③ 在"颜色"栏中选中"其他"单选按钮，可以在下拉列表中选择颜色，或使用吸管工具吸取其他颜色作为虚光，如图13-308所示。单击"预览"按钮对设置过的图像进行预览，如图13-309所示。

④ 不同形状的虚光可以制造出不同的视觉效果，在"形状"栏中选中"椭圆形"、"圆形"、"矩形"或"正

图13-308　　　　　　　图13-309

方形"单选按钮，设置完成后单击"确定"按钮结束操作，如图13-310所示。如图13-311所示为不同虚光形状的对比效果。

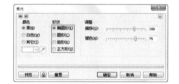

图13-310

椭圆形　　　　　　　圆形

矩形　　　　　　　正方形

图13-311

13.7.13 动手学：使用"旋涡"命令

技术速查：使用"旋涡"命令可以使图像绕指定的中心产生旋转效果。

① 选择位图图像，如图13-312所示，执行"位图>创造性>漩涡"命令，打开"旋涡"对话框，如图13-313所示。

 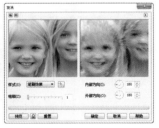

图13-312　　　　　　　图13-313

② 在"旋涡"对话框中单击"样式"下拉列表框选择一种样式效果，设置完成后单击"确定"按钮结束操作，如图13-314所示。如图13-315所示为不同旋涡样式的对比效果。

图13-314

③ 单击并拖动"粗细"滑块，或在数值框内输入数值，设置旋涡的粗细，如图13-316和图13-317所示。

笔刷效果　　　　　　　层次效果

粗体　　　　　　　　　细体

图13-315

图13-316

图13-317

04 在"内部方向"和"外部方向"数值框内输入数值，设置旋涡的旋转角度，如图13-318所示。单击"预览"按钮对设置过的图像进行预览，如图13-319所示。

图13-318

图13-319

13.7.14 动手学：使用"天气"命令

技术速查：使用"天气"命令可以通过设置为图像添加"雨"、"雪"或"雾"等自然效果。

01 选择位图图像，执行"位图>创造性>天气"命令，在这里首先需要选择"预报"类型，如图13-320所示。

02 设置"预报"为雪，画面中出现类似雪花状的斑点，分别拖动"浓度"和"大小"滑块或在数值框内

图13-320

输入数值调整雪花效果的浓度及气候微粒的大小，在"随机化"数值框内输入数值或单击"随机化"按钮设置气候微粒的位置，如图13-321所示。单击"预览"按钮对设置过的图像进行预览，如图13-322所示。

图13-321

图13-322

03 设置"预报"为雨，如图13-323所示。单击"预览"按钮对设置过的图像进行预览，如图13-324所示。

图13-323

图13-324

04 在"天气"对话框的"预报"栏中选中"雾"单选按钮，如图13-325所示。设置完成后单击"确定"按钮结束操作，如图13-326所示。

图13-325

图13-326

读书笔记

13.8 扭曲效果

执行"位图>扭曲"命令，在子菜单中包含10种扭曲效果，包括"块状"、"置换"、"偏移"、"像素"、"龟纹"、"旋涡"、"平铺"、"湿笔画"、"涡流"和"风吹效果"，如图13-327所示。扭曲效果可以使用不同的方式对位图图像中的像素表面进行扭曲，使画面产生特殊效果。选择文档中的位图对象，下面我们就来学习扭曲效果的使用，如图13-328所示。

图13-327　　　　　　图13-328

13.8.1 动手学：使用"块状"命令

技术速查：使用"块状"命令可以使图像分裂为若干小块，形成类似拼贴的特殊效果。

01 执行"位图>扭曲>块状"命令，在打开的"块状"对话框中首先需要对"未定义区域"进行设置，单击"未定义区域"下拉列表框选择一个样式，如图13-329所示。如图13-330所示为不同块状样式的对比效果。

图13-329　　　　　　图13-330

02 在"块状"对话框的"未定义区域"栏中单击下拉列表框，在下拉列表中选择"其他"选项，在颜色下拉列表选择一种颜色，如图13-331所示。设置完成后单击"确定"按钮结束操作，如图13-332所示。

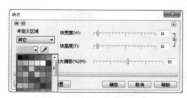

图13-331　　　　　　图13-332

03 分别拖动"块宽度"、"块高度"和"最大偏移"滑块设置分裂块的形状及大小，如图13-333所示。单击"预览"按钮对设置过的图像进行预览，如图13-334所示。

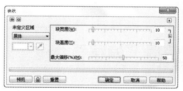
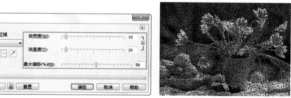

图13-333　　　　　　图13-334

04 在"块状"对话框中单击左上角的▣按钮可显示出预览区域，当按钮变为▣时再次单击可显示出对象设置前后的对比图像，单击左边的▣按钮可收起预览图，如图13-335和图13-336所示。

图13-335　　　　　　图13-336

13.8.2 动手学：使用"置换"命令

技术速查：使用"置换"命令可以在两个图像之间评估像素颜色的值，为图像增加反射点。

01 选择位图图像，执行"位图>扭曲>置换"命令，在打开的"置换"对话框中单击样式下拉按钮选择置换纹路，然后进行参数的设置，单击"预览"按钮对设置过的图像进行预览，设置完成后单击"确定"按钮结束操作，如图13-337和图13-338所示。

02 分别在"缩放模式"栏中选中"平铺"或"伸展适

图13-337　　　　　　　　　　图13-338

合"单选按钮，设置纹路形状，如图13-339和图13-340所示。

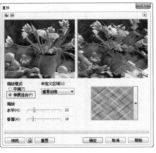

图13-339　　　　　　　　　　图13-340

③ 在"未定义区域"下拉列表框中可以选择"重复边缘"或"环绕"的方式填充未定义的区域。

④ 调整"水平"和"垂直"滑块或在后面的数值框内输入数值，设置纹路大小，如图13-341和图13-342所示。

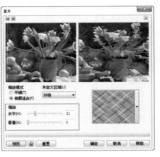

图13-341　　　　　　　　　　图13-342

 读书笔记

13.8.3 动手学：使用"偏移"命令

技术速查：使用"偏移"命令可以按照指定的数值偏移整个图像，将图像切割成小块，然后使用不同的顺序结合起来。

① 选择位图图像，执行"位图>扭曲>偏移"命令，在这里可以对位移的距离以及填充未定义区域的方式进行设置，如图13-343所示。

图13-343

② 在"未定义区域"下拉列表框中可以选择"环绕"、"重复边缘"或"颜色"方式填充未定义区域，如图13-344所示为"环绕"方式。如图13-345所示为"重复边缘"方式。

图13-344　　　　　　　　　　图13-345

③ 如果设置"未定义区域"为颜色，那么就需要在下方的颜色列表中选择一个颜色，或者使用吸管工具设置一种颜色，如图13-346所示。

④ 在打开的"偏移"对话框中分别拖动"水平"和"垂直"滑块或在后面的数值框内输入数值，设置偏移的位置，如图13-347和图13-348所示为不同参数的对比效果。

图13-346

图13-347　　　　　　　　　　图13-348

13.8.4 像素

技术速查："像素"命令是结合并平均相邻像素的值，将图像分割为正方形、矩形或放射状的单元格。

选择位图图像，执行"位图>扭曲>像素"命令，在打开的"像素"对话框的"像素化模式"栏中分别选中"正方形"、"矩形"和"射线"单选按钮对像素模式进行设置，拖动"宽度"、"高度"和"不透明"滑块或在后面的数值框内输入数值，设置单元格的大小，如图13-349所示。单击"预览"按钮对设置过的图像进行预览，设置完成后单击"确定"按钮结束操作，4种模式的像素效果如图13-350所示。

图13-349

图13-350

13.8.5 动手学：使用"龟纹"命令

技术速查："龟纹"命令可以对图像上下方向的波浪变形图案。

① 选择位图图像，执行"位图>扭曲>龟纹"命令，打开"龟纹"对话框，如图13-351所示。单击"预览"按钮对设置过的图像进行预览，如图13-352所示。

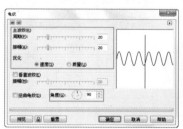

图13-351　　　　　　　图13-352

② 拖动"周期"滑块或在后面的数值框内输入数值，设置波浪弧度，如图13-353和图13-354所示。

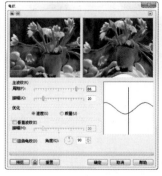
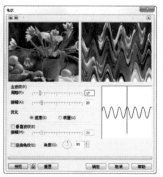

图13-353　　　　　　　图13-354

③ 拖动"振幅"滑块或在后面的数值框内输入数值，设置波浪抖动的大小，如图13-355和图13-356所示。

④ 在"优化"栏中选中"速度"或"质量"单选按钮，设置执行"龟纹"命令的优先项目。

⑤ 在"角度"数值框内输入数值，设置波浪的角度，如图13-357和图13-358所示。

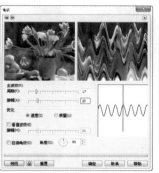
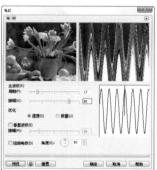

图13-355　　　　　　　图13-356

图13-357　　　　　　　图13-358

⑥ 选中"垂直波纹"复选框并拖动"振幅"滑块，增加并设置垂直的波浪，如图13-359和图13-360所示。

图13-359　　　　　　　图13-360

07 选中"扭曲龟纹"复选框进一步设置波纹的扭曲,如图13-361和图13-362所示。

图13-361

图13-362

13.8.6 动手学:使用"旋涡"命令

技术速查:使用"旋涡"命令可以使图像按照某个点产生旋涡变形的效果。

01 选择位图图像,执行"位图>扭曲>旋涡"命令,打开"旋涡"对话框,如图13-363所示。单击"预览"按钮对设置过的图像进行预览,设置完成后单击"确定"按钮结束操作。

02 设置"定向"为顺时针或逆时针,即可设置旋涡扭转方向,如图13-364和图13-365所示。

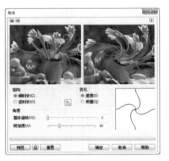
图13-363

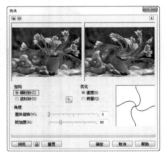
图13-364

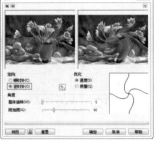
图13-365

03 设置"优化"为速度或质量,即可设置执行"旋涡"命令的优先项目。

04 分别拖动"整体旋转"和"附加度"滑块或在后面的数值框内输入数值,设置旋涡程度,如图13-366所示为整

体旋转为1,附加度为0的效果。如图13-367所示为整体旋转为4,附加度为0的效果。

图13-366

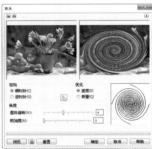
图13-367

05 如图13-368和图13-369所示为整体旋转为0,附加度分别为50和250的对比效果。

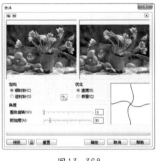
图13-368

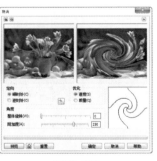
图13-369

13.8.7 平铺

技术速查:"平铺"命令多用于大面积背景的制作,可以将图像作为图案,平铺在原图像的范围内。

选择位图图像,执行"位图>扭曲>平铺"命令,在打开的"平铺"对话框中分别拖动"水平平铺"、"垂直平铺"和"重叠"滑块,设置横向和纵向图片平铺的数量,如图13-370所示。单击"预览"按钮对设置过的图像进行预览,设置完成后单击"确定"按钮结束操作,如图13-371所示。

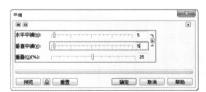
图13-370

图13-371

13.8.8 湿笔画

技术速查：使用"湿笔画"命令可以使图像看起来有颜料流动感的效果，以模拟帆布上颜料的效果。

选择位图图像，执行"位图>扭曲>湿笔画"命令，在打开的"湿笔画"对话框中分别拖动"润湿"和"百分比"滑块，设置流动感的水滴的大小，其百分比数值越大，水滴也就越大，如图13-372所示。单击"预览"按钮对设置过的图像进行预览，设置完成后单击"确定"按钮结束操作，如图13-373所示。

图13-372　　　　　　　　　　图13-373

13.8.9 涡流

技术速查：使用"涡流"命令可以为图像添加流动的旋涡图案，使图像映射成一系列盘绕的涡旋。

选择位图图像，执行"位图>扭曲>涡流"命令，在打开的"涡流"对话框中分别拖动"间距"、"擦拭长度"和"扭曲"滑块或在后面的数值框内输入数值，设置涡旋的间距和扭曲程度，如图13-374所示。单击"预览"按钮对设置过的图像进行预览，如图13-375所示。

图13-374　　　　　　　　　　图13-375

 技术拓展：样式的添加与删除

在"涡流"对话框中单击"样式"下拉列表框选择一种样式，以设置涡旋的样式，如图13-376所示。

在"涡流"对话框中单击"添加"按钮➕，在弹出的"保存预设"对话框中输入新名称，单击"确定"按钮结束操作，如图13-377所示。

单击预设下拉列表，在下拉列表中选择需要删除的选项，在"样式"选项中单击"删除"按钮➖，在弹出的面板中单击"是"按钮，完成删除命令，若不想删除，单击"否"按钮进行取消，如图13-378所示。

图13-376　　　　　　图13-377　　　　　　图13-378

13.8.10 动手学：使用"风吹效果"命令

技术速查："风吹效果"命令可以为图像制作出物体被风吹动后形成的拉丝效果。

01 选择位图图像，执行"位图>扭曲>风吹效果"命令，打开"风吹效果"对话框，如图13-379所示。单击"预览"按钮对设置过的图像进行预览，设置完成后单击"确定"按钮结束操作，如图13-380所示。

02 拖动"浓度"滑块或在后面的数值框内输入数值，设置风的强度，如图13-381和图13-382所示。

03 拖动"不透明"滑块或在后面的数值框内输入数值，设置风吹效果的不透明程度，如图13-383和图13-384所示。

图13-379　　　　　　　　　　图13-380

图13—381　　　　　　　　图13—382

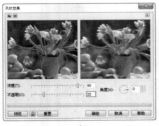

图13—383　　　　　　　　图13—384

04 在"角度"数值框内输入数值设置风吹效果的方向，如图13-385和图13-386所示。

图13—385　　　　　　　　图13—386

 **读书笔记**

13.9 杂点效果

执行"位图>杂点"命令，在子菜单中有6种效果，包括"添加杂点"、"最大值"、"中值"、"最小"、"去除龟纹"和"去除杂点"，如图13-387所示。杂点效果可以为图像添加像素点或减少图像中的像素点。如图13-388和图13-389所示为使用这一组效果制作的作品。

图13—387　　　　图13—388　　　　图13—389

13.9.1 动手学：使用"添加杂点"命令

技术速查：使用"添加杂点"命令可以为图像添加颗粒状的杂点。

01 选择位图图像，如图13-390所示，执行"位图>杂点>添加杂点"命令，打开"添加杂点"对话框，首先需要对"杂点类型"进行设置，如图13-391所示。

图13—390　　　　　　　　图13—391

02 在打开的"添加杂点"对话框的"杂点类型"栏中选中"高斯式"单选按钮，分别拖动"层次"和"密度"滑块或在后面的数值框内输入数值，设置杂点的数量。在"颜色模式"栏中选中"强度"单选按钮，并设置杂点的颜色，如图13-392所示。单击"预览"按钮对设置过的图像进行预览，如图13-393所示。

图13—392　　　　　　　　图13—393

03 在"添加杂点"对话框的"杂点类型"栏中选中"尖突"单选按钮，在"颜色模式"栏中选中"随机"单选按钮，可以得到不同的杂色点，如图13-394所示。单击"预览"按钮对设置过的图像进行预览，如图13-395所示。

图13-394 　　　　　　图13-395

04 设置"杂点类型"为均匀，可以得到均匀分布的杂点效果。在"颜色模式"栏中选中"单一"单选按钮，在颜色下拉列表中选择一种颜色，并设置杂色点，如图13-396所示。设置完成后单击"确定"按钮结束操作，如图13-397所示。

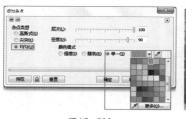 

图13-396 　　　　　　图13-397

技巧提示

在"添加杂点"对话框中单击左上角的回按钮，可显示出预览区域，如图13-398所示。当按钮变为回时，再次单击，可显示出对象设置前后的对比图像，单击左边的回按钮，可收起预览图，如图13-399所示。

图13-398 　　　　　　图13-399

在预览后，如果效果不满意，可以单击"重置"按钮将恢复对象的原数值，以便重新设置其数值。

★ **案例实战——使用"添加杂点"命令制作磨砂包装**

案例文件	案例文件\第13章\使用"添加杂点"命令制作磨砂包装.cdr
视频教学	视频文件\第13章\使用"添加杂点"命令制作磨砂包装.flv
难度级别	★★★★★
技术要点	添加杂点、钢笔工具、透明度工具

案例效果

本例主要通过使用添加杂点、钢笔工具、透明度工具等制作磨砂包装效果，效果如图13-400所示。

图13-400

操作步骤

01 执行"文件>新建"命令，在弹出的"创建新文档"对话框中设置"预设目标"为默认RGB，"大小"为A4，如图13-401所示。

图13-401

02 单击工具箱中的"矩形工具"按钮，在画面中绘制一个合适大小的矩形，如图13-402所示。填充深蓝色，设置"轮廓笔"为无，效果如图13-403所示。

图13-402 　　　　　　图13-403

03 单击工具箱中的"钢笔工具"按钮，在画面中单击绘制一个三角形，如图13-404所示。设置"填充颜色"为浅蓝色，"轮廓笔"为无，效果如图13-405所示。

图13-404 　　　　　　图13-405

04 单击工具箱中的"透明度工具"按钮，在三角形上从上到下进行拖曳，添加透明效果，如图13-406所示。用同样的方法制作出其他三角形，并排列成如图13-407所示的效果。

 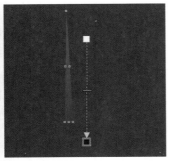

图13-406　　　　　　　图13-407

05 单击工具箱中的"文本工具"按钮，在属性栏中设置合适的字体及大小，然后在三角形中间输入文字，如图13-408所示。

06 单击工具箱中的"渐变工具"按钮，在"渐变填充"对话框中设置从白色到黄色的渐变，"角度"为90，如图13-409所示。设置文字"轮廓笔"为无，效果如图13-410所示。

图13-408

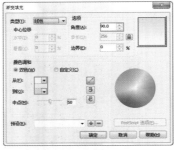 

图13-409　　　　　　　图13-410

07 单击工具箱中的"标题形状工具"按钮，在属性栏中选择一种合适的形状，如图13-411所示。在文字下按住左键并拖曳制作标题形状，如图13-412所示。使用渐变工具为其填充绿色系渐变，设置"轮廓笔"为无，效果如图13-413所示。

图13-411　　　　图13-412　　　　图13-413

08 选中标题形状，单击右键执行"转换为曲线"命令，使用形状工具对标题形状进行调整，如图13-414所示。单击工具箱中的"基本形状工具"按钮，在属性栏中选择一种心形图案，在标题形状两侧绘制深蓝色心形，效果如图13-415所示。

09 使用钢笔工具在图形上绘制一个深绿色的条纹，如图13-416所示。用同样的方法制作另外一些条纹，如图13-417所示。

图13-414　　　　　　　图13-415

图13-416　　　　　　　图13-417

10 使用文本工具，设置合适的字体及大小，在绿色图形上输入文字，如图13-418所示。单击工具箱中的"阴影工具"按钮，在文字上按住左键并拖曳制作阴影效果，如图13-419所示。

图13-418　　　　　　　图13-419

11 导入食物素材"1.png"，调整大小及位置，如图13-420所示。复制食物素材，单击属性栏中的"水平径向"按钮，将素材水平翻转，适当移动位置，如图13-421所示。

12 再次使用标题形状工具在下面绘制图形，填充绿色，设置"轮廓笔"为无，效果如图13-422所示。使用阴影工具为其添加阴影效果，如图13-423所示。

13 使用钢笔工具在画面中绘制两个相同大小的棕色三角形，如图13-424所示。

14 单击工具箱中的"星形工具"按钮，设置"点数或边数"为30，"锐度"为15，如图13-425所示。按"Ctrl"

图13-420　　　　　　　　　图13-421

图13-422　　　　图13-423　　　　图13-424

键绘制一个正星形，设置"颜色"为棕色，"轮廓笔"为无，添加阴影效果，如图13-426所示。

16　再次绘制一个棕色正星形，设置"轮廓笔"的"颜色"为黄色，"宽度"为8px，效果如图13-427所示。单击工具箱中的"椭圆形工具"按钮，按"Ctrl"键绘制一个正圆，设置"填充"为无，"轮廓笔"的"颜色"为绿色，"宽度"为10px，效果如图13-428所示。

图13-425

图13-426　　　　图13-427　　　　图13-428

16　再次绘制一个小一点的正圆，填充白色，如图13-429所示。绘制一个同样大小的正圆，填充绿色，如图13-430所示。

图13-429　　　　　　　图13-430

17　单击"透明度工具"按钮，在属性栏中设置"透明度类型"为辐射，效果如图13-431所示。用同样的方法制作下面小一点的图形标志，效果如图13-432所示。

图13-431　　　　　　　　图13-432

技巧提示

底部的图形标志与刚刚绘制的多角星形标志非常相似，所以可以选择绘制完成的星形标志进行复制、粘贴操作，并对粘贴出的对象进行适当缩放、更改颜色以及调整细节等操作。

18　下面使用矩形工具和文本工具在多角星形上方合适位置绘制矩形并输入文字，如图13-433所示。导入曲奇素材"2.png"，放置在大圆中心位置，添加阴影效果，如图13-434所示。

图13-433　　　　　　　　图13-434

思维点拨：黄绿色

黄绿色既有黄色的知性、明快，又有绿色的自然，所以展现出自由悠然的感觉。这种新鲜水嫩的色相，会令人感觉到希望。绿色是植物的代表色，所以也常用于食物类的宣传，如图13-435和图13-436所示。

读书笔记

图13-435　　　　　　　图13-436

19　下面使用钢笔工具绘制外轮廓图形，填充蓝色，设置"轮廓笔"为无，如图13-437所示。选择蓝色图形，执行"位图>转换为位图"命令，设置"颜色模式"为RGB，如图13-438所示。

图13-437　　　　　　　图13-438

20　执行"位图>杂点>添加杂点"命令，选中"高斯式"单选按钮，设置"层次"为55，"密度"为50，如图13-439和图13-440所示。

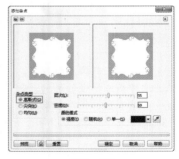

图13-439　　　　　　　图13-440

21　下面绘制一个大一点的矩形，填充灰色系渐变，作为背景，如图13-441所示。选择绘制的所有包装部分，单击右键执行"群组"命令，使用矩形工具在包装上侧和下侧分

别绘制白色的包装压印效果，如图13-442所示。

图13-441　　　　　　　图13-442

22　使用钢笔工具绘制出立体效果的包装轮廓图形，如图13-443所示。选择包装群组对象，执行"效果>图框精确剪裁>置于图文框内部"命令，当光标变为黑色箭头时，单击绘制好的轮廓图形，如图13-444所示。

图13-443　　　　　　　图13-444

23　使用钢笔工具绘制印痕部分，设置颜色为深蓝色，效果如图13-445所示。使用透明度工具为其添加不透明度，效果如图13-446所示。

24　再次使用钢笔工具绘制暗部，设置颜色为钴蓝色，效果如图13-447所示。使用透明度工具为其添加不透明度，效果如图13-448所示。

图13-445　　　　　　　图13-446

图13-447　　　　　　　图13-448

25　用同样的方法制作出其他暗影效果及包装右侧的高光部分，最终效果如图13-449所示。

图13-449

13.9.2 最大值

技术速查："最大值"命令是根据位图最大值暗色附近的像素颜色修改其颜色值，以匹配周围像素的平均值。

选择位图图像，执行"位图>杂点>最大值"命令，打开"最大值"对话框，如图13-450所示。

在打开的"最大值"对话框中分别拖动"百分比"和"半径"滑块或在后面的数值框内输入数值，设置其

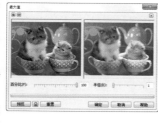

图13-450

像素颗粒的大小，如图13-451所示。单击"预览"按钮对设置过的图像进行预览，设置完成后单击"确定"按钮结束操作，如图13-452所示。

图13-451

图13-452

13.9.3 中值

技术速查："中值"命令是通过平均图像中像素的颜色值来消除杂点和细节。

选择位图图像，执行"位图>杂点>中值"命令，打开"中值"对话框，如图13-453所示。

拖动"半径"滑块或在后面的数值框内输入数值，更改图像中的杂点像素的大小，如图13-454所示。单击

图13-453

"预览"按钮对设置过的图像进行预览，设置完成后单击"确定"按钮结束操作，如图13-455所示。

图13-454

图13-455

13.9.4 最小

技术速查："最小"命令可以通过将像素变暗去除图像中的杂点和细节。

选择位图图像，执行"位图>杂点>最小"命令，打开"最小"对话框，如图13-456所示。

拖动"百分比"和"半径"滑块或在后面的数值框内输入数值，设置其像素颗粒的大小，如图13-457所

图13-456

示。单击"预览"按钮对设置过的图像进行预览，设置完成后单击"确定"按钮结束操作，如图13-458所示。

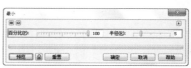

图13-457

图13-458

13.9.5 动手学：使用"去除龟纹"命令

技术速查："去除龟纹"命令可以去除在扫描的半色调图像中出现的龟纹图案，去除龟纹的同时会去掉更多的图案，同时也会产生更多的模糊效果。

01 选择位图图像，执行"位图>杂点>去除龟纹"命令，打开"去除龟纹"对话框，如图13-459所示。

图13-459

02 拖动"数量"滑块或在后面的数值框内输入数值，设置去除杂点的数量。数量越大，画面越模糊，杂点越少；数量越小，去除的杂点越少，画面也会相对清晰一些，如图13-460和图13-461所示。

03 在"优化"栏中选中"速度"或"质量"单选按钮，设置执行龟纹命令的优先项目。

04 在"缩减分辨率"栏的"输出"数值框内输入数值，设置输出分辨率。

图13-460

图13-461

05 单击"预览"按钮对设置过的图像进行预览,设置完成后单击"确定"按钮结束操作,如图13-462和图13-463所示。

图13-462

图13-463

13.9.6 动手学:使用"去除杂点"命令

技术速查:"去除杂点"命令可以去除扫描图像上的网点,以及抓取的视频图像中的杂点,从而使图像变得更为柔和。

01 选择位图图像,执行"位图>杂点>去除杂点"命令,打开"去除杂点"对话框,如图13-464所示。

02 在"去除杂点"对话框中选中"自动"复选框,自动调整合适图像的数值,如图13-465所示。

图13-466   图13-467

04 单击"预览"按钮对设置过的图像进行预览,设置完成后单击"确定"按钮结束操作,如图13-468所示。

图13-464   图13-465

03 未选中"自动"复选框时,可以拖动"阈值"滑块或在后面的数值框内输入数值,设置图像杂点的平滑程度。数值越大,画面越清晰;数值越小,画面越模糊,如图13-466和图13-467所示。

图13-468

13.10 鲜明化效果

执行"位图>鲜明化"命令,在子菜单中包含5种鲜明化效果,如图13-469所示。鲜明化效果的使用可以使图像的边缘更加鲜明,使图像看起来更加清晰,并带来更多的细节,同时也可以用来转化为位图的矢量图像增加亮度和细节。选择文档中的位图对象,下面我们就来学习鲜明化效果的使用,如图13-470所示。

图13-469   图13-470

13.10.1 适应非鲜明化

技术速查:"适应非鲜明化"命令可以通过对相邻像素的分析使图像边缘的细节更加突出。

选择位图图像,执行"位图>鲜明化>适应非鲜明化"命令,在打开的"适应非鲜明化"对话框中拖动"百分比"滑块或在后面的数值框内输入数值,设置边缘细节的程度,如图13-471所示。单击"预览"按钮对设置过的图像进行预览，设置完成后单击"确定"按钮结束操作，如图13-472所示。

图13-471

图13-472

技巧提示

对于高分辨率的图像可能效果并不明显，重复多次使用可以增强效果。

读书笔记

13.10.2 定向柔化

技术速查："定向柔化"命令是通过分析图像中边缘部分的像素来确定柔化效果的方向。

选择位图图像，执行"位图>鲜明化>定向柔化"命令，在打开的"定向柔化"对话框中拖动"百分比"滑块或在后面的数值框内输入数值，设置边缘细节的程度，如图13-473所示。这种效果可以使图像边缘变得鲜明，单击"预览"按钮对设置过的图像进行预览，设置完成后单击"确定"按钮结束操作，如图13-474所示。

13.10.3 高通滤波器

技术速查："高通滤波器"命令可以去除图像的阴影区域，并加亮较亮的区域。

选择位图图像，执行"位图>鲜明化>高通滤波器"命令，在打开的"高通滤波器"对话框中拖动"百分比"和"半径"滑块或在后面的数值框内输入数值，设置高通效果的强度和颜色渗出的距离，如图13-475所示。单击"预览"按钮对设置过的图像进行预览，设置完成后单击"确定"按钮结束操作，如图13-476所示。

图13-473

图13-474

图13-475

图13-476

13.10.4 动手学：使用"鲜明化"命令

技术速查："鲜明化"命令是通过提高相邻像素之间的对比度来突出图像的边缘，使图像轮廓更加鲜明。

01 选择位图图像，执行"位图>鲜明化>鲜明化"命令，打开"鲜明化"对话框，如图13-477所示。

02 拖动"边缘层次"滑块或在后面的数值框内输入数值，设置跟踪图像边缘的强度，如图13-478和图13-479所示。

03 拖动"阈值"滑块或在后面的数值框内输入数值，设置边缘检测后剩余图像的多少，如图13-480和图13-481所示。

图13-477

图13-478

图13-479

04 在"鲜明化"对话框中选中"保护颜色"复选框，可以将鲜明化效果应用于画面，而保持画面像素的颜色值不发生过度的变化，如图13-482所示。

图13-480

图13-481

图13-482

05 单击"预览"按钮对设置过的图像进行预览，设置完成后单击"确定"按钮结束操作，如图13-483和图13-484所示。

图13-483

图13-484

13.10.5 非鲜明化遮罩

技术速查："非鲜明化遮罩"命令可以使图像中的边缘以及某些模糊的区域变得更加鲜明。

选择位图图像，执行"位图>鲜明化>非鲜明化遮罩"命令，在打开的"非鲜明化遮罩"对话框中分别拖动"百分比"、"半径"和"阈值"滑块，设置图像遮罩的大小及边缘检测后剩余图像的多少，如图13-485所示。单击"预览"按钮对设置过的图像进行预览，设置完成后单击"确定"按钮结束操作，如图13-486所示。

图13-485

图13-486

课后练习

【课后练习——制作有趣的卷页照片】

思路解析：

本案例主要通过对位图素材应用"卷页"效果滤镜，使照片的一角产生卷页的效果。

本章小结

CorelDRAW中的位图效果与Photoshop中的滤镜非常相似，很多时候也会称CorelDRAW中的位图效果为滤镜。这些位图效果与矢量图形的绘制思路大相径庭，但是通过学习我们了解到位图效果其实使用起来非常容易，效果的参数设置也非常简单，只要试用一下就会明白。所以通过本章的学习，需要充分熟悉各种位图效果的特性，分析它们适合使用的环境，并在制图过程中灵活地运用，以便轻松制作出矢量图形难以达到的效果。

第14章

综合练习实例

本章内容简介：

前面详细介绍了CorelDRAW的基本操作和使用方法，本章将通过一些具体的实例使读者进一步综合掌握CorelDRAW软件在设计中的应用。

本章学习要点：

- 化妆品标志设计
- 拼贴风格宣传海报设计
- 时尚杂志封面设计
- 淡雅饮品包装设计
- 汽车与城市主题招贴设计

★ 14.1简约化妆品标志设计

案例文件	案例文件\第14章\简约化妆品标志设计.cdr
视频教学	视频文件\第14章\简约化妆品标志设计.flv
难度级别	★★★★★
技术要点	图形绘制工具、填充工具、轮廓笔设置

案例效果

本例主要通过使用图形绘制工具、填充工具等制作化妆品标志，效果如图14-1所示。

图14-1

操作步骤

01 创建空白文件，执行"文件>导入"命令，导入素材"1.jpg"，如图14-2所示。单击工具箱中的"矩形工具"按钮，在瓶子上绘制合适大小的矩形，如图14-3所示。

图14-2　　　　　　　　　　图14-3

02 单击工具箱中的"均匀填充工具"按钮，在弹出的对话框中设置RGB数值分别为72、80、59，如图14-4所示。设置描边为无，效果如图14-5所示。

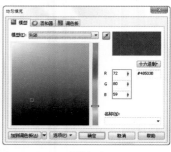 

图14-4　　　　　　　　　　图14-5

03 再次绘制一个小一点的矩形，设置"轮廓笔"的"颜色"为白色，"宽度"为5px，填充为无，效果如图14-6所示。单击工具箱中的"文本工具"按钮，设置合适的字体及大小，输入文字，在属性栏中设置"旋转角度"为90，效果如图14-7所示。

04 绘制一个同底面一样大小的矩形，设置"填充颜

色"为黑色，"轮廓笔"为无，效果如图14-8所示。单击工具箱中的"阴影工具"按钮，在黑色矩形上拖曳完成阴影效果的制作，如图14-9所示。

图14-6　　　　图14-7　　　　图14-8　　　　图14-9

05 单击工具箱中的"椭圆形工具"按钮，在右侧瓶子上绘制一个合适大小的椭圆形，填充白色，设置"轮廓笔"的"颜色"为棕色，"宽度"为8px，效果如图14-10所示。再次绘制一个小一点的椭圆，设置"填充颜色"为绿色，"轮廓笔"为无，效果如图14-11所示。

06 单击工具箱中的"基本形状工具"按钮，在属性栏中选择一种水滴形状，如图14-12所示。在椭圆上绘制一个合适大小的水滴形状，效果如图14-13所示。

图14-10　　　图14-11　　　图14-12　　　图14-13

07 设置"填充颜色"为浅一点的灰绿色，"轮廓笔"为无，效果如图14-14所示。用同样的方法绘制一个同样大小的水滴，设置"填充颜色"为白色，效果如图14-15所示。

08 为白色水滴添加线性透明，制作水滴高光效果，如图14-16所示。使用矩形工具绘制一个合适大小的矩形，设置"颜色"为棕色，"轮廓笔"为无，效果如图14-17所示。

图14-14　　　图14-15　　　图14-16　　　图14-17

09 使用文本工具，设置合适的字体及大小，在棕色矩形上输入文字，如图14-18所示。

10 使用基本形状工具，选择心形在画面中绘制合适大小的图形，"填充颜色"为黄色，设置"轮廓笔"为无，效果如图14-19所示。双击心形，将中心点移至下方，如图14-20所示。将心形进行一定的旋转，如图14-21所示。

图14-18　　　图14-19　　　图14-20　　　图14-21

11 复制心形图形，调整大小及角度，如图14-22所示。多次复制并调整角度和大小，效果如图14-23所示。

12 复制右侧的心形，粘贴到左侧，如图14-24所

示。单击属性栏中的
"水平镜像"按钮,效
果如图14-25所示。

图14-22　　　　　　图14-23

图14-24　　　　　　图14-25

13 将左侧心形移动到合适位置上,最终效果如图14-26
所示。

图14-26

 思维点拨:标志设计

　　标志是用来表明事物特征的"记号",通常以简
洁、易识别的图形、符号或文字等作为表达的方式,具
有象征意义和识别效果。标志可以说是企业形象、文化
和信誉等重要特征的缩写。标志图形的色彩配置应考虑
到各种色相明度、纯度之间的关系,研究人们对不同颜
色的感受和爱好。标志的色彩需要用色单纯,使用较少
的色彩来统一图形,否则会给人一种零乱、难识别的感
觉,使标志起不到应有的作用,如图14-27和图14-28
所示。

图14-27　　　　　　图14-28

★ 14.2 拼贴风格宣传海报

案例文件	案例文件\第14章\拼贴风格宣传海报.cdr
视频教学	视频文件\第14章\拼贴风格宣传海报.flv
难度级别	★★★★★
技术要点	文本工具、钢笔工具、渐变填充工具、阴影工具

案例效果

　　本例主要通过使用文本工具、钢笔工具、渐变填充工具、
阴影工具等制作拼贴风格宣传海报,效果如图14-29所示。

图14-29

操作步骤

　　01 执行"文件>新建"命令,创建空白文件,然后导
入背景素材文件"1.jpg",如图14-30所示。单击工具箱中
的"矩形工具"按钮□,按住左键并拖曳绘制一个同背景
一样大小的矩形,填充黑色,设置"轮廓笔"为无,效果
如图14-31所示。

图14-30　　　　　　图14-31

　　02 单击工具箱中的"透明度工具"按钮□,在属性栏
中设置"透明度类型"为辐射,"透明度操作"为常规,
"开始透明度"为40,如图14-32所示。效果如图14-33所示。

图14-32

图14-33

03 单击工具箱中的"文本工具"按钮 字，在属性栏中设置合适的字体及大小，然后在画面中输入文字，如图14-34所示。

图14-34

04 单击工具箱中的"渐变填充工具"按钮，在"渐变填充"对话框中选中"自定义"单选按钮，设置一种紫色系渐变，"角度"为-73.5，如图14-35所示。接着设置"轮廓笔"的"颜色"为白色，"宽度"为16px，效果如图14-36所示。

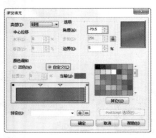

图14-35   图14-36

05 单击工具箱中的"阴影工具"按钮，在彩色文字上拖曳，添加投影效果，如图14-37所示。用同样的方法制作其他不同渐变颜色的文字，如图14-38所示。

图14-37   图14-38

06 导入素材文件"2.png"，将其放置在左下角，如图14-39所示。

07 单击工具箱中的"钢笔工具"按钮，绘制出鞋子的轮廓图，设置"填充颜色"为白色，"轮廓笔"为无，效果如图14-40所示。单击"阴影工具"按钮，在白色图形上拖曳，制作阴影效果，单击右键执行"顺序>向后一层"命令，将白色图形放置在鞋子素材后，效果如图14-41所示。

图14-39   图14-40   图14-41

08 使用钢笔工具在鞋子下方绘制出另外一个不规则图

形，单击工具箱中的"渐变填充工具"按钮，在"渐变填充"对话框中设置从浅绿色到深绿色的渐变，如图14-42所示。设置"轮廓笔"为无，效果如图14-43所示。

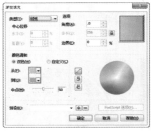 

图14-42   图14-43

09 单击"阴影工具"按钮，在绿色渐变图形上拖曳，添加阴影效果，使用文本工具在绿色渐变图形上输入偏灰色文字，使用钢笔工具在文字右侧绘制一个箭头形状，设置"填充"为无，效果如图14-44所示。再次使用钢笔工具在图形左下角绘制一个折页效果，填充深一些的绿色，效果如图14-45所示。

图14-44   图14-45

10 依次导入其他产品素材"3.png"和"4.png"，用同样的方法制作折纸效果，如图14-46所示。

图14-46

11 单击工具箱中的"椭圆形工具"按钮，按"Ctrl"键在画面右上角绘制一个正圆，单击"渐变填充"按钮，在"渐变填充"对话框中选中"自定义"单选按钮，设置一种灰色系的金属渐变，"角度"为-132，如图14-47所示。单击"阴影工具"按钮，在灰色正圆上拖曳，如图14-48所示。再次使用椭圆形工具绘制一个小一点的正圆，设置"填充颜色"为红色，"轮廓笔"为无，效果如图14-49所示。

图14-47

图14-48

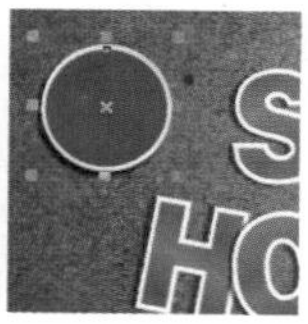

图14-49

12 单击"矩形工具"按钮，在画面右上角绘制一个小一点的矩形，同样填充灰色系渐变，使用阴影工具为其添加投影效果，将其进行旋转，如图14-50所示。使用文本工具在画面中输入合适的文字，调整文字的不同角度，效果如图14-51所示。

图14-50

图14-51

13 单击"矩形工具"按钮，在渐变字母上绘制一个小一点的矩形，单击属性栏中的"圆角"按钮 □ ，设置"圆角半径"为0.4mm，为圆角矩形填充灰色系渐变，效果如图14-52所示。多次复制，调整位置及角度，效果如图14-53所示。

图14-52

图14-53

14 导入素材文件"5.png"，多次复制，调整大小及位置，最终效果如图14-54所示。

图14-54

★ 14.3 简洁风格儿童主题网站

案例文件	案例文件\第14章\简洁风格儿童主题网站.cdr
视频教学	视频文件\第14章\简洁风格儿童主题网站.flv
难度级别	★★★★★
技术要点	矩形工具、文本工具、椭圆形工具、钢笔工具

案例效果

本例主要通过使用矩形工具、文本工具、椭圆形工具、钢笔工具等制作简洁风格的儿童主题网站，效果如图14-55所示。

图14-55

操作步骤

01 执行"文件>新建"命令，在弹出的"创建新文档"对话框中设置"预设目标"为默认RGB，"大小"为A4，如图14-56所示。

图14-56

02 单击工具箱中的"矩形工具"按钮，在画面中绘制一个较大的矩形，再单击工具箱中的"渐变填充工具"按钮，在"渐变填充"对话框中设置一种灰色系渐变，适当调整角度，如图14-57所示。设置"轮廓笔"为无，效果如图14-58所示。

图14-57

图14-58

03 单击工具箱中的"椭圆形工具"按钮，按"Ctrl"键在灰色矩形左侧绘制一个正圆，如图14-59所示。使用渐变填充工具，设置"类型"为辐射，颜色为从深蓝到浅蓝，

387

"中点"为68，如图14-60所示。

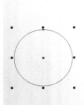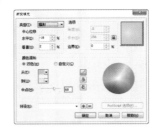

图14-59　　　　　　图14-60

04 设置"轮廓笔"为无，效果如图14-61所示。在正圆下绘制一个小一点的椭圆形，填充任意颜色，效果如图14-62所示。

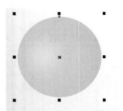

图14-61　　　　　　图14-62

05 单击工具箱中的"阴影工具"按钮，在椭圆上按住左键并拖曳，如图14-63所示。在属性栏中设置"不透明度"为20，"羽化"为45，按"Ctrl+K"快捷键拆分阴影组，选择橘色椭圆，按"Delete"键删除橘色椭圆，效果如图14-64所示。

图14-63　　　　　　图14-64

06 导入动植物素材文件"1.png"，调整到合适大小及位置，如图14-65所示。导入人像素材文件，调整大小，将其放置在合适位置，如图14-66所示。

图14-65　　　　　　图14-66

07 在画面左上侧绘制一个大一点的正圆，设置颜色为白色，"轮廓线"为无，为其添加阴影，如图14-67所示。绘制一个小一点的正圆，填充红色系渐变，设置"轮廓笔"为无，效果如图14-68所示。

图14-67　　　　　　图14-68

08 继续绘制一个小一点的正圆，填充为白色，设置"轮廓笔"为无，效果如图14-69所示。将这几个圆形的中心点对齐，单击工具箱中的"钢笔工具"按钮，在正圆左下角绘制一个弧形曲线，如图14-70所示。

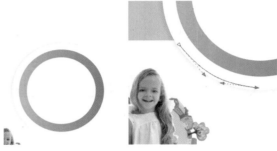

图14-69　　　　　　图14-70

09 单击工具箱中的"文本工具"按钮，将光标移至曲线上，当光标变为曲线时单击并输入文字，此时输入的文字将会沿路径排列，如图14-71所示。按"Ctrl+K"快捷键拆分路径文字，选择曲线，按"Delete"键删除曲线，如图14-72所示。

图14-71　　　　　　图14-72

10 用同样的方法制作位于红色圆环上的路径文字，如图14-73所示。使用文本工具在白色正圆上单击并输入文字，如图14-74所示。

图14-73　　　　　　图14-74

11 单击工具箱中的"基本形状工具"按钮，在属性栏中选择心形形状，如图14-75所示。在画面中合适的位置处绘制一个合适大小的心形，设置"填充颜色"为红色，"轮廓笔"为无，效果如图14-76所示。

图14-75　　　　　　　　图14-76

12 使用文本工具，设置不同的大小及字体，在画面中输入文字，如图14-77所示。将光标放置在字母Y前，按住鼠标左键并向后拖曳，选择后面两个字母，如图14-78所示。

图14-77　　　　　　　　图14-78

13 设置颜色为白色，效果如图14-79所示。用同样的方法将另外几个字母设置为红色，如图14-80所示。

图14-79

图14-80

14 使用矩形工具在文字下绘制一个小一点的矩形，填充灰色系渐变，导入素材文件"3.png"，调整大小，将其放置在灰色渐变矩形右侧，如图14-81所示。

图14-81

15 使用矩形工具在灰色矩形上绘制一个小一点的矩形框，如图14-82所示。在属性栏中单击"圆角"按钮，设置"圆角半径"为3.5mm。再设置圆角矩形为红色，"轮廓笔"为无，效果如图14-83所示。

图14-82　　　　　　　　图14-83

16 使用文本工具输入相应文字，如图14-84所示。导入素材"4.png"，用同样的方法制作其他文字部分，效果如图14-85所示。

图14-84　　　　　　　　图14-85

17 选择所有绘制的内容，单击右键执行"群组"命令，如图14-86所示。使用矩形工具绘制一个大小合适的矩形，如图14-87所示。

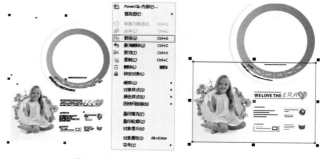

图14-86　　　　　　　　图14-87

18 选择群组对象，执行"效果>图框精确剪裁>置于图文框内部"命令，当鼠标变为黑色箭头时单击矩形框，如图14-88所示，将其放置在矩形框内，如图14-89所示。

图14-88　　　　　　　　图14-89

19 设置矩形框的"轮廓笔"为无，最终效果如图14-90所示。

图14-90

★ 14.4 充满青春活力的请束

案例文件	案例文件\第14章\充满青春活力的请束.cdr
视频教学	视频文件\第14章\充满青春活力的请束.flv
难度级别	★★★★★
技术要点	矩形工具、钢笔工具、椭圆形工具、阴影工具

案例效果

本例主要通过使用矩形工具、钢笔工具、椭圆形工具、阴影工具等制作充满青春活力的请束，效果如图14-91所示。

图14-91

操作步骤

01 执行"文件>新建"命令，在弹出的"创建新文档"对话框中设置"预设目标"为自定义，"大小"为A4，如图14-92所示。

图14-92

02 单击工具箱中的"矩形工具"按钮▢，在画面中绘制一个合适大小的矩形，如图14-93所示。设置"填充颜色"为淡黄色（R：255，G：250，B：232），"轮廓笔"为无，效果如图14-94所示。

图14-93　　　　　　　图14-94

03 使用矩形工具绘制一个小一点的矩形，在属性栏中单击"圆角"按钮，再单击"同时编辑所有角"按钮，设置

上面两个角的数值为25mm，如图14-95所示。设置"填充颜色"为深紫色（R：255，G：250，B：232），"轮廓笔"为无，效果如图14-96所示。双击圆角矩形，将光标移至四角控制点，将其旋转至合适角度，效果如图14-97所示。

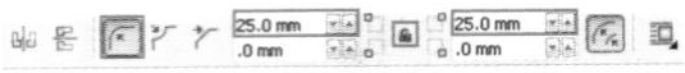

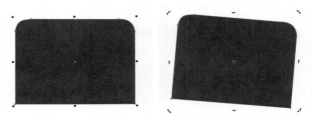

图14-95

图14-96　　　　　　　图14-97

04 复制圆角矩形，单击工具箱中的"图样填充工具"按钮，选中"双色"单选按钮，选择一种合适的图形，设置"前部"为黑色，"后部"为白色，"宽度"和"高度"均为20mm，如图14-98所示。画面效果如图14-99所示。

图14-98 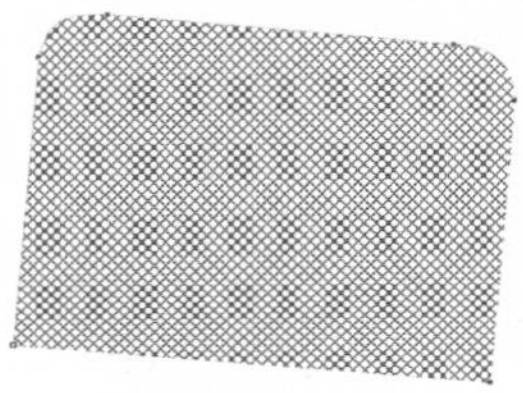　　　　　　　图14-99

05 单击工具箱中的"透明度工具"按钮，在图样填充图形上单击，在属性栏中设置"透明度类型"为标准，"透明度操作"为减少，"开始透明度"为98，如图14-100和图14-101所示。用同样的方法制作粉色页面，设置"开始透明度"为98，效果如图14-102所示。

图14-100

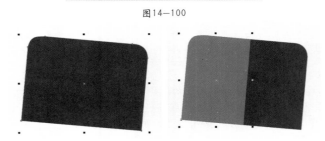

图14-101　　　　　　　图14-102

06 单击工具箱中的"钢笔工具"按钮，在粉色页面右侧绘制一条直线，设置"轮廓笔"的"颜色"为深粉色，"宽度"为10px，效果如图14-103所示。用同样的方法制作深粉色线条，完成折痕的制作，如图14-104所示。

07 使用矩形工具绘制一个小一点的矩形，填充适合颜色（R：240，G：237，B：217），设置"轮廓笔"为无，将其旋转至合适角度，如图14-105所示。复制内页，旋转到合适角度，设置"轮廓笔"的"颜色"为灰色，"宽度"为细线，效果如图14-106所示。

图14-103　　　　　　　　图14-104

图14-105　　　　　　　　图14-106

08 单击工具箱中的"文本工具"按钮，在内页上按住左键并拖曳绘制文本框，如图14-107所示。在属性栏中设置合适的字体及大小，然后在文本框内输入文字，将文本框旋转到合适角度，如图14-108所示。

图14-107　　　　　　　　图14-108

09 再次使用文本工具在属性栏中设置合适的字体及大小，输入其他点文字与段落文字，如图14-109所示。使用钢笔工具在左侧页面上绘制一个合适的图形，设置"填充颜色"为棕色（R：73，G：21，B：39），"轮廓笔"为黑色，"宽度"为4px，效果如图14-110所示。

图14-109　　　　　　　　图14-110

10 复制该图形，调整大小及颜色，如图14-111所示。单击工具箱中的"椭圆形工具"按钮，按"Ctrl"键绘制一个正圆，填充合适的颜色，设置黑色描边，效果如图14-112所示。

图14-111　　　　　　　　图14-112

11 再次使用椭圆形工具绘制一个小一点的正圆，填充粉色，设置黑色描边，如图14-113所示。用同样的方法依次绘制小一点的圆，填充不同的颜色，效果如图14-114所示。

12 使用钢笔工具绘制中心图形，填充合适的颜色，设置"轮廓笔"为无，效果如图14-115所示。用同样的方法绘制小一点的图形，填充为深棕色，如图14-116所示。

图14-113　　图14-114　　图14-115　　图14-116

13 复制小图形，填充白色，如图14-117所示。单击工具箱中的"透明度工具"按钮，在白色图形上拖曳，设置"透明度类型"为辐射，制作高光效果，如图14-118所示。

14 绘制一个合适大小的正圆，填充白色，使用"透明度工具"添加"透明度类型"为辐射，"透明度操作"为如果更亮，如图14-119所示。使用椭圆形工具在笔记本上绘制一个黄色正圆，设置"轮廓笔"为无，效果如图14-120所示。

图14-117　　图14-118　　图14-119　　图14-120

15 在黄色正圆的中心位置绘制一个小一点的正圆，设置任意颜色，如图14-121所示。选择两个正圆，单击属性栏上的"简化"按钮，选择绿色正圆，按"Delete"键删除，如图14-122所示。

16 单击工具箱中的"阴影工具"按钮，在圆环中心上向右拖曳，添加阴影效果，如图14-123所示。用同样的方法制作小一点的正圆，填充浅黄色，效果如图14-124所示。

图14—121

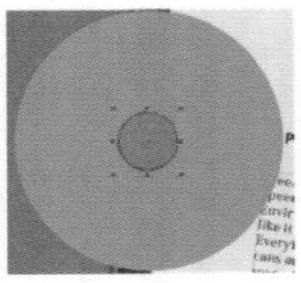

图14—122

图14—123

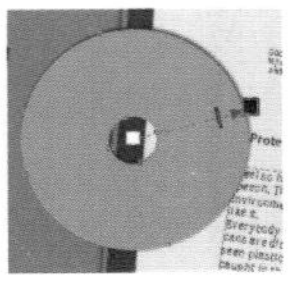

图14—124

17 在属性栏中设置"线条样式"为虚线,"轮廓宽度"为5px,如图14-125所示。设置轮廓颜色为黑色,效果如图14-126所示。再次绘制一个小一点的棕色圆环,设置"轮廓笔"的"颜色"为黑色,"宽度"为4px,效果如图14-127所示。

18 使用钢笔工具在圆环左上侧绘制高光图形,设置"填充颜色"为白色,"轮廓笔"的"颜色"为深黄色,效果如图14-128所示。使用椭圆工具绘制小一点的高光图形,填充白色,"轮廓笔"为深黄色,效果如图14-129所示。

图14—125

图14—126

图14—127

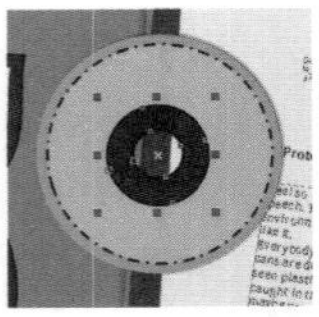

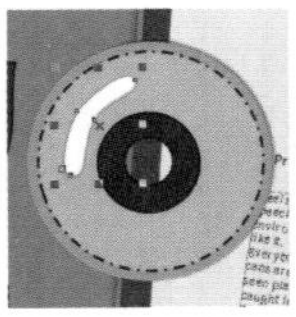

图14—128

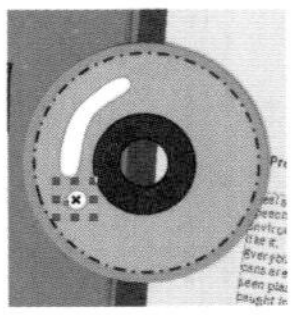

图14—129

19 绘制一个同底层一样大小的圆环,设置颜色为白色,使用钢笔工具在右侧绘制合适图形,填充任意颜色,效果如图14-130所示。选择绘制的两个图形,单击属性栏上的"简化"按钮,选择右侧图形,按"Delete"键删除,效果如图14-131所示。

图14—130

图14—131

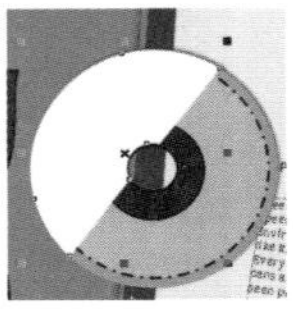

20 使用透明度工具,在属性栏中设置"透明度类型"为标准,"开始透明度"为84,完成高光效果的制作,如图14-132所示。用同样的方法制作另外两组不同颜色的图形,调整到合适位置,如图14-133所示。

图14—132

图14—133

21 绘制右侧页面上的图形,选择绘制的图形,单击右键执行"群组"命令,效果如图14-134所示。选择该图形,

执行"效果>图框精确剪裁>置于图文框内部"命令,当光标变为黑色箭头时单击内页,如图14-135所示。

图14—134

图14—135

22 放置效果如图14-136所示。使用钢笔工具绘制出右侧书签形状,填充粉色,如图14-137所示。

图14—136

图14—137

23 使用阴影工具在粉色图形上拖曳,制作阴影效果,如图14-138所示。使用钢笔绘制出暗面部分,填充黑色,效果如图14-139所示。

图14—138

图14—139

24 使用透明度工具在黑色图形上进行拖曳,完成暗影效果的制作,如图14-140所示。复制粉色图形,将其填充为白色,放置在顶层,如图14-141所示。

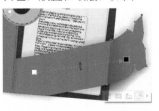
图14—140

图14—141

25 使用透明度工具为白色图形添加透明度完成高光的制作，如图14-142所示。使用钢笔工具在右面绘制一个半圆，填充深一点的颜色，如图14-143所示。

图14-142　　　　　　　图14-143

26 再次绘制，设置颜色为深粉色，效果如图14-144所示。使用文本工具，在属性栏中设置合适的字体及大小，然后在页面右侧输入文字，旋转到合适角度，效果如图14-145所示。

图14-144　　　　　　　图14-145

27 使用钢笔工具在画面中绘制一个合适大小的矩形，填充任意颜色，如图14-146所示。使用阴影工具在矩形上拖曳，添加阴影效果，如图14-147所示。

图14-146　　　　　　　图14-147

28 旋转矩形，单击右键执行"顺序>向后一层"命令，或按"Ctrl+PageDown"快捷键，将其放置在记事本后面，如图14-148所示。选择除背景矩形以外的所有图层，单击右键执行"群组"命令。

29 选择群组的记事本，执行"效果>图框精确剪裁>置于图文框内部"命令，当光标变为黑色箭头时单击背景矩形，最终效果如图14-149所示。

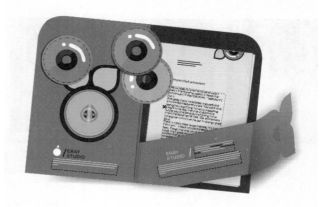

图14-148

图14-149

★ 14.5 时尚杂志封面设计

案例文件	案例文件\第14章\时尚杂志封面设计.cdr
视频教学	视频文件\第14章\时尚杂志封面设计.flv
难度级别	
技术要点	文本工具、阴影工具

案例效果

本例主要通过使用文本工具和阴影工具制作杂志封面，如图14-150所示为效果图。

操作步骤

01 执行"文件>新建"命令，创建空白文件，然后导入人像素材"1.jpg"，如图14-151所示。

02 单击工具箱中的"矩形工具"按钮，在画面下半部

图14-150

分绘制矩形，如图14-152所示。设置"轮廓笔"为无，"填充颜色"为白色，效果如图14-153所示。

图14-151　　　　图14-152　　　　图14-153

03 单击工具箱中的"自由变换工具"按钮，在选项栏中单击"自由倾斜"按钮，然后在白色矩形上按住鼠标左键并向上拖曳，如图14-154所示。松开鼠标后得到如图14-155所示的效果。

图14-154　　　　　　图14-155

04 单击工具箱中的"矩形工具"按钮，在画面右侧绘制一个矩形，设置"填充颜色"为白色，如图14-156所示。然后将白色矩形适当旋转，如图14-157所示。

05 用同样的方法在白色矩形中绘制窄一些的红色矩形，如图14-158所示。

图14-156　　　　图14-157　　　　图14-158

技巧提示

为了使两个矩形的旋转角度一致，可以在属性栏中设置精确的旋转角度，如图14-159所示。

图14-159

06 执行"文件>导入"命令，导入照片素材"2.jpg"，适当缩放摆放在画面右侧，如图14-160所示。同样对其进行旋转，如图14-161所示。

07 在小照片上使用钢笔工具绘制一个矩形框，如图14-162所示。选中照片对象，执行"效果>图框精确剪裁>置于图文框内部"命令，当光标变为黑色箭头时单击矩形框，如图14-163所示。

08 此时照片只显示了矩形框以内的区域，效果如图14-164所示。选择该对象，设置"轮廓笔"为无，效果如图14-165所示。

图14-160　　　　图14-161　　　　图14-162

图14-163　　　　图14-164　　　　图14-165

09 单击工具箱中的"文本工具"按钮，在画面左上角单击，画面中会出现光标，如图14-166所示。

10 输入文字，在属性栏中设置合适的字体，"大小"为85pt，在调色板中设置颜色为白色，如图14-167所示。单击工具箱中的"阴影工具"按钮，在文字上拖曳，为其添加阴影效果，如图14-168所示。

图14-166　　　　图14-167　　　　图14-168

11 用同样的方法制作另外几组文字，效果如图14-169所示。适当调整画面下方文字的角度，效果如图14-170所示。

12 再次单击"文本工具"按钮，在页面中按住左键并从左上角向右下角进行拖曳，创建文本框，如图14-171所示。

图14-169　　　　　图14-170　　　　　图14-171

13 在该文本框中输入相应的文字即可添加段落文本，执行"文本>文本属性"命令，在"文本属性"窗口中单击"段落"下拉面板，再单击"左对齐"按钮，设置"字符间距"为20%，如图14-172所示。设置合适的字体及大小，效果如图14-173所示。

图14-172　　　　　　　图14-173

14 双击段落文字，将其旋转，并移动到合适的位置，效果如图14-174所示。用同样的方法制作其他段落文字和美术文字，最终效果如图14-175所示。

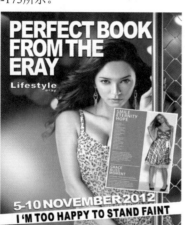

图14-174　　　　　　　　图14-175

读书笔记

★ **14.6 淡雅饮品包装设计**

案例文件	案例文件\第14章\淡雅饮品包装设计.cdr
视频教学	视频文件\第14章\淡雅饮品包装设计.flv
难度级别	★★★★★
技术要点	基本形状工具、透明度工具、钢笔工具

案例效果

本例主要通过使用基本形状工具、透明度工具、钢笔工具等制作淡雅饮品包装，效果如图14-176所示。

操作步骤

01 执行"文件>新建"命令，在弹出的"创建新文档"对话框中设置"预设目标"为自定义，"大小"为A4，如图14-177所示。

02 导入瓶子素材文件"1.png"，调整为合适大小，如图14-178所示。单击工具箱中的"基本形状工具"按钮，在属性栏中选择水滴形状，如图14-179所示。

图14-176

图14-177　　　　　图14-178　　　　　图14-179

03 在画面中按住左键绘制一个合适大小的水滴，设置颜色为蓝色，"轮廓笔"为无，效果如图14-180所示。单击属性栏中的"垂直镜像"按钮，将其垂直旋转，拖曳控制点适当拉长水滴形状，如图14-181所示。

04 复制水滴形状，填充白色，单击工具箱中的"透明度工具"按钮，在属性栏中设置"透明度类型"为辐射，适当调整控制点，如图14-182所示。再次绘制一个小一点的水滴形状，填充深一点的蓝色，如图14-183所示。

图14-180　　　　图14-181　　　　图14-182　　　　图14-183

05 复制水滴形状，填充白色，使用透明度工具将复制出的水滴制作出高光效果，如图14-184所示。选择深蓝色水滴和高光，双击将其旋转至合适角度，如图14-185所示。

06 复制左侧的水滴，移动到右侧并单击选项栏中的"垂直镜像"按钮，效果如图14-186所示。下面复制绘制完成的两种颜色的水滴，移动位置并调整大小，如图14-187所示。

图14-184　　　　图14-185　　　　图14-186　　　　图14-187

07 单击工具箱中的"钢笔工具"按钮，在左侧绘制一个形状，如图14-188所示。单击工具箱中的"渐变填充工具"按钮，设置一种蓝色系渐变，"角度"为-90，如图14-189所示。

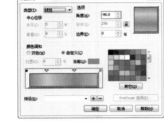

图14-188　　　　　　　图14-189

08 设置曲线的"轮廓笔"为无，效果如图14-190所示。用同样的方法制作出其他水滴和曲线部分，适当为部分水滴进行变形处理，效果如图14-191所示。

09 单击工具箱中的"文本工具"按钮，在属性栏中设置合适的字体及大小，在绘制完成的图形中单击并输入文字，如图14-192所示。选择所有绘制的形状，单击右键执行"群组"命令，将其放置在水瓶上，适当调整大小，使花纹与瓶子更加贴合，效果如图14-193所示。

图14-190　　　图14-191　　　图14-192　　　图14-193

10 复制瓶子素材"1.png"，将其放置在顶层，如图14-194所示。使用透明度工具为瓶子添加透明效果，制作瓶身左侧的高光效果，如图14-195所示。用同样的方法制作右侧高光效果，如图14-196所示。

11 下面开始制作纸袋外包装，单击工具箱中的"钢笔工具"按钮，绘制出纸袋正面部分，如图14-197所示。

图14-194　　图14-195　　图14-196　　图14-197

12 单击工具箱中的"渐变填充"按钮，设置从灰色到白色的渐变，"中点"为77，如图14-198所示。设置"轮廓笔"的"颜色"为灰色，"宽度"为5px，效果如图14-199所示。

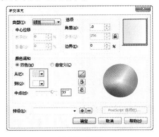

图14-198　　　　　　　图14-199

13 复制制作的水滴花纹，执行"位图>转换为位图"命令，在弹出的对话框中设置"颜色模式"为RGB，单击"确定"按钮结束操作，如图14-200所示。再次执行"效果>调整>取消饱和"命令，使花纹部分变为灰色，效果如图14-201所示。

图14-200　　　　　　　图14-201

14 执行"效果>变换>反显"命令，再次执行"效果>调整>亮度/对比度/强度"命令，设置"亮度"为55，如图14-202所示。复制蓝色文字，将其放置在花纹上，效果如图14-203所示。

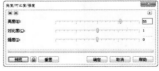

图14-202　　　　　　　图14-203

15 将花纹放置在绘制完成的盒子正面，如图14-204所示。执行"效果>图框精确剪裁>置于图文框内部"命令，将花纹放置在盒子内，如图14-205所示。

所示。

图14-204　　　　图14-205

16 用同样的方法制作出盒子侧面部分，如图14-206所示。使用钢笔工具在侧面上绘制细节部分线条，设置颜色为灰色，效果如图14-207所示。

图14-206 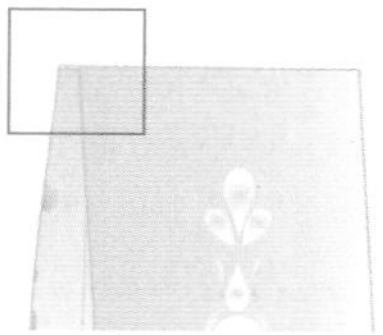　　　　图14-207

17 再次使用钢笔工具绘制绳子部分，设置"轮廓笔"的"颜色"为蓝色，"宽度"为40px，效果如图14-208所示。将完成的瓶子部分放置在纸袋右侧，并放置在上层，效果如图14-209所示。

图14-208　　　　图14-209

18 复制纸袋和瓶子部分，单击属性栏中的"垂直径向"按钮，适当移动复制内容，如图14-210所示。单击"透明度工具"按钮，在属性栏中设置"透明度类型"为标准，效果如图14-211所示。

19 将画面中的内容群组，然后使用矩形工具在画面中绘制合适大小的矩形，如图14-212所示。选择群组对象，执行"效果>图框精确剪裁>置于图文框内部"命令，将内容放置在矩形框内，设置"轮廓笔"为无，最终效果如图14-213所示

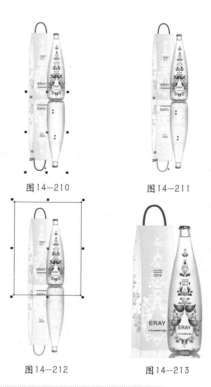

图14-210　　　　图14-211

图14-212　　　　图14-213

思维点拨

　　包装设计是根据商品特性使用适宜的包装材料或包装容器将商品进行包装或盛装。其目的在于保持商品完好状态以达到保护商品、方便运输、促进销售。精美的包装可起美化宣传商品、提高市场竞争力的作用。良好的包装可以说是在为商品"梳妆打扮"，不仅给人以美的享受，还能诱导和激发消费者购买动机和重复购买的兴趣。特别是在当今人们的物质生活和文化生活不断提高的情况下，包装设计更是成为消费者购买商品时的重要因素，如图14-214和图14-215所示。

图14-214　　　　图14-215

读书笔记

第14章　综合练习实例

397

★ 14.7 卡通风格食品包装盒

案例文件	案例文件\第14章\卡通风格食品包装盒.cdr
视频教学	视频文件\第14章\卡通风格食品包装盒.flv
难度级别	★★★★★
技术要点	钢笔工具、渐变填充工具、文本工具、透明度工具

案例效果

本例主要是通过使用钢笔工具、渐变填充工具、文本工具、透明度工具等完成卡通风格食品包装盒的制作，效果如图14-216所示。

图14-216

操作步骤

01 执行"文件>新建"命令，在弹出的"创建新文档"对话框中设置"预设目标"为自定义，"大小"为A4，如图14-217所示。

图14-217

02 单击工具箱中的"钢笔工具"按钮，绘制树的轮廓，如图14-218所示。再单击工具箱中的"渐变填充工具"按钮，在弹出的对话框中设置一种从浅黄色到深黄色的渐变，如图14-219所示。设置"轮廓笔"为无，效果如图14-220所示。

图14-218

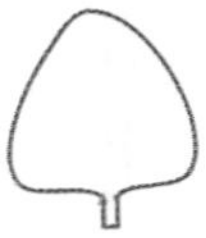

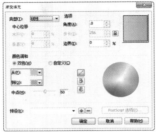
图14-219

图14-220

03 复制树图形，单击工具箱中的"底纹填充工具"按钮，在弹出的对话框中设置一种合适的底纹，如图14-221所示。

图14-221

04 单击工具箱中的"透明度工具"按钮，在属性栏中设置"透明度类型"为标准，"透明度操作"为乘，数值为85，如图14-222所示。效果如图14-223所示。

图14-222　　　　　　　　图14-223

05 导入房子素材文件"1.png"，用同样的方法制作出不同渐变颜色的树木及灌丛部分，如图14-224所示。使用钢笔工具绘制较大区域的图形，填充棕色系渐变，如图14-225所示。再次使用底纹填充工具和透明度工具为该图形制作磨砂质感，如图14-226所示。

06 继续使用钢笔工具绘制其他几个形状，填充不同的渐变颜色，制作出草地层次感，如图14-227所示。

图14-224　　　　　　　　图14-225

图14-226　　　　　　　　图14-227

07 使用钢笔工具在画面左上角绘制出几个不规则图形，作为光感效果，设置颜色为浅一点的黄色，"轮廓笔"

为无，效果如图14-228所示。使用透明度工具从左上角向右下角拖曳调整光线的不透明感，效果如图14-229所示。

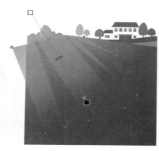

图14-228　　　　　　　　图14-229

08 导入蝴蝶花纹素材文件"2.png"，调整到合适大小及位置，如图14-230所示。

图14-230

09 使用钢笔工具在顶部绘制一条曲线，如图14-231所示。单击工具箱中的"文本工具"按钮，在属性栏中设置合适的字体及大小，将光标移至曲线一段，当其变为曲线时单击并输入文字，此时文字沿路径排列，如图14-232所示。

图14-231　　　　　　　　图14-232

10 按"Ctrl+K"快捷键拆分路径文字，选择路径，按"Delete"键删除，如图14-233所示。用同样的方法制作另一组路径文字，如图14-234所示。

图14-233　　　　　　　　图14-234

11 使用文本工具设置不同字体及颜色，在相应位置输入点文字，如图14-235所示。再次使用文本工具在合适位置按住左键并拖曳绘制出文本框，如图14-236所示。设置

合适的字体及大小，在文本框内单击并输入文字，效果如图14-237所示。

图14-235　　　　图14-236　　　　图14-237

12 下面需要制作包装的底色。使用钢笔工具绘制类似矩形的形状，单击工具箱中的"渐变填充"按钮，设置从灰色到白色的渐变，"角度"为129，如图14-238所示。设置"轮廓笔"为无，效果如图14-239所示。

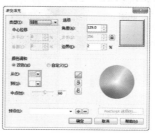

图14-238　　　　　　　　图14-239

13 按"Ctrl+PageDown"快捷键，将灰色渐变图形放置在包装下，如图14-240所示。选择绘制的上层所有素材，单击右键执行"群组"命令，然后执行"效果>图框精确剪裁>置于图文框内部"命令，单击底部的灰色图形，此时图形以外的区域被隐藏，如图14-241所示。

图14-240　　　　　　　　图14-241

14 使用钢笔工具在包装上侧绘制一条直线，设置颜色为深一点的灰色，"宽度"为10px，效果如图14-242所示。单击工具箱中的"阴影工具"按钮，在直线上按住左键并拖曳，如图14-243所示。

图14-242　　　　　　　　图14-243

15 在属性栏中设置"不透明度"为50，"羽化"为15，"颜色"为白色，如图14-244所示。这时包装盒的折痕更加明显，效果如图14-245所示。

16 绘制一个同包装盒一样大小的形状，填充深棕色，设置"轮廓笔"为无，效果如图14-246所示。使用透明度工具在深红色图形上拖曳，完成暗影效果的制作，如图14-247所示。

图14-244

图14-245　　　　图14-246　　　　图14-247

17 选择所有绘制的图形，执行"群组"命令，使用阴影工具在画面中拖曳，制作阴影效果，如图14-248所示。用同样的方法制作紫色包装效果，将其放置在黄色包装后，效果如图14-249所示。

图14-248　　　　　　　图14-249

18 复制紫色包装，执行"位图>转换为位图"命令，在弹出的对话框中设置"颜色模式"为RGB色，如图14-250所示。执行"位图>模糊>高斯式模糊"命令，在弹出的对话框中设置"半径"为8.0像素，如图14-251所示。

图14-250　　　　　　图14-251

19 将模糊过的紫色包装放置在黄色包装后，效果如图14-252所示。

技巧提示

将后方的对象模糊处理可以增强画面整体的空间感，这也是在模拟摄影中的景深现象。

图14-252

20 绘制一个大一点的矩形，使用渐变填充工具编辑从深灰色到黑色的渐变，设置"角度"为90，"中点"为15，如图14-253所示。设置"轮廓笔"为无，将其放置在最下层，最终效果如图14-254所示。

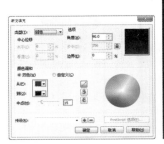 

图14-253　　　　　　　图14-254

★ 14.8 汽车与城市主题招贴

案例文件	案例文件\第14章\汽车与城市主题招贴.cdr
视频教学	视频文件\第14章\汽车与城市主题招贴.flv
难度级别	★★★★★
技术要点	矩形工具、渐变填充工具、文本工具

案例效果

本例主要通过使用矩形工具、渐变填充工具、文本工具等制作汽车与城市主题招贴，效果如图14-255所示。

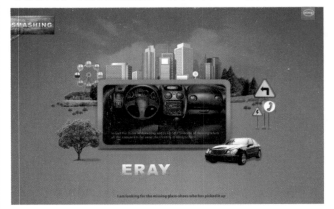

图14-255

操作步骤

01 执行"文件>新建"命令，在弹出的"创建新文档"对话框中设置"预设目标"为自定义，"大小"为A4，如图14-256所示。

图14-256

02 单击工具箱中的"矩形工具"按钮 ▯，在画面中绘制合适大小的矩形，单击工具箱中的"渐变填充工具"按钮，设置"类型"为辐射，颜色为从深蓝色到浅蓝色，"中点"为32，如图14-257所示。设置"轮廓笔"为无，将矩形作为海报背景，效果如图14-258所示。

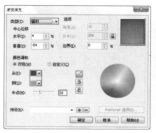

图14-257　　　　　　图14-258

03 导入云朵素材文件"1.png"，调整大小，将其放置在画面上方，如图14-259所示。单击工具箱中的"透明度工具"按钮 ▯，在属性栏中设置"透明度类型"为标准，"透明度操作"为亮度，"开始透明度"为0，效果如图14-260所示。

图14-259　　　　　　图14-260

04 复制云朵素材，加深云朵效果，如图14-261所示。导入素材文件"2.png"，调整大小，将其放置在画面中心位置，如图14-262所示。

图14-261　　　　　　图14-262

05 单击"矩形工具"按钮，在草地下方绘制一个合适大小的矩形，如图14-263所示。

图14-263

06 单击工具箱中的"均匀填充工具"按钮，在"均匀填充"对话框中设置颜色为绿色（R：0，G：217，B：127），如图14-264所示。设置"轮廓笔"为无，并调整绿色矩形的堆叠顺序，将其放置在素材"2.png"下层，效果如图14-265所示。

图14-264　　　　　　图14-265

07 使用透明度工具为其添加类型为辐射的透明效果，如图14-266所示。复制绿色矩形，将其向右侧移动，如图14-267所示。

图14-266　　　　　　图14-267

08 使用矩形工具在画面中心位置绘制一个合适大小的矩形，在属性栏中单击"圆角"按钮，设置"圆角半径"为5mm，效果如图14-268所示。

图14-268

09 单击"渐变填充工具"按钮，在弹出的对话框中选中"自定义"单选按钮，设置一种蓝色系渐变，"角度"为90，如图14-269所示。设置"轮廓笔"为无，效果如图14-270所示。

图14-269

图14-270

10 单击工具箱中的"阴影工具"按钮，在渐变圆角矩形上拖曳，制作阴影效果，如图14-271所示。

图14-271

11 导入素材文件"3.jpg"，调整大小及位置，如图14-272所示。在素材上绘制一个小一点的圆角矩形框，如图14-273所示。

图14-272

图14-273

12 选择素材图对象，执行"效果>图框精确剪裁>置于图文框内部"命令，当光标变为黑色箭头时单击矩形框，如图14-274所示。设置"轮廓笔"为无，效果如图14-275所示。

图14-274

图14-275

13 单击工具箱中的"阴影工具"按钮，在素材图中

心上按住左键并向右拖曳，制作阴影效果，如图14-276所示。

图14-276

14 使用矩形工具绘制一个合适大小的矩形，设置"颜色"为黑色，"轮廓笔"为无，效果如图14-277所示。使用透明度工具为其添加透明度，设置"透明度类型"为标准，"开始透明度"为40，效果如图14-278所示。

图14-277

图14-278

15 执行"效果>图框精确剪裁>置于图文框内部"命令，当光标变为黑色箭头时，单击汽车素材所在的图框，如图14-279所示。

16 使用椭圆形工具在渐变圆角图形下方绘制一个合适大小的椭圆，适当调整不透明度，调整图层顺序，作为阴影，如图14-280所示。

图14-279

图14-280

17 单击工具箱中的"文本工具"按钮，在属性栏中设置合适的字体及大小，然后在下侧输入白色文字，如图14-281所示。

18 导入汽车素材"4.png"，调整到合适大小，将其放置在渐变矩形右下角，使用阴影工具在车素材上拖曳，制作阴影效果，如图14-282所示。

图14-281

图14-282

19 导入前景素材"5.png",并调整大小及位置,如图14-283所示。使用椭圆形工具和透明度工具制作左侧阴影效果,如图14-284所示。

图14-283　　　　　　图14-284

20 导入木质素材文件"6.jpg",使用阴影工具为木条添加阴影效果,如图14-285所示。用同样的方法制作较大的矩形,如图14-286所示。

21 使用矩形工具在画面的右上角绘制一个红色渐变的矩形,如图14-287所示。使用椭圆形工具在红色矩形上绘制一个合适大小的椭圆,设置"填充"为无,"轮廓笔"的"颜色"为灰色,"宽度"为5px,效果如图14-288所示。

图14-285　　图14-286　　图14-287　　图14-288

22 使用文本工具,在属性栏中设置合适的字体及大小,然后在画面中偏下面的位置输入文字,单击"渐变填充工具"按钮,在"渐变填充"对话框中设置颜色为从灰色到白色的渐变,"角度"为90,如图14-289和图14-290所示。

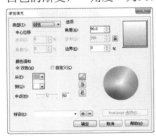 

图14-289　　　　　　图14-290

23 单击工具箱中的"艺术笔工具"按钮,在属性栏中单击"喷涂"按钮,设置"类别"为植物,调整为合适图形,如图14-291所示。在文字上绘制出小草的笔触,使用阴影工具为文字添加阴影效果,如图14-292所示。

图14-291　　　　　　图14-292

24 多次使用文本工具在画面中输入文字,如图14-293所示。选择除蓝色渐变背景以外的所有图像,单击右键执行"群组"命令,单击"矩形工具"按钮,绘制一个同背景一样大小的矩形,如图14-294所示。

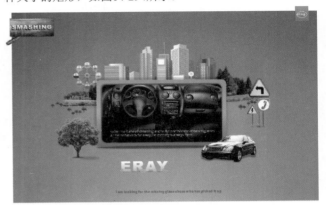

图14-293

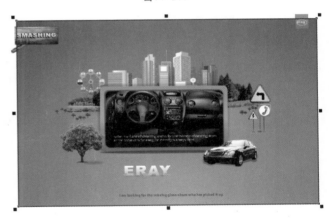

图14-294

25 选择群组的图形,执行"效果>图框精确剪裁>置于图文框内部"命令,单击作为背景的蓝色矩形,将其放置在矩形框内,设置"轮廓线"为无,最终效果如图14-295所示。

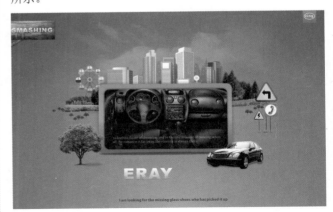

图14-295

精品图书 推荐阅读

"高效办公视频大讲堂"系列图书为清华社"视频大讲堂"大系中的子系列,是一套旨在帮助职场人士高效办公的从入门到精通类丛书。全系列包括8个品种,含行政办公、数据处理、财务分析、项目管理、商务演示等多个方向,适合行政、文秘、财务及管理人员使用。全系列均配有高清同步视频讲解,可帮助读者快速入门,在成就精英之路上助你一臂之力。

另外,本系列丛书还有如下特点:

1. 职场案例 + 拓展练习,让学习和实践无缝衔接
2. 应用技巧 + 疑难解答,有问有答让你少走弯路
3. 海量办公模板,让你工作事半功倍
4. 常用实用资源随书送,随看随用,真方便

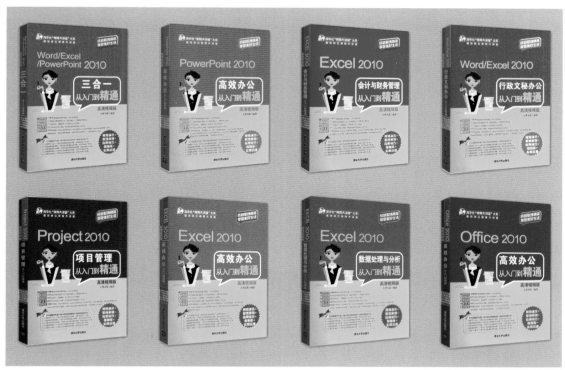

(本系列图书在各地新华书店、书城及当当网、亚马逊、京东商城等网店有售)

精 品 图 书　　推 荐 阅 读

　　"善于工作讲方法，提高效率有捷径。"清华大学出版社"高效随身查"系列就是一套致力于提高职场人员工作效率的"口袋书"。全系列包括 11 个品种，含图像处理与绘图、办公自动化及操作系统等多个方向，适合于设计人员、行政管理人员、文秘、网管等读者使用。

　　一两个技巧，也许能解除您一天的烦恼，让您少走很多弯路；一本小册子，也可能让您从职场中脱颖而出。"高效随身查"系列图书，教你以一当十的"绝活"，教你不加班的秘诀。

（本系列图书在各地新华书店、书城及当当网、亚马逊、京东商城等网店有售）

精 品 图 书　推 荐 阅 读

　　如果给你足够的时间，你可以学会任何东西，但是很多情况下，东西尚未学会，人却老了。时间就是财富、效率就是竞争力，谁能够快速学习，谁就能增强竞争力。

　　以下图书为艺术设计专业讲师和专职设计师联合编写，采用"视频＋实例＋专题＋案例＋实例素材"的形式，致力于让读者在最短时间内掌握最有用的技能。以下图书含图像处理、平面设计、数码照片处理、3ds Max 和 VRay 效果图制作等多个方向，适合想学习相关内容的入门类读者使用。

个别实例效果展示

（以上图书在各地新华书店、书城及当当网、亚马逊、京东商城等网店有售）

精 品 图 书　推 荐 阅 读

"CAD/CAM/CAE 技术视频大讲堂"丛书系清华社"视频大讲堂"重点大系的子系列之一，由国家一级注册建筑师组织编写，继承和创新了清华社"视频大讲堂"大系的编写模式、写作风格和优良品质。本系列图书集软件功能、技巧技法、应用案例、专业经验于一体，可以说超细、超全、超好学、超实用！具体表现在以下几个方面：

■☞ 大型高清同步视频演示讲解，可反复观摩，让学习更快捷、更高效
■☞ 大量中小精彩实例，通过实例学习更深入，更有趣
■☞ 每本书均配有不同类型的设计图集及配套的视频文件，积累项目经验

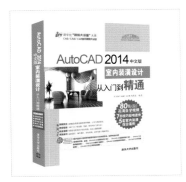  

（本系列图书在各地新华书店、书城及当当网、亚马逊、京东商城等网店有售）